计算机系列教材

殷立峰 主编
祁淑霞 房志峰 副主编

Qt C++ 跨平台图形界面程序设计基础（第2版）

清华大学出版社
北京

内容简介

本书是为高等院校面向应用型人才培养编写的 C++ 语言程序设计教材。全书共分 9 章，主要内容包括 Qt C++ 开发环境介绍、C++ 程序设计基础、类与对象、继承与派生、虚函数与多态、运算符重载、模板和异常处理、输入输出流与命名空间、图形界面程序设计基础以及图形界面编程综合实例。本书采用 Qt 跨平台 C++ 程序开发框架，结合"案例驱动"编写方式，语法介绍语言精练、内容深入浅出、循序渐进、程序案例生动易懂，以规则几何图形面积和体积计算程序设计案例贯穿本书，既传授给学生 C++ 语言的基本概念和知识，又传授给学生使用 C++ 语言进行图形界面程序设计的基本方法及基本技能。

本书既可以作为高等院校本科及专科学生 C++ 语言程序设计的教材，又可以作为教师、自学者的参考用书，同时也可供各类软件开发设计人员学习参考。

本书配有电子教案及相关教学资源，读者可从网站 www. tup. com. cn 下载。

图书在版编目(CIP)数据

Qt C++跨平台图形界面程序设计基础/殷立峰主编. —2 版. —北京：清华大学出版社，2018
(2025.1重印)
(计算机系列教材)
ISBN 978-7-302-49125-5

Ⅰ. ①Q… Ⅱ. ①殷… Ⅲ. ①C++语言－程序设计－教材 Ⅳ. ①TP312.8

中国版本图书馆 CIP 数据核字(2017)第 315386 号

责任编辑：白立军 李 晔
封面设计：常雪影
责任校对：白 蕾
责任印制：杨 艳

出版发行：清华大学出版社
网 址：https://www.tup.com.cn, https://www.wqxuetang.com
地 址：北京清华大学学研大厦 A 座 **邮 编**：100084
社 总 机：010-83470000 **邮 购**：010-62786544
投稿与读者服务：010-62776969，c-service@tup. tsinghua. edu. cn
质量反馈：010-62772015，zhiliang@tup. tsinghua. edu. cn
课件下载：https://www.tup.com.cn，010-83470236
印 装 者：三河市君旺印务有限公司
经 销：全国新华书店
开 本：185mm×260mm **印 张**：33.5 **字 数**：774 千字
版 次：2014 年 1 月第 1 版 2018 年 2 月第 2 版 **印 次**：2025 年 1 月第 8 次印刷
定 价：69.00 元

产品编号：067634-01

前言

C++是优秀的计算机程序设计语言,它的程序设计功能非常强大,我国绝大多数高等院校都把它作为程序设计入门教学的首选。许多经典的C++语言程序设计教材都是基于Visual C++控制台程序设计框架编写的,内容包括C++语言概述、基本数据类型、运算符和表达式、程序流程控制、数组、函数、指针、结构体、共用体与枚举、类和对象、运算符重载、继承、虚函数与多态、模板、流等C++语言的基本概念和基本知识。这类教材强调的是培养学生理解和掌握C++语言的语法及逻辑规则,强调对C++程序设计语言的字、词、数据、表达式、语句、函数、类、对象等基本概念知识的掌握。在多年的教学实践中我们发现,这类教材缺乏对图形界面C++程序设计的介绍,学生要想掌握用C++语言设计图形界面的程序,还必须自学或者参加Visual C++语言课程的学习,而Visual C++语言体系庞大,学起来有一定的困难,造成很多学生虽然学了C++语言,却不能很好地使用它。

笔者所在学校在多年的教学改革和教学实践中,将C++语言的教学和当前流行的Qt跨平台开发框架相结合,增加了基于Qt的图形界面应用程序设计,并于2014年出版了第一部教材——《Qt C++跨平台图形界面程序设计基础》。该教材在实际教学应用中得到广泛的认可,基于Qt C++的跨平台、简单易学的优点,使得学生不仅掌握C++语言的基本概念、基本知识和基本的程序设计方法,更重要的是培养学生具备初步的跨操作系统平台开发图形界面程序的基本技能,提高了学习的兴趣。

在对课程教学改革与实践的不断探索中,结合读者的反馈意见,作者对教材进行了修订和完善,推出了第2版。第2版在第1版的基础上完成了两方面的修订:一是扩充和完善了C++编程基础和面向对象程序设计的相关章节内容,包括章节调整,增加和完善了语法知识和编程实例以及习题;二是将图形界面程序设计与面向对象编程有机地结合在一起,不是把图形界面编程应用作为单独的一章,而是与讲解C++语言基本知识的章节相融合,先讲解面向对象基础知识,再结合图形界面编程实现,并围绕一个规则几何图形面积和体积计算的综合程序实例逐步展开和完善。具体修订的章节内容如下。

(1) 第1章,增加了Windows平台下Qt C++语言开发环境第5版的安装与配置,Qt5简要介绍,Windows平台下使用Qt第5版开发C++语言程序,Qt4平台项目向Qt5平台移植,中文版Qt C++语言集成开发环境安装常见问题解决办法,不同编译器和不同版本的Qt共存问题等内容,对Qt C++程序设计开发环境的使用进一步修订完善,使其更适合于没有任何Qt C++开发基础的初学者(修订由殷立峰完成)。

(2) 第2章,C++程序设计基础增加和完善了程序控制结构、数组、函数和指针的内容,更适合于没有任何C语言开发基础的初学者(修订由祁淑霞完成)。

（3）第3和第8章，修订和完善了所有程序实例，采用统一的编码风格(修订由祁淑霞完成)。

（4）第4章，将本书第1版中第9章图形界面程序设计基础和第10章对话框编程的内容进行整合，放到本书第4章。增加了Qt C++语言开发图形界面程序综合案例——规则几何图形面积和体积计算程序设计内容。通过章节调整和内容整合增加，既能让学生提前学习掌握采用C++语言开发图形界面程序的基本知识，又通过规则几何图形面积和体积计算程序设计案例贯穿本书，让学生循序渐进地掌握和提高利用C++语言开发图形界面程序的基本技能(修订由殷立峰完成)。

（5）第5～9章，调整有关章节结构，增加章节内容并完善了程序实例和习题(修订由祁淑霞完成)。

（6）第5章，增加规则几何图形面积和体积计算之圆柱体体积计算内容，介绍了在图形界面程序设计中如何灵活运用继承与派生知识的具体方法。第6章，增加规则几何图形面积和体积计算之矩形、正方体、梯形面积计算内容，介绍了在图形界面程序设计中如何灵活运用多态技术的具体方法(修订由殷立峰完成)。

（7）第9章，增加了规则几何图形面积和体积计算之圆柱体体积计算的保存和查询功能，介绍了图形界面程序设计中程序数据、数据文件和图形界面程序设计的有机结合(修订由殷立峰完成)。

修订后的教材具备如下特色。

（1）本书基于C++语言程序设计教学大纲，结合社会应用型人才需求现状，教材内容编排具有很强的针对性。

（2）注重编程实践能力的培养，把跨操作系统平台程序设计、图形界面程序设计和面向对象的程学设计与C++语言的基本概念和基本知识有机结合，不但传授给学生C++语言的基本概念和基本知识，而且使学生掌握利用C++程序设计语言进行图形界面程序设计开发和跨操作系统平台进行程序设计开发的基本技能。

（3）全书内容注重易用性，知识完善，案例丰富，即使没有任何程序设计基础，也可以通过本书的学习，循序渐进、由浅入深地掌握C++程序设计语言的语法、面向对象程学设计的方法和跨平台图形界面程序设计技能。

（4）本书既适合于程序设计初学者，也适合于进一步学习图形界面编程的人员。从Qt图形界面程序设计开始，本书的第4章、第5章及第9章，全部围绕一个综合应用实例逐步完善一个图形界面的程序设计，使读者全面学习Qt图形界面开发相关技术。

（5）以跨Windows、Linux平台，基于Qt的C++语言编程为框架，通过案例驱动教学，内容精练、结构紧凑，通俗易懂、重点突出，注重实用和能力的培养，克服了一般C++语言程序设计教科书中学习C++枯燥的缺点，通过生动有趣的案例，激发学生学习兴趣，让学生由衷地喜欢上C++程序设计语言，掌握程序设计技巧和使用C++程学设计语言分析解决实际问题的动手能力。

由于作者水平有限，书中不足之处在所难免，敬请读者批评指正。

编　者

2017年12月

目录

第1章 走进Qt

本章主要内容：

(1) 概要介绍Qt。

(2) Qt的下载和安装。

(3) Qt开发环境的安装配置。

(4) Qt开发环境的使用。

(5) Qt控制台程序设计方法。

(6) Qt图形界面程序设计方法。

1.1 Qt简介

1.1.1 认识Qt

Qt是1994年成立的总部位于挪威奥斯陆的奇趣科技公司(Trolltech)提供的跨平台C++图形用户界面应用程序开发框架。它既可以开发GUI(图形用户界面)程序,也可开发非GUI程序,如控制台工具和服务。它是面向对象的程序开发框架,使用特殊的代码生成扩展(称为元对象编译器(Meta Object Compiler, MOC))以及一些宏,易于扩展,允许组件编程。2008年,奇趣科技被诺基亚公司收购,Qt也因此成为诺基亚旗下的编程语言工具。2012年Qt被Digia(总部位于芬兰的IT业务供应商)收购。

Qt使用“一次编写,随处编译”的方式为程序开发者提供了允许开发人员使用C++语言单一源码来构建可以运行在不同平台下的应用程序的不同版本;这些平台包括Windows 98、Windows XP、Vista、Win8、Mac OS X、Linux/Solaris、HP-UX以及其他很多基于X11的UNIX。与此同时,作为Qt组成部分之一的Qt/Embedded Linux,也为嵌入式系统的开发人员搭建了一套完善的窗口系统和开发平台。Qt单一源程序的多平台兼容性、代码可重用性、丰富的C++方面的性能、高质量的技术支持等特点,使其深受广大C++语言程序员的推崇与爱戴,是时下广为流行的C++语言应用程序开发工具之一。

Qt具有广泛适应性及良好的可移植性,编写过的C++语言代码,只需在其他不同的操作系统平台中重新编译一遍,即可重复使用。这特别适合于客户要求应用程序能同时运行于不同平台的情况。此外,使用开源许可协议也可以获得Qt。开源许可协议是指自由软件和开源软件是自由的、免费的,源代码是开放的,人们可自由下载安装和使用。同时,为了维护作者和贡献者的合法权益,保证这些软件不被一些商业机构或个人窃取,影响软件的发展,开源社区开发出了各种开源(能得到源代码是前提)许可协议,如:以任何目的的运行此程序的自由;以学习程序工作机理为目的,对程序进行修改的自由;再发行复制件的自由;改进此程序,并公开发布改进的自由等。对于一名开源程序开发人员,从Qt那里将获益无穷。

Qt具有友好的在线帮助文档系统。通过在线文档的帮助,只需轻点鼠标或者简单按几下键盘,就可以轻易制作出简单的"Hello World"欢迎对话框,甚至是功能更为强大的软件系统。这一点,在众多的软件帮助文档系统中并不多见。当然,帮助文档系统毕竟是以为用户提供实用的类库参考为主要目的,也就是说,它主要是为用户提供准确的"可以如何做"的信息。

Qt作为一个著名的跨平台程序开发框架,拥有直观、强大的API(应用程序编程接口),很多公司更愿意把Qt用于单一平台的软件开发上。Adobe PhotoShop Album就是用Qt编写的面向大众市场的Windows应用程序的一个例子。市场中很多功能完善的软件系统,如三维动画工具、数字电影处理软件、自动化电路设计系统(用于芯片设计)、油气资源勘探、金融服务以及医学成像等,都可以基于Qt构建而成。基于Qt编写的Windows应用软件产品,在不使用Native API的前提下,只需通过重新编译,就可以轻松地在Mac OS X和Linux世界中开拓出新的市场。

可以基于多种许可协议获得Qt的使用权。Qt有商业版和开源版两大类版本,其中商业版主要用于商业软件开发。它们提供传统商业软件发行版并且提供在协议有效期内的免费升级和技术支持服务。如果想构建商业应用程序,可以从奇趣科技公司购买一个Qt的商业许可协议或者使用LGPL协议。如果只想构建一些开源程序,可以使用基于GPL的Qt开源版本。KDE是K桌面环境(Kool Desktop Environment)的缩写,是一种著名的在UNIX、Linux以及FreeBSD等操作系统上面运行的自由图形工作环境,它采用的就是奇趣公司所开发的Qt程序库。KDE和Gnome都是Linux操作系统上最流行的桌面环境系统。如今蓬勃发展的KDE桌面环境和丰富强大的Qt开发功能,进一步展示了Qt的无限发展潜力和令人期待的远景。

除了Qt预先定义好的数百个程序员可以拿来直接使用的类,还有很多扩展Qt应用范围和功能的其他软件,其中相当多的软件可由另外一些公司或者开源社区提供。对于可用的Qt额外软件的列表清单,可以查阅Digia公司的网站获得。众多开发人员也有他们自己的网站,他们会把自己写的一些用于娱乐方面的、有趣的或者是有用的非官方代码放在那里。Qt还建立了一个维护良好并且内容丰富的用户社区,供Qt用户交流。

本书后续章节围绕如何使用Qt编写图形用户界面程序这一中心,从C++语言的基本语法开始,按照循序渐进、由浅入深的原则,从手写代码的方式入手,生动、全面地阐述使用Qt编写C++语言图形用户界面应用程序时所需的基本概念、设计思路和设计方法。读者通过学习这些知识就可以写出实用的图形用户界面应用程序。

1.1.2 Qt开发环境简介

截至目前,Qt已经由一个简单的图形工具包演变成长为具有事实标准意义的应用程序开发框架。成长为一个综合的软件开发环境,它的主要构成简要介绍如下。

- GCC：是 GNU C Compiler 的缩写(其中 GNU 是类似 UNIX 的操作系统，是由一系列应用程序、系统库和开发工具构成的软件集合，包括用于资源分配和硬件管理的内核)，是 Linux系统下程序的编译器。GCC 最初只是一个 C 语言编译器，随着众多自由开发者的加入和 GCC 自身的发展，如今的 GCC 已经是一个包含 C、C++ 、Ada、Object C 和 Java 等众多语言的编译器了。所以 GCC 也由原来的 GNU C Compiler 变为 GNU Compiler Collection，也就是 GNU 编译器家族的意思。当然，如今的 GCC 借助于它的特性，具有了在一个平台下编译另一个平台代码的交叉编译器功能。
- MinGW：是 Windows 平台下的 GCC 移植版，是可自由使用和发布的 Windows 特定头文件和使用 GNU 工具集导入库的集合，允许在 GNU/Linux 和 Windows 平台生成本地的 Windows 程序而不需要第三方 C 运行时库。MinGW 本身也存在多个分支，可以在 Windows、Linux 中编译能在 Windows 中执行的二进制代码。
- Qt Creator：是 Qt 的集成开发环境，能够跨平台运行，支持的系统包括 Linux(32 位及 64 位)、Mac OS X 以及 Windows；包括项目生成向导、高级的 C++ 代码编辑器、编译器、调试器、图形设计器及类的工具，集成了 Qt Designer、Qt Assistant、Qt Linguist、图形化的 GDB 调试前端，集成 qmake 构建工具等。开发人员利用 Qt 这个应用程序框架，能更加快速及轻易地完成开发任务。
- Qt Designer：是一个功能强大的 GUI 布局与窗体构造器，能够在所有支持平台上，以本地化的视图外观与认知，快速开发高性能的用户界面，是 Qt 用来设计应用程序图形界面的工具。
- Qt Assistant：又称为 Qt 助手，是一个可以完全自定义、能重新组织的帮助文件或文档浏览器，它能与基于 Qt 的应用程序一起运行。开发人员使用它能加快文档的处理过程。
- QT Library：是一个拥有超过 400 个 C++ 类，同时类的数量还在不断扩展的类库。它封装了用于端到端应用程序开发所需要的所有基础结构，包括成熟的对象模型的优秀的 Qt 应用程序接口，以及内容丰富的集合类，具有图形用户界面编程、布局设计，数据库编程，网络，XML，国际化，OpenGL 等支持功能。
- QT Linguist：又称为 Qt 语言家，是用来消除国际化程序设计流程中障碍的工具。借助这个工具，开发人员可把应用程序的翻译转换外包给非技术性翻译人员，从而增加精确度，大大加快软件本地化速度。
- Qt dev-tools：包含 Qt Assistant 及 Qt Linguist 等工具，因此不需要单独安装这两个工具。
- Qt doc：是帮助文档，包含 Qt 中各个类库的详细说明以及丰富的例子程序，可以使用 Qt Assistant 工具来打开阅读。
- Qt config：是配置 Qt 环境的一个对话框，一般默认就行了，很少需要去更改。
- Qt demos：是 Qt 示例程序的集合，包含很多可以运行起来的可执行文件以及源代码。帮助大家快速学习和掌握 Qt 程序开发技巧。

- Qt/Embedded：是一个完整的包含 GUI 和基于 Linux 的嵌入式平台开发工具。
- QWT：全称是 Qt Widgets for Technical Applications，是一个基于 LGPL 协议的第三方类库，可生成各种统计图。它为具有技术专业背景的程序提供 GUI 组件和一组实用类，其目标是以基于 2D 方式的窗体部件来显示数据。数据源以数值、数组或一组浮点数等方式提供。输出方式可以是 Curves(曲线)、Slider(滚动条)、Dials(圆盘)、Compasses(仪表盘)等。该工具库基于 Qt 开发，所以也继承了 Qt 的跨平台特性。

1.1.3 使用 Qt 开发 C++ 应用程序的优势

MFC 的汉语意思是微软基础类(Microsoft Foundation Classes)，同 Qt 类似，也是一种应用程序框架，它随着微软 Visual C++ 开发工具发布，自 1993 年 Microsoft 公司推出 Visual C++ 1.0 开始，已经发展到版本 12.0(截至 2013 年 3 月)，并且发布了中文版。该类库提供一组通用的可重用的类库供开发人员使用，是 Windows 操作环境中比较流行的 C++ 语言开发平台。

Qt 与 X Window 上的 Motif、Openwin、GTK 等图形界面库和 Windows 平台上的 MFC、OWL、VCL、ATL 是同类型的东西，但与它们相比，Qt 具有下列优点。

- 优良的跨平台特性。具有跨操作系统平台优势，Qt 支持 Microsoft Windows 95/98、Microsoft Windows NT、Linux、Solaris、SunOS、HP-UX、Digital UNIX(OSF/1、Tru64)、Irix、FreeBSD、BSD/OS、SCO、AIX、OS390、QNX 等操作系统环境下的 C++ 语言图形界面应用程序开发。
- 兼容性强。Qt 支持 C++ 语言"一次编写，随处编译"的方式，允许程序员使用 C++ 语言单一源码来构建可以运行在不同操作系统平台下的应用程序的不同版本。
- 面向对象的特性体现得比 MFC 明显。就面向对象这一点来讲，Qt 的良好封装机制使得 Qt 的模块化程度非常高，可重用性较好，对于用户开发程序来说是非常方便的。
- 简单易学。语法结构简单清晰，Qt 通过提供一种称为信号(signals)/槽(slots)的安全类型来替代回调函数(callback)，使程序各部件之间的协同工作变得十分简单。代码写起来比较优雅，简单易学。
- 丰富的 API 支持功能。Qt 包含了 250 个以上的 C++ 类，提供基于模板的 collections、serialization、file、I/O device、directory management、date/time 类。提供正则表达式的处理功能。支持 2D/3D 图形渲染，支持 OpenGL 大量的开发文档，支持 XML，支持 Webkit 引擎的集成，可以实现本地界面与 Web 内容的无缝集成。

1.2 Qt的下载、安装与配置

1.2.1 Windows平台下第4版Qt C++语言集成开发环境的安装与配置

1. 下载安装程序

首先从Qt的开源版本网站下载Qt C++语言集成开发环境的安装程序，网址是http://qt-project.org/downloads。Qt官方网站上有各种操作系统环境中使用的不同的Qt二进制程序安装包，既有开源的MinGW预编译的版本，也有给VC2003/2005/2008预编译的商用版本，而且一直在更新，商业版Qt需要在Digia官网下载。这里下载的是Windows操作系统环境下Qt C++语言集成开发环境第4版的安装程序qt-sdk-win-opensource-2010.05.exe。这是一个集成的编程环境，包括Qt Creator、MinGW(gcc)、Qt Designer等组件，可以在Win 7、Windows XP等操作系统环境下安装使用。

2. 在Windows操作系统中安装英文版Qt C++语言集成开发环境

在Windows操作系统中安装Qt C++语言集成开发环境非常简单，运行Qt C++语言集成开发环境的安装程序qt-sdk-win-opensource-2010.05.exe，按照向导一步一步做下去很容易就可完成。下面是在Win 7操作系统环境下安装的详细步骤。

(1) 准备安装程序，将安装程序复制到计算机磁盘的某一文件夹下，这里演示的是在计算机D盘上建了一个名为Qt_V4的文件夹，并将安装文件复制到该文件夹下，如图1-1所示。

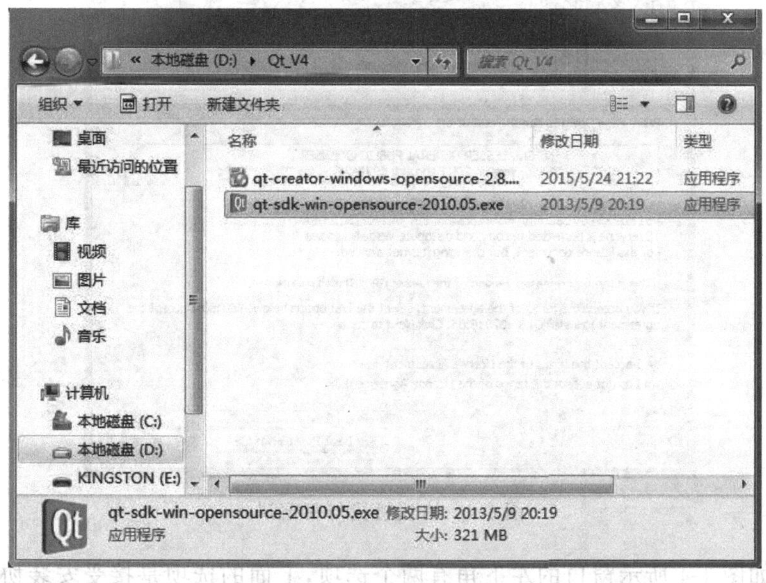

图1-1 安装程序qt-sdk-win-opensource-2010.05.exe

(2) 运行安装程序,双击安装文件 qt-sdk-win-opensource-2010. 05. exe,运行安装程序,程序开始解包,出现如图 1-2 所示的程序解包提示信息窗口。

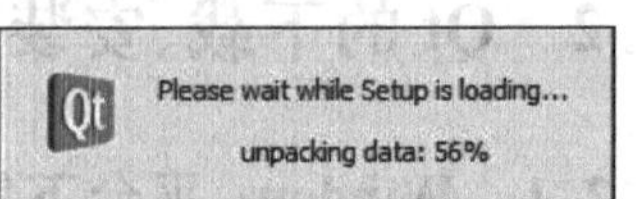

图 1-2 安装程序解包

(3) 安装程序解包完成,出现如图 1-3 所示的 Qt 软件开发工具包安装向导窗口,单击 Next 按钮继续,弹出如图 1-4 所示的是否接受 Qt 软件开发工具包安装协议的窗口。

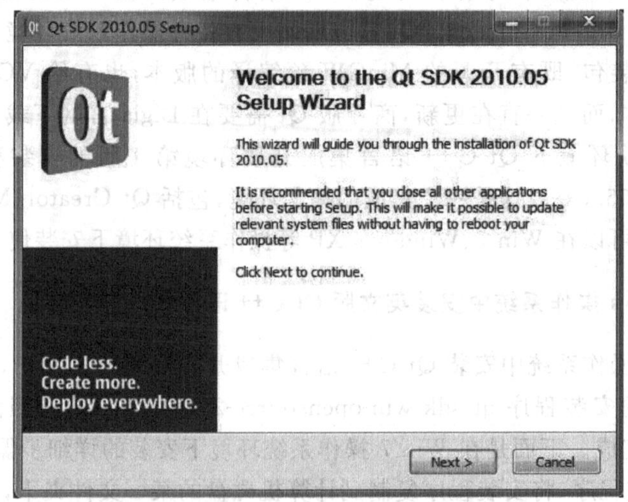

图 1-3 Qt 软件开发工具包安装向导

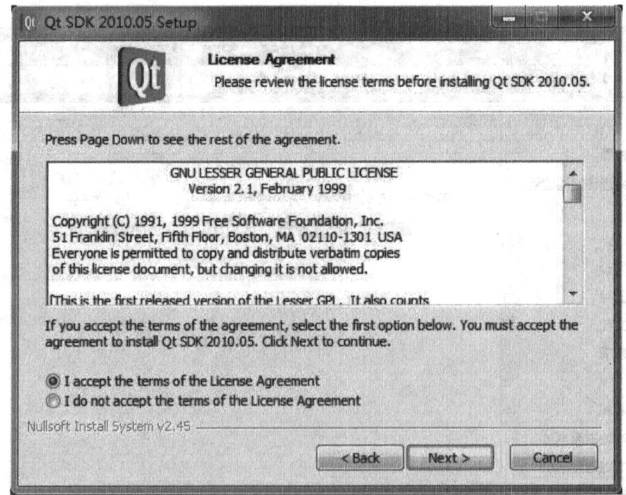

图 1-4 协议接受与否窗口

(4) 在如图 1-4 所示窗口的左下角有两个选项,上面的选项是接受安装协议,下面的选项是不接受安装协议。默认是不接受安装协议,此时 Next 按钮是虚的,意味着不接受安装协议,就不能安装本软件。这里选中上一行选项前面圆的单选按钮,接受安装协议,此时 Next 按钮变成可选状态，单击它继续安装，弹出如图 1-5 所示的与调试有关的信息窗口。

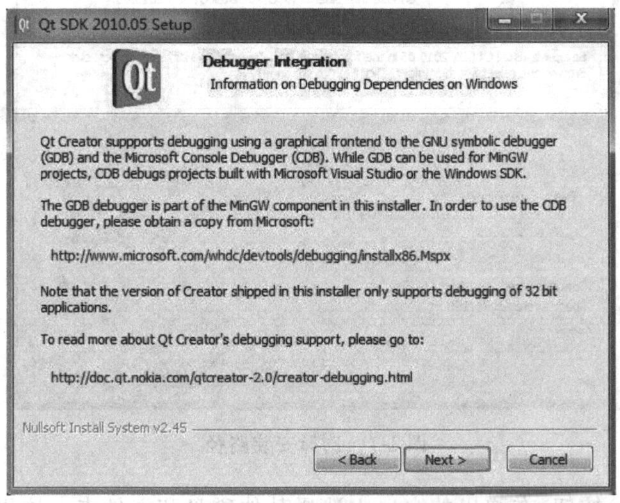

图 1-5　调试相关信息

（5）在如图 1-5 所示的与调试有关的信息窗口中，单击 Next 按钮继续，出现图 1-6。Qt C++ 语言集成开发环境由本书 1.1.2 节介绍的组件组成，这一步主要让安装者选择把哪些组件安装到计算机上。Qt 使用经验丰富的人员在安装时可以根据自己的需要定制安装，初学者最好保持默认安装的组件选择，这里保持默认的选择不变，单击 Next 按钮继续，弹出如图 1-7 所示的选择安装路径窗口。

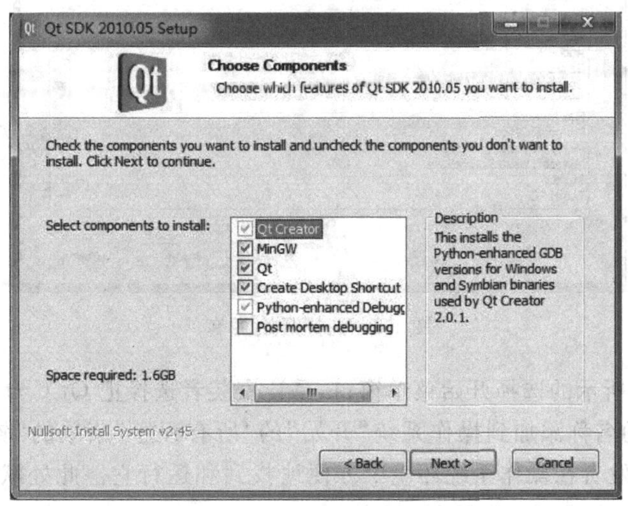

图 1-6　选择安装组件

（6）如图 1-7 所示的选择安装路径窗口，让安装者选择把 Qt C++ 语言集成开发环境安装到计算机的什么位置，这里给出的默认安装路径是 C:\Qt\2010.05，也就是把程序安装到计算机的 C 盘的 Qt 文件夹内的 2010.05 文件夹中。如果想安装到其他位置，可以

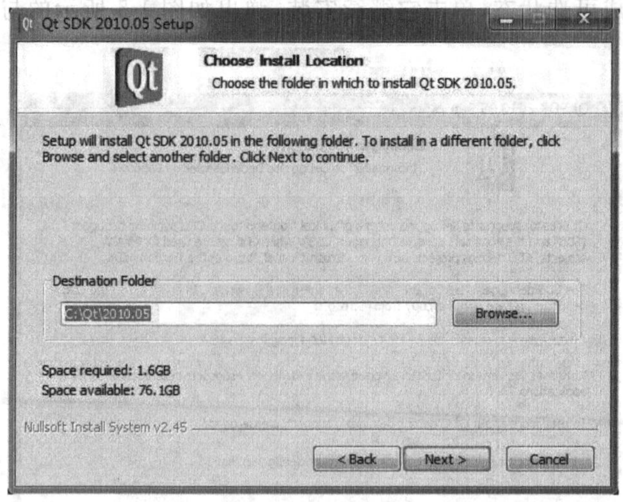

图 1-7　选择安装路径

单击 Browse(浏览)按钮，在弹出的窗口中选择其他磁盘和文件夹。这里保持默认安装路径不变，单击 Next 按钮继续，弹出如图 1-8 所示的选择开始菜单窗口。

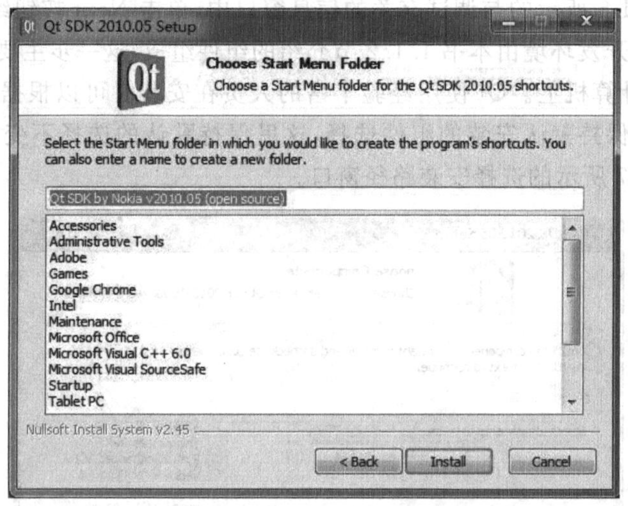

图 1-8　选择开始菜单

(7) 如图 1-8 所示的选择开始菜单窗口，是让安装者选择把 Qt C++ 语言集成开发环境程序以什么样的名称添加到操作系统“开始”的“所有程序”菜单的“软件列表”子菜单中，以便于程序开发者在操作系统环境中方便地找到和运行它。此处默认在操作系统开始菜单中添加的名字是 Qt SDK by Nokia v2010.05 (open source)。安装者可以在如图 1-8 所示的选择开始菜单窗口的菜单文本编辑框中，给 Qt C++ 语言集成开发环境程序命名一个自己喜欢的名字，或者通过单击选取菜单文本编辑框下方列表框中任意条目更换为其他名字。这里保持默认的程序名称不变，单击 Install 按钮开始程序的安装复制，弹出如图 1-9 所示的文件复制窗口。

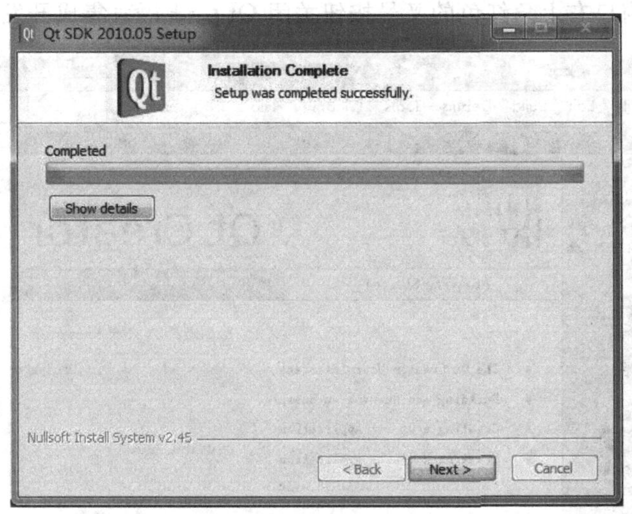

图 1-9　文件复制窗口

(8) 如图 1-9 所示的选择文件复制窗口，是把 Qt C++ 语言集成开发环境程序从安装文件复制到计算机的安装路径下，窗口中的进度条显示了复制的进度，复制完毕后，窗口中的 Next 按钮由虚的不可选择状态，变成实的可选择状态，在操作系统桌面上出现如图 1-10 所示的 Qt C++ 语言集成开发环境程序的快捷方式图标，使操作者可以程序安装完成后通过单击该快捷方式图标启动 Qt C++ 语言集成开发环境。此时单击 Next 按钮，弹出如图 1-11 所示的安装完毕窗口。

图 1-10　桌面快捷方式图标

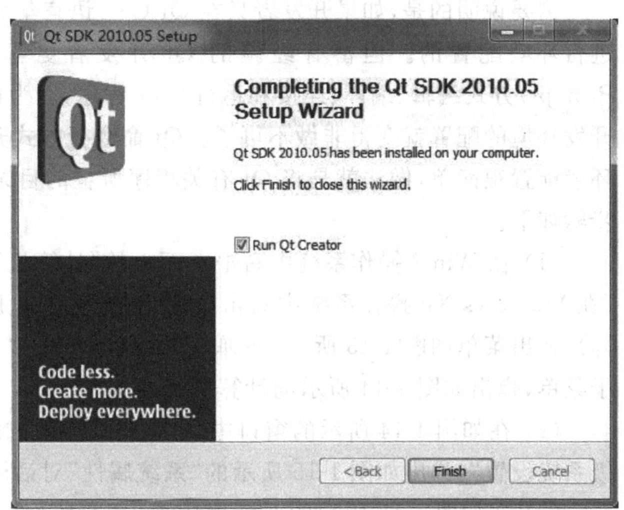

图 1-11　安装完毕窗口

(9) 如图 1-11 所示的“安装完毕”窗口中间有一个打对号的复选框，复选框后面有 Run Qt Creator 文字，在复选框打对号的前提下，单击 Finish 按钮，弹出如图 1-12 所示的 Qt C++ 语言集成开发环境程序运行的主窗口，表示 Qt C++ 语言集成开发环境程序已经安装完毕，并能成功启动。通过单击 File 菜单然后在弹出的子菜单中单击 Exit 菜单项或者通过直接单击窗口右上角红色的叉号按钮关闭 Qt C++ 语言集成开发环境程序。

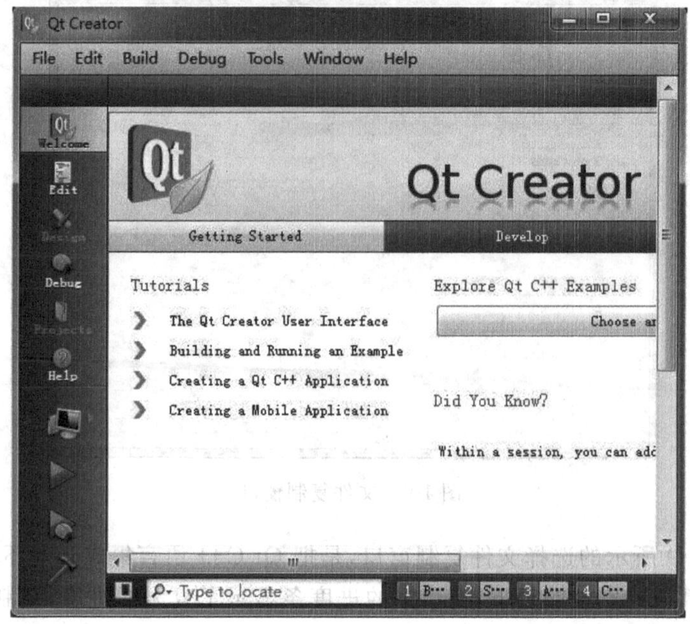

图 1-12 Qt C++ 语言集成开发环境

3. 环境配置

需要说明的是,如果开发者只在 Qt C++ 语言集成开发环境中开发程序,是没有必要进行环境配置的。但富有经验的 Qt 开发者更喜欢使用 Qt 命令行(Qt Command Prompt)方式编辑、编译、连接和运行 C++ 程序,因为这样可以赋予他们更多的自由,所以开发环境的配置就变得非做不可了。Qt 命令行方式开发图形界面 C++ 语言程序的开发环境配置很简单,做法就是将 Qt 有关程序所在的目录添加到操作系统环境变量中,方法步骤如下。

(1) 在 Win 7 操作系统中右击桌面上的"计算机"图标(在 Windows XP 操作系统中右击桌面上的"我的电脑"图标),弹出菜单如图 1-13 所示,在弹出的菜单中单击"属性"子菜单,弹出如图 1-14 所示的计算机属性窗口。

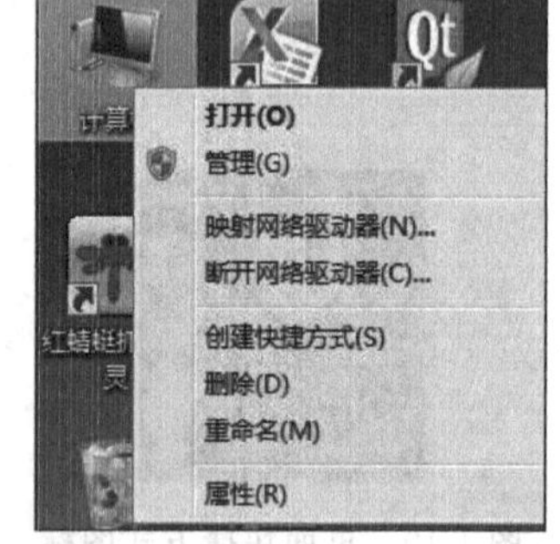

图 1-13 计算机图标快捷菜单

(2) 在如图 1-14 所示的窗口中,单击窗口左上方的"高级系统设置",弹出如图 1-15 所示的"系统属性"对话框。

(3) 在如图 1-15 所示的对话框中单击"高级"选项卡,然后单击"环境变量"按钮,弹出如图 1-16 所示的"环境变量"对话框。

(4) 在如图 1-16 所示对话框的"系统变量(S)"列表框中,通过鼠标上下拖动列表右侧的滑块,在"系统变量(S)"列表中单击选中名为 Path 的环境变量,然后单击"编辑"按钮,弹出如图 1-17 所示的"编辑系统变量"对话框,在该对话框的"变量值"文本框中现有

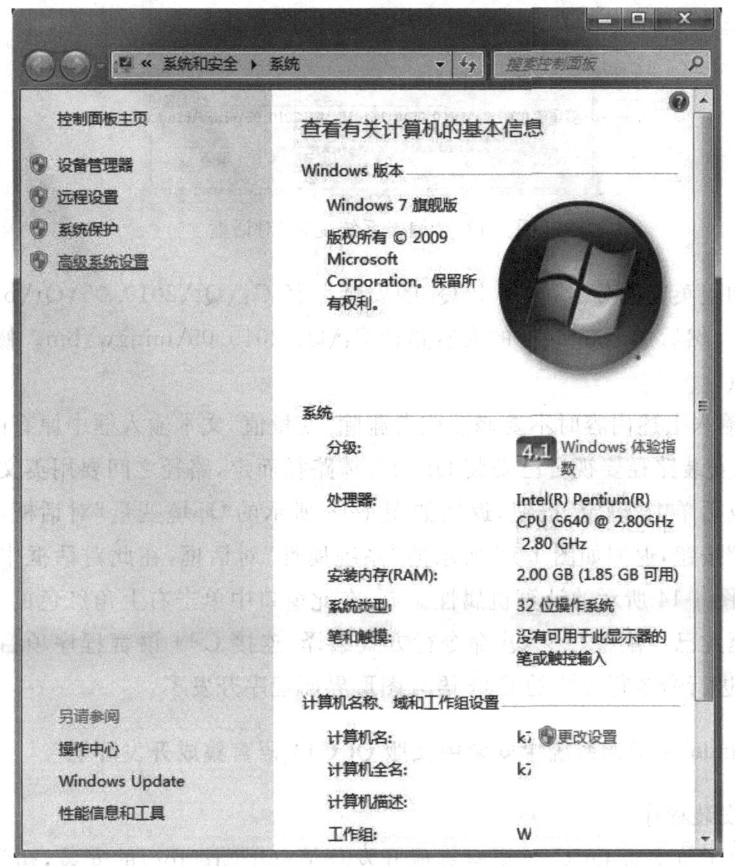

图 1-14 计算机属性窗口

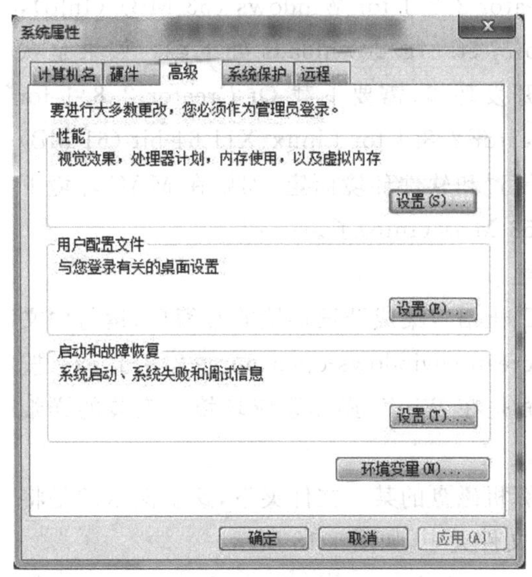

图 1-15 “系统属性”对话框

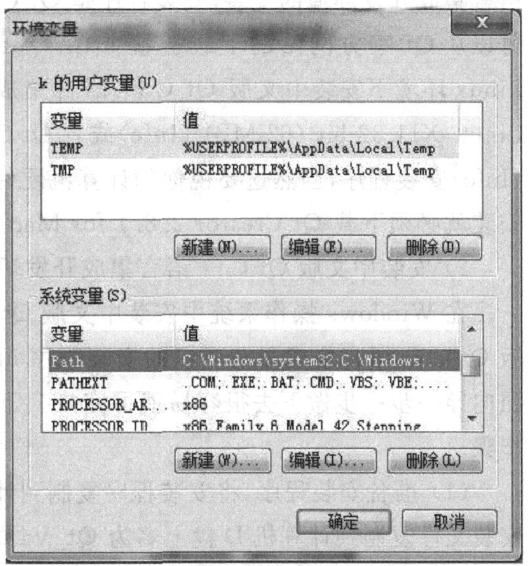

图 1-16 “环境变量”对话框

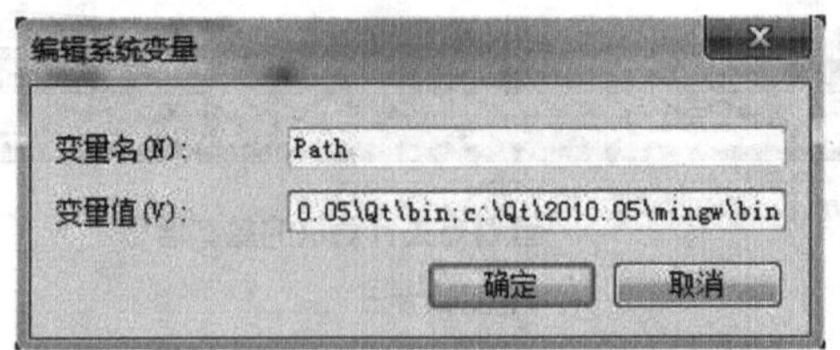

图 1-17 “编辑系统变量”对话框

内容的后面加上英文的分号，再加上 Qt 的安装路径 C:\Qt\2010.05\Qt\bin，然后再加上英文的分号，然后加上 mingw 的安装路径 C:\Qt\2010.05\mingw\bin。修改变量值时注意以下两点。

① 注意输入上述内容时不要修改或者删除“变量值”文本输入框中原有的内容。

② Qt 的安装路径要视自己安装 Qt 的具体路径而定，路径之间要用英文分号分隔。

修改完成后单击“确定”按钮，返回如图 1-16 所示的“环境变量”对话框，在此对话框中单击“确定”按钮，返回如图 1-15 所示的“系统属性”对话框，在此对话框中单击“确定”按钮，返回如图 1-14 所示的计算机属性窗口，在此窗口中单击右上角红色的叉号按钮，关闭该窗口。至此已经配置好了 Qt 命令行方式编译、连接 C++ 语言程序项目所需要的环境变量，可以进行命令行方式的 C++ 语言图形界面程序开发了。

4. 在 Windows 操作系统中安装中文版 Qt C++ 语言集成开发环境

1) 下载安装程序

上面介绍了英文版 Qt C++ 语言集成开发环境(Qt Creator)的安装，初学 Qt 的人更习惯用中文版的 Qt C++ 语言集成开发环境。下面介绍 Windows 环境下中文版 Qt C++ 语言集成开发环境的安装，安装程序是 Qt Creator 2.8.1 for Windows (53 MB) (Info)，可以从 Qt 官方网站的下载链接 http://qt-project.org/downloads 处下载。如果是在 Linux 环境下安装中文版 Qt C++ 语言集成开发环境，需要下载 Qt Creator 2.8.1 for Linux/X11 32-bit (62 MB) (Info)或者 Qt Creator 2.8.1 for Linux/X11 64-bit (61 MB) (Info)安装程序，当然这要视你的计算机硬件配置和软件环境而定，如要在 MAC 环境下安装就必须下载 Qt Creator 2.8.1 for Mac (53 MB) (Info)了。

2) 安装中文版 Qt C++ 语言集成开发环境

在 Windows 操作系统中安装中文版 Qt C++ 语言集成开发环境非常简单，运行中文版 Qt C++ 语言集成开发环境的安装程序 qt-creator-windows-opensource-2.8.1.exe，按照向导一步一步做下去很容易就可完成。下面是在 Win 7 操作系统环境下安装的详细步骤。

(1) 准备安装程序，将安装程序复制到计算机磁盘的某一文件夹下，这里演示的是将安装文件复制到计算机 D 盘上名为 Qt_V4 的文件夹中，如图 1-18 所示。

(2) 运行安装程序，双击安装文件 qt-creator-windows-opensource-2.8.1.exe，运行安装程序，出现如图 1-19 所示的中文版 Qt C++ 语言集成开发环境的安装向导对话框。

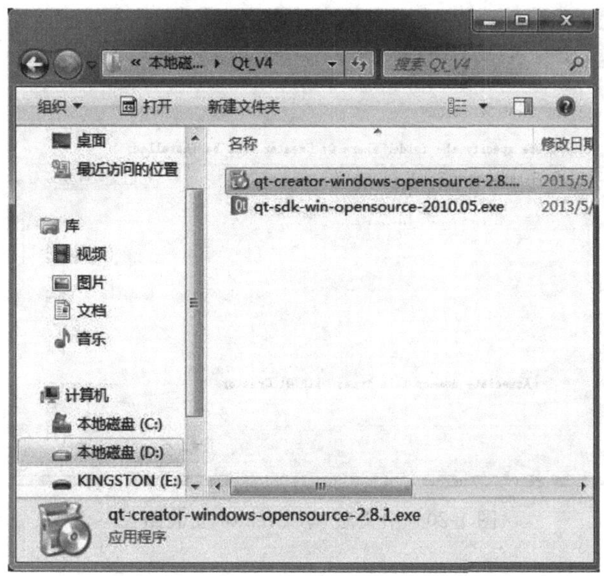

图 1-18　中文版 Qt C++ 语言集成开发环境安装程序

在如图 1-19 所示的对话框中,单击“下一步”按钮继续,出现如图 1-20 所示的选择安装路径对话框。

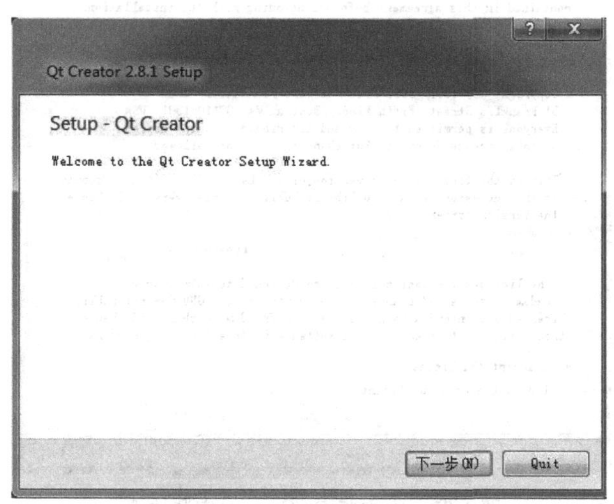

图 1-19　中文版 Qt Creator 安装向导

(3) 如图 1-20 所示的选择安装路径对话框,让安装者选择把中文版 Qt C++ 语言集成开发环境安装到计算机的什么位置,这里给出的默认安装路径是 C:\Qt\qtcreator-2.8.1,也就是把程序安装到计算机的 C 盘的 Qt 文件夹内的 qtcreator-2.8.1 文件夹中。如果想安装到其他位置,可以单击 Browse(浏览)按钮,在弹出的窗口中选择其他磁盘和文件夹。这里保持默认安装路径不变,单击“下一步”按钮继续,弹出如图 1-21 所示的是否接受 Qt Creator 软件安装协议的对话框。

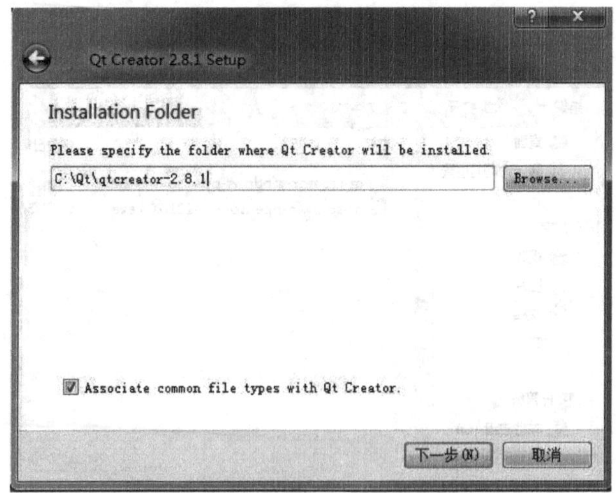

图 1-20 中文版 Qt Creator 安装路径

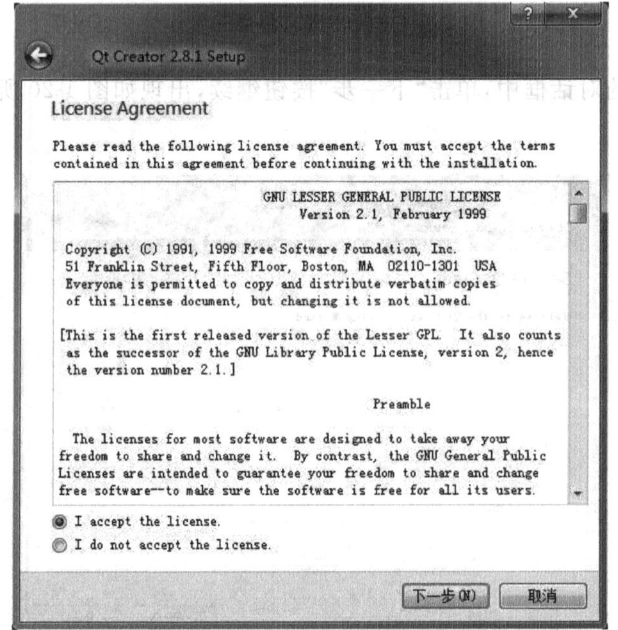

图 1-21 中文版 Qt Creator 安装协议

(4) 在如图 1-21 所示对话框左下方有两行选项，上面的选项是接受安装协议，下面的选项是不接受安装协议。默认的是不接受安装协议，此时"下一步"按钮是虚的，意味着不接受安装协议的话，就不能安装本软件。这里选中上一行选项前面圆的单选按钮，接受安装协议，此时"下一步"按钮变成可以选择，单击它继续安装，弹出如图 1-22 所示的 Qt Creator 开始菜单对话框。

(5) 图 1-22 所示的选择开始菜单对话框，让安装者选择把中文版 Qt C++ 语言集成开发环境程序以什么样的名称添加到操作系统"开始"的"所有程序"菜单的"软件列表"子

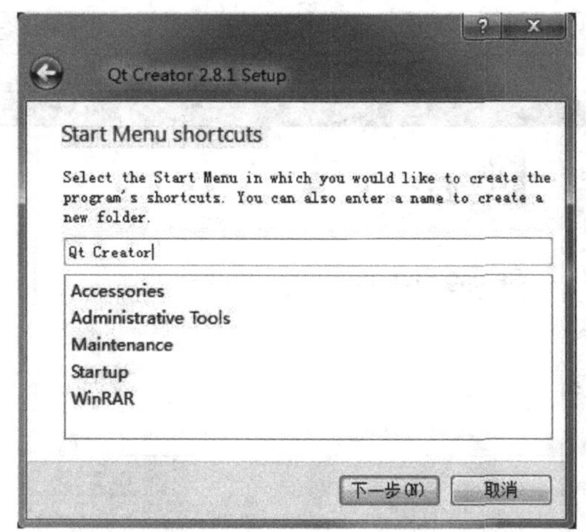

图 1-22　Qt Creator 开始菜单

菜单中，便于程序开发者在操作系统环境中方便地找到并运行它。此处默认命名它是 Qt Creator。安装者可以在如图 1-22 所示的选择开始菜单对话框的文本框中直接输入其他自己喜欢的名称，或者通过单击选取文本编辑框下方列表框中的任意条目更换为其他名称。这里保持默认的命名内容不变，单击"下一步"按钮开始程序的安装复制，弹出如图 1-23 所示的准备安装对话框。

(6) 在如图 1-23 所示的准备安装对话框中，单击 Install 按钮开始程序的复制，弹出图 1-24。

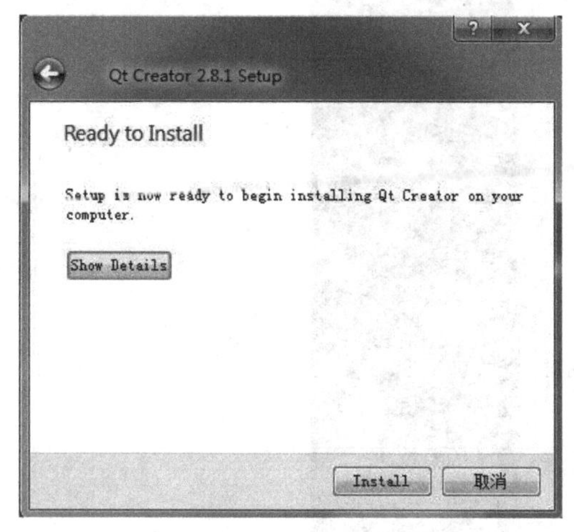

图 1-23　准备安装中文版 Qt Creator

图 1-24　文件复制

(7) 图 1-24 表示把中文版 Qt C++ 语言集成开发环境程序从安装文件复制到计算机的安装路径下，窗口中的进度条显示了复制的进度，复制完毕后，自动启动中文版 Qt C++ 语言集成开发环境，弹出如图 1-25 所示的中文版 Qt C++ 语言集成开发环境程序窗口。

如图 1-26 所示，安装 Qt C++ 语言集成开发环境程序后，会在操作系统"开始"→"所有程序"菜单中找到 Qt C++ 语言集成开发环境的启动程序 Qt Creator，可以通过单击它

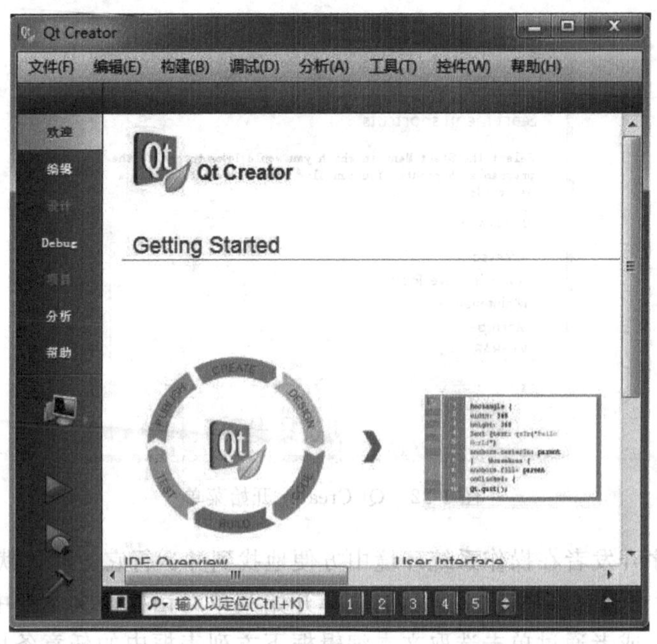

图 1-25　中文版 Qt Creator 主窗口

启动 Qt C++ 语言集成开发环境程序。

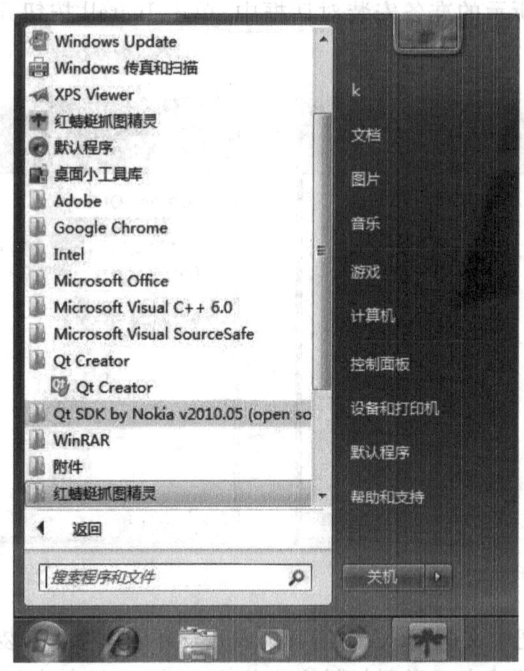

图 1-26　Win 7 操作系统平台 Qt 程序菜单

需要强调的是，尽管中文版 Qt C++ 语言集成开发环境程序已经启动运行，但并不意味着中文版 Qt C++ 语言集成开发环境程序已经成功安装，需要进一步验证，如果存在安装问题，则必须解决它，否则中文版 Qt C++ 语言集成开发环境程序有可能不能正常使用。如何验证中文版 Qt C++ 语言集成开发环境程序是否安装成功，以及安装常见问题的解决办法参看下面的内容。

5. 验证是否成功安装中文版 Qt C++ 语言集成开发环境

验证中文版 Qt C++ 语言集成开发环境是否安装成功非常简单，方法就是看它是否能够创建图形用户界面的项目。方法如下。

启动中文版 Qt C++ 语言集成开发环境，如图 1-27 所示，单击“文件”→“新建文件或项目”菜单项，如果弹出的“新建”窗口(见图 1-28)，表明中文版 Qt C++ 语言集成开发环境安装成功；如果弹出的“新建”窗口如图 1-29 所示，则表明中文版 Qt C++ 语言集成开发环境没有安装成功。

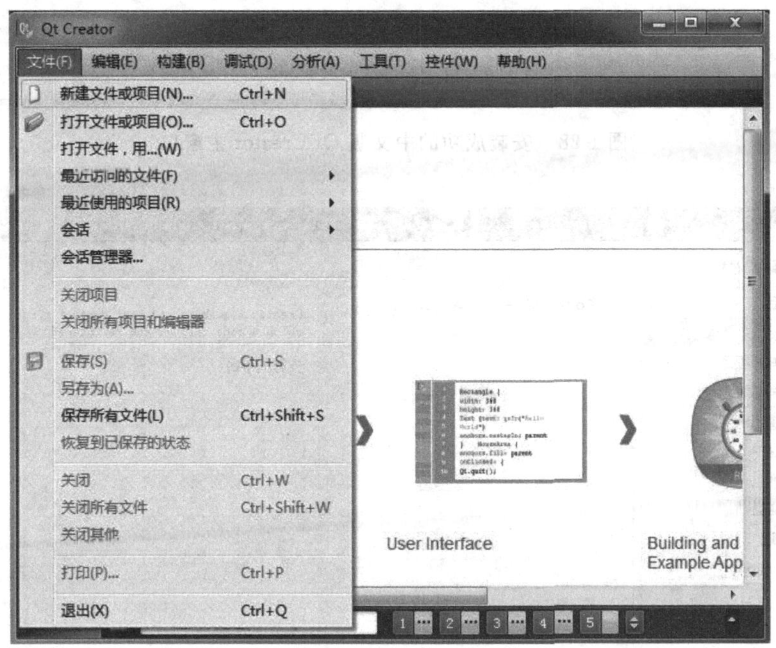

图 1-27 “文件”菜单

仔细比较图 1-28 所示的“新建”窗口和如图 1-29 所示的“新建”窗口会发现，如图 1-28 所示的“新建”窗口的左侧项目列表中有“应用程序”“库”内容，中间列表中有“Qt Gui 应用”、Qt Quick 1 Application(Build-in Type)、Qt Quick 1 Application(feom Existing)、“Qt 控制台应用”“HTML5 应用”等内容；而如图 1-29 所示的“新建”窗口的左侧项目列表和中间列表中则没有相应的内容。

6. 中文版 Qt C++ 语言集成开发环境安装常见问题解决办法

中文版 Qt C++ 语言集成开发环境安装时常常会遇到上面介绍的安装不成功问题，原因是安装的中文版 Qt C++ 语言集成开发环境仅仅是一个汉化环境，本身不带 C++ 语

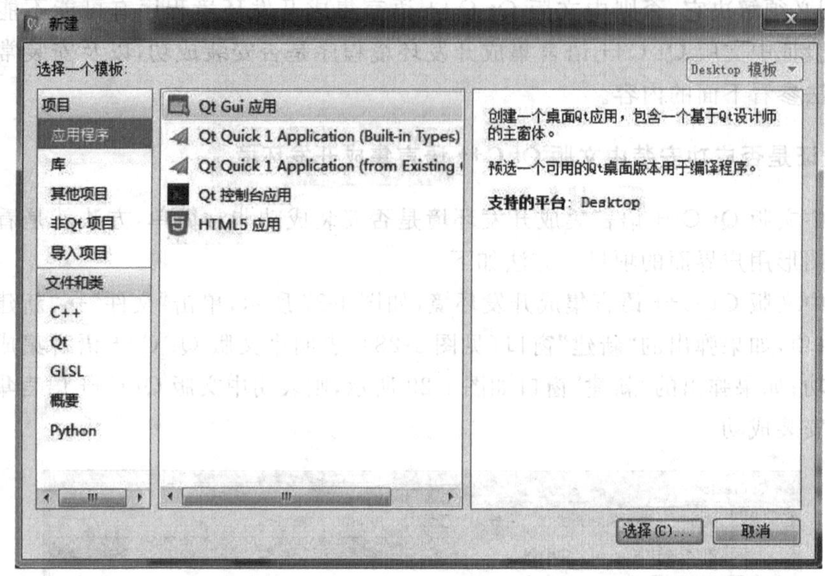

图 1-28　安装成功的中文版 Qt Creator 主窗口

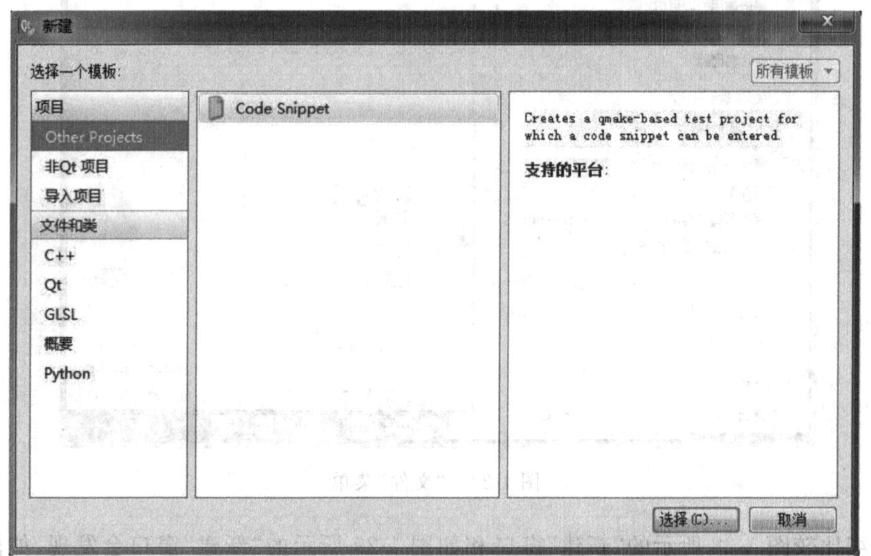

图 1-29　安装不成功的中文版 Qt Creator 主窗口

言的编译器和图形用户界面程序的构建套件，需要借用其他系统的 C++ 语言编译器和图形用户界面程序的构建套件。中文版 Qt C++ 语言集成开发环境安装程序具有一定的智能，在安装过程中，它会自动检测计算机上是否已经安装了带有编译器和图形用户界面程序构建套件的 C++ 语言开发环境，如果检测到有，而且版本匹配，就尝试将其配置为自己所用。例如计算机上已经安装了诸如 Visual C++ 或者英文版 Qt C++ 语言集成开发环境等。中文版 Qt C++ 语言集成开发环境在安装时就尝试配置 Visual C++ 或者英文版 Qt C++ 语言集成开发环境的编译器和图形用户界面程序的构建套件为其所用。这里有一个前提是，计算机最好只安装一种带有编译器和图形用户界面程序构建套件的C++语言集成开发环境。或者只安装Visual C++，或者只安装英文版Qt C++语言集成开发环境，这种情况下中文版Qt C++语言集成开发环境安装一般会比较顺利。如果计算机上同时安装有Visual C++和英文版Qt C++语言集成开发环境，那么安装中文版Qt C++语言集成开发环境时就可能会遇到麻烦，原因是同时面对Visual C++和英文版Qt C++语言集成开发环境时，它有点无所适从，不知道该选择谁的编译器和图形用户界面程序构建套件为其所用，造成"编译器""构建套件"和"Qt版本"的配置失败，出现如图1-29所示的情况。出现这种问题时，就需要手工配置中文版Qt C++语言集成开发环境的"编译器""构建套件"和"Qt版本"等内容，使中文版Qt C++语言集成开发环境能正常使用，配置方法如下。

(1) 运行中文版Qt C++语言集成开发环境程序，出现如图1-30所示的窗口。在图1-30所示的窗口中，单击菜单栏中的"工具"菜单，在弹出的下拉菜单中单击最下方的"选项"命令，出现如图1-31所示的"选项"对话框。

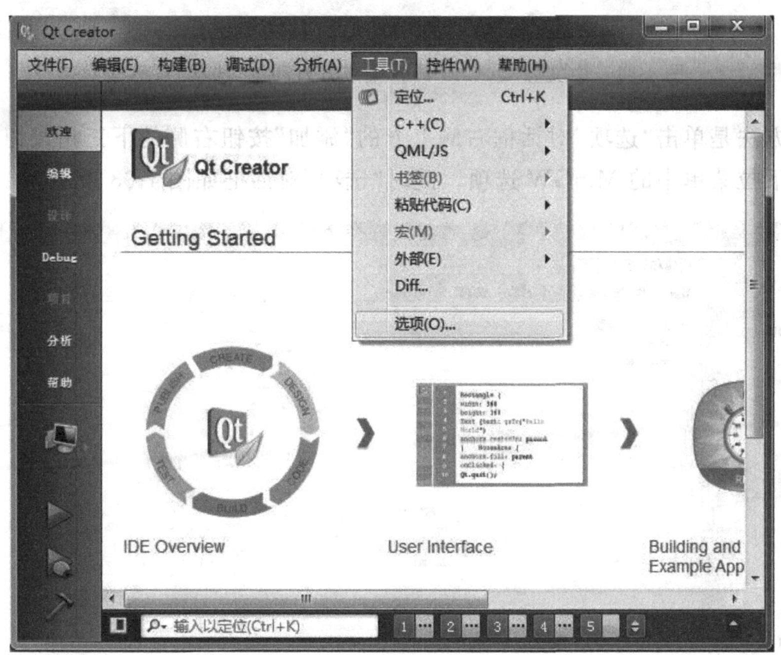

图1-30 中文版Qt C++语言集成开发环境主窗口

(2) 如图1-31所示，单击左侧列表中的"构建和运行"项目，"构建和运行"多页选项卡出现在对话框的右侧，其中自左到右分别是"概要""构建套件(Kit)""Qt版本""编译器"和CMake选项卡。如果"构建套件(Kit)""Qt版本""编译器"配置空缺或者配置不当都会导致中文版Qt C++语言集成开发环境程序不能正常使用，所以需要正确配置它们，配置的顺序是："编译器"→"Qt版本"→"构建套件(Kit)"。

(3) 在如图1-31所示对话框中，单击"编译器"选项卡，如图1-32所示，可以看到"自动检测"和"手动设置"的内容都是空的，意味着C++语言的编译器没有配置。需要手工

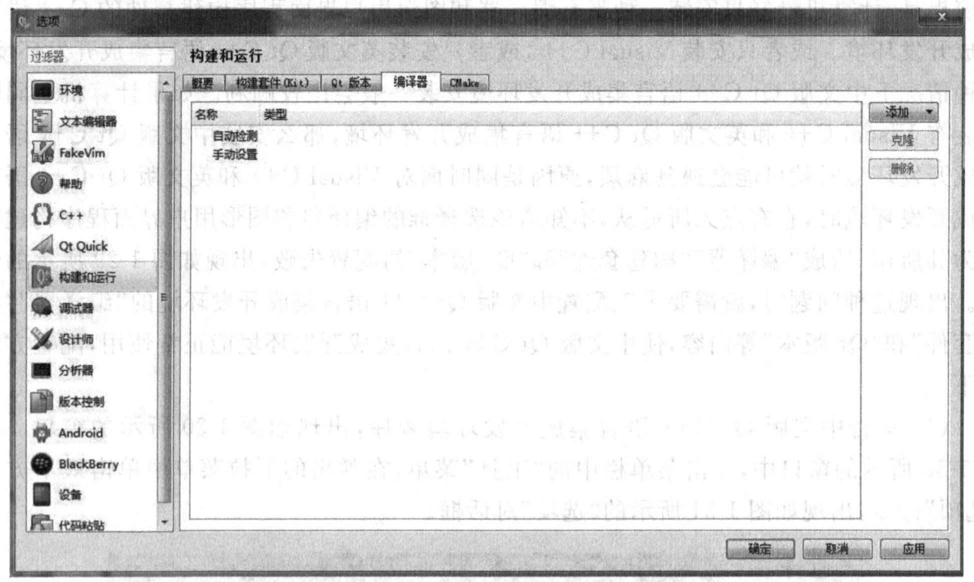

图 1-31 中文版 Qt C++ 语言集成开发环境“选项”对话框

配置它们,方法是单击“选项”对话框右侧上方的“添加”按钮右侧的下三角按钮,弹出下拉菜单,选择下拉菜单中的 MinGW 选项。此时“选项”对话框如图 1-33 所示。

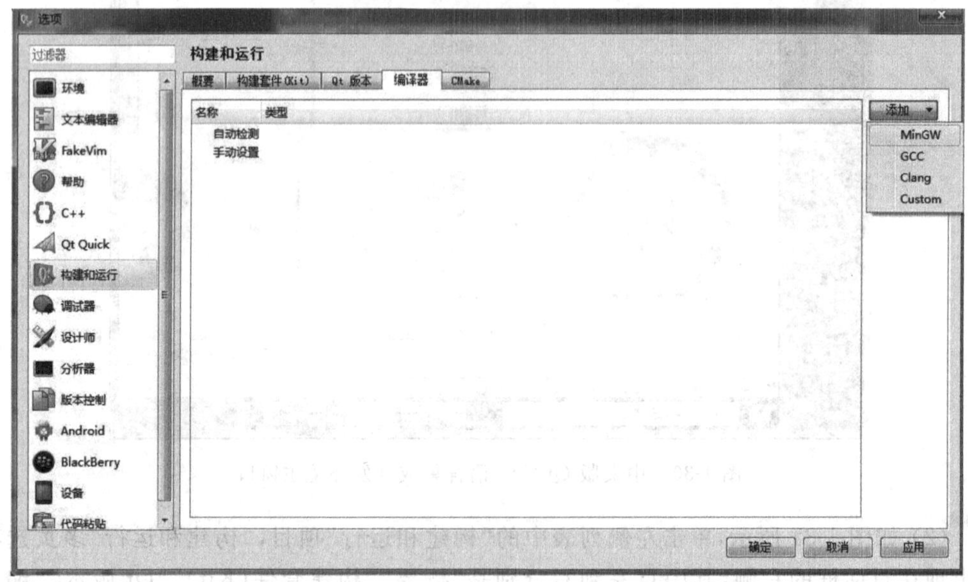

图 1-32 中文版 Qt C++ 语言集成开发环境编译器设置

(4) 在如图 1-33 所示的对话框中,单击“编译器路径”文本输入框右侧的“浏览”按钮,出现如图 1-34 所示的“选择执行档”对话框。

(5) 在如图 1-34 所示的对话框中,在左侧列表中找到计算机的“本地磁盘(C)”,单击选中它,然后在右侧列表中找到英文版 Qt C++ 语言集成开发环境的安装文件夹 Qt,双击

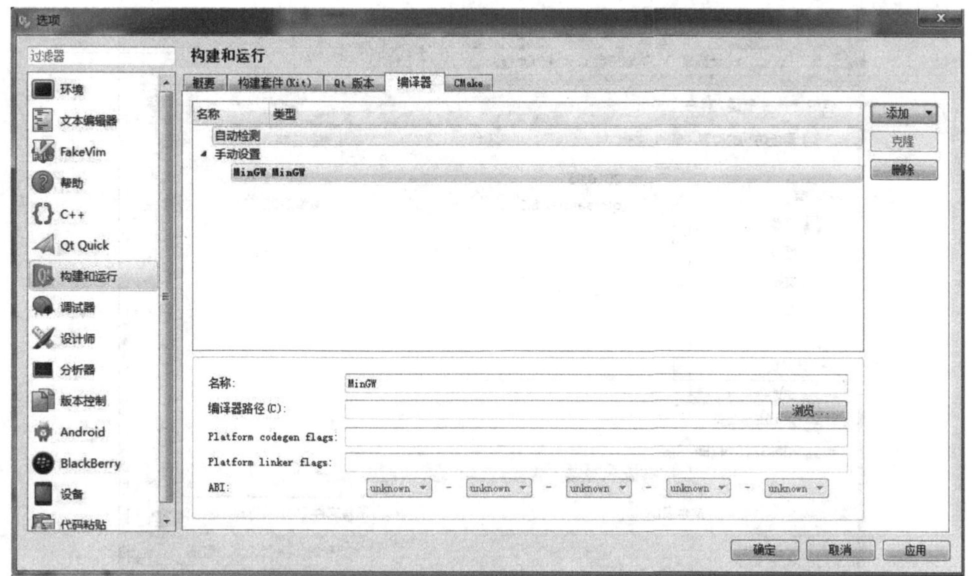

图 1-33　中文版 Qt C++ 语言集成开发环境编译器添加 MinGW

图 1-34　“选择执行档”对话框

打开 Qt 文件夹，此时“选择执行档”对话框如图 1-35 所示。

(6) 在如图 1-35 所示的对话框中，在右侧列表中找到英文版 Qt C++ 语言集成开发环境的安装文件夹 Qt 下的 2010.05 文件夹，双击打开它，此时“选择执行档”对话框如图 1-36 所示。

(7) 在如图 1-36 所示对话框中，在右侧列表中找到 mingw 文件夹，双击打开它，此时

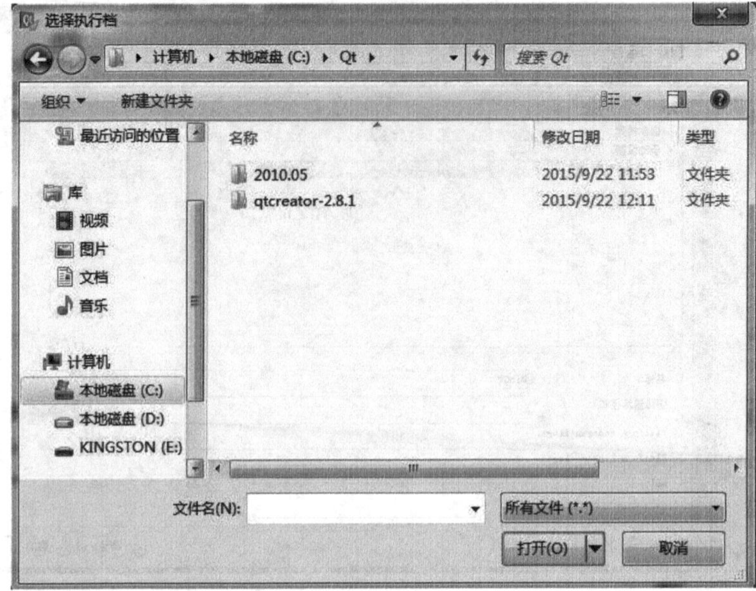

图 1-35　Qt 文件夹

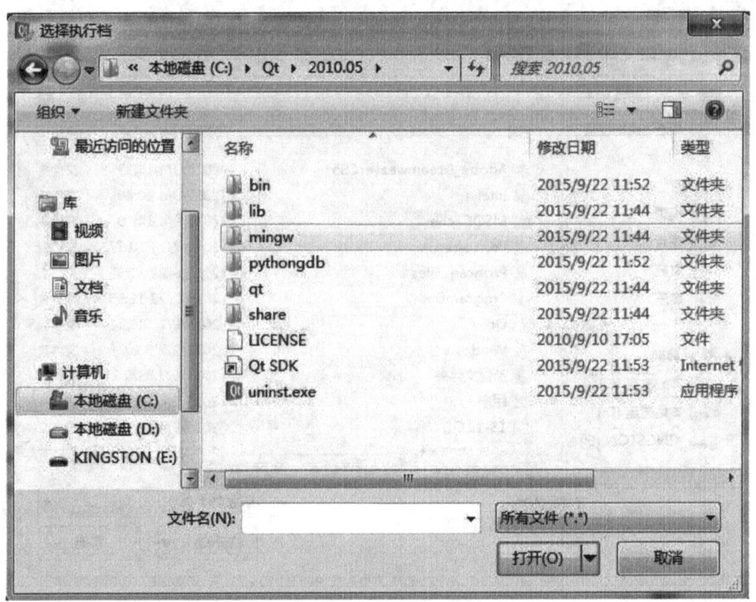

图 1-36　2010.05 文件夹

“选择执行档”对话框如图 1-37 所示。

(8) 在如图 1-37 所示对话框中,在右侧列表中找到 bin 文件夹,双击打开它,此时“选择执行档”对话框如图 1-38 所示。

(9) 在如图 1-38 所示的对话框中,在右侧列表中找到 g++.exe 文件,单击选中它,然后再单击窗口右下方的“打开”按钮,此时弹出“选项”对话框,如图 1-39 所示。可以看到

图 1-37 mingw 文件夹

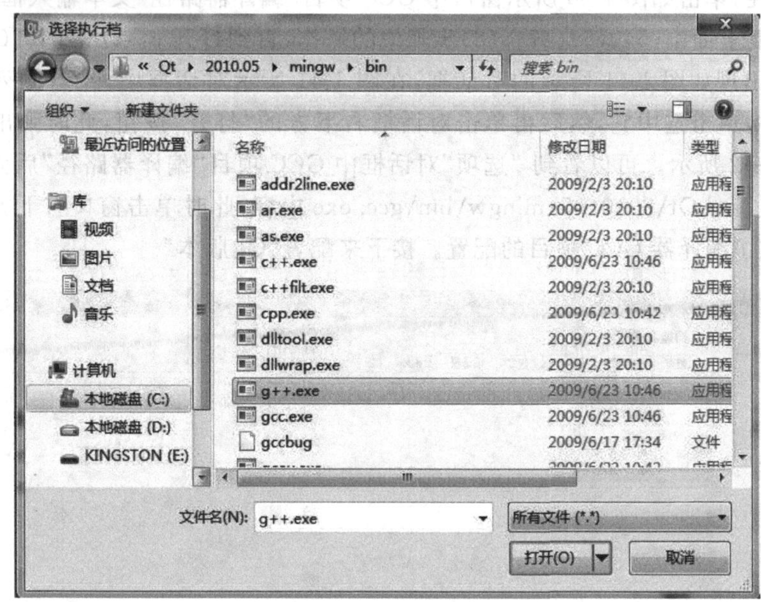

图 1-38 bin 文件夹

“选项”对话框中 MinGW 项目的“编译器路径”后面的文本编辑框中出现了 c:\Qt\2010.05\mingw\bin\g++.exe 内容，此时单击窗口右下方的“应用”按钮，就完成了编译器 MinGW 项目的配置。下面配置 GCC 项目。

（10）配置编译器的 GCC。在如图 1-39 所示对话框中，单击“选项”对话框右侧上方的“添加”按钮右侧的下三角按钮，此时“选项”对话框如图 1-32 所示，继续单击下拉列表中的 GCC 选项。此时“选项”对话框如图 1-40 所示。接下来要做的就是配置 GCC 项目

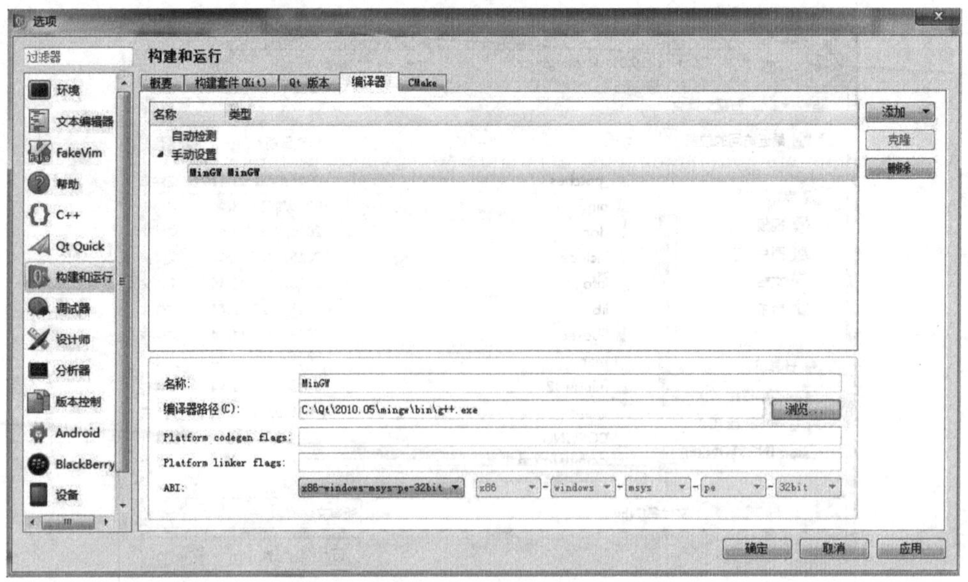

图 1-39 MinGW 配置

的编译器路径,单击如图 1-40 所示窗口中 GCC 项目“编译器路径”文本输入框右侧的“浏览”按钮,重复上面第(5)、(6)、(7)、(8)步骤中的操作,直到打开 c:\Qt\2010.05\mingw\bin 文件夹,出现如图 1-41 所示的对话框,在图 1-41 所示对话框中,在右侧列表中找到 gcc.exe 文件,单击选中它,然后再单击对话框右下方的“打开”按钮,此时弹出“选项”对话框,如图 1-42 所示。可以看到“选项”对话框中 GCC 项目“编译器路径”后面的文本编辑框中输入了 c:\Qt\2010.05\mingw\bin\gcc.exe 内容,此时单击窗口右下方的“应用”按钮,就完成了编译器 GCC 项目的配置。接下来配置“Qt 版本”。

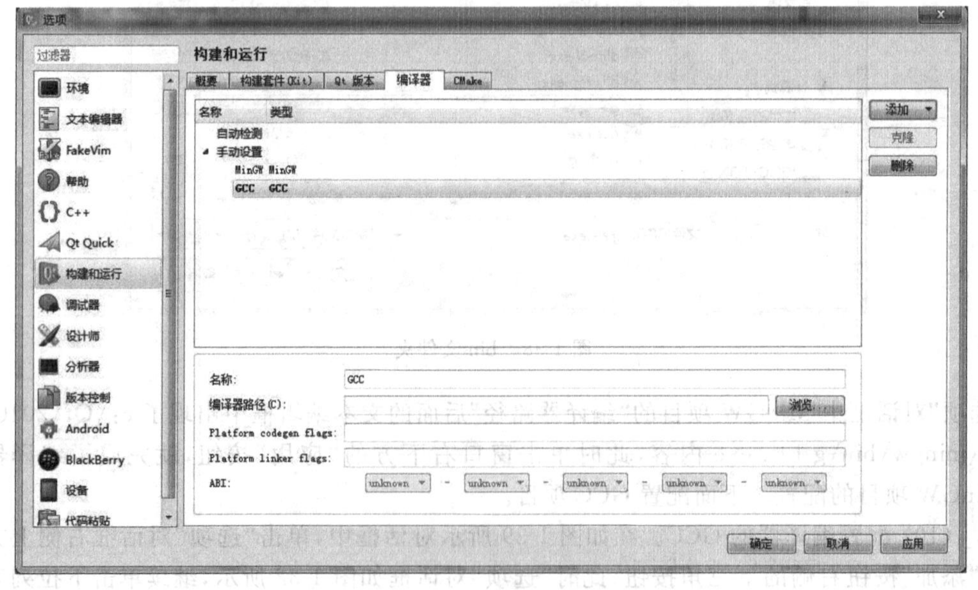

图 1-40 “选项”对话框

图 1-41 “选择执行档”对话框

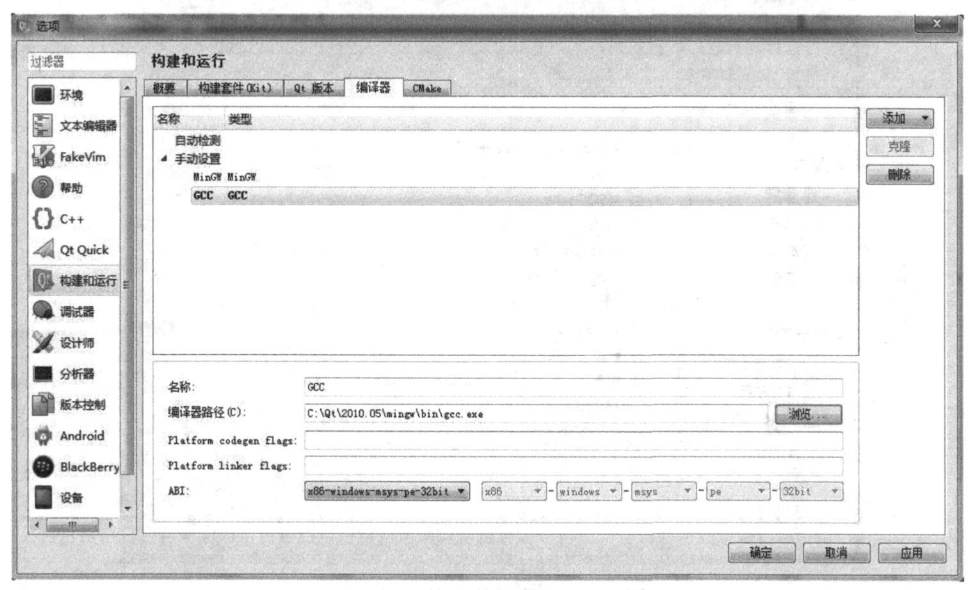

图 1-42 GCC 配置

(11) 在如图 1-42 所示的对话框中,单击“Qt 版本”选项卡开始配置“Qt 版本”。弹出如图 1-43 所示的对话框。在“Qt 版本”选项卡中,可以看到“自动检测”和“手动设置”两个设置选项内容都是空的,这意味着 C++ 语言集成开发环境的 Qt 版本没有配置。需要手工配置它,方法是单击“选项”对话框右侧上方的“添加”按钮,出现如图 1-44 所示的“选择执行档”对话框。

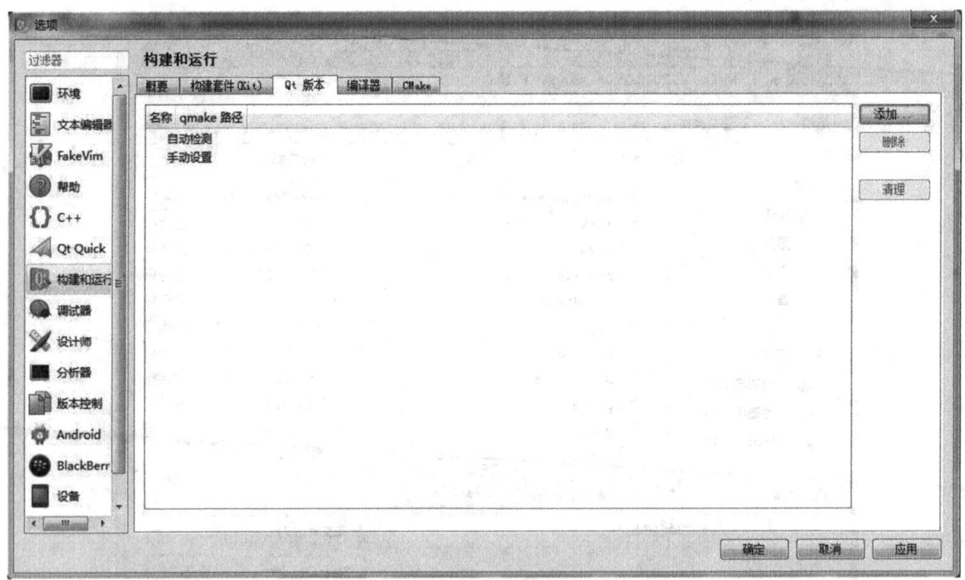

图 1-43 Qt 版本配置

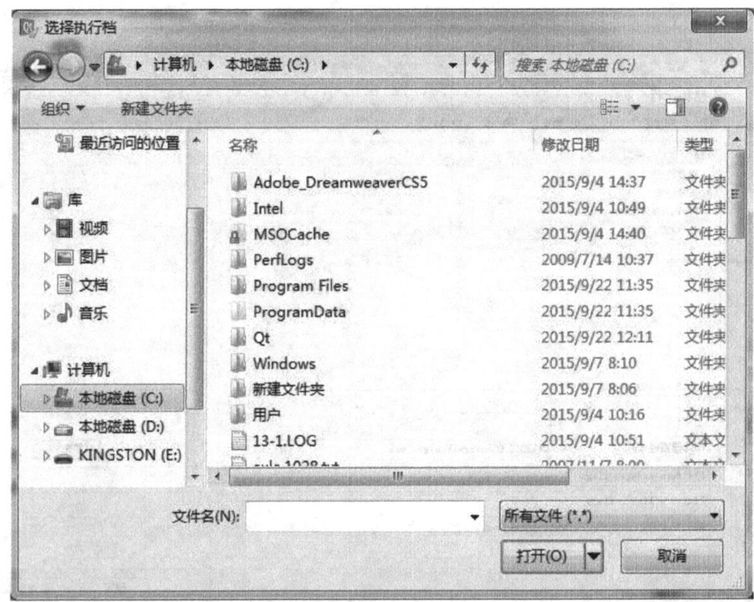

图 1-44 “选择执行档”对话框

(12) 在如图 1-44 所示的对话框中，在左侧列表中找到安装了英文版 Qt C++ 语言集成开发环境的计算机的“本地磁盘(C:)”，单击选中，然后在右侧列表中找到英文版 Qt C++ 语言集成开发环境的安装文件夹 Qt，双击打开 Qt 文件夹，此时“选择执行档”对话框如图 1-45 所示。

(13) 在如图 1-45 所示的对话框中，在右侧列表中找到英文版 Qt C++ 语言集成开发环境的安装文件夹 Qt 下的 2010.05 文件夹，双击打开它，此时“选择执行档”对话框如图 1-46 所示。

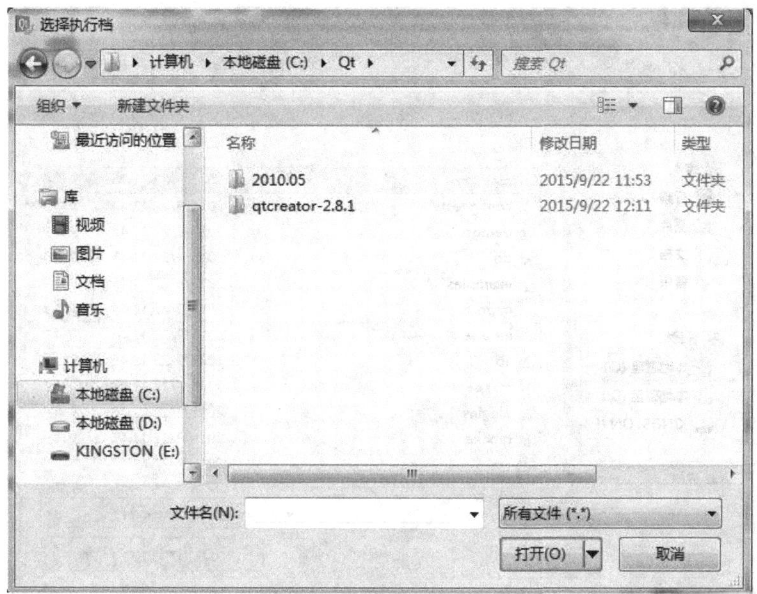

图 1-45　Qt 文件夹

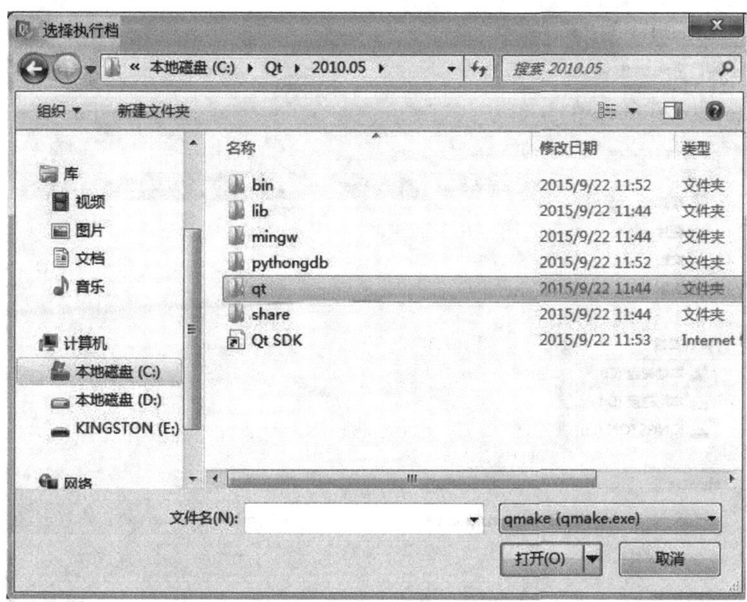

图 1-46　2010.05 文件夹

(14) 在如图 1-46 所示的对话框中，在右侧列表中找到 qt 文件夹，双击打开它，此时“选择执行档”对话框如图 1-47 所示。

(15) 在如图 1-47 所示的对话框中，在右侧列表中找到 bin 文件夹，双击打开它，此时“选择执行档”对话框如图 1-48 所示。

(16) 在如图 1-48 所示的对话框中，在右侧列表中找到 qmake.exe 文件，单击选中

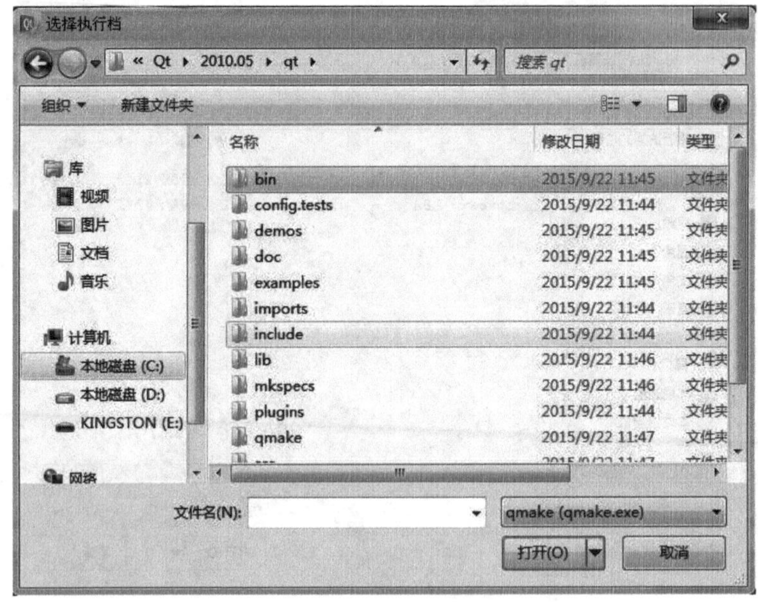

图 1-47　bin 文件夹

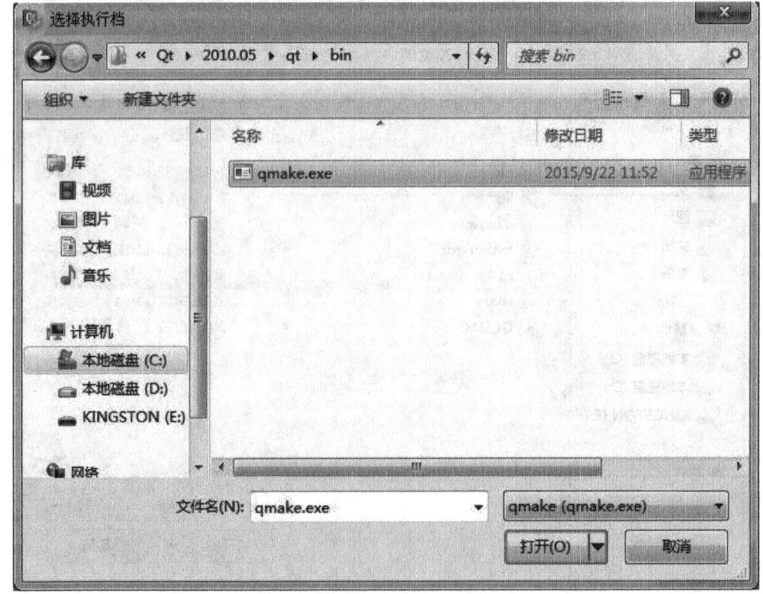

图 1-48　bin 文件夹

它，然后再单击对话框右下方的“打开”按钮，此时弹出“选项”对话框如图 1-49 所示。可以看到“选项”对话框中 Qt 版本选项卡中手动设置下面设置了 Qt4.7.0(2010.05)C:\Qt\2010.05\qt\bin\qmake.exe 内容，此时单击对话框右下方的“应用”按钮，就完成了“Qt 版本”内容的配置，接下来需要配置“构建套件(Kit)”选项卡。

(17) 在如图 1-49 所示的对话框中，单击“构建套件(Kit)”选项卡开始配置“构建套

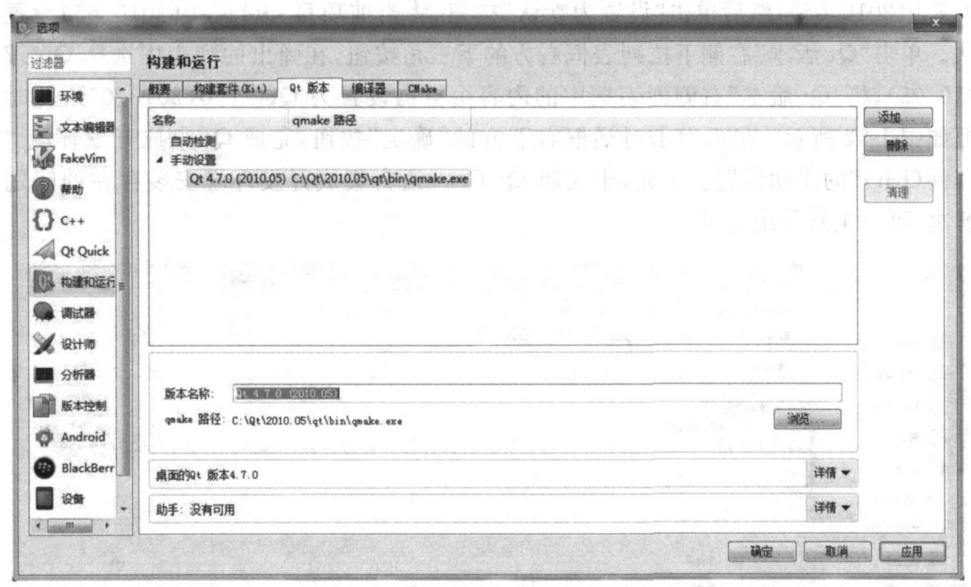

图 1-49 “选项”对话框

件(Kit)”。弹出如图 1-50 所示对话框,在“构建套件(Kit)”选项卡中,可以看到“自动检测”和“手动设置”两个设置选项,其中“自动检测”选项内容是空的,“手动设置”选项内容是桌面,意味着 C++ 语言集成开发环境的“构建套件(Kit)”没有配置好。需要手工设置它,方法是单击“选项”对话框右侧上方的“添加”按钮,出现如图 1-51 所示的 Qt 构建套件(Kit)手动设置对话框。

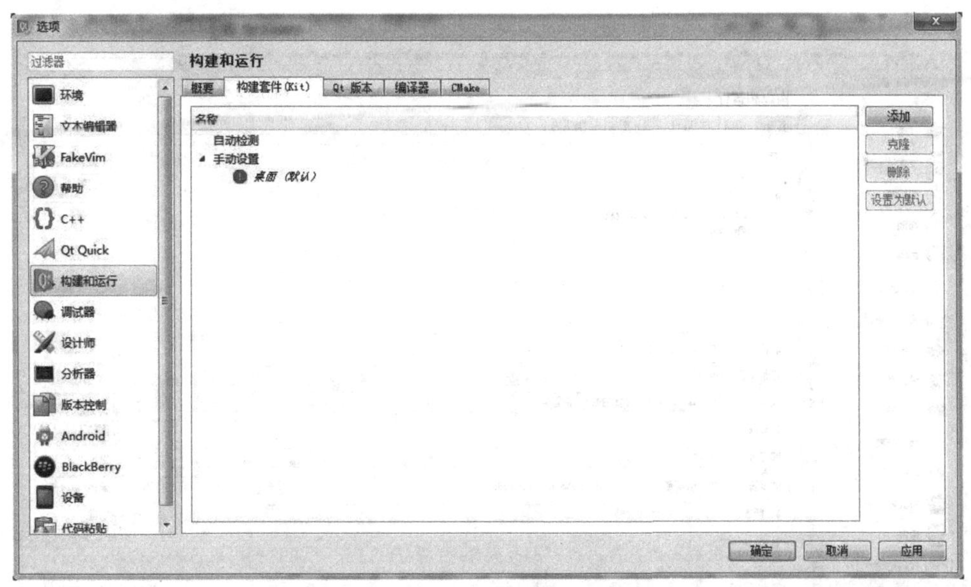

图 1-50 Qt 构建套件(Kit)配置

(18) 在如图 1-51 所示的对话框中,将“名称”文本编辑框的内容由“未命名”修改为

Qt4.7.0(2010.05),然后单击“设置为默认”按钮,将当前项目 Qt4.7.0(2010.05)设置为默认。单击“Qt 版本”右侧下拉列表框右方的下三角按钮,在弹出的列表中选择 Qt4.7.0(2010.05),将“Qt 版本”右侧列表框中的内容由空白设置为 Qt4.7.0(2010.05),此时对话框如图 1-52 所示。最后单击对话框右下方的“确定”按钮,完成 Qt 集成开发环境“构建套件(Kit)”的手动设置。至此,中文版 Qt C++ 语言集成开发环境安装存在的问题已经解决,可以正常使用它了。

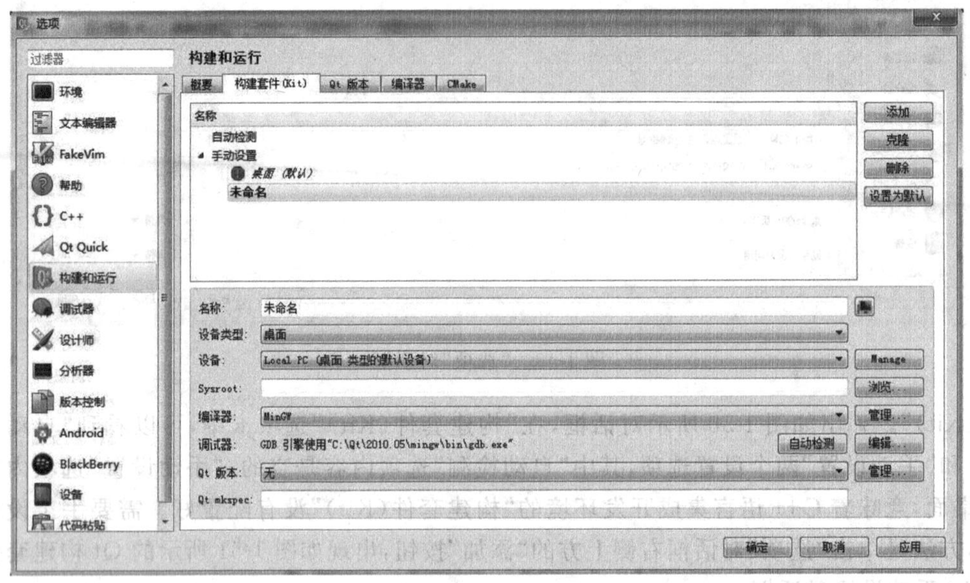

图 1-51 Qt 构建套件(Kit)手动设置窗口

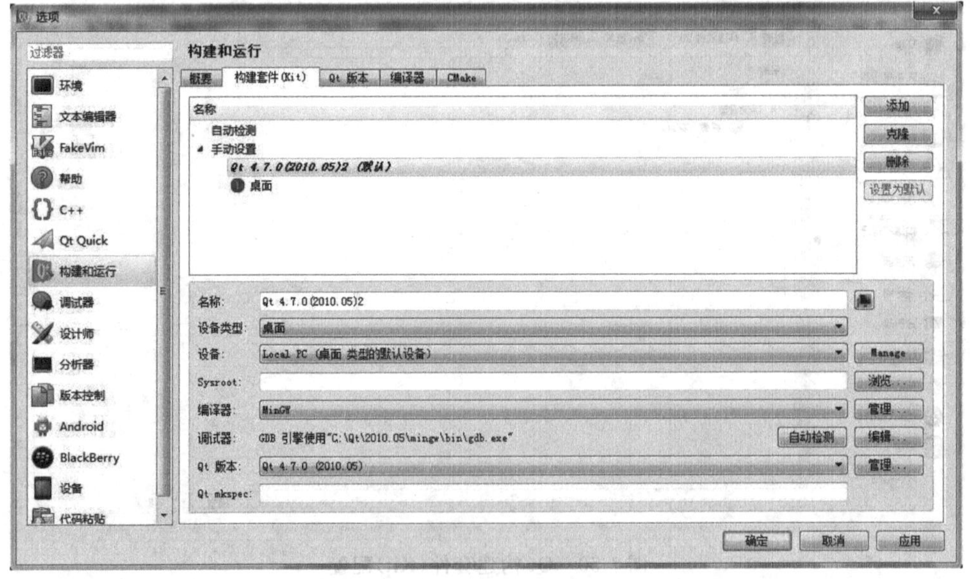

图 1-52 Qt 构建套件(Kit)手动设置完毕窗口

7. 不同编译器和不同版本的 Qt 共存问题

Qt 在不同编译环境下的共存是一个比较棘手的话题。简言之,Qt 在 MinGW 和 Visual Stiduo 共存的时候就会发生问题,它们提供的头文件等如果混杂在一起势必造成编译系统的混乱。而这两个系统默认都会去修改 Windows 系统的环境配置,很可能在你不知情的情况下已经把你的环境搞得乱七八糟了。最理想的情况是只安装其中一个环境,在不得不同时使用两种环境的时候最好不要把设置写进系统,而是使用脚本动态设置环境,或为不同的编译系统使用不同的用户,因为 Windows 下可以为不同的用户设置不同的环境变量。如果在使用 Qt 过程中遇到非常奇怪的编译错误,就要看看是不是这方面的问题。

不同版本的 Qt 共存是个比较简单的问题,因为 Trolltech 的工程师已经考虑并解决了这个问题。首先,不同版本的 Qt 在安装时会自动安装在不同的目录下,每个 Qt 的安装程序会创建一个开始菜单的目录,其中有一个非常有用的 Qt Command Prompt,这是预先设定好 Qt 环境的命令行环境,以批处理文件(与 Linux 下的脚本类似)的形式提供。在这个 cmd 下 Qt 编译运行的各种环境都自动设置,非常好用。如果不是用二进制安装包来安装 Qt,而是使用源代码编译安装的方式,就必须自己解决环境变量设置的问题,这样的话,如果环境设置不当,就会遇到许多莫名其妙的问题。所以建议最好用二进制包来安装 Qt,因为二进制方式安装的 Qt 带了全套源码,熟练的 Qt 开发人员可以使用源代码来编译和安装 Qt。

1.2.2 Windows 平台下第 5 版 Qt C++ 语言开发环境的安装与配置

1. 下载安装程序

从 Qt 的开源版本网站下载,或者从本书的配套资源中获得 Windows 操作系统环境的第 5 版 Qt C++ 语言集成开发环境的安装程序 Qt-opensource-windows-x86-mingw492-5.5.1.exe。这是一个中文 Qt C++ 语言集成(IDE)编程环境,包括 Qt Creator、MinGW(gcc)、Qt Designer 等组件,可以在 Win 7、Win 10 等操作系统环境下安装使用。

2. 在 Windows 操作系统中安装第 5 版 Qt C++ 语言集成开发环境

在 Win 7、Win 10 等操作系统中安装第 5 版 Qt C++ 语言集成开发环境非常简单,运行安装程序 Qt-opensource-windows-x86-mingw492-5.5.1.exe,按照向导一步一步做下去即可完成。下面是在 Win 10 操作系统环境下安装的详细步骤。

(1) 准备安装程序,将安装程序复制到计算机磁盘的某一文件夹下。这里演示的是在计算机 D 盘上建了一个名为 Qt5.5.1 的文件夹,并将安装文件复制到该文件夹下,如图 1-53 所示。

(2) 双击安装文件 Qt-opensource-windows-x86-mingw492-5.5.1.exe,运行安装程序,出现如图 1-54 所示的程序设置提示信息窗口,单击“下一步”按钮继续,弹出如图 1-55 所示的 Qt 账号设置或登录窗口,此时可以设置账号或用已有的账号登录 Qt 安装服务的

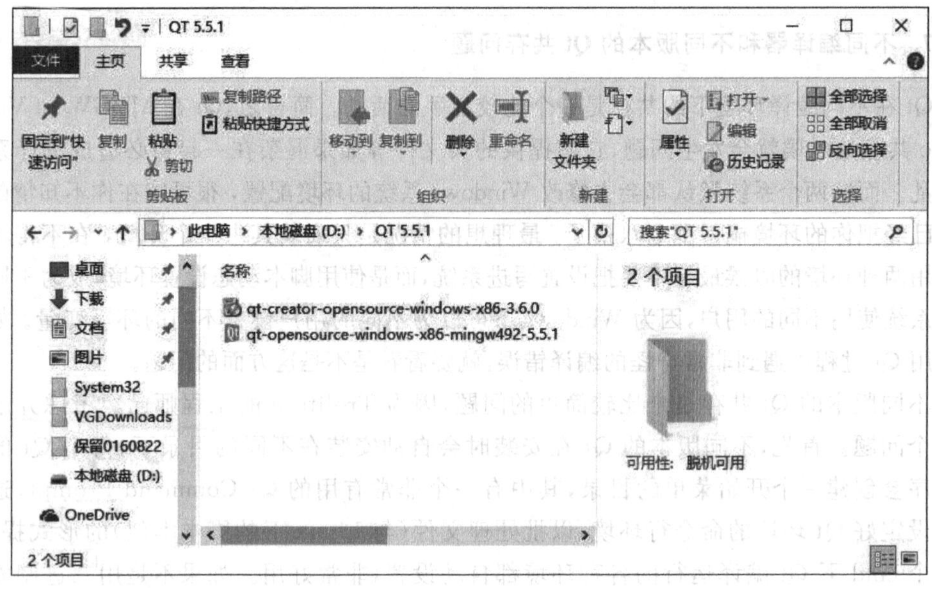

图 1-53 安装程序

网站。这里选择单击 Skip 按钮继续，出现如图 1-56 所示的窗口。

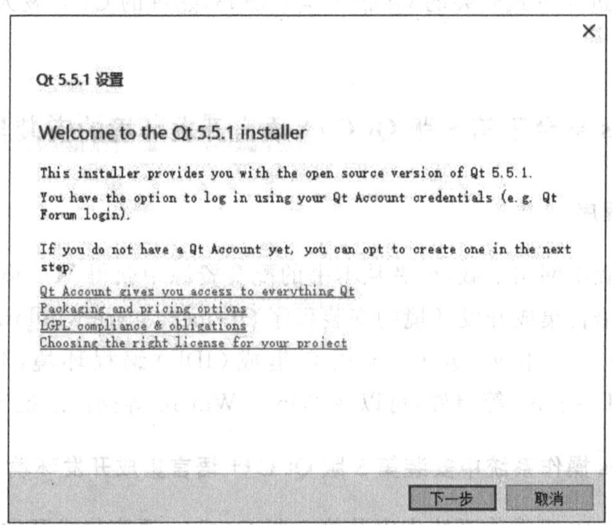

图 1-54 安装程序向导

(3) 在如图 1-56 所示的窗口中，单击"下一步"按钮继续，弹出如图 1-57 所示的 Qt 安装路径设置窗口。

(4) 如图 1-57 所示的选择安装路径窗口，让安装者选择把 Qt C++ 语言集成开发环境安装到计算机的什么位置，这里给出的默认安装路径是 C:\Qt\Qt5.5.1，也就是把程序安装到计算机的 C 盘的 Qt 文件夹内的 Qt5.5.1 文件夹中。如果想安装到其他位置，可以单击"浏览"按钮，在弹出的窗口中选择其他磁盘和文件夹。这里保持默认安装路径不变，单击"下一步"按钮继续，弹出如图 1-58 所示的"选择组件"窗口。

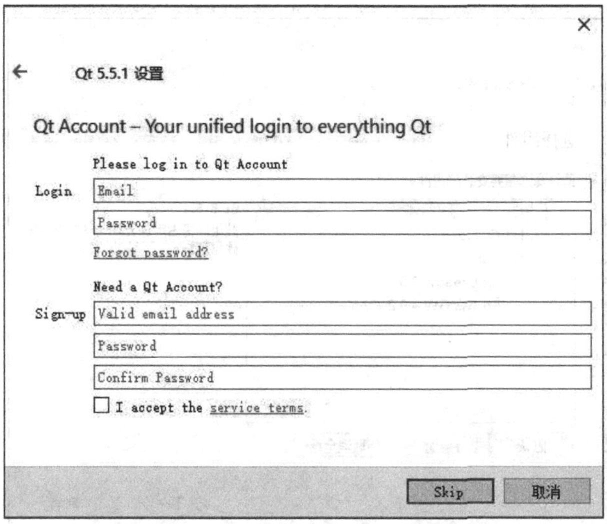

Qt 5.5.1 设置

Qt Account – Your unified login to everything Qt

Please log in to Qt Account

Login Email

Password

Forgot password?

Need a Qt Account?

Sign-up Valid email address

Password

Confirm Password

I accept the service terms.

Skip 取消

图 1-55 Qt 账号设置或登录

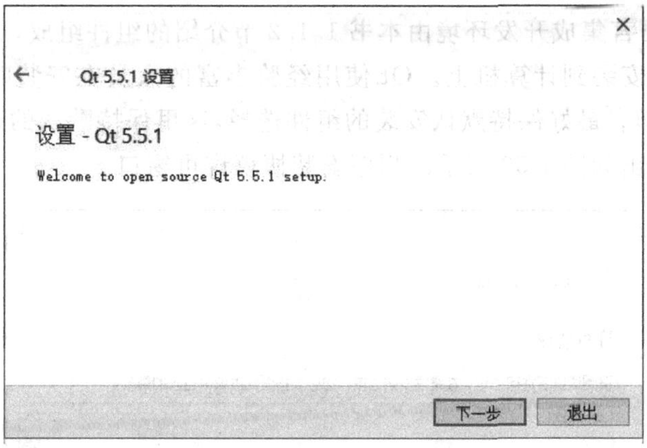

Qt 5.5.1 设置

设置 - Qt 5.5.1

Welcome to open source Qt 5.5.1 setup.

下一步 退出

图 1-56 Qt 5.5.1 设置向导窗口

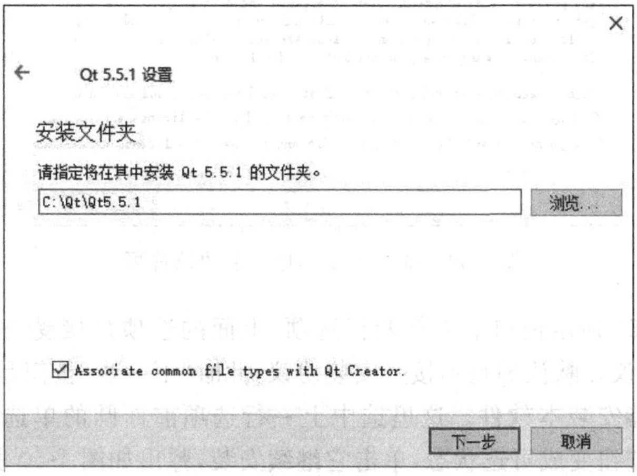

Qt 5.5.1 设置

安装文件夹

请指定将在其中安装 Qt 5.5.1 的文件夹。

C:\Qt\Qt5.5.1 浏览...

Associate common file types with Qt Creator.

下一步 取消

图 1-57 设置安装路径

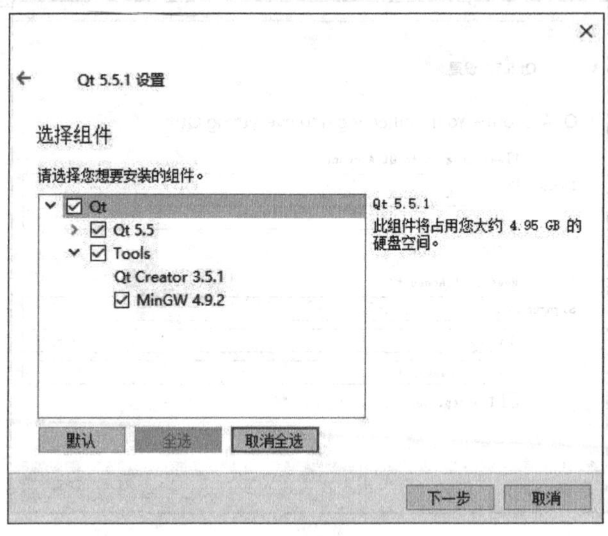

图 1-58 选择安装组件

(5) Qt C++语言集成开发环境由本书 1.1.2 节介绍的组件组成,这一步主要让安装者选择把哪些组件安装到计算机上。Qt 使用经验丰富的人员在安装时可以根据自己的需要定制安装,初学者最好保持默认安装的组件选择,这里保持默认的选择不变,单击"下一步"按钮继续,弹出如图 1-59 所示的程序安装协议许可窗口。

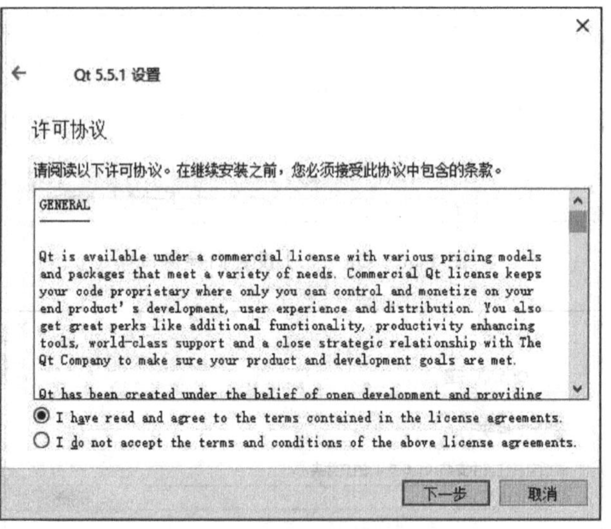

图 1-59 Qt 5.5.1 程序安装协议许可

(6) 在如图 1-59 所示窗口下方有两行选项,上面的选项是接受安装协议,下面的选项是不接受安装协议。默认的是不接受安装协议,此时"下一步"按钮是虚的,意味着不接受安装协议,就不能安装本软件。这里选中上一行选项前面圆的单选按钮,接受安装协议,此时"下一步"按钮变成可选状态,单击它继续安装,弹出如图 1-60 所示的选择开始菜单窗口。

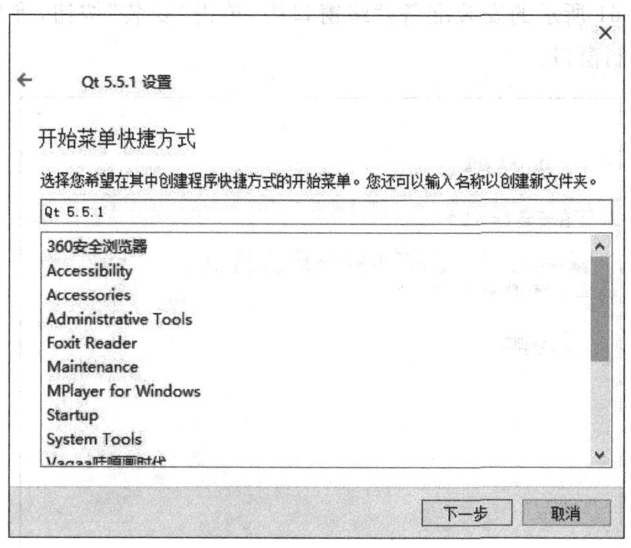

图 1-60　选择开始菜单

(7) 如图 1-60 所示的选择开始菜单窗口,是让安装者选择把 Qt C++ 语言集成开发环境程序以什么样的名称添加到操作系统“开始”的“所有程序”菜单的“软件列表”子菜单中,以便于程序开发者在操作系统环境中方便地找到和运行它。此处默认在操作系统开始菜单中给它起的名字是 Qt 5.5.1。安装者可以在如图 1-60 所示的选择“开始菜单快捷方式”窗口的文本编辑框中,给 Qt C++ 语言集成开发环境程序命名一个自己喜欢的名字,或者通过单击选取文本编辑框下方列表框中的任意条目更换为其他名字。这里保持默认的程序名称不变,单击“下一步”按钮开始程序的安装复制,弹出如图 1-61 所示的安装准备就绪窗口。

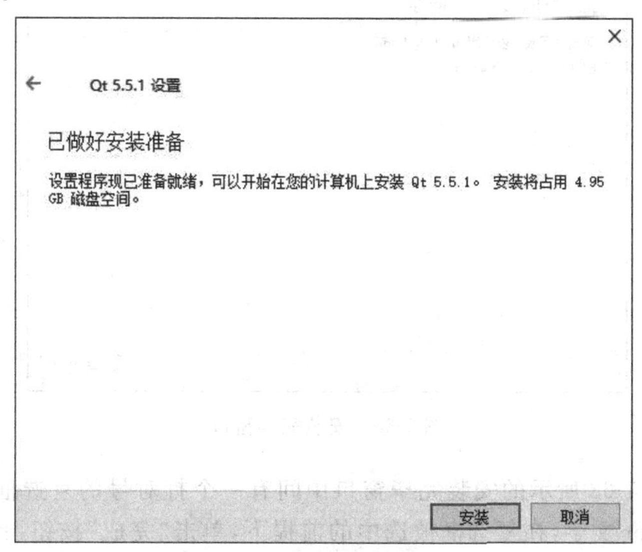

图 1-61　安装准备就绪

(8) 在如图 1-61 所示的安装准备就绪窗口中,单击"安装"按钮,弹出如图 1-62 所示的 Qt 安装文件复制窗口。

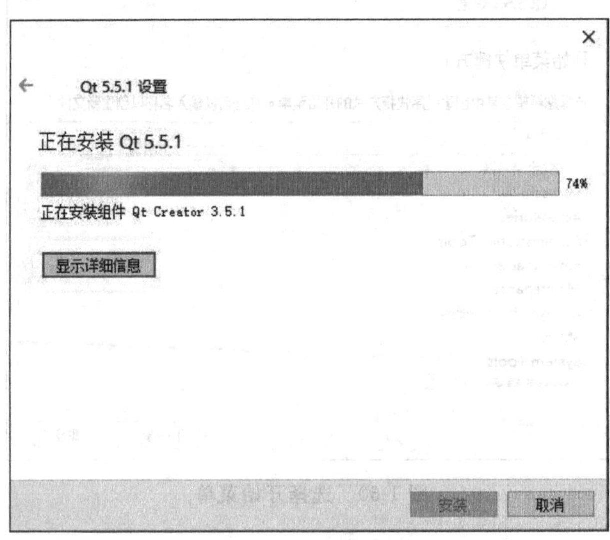

图 1-62 文件复制

(9) 如图 1-62 所示的文件复制窗口,是把 Qt C++ 语言集成开发环境程序复制到计算机的安装路径下,窗口中的进度条显示了复制的进度,文件复制完毕后,弹出如图 1-63 所示的安装完成窗口。

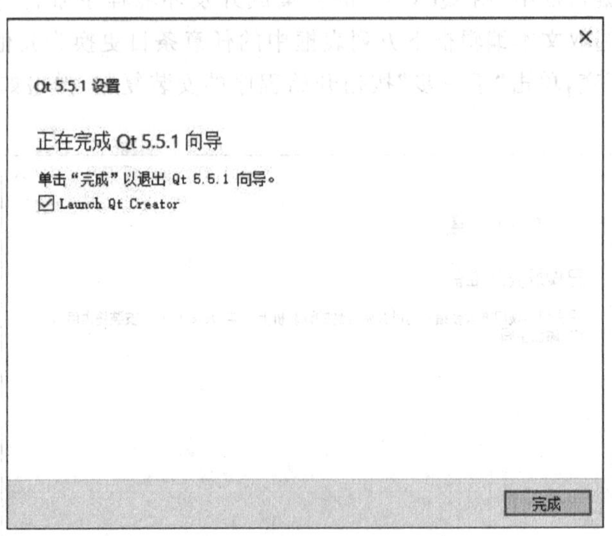

图 1-63 安装完毕窗口

(10) 在如图 1-63 所示的安装完毕窗口中间有一个打对号的复选框,复选框后面有 Launch Qt Creator 文字,在复选框被选中的前提下,单击"完成"按钮,弹出如图 1-64 所示的 Qt Creator 运行的主窗口,表示 Qt C++ 语言第 5 版中文集成开发环境程序已经安装完毕,并能成功启动。通过选择"文件"→"退出"命令或者通过直接单击窗口右上角红色的叉号按钮关闭 Qt C++ 语言集成开发环境程序。

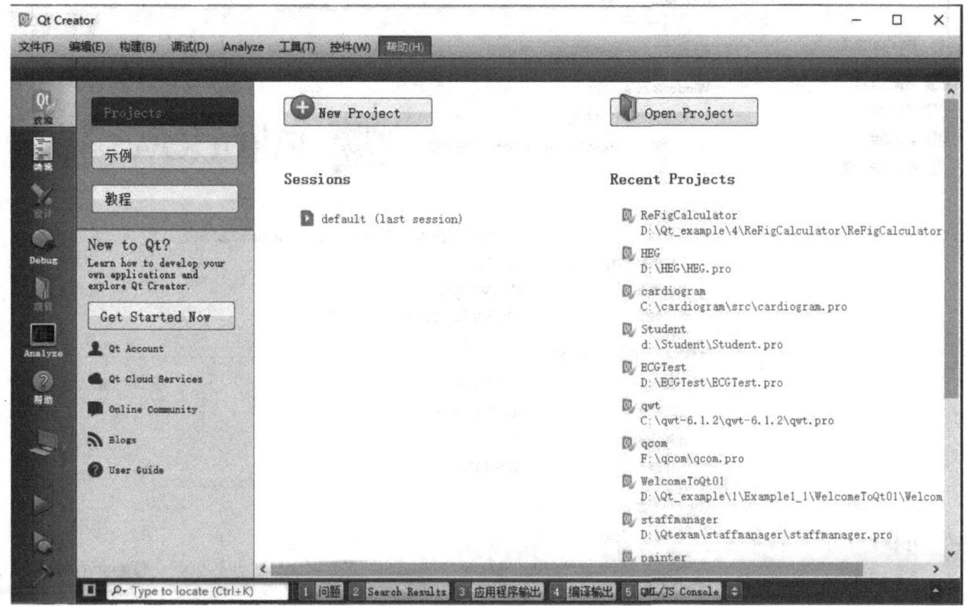

图 1-64　Qt C++ 语言集成开发环境

3. Qt 第 5 版命令行方式开发 C++ 语言程序的环境配置

需要说明的是，如果开发者需要使用 Qt 第 5 版的命令行(Qt Command Prompt)方式编辑、编译、连接和运行 C++ 程序，也必须进行开发环境的配置。Qt 第 5 版命令行方式开发 C++ 语言程序的开发环境配置和 Qt 第 4 版开发环境的配置类似，做法也是将 Qt 第 5 版有关程序所在的目录添加到 Win 7 或者 Win 10 操作系统环境变量中。在 Win 10 操作系统环境中设置环境变量的方法和步骤如下。

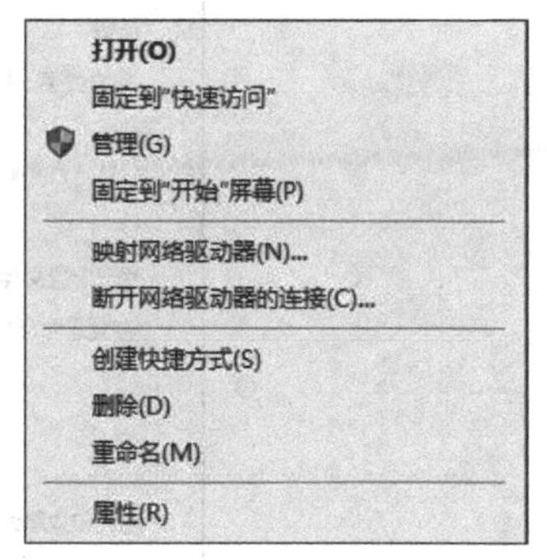

图 1-65　此电脑图标快捷菜单

(1) 在 Win 10 操作系统右击桌面上的“此电脑”(或计算机)图标(在 Windows XP 操作系统中右击桌面上的“我的电脑”图标)，弹出菜单如图 1-65 所示，在弹出的菜单中单击“属性”子菜单，弹出如图 1-66 所示的系统属性对话框。

(2) 在如图 1-66 所示的窗口中，选择窗口左上方的“高级系统设置”选项，弹出如图 1-67 所示的“系统属性”对话框。

(3) 在如图 1-67 所示的对话框中单击“高级”选项卡，然后单击“环境变量”按钮，弹出如图 1-68 所示的“环境变量”对话框。

(4) 在如图 1-68 所示对话框的“系统变量”列表中，通过鼠标上下拖动列表右侧的滑块，在“系统变量”列表中单击选中名为 Path 的环境变量，如图 1-69 所示，然后单击“编

图 1-66 系统属性对话框

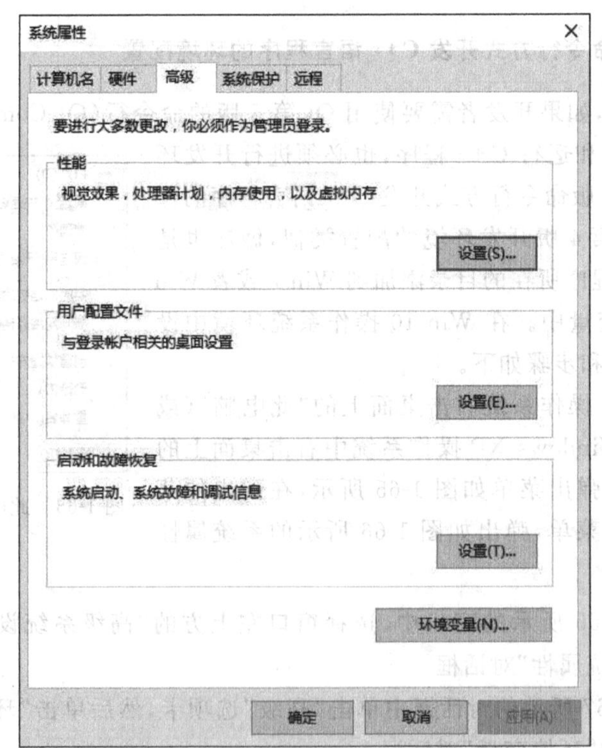

图 1-67 “系统属性”对话框

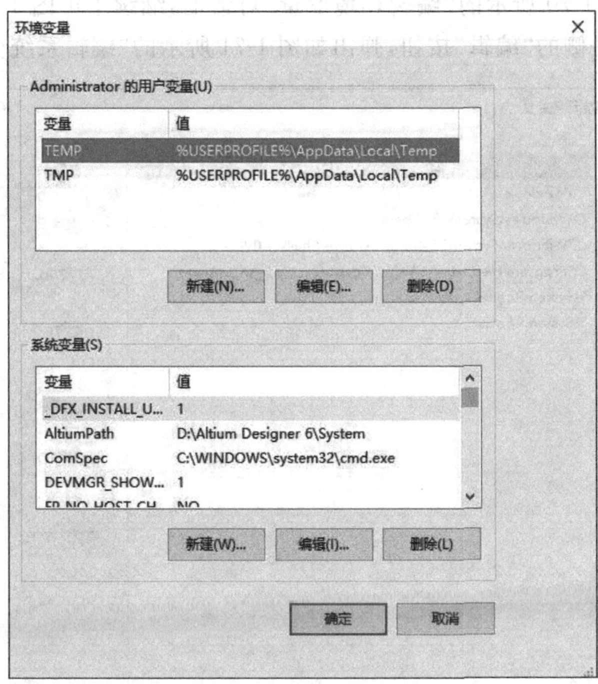

图 1-68　“环境变量”对话框

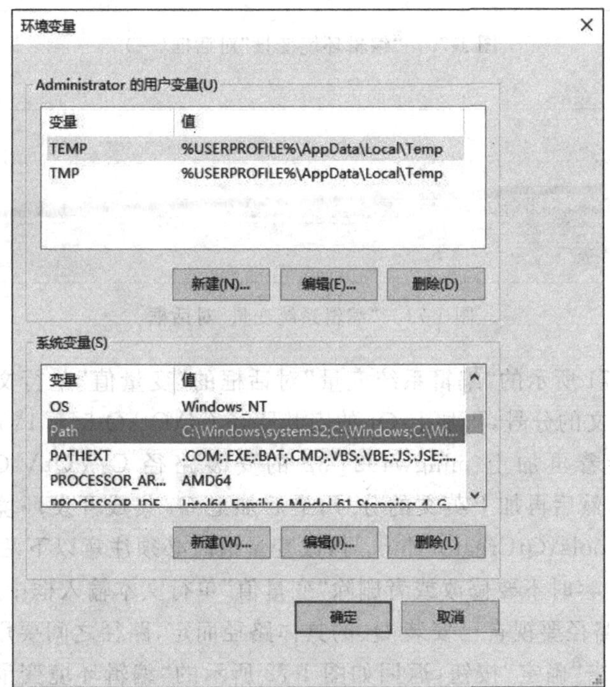

图 1-69　“环境变量”对话框

辑”按钮,弹出如图1-70所示的“编辑环境变量”对话框,继续单击图1-70所示的“编辑环境变量”对话框中右侧的“编辑”按钮,弹出如图1-71所示的“编辑系统变量”对话框。

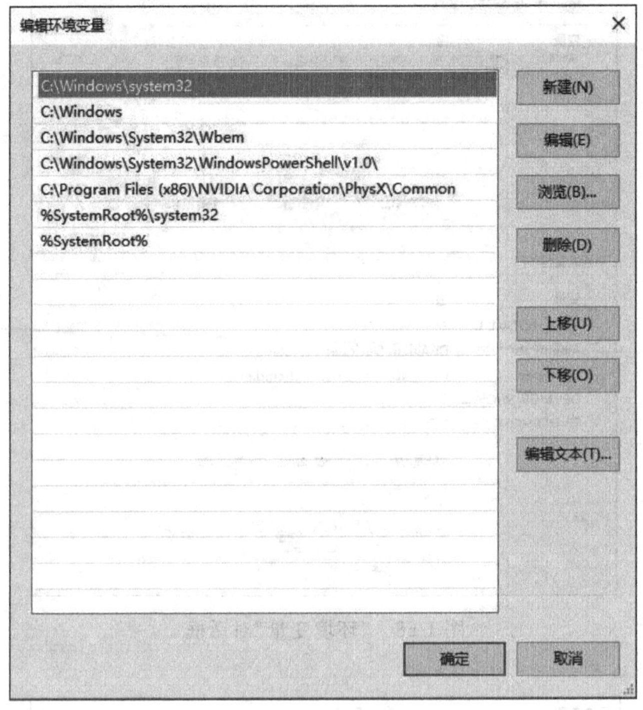

图1-70 “编辑环境变量”对话框(一)

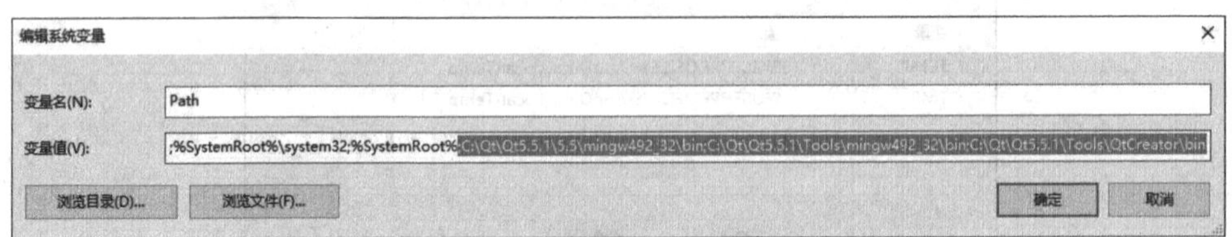

图1-71 “编辑系统变量”对话框

(5) 在如图1-71所示的“编辑系统变量”对话框的“变量值”单行文本输入框中现有内容的后面加上英文的分号,再加上Qt的安装路径C:\Qt\Qt5.5.1\5.5\bin,然后再加上英文的分号;接着再加上mingw492_32的安装路径C:\Qt\Qt5.5.1\Tools\mingw492_32\bin,然后再加上英文的分号;最后加上Qt集成开发环境程序的安装路径C:\Qt\Qt5.5.1\Tools\QtCreator\bin。修改变量值时必须注意以下两点。

① 输入上述内容时不要修改或者删除“变量值”单行文本输入框中原有的内容。

② Qt的安装路径要视自己安装Qt的具体路径而定,路径之间要用英文分号分隔。

修改完成后单击“确定”按钮,返回如图1-72所示的“编辑环境变量”对话框;在此对话框中单击“确定”按钮,返回如图1-69所示的“环境变量”对话框;在此对话框中单击“确定”按钮,返回如图1-67所示的“系统属性”对话框;在此对话框中单击“确定”按钮,返回如图 1-66 所示的“系统属性”对话框；在此对话框中单击右上角红色的叉号按钮，关闭该窗口。至此已经配置好了 Qt 命令行方式编译、连接 C++ 语言程序项目所需要的环境变量，可以进行命令行方式的 C++ 语言程序开发了。

图 1-72 “编辑环境变量”对话框(二)

1.2.3 Linux 平台下 Qt 的 C++ 语言开发环境的安装与配置

Qt 开发环境的安装和配置与 Linux 平台密切相关，不同的 Qt 开发版本在同一 Linux 平台下安装也会有区别，所以安装配置 Linux 平台下的 Qt 开发环境，最好到 Qt 官方网站下载与 Linux 平台版本相适应的安装包，然后根据安装说明具体安装。下面举两个 Linux 平台下安装配置 Qt 开发环境的例子。这里只介绍 Qt 开发环境的安装与配置，关于 Linux 操作系统的安装，请参考有关 Linux 操作系统的安装文档。

1. Qt version 4.5.3 开发环境的安装与配置

低版本 Qt 环境安装与配置比较复杂，需要下载 Qt 软件源码，使用命令操作方式安装软件和配置环境，所以需要读者预先熟悉掌握 Linux 系统的命令及操作方法。在这里专门对其进行介绍的目的，是使读者基本了解和掌握 Qt 开发环境需要配置的内容和安装配置方法。

(1) 获得源代码。

下载 Qt 源码的官网地址：ftp://ftp.Qt.nokia.com/Qt/source/。

下载的源码：Qt-x11-opensource-src-4.5.3.tar.gz，文件大小为122MB。

(2) 启动计算机操作系统Linux，用超级用户root身份登录。出现超级用户命令提示符#。

(3) 解压缩。

进入安装文件Qt-x11-opensource-src-4.5.3.tar.gz所在的目录。

操作命令：

```
# tar xvfz Qt-x11-opensource-src-4.5.3.tar.gz -c /usr/local/Qt
```

命令功能：将安装文件Qt-x11-opensource-src-4.5.3.tar.gz解压缩到/usr/local/Qt目录。

注：推荐将安装文件解压缩到/usr/local/Qt目录，也可以解压缩到其他自己创建的目录。

(4) 设置环境变量。

可以通过修改主目录下的.profile文件或者.login文件来配置Qt环境变量，至于是修改.profile还是修改.login文件，要根据机器安装Linux操作系统时选择的Shell决定。

① 修改主目录下的.profile文件。

```
#vi /etc/.profile                    //用 vi 编辑器打开 .profile 文件编辑
```

在.profile文件最后添加以下信息，然后保存。

```
QTDIR=/usr/local/Qt                              //安装 Qt 的路径
PATH=$QTDIR/bin:$PATH                            //用来定位 moc 程序和其他 Qt 工具
MANPATH=$QTDIR/man:$MANPATH                      //访问 Qt man 格式帮助文档的路径
LD_LIBRARY_PATH=$QTDIR/lib:$LD_LIBRARY_PATH      //共享 Qt 库的路径
export QTDIR PATH MANPATH LD_LIBRARY_PATH
```

② 修改主目录下的.login文件(如果Shell是csh或者tcsh的情况下)。

```
#vi /home/defonds/.login             //用 vi 编辑器打开 . login 文件并进行编辑
```

在文件最后添加以下信息，然后保存。

```
setenv QTDIR /usr/local/Qt                       //安装 Qt 的路径
setenv PATH $QTDIR/bin:$PATH                     //用来定位 moc 程序和其他 Qt 工具
setenv MANPATH $QTDIR/man:$MANPATH               //访问 Qt man 格式帮助文档的路径
setenv LD_LIBRARY_PATH $QTDIR/lib:$LD_LIBRARY_PATH      //共享 Qt 库的路径
```

做完上述修改之后，需要重新登录系统，或者重新指定系统配置文件，以便使$QTDIR被正确设置，否则进行下面的安装时会出现错误。

(5) 生成makefile文件。

操作命令：

```
#  ./configure                       //配置 Qt 库
```

命令功能：执行当前目录下的 config 配置操作，生成 makefile 文件。

操作时出现提问：

```
Which edition of Qt do you want to use?
Type 'c' if you want to use the Commercial Edition.
//输入 C 安装商业版
Type 'o' if you want to use the Open Source Edition.
//输入 o 安装自由版
```

选择输入 o 后出现版权许可界面。选择 yes 接受许可协议。

系统开始生成 makefile 文件。这大约需要 5～10min。

makefile 说明：makefile 文件保存了编译器和连接器的参数选项，还表述了所有源文件之间的关系(源代码文件需要的特定的包含文件，可执行文件要求包含的目标文件模块及库等)。创建程序(make 程序)首先读取 makefile 文件，然后再激活编译器、汇编器、资源编译器和连接器，以便产生最后的输出，最后输出并生成的通常是可执行文件。创建程序利用内置的推理规则来激活编译器，以便通过对特定 CPP 文件的编译来产生特定的 OBJ 文件。

(6) Qt 编译生成可执行程序。

操作命令：

```
# make
```

命令功能：执行 Qt 编译操作，生成库和编译所有的例程，这个过程时间比较长，需要两个小时左右。

(7) Qt 安装。

操作命令：

```
# make install
```

命令功能：执行上述命令，运行 Qt 安装程序，将 Qt 开发系统默认安装至 /usr/local/Trolltech/Qt-4.5.3 目录下，需要约 5～10min。正常结束，安装完毕。

(8) 鉴别 Qt 是否安装成功。

操作命令：

```
# /usr/local/Trolltech/Qt-4.5.3/bin/designer
```

命令功能：执行 designer，看见 Qt 成功启动，也就表明 Qt 安装成功。

2. Qt version 6.0.1 开发环境在线安装与配置(Ubuntu 版)

在 Linux 的 Ubuntu 版本上安装 Qt 开发环境是比较方便的，可以通过 apt-get 方式手动安装，也可以通过 Ubuntu 软件中心自动安装，而不必从源代码开始自己编译。对于新手而言，自己编译源代码不是一件轻松的事，因为编译过程中经常会出现莫名其妙的错误。所以，大部分新手都乐意采用这种方式安装。当然无论采用手动还是采用自动方式安装，前提都是首先安装 Linux 的 Ubuntu 版本，配置好互联网络环境，保证计算机能正常连接互联网络,因为安装时,需要计算机自动联网下载相应的程序并安装。

下面分别介绍这两种方式:

(1) 手动在线安装Qt开发环境。

首先以超级用户身份(root)登录终端,然后在#提示符下依次执行下列操作:

```
#sudo apt-get install Qt4-dev-tools
#sudo apt-get Qt4-doc
#sudo apt-get Qt4-Qtconfig
#sudo apt-get Qt4-demos
#sudo apt-get Qt4-designer
#sudo aptitude install Qt Creator
```

上边安装的内容如下:

Qt4-dev-tools包含Qt Assistant及Qt Linguist等工具,因此不需要单独安装这两个工具。

Qt4-doc是帮助文档,包含了Qt中各个类库的详细说明以及丰富的例子程序,可以使用Qt Assistant工具来打开阅读。

Qt4-Qtconfig是配置Qt环境的一个对话框,一般保持默认设置即可,很少有必要去更改。

Qt4-demos包含很多可以运行起来的可执行文件以及源代码。

Qt4-designer是用来设计GUI界面的设计器。

Qt Creator是用于Qt开发的轻量级跨平台集成开发环境。它包含一套用于创建和测试基于Qt应用程序的高效工具,包括一个高级的C++代码编辑器、上下文感知帮助系统、可视化调试器、源代码管理、项目和构建管理工具等。

此外,还可以安装一些辅助工具,如果需要连接MySQL数据库,则需要安装连接MySQL的驱动程序,运行以下命令安装:

```
sudo apt-get install libQt4-sql-mysql
```

如果还需要其他没有默认安装的Qt库,则可以在命令行输入sudo apt-get install libQt4-,然后按Tab键自动补全,连续按两下Tab键就会列出所有以libQt4-开头的软件包。

当需要画一些数据曲线和统计图表时,需要安装第三方提供的具有图形制作功能的QWT库。同样,只需一个命令即可完成它的安装,方式如下:

```
sudo apt-get install libqwt5-Qt4 -dev
```

这时,打开Qt Designer,就会发现左边的Widget列表里面多了Qwt Widget这一组。

(2) Ubuntu软件中心在线自动安装Qt开发环境。

利用Ubuntu软件中心在线自动安装Qt开发环境是最简单也是最值得推荐的,方法是:

① 以管理员用户身份登录Ubuntu桌面环境,确保机器能连接互联网。

② 如图1-73所示，在Ubuntu桌面环境的左侧找到Ubuntu软件中心图标，单击打开Ubuntu软件中心窗口。

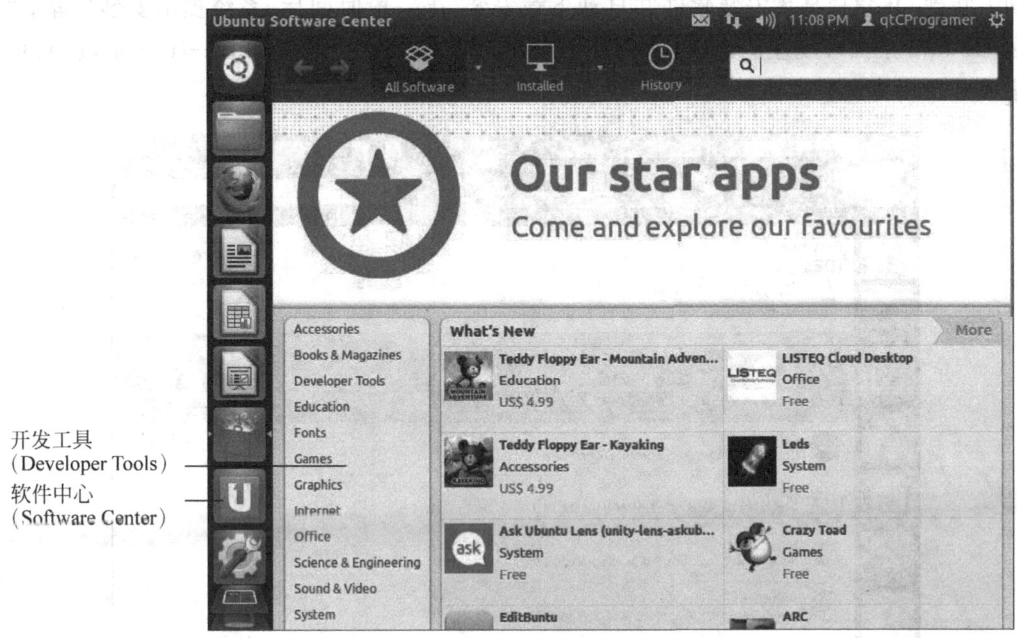

图1-73　Ubuntu的软件中心

③ 在打开的Ubuntu软件中心窗口左侧列表中单击开发工具(Developer Tools)选项，弹出开发工具窗口。

④ 在如图1-74所示的开发工具窗口中单击集成开发环境图标IDES，弹出集成开发环境列表。

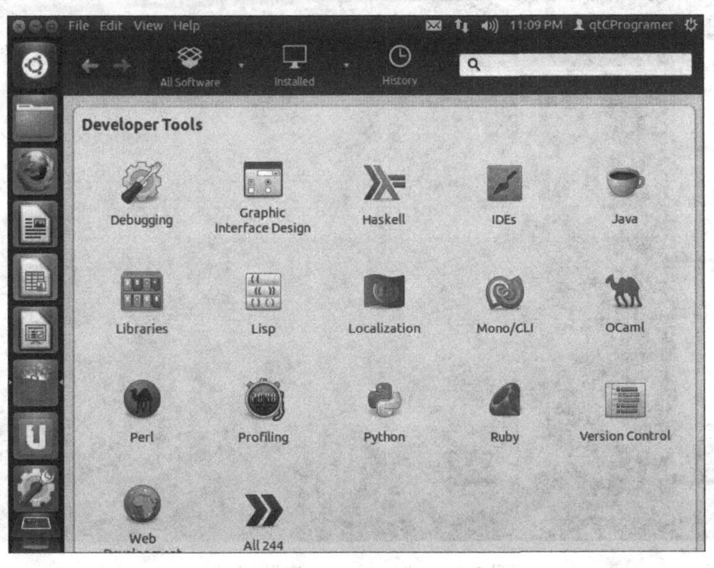

图1-74　Ubuntu开发工具窗口

⑤ 在集成开发工具(Developer Tools)列表中找到 Qt Creator 并单击选中它,此时在其右侧出现安装(Install)按钮,如图 1-75 所示,单击它,这时系统会连接互联网,在互联网上找到 Qt 集成环境安装软件并自动下载安装,等一段时间后,系统提示安装完毕,并在 Ubuntu 桌面环境左侧出现代表 Qt 集成开发环境的绿色图标,如图 1-76 所示,表明 Qt 集成开发环境安装成功。

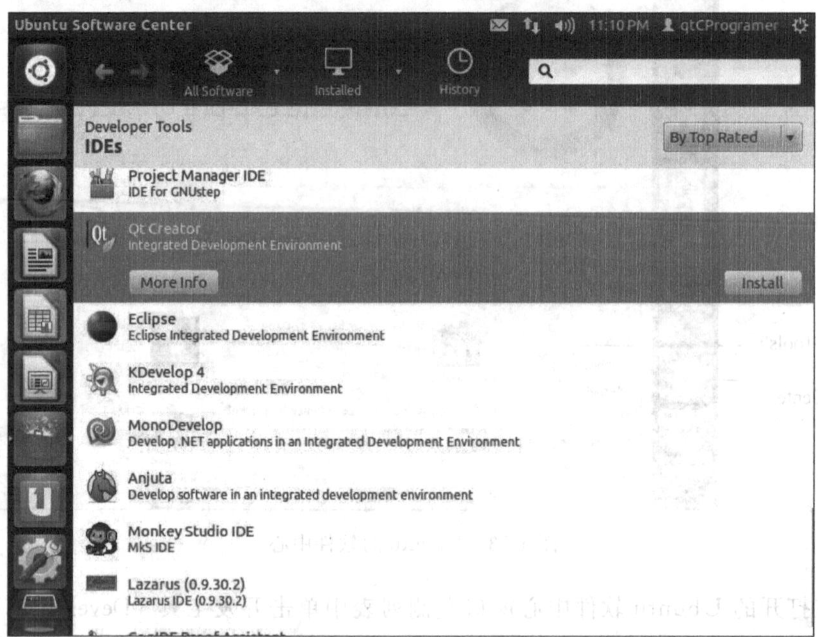

图 1-75 Qt Creator 安装

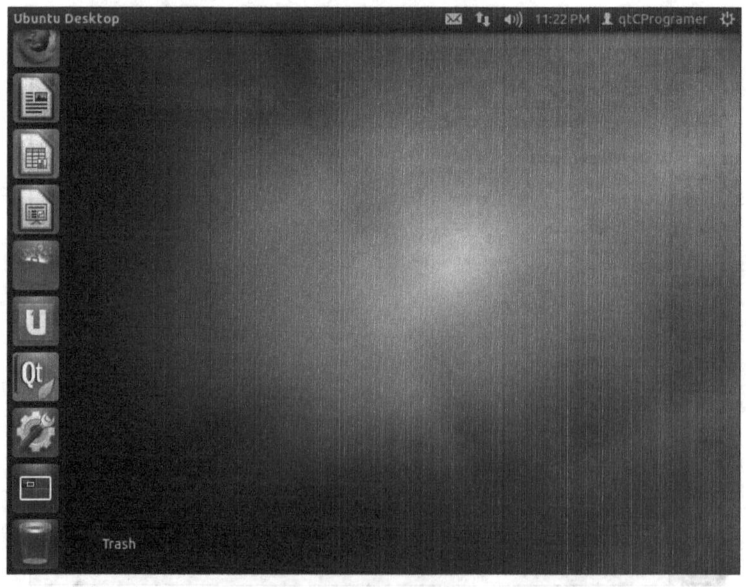

图 1-76 Qt Creator 安装成功

1.3 Qt Creator 集成开发环境

Qt 第 4 版和 Qt 第 5 版的 Qt Creator 集成开发环境差别不大，本节以 Qt 第 4 版为例介绍 Qt Creator 集成开发环境和联机帮助系统等 Qt 环境下 C++ 语言程序设计必备的基础知识。学好本节内容是使用 Qt 开发 C++ 程序的重要前提。通过本节的学习，读者能了解并掌握利用 Qt Creator 进行 C++ 控制台和图形界面程序设计的基础知识，为进一步学习做好准备。

1.3.1 Qt Creator 集成开发环境

Qt Creator 提供了一个集源程序代码编辑、编译、调试和运行于一体的可视化开发环境，即所谓的集成开发环境。它包含文本编辑器、源代码浏览器、资源编辑器、代码调试和工程编译等工具，以及联机帮助文档。集成开发环境是程序员同 C++ 进行交互的接口，通过它，程序员可以完成应用程序的创建、编辑、编译、调试、修改等各种操作，掌握集成开发环境各个组成部分的功能并学会熟练使用它们对于程序设计的效率至关重要。

集成开发环境采用标准的多窗口用户界面，使得开发环境更易于使用，学习和掌握它并不难。在 Windows 操作平台下，在 PC 桌面上依次选择“开始”→“程序”→ Qt Creator，就会执行 Qt Creator 集成开发环境程序。在 Linux 操作平台下，PC 桌面上依次选择 Applications→programming→Qt Creator，同样也会执行 Qt Creator 集成开发环境程序。

Windows 操作平台和 Linux 操作平台下 Qt Creator 界面和功能没有多少区别，其显示如图 1-77 所示。

为了更好地了解 Qt Creator 集成开发环境这一可视化的 C++ 语言程序开发工具，在系统学习集成开发环境的各组成部分之前，有必要首先了解一下可视化编程的概念。

可视化技术就是把抽象的数字、表格、功能逻辑等用直观的图形、图像形式表现出来。是当前发展迅速并引人注目的技术之一，可视化编程是它的重要应用领域之一。目前绝大多数程序设计语言如 Java、Delphi、Visual Basic、Visual C 等都提供可视化编程工具。

所谓可视化编程，亦即可视化程序设计：是以“所见即所得”的编程思想为原则，实现编程工作的可视化，即在软件开发过程中，把实现特定功能的一组代码用面向对象的程序设计理念予以设计包装，然后以直观的图标按钮、图形化的对象予以体现。软件开发过程表现为以鼠标单击按钮和拖放图形化的对象并指定对象的属性、行为的过程。这种可视化的编程方法较原来的纯代码程序设计不但更易学易用，而且极大地提高了软件开发效率。

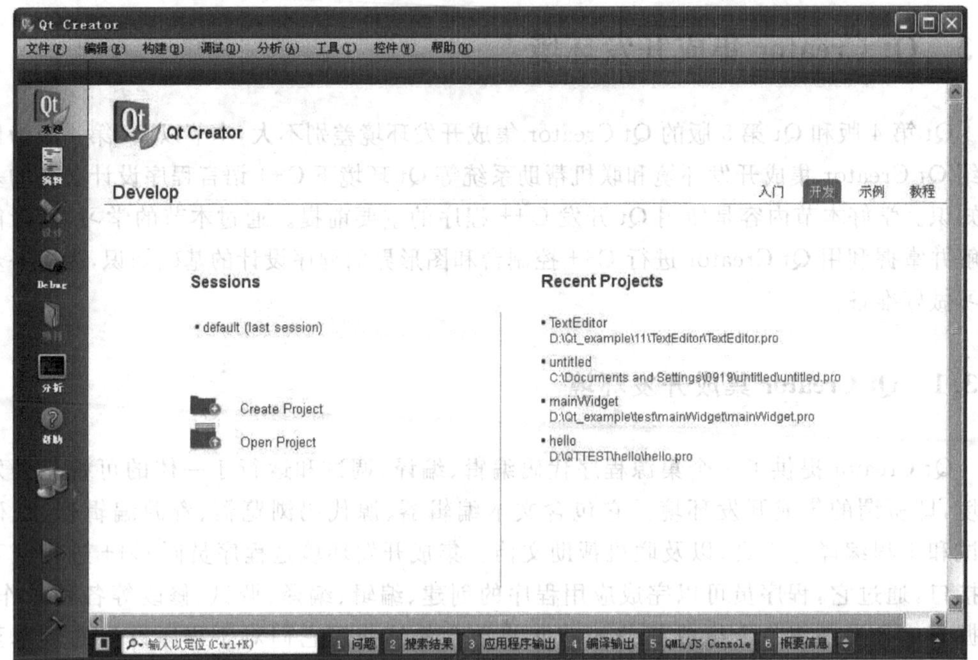

图 1-77　Qt Creator 集成开发环境

1.3.2　Qt Creator 常用菜单功能介绍

Qt Creator 有中文和英文两种集成开发环境，主要菜单(中英文对照)及其功能如下。

1. 文件(New)

文件菜单包括对文件、项目、会话及文档进行新建、打开、保存、打印以及会话管理器等操作的相关命令或子菜单。

2. 编辑(Edit)

编辑菜单主要包括常用的复制、剪切、粘贴、查找/替换以及编码选择等常用的文档编辑命令。

3. 构建(Build)

构建菜单主要包括构建文件和构建项目、部署文件和部署项目、项目运行和项目发布等各种命令。其本质是完成源程序的编译和连接，生成可执行程序。

4. 调试(Debug)

调试菜单主要包括调试程序需要的断点(所谓断点，就是在程序运行调试过程中，程序员为了解程序执行的情况而设置的程序执行到此处暂时停止执行的代码行；利用断点设置功能，程序员可以分析程序的执行并通过程序执行的中间结果来查找程序出现的功能或者逻辑错误)设置命令，可实现断点的设置、删除、查看，帮助程序员快速查找程序的错误，分析程序设计的正确性。

5. 分析(Analysis)

分析菜单主要包含系统内存分析、功能分析，Qt 的 QML 元对象语言分析等各种命令，QML 是 Qt 推出的 Qt Quick 技术的一部分，是一种新增的简便易学的陈述性语言，用来描述一个程序的用户界面。

6. 工具(Tools)

工具菜单用于代码定位、代码粘贴，提供用户定制工具栏与菜单、激活常用的工具，或者更改选项重新配置开发环境等功能。

7. 控件(Widget)

控件菜单提供用户定制输出窗口、设置视图、分栏等功能。

8. 帮助(Help)

帮助菜单主要提供帮助索引目录、上下文帮助、显示系统版本等功能。

集成开发环境为一些常用的菜单命令设置了默认的快捷键，使用这些快捷键，可以使用户更高效地使用集成开发环境的命令。

1.4 Qt Creator 的基本操作

1.4.1 Qt Creator 的启动与退出

1. Qt Creator 的启动

不同操作系统环境中安装的 Qt Creator 集成开发环境的启动会有一些不同，在 Windows 系列操作系统中，启动 Qt Creator 的常用方法有以下几种。

(1) 如图 1-78 所示，单击“开始”→“程序(所有程序)”→Qt Creator。

(2) 双击操作系统桌面上已建立的 Qt Creator 快捷方式图标。

(3) 在建立的项目文件夹中，双击扩展名为 pro 的项目文件。

2. Qt Creator 的退出

退出 Qt Creator 的常用方法有以下几种。

(1) 如图 1-79 所示，选择“文件”→“退出”。

(2) 单击 Qt Creator 窗口右上角的关闭按钮 X 。

(3) 如图 1-79 所示，单击 Qt Creator 窗口左上角的图标，然后在弹出的菜单中，单

图 1-78　Win 7 安装的 Qt Creator

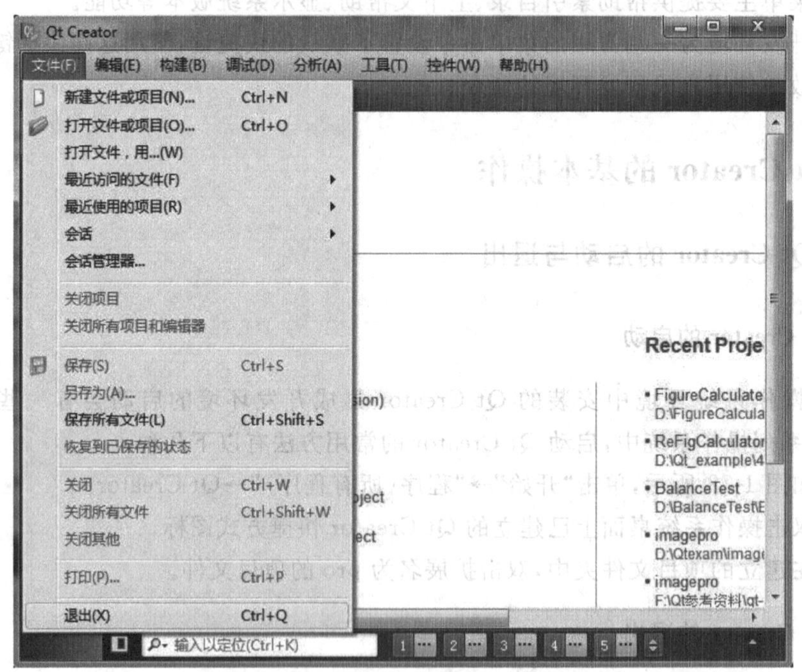

图 1-79　Qt Creator 集成开发环境

击"关闭"菜单或直接使用快捷键 Alt+F4。

需要说明的是，退出 Qt Creator 时，必须先保存修改过的文件，如项目的程序文件、资源文件等，如果有的文件修改过而没有保存，则在退出 Qt Creator 时系统会弹出提示信息要求操作者保存文件。

1.4.2 使用 Qt 创建、打开和关闭项目

1. 项目(Project，也称为“工程”)

Qt Creator C++ 应用程序的开发从建立一个项目开始，Qt Creator 可创建的项目有应用程序、库、非 Qt 项目和控件以及子目录项目等多种。Qt Creator C++ 应用程序项目通常由包含程序文件在内的下列多种文件组成。

(1) 源文件。源文件就是源程序代码文件，C++ 语言编写的源程序代码文件扩展名为 cpp；C 语言编写的源程序代码文件扩展名为 c。源文件中保存的是构成程序的类、函数和实现程序逻辑功能的代码。

(2) 头文件。项目中扩展名为 h 的文件，也称其为 include 文件，文件中主要包含类、函数、变量等的声明。特别需要注意的是，每当创建一个新类时，总会产生与这个类息息相关的两个文件：头文件和源文件。

(3) 界面文件。扩展名一般为 ui，是构成用户程序图形界面的文件，Qt 的编译工具非常智能，它不但可以自动检测到用户界面文件，而且可以通过调用 Qt 的用户界面编译器 UIC(User Interface Compiler)将扩展名为 ui 的界面文件转换成 C++ 代码存储在扩展名为 h 的头文件中。生成的头文件中会包含相应的类的定义，该类是一个与扩展名 ui 文件等价的 C++ 文件，类中声明一些成员变量，存储窗体中的部件和布局，以及用于初始化的 setupUi()函数。

项目文件用来维护程序中所用的源代码文件、资源文件，以及 Qt Creator 如何编译和连接应用程序的信息。经过执行 Qt Creator 集成开发环境的编译(Compile)、连接(Link)等项目构建操作，可以将构成项目的源文件、头文件、界面文件等编译和连接成可执行的程序(二进制可执行代码)。

2. 创建项目

这里以创建一个名称为 welcomeToQt 的图形用户界面程序为例，介绍利用 Qt Creator 集成开发环境创建项目的流程。

(1) 单击选择“文件”菜单，在弹出的菜单中选择“新建文件或项目”，弹出“新建”对话框，如图 1-80 所示。

(2) 在如图 1-80 所示对话框的“项目”列表中可以看出，Qt Creator 可以创建多种类型的项目，至于创建什么种类的项目，要视程序员的需求决定。这里创建一个 GUI(图形用户界面)程序项目。首先从图 1-80 所示对话框左侧的项目列表中，单击“应用程序”项目类型，然后再在中间的列表中选择具体类型“Qt Gui 应用”，最后单击“选择”按钮。系统弹出“Qt Gui 应用”对话框，如图 1-81 所示。

(3) 在如图 1-81 所示的对话框中，在“名称”文本编辑框中输入意欲创建的项目名称

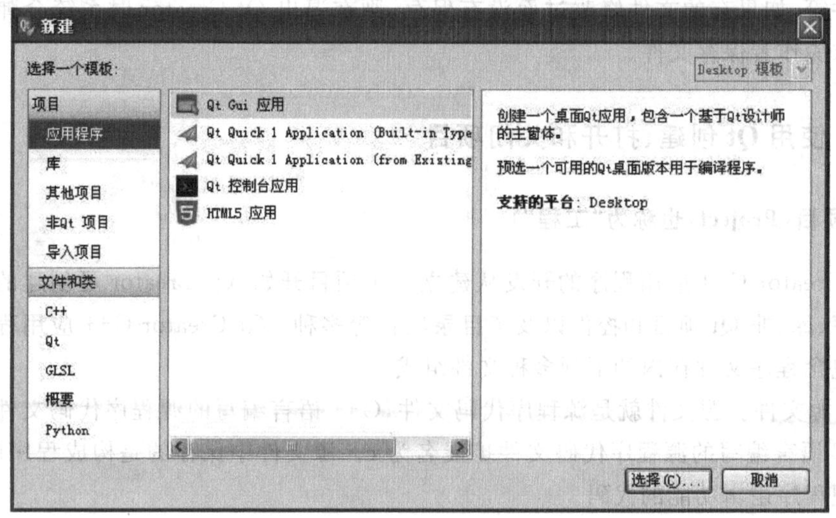

图 1-80 “新建”对话框

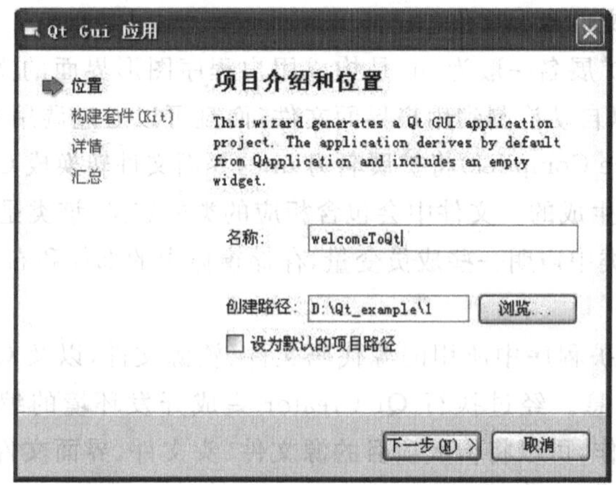

图 1-81 “Qt Gui 应用”对话框

welcomeToQt,在“创建路径”文本编辑框中直接输入保存项目的文件夹名称,或者单击“浏览”(Browse)按钮将新建项目保存到一个已经存在的文件夹中。如果要把项目保存的路径设为默认路径,则单击“设为默认的项目路径”(Set Default Location);设置完成后单击“下一步”按钮。弹出“选择构建套件”窗口,如图 1-82 所示。

(4) 如图 1-82 所示的对话框是为项目构建选择套件的对话框,在这里可以选择项目构建所依赖的 Qt 框架,项目调试和发布需要的保存中间文件和最终发布程序的文件夹。此处一般保持默认的选择即可。然后单击“下一步”按钮,弹出“类信息”窗口,如图 1-83 所示。

(5) 如图 1-83 主要让程序员选择项目主窗口的基类和类名,选择头文件、源程序文件的名称,选择是否创建界面文件以及界面文件的名称,一般保持默认的选择即可。设置完成后,单击“下一步”按钮,弹出“项目管理”窗口,如图 1-84 所示。

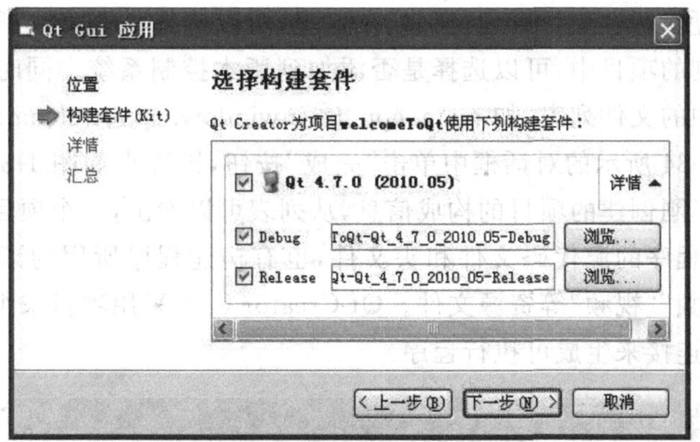

图 1-82 “选择构建套件”窗口

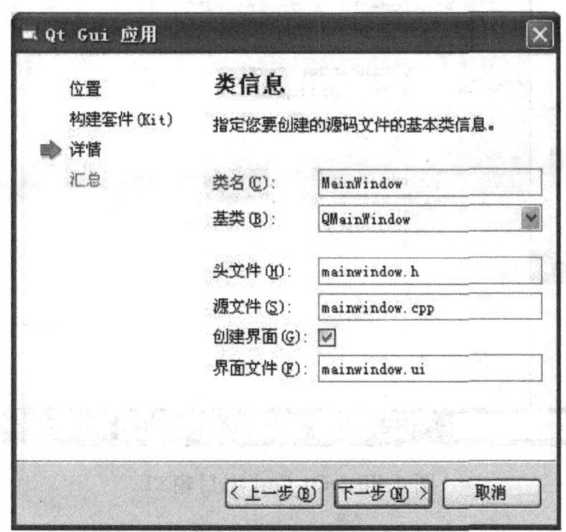

图 1-83 “类信息”窗口

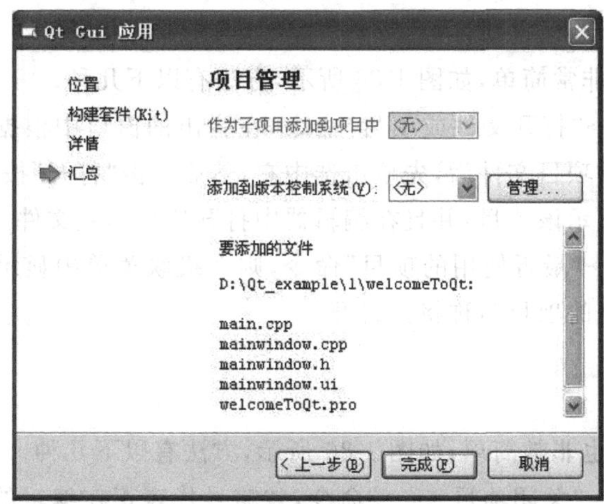

图 1-84 “项目管理”窗口

(6) 图 1-84 所示是"项目管理"窗口,在这里,可以选择是否将刚新建的项目作为一个子项目添加到别的项目中,可以选择是否添加到版本控制系统。同时给出系统自动创建并添加到项目中的文件列表,如 main.cpp、mainwindow.cpp、welcomeToQt.pro 等。

(7) 在如图 1-84 所示的对话框中单击"完成"按钮,则弹出如图 1-85 所示的窗口,窗口左侧列表显示了刚创建的项目的构成信息,从列表可以看出,一个项目会由多个文件组成,这些文件既有程序的源代码文件和头文件,也有构建程序所用的诸如"菜单""图标""图形""图像""音频""视频"等资源文件。Qt Creator C++ 采用项目来组织和维护这些文件,并通过编译和连接来生成可执行程序。

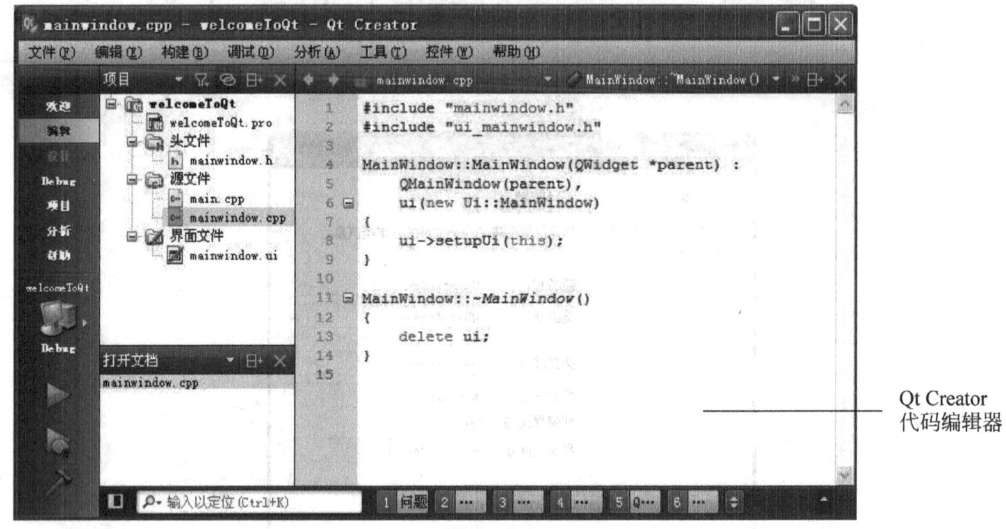

图 1-85 Qt Gui 项目窗口

创建的项目名是项目中其他文件命名的基础,项目文件的后缀名为.pro(Project)。

3. 打开项目

打开项目的操作非常简单,如图 1-86 所示,方法有以下几种。

(1) 选择"文件"→"打开文件或项目"命令,在弹出的窗口中根据项目保存的磁盘和文件夹,找到想打开的项目文件后,先单击选中它,然后单击"打开"按钮,也可以直接双击它,则在项目视图中显示该项目,并且在编辑器中打开项目的主文件。

(2) 选择"文件"→"最近使用的项目"命令,则在级联菜单中显示最近打开过的项目名称,可以单击想打开的项目名称将其打开。

4. 关闭项目

关闭项目的操作也非常简单,如图 1-86 所示,方法有以下几种。

(1) 选择"文件"→"关闭项目 ……"命令,省略号代表正在编辑的项目。这种操作用于关闭正在编辑的当前项目。

(2) 选择"文件(file)"→"关闭所有项目和编辑器"命令,关闭的是 Qt Creator 当前打

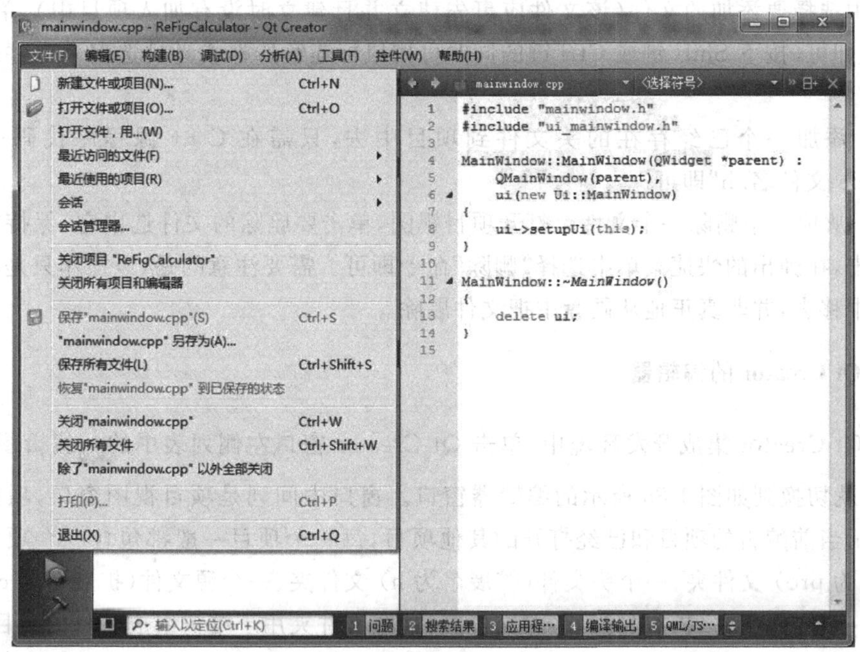

图 1-86 Qt Creator 集成开发环境

开的所有项目和所有的编辑器窗口。

需要说明的是，关闭项目时，必须先保存修改过的项目文件，如项目的程序文件、资源文件等。如果有的文件修改过而没有保存，则在关闭项目时系统会弹出提示信息要求操作者保存文件。

1.4.3 Qt Creator 的编辑器、项目视图的操作

1. 项目文件的建立、添加与删除

可以在建立一个新文件的同时直接将其加入项目中，也可以将已经存在的文件添加到项目中。向项目中添加新文件和已经存在的文件的操作分别如下。

(1) 创建新的头文件、源代码文件或者类，并将它们添加到项目中去。具体方法是：选择"文件"→"新建文件或项目"菜单命令；或者直接在项目名称上右击，在弹出的快捷菜单中选择"添加新文件"命令。都会打开"新建"对话框，从对话框左侧的"文件和类"列表中选择 C++ 选项，在右侧列表中单击 C++ Headers File 或 C++ Source File 或者 class 选项，然后单击"选择"按钮，在接下来的窗口中输入文件名、类名(创建类的时候)并选择是否添加到项目(Add To Project)。最后单击"完成"按钮。就将新创建的文件或者类添加到当前项目中。在项目视图中可以看到左侧窗口项目构成列表中已经存在了新建的文件，选中它并双击，就可在右侧窗口中编辑该文件的内容了。

(2) 添加一个已经存在的源代码文件或资源文件到项目中。具体操作是：右击项目名称(Project)，在弹出的快捷菜单中选择"添加现有文件"命令，在弹出的对话框中的文

件列表中选择要添加的文件(该文件应事先建立并且建立时没有加入项目中),单击“打开”按钮即可(按下 Shift 键或 Ctrl 键的同时可用鼠标连续选择或者挑选多个文件加入项目中)。

(3) 添加一个已经存在的头文件到项目中去,只需在 C++ 源程序代码中输入“#include 文件名.h”即可。

(4) 从项目中删除一个文件。打开项目视图,单击要删除的文件选中它,保持文件选中并右击,在弹出的快捷菜单中选择“删除”命令即可。需要注意的是,该操作只是将文件从项目中移去,并非真正地从硬盘中把文件删除。

2. Qt Creator 的编辑器

在 Qt Creator 集成开发环境中,单击 Qt Creator 窗口左侧列表中的编辑图标,Qt Creator 就切换到如图 1-85 所示的编辑器窗口。窗口中间列是项目视图窗口,项目视图窗口显示当前编辑的项目和已经打开的其他项目,每一个项目一般都包含一个项目文件(扩展名为 pro) 文件夹、一个头文件(扩展名为 h) 文件夹、一个源文件(扩展名为 cpp) 文件夹和一个界面文件(扩展名为 ui)的文件夹,这些文件夹用于维护组成项目的项目文件、头文件、源文件和界面文件。

项目视图操作的方法如下。

(1) 在项目视图中单击每个文件夹名前面的“+”,将看到各文件夹下的所有文件。

(2) 双击项目视图中各文件夹下的任意文件,可以在右侧的编辑框中打开该文件进行编辑。

(3) 在项目视图中添加新文件,方法是右击项目名称,在弹出的快捷菜单中选择要创建的文件类型,在弹出的创建新文件对话框中输入文件名,然后单击“确定”按钮即可。

(4) 右击项目的成员文件,在弹出的快捷菜单中选择“删除”命令,则可以删除项目中的成员文件。也可以从弹出的快捷菜单中选择适当的命令,完成对文件的其他操作。

1.4.4 文件的打开、编辑、保存与关闭

前面介绍了如何创建 Qt Creator 项目,如何管理项目文件、头文件、源程序和界面文件,下面主要以程序源代码和程序界面为例介绍项目文件的编辑与保存。

1. 文件的打开

对于任何文件,不论是 C++ 源代码程序文件、扩展名为 h 的头文件还是菜单、对话框和其他资源文件,只要想编辑它,必须先将其打开,文件打开操作也非常简单,方法有以下几种。

(1) 任何新建的项目文件,都会自然而然地在编辑器中处于打开状态,可以进行编辑。

(2) 选择“文件”→“打开文件或项目”命令,在弹出的窗口中根据文件保存的磁盘和

文件夹,找到想打开的文件并先单击选中它,然后单击"打开"按钮,也可以直接双击,就会在编辑器中将其打开。

(3) 选择"文件"→"最近访问的文件"命令,则在级联菜单中显示最近编辑访问的文件名称,可以单击想打开的文件名称将其打开。

2. 源代码文件编辑器及代码文件的编辑

C++ 编辑器是 Qt Creator 最常用的编辑器。打开项目的现有程序(扩展名是 cpp 或者扩展名为 h)文件,或者新建一个扩展名为 h 的头文件或扩展名为 cpp 的源程序文件时,都会自动打开 C++ 源代码编辑器,如图 1- 85 所示。

打开一个现有文件的操作是:在打开项目的前提下,在"项目(Project)"窗口单击展开该视图中的"源文件(Source Files)"文件夹,双击源文件文件夹中的任何文件,则该文件被选中并且其代码内容出现在右侧窗口,程序员可以在右侧代码编辑窗口里对其内容进行输入、修改、删除等编辑。扩展名为 h 的头文件保存在"头文件(Header Files)"的文件夹中,其打开和编辑方法和扩展名为 cpp 的源程序文件的打开和编辑方法基本一样。

为了提高源代码的可读性,源代码编辑器自动将程序中的语法元素赋予不同的颜色。此外 Qt Creator 也提供多种在源代码文件中查找类和函数的方法。在类、类的方法以及函数上右击会弹出菜单,在弹出的菜单中可以根据需要选择相应的命令就会在它们的声明和定义间切换,方便程序员查看和编辑代码。

3. 界面文件的编辑

采用 Qt Creator 的界面设计器 Qt Designer 可以编辑菜单、对话框和其他资源,实现界面的设计。新建或者打开界面文件时会自动打开界面设计器 Qt Designer,界面文件一般由窗口、对话框和窗口或者对话框中的部件组成,它们都是对象。对象(窗体和部件)的外观、标题和颜色等特征是通过一组属性加以刻画的,可以在属性编辑区中设置或修改窗体和部件的属性。当选定一个窗体或部件时,属性编辑区会自动显示其属性列表。系统为所有的属性提供默认值,程序员只需对其中一些重要的属性的值进行设置或修改,其他属性的值可以保留其默认值不变。关于界面文件的编辑,在第 4 章会进行详细介绍。

4. 文件的保存

对于任何编辑过的文件,不论是 C++ 源代码程序文件、扩展名为 h 的头文件还是菜单、对话框和其他资源文件,只要被修改过,就应该及时保存,否则一旦丢失就会使编程者的辛苦白费。保存文件可以在编辑文件的任何时刻进行,保存操作也非常简单,如图 1-86 所示,方法有以下几种。

(1) 选择"文件"→"保存……"命令,保存正在编辑的文件。省略号代表正在编辑的文件。

(2) 选择"文件"→"保存所有文件"命令,保存所有打开的文件。

(3) 选择"文件"→"……另存为"命令,将正在编辑的文件换路径和名字保存。省略号代表正在编辑的文件。

5. 文件的关闭

关闭文件的操作也非常简单,如图1-86所示,方法有以下几种。

(1) 选择"文件"→"关闭……"命令,关闭正在编辑的文件和窗口。省略号代表正在编辑的文件。

(2) 选择"文件"→"关闭所有文件(close all)"命令,关闭Qt Creator当前打开的所有文件和窗口。

(3) 选择"文件"→"除了……以外全部关闭"命令,关闭除当前正在编辑的文件和窗口外其他所有打开的文件和窗口。省略号代表正在编辑的文件。

1.4.5 项目编译模式及其配置

项目编译模式有两种:调试(Debug)模式和发布(Release)模式。由于开发应用程序需要进行调试,所以项目的默认配置是调试模式。程序员可以通过改变项目的配置模式在调试模式和发布模式之间进行切换。

配置项目编译模式的具体操作是:单击Qt Creator集成开发环境左侧"项目(Project)"图标,然后在弹出的"编辑构建配置"右侧的组合框中选择Release,窗口中构建目录就切换到发行的默认目录。此后再构建程序时就会是发布(Release)模式了。

在开发应用程序时,一般采用将项目设置为调试模式。在调试模式中,编译程序时会将Qt Creator调试器所需的调试信息一同编译,这种模式便于查找程序中存在的错误。

在程序调试完毕准备发布时,将项目编译模式设置为发布模式。

1.4.6 编译、连接生成项目的可执行文件

完成项目的源代码和资源编辑之后,接下来就可以对项目进行编译和连接。Qt对项目编译和连接的方法如下。

单击"构建"菜单,在弹出的子菜单中选择"构建项目"命令,或在项目打开的前提下直接按Ctrl+B键均可,或者直接单击Qt Creator集成开发环境左侧下方的绿色箭头。

在项目的编译和连接过程中,将调用源代码和资源的编译和连接器以及其他工具对项目进行编译和连接,此时在Qt Creator集成开发环境右侧下方出现进度条,同时在适当子目录中产生中间文件,如果没有编译和连接错误,则进度条呈现绿色,在项目文件夹的子文件夹debug中产生以项目名称命名的可执行的.exe文件。如果存在编译和连接错误,则进度条呈现红色,编译进程停止,不会在项目文件夹的子文件夹debug中产生以项目名称命名的可执行的.exe文件。在项目编译和连接过程中,通过Qt Creator的输出(Output)窗口,不仅可以看到编译和连接的过程,而且还可以看到构建项目产生的信息,包括错误信息。

1.4.7 纠正编译或连接出现的错误

没有哪个程序员在编程序时不犯任何错误，程序员是在不断发现和解决程序错误的过程中积累经验逐渐成熟的。程序编译时发生的错误一般分为语法错误、文件错误、逻辑错误、功能错误等。对于这些错误，可以采用下述办法予以纠正。

(1) 在 Qt Creator 的“输出(Output)”窗口中，双击错误信息，源代码编辑器中的光标将自动定位到发生错误的源代码处。值得注意的是，错误有时会出现在光标指向的源代码行的前面，因此若在光标所在的代码行中找不到错误，可以检查光标指向的源代码行前面几行源代码是否有错误。

(2) 在 Qt Creator 的源代码编辑器窗口中，发生错误的代码行或者它后面的行前面会出现红色醒目的错误提示，同时源代码编辑器下面的问题窗口将显示详细的错误信息。

(3) 纠正错误代码，重新进行编译和连接。

一般情况下，一个或两个非法错误将会导致错误信息的连续出现。也就是说，一个错误可能会导致出现多个错误信息。较好的解决方法是：找出并纠正开始的几个错误(而没有必要把所有的出错信息全部纠正)，然后重新编译。这样往往会大量地减少出错信息。对于相对较小的程序来说，可以不断地进行改错、编译，一直到没有错误信息为止。

1.4.8 Qt 工具栏的使用

工具栏位于 Qt Creator 集成开发环境的最左侧，由十几个图形界面的操作按钮构成，是菜单命令的图形化快捷按钮，可以使用户直观简洁地快速实现一些最常用的功能，熟练掌握使用工具栏快捷按钮的功能，可以有效提高程序员的编程效率。工具栏中快捷按钮的出现和隐藏会根据用户程序的上下文进行自动调整，如打开界面文件时，Qt Designer 设计器会自动打开。

工具栏中的快捷按钮与菜单栏的菜单是相对应的。Qt Creator 中包含有欢迎、编辑、设计、debug、项目、分析、帮助、运行、开始调试、构建项目等快捷按钮。用户可以直接单击这些按钮来完成特定的功能。

1.5 Qt Creator 联机帮助系统

1.5.1 Qt 中如何寻求帮助

Qt 的参考文档包含 Qt 中所有的类及其函数，是 Qt 开发人员学习了解 Qt 类及其函数的基本工具。尽管本书中讲述了 Qt 的许多类和函数，但 Qt 中所有的类和函数不可能在本书中都能讲到，而且本书也无法对书中所涉及的每个类和函数都提供全部的细节，如果想熟练掌握并随心所欲地使用 Qt，最好做到对 Qt 参考文档中所有类及其函数了如指掌的程度。

在 Qt 的 doc/html 目录下保存着 HTML 格式的参考文档，使用任何一种 Web 浏览器都可以打开它。如图 1-87 所示的 Qt 本身的浏览器 Qt 助手也可以作为 Qt 参考文档的阅读工具，而且它具有强大的查询和索引功能，使用它比使用 Web 浏览器更加快速和容易。

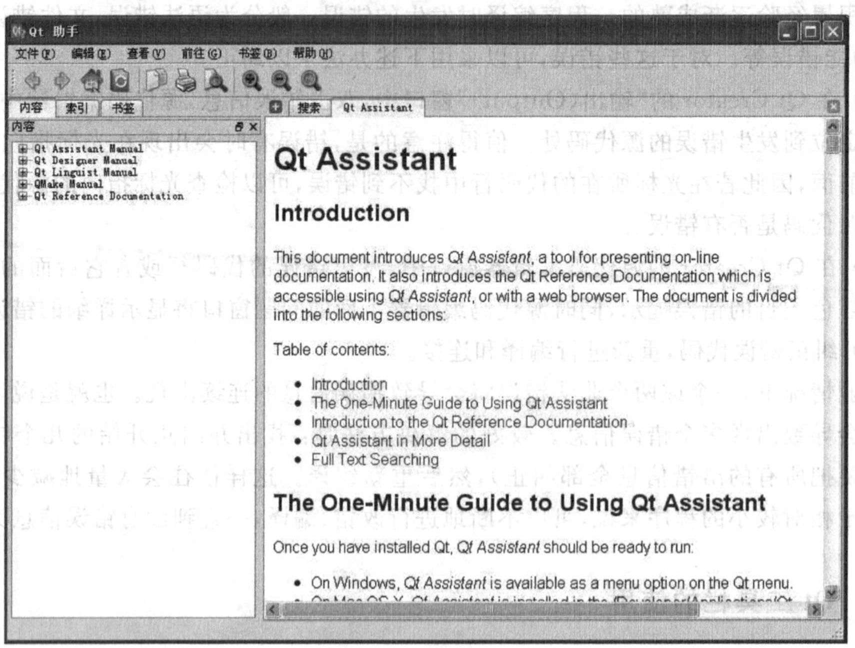

图 1-87 Qt 助手

在 Windows 中运行 Ot 助手的方法是，单击“开始”菜单中的 Ot by Trolltech v4. x. y| Assistant(版本不同，打开的方式会有区别)；在 UNIX 下，可在终端命令行中输入 assistant 命令；在 Mac OS. X Finder 中，只需双击 Assistant 即可，在主页的 API Reference 小节中的链接提供了浏览 Qt 类的几种不同方式，All Classes 页面列表会列出 Qt API 中的每一个类，而 Main. Classes 页面列表只会列出 Qt 中那些最为常用的类。作为练习，你可以去试着查询一下本章中所学过的那些类和函数。

有一点需要提醒：有些类的函数是从它的基类继承来的，关于这些继承来的函数的介绍出现在基类的文档中，例如 QPushButton 的 show 函数是从它的基类 QWidget 那里继承的，关于 show 函数的介绍就出现在 QWidget 类的文档中而不是出现在 QPushButton 类的文档中。

地址为 http://qt-project.org/doc/qt-5.1/qtdoc/index.html 的网站中包含有 Qt 的当前版和一些早期版本的在线参考文档。该网站也选登有 Qt 季刊(Qt Quarterly)的一些文章。Qt 季刊是 Qt 程序员的时事通讯，会发送给所有获得 Qt 商业许可协议的人员。

1.5.2 帮助文件的打开及使用源代码编辑器

使用 Qt Creator 进行程序设计时，有四种方法可以获取帮助。以下四种方法除了按

F1键进入帮助系统之外，其他每一种方法均需要在Help窗口中进行。

(1) F1键帮助。

获取帮助最简单的方法为——单击一个字符或使某个词组选中接着按下F1键。如果某个字符或词组在Help的索引中，帮助系统将打开某个特定的主题，提供上下文帮助。在源代码编辑器窗口可以使用F1键帮助。

(2) 目录表。

单击Qt Creator"帮助"菜单下的"目录"子菜单，就打开了帮助文档的目录表，利用帮助系统提供的目录表，可以跳过不需要的章节内容，直接到达需要阅读的帮助主题。有时需要综合利用索引、查找和目录，去查找所需要的内容。

(3) 帮助索引。

单击Qt Creator"帮助"菜单下的"索引"子菜单，可以使用系统提供的帮助索引寻求帮助，帮助索引系统具有一个很大的索引表。尽管索引表不能覆盖所有的内容，但大部分所需的内容都可以在这里找到。

(4) 全文查找功能帮助。

系统允许联机查找任何内容，包括所需的1000多个相关的主题。当利用帮助索引找不到所需的内容时，采用全文搜索查找是唯一可行的方法。

在Qt Creator中，选择"帮助(Help)"菜单中的"目录(Contents)""索引(Index)""上下文帮助""技术支持"等命令，将打开帮助窗口。Help窗口的导航利用Web浏览技术，将帮助文件作为超文本文档(HTML)在万维网(WWW)上发布。利用以下方法可以方便地进行导航。

(1) 在窗口左边的搜索栏中采用目录、索引和搜索选项卡来查找某个主题。

(2) 单击目录项或者双击索引项，或者在索引编辑框直接输入想寻求帮助的主题后按回车键，都会在窗口右边的主题框中显示相关的主题内容。

(3) 当鼠标移动到某一词或者词组时，如果下面出现下画线，而且词或者词组高亮显示就表示有超链接，可以用来链接到其他主题。

(4) 利用Help工具栏的Back和Forward箭头可以返回一系列的主题。

(5) 如果忘记了自己的路径，采用工具栏中的"主页"按钮返回帮助系统的主页，在主页中可以查找Qt Creator其他帮助主题。

(6) 单击"主页"按钮，通过Qt Creator帮助系统可以转到其他链接。

单击"帮助(Help)"→"报告bug"菜单项，将与bug跟踪者Web网站进行链接，其具体的操作步骤如下。

(1) 可以查找系统历史上的bug。

(2) 可以在此网站申请用户注册，然后报告自己发现的bug，以寻求帮助。

单击Qt Creator左侧的"编辑"按钮，就会离开帮助系统，回到程序编辑窗口。

1.5.3 缩小查找范围

可以采用许多方法缩小查找范围。正如在一本书中查找相关的内容一样，帮助系统采用关键字和词组作为索引。如其他书的索引一样,只需要翻阅索引选项卡就可以找到有用的信息。但是由于 Qt Creator 索引非常庞大,包含上千个条目,所以通常情况下可以将关键字输入对话框中,进行搜索。如果关键字在索引中,它将出现在索引选项卡顶部的栏目中。搜索到的主题可能有用,也可能没用,下面提供几种加快搜索的方法。

(1) 采用某些特定的关键字或词组进行查找。目前 Qt Creator 帮助文档的一个发展趋势,就是尽量采用某些特定的关键字或更长一些的短语作为索引项,这样可以显著地提高索引查找的效率。

(2) 当采用索引进行查找时,由于每次查找到的相关内容比较多,有时可能同时找到20多个主题,因此对每个主题都要仔细地查看,可以通过最大化 Help 窗口来查看更多的主题。

(3) 同时采用多个同义词或近义词进行查找,如 serialization、files、storing data、storing objects、writing to a file、persistence,用户可以综合利用上述各种方法进行查询。

(4) 在 demo 中是一系列可以用来编译和运行的程序。它采用示例程序演示了大量程序设计基础知识和高级技巧。

1.6 使用 Qt 开发 C++ 语言程序

1.6.1 Windows 平台下使用 Qt 第 4 版开发 C++ 语言程序

1. 使用 Qt Creator 开发纯 C++ 语言控制台程序

在学习 C++ 语言基础知识的时候,大多数教科书都采用控制台程序作为传授 C++ 语言基本语法知识的载体,因为控制台程序编辑简单、能节省时间,适合课堂讲解,本书后续 C++ 语言基础知识部分也采用控制台编程给出例程,所以这里用 Qt 开发一个纯 C++ 语言控制台程序,目的是让初学者学会如何用 Qt 开发 C++ 语言控制台程序。

📖**注意**:为了规范起见,事先在计算机 D 盘上创建 Qt_example 文件夹,然后在 Qt_example 文件夹下分别创建名称为 1~9 的文件夹,用来保存本书第 1~9 章的程序,每一个程序项目放在一个单独的文件夹中。

编一个 C++ 语言程序项目,项目名称为 Example1_1,要求程序实现在字符窗口中显示“Hello! Welcome to Qt World.”。

程序开发步骤如下。

(1) 在 Windows 桌面上依次选择“开始”→“所有程序”→Qt Creator 运行程序,出现如图 1-77 所示的窗口,表明 Qt Creator 程序启动正常。

(2) 在如图 1-77 所示的 Qt Creator 窗口中,选择“构建”→“新建文件或项目”命令,弹出如图 1-88 所示的“新建”对话框,在“新建”对话框中,单击选中左侧列表的“非 Qt 项目”,在中间列表中单击选中“纯 C++ 语言项目”,然后单击“选择”按钮,出现如图 1-89 所示的“纯 C++ 语言项目”对话框,在此对话框的“名称”文本框中输入项目名称 Example1_1,在“创建路径”编辑框中单击“浏览”按钮,选择 D:\Qt_example\1 路径;然后单击“下一步”按钮，弹出窗口如图 1-90 所示。

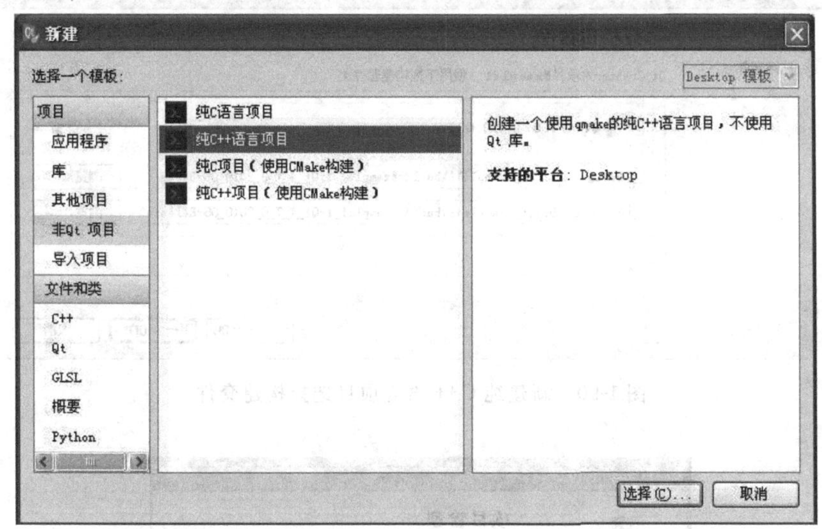

图 1-88 “新建”对话框

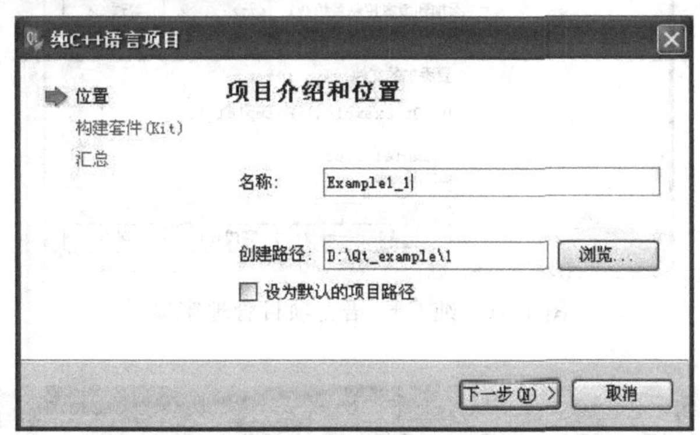

图 1-89 “纯 C++ 语言项目”对话框

(3) 如图 1-90 中主要让我们选择项目使用的 Qt Creator 套件，包括使用什么版本，在什么位置保存调试的文档，在哪里保存发布的程序等。这里保持默认设置，直接单击“下一步”按钮，弹出图 1-91。

(4) 如图 1-91 中可以让我们选择是否把目前正在创建的项目作为子项目加入一个已经存在的项目，添加版本控制等。同时列出了系统根据上面几步的选择而自动创建的文件，包括项目文件 Example1_1. pro 和项目主程序文件 main. cpp。这里保持默认设置，然后单击“完成”按钮，系统出现如图 1-92 所示的窗口。

(5) 在如图 1-92 所示的窗口中，中间项目列表显示项目文件为 Example1_1. pro，项目主程序为 main. cpp，右侧编辑区显示了主程序 main. cpp 的代码，将第 5 行代码：

```
cout<<"Hello ! World"<<endl;
```

修改为

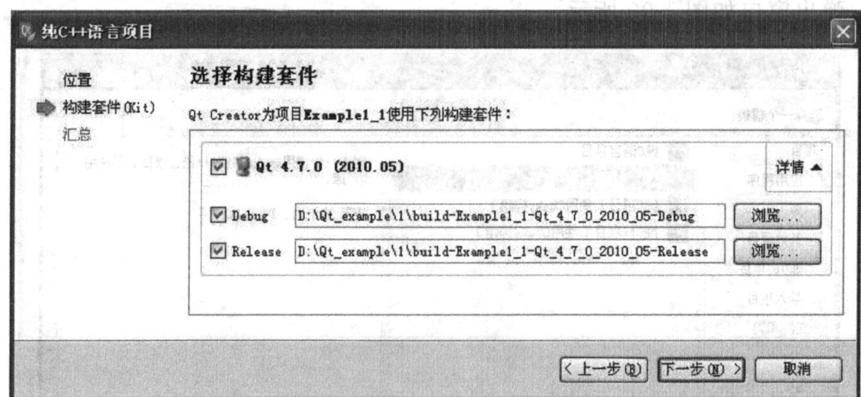

图 1-90 新建纯 C++ 语言项目选择构建套件

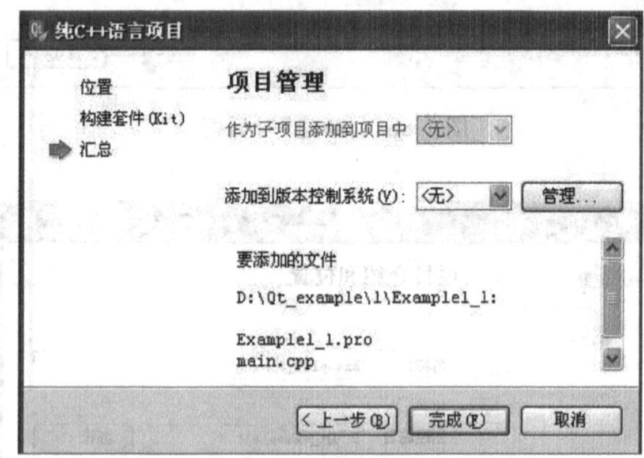

图 1-91 纯 C++ 语言项目管理窗口

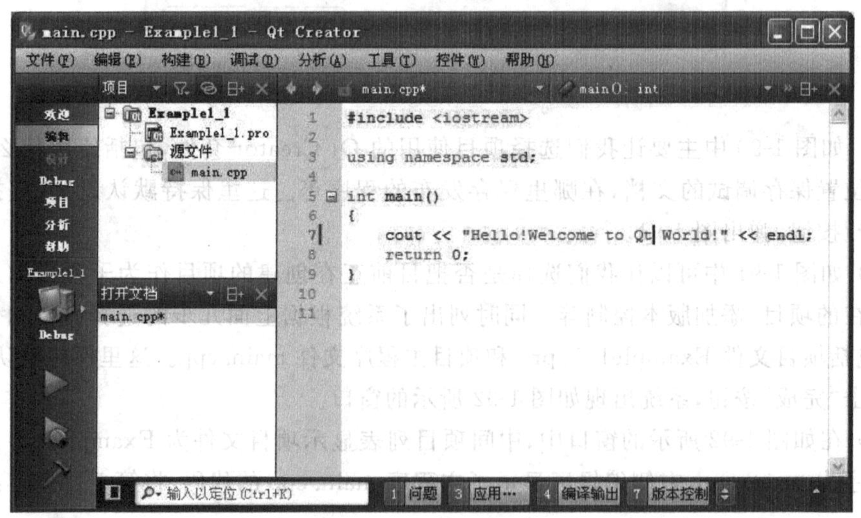

图 1-92 纯 C++ 语言项目 Example1_1 的窗口

```
cout<<"Hello ! Welcome to Qt World."<<endl;
```

然后选择“文件”→“保存所有文件”命令。保存完毕后，单击窗口左侧下方的绿色箭头，编译运行程序，如果程序没有错误，窗口右下角的编译进度条显示为绿色，程序执行结果如图 1-93 所示。至此，这个简单的程序就完成了。

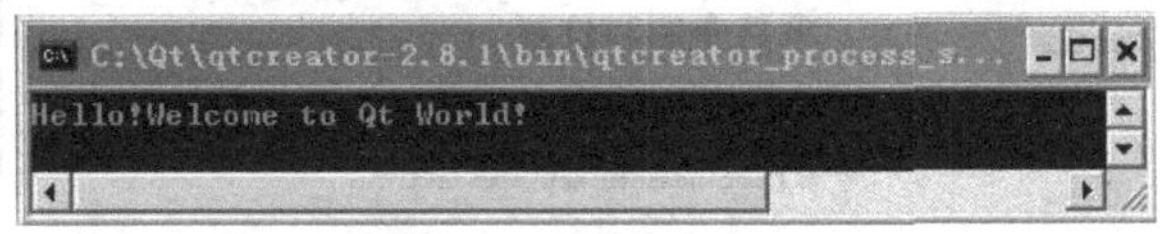

图 1-93　纯 C++ 语言项目 Example1_1 程序的执行结果

2. 使用 Qt Creator 开发 C++ 语言图形用户界面程序

自从 Windows 操作系统诞生以来，图形界面程序风靡全球，因为图形界面程序用户接口友好，操作简单易学，适合人机交互。第 4 章将专门讲解利用 Qt 开发 C++ 语言图形界面程序的方法，这里只是用 Qt 开发一个简单的图形界面 C++ 语言程序，目的是让读者对用 Qt 开发 C++ 语言图形界面程序有一个简单的了解。

编写一个 C++ 语言程序项目，项目名称为 Example1_2，要求程序实现在图形窗口中显示“Hello! Welcome to Qt World.”。

程序开发步骤如下。

(1) 在 Windows 桌面上依次选择“开始”→“所有程序”→Qt Creator 运行程序，出现如图 1-77 所示的窗口，表明 Qt Creator 程序启动正常。

(2) 在图 1-77 中，选择“新建”→“新建文件或项目”命令，弹出如图 1-94 所示的“新建”对话框，在“新建”对话框中，单击选中左侧列表的“应用程序”，在中间列表中选中“Qt Gui 应用”，然后单击“选择”按钮，出现如图 1-95 所示的“Qt Gui 应用”对话框，在此对话

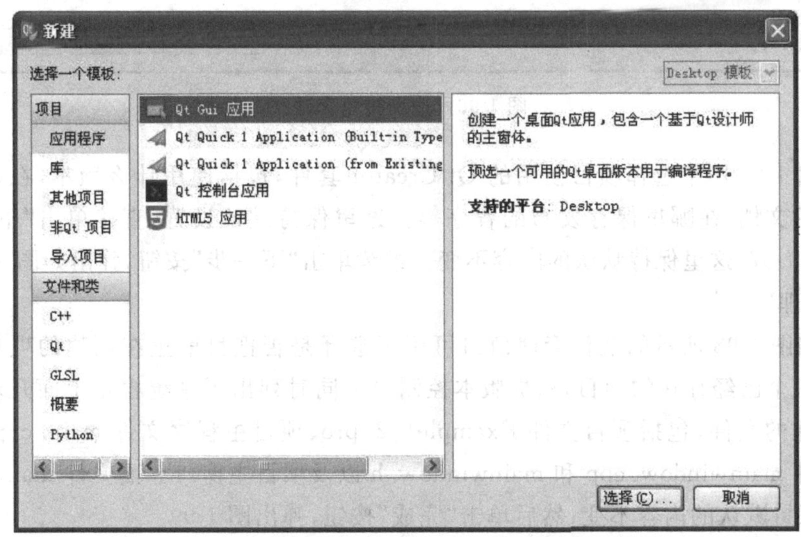

图 1-94　Qt Gui 应用项目“新建”对话框

框的“名称”编辑框中输入项目名称，这里输入 Example1_2，在“创建路径”编辑框中单击“浏览”按钮，选择 D:\Qt_example\1(注：事先创建好文件夹)路径；然后单击“下一步”按钮，弹出图 1-96。

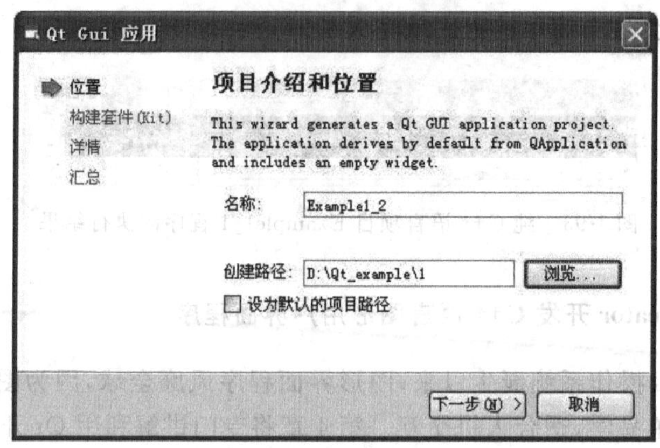

图 1-95 “Qt Gui 应用”对话框

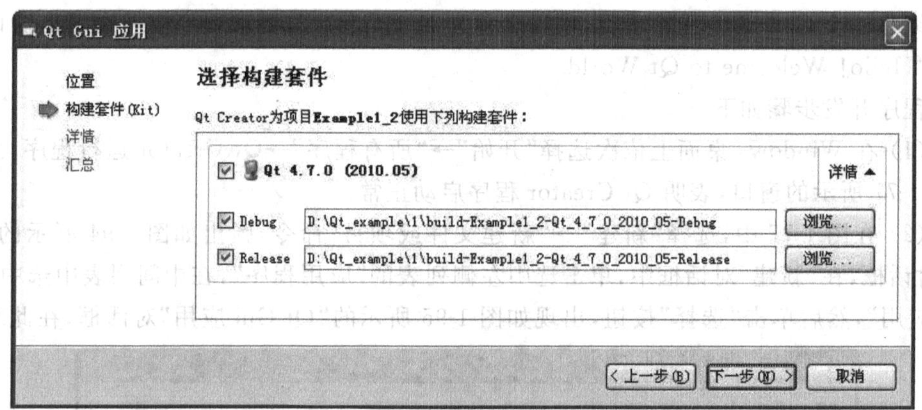

图 1-96 选择构建套件

(3) 图 1-96 用来选择项目使用的 Qt Creator 套件，包括使用什么版本，在什么位置保存调试的文档，在哪里保存发布的程序等。这里保持默认设置，直接单击“下一步”按钮，弹出图 1-97，这里保持默认的内容不变。继续单击“下一步”按钮，弹出如图 1-98 所示的“项目管理”。

(4) 如图 1-98 所示的项目管理窗口可用于选择是否把目前正在创建的项目作为子项目加入一个已经存在的项目，添加版本控制等。同时列出了系统根据上面几步的选择而自动创建的文件，包括项目文件 Example1_2. pro、项目主程序文件 main. cpp、项目主窗口类文件 mainwindow. cpp 和 mainwindow. h 以及项目主窗口界面文件 mainwindow. ui。这里保持默认的内容不变，然后单击“完成”按钮，弹出图 1-99。

(5) 在如图 1-99 所示的窗口中，中间项目列表显示项目文件为 Example1_2. pro，项目主程序为 main. cpp，右侧编辑区显示了主程序 mainwindow. cpp 的代码。

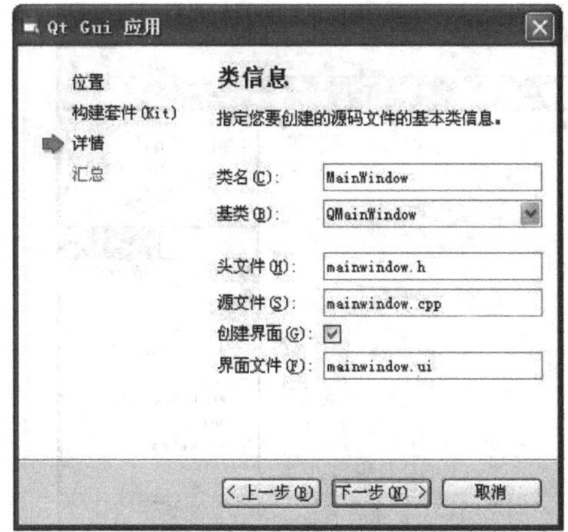

图 1-97　类信息

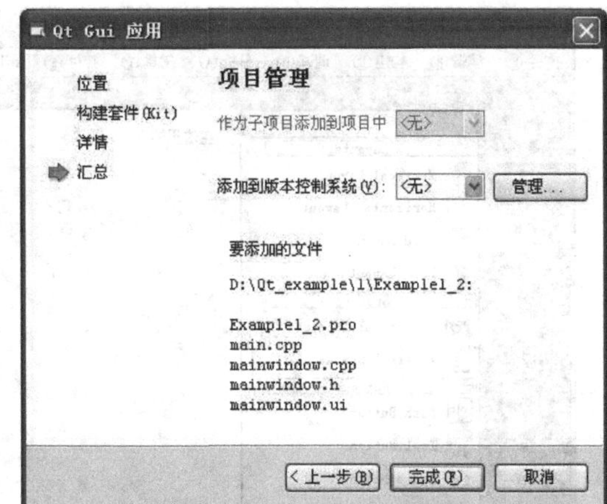

图 1-98　项目管理窗口

图 1-99　Qt Gui 应用项目窗口

(6) 在如图 1-99 所示的窗口中，双击界面文件 mainwindow.ui，Qt Creator 打开设计器 Qt Designer，出现如图 1-100 所示窗口，窗口中间显示的是项目程序的主窗口界面，其左侧为用来设计窗口的部件，右侧下方是当前部件的属性窗口，可以在此添加窗口部件，修改部件的属性。

(7) 在如图 1-100 所示的窗口中，在窗口左侧部件列表的 Display Widgets 显示部件部分找到窗口部件 Label，然后用鼠标按住将其拖动到主窗口界面，修改部件 Label 的 text 属性为“Hello! Welcome to Qt World. ”，字体 font 属性为华文中宋，字体大小为 18，效果如图 1-101 所示。

然后选择“文件”→“保存所有文件”命令将所有的文件保存。保存完毕后，单击窗口左侧下方的绿色箭头，编译运行程序，如果程序没有错误，窗口右下角的编译进度条显示

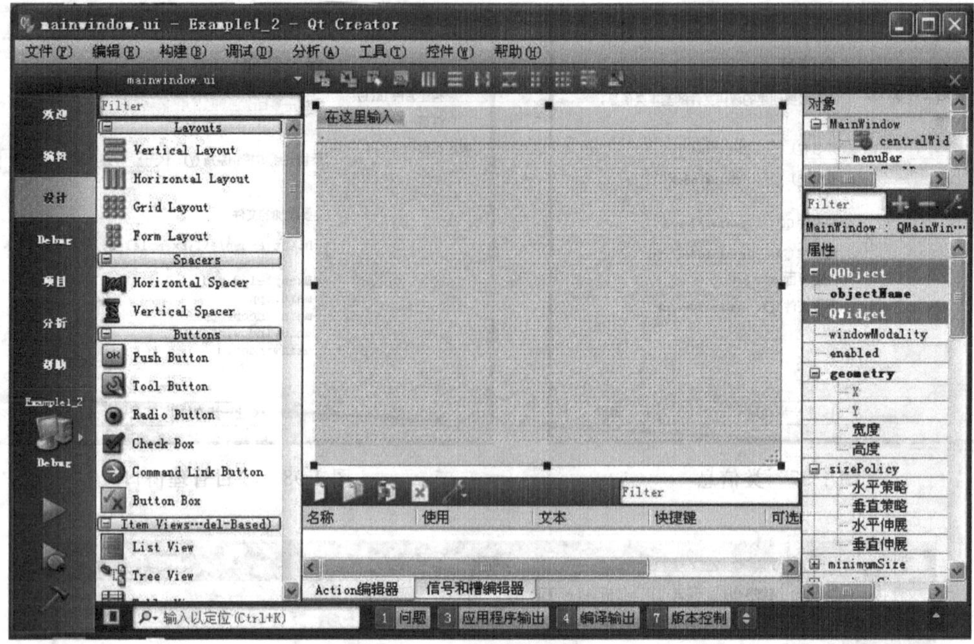

图 1-100 Qt Gui 应用项目主窗口

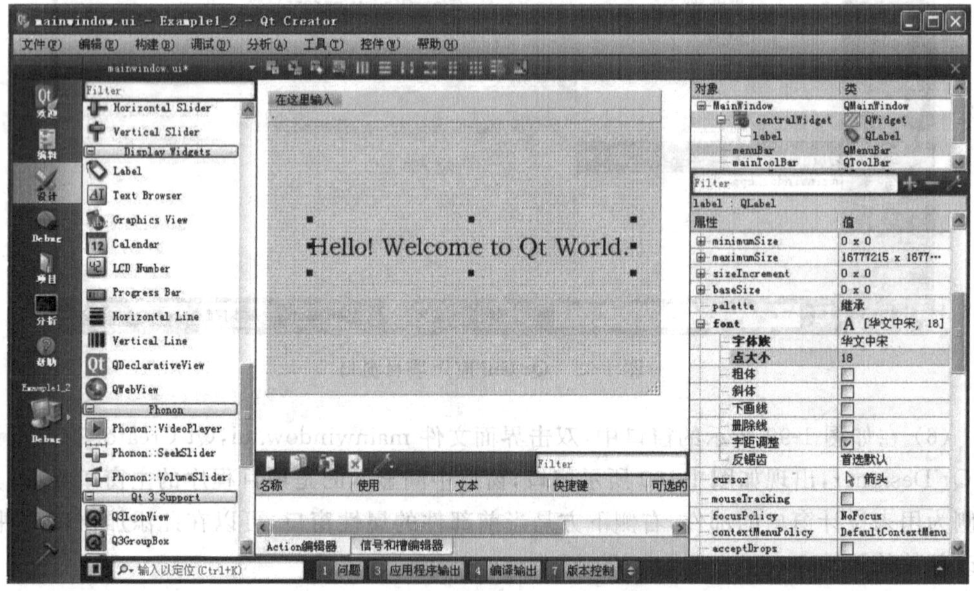

图 1-101 Qt Gui 应用项目主窗口界面的设计窗口

为绿色，程序执行结果如图 1-102 所示。至此，完成了这个简单的图形界面程序。

3. 使用 Qt 命令行方式开发 C++ 语言图形用户界面程序

在 Linux 环境或者 Windows 环境中，有经验的程序员喜欢用命令行方式来编辑、编

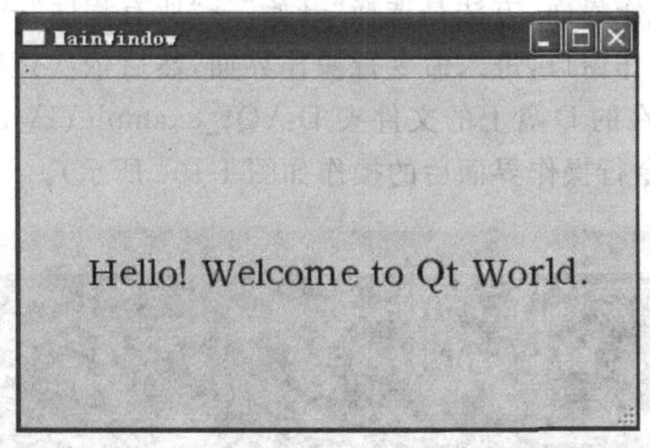

图 1-102 Qt Gui 应用项目程序的执行结果

译、连接生成可执行程序，因为这可以使程序员根据需要灵活选择编译程序所需要的参数。网络上有很多关于如何在 Linux 和 UNIX 等环境下用命令行方式开发 C++ 语言图形界面应用程序的步骤和方法，有兴趣的读者可以自己上网学习。下面介绍 Windows 环境中命令行方式开发图形界面程序的方法。

1）程序的编辑

Windows 环境中有很多编辑工具可以用来编辑 C++ 语言程序，可以用 Edit 工具软件，Windows 系列操作系统自带的写字板或者记事本软件。本书的例子采用记事本来完成程序的编辑。依次选择"开始"→"所有程序"→"附件"→"记事本"命令，打开"记事本"程序，然后输入的程序如图 1-103 所示。

Example1_3.cpp - 记事本

文件(F) 编辑(E) 格式(O) 查看(V) 帮助(H)

```
#include <QApplication>
#include <QLabel>

int main(int argc, char *argv[])
{
  QApplication app(argc,argv);
  QLabel *label = new QLabel("Hello Welcome to Version 4 Qt!");
  label->show();
  return app.exec();
}
```

图 1-103 使用 Windows 记事本编辑 C++ 语言程序

输入上述内容并检查无误后将其保存到文件夹 D:\Qt_example\1\ Example1_3\下，保存的文件取名为 Example1_3. cpp，保存时，保存文件类型为"所有文件"，之后退出记事本程序。注意输入的引号、逗号、分号都必须是在英文输入方式下输入。需要说明的是，这里重点介绍如何使用 Qt 的命令行方式开发 C++ 语言图形用户界面程序的方法和步骤，至于每行程序语句具体的功能和含义会在后续章节详细介绍。

2）程序的编译、连接和运行

Qt 的源程序必须通过编译、连接才能生成可执行的 exe 程序，下面是命令行方式生成可执行程序的详细步骤。

首先进入命令行操作界面，方法是选择“开始”→“所有程序”→“附件”→“C:\命令提示符”命令，出现命令操作窗口，进入命令行操作界面，然后依次运行下面的命令，进入程序 Example1_3.cpp 所在的 D 盘上的文件夹 D:\Qt_example\1\ Example1_3\，编译、连接和执行程序(进入命令行操作界面后的操作如图 1-104 所示)。

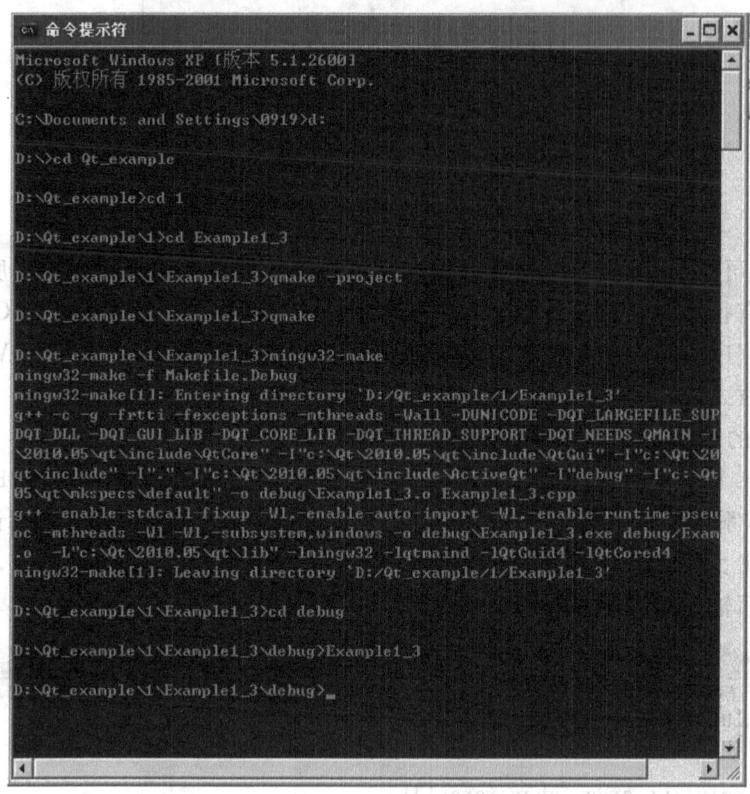

图 1-104　用命令行方式编译和连接程序

d:	(转到 D 盘)
cd Qt_example	(进入 D 盘 Qt_example 文件夹)
cd 1	(进入 D 盘 Qt_example 文件夹下的 1 文件夹)
cd Example1_3	(进入 D 盘 Qt_example 文件夹下 1 文件夹下的 Example1_3 文件夹)
qmake -project	(生成一个与平台无关的项目文件 Example1_3.pro 文件)
qmake	(生成一个与平台相关的 makefile 文件)
mingw32-make	(生成 Example1_3.exe 文件)
cd debug	(进入 debug 文件夹，该文件夹下保存生成的可执行文件)
Example1_3	(运行程序，运行效果如图 1-105 所示。)

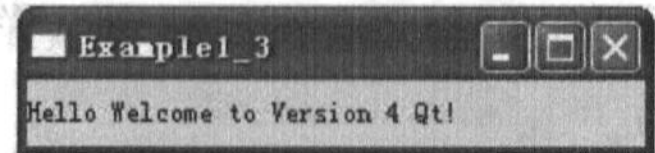

图 1-105　Example1_3.cpp 程序的执行结果

要运行生成的可执行程序，在Windows下可以直接输入Example1_3，在UNIX下可以输入./Example1_3，在Mac OS X下可以输入open Example1_3.app。要结束该程序，可直接单击窗口标题栏上的"关闭"按钮。

当使用Microsoft Visual C++和商业版的Qt时，需要用nmake命令代替make命令。除了这一方法外，还可以通过Example1_3.pro文件创建一个Visual Studio的工程文件，此时需要输入命令：

```
qmake -tp vc Example1_3.pro
```

然后就可以在Visual Studio中编译这个程序了。在开始下一个例子之前，我们一起来做一件有意思的事情：将代码行"QLabel * label = new QLabel("Hello Welcome to Version 4 Qt!");"替换为

```
QLabel * label =new QLabel("<h2><B>Hello </B><font color=red>Welcome to
Version 4 Qt!</font></h2>");
```

然后重新编译该程序。运行程序会看到不同的显示效果，通过使用一些简单的HTML样式格式，可以轻松地把Qt应用程序的用户接口变得更加丰富多彩。

1.6.2 Windows平台下使用Qt第5版开发C++语言程序

随着计算机硬件、操作系统和Qt软件的不断发展，新的版本不断推出，目前市场上很多Qt开发者都已经开始用Qt第5版来开发软件，本节主要介绍如何使用Qt5开发C++语言程序，通过下面的学习就会了解Qt第5版和Qt第4版在应用上区别并不大。

1. 使用Qt Creator开发纯C++语言控制台程序

使用Qt第5版编写一个C++语言程序项目，项目名称为Example1_4，要求程序实现在字符窗口中显示"Hello! Welcome to Version 5 Qt World."。

程序开发步骤如下。

(1) 在Windows桌面上依次选择"开始"→"所有应用"→Qt5.5.1→Qt Creator运行程序命令，出现如图1-106所示的窗口，表明Qt Creator第5版程序启动正常。

(2) 在如图1-106所示的Qt Creator窗口中，选择"文件"→"新建文件或项目"命令，弹出如图1-107所示的New File or Project(新建文件或项目)对话框，在此对话框中，单击左侧列表的Non Qt Project(非Qt项目)，在中间列表中单击Plain C++ Application(纯C++语言项目)，然后单击Choose(选择)按钮，出现如图1-108所示的纯C++语言应用对话框，在此对话框的"名称"文本框中输入项目名称Example1_4，在"创建路径"文本框中单击"浏览"按钮，选择D:\Qt_example\1路径。然后单击"下一步"按钮，弹出为构建的项目定义构建系统的对话框，如图1-109所示，这里保持默认的选择，然后单击"下一步"按钮，弹出为构建的项目定义构建系统的对话框，如图1-110所示。

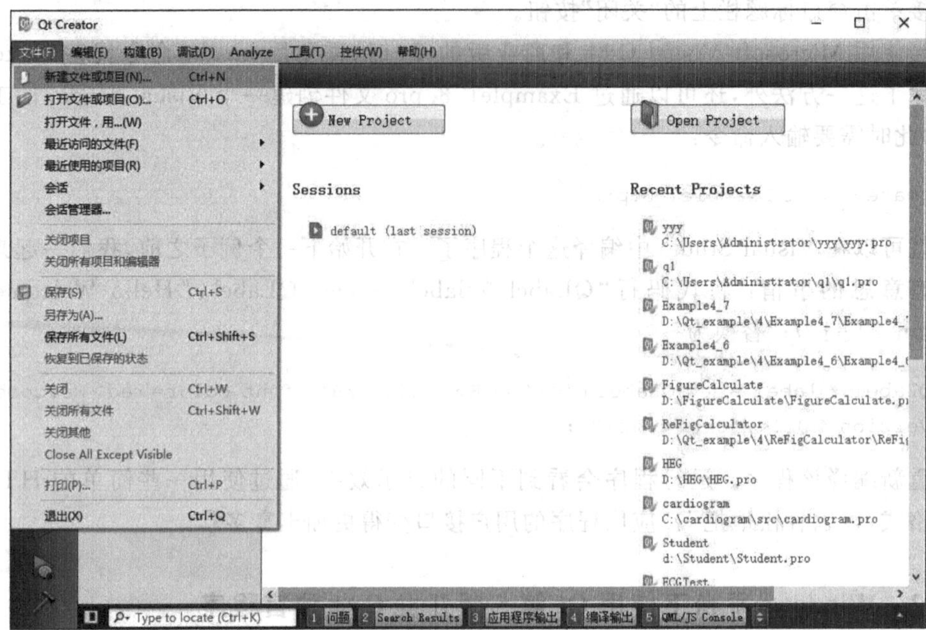

图 1-106 Qt Creator 第 5 版

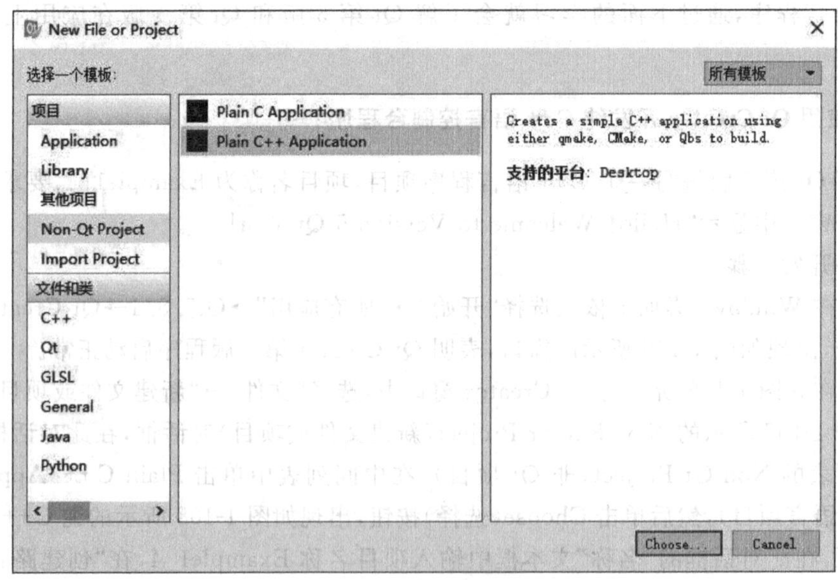

图 1-107 新建文件或项目对话框

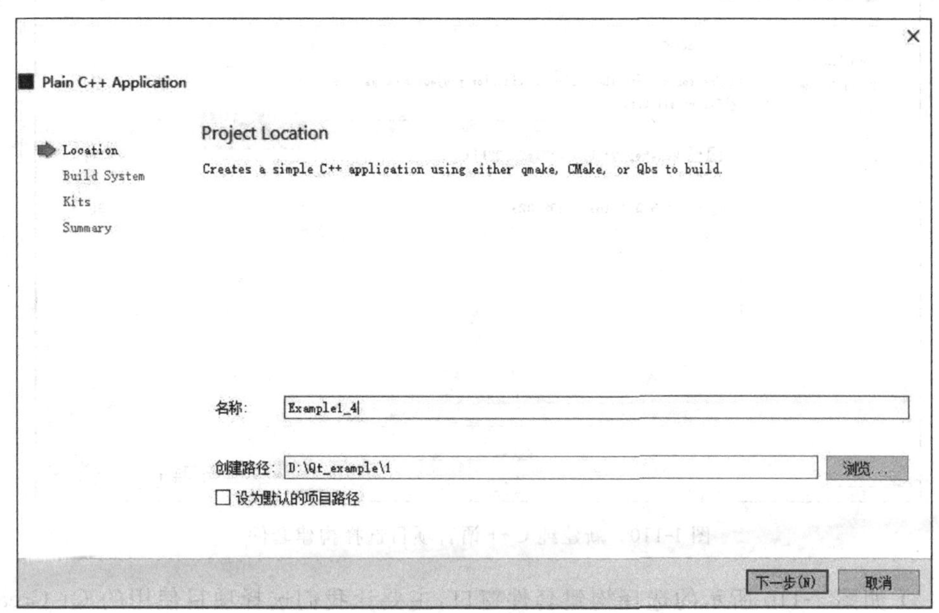

图 1-108 纯 C++ 语言应用窗口

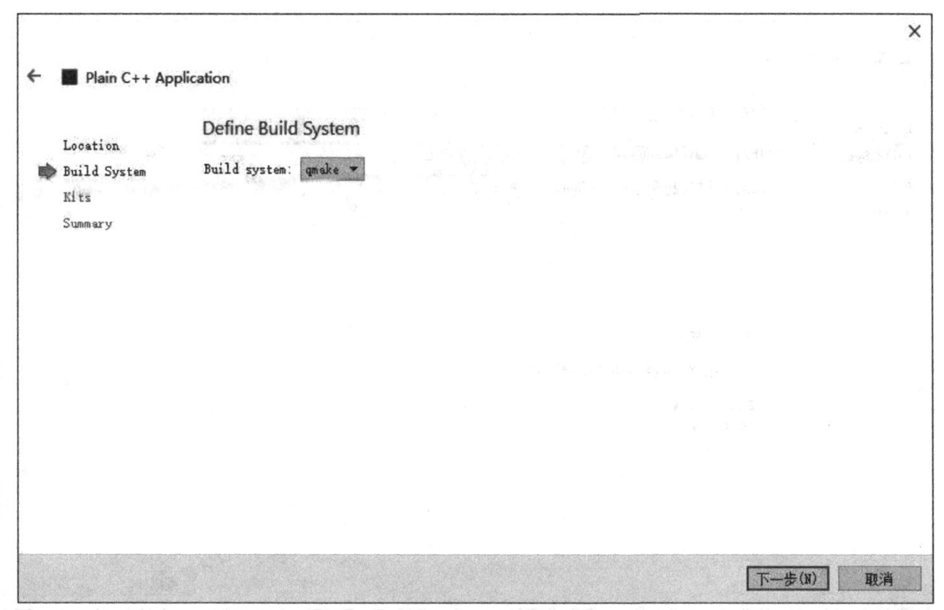

图 1-109 纯 C++ 语言构建系统定义窗口

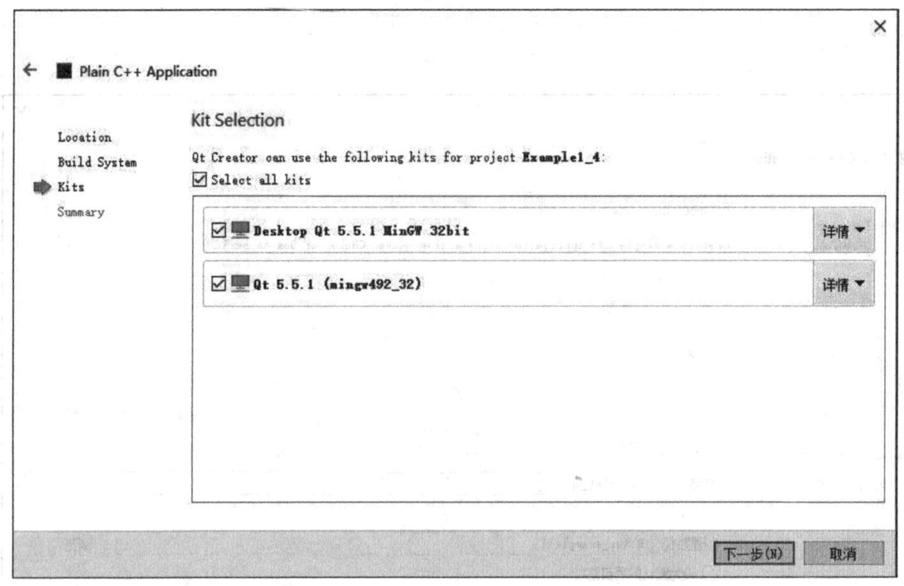

图 1-110　新建纯 C++ 语言项目选择构建套件

(3) 如图 1-110 所示的选择构建套件窗口，主要让我们选择项目使用的 Qt Creator 套件，包括使用什么版本等。这里保持默认设置，直接单击“下一步”按钮，弹出如图 1-111 所示的项目管理窗口。

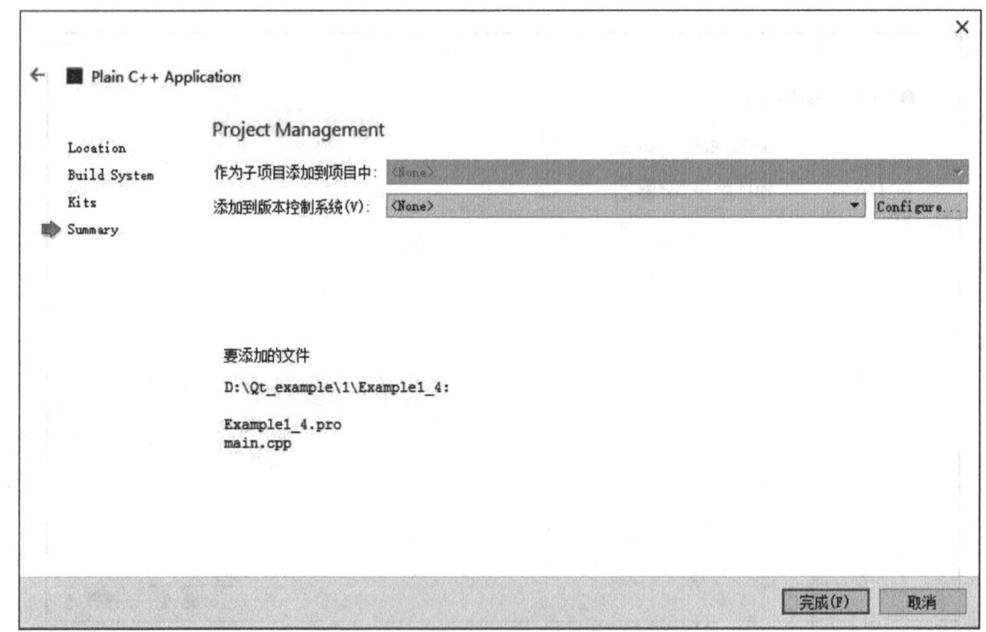

图 1-111　纯 C++ 语言项目管理窗口

(4) 如图 1-111 所示的项目管理窗口中可以选择是否把目前正在创建的项目作为子项目加入一个已经存在的项目，添加版本控制等。同时列出了系统根据人们上面几步的选择而自动创建的文件，包括项目文件 Example1_4. pro 和项目主程序文件 main. cpp。这里保持默认设置，然后单击“完成”按钮，系统出现如图 1-112 所示的窗口。

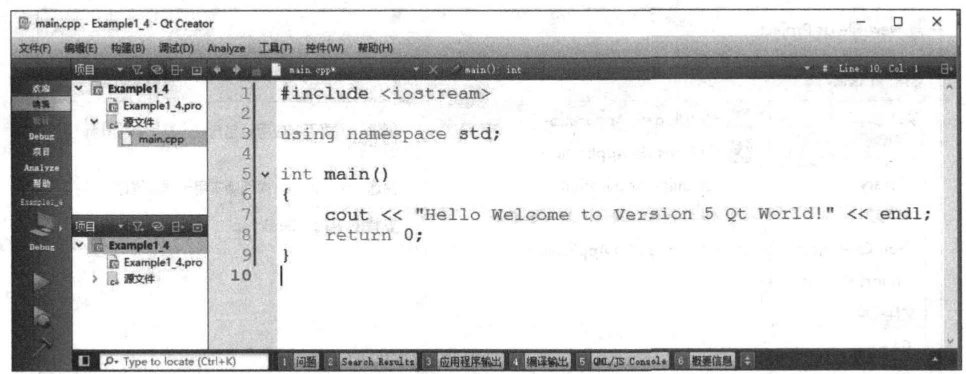

图 1-112　纯 C++ 语言项目 Example1_3 的窗口

(5) 在如图 1-112 所示的窗口中，中间项目列表显示项目文件为 Example1_4. pro，项目主程序为 main. cpp，右侧编辑区显示了主程序 main. cpp 的代码，将代码第 4 行由“Cout<<" Hello ！ World" << endl;”修改为“Cout<<" Hello Welcome to Version 5 Qt World!"<<endl;”，然后选择“文件”→“保存所有文件”命令。保存完毕后，单击窗口左侧下方的绿色箭头，编译运行程序，如果程序没有错误，则窗口右下角的编译进度条显示为绿色，程序执行结果如图 1-113 所示。至此，这个简单的程序就完成了。

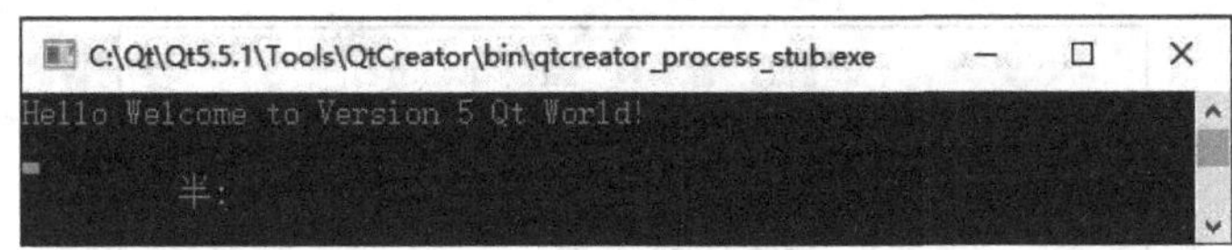

图 1-113　纯 C++ 语言项目 Example1_4 程序的执行结果

2. 使用 Qt Creator 开发图形用户界面 C++ 语言程序

本节用 Qt 第 5 版开发一个简单的图形界面 C++ 语言程序，目的是让读者对用 Qt 第 5 版开发 C++ 语言图形界面程序有一个简单的了解。

创建一个 C++ 语言程序项目，项目名称为 Example1_5，要求程序实现在图形窗口中显示“Hello Welcome to Version 5 Qt World!”。

程序开发步骤如下。

(1) 在 Windows 桌面上依次选择“开始”→“所有应用”→Qt5. 5. 1→Qt Creator 运行程序命令，出现如图 1-106 所示的窗口，表明 Qt Creator 第 5 版程序启动正常。

(2) 在如图 1-106 所示的 Qt Creator 窗口中，选择“文件”→“新建文件或项目”命令，弹出如图 1-114 所示的 New File or Project(新建文件或项目)对话框，在此对话框中，单击左侧列表的 Application(应用程序)项目，在中间列表中单击 Qt Widgets Application (Qt 组件应用程序)项目，然后单击 Choose(选择)按钮，出现如图 1-115 所示的 Qt 组件应用“项目介绍和位置”窗口，在此对话框的“名称”文本框中输入项目名称 Example1_5，在

“创建路径”文本框中单击“浏览”按钮,选择 D:\Qt_example\1 路径。然后单击“下一步”按钮,弹出为构建的项目选择构建套件的对话框,如图 1-116 所示。

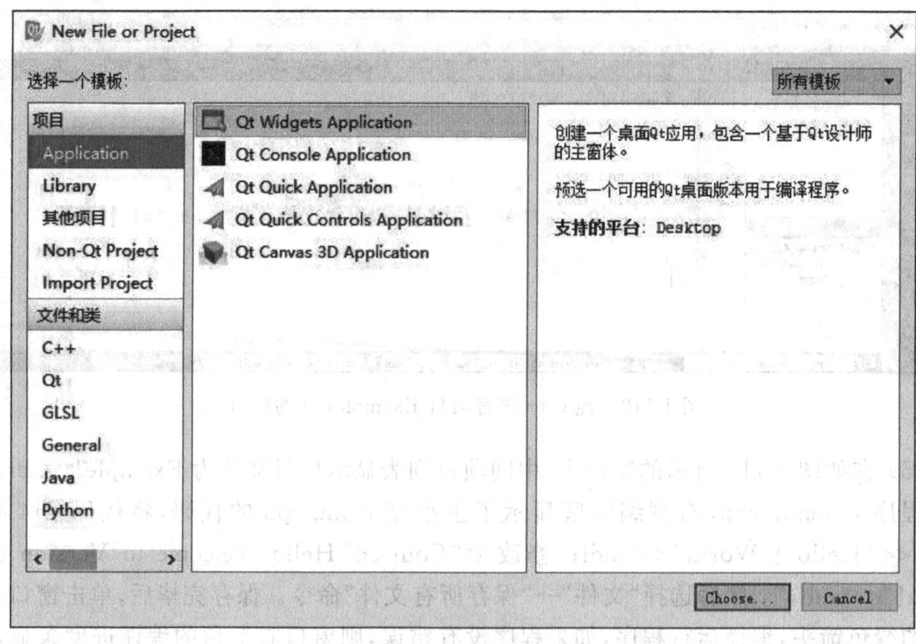

图 1-114　Qt Gui 应用项目新建对话框

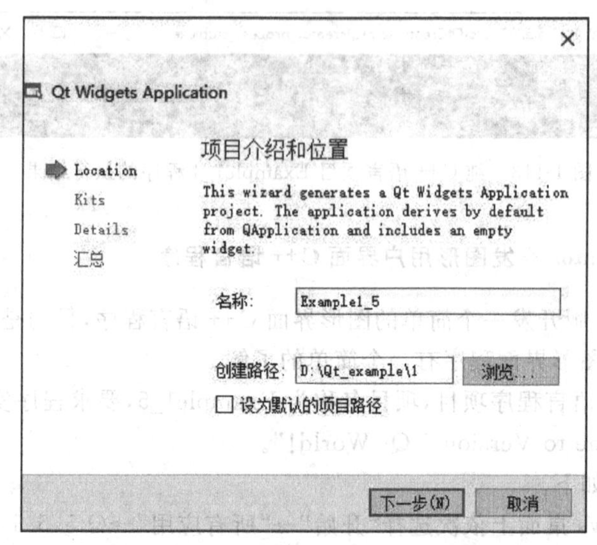

图 1-115　Qt Gui 应用“项目介绍和位置”窗口

(3) 如图 1-116 所示的选择构建套件窗口,用来选择项目使用的 Qt Creator 套件,包括使用什么版本等。这里保持默认,直接单击“下一步”按钮,弹出如图 1-117 所示的“类信息”窗口,这里保持默认的内容不变。继续单击“下一步”按钮,弹出如图 1-118 所示的“项目管理”窗口。

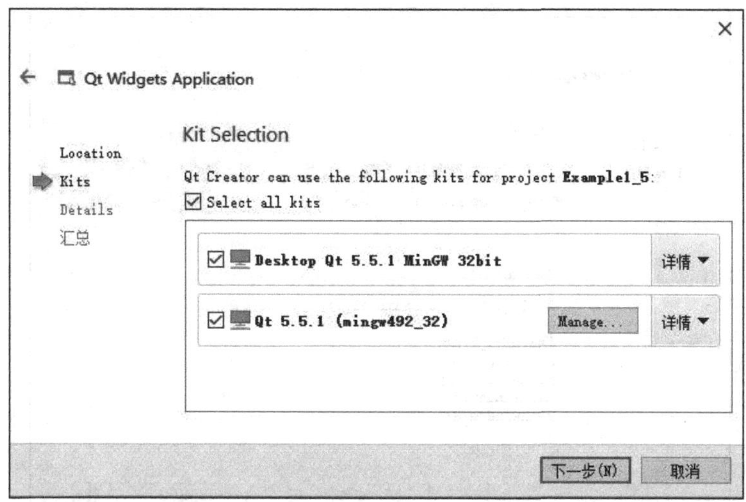

图 1-116　Qt Widgets 应用套件选择窗口

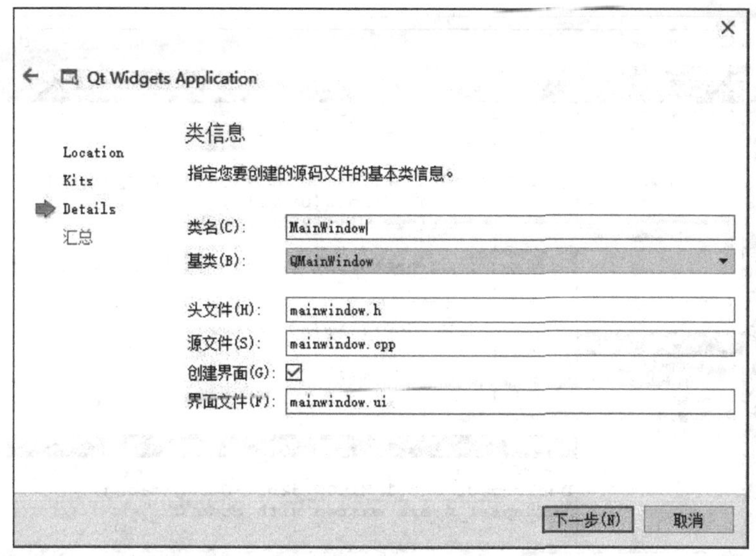

图 1-117　Qt Widgets 应用项目“类消息”窗口

(4) 如图 1-118 所示的“项目管理”窗口可用于选择是否把目前正在创建的项目作为子项目加入一个已经存在的项目,添加版本控制等。同时列出了系统根据上几步的选择而自动创建的文件,包括项目文件 Example1_5. pro、项目主程序文件 main. cpp、项目主窗口类文件 mainwindow. cpp 和 mainwindow. h 以及项目主窗口界面文件 mainwindow. ui。这里保持默认的内容不变,然后单击“完成”按钮,弹出如图 1-119 所示的应用项目窗口。

(5) 在图 1-119 所示的窗口中,中间项目列表显示项目文件为 Example1_5. pro,项目主程序为 main. cpp,右侧编辑区显示了主程序 mainwindow. cpp 的代码。

(6) 在图 1-119 所示的窗口中,单击界面文件夹显示其中的界面文件 mainwindow. ui,然后双击界面文件 mainwindow. ui,Qt Creator 运行设计器 Qt Designer 并打开界面

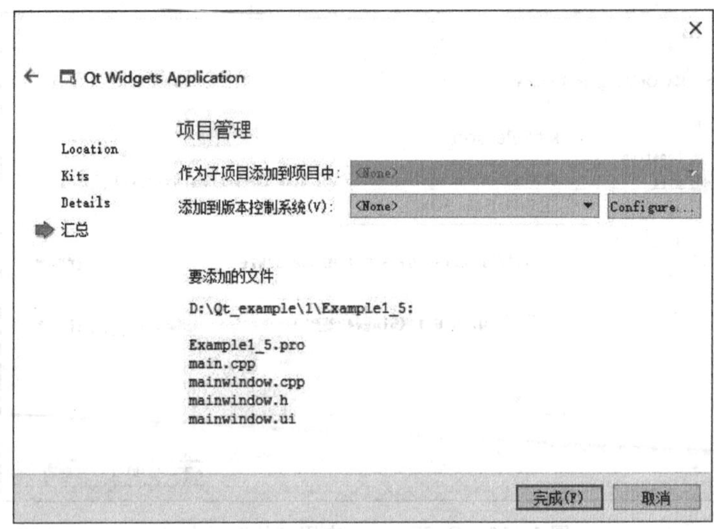

图 1-118 Qt Widgets 应用项目管理窗口

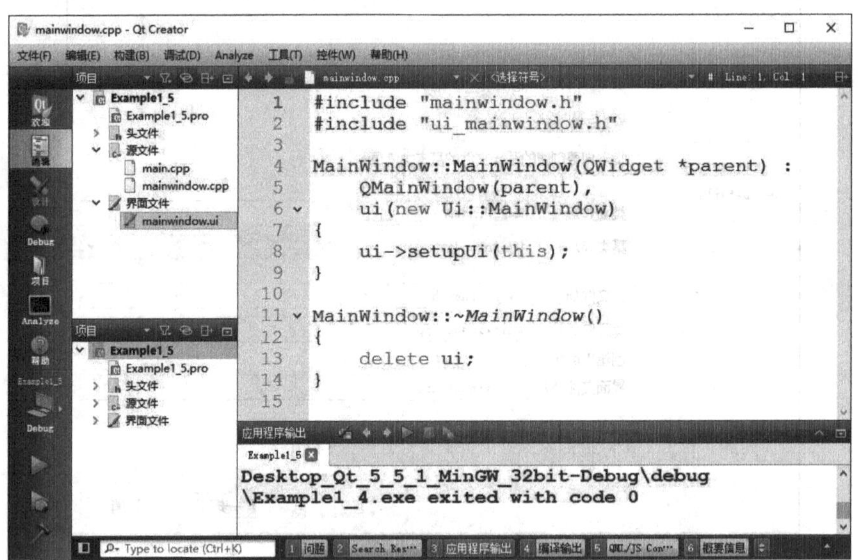

图 1-119 Qt Widgets 应用项目窗口

文件 mainwindow.ui,出现界面文件 mainwindow.ui 设计窗口,如图 1-120 所示,该窗口中间显示的是项目程序的主窗口界面文件 mainwindow.ui,其左侧为用来设计窗口的部件,右侧下方是当前部件的属性窗口,可以在此添加窗口部件,修改部件的属性。

(7) 在如图 1-120 所示的窗口中,通过拖动窗口左侧部件列表的鼠标找到 Display Widgets 显示部件和其中的窗口部件 Label,然后用鼠标按住将其拖动到主窗口界面,修改部件 Label 的 text 属性为"Hello Welcome to Version 5 Qt World!",字体 font 属性为楷体,字体大小为 18,效果如图 1-121 所示。

(8) 在如图 1-121 所示的窗口中,选择"文件"→"保存所有文件"命令,将所有的文件

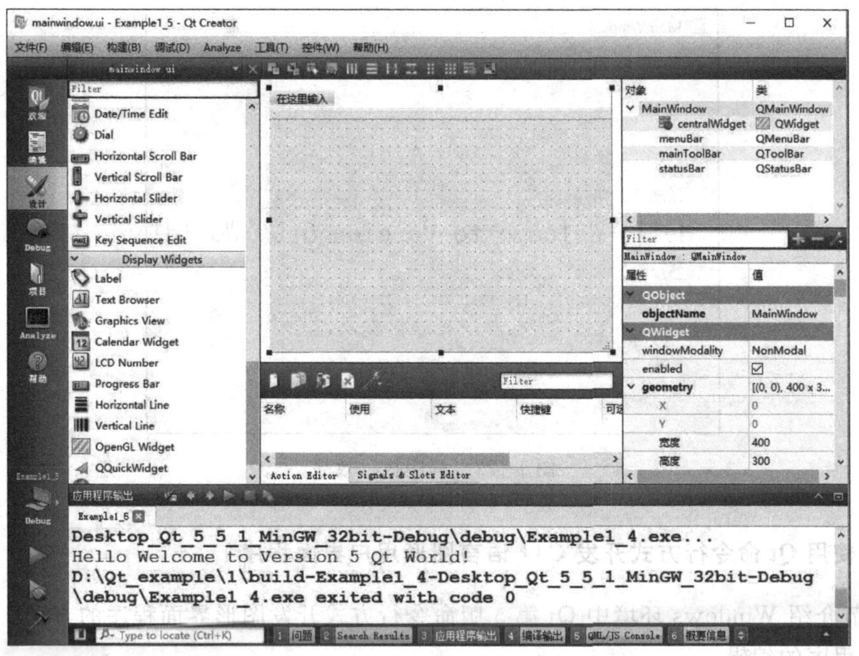

图 1-120　界面文件 mainwindow.ui 设计窗口

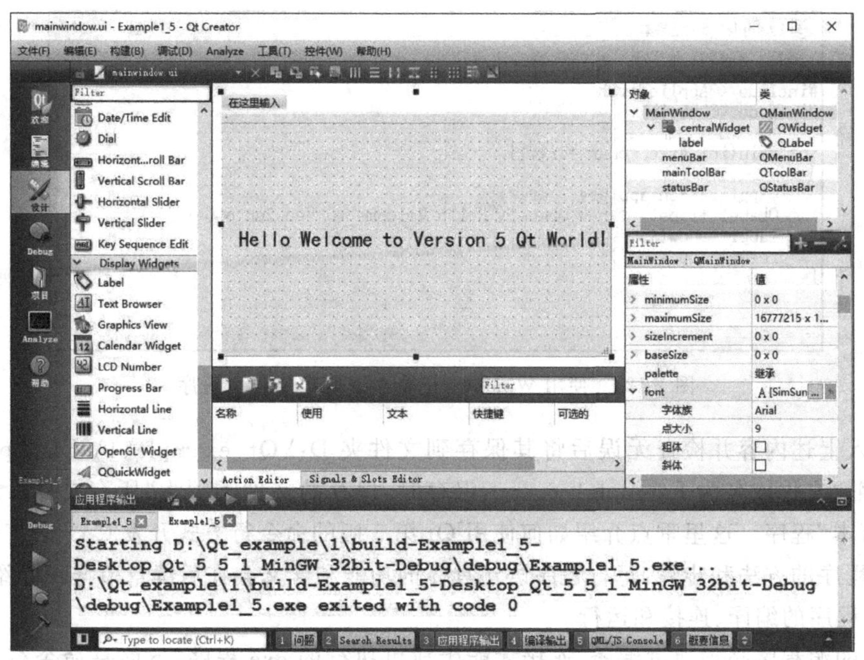

图 1-121　Qt Widgets 应用项目主窗口界面设计窗口

保存。保存完毕后，点击窗口左侧下方的绿色箭头，编译运行程序，如果程序没有错误，则窗口右下角的编译进度条显示为绿色，程序执行结果如图 1-122 所示。至此，完成了这个简单的图形界面程序。

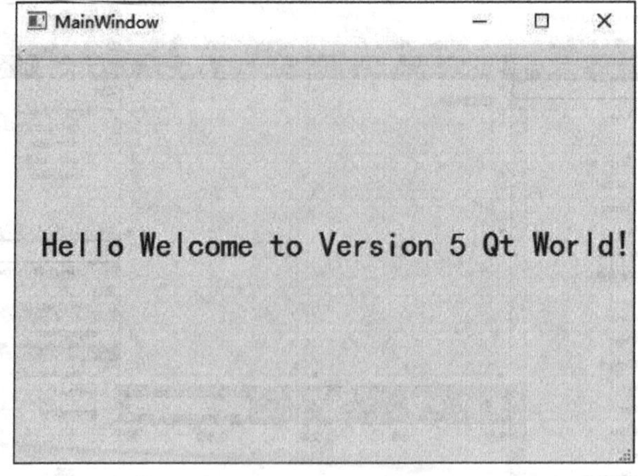

图 1-122　程序执行效果

3. 使用 Qt 命令行方式开发 C++ 语言图形用户界面程序

本节介绍 Windows 环境中 Qt 第 5 版命令行方式开发图形界面程序的方法。

1）程序的编辑

打开“记事本”程序，然后输入程序，如图 1-123 所示。

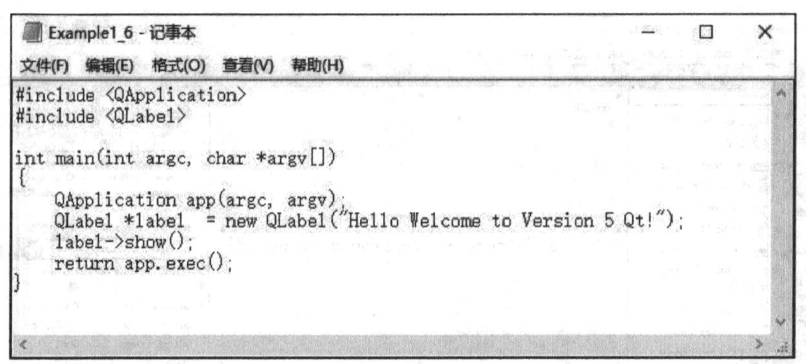

图 1-123　使用 Windows 记事本编辑 C++ 语言程序

输入上述内容并检查无误后将其保存到文件夹 D:\Qt_example\1\ Example1_6\下，保存的文件取名为 Example1_6. cpp，保存时，保存的文件类型为“所有文件”，之后退出“记事本”程序。这里重点介绍如何使用 Qt 第 5 版的命令行方式开发 C++ 语言图形用户界面程序的方法和步骤，每行程序语句具体的功能和含义会在后续章节详细介绍。

2）程序的编译、连接和运行

Qt 的源程序必须通过编译、连接才能生成可执行的 exe 程序，下面是命令行方式生成可执行程序的详细步骤。

首先进入命令行操作界面，方法是选择“开始”→“所有程序”→“附件”→“c:\命令提示符”命令，出现命令操作窗口，进入命令行操作界面，然后依次运行下面的命令，进入程序 Example1_6. cpp 所在的 D 盘上的文件夹“D:\Qt_example\1\ Example1_6\”，编译、连接和执行程序(进入命令行操作界面后的操作如图 1-124 所示)。

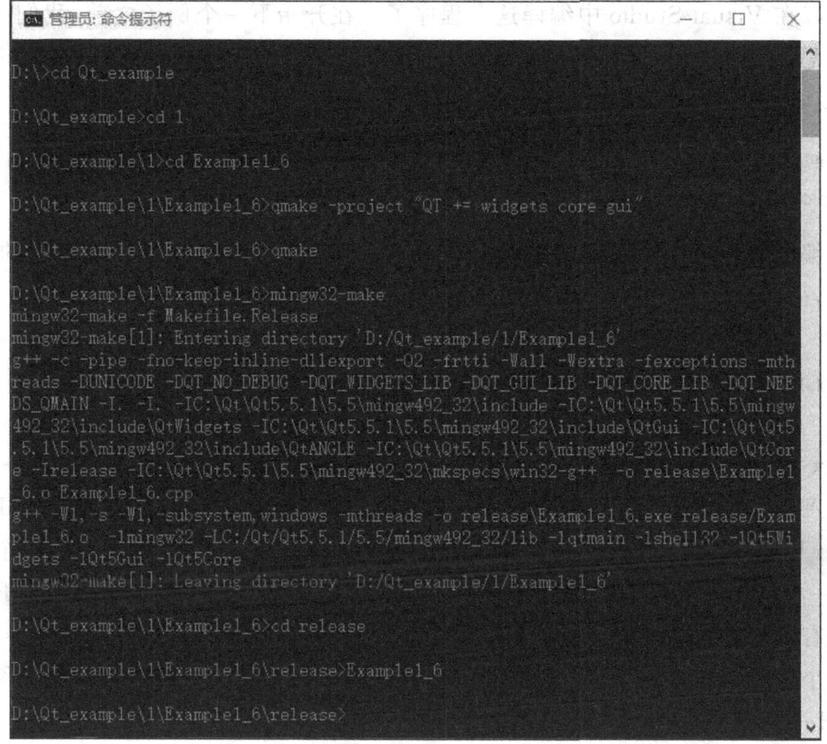

图 1-124　命令行方式编译并连接程序

d:　　　　　　　(转到 D 盘)
cd Qt_example　(进入 D 盘 Qt_example 文件夹)
cd 1　　　　　　(进入 D 盘 Qt_example 文件夹下的 1 文件夹)
cd Example1_6　(进入 D 盘 Qt_example 文件夹下 1 文件夹下的 Example1_6 文件夹)
qmake -project "QT += widgets core gui"　(生成一个与平台无关的项目文件 Example1_6.pro 文件)
qmake　　　　　(生成一个与平台相关的 makefile 文件)
mingw32-make　(生成 Example1_6.exe 文件)
cd release　　　(进入 debug 文件夹,该文件夹下保存生成的可执行文件)
Example1_6　　(运行程序,运行效果如图 1-125 所示。)

要运行生成的可执行程序,在 Windows 下可以直接输入 Example1_6,在 UNIX 下可以输入./Example1_6,在 Mac OS X 下可以输入 open Example1_6.app。要结束该程序,可直接单击窗口标题栏上的"关闭"按钮。

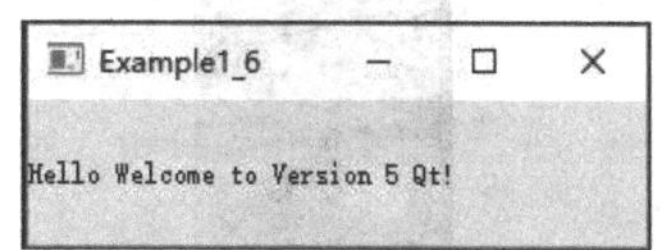

图 1-125　Example1_6.cpp 程序的执行结果

当使用 Microsoft Visual C++ 和商业版的 Qt 时,需要 nmake 命令代替 make 命令。除了这一方法外,还可以通过 Example1_6.pro 文件创建一个 Visual Studio 的工程文件,此时需要输入命令:

```
qmake -tp vc Example1_6.pro
```

然后就可以在 Visual Studio 中编译这个程序了。在开始下一个例子之前，我们一起来做一件有意思的事情：将代码行“QLabel * label = new QLabel("Hello Welcome to Version 5 Qt!");”替换为

```
QLabel * label =new QLabel("<h2><B>Hello </B><font color=red>Welcome to
Version 5 Qt! </font></h2>");
```

然后重新编译该程序。运行程序会看到不同的显示效果，通过使用一些简单的 HTML 样式格式，可以轻松地把 Qt 应用程序的用户接口变得更加丰富多彩。

1.6.3 Linux 平台下使用 Qt 开发 C++ 语言程序

Linux 平台下使用 Qt 开发 C++ 语言程序基本上和 Windows 平台下完全一样，而且 Windows 平台下使用 Qt 开发的 C++ 语言程序基本上不加任何改变就可以在 Linux 平台下的 Qt 平台上编译运行，反之也一样。这里在 Linux 平台下使用 Qt 开发一个和 1.6.2 节基本一样的图形界面 C++ 语言程序，目的是让大家对 Linux 平台下用 Qt 开发 C++ 语言程序有一个直观的了解。

编一个 C++ 语言程序项目，项目名称为 welcomeToQt04，要求程序实现在图形窗口中显示“Hello! Welcome to Qt World.”。

程序开发步骤如下。

(1) 在 Linux 桌面上单击 Qt Creator 图标运行程序，然后选择“新建”→“新建文件或项目”命令，弹出如图 1-126 所示的“新建”窗口，在新建窗口中，单击左侧列表的 Projets(应用

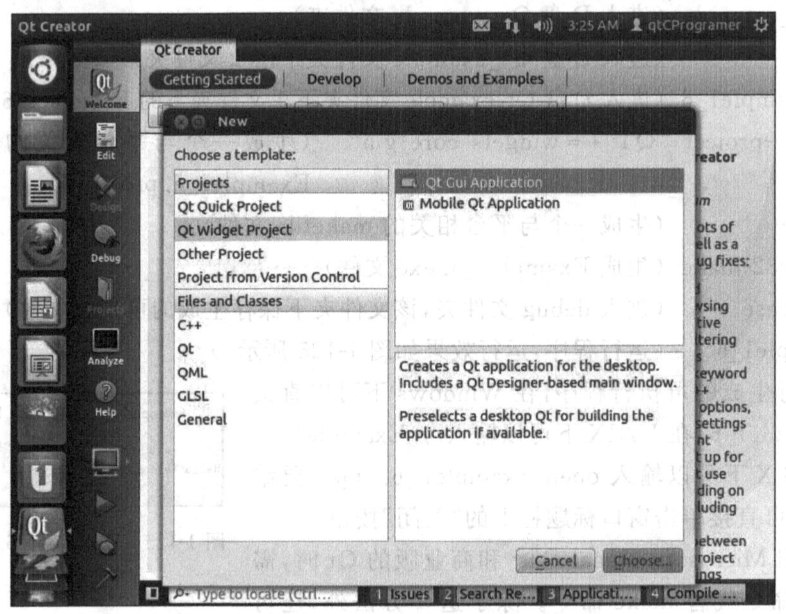

图 1-126 Qt Gui 应用项目新建窗口

程序)，在中间列表中单击 Qt Gui Application(应用)，然后单击 Choose(选择)按钮，出现如图 1-127 所示的 Qt Gui 应用项目对话框，在此对话框的 Name(名称)文本框中输入项目名称 welcomeToQt04，在 Create in(创建路径)文本框中单击 Browse(浏览)按钮，选择/home/qtcprogramer(注：用户主目录)路径。然后单击 Next 按钮，弹出如图 1-128 所示窗口。

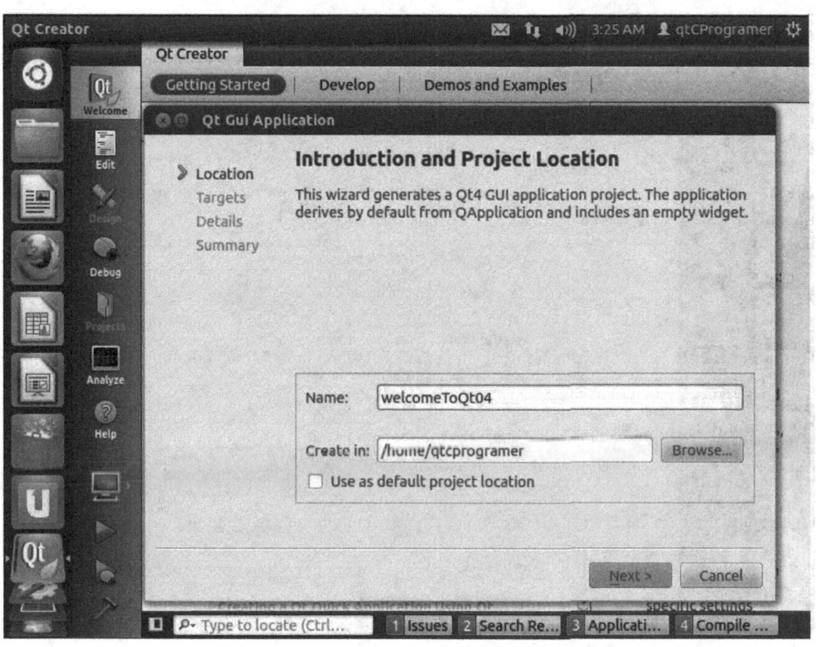

图 1-127　Qt Gui 应用项目介绍和位置窗口

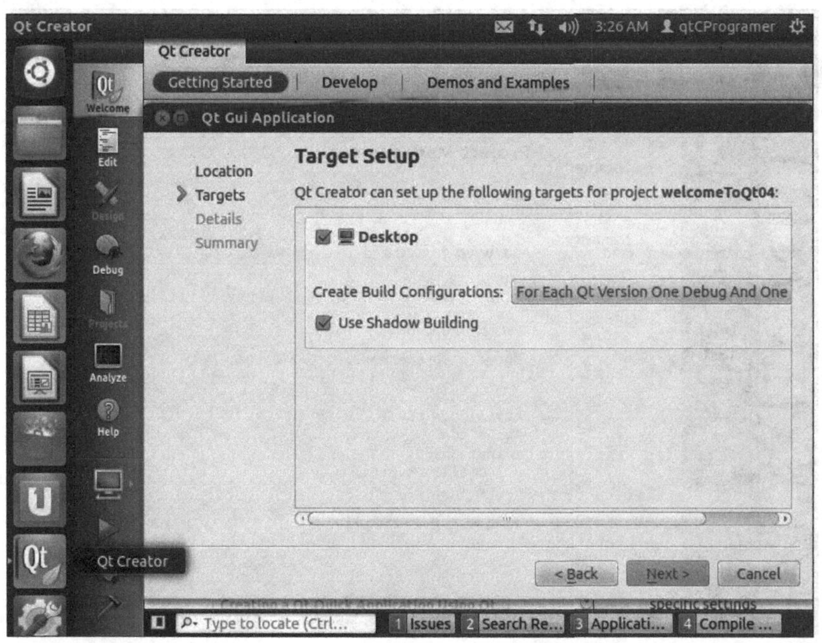

图 1-128　Qt Gui 应用项目新建窗口

(2) 如图 1-128 所示的选择构建套件窗口,主要用来选择项目使用的 Qt Creator 套件,包括使用什么版本,在什么位置保存调试的文档,在什么位置保存发布的程序等。这里保持默认设置,直接单击 Next 按钮,弹出如图 1-129 所示的类信息管理窗口,这里也保持默认设置。继续单击 Next 按钮,弹出如图 1-130 所示的项目管理窗口。

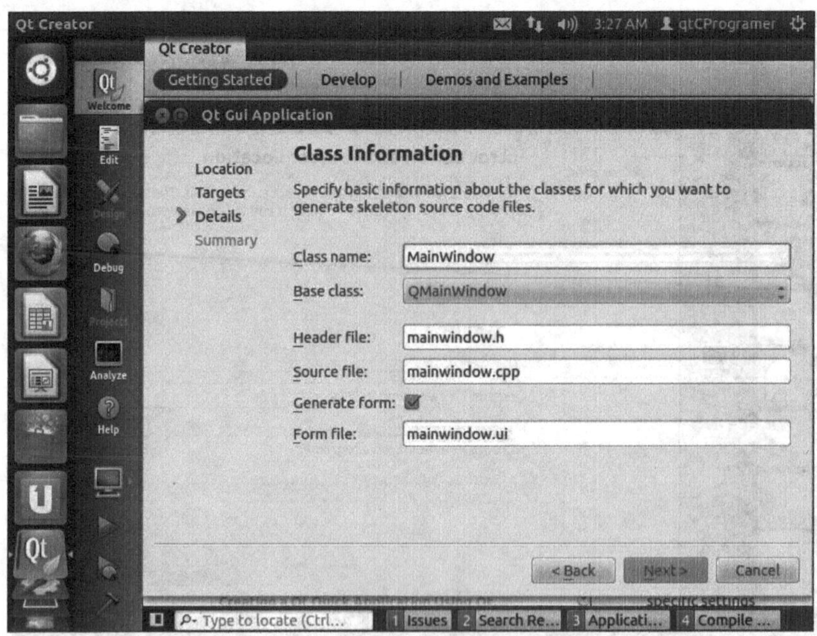

图 1-129　Qt Gui 应用项目介绍和位置窗口

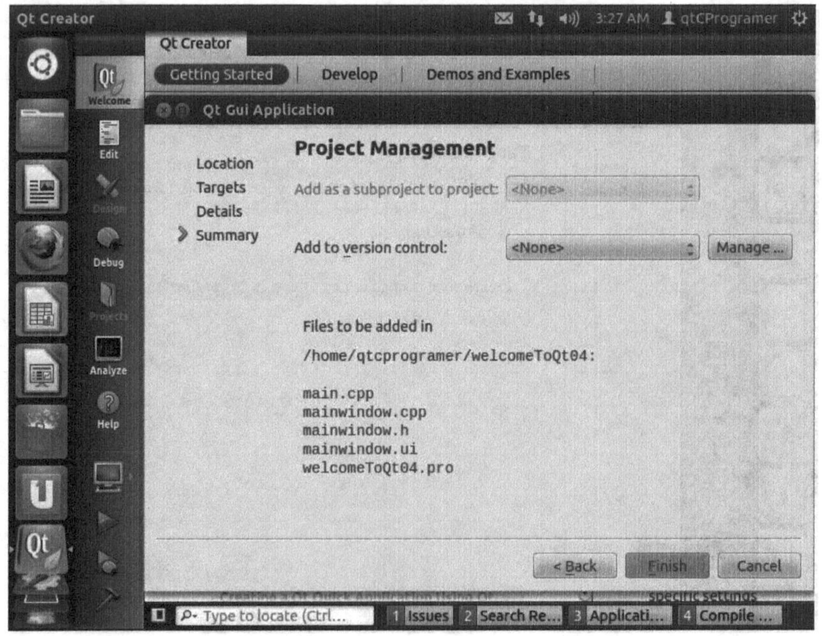

图 1-130　Qt Gui 应用项目管理窗口

(3) 图 1-130 项目管理窗口可以选择是否把目前正在创建的项目,作为子项目加入一个已经存在的项目,添加版本控制等。同时列出了系统根据上几步的选择而自动创建的文件,包括项目文件 welcomeToQt04.pro、项目主程序文件 main.cpp、项目主窗口类文件 mainwindow.cpp 和 mainwindow.h 以及项目主窗口界面文件 mainwindow.ui。这里保持默认设置,然后单击 Finish 按钮,系统出现如图 1-131 所示的程序设计窗口。

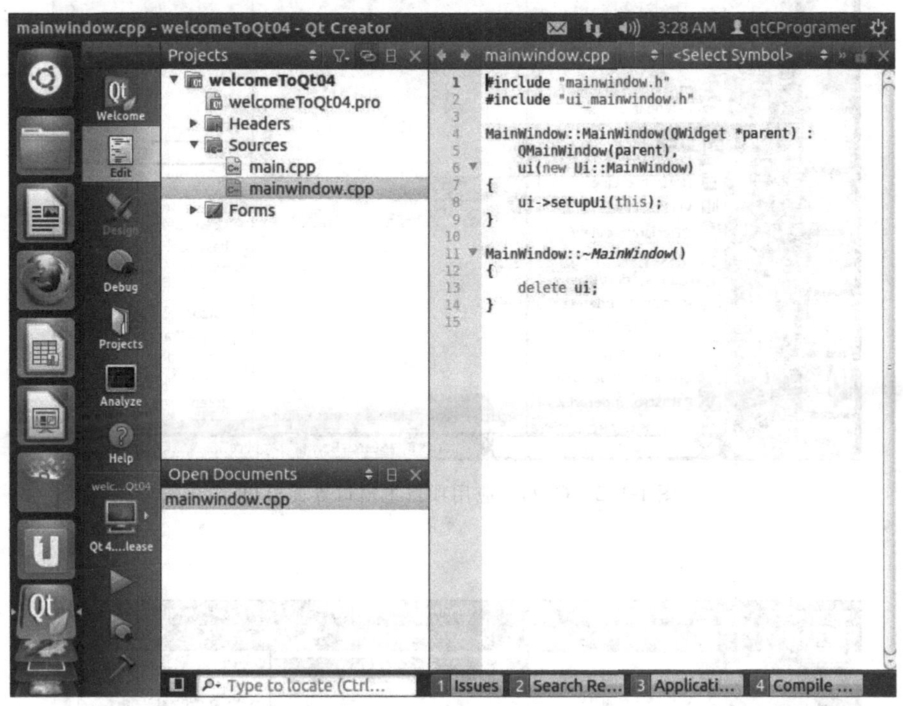

图 1-131 Qt Gui 应用程序设计窗口

(4) 在如图 1-131 所示的窗口中,中间项目列表显示项目文件为 welcomeToQt04.pro,项目主程序为 main.cpp,右侧编辑区显示了主程序 mainwindow.cpp 的代码。

(5) 在如图 1-131 所示的窗口中,双击 Forms 文件夹下的界面文件 mainwindow.ui,Qt Creator 打开设计器 Qt Designer,出现窗口如图 1-132 所示,窗口中间显示的是项目程序的主窗口界面,其左侧列表是用来设计窗口的部件列表,右侧下方是当前部件的属性窗口,可以在此添加窗口部件,修改部件的属性。

(6) 在如图 1-132 所示的窗口中,从左侧部件列表中找到窗口部件 Label,然后用鼠标按住将其拖动到主窗口界面,修改部件 Label 的 text 属性为"Hello! Welcome to Qt World.",效果如图 1-133 所示。然后选择"文件"→"保存所有文件"命令将所有的文件保存。保存完毕后,单击窗口左侧下方的绿色箭头,编译运行程序,如果程序没有错误,则窗口右下角的编译进度条显示为绿色,程序执行结果如图 1-134 所示。至此,完成了 Linux 平台下这个简单的 C++ 语言图形界面程序。

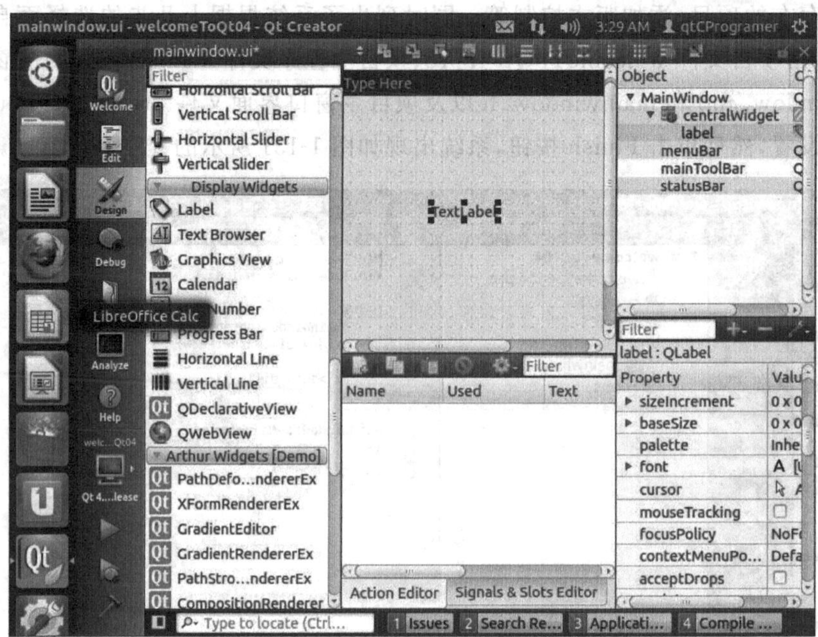

图 1-132　Qt Gui 应用项目主窗口界面窗口

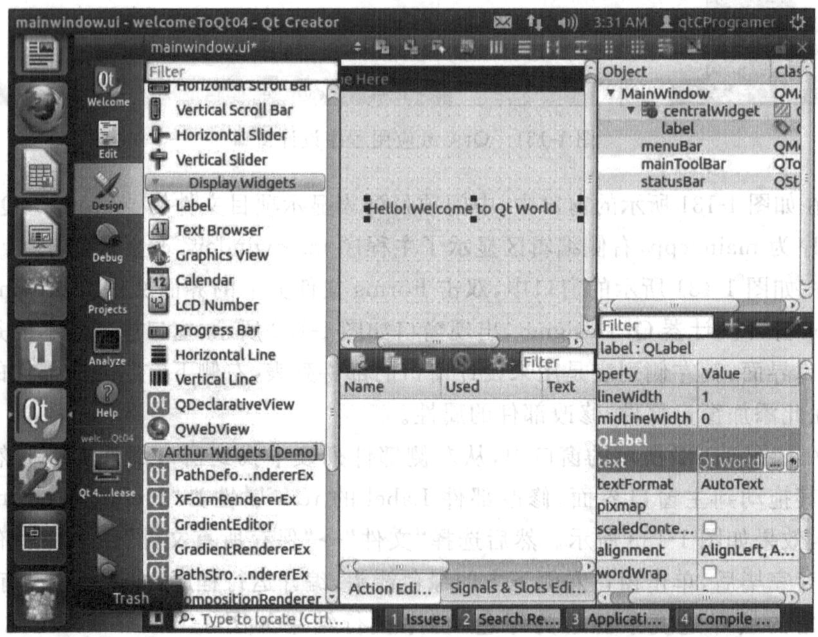

图 1-133　Qt Gui 应用项目主窗口界面设计窗口

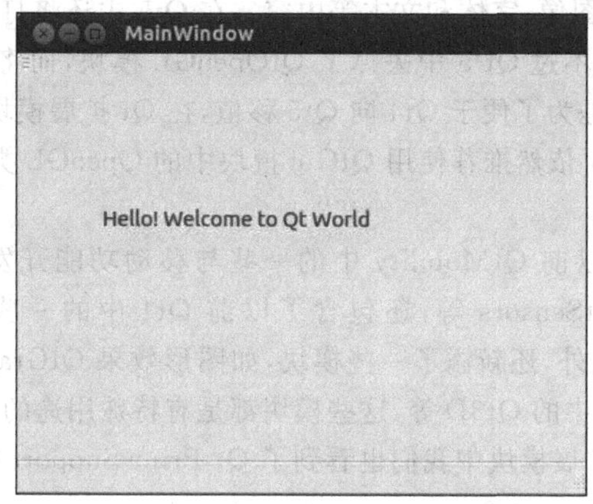

图 1-134 Qt Gui 应用项目程序执行结果

1.7 Qt5 简要介绍

1.7.1 Qt5 简介

1. Qt5 概述

Qt5 由 Qt 基本模块(Qt Essentials)、Qt 扩展模块(Qt Add-Ons)和 Qt 工具模块(Qt Tools)三部分组成。

1) Qt 基本模块

Qt 基本模块包含了 Qt 适用于所有平台的基础功能,大多数 Qt 应用程序都需要使用该模块提供的功能。Qt 基本模块的最底层是 QtCore 模块,Qt 其他所有模块都依赖于该模块,这也是为什么总可以在.pro 文件中看到 QT +=core 的原因。QtCore 模块提供了 Qt 的元对象系统、对象树、信号、槽、线程、输入输出、资源系统、容器、动画框架、JSON 支持、状态机框架、插件系统、事件系统等所有基础功能。

直接依赖于 QtCore 的是 QtTest、QtSql、QtNetwork 和 QtGui 四个模块,其中测试模块 QtTest 和数据库模块 QtSql 相对独立。Qt5 在网络模块 QtNetwork 和图形模块 QtGui 上增加了两个更新 QtQml 和 QtQuick。在 QtQml 和 QtQuick 上层新添加了 QtMultiMedia 多媒体模块,在 QtMultiMedia 之上新添加了 QtWebKit 模块。

对于 Qt 整个框架,其下层模块为上层模块提供支持,也可以说上层模块包含下层模块的功能。例如,QtWebKit 模块,它既有图形界面部件,也支持网络功能,还支持多媒体应用。

Qt5 的一个重大改变是重新定义了 QtGui 模块,如 QApplication 已经不在 QtGui 模块中了,不仅如此,所有用户界面的基类 QWidget 也不在 QtGui 模块中了,它们被重新组合到了一个新的模块 QtWidgets 中。QtGui 不再是一个大而全的图形界面类库,而是为 GUI 图形用户界面组件提供基类,包括了窗口系统集成、事件处理、OpenGL 和 OpenGL

ES 集成、2D 绘图、基本图像、字体和文本等内容。在 Qt5 中还将打印相关类移动到了 Qt Print Support 模块中。不过 Qt 5 中去掉了 QtOpenGL 模块，而将 OpenGL 相关类移动到了 QtGui 模块中，但是为了便于 Qt4 向 Qt5 移植，在 Qt 扩展模块中依然有 QtOpenGL 模块，在编写 Qt5 程序时依然推荐使用 QtGui 模块中的 OpenGL 类。

2) Qt 扩展模块

Qt 扩展模块包含以前 QtMobility 中的一些与移动功能开发有关的模块，如蓝牙 QtBluetooth、传感器 QtSensors 等，还包含了以前 Qt4 中的一些模块，例如 QtDBus、QtXML、QtScript 等，此外，还新添了一些模块，如图形效果 QtGraphicalEffects、串口 Qt Serial Port，以及商业版中的 Qt3D 等，这些模块都是有特殊用途的，它们很多需要在特殊的平台上才可使用，在扩展模块中我们也看到了 Qt Print Support 打印支持模块，它是以前很多类的重组模块。

3) Qt 工具模块

Qt 工具模块包含 Qt 设计器、Qt 帮助和 Qt 界面工具三部分内容。

Qt5 在 Qt4 基础上最大的更新和特色就是进一步发展完善了用于移动设备开发的 QtQml 和 QtQuick 模块。QtQuick 是一种高级用户界面设计技术，使用 QtQuick 可轻松地创建供移动和嵌入式设备使用的动态触摸式界面和轻量级应用程序。Qt Quick 用户界面创建工具包由改进的 Qt Creator IDE、新增的简便易学的语言(QML)和 QtDeclarative 三个模块组成。

其实，早在 Qt4.7 的时候就已经有了 QtQuick，不过在 Qt4 中 QtQuick 分为两大部分：一部分是 QtQml，它提供 QML 语言框架，定义并实现语言引擎基础，还提供便于开发者使用的 API，实现使用自定义类型来扩展 QML 语言以及将 JavaScript 和 C++ 集成到 QML 代码中；另一部分是 QtQuick，它是用于编写 QML 程序的标准库，它提供了使用 QML 创建用户界面程序时需要的所有基本类型。

Qt5 将 QtQuick 划分为 QtQml 和 QtQuick 两个独立的模块，QtQml 以 QtCore 为基础，拥有 QtNetwork 的相关功能，支持 V8 和 V4 两个 JavaScript 引擎。QtQuick 以 QPA 为基础，经过 QtGui、OpenGL 和 Scene graph 三层封装，使用新的 Scene graph 进行图形渲染，主要用于实现图形显示的功能。在 Qt5 中，QtQml 和 QtQuick 进一步发展壮大和逐渐规范，拥有了与 QWidget 平分秋色的地位。

2. Qt5 新增功能

(1) Qt5 加入了 JSON 支持。

JSON(JavaScript Object Notation)是一种轻量级的数据交换格式，是基于 ECMAScript 的一个子集。JSON 采用完全独立于语言的文本格式，也使用了类似于 C 语言家族的习惯(包括 C、C++、C#、Java、JavaScript、Perl、Python 等)。这些特性使 JSON 成为理想的数据交换语言。易于阅读和编写，也易于机器解析和生成(一般用于提升网络传输速率)。

(2) Qt5 支持的平台有桌面平台(Windows、Linux/X11、Mac OS X)、嵌入式平台[Embedded Linux(DirectFB、EGLFS、KMS、Wayland)、Windows Embedded(Compact

and Standard)、Real-Time OS(QNX,VxWorks,INTEGRITY)]、移动平台[Android、iOS、Windows 8(WinRT)、BlackBerry 10]等。

(3) 其 QtQuick2 中新增了许多新 QML Elements,支持 OpenGL(ES)或 DirectX,图形效果和多媒体方面的功能得到进一步加强。

(4) 新增了 QGuiApplication 和 QWindow 模块,用于 QtQuick,如果是开发传统的基于 QWidgrets 的程序,仍然使用以前的 QApplication 和 QMainWindow。

(5) 新的 QtGui 中只包含了少量 GUI 核心的内容,原来 Qt4 中的 QtGui 中包含的大多数 Widgets、ItemView、GraphicsView 相关内容都被移到了 QtWidgets 模块中,所以在 Qt5 中,如果开发 QtQuick2 应用,就可以去除 QtWidgets 模块了。

(6) 单独的 QtMultimedia 模块,可在 C++ 和 QML 中使用,支持 audio、video、radio、mediaplayer、camera 等接口。

(7) QtNetwork 模块中新增了 bearer management 来控制系统的(网络等)连接状态。

(8) QtQml 模块提供基本的 QML 引擎、类型、对象等以及与其有关的 C++ 支持,而 QtQuick 模块则提供了基本的 QML Elements。

1.7.2 Qt4 平台项目向 Qt5 平台移植

Qt 从诞生之日起,版本一直在升级,不像 Qt3 和 Qt4 差别很大,Qt5 与 Qt4 的兼容性比较好,尽管如此,由于 Qt5 构成模块的调整,Qt4 平台项目要移植到 Qt5 平台上,还是需要做一定的工作,具体如下:

(1) Qt5 将大部分桌面部件类如 QApplication 类和 QPushButton 类由 Qt4 的 QtGui 模块移到了 Qt5 的 QtWidgets 模块中,这导致 Qt4 平台开发的项目程序中如果出现以下文件包含命令:

```
#include<QtGui/QApplication>和 #include<QtGui/QPushButton>
```

则在 Qt5 平台环境中编译时会出现如下编译错误:

```
Qt5 fatal error:QApplication: No such file or directory
```

和

```
Qt5 fatal error:QPushButton: No such file or directory。
```

出现类似错误有以下两种解决办法。

① 可在源代码中区分 Qt 的版本,让 C++ 编译器自行选择:

```
#include <QtGlobal>
#if QT_VERSION >=0x050000
#include <QApplication>
#include <QPushButton>
#else
```

```
#include <QtGui/QApplication>
#include <QtGui/QPushButton>
#endif
```

② 可在项目文件中添加下属内容,让 qmake 自行选择:

```
QT +=core gui
greaterThan(4, QT_MAJOR_VERSION): QT +=widgets multimedia
lessThan(5, QT_MAJOR_VERSION): CONFIG +=mobility
lessThan(5, QT_MAJOR_VERSION): MOBILITY +=multimedia
```

(2) Qt5 将大部分桌面部件移到 QtWidgets 模块中,所以在 Qt4 使用#include <QtGui>的地方,要换成#include <QtWidgets>。

(3) Qt5 不再保留 QTextCodec::setCodecForCStrings()函数,所以涉及在 cpp 中直接写汉字的情况,有如下两种修改方法。

① 如果以前的源文件编码是 GBK 的,则需要使用 QString::fromLocal8Bit()函数将原来的汉字括起来;或者直接将源文件编码转换成 UTF-8 的(缺点是 MSVC 编译器不能方便地使用)。也可以使用 QString::fromLocal8Bit()调用的方式,还可以另写便捷函数或宏来处理。

② 如果以前的源文件编码是 UTF-8 的,则什么都不用动。

(4) Qt4 使用 QDesktopServices::storageLocation(QDesktopServices::xxxx)获取一些系统目录,Qt5 需要改成 QStandardPaths::writableLocation(QStandardPaths::xxxx)。

(5) Qt4 调用 QFileDialog::getSaveFileName()时,如果在 Windows 下使用 Native Dialog 形式指定文件名,则能正常显示。Qt5 调用 QFileDialog::getSaveFileName()时不能正常显示文件名。需要将它的后两个参数加上,即 QFileDialog::getSaveFileName(xxx, xxx, xxx, xxx, 0, QFileDialog::DontUseNativeDialog),这样就能正常显示文件名,只是它的对话框不是系统形式的。

(6) Qt5 解决了 ui_qaxselect.h 文件的问题。在 Qt4 中使用 ActiveQt 时,经常提示没有这个文件,需要自己找到源代码 uic qaxselect.ui > ui_qaxselect.h 手工生成一下,Qt5 中则解决了该问题。

(7) Qt5 把打印相关的类单独放到了 QtPrintSupport 模块中,如果程序中需要打印功能,就必须在程序中加上#include <QtPrintSupport>头文件,在项目文件.pro 中加上 QT +=printsupport。

(8) Qt5 把 QWebPage 等 webkit 相关可视部件的类单独放到了 QtWebKitWidgets 模块中,如果程序中需要在网页中显示可视部件需要加头文件#include <QtWebKitWidgets>,在项目文件.pro 中加上 QT +=Qt4(qmake v2)中 webkitwidgets。

(9) Qt4(qmake v2)中.pro 项目文件中的 TARGET 变量可以不填写值,它会自动取值。在 Qt5 中(qmake v3) TARGET 变量必须赋值项目名称。

(10) Qt5 中 Q_WS_XX 的宏不可用了,使用 Q_OS_XX 代替它。

1.8 习题

1. Qt的C++语言开发环境有哪些特点?

2. 简述Qt C++语言开发环境的安装配置方法。

3. Qt的C++语言开发环境有哪些组成部分?

4. 一个C++语言程序项目可能包含哪些文件?

5. 简述C++语言程序项目开发的主要步骤和特点。

6. 分别在Windows和Linux平台下编写一个简单的C++语言项目,要求在窗体上显示一行文字,文字内容可以自己确定。

第 2 章　C++ 程序设计基础

本章主要内容：

(1) C++ 语言源程序的基本结构。

(2) 基本数据类型与表达式。

(3) 控制台程序的输入输出：cin/cout 流对象。

(4) 程序控制结构：顺序、选择、循环。

(5) 函数。

(6) 数组与字符串。

(7) 指针与引用。

(8) 动态内存管理。

使用 C++ 语言编写的程序具有模块化程度高、可重用性好、易于维护的特点。本章主要介绍 C++ 语言的编程基础知识，以实现 C++ 面向过程的程序设计。对于已经学习过 C 语言的读者，可以略过相关章节，把重点放在 C++ 中扩展的内容上(包括标准输入流输出流的使用；函数的内联、带默认参数值以及重载机制；const 修饰的只读对象；引用及字符串类 string；动态内存管理等)。

2.1　C++ 语言简介

2.1.1　认识 C++ 语言

C++ 是一种应用非常广泛的计算机程序设计语言。它是由 C 语言发展演变而来的。20 世纪 80 年代初，美国 AT&T Bell(贝尔)实验室的 Bjarne Stroustrup① 博士及其同事在 C 语言的基础上设计了"带类的 C"(C with class)，1985 年，由 Bjarne Stroustrup 编写的《C++ 程序设计语言》一书出版，标志着 C++ 语言的诞生。

C++ 继承了 C 语言的优点，包括语言简洁紧凑、使用方便灵活、拥有丰富的运算符、生成的目标代码质量高、程序执行效率高、可移植性好等。C++ 全面兼容 C，C 代码不经修改就可以被 C++ 所用，用 C 语言编写的众多函数和实用软件可以用于 C++ 程序中。

C++ 又是基于 C 语言的发展和扩充，一方面 C++ 对 C 的功能做了扩充，从而使得程序更安全、可读性更好、代码结构也更合理；另一方面 C++ 增加了面向对象的机制，弥补了 C 语言不能够很好地支持代码重用、不适宜开发大型软件的不足，从而使 C++ 既支持面向过程又支持面向对象的程序设计。C++ 是一种功能强大的混合型程序设计语言。

---

① 本贾尼・斯特劳斯特卢普。

2.1.2 C++ 的标准化

从带类的 C 开始,C++ 中不断增加新的特性,包括虚函数、运算符重载、多重继承、模板、异常处理、运行时类型识别、名字空间等逐渐被加入标准中。1998 年,国际标准组织(ISO)颁布了 C++ 程序设计语言的国际标准 ISO/IEC 14882—1998,通常称为 ANSI/ISO C++ 。C++ 的标准化为各个厂商开发编译软件提供了依据。其中,第 1 版 C++ 标准通称为 C++ 98。2003 年公布的第 2 版 C++ 标准称为 C++ 03,它在 C++ 98 上进行了小幅度的修订。2011 年公布的 C++ 11 标准(即 ISO/IEC 14882—2011),是 1998 年以来 C++ 语言的第一次大修订,对 C++ 语言进行了改进和扩充,进一步扩展了语言的灵活性,提高了编程效率。其后,C++ 14 标准公布,2017 年公布了 C++ 17 标准。目前,各种编译器都逐步添加了对新标准的支持,如 Visual Studio 和 GNU G++ 等。

2.2 C++ 控制台应用程序

基于 Windows 平台开发的应用程序包括两种:基于图形用户界面的应用程序(GUI 图形用户接口)和基于控制台用户界面的应用程序(CUI 字符用户接口)。初学 C++ 语言程序设计,一般以控制台应用程序的开发入手。控制台应用程序是在 Windows 命令提示符环境下运行的应用程序,通常通过命令行的方式进行输入和输出,实现与用户的交互。

本章以控制台应用程序为例,介绍 C++ 程序设计的基础知识。

2.2.1 C++ 控制台程序举例

为了使读者能够更加直观地认识 C++ 语言,下面从简单的例子来分析 C++ 程序的构成。

【例 2-1】 求解问题:计算矩形的面积,应用过程化程序设计方法。

```
/*********************************************
源程序名:D:\QT_example\2\Example2_1.cpp
功能:计算并输出矩形的面积
输入数据:矩形的长与宽
输出数据:矩形的面积
*********************************************/
#include <iostream>                 //编译预处理命令
using namespace std;                //使用命名空间 std
int main()
{
    double length, width, area;
    cout<<"Please input length:"; //cout 输出流,向屏幕输出提示信息
    cin>>length;                    //cin 输入流,从键盘输入数值并存入变量 length
```

```
14     cout<<" Please input width :";
15     cin>>width;                       //从键盘输入数值并存入变量 width
16     area=length * width;              //计算矩形的面积
17     cout<<"length="<<length<<",width="<<width
18         <<",area="<<area<<endl;  //输出矩形的长、宽及面积并换行
19     return 0;                         //程序正常结束,向操作系统返回整数值 0
20 }
```

程序的运行过程及结果为:

```
Please input length:
5(由用户从键盘输入)
Please input width:
3.2
length=5, width=3.2,area=16
```

程序说明:

(1) 本程序仅由一个主函数 main()构成。

C++ 程序执行的入口点总是 main()函数,操作系统启动可执行程序文件时,便装载文件到内存,并从 main()函数开始执行程序,最后在 main()函数结束并返回。标准 C++ 要求 main()函数的返回值类型为 int,并在函数结尾处用语句"return 0;"向操作系统返回一个 0 值。

注意:所有 C++ 程序必须有且只有一个 main()函数。

(2) 程序的前 6 行是注释语句,C++ 中的注释有两种。

① 多行注释:用"/ *"和"* /"把注释括起来,可出现在程序的任何位置,如程序的第 1～6 行,对程序进行了详细说明。

② 单行注释:用"//"表示从此处开始到本行结束为注释,通常用于注释内容不超过一行的注释,如程序中第 7 行语句后面使用了单行注释对本语句进行了注解。

注意:编译器对程序中的注释不做任何处理,注释对目标代码没有任何影响。

(3) 程序中的第 7 行"#include <iostream>"是编译预处理命令,在编译器进行预处理阶段会将头文件 iostream. h 的代码嵌入当前命令的位置。iostream. h 是 C++ 系统定义的标准输入输出流类的头文件,在该文件中声明了程序中所需要的输入、输出操作的有关信息。

注意:编译预处理命令后面不能加";"。

(4) 程序中的第 8 行语句"using namespace std; "是声明标准命名空间 std(代表 standard),C++ 标准库中的类和函数是在命名空间 std 中声明的。在程序开头通过本行语句声明 std 命名空间,程序中就可以引用标准库中的标识符。

(5) 程序的第 9～20 行是 main()函数的定义。函数包括了函数首部和函数体两部分。在函数体内语句"cin>>length;"完成输入操作,语句"cout<<"Please input length:";"完成输出操作,这是 C++ 中提供的新的输入输出方式。cin 称为标准输入流对象,">>"称为提取运算符(也称为输入运算符);cout 称为标准输出流对象,"<<"称为插入运算符(也称

为输出运算符)。

【例 2-2】 求解问题:计算矩形的面积,应用面向对象的程序设计方法。

```
//D:\QT_example\2\Example2_2.cpp
#include <iostream>
using namespace std;
class Rectangle                              //定义矩形类 Rectangle
{
private:
    double length,width;                     //定义数据成员,存放矩形的长与宽
public:
    Rectangle(double l, double w)            //定义构造函数,用于创建和初始化对象
    { length=l; width=w; }
    ~ Rectangle ()                           //定义析构函数,用于清理和撤销对象
    { }
    double GetL() { return length;}
    double GetW() {return width;}
    double Area()                            //定义成员函数 Area(),用于计算矩形的面积
    { return length * width; }
};
int main()
{
    double length, width ;
    cout<<"Please input length:";            //cout 输出流,向屏幕输出提示信息
    cin>>length;
    cout<<"Please input width:";
    cin>>width;
    Rectangle rec(length, width);            //定义 Rectangle 类的对象 rec
    cout<<"length="<<rec.GetL()<<",width="<<rec.GetW()
        <<",area="<<rec.Area() <<endl; //输出矩形 rec 的面积并换行
    return 0;
}
```

程序运行结果与例 2-1 相同。

本程序应用面向对象的程序设计方法。简单地说,对象是现实世界中客观存在的事物,复杂的对象可以由简单对象组成。在面向对象程序设计中,对象是构成软件系统的基本单元,相同类型的对象进一步抽象成类,类是对同一类对象的抽象描述,而对象是类的实例。类的成员中不仅包含有描述类的对象属性的数据,还包含有对这些数据进行处理的函数(这些函数也被称为对象的行为或操作)。在面向对象程序设计中,先从现实问题中分析对象(属性和行为)以及它所属的类,并定义对象和类。对象通过调用成员函数实现相应的操作。

本程序中把矩形抽象为一个类 Rectangle,计算一个具体的矩形面积时需要先定义一个矩形对象 rec,并通过构造函数初始化其数据成员,然后调用该对象的 Area()函数计算面积,最后输出结果。

2.2.2 C++ 控制台源程序的结构

通过前面的例题我们对C++的源程序有了初步的了解。C++既可应用面向过程,又可应用面向对象的程序设计方法。一个源程序基本的组成要素包括以下几部分。

1. 编译预处理命令

同C语言一样,C++常用的三类预处理命令是文件包含命令、宏定义命令和条件编译命令。

2. 声明命名空间语句

所有的标准C++库都封装在标准命名空间 std 中。一般地,在程序开头进行声明,使用语句"using namespace std;"。

3. 函数

C++源程序可由若干文件组成,每个文件又可包含多个函数。其中,每个C++程序都有且只有一个主函数 main(),它是程序执行的起点。

4. 类和对象

在一个面向对象的程序中,还要包括类与对象的定义。一般将类定义在函数之外,一个程序可以定义多个类,也可以通过已有的类定义一个新类,根据需要由类定义对象,对象之间通过调用函数实现消息传递,完成操作。

5. 语句

语句是组成程序的基本单元。函数中包括变量声明语句和执行语句。类又由数据成员声明语句和成员函数的定义组成。

6. 输入和输出语句

数据在对象之间的流动抽象为"流"。数据的输入、输出通过I/O流来实现的。其中cin、cout是预定义的流类对象。cin与提取运算符">>"完成输入操作,cout与插入运算符"<<"完成输出操作。

7. 注释

程序中适当使用多行注释(以/*开头,以*/结束)和单行注释(以//开头),以提高程序的可读性。

2.3 C++ 语言的基本语法成分

编写一个C++源程序就如同写一篇文章一样,需要用到各种符号、单词、语句,并且要严格遵循C++语言的语法规则,否则编译器在编译时就会出现语法错误。从语法角度讲,

C++ 源程序就是一个字符序列，这些字符构成了 C++ 语言的基本字符集，而由字符集中的字符构成了一系列词汇，是构成 C++ 语句的基本单位。由字符、词汇构成语句，由语句可以组合出函数和类，如此，由简单语法成分组合出复杂的语法成分，最终构成一个完整的程序。

2.3.1 C++ 语言字符集

所有的语言系统都是由字符集和规则集组成的，C++ 的字符集包括以下内容。

(1) 26 个小写字母：

a b c d e f g h i j k l m n o p q r s t u v w x y z

(2) 26 个大写字母：

A B C D E F G H I J K L M N O P Q R S T U V W X Y Z

(3) 10 个数字：

0 1 2 3 4 5 6 7 8 9

(4) 其他符号：

空格 ! " # % & ' ( ) * + - / : ; < = > ? [\ ] ^ _ { | } ~ .

2.3.2 C++ 语言的基本语法单位

1. 关键字

关键字(Keyword)也称为保留字，是 C++ 语言预定义的、具有特定含义和用途的词汇。例如，用来定义数据类型的关键字：int(整型)、float(实型)、char(字符型)；用于表示流程控制的语句：if-else、for、while 等。C++ 不允许对关键字重新定义。C++ 常用的关键字见附录 A。

2. 标识符

标识符(Identifier)是程序中定义的符号，如用户自定义的变量名、函数名、宏和类型名。标识符的命名需要遵循以下规则。

(1) 由字母、数字和下画线(_)组成，且只能以字母和下画线开头。

(2) 字母区分大小写。

(3) 用户自定义的标识符不能与关键字重名。

例如，

合法的标识符命名：

a、x1、count、_y1、get_max

不合法的标识符命名：

1x、*count、if、x#y

标识符的命名应遵循“见名知其意”的原则。例如，表示求面积的函数命名为 Area，表示长度的变量命名为 length。

3. 常量和变量

程序中的数据包含常量(Constant)和变量(Variable)。常量即常数,用于表示一个确定的数据值;变量就是一种自定义的标识符,用于表示一块命名的内存空间。常量和变量都具有数据类型,具体见2.4.2节。

例如:

```
int x;  x=1;
```

x为整型变量,1为整型常量,本语句是把常量1赋值给变量x,即向x变量的内存空间写入整数1。

4. 运算符和表达式

C++提供了丰富的运算,如算术、赋值、关系、逻辑等运算,其中算术运算符(Operator)包括+、-、*、/、%,赋值运算符为=,其他运算符详见附录B。

表达式是由数据(常量或变量)、函数和运算符组合的有意义的式子。

例如,

算数表达式:

```
1+2、sqrt(4)*5
```

关系表达式:

```
a>b、a==0
```

赋值表达式:

```
x=2、ch=ch-32
```

5. 分隔符和其他符号

分隔符(Separator)包括空格、回车/换行、逗号等。用于在程序中分隔不同的语法单位,便于编译系统的识别。

其他符号如大括号"{"和"}"通常用于标识一个函数体或者一个语句块,"/*"和"*/"是用于表示程序注释的定界符。

6. 语句

语句是程序最基本的执行单位,有多种形式的语句。

(1) 说明语句:用于定义和声明变量或函数的语句。

```
int x;                          //定义整型变量x
```

(2) 输入、输出语句:实现输入输出操作。

```
cin>>x;                         //从键盘输入变量x的值
```

```
cout<<x;                    //将变量 x 的值输出
```

(3) 表达式语句：由表达式加";"构成语句。

```
x=1;                        //给变量 x 赋值 1
```

(4) 控制语句：if-else、switch、for、while 等实现的选择和循环控制语句。

```
if(a>b)
    max=a;
else
    max=b;                  //判断 a,b 的大小并把较大值赋给 max
```

(5) 复合语句：由一对大括号{}将若干语句组合起来的语句块。

```
if(a>b)
{int t;t=a; a=b;b=t;}       //把 a,b 的值按从小到大排列
```

7. 函数

函数是 C++ 程序中完成一个独立任务的功能模块，是一种子程序的形式。一个程序中可以包含多个函数。函数可以是系统提供的库函数，也可以由用户自己定义。函数包括函数首部和函数体。函数首部包括函数名、函数参数和函数返回值类型，函数体由各种语句构成。

例如，定义计算整数绝对值的函数如下：

```
int Abs( int x )                //函数首部
{ return x>0?x:0; }             //函数体
```

通过函数调用形式：Abs(−4)，可得到返回结果 4。

2.4 基本数据类型与表达式

2.4.1 数据类型

数据是程序运算加工和处理的对象，是实际求解问题中有关信息的表示载体。如同我们认识的数学中的数有不同分类一样，计算机语言中的数据也按其性质不同分为整型、实型、字符型及构造类型等，如图 2-1 所示。

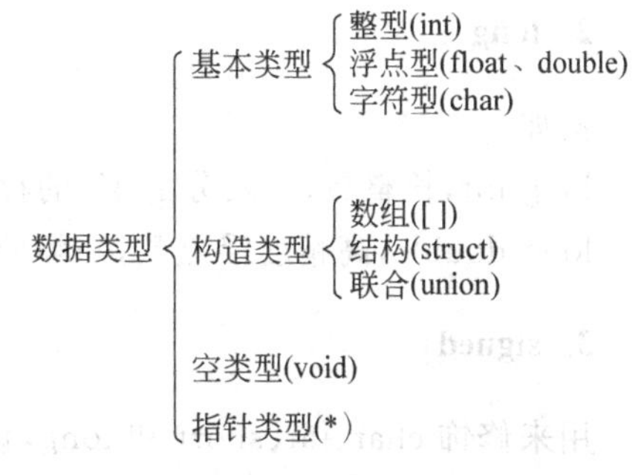

图 2-1 C++ 语言的数据类型

数据类型是对表示形式、存储格式以及操作规范相同的数据的抽象，程序中使用的所有数据都必定属于某一种数据类型，所以，在进行程序设计时首先要学会选用合适的数据类型描述相关信息。

基本数据类型是 C++ 预定义的数据类型，使

用相应的关键字表示，如整型 int、单精度浮点型 float、双精度浮点型 double、字符型 char。构造类型是按照 C++ 的语法在基本数据类型的基础上组合而成的。指针类型用于表示对象的地址值，空类型常用于表示函数无返回值。

程序中的所有数据在计算机内都采用二进制存储，其中 8 位二进制称为一个字节，作为一个基本的存储单位。不同的数据类型具有不同的存储格式和存储字节数，所以它们表示数值的范围和精度也不同。

基本数据类型 int、float、double、char 占用的存储空间字节长度(Qt 环境下)如表 2-1 所示。基本数据类型还可以通过以下数据类型修饰符进行细分。

表 2-1 C++ 语言的基本数据类型

类型标识	说明	字节数/B	取值范围
char	字符型	1	－128～127
signed char	有符号字符型	1	－128～127
unsigned char	无符号字符型	1	0～255
short [int]	短整型	2	－32 768～32 767
signed short [int]	有符号短整型	2	－32 768～32 767
unsigned short [int]	无符号短整型	2	0～65 535
int	整型	4	－2 147 483 648～2 147 483 647
signed[int]	有符号整型	4	－2 147 483 648～2 147 483 647
unsigned[int]	无符号整型	4	0～4 294 967 295
long [int]	长整型	4	－2 147 483 648～2 147 483 647
signed long [int]	有符号长整型	4	－2 147 483 648～2 147 483 647
unsigned long [int]	无符号长整型	4	0～4 294 967 295
float	单精度浮点	4	－3.4e＋38～3.4e＋38，约 7 位有效数字
double	双精度浮点	8	－1.7e＋308～1.7e＋308，15～16 位有效数字
long double	长双精度浮点	8	－1.7e＋308～1.7e＋308
bool	布尔类型	1	true(真)、false(假)

1. short

例如，short int，表示短整数，一般分配 2B 的存储空间，可简写为 short。

2. long

例如：

long int，长整数，一般分配 4B 的存储空间，可简写为 long。

long double，高精度浮点数，一般分配 10B 的存储空间。

3. signed

用来修饰 char、int、short 和 long，说明它们是有符号的整数(正整数、0 和负整数)。一般默认为有符号数。

4. unsigned

用来修饰 char、int、short 和 long，说明它们是无符号的整数(正整数和 0)。

2.4.2 常量、变量

程序中的数据具体表现为常量和变量，它们都属于以上某种数据类型。

1. 常量

常量是指在程序执行过程中其值始终不变的量。常量表示的是一个确定的值，按照数据类型常量可分为整型常量、浮点型常量、字符型常量和字符串常量。

1) 整型常量

整型常量即整数，默认为十进制整数，也可以表示八进制、十六进制常量。

十进制整型常量：如 28、−21、0。

八进制整型常量：以数字 0 开始的整型，如 022、−037、010(与 10 不同)。

十六进制整型常量：以 0x 或者 0X 开始的整型，如 0x12、−0x1F、−0x1f。

在常量后可加上 l 或 L、u 或 U 修饰符，表示长整型、无符号的常量。

长整型常量：如 123l、123L、123456l、123456L。

无符号型常量：如 123u、123U。

2) 浮点型常量

浮点型即实型，也就是实数类型，由整数和小数两部分组成。C++ 程序中，浮点型常量包括单精度(float)、双精度(double)、长双精度(long double)三种。

浮点型常量的表示有两种：小数表示和指数表示法。

(1) 小数表示法：由整数和小数两部分，中间用小数点分隔开。

例如：

137.2、357.8、.68、92.

(2) 指数表示法：又称为科学记数法，由尾数和指数两部分组成，中间用 E 或 e 隔开。其中，尾数和指数两部分都不能省略，且指数部分必须是整数。

例如：

1e−2、4.5e3、.9E−3

说明：浮点常量默认为 double 型，加后缀 f 或 F 则表示 float 型，加后缀 l 或 L 则表示 long double 型。

单精度实型常量如 137.2f、357.8F、1e−2f、4.5e3F。

长双精度型常量如 137.2l、357.8L、1e−2l、4.5e3L。

3) 字符常量

字符采用 ASCII 编码，在内存存储的是相应字符的 ASCII 码值。字符型常量有普通字符和转义字符两种。

(1) 普通字符常量。

用一对单引号括起来的单个字符。

例如：

'a'、'A'、'3'、'%'、'='

📖**注意**：单引号内只能有一个字符。

(2) 转义字符常量。

用"\"开头的字符表示，常用于表示不可见的控制字符或特殊字符。

例如，'\n'、'\t'、'\0'、'\101'(用ASCII码值表示的字符'A')，参见表2-2。

📖**注意**：常量'5'和5的不同，前者为字符常量，存储其ASCII码值53，后者是整数常量，存储其等值的二进制值。

4) 字符串常量

字符串常量是用双引号括起来的由0个或多个字符组成的字符序列，内存中按顺序存放相应字符的ASCII码值，并在最后添加字符串结束标记'\0'。

例如："Hello World!\n"、""(空字符串)等。

📖**注意**："x"和'x'不同，前者占用2B的内存空间(存储'x'和'\0')，后者只占用1B(存储'x')，并且单个字符'x'可以ASCII码值参与数值运算，而字符串"x"则不能。

表2-2 C++语言的常用转义字符

名　称	字符形式	值
空字符(Null)	\0	0X00
换行(New Line)	\n	0X0A
换页(Form Feed)	\f	0X0C
回车(Carriage Return)	\r	0X0D
退格(BackSpasc)	\b	0X08
响铃(Bell)	\a	0X07
水平制表(Horizontal Tab)	\t	0X09
垂直制表(Vertical Tab)	\v	0X0B
反斜线(Backslash)	\\	0X5C
问号(Question Mark)	\?	0X3F
单引号(Single Quote)	\'	0X27
双引号(Double Quote)	\"	0X22
1～3位八进制整数代表的字符	\ddd	\101表示'A'
1～3位十六进制整数代表的字符	\xhh	\x41表示'A'

2. 变量

变量就是在程序执行过程中，其值可以改变的量。程序中的变量是存储数据的内存空间，通过变量可实现对内存空间的读写操作。

📖**注意**：程序中的变量必须先定义后使用。

例如：

```
int a;
```

表示声明(定义)了一个存储整型数据的空间(4个字节长度)，并命名为a。

变量的一般定义形式为：

类型关键字 变量名 1[,变量名 2,…];

类型关键字就是表 2-1 中的各种数据类型标识符，变量名命名则遵循标识符的命名规则。

例如：

```
short int count;                  //短整型变量，默认为带符号
unsigned short int age;           //无符号短整型变量
float radius , area;              //两个单精度浮点变量
double speed , length;            //两个双精度浮点变量
char ch1;                         //字符型变量，只能存放单个字符
```

变量仅声明而未被赋值，则它的存储空间是无意义的随机状态，其值是不确定的。因此变量定义后应该具有合法的初始值才能参与运算。变量在声明的同时可以直接赋值，称为变量的初始化。

例如：

```
int a=1;
float radius=5.2 , area=0;
char ch1='A' , ch2='B';
```

2.4.3 运算符与表达式

运算符是表示各种运算的符号，C++ 提供了许多运算符，可以对不同类型的数据进行操作，数据和运算符构成了 C++ 的表达式，每一个 C++ 表达式都会产生一个运算结果。运算符也称为操作符，参与运算的数据称为操作数，根据所需操作数的个数不同，运算符分为单目(一元)、双目(二元)、三目(三元)运算符。按运算符性质不同，C++ 的运算符分为算术、关系、逻辑等运算，不同的运算符具有不同的优先级和结合性。详见附录 B。

1. 算术运算

1) 算术运算符

+(加)、-(减)、*(乘)、/(除)、%(求余)

其中，/运算是进行除法运算结果为商，%运算是对两个整数相除结果取余数。

例如，5/3 的结果为 1，5%3 的结果为 2。

优先级：*、/、%具有相同的优先级，+、-具有相同的优先级，前三者的优先级高于后两者。

左结合性：当同一优先级的运算符进行混合运算时，按从左向右的顺序计算。

2) 算术表达式

算术表达式是用算术运算符将操作数连接起来的式子，一般形式为：

表达式 算术运算符 表达式

例如：

```
1+2.3*5-5%6+3/5
```

运算结果为：7.5。

注意：

(1) 两个整数相除结果取整。

例如，3/5 的结果为 0，5/3 的结果为 1。

(2) 求余运算只能应用于整数。

例如，5.2%3 是一个非法的 C++ 表达式。

(3) 参与运算的表达式可以是常量、变量、函数构成的，但必须符合 C++ 的语法规则。

例如，数学表达式$\frac{\sqrt{b^2-4ac}}{2ab}$用 C++ 语言表示的表达式为：sqrt(b*b-4*a*c)/(2*a*b)。

其中，平方根运算要用到 C++ 标准库函数 sqrt()，标准库函数提供了程序中常用的运算功能，参见附录 C。调用库函数时，程序中需要根据所调用的库函数类型不同包含相应的头文件，数学库函数的头文件为 math.h，需要用以下预处理命令实现包含：

```
#include <cmath>
```

2. 赋值运算

1) 赋值运算符=

赋值运算符是给变量进行赋值的操作，不是数学中的"等于号"含义。

优先级：赋值运算符的优先级只高于逗号运算符，而低于其他任何运算符。

右结合性：从右向左运算。

2) 赋值表达式

一般形式为：

```
变量=表达式
```

"="运算规则为：先计算右侧表达式的值，再将右侧表达式的值赋给左侧变量。其中，"="左边必须是变量名，代表某一存储单元，赋值运算是把右侧数据写入左侧变量对应的存储单元。最后取被赋值变量的值作为整个赋值表达式的值。

例如，表达式 a = 2，首先是把整数 2 赋值给变量 a，即在 a 对应的存储单元中写入新数据 2，原数据被覆盖。但作为一个表达式，a = 2 也有运算结果，就是取被赋值变量 a 的值作为整个表达式的结果。所以，语句"cout<<(a = 2);"，输出表达式的结果为 2。

同时，利用赋值运算的右结合性，可实现多重赋值形式。

例如，a = b = c = 2 等价于 a = (b = (c = 2))，最终为变量 a、b、c 赋予相同的值。

3. 复合的赋值运算

1) 复合的赋值运算符

+=、-=、*=、/=、%=、<<=、>>=、&=、^=、|=

复合的赋值运算符是在赋值符"＝"之前加上其他二目运算符构成的。

2）复合赋值表达式

一般形式为：

```
变量 运算符 = 表达式
```

等价于一般赋值表达式：

```
变量 = 变量 运算符 表达式
```

例如：

```
m +=1        等价于 m =m+1
t * =m+n     等价于 t =t *(m+n)    不等价于 t =t * m+n
x %=y        等价于 x =x%y
```

这种复合的赋值运算表示，对初学者可能不习惯，但有利于编译器处理，能提高编译效率并产生质量较高的目标代码。

4. 自增、自减运算

1）自增、自减运算符

++(自增)、--(自减)

++运算实现操作对象增1，--运算实现操作对象减1。

两个运算符都是单目运算符，操作对象只能是变量，不能是常量或表达式。

优先级：++、--优先级相同，高于算术运算符。

右结合性：结合方向是自右向左。

2）自增、自减表达式

用++、--构成表达式时，既可以把运算符放在操作数之前称为前置运算，也可以放在操作数后称为后置运算 。这两种形式对于变量来说，其结果都是加1或减1。

例如：

```
int i = 5;
```

前置运算：

```
++i; 等价于 i =i+1; i 结果为 6
```

后置运算：

```
i++; 等价于 i =i+1; i 结果为 6
```

前置运算：

```
--i; 等价于 i =i-1; i 结果为 4
```

后置运算：

```
i--; 等价于 i =i-1; i 结果为 4
```

但是当前置和后置表达式出现在另一个表达式中时,要取前置和后置表达式本身的值参与运算,其结果是不同的。

例如:

```
int i = 5;

m =++i;   等价于语句: i =i+1; m =i;      //m 的结果为 6,i 的结果为 6
m =i++;   等价于语句: m =i; i =i+1;      //m 的结果为 5,i 的结果为 6
m =--i;   等价于语句: i =i-1; m =i;      //m 的结果为 4,i 的结果为 4
m =i--;   等价于语句: m =i; i =i-1;      //m 的结果为 5,i 的结果为 4
```

前置运算时,表示先将变量 i 值增 1 或减 1,然后把 i 的值赋给 m;后置运算时,先把变量 i 的值赋给 m,然后将 i 值增 1 或减 1;其区分是先进行变量增 1 或减 1 运算,还是先取变量的值进行运算。

5. 关系运算

1) 关系运算符

<、<=、>、>=、==(等于)、!=(不等于)

关系运算符用于在程序中比较两个数据的大小关系,以决定程序的下一步工作。

优先级:关系运算符的优先级低于算术运算符,高于赋值运算符。

在 6 个关系运算符中,<、<=、>和>=的优先级相同,高于==和!=,==和!=的优先级相同。

左结合性:关系运算符具有左结合性。

2) 关系表达式

关系表达式的一般形式为:

表达式 关系运算符 表达式

关系表达式的运算结果是逻辑值,当关系成立时结果为 1(逻辑“真”值),当关系不成立时结果为 0(逻辑“假”值)。

例如:

```
int m =10,n=5,p=1;
m<n(结果为 0)
(m>n)==p(结果为 1)
char ch1 ='a',ch2 ='b';
ch1<ch2(结果为 1)
```

注意:数学中 1<x<10 这种复杂关系如何判断?

假设 x 取值为−5,如果直接转换为 C++ 的表达式 1<x<10,则按照关系运算的规则,两个<运算符优先级相同,按照左结合性先计算 1<x,得结果为 0,然后计算 0<10,得结果为 1。最终的 1<x<10 计算结果为 1,这与我们原来要判断−5 是否大于 1 并且小于 10 的关系是不一致的,显然,这种表示是错误的。要进行这种较为复杂的关系比较

就要用到逻辑运算。

6. 逻辑运算

1）逻辑运算符

&&(与运算)、||(或运算)、!(非运算)

&& 和||均为双目运算符,具有左结合性。非运算符"!"为单目运算符,具有右结合性。逻辑运算符中"!"的优先级高于算术运算符,&&、||的优先级低于关系运算符。

2）逻辑表达式

逻辑表达式的一般形式为:

```
表达式 逻辑运算符 表达式
```

逻辑运算的结果为"真"和"假"两种,用1和0来表示。其求值规则如下。

(1) 与运算 &&:参与运算的两个数据都为真时,结果才为真,否则为假。例如,5>0 && 4>2,结果为真。

(2) 或运算||:参与运算的两个数据只要有一个为真,结果就为真。两个数据都为假时,结果为假。例如,5>0||5>8,结果为真。

(3) 非运算"!":参与运算数据为真时,结果为假;参与运算数据为假时,结果为真。例如,!(5>0)的结果为假。

逻辑运算的结果只有两种:1代表"真",0代表"假"。但反过来在判断一个参与逻辑运算的数据是为"真"还是为"假"时,则以0代表"假",以非0的数值作为"真"。例如,由于5和3均为非0,因此5&&3的结果为"真",即为1。

前面分析的数学表达式1<x<10,要实现两个关系比较同时成立的逻辑运算就用"与"运算,逻辑表达式表示为:1<x&&x<10 或 x>1&&x<10。

7. 逗号运算

C++ 中的","也是运算符,又称为"顺序求值运算符",用于将两个表达式连接起来。例如:

```
a =1,b =2
```

称为逗号表达式。逗号运算符是所有运算符中级别最低的。

逗号表达式的一般形式为:

```
表达式 1, 表达式 2
```

其运算规则是:先求解表达式1,再求解表达式2。整个逗号表达式的值是表达式2的值。

例如:

```
a =2 * 5, a * 4
```

该表达式中赋值运算符的优先级别高于逗号运算符,所以,应先计算赋值表达式 a =

2＊5,得到 a 的值为 10,然后求解 a＊4,得 40。整个逗号表达式的值为 40。

逗号运算符可以用于连接多个表达式,形成扩展的逗号表达式:

```
表达式 1, 表达式 2, 表达式 3, …, 表达式 n
```

整个逗号表达式的值为表达式 n 的值。

2.4.4 数据类型的转换

请考虑以下表达式如何进行运算。

2＋4、3.5＋5.8、2.3＋'a'＋7/5

相同类型的数据如 2＋4、3.5＋5.8 可以直接进行运算,其结果仍是同类型数据。而 2.3＋'a'＋7/5 是不同类型数据的混合运算,需要先转换成同一类型数据再进行运算。C++ 中的数据类型转换包括自动转换和强制转换。自动转换由编译系统自动完成,而强制转换需通过特定运算来完成。

1. 自动类型转换

1) 赋值运算中的类型转换

赋值运算时,如果赋值运算符两边的数据类型不相同,系统将自动把赋值号右边的表达式类型转换成左边变量的类型。

(1) 实型赋值给整型时,将舍去小数部分。

例如:

```
int a;
a=1.2;
```

则 a 被赋值为 1。

(2) 整型赋值给实型时,数值不变,但将以浮点形式存放,即增加小数部分(小数部分的值为 0)。

例如:

```
double d;
d =12;
```

则 d 被赋值为 12.0。

(3) 字符型赋值给整型时,将字符的 ASCII 码值存放到整型量的低八位中,高位为 0。

例如:

```
int i;
i='a';
```

则 i 被赋值为 97。

(4) 整型赋值给字符型时,则只把低八位赋值给字符变量。

例如：

```
char c=0x1257;
```

则 c 被赋值为 0x57(十六进制整型)即 87('W'的 ASCII 码值)。

因此，如果赋值运算的左侧变量类型取值范围小于右侧表达式类型时，会导致运算精度降低，发生信息丢失、类型溢出等错误。

2) 表达式中的类型转化

表达式中不同类型数据之间的运算，是按如图 2-2 所示的自动转换规则进行转换，以保证数据类型向精度高的一方转换。

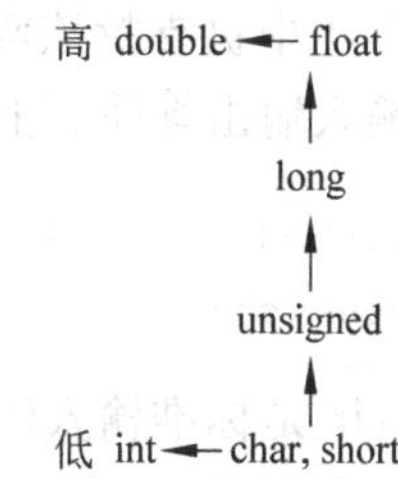

图 2-2 数据类型自动转换规则

(1) 横向的转换是必需的：即所有的 float 型自动转换为 double 型，所有的 char 型、short 型自动转换为 int 型再进行运算。

(2) 垂直方向的转换：若经过横向转换后的数据类型仍然不同，则按垂直方向向级别较高的类型转换。

例如，计算表达式 2.3+'a'+7/5，按优先级先计算 7/5 结果为整型值 1；然后计算2.3+'a'，其中 2.3 为 double 型，'a'为 char 型，先自动转换为 int 型值 97，然后再转换为 double 型值 97.0 与 2.3 进行求和运算结果为 double 型值 99.3；最后计算 99.3+1，需先把整型 1 转换为 double 型值 1.0，最终计算结果为 double 型值 100.3。

2. 强制类型转换

表达式 7/5 的运算结果为 1，因为两个整数相除结果取整，若要保留运算的小数部分，可以在表达式中使用强制类型转换，即

```
(double)7/5   或   7/(double)5
```

则运算结果为 1.4，因为(double)7 运算得到一个 double 型结果 7.0，因而将最终的除法运算转换为 double 型的运算。

强制类型转换的一般形式为：

```
(类型) 表达式
```

例如：

```
double i =4.2;
```

则(int)i 的运算结果为 4。

注意：i 本身的类型和数值都不改变，只是得到一个指定类型的结果。

请思考和比较表达式：(double)(7/5)与 (double)7/5 的运算结果为何不同？

2.5 C++控制台程序常用的输入输出

在 C 语言中的输入和输出操作是通过调用标准库函数 scanf()和 printf()实现的，在调用这两个函数时必须按指定的格式进行输入和输出，例如：

```
int i;
char ch;
…
scanf("%d", &i);
printf("%c", ch );
```

C++ 中仍支持该函数的使用,但增加了专门的输入输出流类库,可以实现更安全、方便的输入输出操作。上面的输入输出语句在 C++ 中用输入输出流类对象实现如下:

```
cin>>i;
cou<<ch;
```

其中,cin 是标准输入流对象,默认情况下,cin 流被关联到标准输入设备键盘;cout 是标准输出流对象,默认情况下,cout 流被关联到标准输出设备屏幕。输入时,cin 使用提取运算符>>从输入流中提取数据送到指定的变量中;输出时,cout 使用插入运算符<<将数据插入输出流中。在此,简单介绍基本的输入输出流操作。

(1) cin 必须与提取运算符>>配合使用,并允许连续输入多个数据,数据间用空格、回车或 TAB 键分割。

例如:

```
cin>>x>>y;
```

若从键盘依次输入"12　34",则提取运算符按顺序从输入流中提取数据,将 12 赋给变量 x,34 赋给变量 y。

(2) cout 必须与插入运算符<<配合使用,并允许连续输出多个数据,也可直接输出表达式的值。

例如:

```
cout<<"x="<<x<<",y="<<y;
```

则执行的结果为:x = 12,y = 34。

其中,双引号引起来的作为字符串常量原样输出到屏幕。

(3) 在 C++ 中,运算符<<、>>仍可作为左移和右移运算符,此处的插入和提取功能是在标准流类中通过运算符重载实现的,并可以自动识别系统预定义的数据类型。

(4) 可以对输入输出流的数据进行格式控制。

C++ 中,使用输入输出流对象进行格式控制的方法有两种:一种是使用 ios 类的流成员函数实现,另一种是使用称为操纵符的特殊函数实现。操纵符可直接在 I/O 表达式中使用,因此比较方便,下面给出几个常用的操纵符的例子。

【例 2-3】 使用操纵符设置数据的基数。

```
//D:\QT_example\2\Example2_3.cpp
#include<iostream>
using namespace std;
int main()
```

```
{
    int x;
    cout<<"Enter a decimal number: ";
    cin>>x;
    cout<<hex<<x<<endl          //hex:设置基数为十六进制
        <<dec<<x<<endl          //dec:设置基数为十进制
        <<oct<<x<<endl;         //oct:设置基数为八进制
    return 0;
}
```

程序运行结果为：

```
Enter a decimal number: 14
e
14
16
```

程序中使用预定义的操纵符，设置数据分别按十六进制、十进制、八进制输出。cout 语句分成三行书写，便于对长代码行的控制，它等价于一行语句：

```
cout <<hex<<x<<endl<<dec<<x<<endl<<oct<<x<<endl;
```

也等价于以下三行语句：

```
cout<<hex<<x<<endl;
cout<<dec<<x<<endl;
cout<<oct<<x<<endl;
```

【例 2-4】 使用操纵符设置数据输出的对齐、宽度和小数位数。

```
// D:\QT_example\2\Example2_4.cpp
#include <iostream>
#include <iomanip>                      //包含控制符所在的头文件
using namespace std;
int main()
{
    double a =123.456,b =3.14159,c =-3214.67;
    cout<<setiosflags(ios::fixed)       //设置浮点数以定点小数形式输出
        <<setiosflags(ios::right)       //设置数据在输出域右对齐
        <<setprecision(2);              //设置浮点数以定点输出时保留两位小数位数
    cout<<setw(10)<<a<<endl;            //设置 a 的输出宽度为 10
    cout<<setw(10)<<setfill('*')<<b<<endl;   //设置 b 的输出宽度为 10 并以'*'填充
    cout<<setw(10)<<c<<endl;            //设置 c 的输出宽度为 10
    return 0;
}
```

程序运行结果为：

```
    123.46
******3.14
**-3214.67
```

其他操纵符及输入输出的格式控制请参见第 9 章。理解了操纵符的使用方法,在编程时可自行查阅第 9 章,根据需要选择格式控制操纵符,实现对数据输入和输出的格式控制。

2.6 结构化程序设计

2.6.1 结构化程序设计概述

结构化程序设计(Structured Programming,SP)方法是由计算机科学家 E. W. Dijikstra 提出的,是 20 世纪七八十年代软件开发设计领域的主流技术。当时流行的结构化程序设计语言包括 C、FORTRAN、PASCAL 等。结构化程序设计方法强调程序设计的良好风格和程序结构的规范化。其基本思想主要如下。

1. 自顶向下、逐步求精的程序分析和设计方法

为了解决一个复杂的问题,可以从整体(顶层)入手分析,将完整的复杂问题分解为若干个独立的子问题,子问题还可以继续分解,直到子问题相对简单容易实现编程求解为止。问题的分解过程也就是问题的细化和逐步求精的过程。也就是说,分析问题应先考虑总体,后考虑细节,避免一开始追求众多细节。

2. 采用模块化程序设计方法

经过自顶向下的问题分析和功能分解后,就进入模块化设计阶段。模块设计应遵循功能独立性原则,即一个模块只完成一个功能,模块之间的联系应尽可能少,以减少彼此之间的影响。即模块应满足"高内聚、低耦合"的特点。在 C、C++ 中一个模块可以用一个函数实现。

3. 采用顺序、选择、循环三种基本控制结构构造程序

在模块化设计的基础上,每个模块都可采用顺序、选择、循环三种基本结构完成编码。用这三种基本结构编写的程序满足:只有唯一的入口和唯一的出口;无死语句,即没有永远执行不到的语句;无死循环,即没有执行不完的循环。

按照结构化程序设计方法设计的程序具有结构清晰、容易阅读、容易修改等特点。

2.6.2 顺序结构

顺序结构就是按照语句在程序中的先后次序按顺序依次执行。顺序结构主要由表达式语句和输入输出等语句组成。例如,前面几节的程序中主要包含数据的赋值或输入语

句、数据的运算表达式语句、数据的输出语句；其基本流程是按照语句的排列顺序依次执行的，就是一种顺序结构。

【例 2-5】 求解问题：从键盘随机输入一串字符，对其中包含的字母进行分类统计。先设计简单的顺序结构程序，完成单个字符的输入和输出。其程序流程如图 2-3 所示。

```
// D:\QT_example\2\Example2_5.cpp
#include <iostream>
using namespace std;
int main()
{
    char ch;
    cout<<"Please input a character:";
    cin>>ch;
    cout<<ch<<endl;
    return 0;
}
```

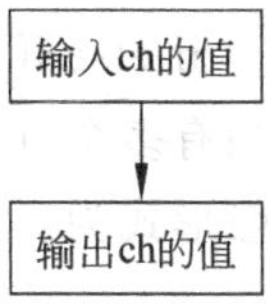

输入ch的值

输出ch的值

图 2-3　顺序结构

顺序结构是系统预置的执行流程，即非特别指出，计算机总是按指令编写的顺序一条一条执行。选择结构和循环结构需要有特定的语句来定义和组织。

2.6.3　选择结构

对例 2-5 求解问题中单个字符判断分类，需要用到选择结构。选择结构即分支结构，是通过对条件进行判断，从而决定执行哪一个分支的结构。C++ 语言使用 if 语句和 switch 语句构成选择结构。

1. if 语句

if 语句有三种形式：

1) if 形式

```
if(表达式)
{
    语句;                //此处代表复合语句,一条语句时可省略{}
}
```

其语义是：如果条件表达式的值为真，则执行大括号内的语句序列，否则不执行。这种 if 语句适用于单分支选择问题。

2) if-else 形式

```
if(表达式)
{
    语句 1;
}
else
```

```
{
    语句 2;
}
```

其语义是：如果表达式的值为真，则执行语句 1，否则执行语句 2。这种带有 else 子句的 if 语句适用于解决双分支结构问题，其流程如图 2-4 所示。

3) if-else-if 形式

当有多个分支选择时，可采用 if-else-if 语句，其一般形式为：

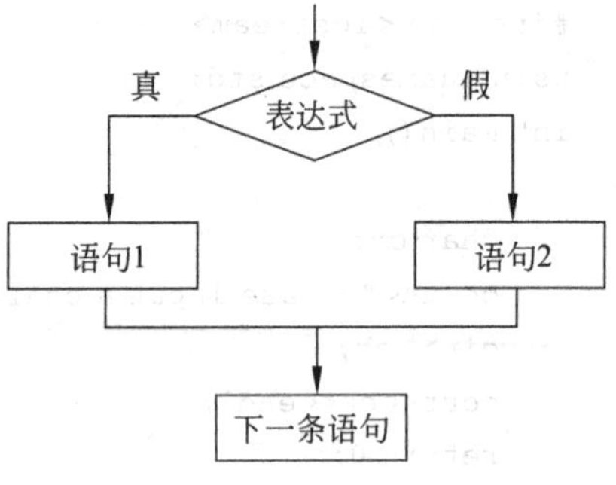

图 2-4　if-else 语句结构流程

```
if(表达式 1)
{
    语句 1;
}
else if(表达式 2)
{
    语句 2;
}
…
else if(表达式 n-1)
{
    语句 n-1;
}
else
{
    语句 n;
}
```

其语义是：依次判断表达式的值，当出现某个值为真时，则执行其对应的语句。然后跳到整个 if 语句之后继续执行程序。如果所有的表达式均为假，则执行语句 n。然后继续执行 if 后面的语句。这种阶梯形式的 if-else 语句流程清晰直观，应用于解决多分支选择的问题，其流程如图 2-5 所示。

对例 2-5 中的问题，要判断字符 ch 是否为字母用条件表达式：

```
(ch>='a'&&ch<='z')||(ch>='A'&&ch<='Z')。
//使用 if-else 形式，主函数定义如下
int main()
{
    char ch;
    cout<<"Please input a letter:";
    cin>>ch;
    if((ch>='a'&&ch<='z')||(ch>='A'&&ch<='Z'))
        cout<<ch<<" is a letter."<<endl;
    else
        cout<<ch<<" is not a letter."<<endl;
```

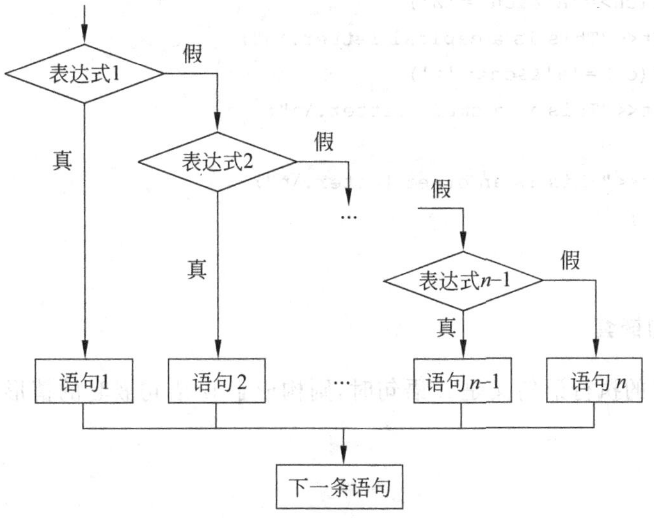

图 2-5 if-else-if 语句结构流程

```
    return 0;
}
```

如果要同时判断字母或数字两种类别，就需要用到 if-else-if 多分支形式。其中，判断字符 ch 是否为数字用条件表达式：

```
ch>='0'&&ch<='9'。
//使用 if-else-if 形式，主函数定义如下
int main()
{
    char ch;
    cout<<"Please input a letter:";
    cin>>ch;
    if((ch>='a'&&ch<='z')||(ch>='A'&&ch<='Z'))
        cout<<"This is a letter."<<endl;
    else if(ch>='0'&&ch<='9')
        cout<<"This is a digit."<<endl;
    return 0;
}
```

通过对字符 ASCII 码的取值范围细分，可进一步判断字符的类别，主函数如下所示。

```
int main()
{
    char ch;
    cout<<"Please input a letter: ";
    cin>>ch;
    if(ch>='0'&&ch<='9')
        cout<<"This is a digit.\n";
```

```
    else if(ch>='A'&&ch<='Z')
        cout<<"This is a capital letter.\n";
    else if(ch>='a'&&ch<='z')
        cout<<"This is a small letter.\n";
    else
        cout<<"This is an other letter.\n";
    return 0;
}
```

2. if 语句的嵌套

当 if 语句中的执行语句又是 if 语句时，则构成了 if 语句嵌套的情形。其一般形式可表示如下：

```
if(表达式)
{
    if 语句;
}
else
{
    if 语句;
}
```

若嵌套的 if 语句又是 if-else 型的，这将会出现多个 if 和多个 else 重叠的情况，这时要特别注意 if 和 else 的配对问题。为了避免出现二义性，C++ 语言规定，else 总是与它前面最近的尚未配对的 if 配对。

【例 2-6】 求解问题：任意输入三个整数，输出其中的最大值。

```
// D:\QT_example\2\Example2_6.cpp
#include <iostream>
using namespace std;
int main()
{
    int a,b,c,max;
    cout<<"Please input three numbers: ";
    cin>>a>>b>>c;
    if (a<b)                    //if-else 嵌套 if-else 语句
    {
        if(b<c)
            max =c;
        else
            max =b;
    }
    else
    {
```

```
        if(a<c)
            max =c;
        else
            max =a;
    }
    cout<<"max ="<<max;
    return 0;
}
```

3. 条件运算

下面引入条件运算符“?:”,它是C++中的一个三元运算符,对应的条件表达式的一般形式为:

```
表达式 1 ? 表达式 2 : 表达式 3
```

其运算规则为:首先计算表达式1的值,如果其值为非0(真),则取表达式2的值作为条件表达式的值;否则取表达式3的值作为条件表达式的值。

例如,比较b、c的大小,将最大值赋给max,直接应用if-else语句实现如下:

```
if(b>c)
    max =b;
else
    max =c;
```

该语句的功能是根据条件表达式b>c的结果给max变量赋予不同的值,应用条件运算实现的语句为:

```
max = (b>c) ? b : c;
```

该语句的功能是判断条件表达式b>c为真时,取b值作为条件表达式的值赋给max,为假时则取c值作为条件表达式的值赋给max。

因此,例2-6中的if嵌套形式可以应用两个条件运算实现如下:

```
max = (a>b) ? a : b;
max = (max>c)?max:c;
```

4. 多路选择 switch 语句

switch语句是多分支的选择结构,比if-else嵌套实现的多分支更直观。其一般形式如下:

```
switch (表达式)
{  case 常数 1: 语句序列 1; break;
   case 常数 2: 语句序列 2; break;
   ⋮
   case 常数 n: 语句序列 n; break;
```

```
    default: 语句序列 n+1;
}
```

switch 语句的执行顺序为：首先对“表达式”进行计算，求得一个常量值，然后从上而下将该值与 case 后面的常数值进行匹配，匹配成功则执行该 case 后面的语句，直到 break 结束并跳出 switch 语句。如果没有匹配的常数值，则执行 default 后面的语句。

【例 2-7】 求解问题：将百分制成绩转换为五分制成绩并输出，使用 switch 语句实现多分支结构。

```
//D:\QT_example\2\Example2_7.cpp
#include <iostream>
#include <cstdlib>
using namespace std;
int main()
{
    int score;                        //百分制成绩
    cin>>score;
    if(score<0||score>100)
    {
        cout<<"Input error! \n";
        exit(1);
    }
    switch (score/10)
    {
    case 10:
    case 9 : cout<<"A\n"; break;
    case 8 : cout<<"B\n"; break;
    case 7: cout<<"C\n"; break;
    case 6: cout<<"D\n"; break;
    default: cout<<"E\n";
    }
    return 0;
}
```

说明：switch 语句中的表达式一般为整型、字符型、枚举，与 case 后的常量类型一致；各个分支后的 break 语句用于退出 switch 结构。

2.6.4 循环结构

回顾例 2-5，每一次运行程序只能完成对一个字符的判断，现在要求完成多个字符的输入和判断分类就要重复执行代码，可以应用循环结构实现。循环结构是在给定条件成立时，反复执行某程序段，直到条件不成立为止。

循环结构中给定的条件称为循环条件，反复执行的程序段称为循环体。C++ 语言提供了三种循环控制语句：while、do-while 和 for 语句。

1. while 语句

一般形式：

```
while (条件表达式)                //循环控制条件
{
    语句;                         //循环体语句
}
```

该语句首先对条件表达式进行判断，若值为假(0)，就跳过循环体执行 while 结构后面的语句，若值为真(非 0)，就重复执行循环体语句，直到表达式值为假时退出循环结构，即“先判断后执行”，流程图如图 2-6 所示。

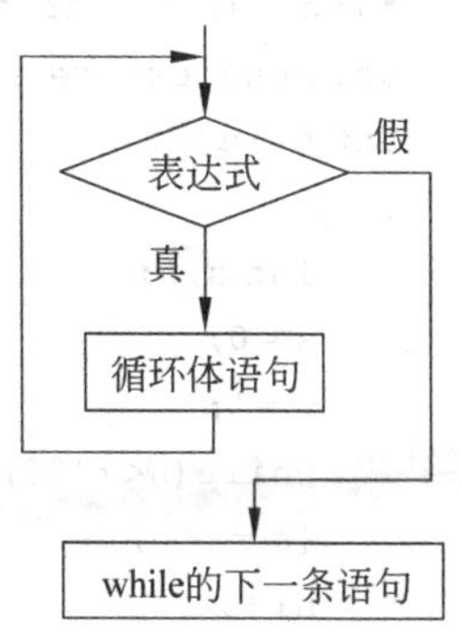

图 2-6　while 语句流程图

首先，输出一个简单的图案，在屏幕上打印输出重复的 5 行 ********，如下所示。

```
********
********
********
********
********
```

若打印一行********，用语句“cout<<"********\n";”，重复 5 次该语句就可以实现 5 行的输出。因此，设计一个循环结构实现，循环体语句为“cout<<"********\n";”，循环控制条件为已知的循环次数，用 while 语句实现的程序段如下。

```
int count =1;                 //给循环变量(控制循环的次数)赋初值
while(count<=5)
{
    cout<<"********\n";
    count++;                  //循环变量增 1
}
```

其中，循环变量 count 的值从初始值 1 开始，每执行一次循环体就自增 1，直到增加到 6，不再满足条件 count<=5，此时循环语句执行结束，循环体一共被执行了 5 次。

因此，设计循环结构时，除了循环体和循环条件这两个要素之外，还要注意：循环结构前面应有为循环变量赋初值的语句；循环体中应有使循环变量改变值(增 1)的语句。

【例 2-8】 求解问题：计算 s = 1+2+3+4+…+100。

这是一个循环累加求和的问题，设置一个累加器变量 s，实现累加求和计算。累加过程如下。

```
s =0;                         //赋初值为 0,
s =s+1;                       //计算 0+1 写入 s,s =1
```

```
s =s+2;                     //计算 1+2 写入 s,s =3
s =s+3;                     //计算 3+3 写入 s,s =6
⋮
s =s+100;                   //重复进行 s =s+n 操作,n 的取值为 1~100
```

显然,被累加的变量 n 的值从 1 自增到 100,并循环累加到变量 s,共执行 100 次加法运算,循环次数与 n 的取值是一致的,因此,变量 n 既可作为加数参与求和运算,又可作为循环条件变量。程序实现如下:

```
//D:\QT_example\2\Example2_8.cpp
#include <iostream>
using namespace std;
int main()
{
    int s,n;
    s =0;                   //累加器变量初始化
    n =1;                   //循环变量初始化
    while(n<=100)           //while 语句实现的循环结构
    {s =s+n;
    n++;
    }
    cout<<"1+2+3+...+100 ="<<s<<endl;
    return 0;
}
```

2. do-while 语句

一般形式:

```
do
{
    语句;
}while (条件表达式);
```

该语句是先执行一次循环体语句,然后判断条件表达式的值,如果表达式的值为假(0),则不再执行循环体语句而继续向下执行,否则重复执行循环体语句,直到表达式结果为假退出循环,即“先执行后判断”,流程图如图 2-7 所示。

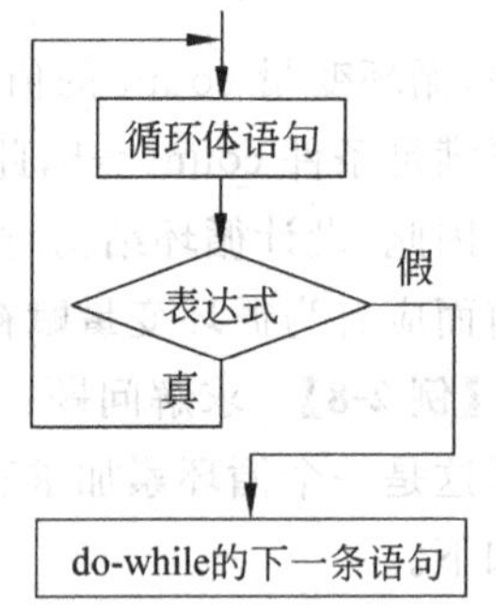

图 2-7 do-while 语句流程图

用 do-while 语句实现例 2-8,主函数如下:

```
int main()
{
    int s,n;
    s =0;                       //累加器初始化
```

```
    n =1;                    //循环变量初始化
    do
    { s =s+n;
      n++;
    }while(n<=100);          //do-while 语句实现的循环结构
    cout<<"1+2+3+...+100 ="<<s<<endl;
}
```

对于例 2-8,用 while 语句和 do-while 语句实现的功能是相同的,如果改变循环条件为 n<1,则以下两个程序段的执行结果不同。

```
s=0;                     s=0;
n=1;                     n=1;
do                       while(n<1)
{s=s+n;                  { s=s+n;
 n++;                      n++;
} while(n<1);            }
```

当用 do-while 语句时,先执行一次循环体,s 的值为 1,n 的值为 2,然后判断条件为假,循环结束。但是对于 while 语句,因为首先判断条件不满足,循环体一次不被执行就结束循环,因此,s 的值为 0,n 的值为 1。

3. for 语句

一般形式:

```
for (表达式 1; 表达式 2; 表达式 3)
{
    语句;
}
```

其中,表达式 1 为初始化表达式,一般用于循环变量赋初值;表达式 2 为循环控制表达式,其值为真时,重复执行循环体语句,为假时退出循环结构;表达式 3 是在循环体执行之后执行,常用来对循环变量进行修改操作。for 语句的执行流程如图 2-8 所示。

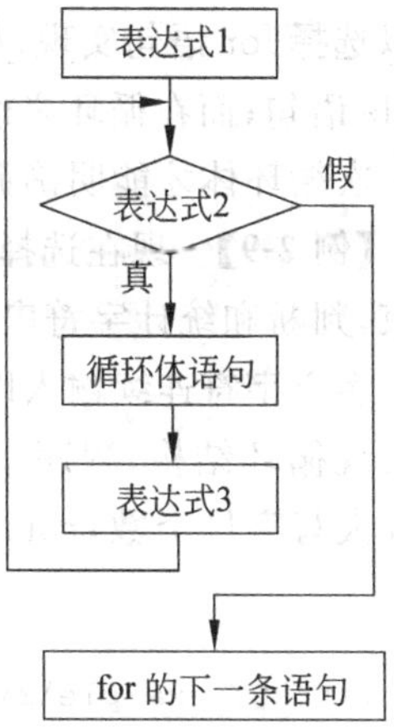

表达式1
表达式2
假
真
循环体语句
表达式3
for 的下一条语句

图 2-8 for 语句的流程图

用 for 语句实现例 2-8,主函数如下:

```
int main()
{
    int s,n;
    for(s =0,n =1;n<=100;n++)        //for 语句实现的循环结构
    { s =s+n; }
    cout<<"s =1+2+3+...+100 ="<<s<<endl;
}
```

以上求和运算的for语句还可以变换为以下合法形式：

1）省略表达式1

```
s =0;
n =1;
for(;n<100;n++)                          //变量初始化语句放到 for 语句之前
{ s =s+n; }
```

2）省略表达式1和表达式3

```
s =0;
n =1;
for(;n<100;)
{ s =s+n;
  n++;                                   //变量修改放在循环体内实现
}
```

3）循环体为空

```
for(s =0,n =1;n<=100;s =s+n,n++);
```

将累加计算放到表达式3处，构成逗号表达式，则循环体为空。

以上各种for语句都可以实现累加求和的计算。因此，for语句使用非常灵活，但要注意省略“表达式”时，分隔符“;”不能省略。

以上三种循环语句是可以相互转换的。一般地，如果是循环次数明确的循环结构，则可以选择for语句实现；如果是通过特定的循环条件控制的循环结构，则选择while或do-while语句；而在循环之前就明确了循环条件相关变量值时则选择用while语句，需要执行一次循环体才能明确循环条件相关变量值时，则选用do-while语句。

【例2-9】 现在选择一种语句实现例2-5的循环控制，连续输入一串字符并以回车符结束，判断和统计字符串中的大小写字母、数字及其他类型的字符的个数。

多个字符连续输入以回车符结束，因此循环的执行条件为ch!='\n'。用do-while语句实现循环结构，程序中设置四个计数器变量，其中countd用于统计数字个数，countL统计大写字母个数，countl统计小写字母个数，count统计其他字符的个数。程序实现如下：

```
//D:\QT_example\2\Example2_9.cpp
#include <iostream>
using namespace std;
int main()
{
    int countd,countL,countl,count;
    char ch;
    countd =countL =countl =count =0;
    cout<<"Please input a string: ";
    do
```

```
    {
        ch =cin.get();                  //可正常读入空格、回车符
        if(ch>='0'&&ch<='9')
            countd++;
        else if(ch>='A'&&ch<='Z')
            countL++;
        else if(ch>='a'&&ch<='z')
            countl++;
        else
            count++;
    }while(ch! ='\n');
    cout<<"capital letter:"<<countL<<"\nsmall letter:"<<countl;
    cout<<"\ndigit:"<<countd<<"\nother letter:"<<count<<endl;
    return 0;
}
```

4. 多重循环

使用单个循环语句构成单重循环结构,如果在循环语句的循环体内又包含另一个循环语句,就构成多重循环结构。前面的三种循环语句可以互相嵌套,层数不限,但循环嵌套不能交叉,即在一个循环体内必须完整地包含另一个循环。每一层外循环的内循环语句都要完整地执行一遍。

【例 2-10】 求解问题：打印输出如下所示的乘法口诀表。

```
1*1=1
1*2=2 2*2=4
1*3=3 2*3=6  3*3=9
1*4=4 2*4=8  3*4=12 4*4=16
1*5=5 2*5=10 3*5=15 4*5=20 5*5=25
1*6=6 2*6=12 3*6=18 4*6=24 5*6=30 6*6=36
1*7=7 2*7=14 3*7=21 4*7=28 5*7=35 6*7=42 7*7=49
1*8=8 2*8=16 3*8=24 4*8=32 5*8=40 6*8=48 7*8=56 8*8=64
1*9=9 2*9=18 3*9=27 4*9=36 5*9=45 6*9=54 7*9=63 8*9=72 9*9=81
```

程序实现如下：

```
//D:\QT_example\2\Example2_10.cpp
#include <iostream>
#include <iomanip>                      //使用格式控制符
using namespace std;
int main()
{
    int m, n;
    for (m=1; m<10; m++)                //外层循环控制行输出
    {
```

```
        for (n =1; n<=m; n++)          //内层循环控制列输出
        {
                                       //乘积按 4 位宽度左对齐输出
            cout<<n<<"*"<<m<<"="<<setw(4)<<setiosflags(ios::left)<<n*m;
        }
        cout<<endl;
    }
return 0;
}
```

2.6.5 其他控制语句

跳转语句是对程序控制机制的补充,跳转语句主要有 break、continue、return 和 goto 语句。

1. break 语句

break 语句用于无条件地结束 switch 语句或循环语句,转向执行语句块的后续语句。

【例 2-11】 猜数游戏。计算机给出一个随机数,请人猜,如果猜对了则计算机给出正确信息;否则给出错误信息,并提示所猜的数是大还是小。要求:最多猜 10 次,如果猜中程序就结束。显然,猜数过程是一个已知循环次数的循环结构,如果猜中就需要提前结束循环。应用 break 语句实现跳出循环。程序实现如下:

```
//D:\QT_example\2\Example2_11.cpp
#include <iostream>
using namespace std;
#include <ctime>
#include <cstdlib>
int main()
{
    int count =0, flag, magic, guess;
    srand(time(NULL));
    magic =rand() %100 +1;      //计算机设置一个介于[1,100]之间的随机数
    flag =0;                    //条件标志 flag: 为 0 表示没猜中,为 1 表示猜中了
    for(count =1; count <=10; count++)
    {
        cout<<"Enter your guess number: ";
        cin>>guess;
        if(guess==magic)
        {
            cout<<"Right\n";
            flag =1;
            break;              //猜中,游戏结束,终止循环
```

```
        }
        else if(guess>magic )
            cout<<"Too big\n";
        else
            cout<<"Too small\n";
    }
    if (flag==0)
        cout<<"Game Over! \n";
    return 0;
}
```

2. continue 语句

continue 语句用于结束循环体内的本次循环，继续执行下一次循环，即跳过本次循环体中尚未执行的语句。

例如，输出 100 以内被 3 整除的数。

```
for(int i =1;i<100;i++)
{  if(i%3! =0)
   continue;                        //不能被 3 整除就结束本次循环
   cout<<i<<endl;
}
```

3. return 语句

return 语句用于返回表达式的值，把控制权返回调用处，中断函数的执行。详见 2.7 节。

4. goto 语句

goto 是无条件转向语句，与标号语句配合使用。

一般形式为：

```
goto  标号;
```

例如：

```
int i =1, fac =1 ;
loop : if( i <=5)
       {  fac* =i++;
          goto loop;
       }
```

2.6.6 常用算法程序举例

顺序、选择、循环结构是结构化程序设计的基本结构，熟练应用这三种结构可以解决常用的甚至复杂的数学计算问题。

【例 2-12】 求解问题：计算 $n!$ 并输出，其中 $n!=1\times2\times3\times\cdots\times n$，$n$ 的值从键盘输入。

问题分析：如同前面的累加求和运算一样，计算阶乘就是累乘求积的过程。先计算 $1!=1\times1$，然后用 $1!\times2$ 得到 $2!$，用 $2!\times3$ 得到 $3!$，以此类推，直到最后用 $(n-1)!\times n$ 得到 $n!$ 结束。即得到以下递推公式：

$$n! = (n-1)! \times n$$

若设置一个累乘器变量 fac，实现累乘求积的过程就是重复执行以下语句：

```
fac =fac * i;
```

其中，fac 初始值为 1，乘数 i 值则从 1 变化到 n，其完整程序如下：

```
//D:\QT_example\2\Example2_12.cpp
#include <iostream>
using namespace std;
int main()
{
    int i,n;
    long fac;                                   //累乘器变量
    cout<<"Please input an integer(<=12):";
    cin>>n;
    for(i =1,fac =1; i<=n;i++)
    { fac =fac * i; }                           //累乘求积
    cout<<n<<"! ="<<fac<<endl;
    return 0;
}
```

本例利用递推公式 $n!=(n-1)!\times n$ 求解，程序简练易于实现。这种解决问题的方法称为递推。递推是利用问题本身所具有的一种递推关系求解问题的一种方法。递推算法的基本思想是把一个复杂的计算过程转化为简单过程的重复，其充分利用了计算机的运算速度快和不知疲倦的特点。递推算法的关键是得到相邻的数据项之间的关系，即递推关系。

【例 2-13】 计算级数之和：$1+x-x^2/2!+x^3/3!-\cdots+(-1)^{n+1}x^n/n!$，其中 n 为正整数，x 的取值范围为 1～40，要求结果精确到小数点后 6 位。

问题分析：

根据递推思想，可得到本级数的递推公式

$$a_n = ((-1)x/n)a_{n-1}$$

其中，$a_0=1$，$a_1=x$，$n=2,3,\cdots$

最后计算级数之和就是累加求和的问题，设求和累加器变量为 sum，每一项用变量 a 表示，当最后一项的绝对值小于 10^{-6} 时，就达到了要求的精度。

```
//D:\QT_example\2\Example2_13.cpp
```

```
#include <iostream>
#include <cmath>                                //调用库函数 fabs(),需要包含头文件 cmath
using namespace std;
const double Eps=1e-6;
int main()
{
    double sum,a,x;
    int n;
    cout<<"Please enter x:";
    cin>>x;
    sum =1,a =x;
    for(n =2;fabs(a) >=Eps;n++)             //求绝对值函数 fabs()
    {
        sum =sum+a;
        a =(-1) * x * a/n;
    }
    cout<<"sum ="<<sum<<endl;
    return 0;
}
```

【例 2-14】 求解问题：计算 Fibonacci 数列的前 12 项并输出。

Fibonacci 数列：1,1,2,3,5,8,13,21,34,55,…

问题分析：

Fibonacci 数列来源于著名的兔子繁殖问题：有一对小兔子，从出生后的第 3 个月起每个月都生一对小兔子，小兔子长到第 3 个月又生一对兔子。假设所有兔子都不会死。问每个月的兔子总数为多少？通过该问题可抽象出 Fibonacci 数列的递推公式：

$$f_1 = 1 \qquad (n = 1)$$

$$f_2 = 1 \qquad (n = 2)$$

$$f_n = f_{n-1} + f_{n-2} \quad (n \geqslant 3)$$

也就是自第 3 个月起每个月的兔子总数是前两个月之和。所以有：

$$f_3 = f_1 + f_2,\ f_4 = f_2 + f_3,\ \cdots$$

要计算其前 12 项，不能一一定义变量计算，但可以不断用前两项推出新项的值，然后新项再作为前项参与推出新的项，依次循环。应用迭代算法思想实现，即不断地由旧值递推出变量的新值，或用新值取代变量的旧值。该过程只利用两个变量 f1、f2 迭代实现，两者的初始值为 1。程序如下：

```
//D:\QT_example\2\Example2_14.cpp
#include <iostream>
#include <iomanip>
using namespace std;
int main()
{
    long int f1,f2;
```

```
    int i;
    f1 =1;
    f2 =1;
    for(i =1;i<=6;i++)
    {
        cout<<setw(4)<<f1<<setw(4)<<f2;            //每次输出两项
        f1 =f1+f2;                                  //每次计算两项
        f2 =f2+f1;
    }
    return 0;
}
```

程序运行结果为：

```
1 1 2 3 5 8 13 21 34 55 89 144
```

【例 2-15】 求解问题：我国古代的《张丘建算经》里有一个百钱买百鸡问题，“今有鸡翁一，值钱五；鸡母一，值钱三；鸡雏三，值钱一。凡百钱买鸡百只，问鸡翁、鸡母、鸡雏各几何？”即：公鸡一只5元，母鸡一只3元，小鸡三只1元。用100元钱买100只鸡，问公鸡、母鸡、小鸡各能买多少只？

问题分析：设公鸡为 x 只，母鸡为 y 只，小鸡为 z 只，则得到方程组：

$$\begin{cases} x+y+z=100 & (1) \\ 5x+3y+z/3=100 & (2) \end{cases}$$

这也是一个著名的不定方程问题，该方程组中的三个未知量存在多组解，可以采用穷举法求解。所谓穷举法，就是将问题所有可能的取值组合都进行一一测试，从中找出符合条件的组合即为解。如本例中，由题意知：若全买公鸡最多买20只，显然 x 的取值范围为0～20；同理，y 的取值范围为0～33；而 $z=100-x-y$。把所有取值范围的 x、y、z 代入方程式(2)，若方程式(2)成立则是一组解。

注意：设计程序时，应考虑方程式(2)中的z/3作为整除运算，会舍弃小数部分，引起程序判断错误。因此，需要变换为：

```
3*5*x+3*3*y+z =300
```

或

```
5*x+3*y+z/3.0 =100.0
```

而对所有的x、y的取值组合进行测试，应用双重循环结构就很容易实现，完整源程序如下：

```
//D:\QT_example\2\Example2_15.cpp
#include <iostream>
using namespace std;
int main()
{
```

```
    int x,y,z;
    for(x =0;x<=20;x++)
    {
        for(y =0;y<=33;y++)
        {
            z =100-x-y;
            if(3*5*x+3*3*y+z ==300)  //条件满足则输出 x、y、z
                cout<<"cocks:"<<x<<",hens"<<y<<",chickens:"<<z<<"\n";
        }
    }
    return 0;
}
```

程序运行结果为：

```
cocks:0, hens:25, chickens:75
cocks:4, hens:18, chickens:78
cocks:8, hens:11, chickens:81
cocks:12, hens:4, chickens:84
```

【例 2-16】 求解问题：随机输入两个正整数，计算并输出它们的最大公约数。

问题分析：求最大公约数的经典算法是辗转相除法（也称为欧几里得算法），该算法描述如下。

若 a、b 为两个正整数，且 $a>b$，则有：

第一步：计算 $a\div b$，令 r 为所得余数（$0\leqslant r<b$），若 $r=0$，则 b 为最大公约数，算法结束；否则继续执行第二步。

第二步：互换：置 $a=b$，$b=r$，并返回第一步。

上述过程是一个反复迭代执行的过程，直到余数等于 0 停止，可以用一个循环结构实现：

```
do
{ r =a%b;
  a =b;
  b =r;
}while(r!=0);
```

完整程序如下：

```
//D:\QT_example\2\Example2_16.cpp
#include <iostream>
using namespace std;
int main()
{
    int x,y,a,b,r;
    cout<<"Please enter two integers:\n";
```

```
    cin>>x>>y;
    if(x>y)                    //a为较大数,b为较小数
    {a =x;b =y;}
    else
    {a =y;b =x;}
    do
    { r =a%b;
      a =b;
      b =r;
    }while(r! =0);
    cout<<x<<","<<y<<" maximal common divisor is "<<a<<endl;
    return 0;
}
```

程序运行结果为：

```
Please enter two integers:
40 6
40,6 maximal common divisor is 2
```

2.7 函数

2.7.1 函数概述

函数是C++支持模块化程序设计的基本单元。从使用角度讲,程序员可以直接调用系统提供的库函数从而简化程序的开发,也可以根据需要自定义函数,实现一个独立的功能模块,以使程序结构层次清晰,便于阅读和调试,并且函数可以多次被调用实现了代码的重用。

1. 函数的定义

函数定义的一般形式如下：

```
类型说明符 函数名(形式参数表)          //函数首部
{
    …                                   //函数体
}
```

其中,“函数名”是用户自定义标识符;“类型说明符”是函数返回值的类型,通常函数有返回值时,是通过return语句返回,所以return返回的表达式类型应该与类型说明符一致,若无返回值则类型说明符为void;“形式参数表”即形参表是用逗号分隔的参数列表,参数是实现函数与外部数据传输的通道,若不需要传递数据则参数为空,称为无参函数,否则为带参函数。

例如,编写求$n!$的函数Fac(),该函数实现对整数n求阶乘,n值是由Fac()函数的调

用者传递的数据，最后 Fac()函数返回给调用者阶乘的结果，因此，该函数具有一个整型形参和一个长整型返回值。函数 Fac()的完整定义如下所示：

```
long Fac(int n)
{
    int i=1;
    long f;
    if(n<1)
        return -1;
    for(f =1;i<=n;i++)
        f=f * i;
    return f;
}
```

2. 函数的调用

函数调用的一般形式为：

```
函数名(实际参数表);                    //无参函数省略实际参数表
```

参数是调用函数与被调用函数之间交换数据的通道。函数被调用前，形参没有存储空间，当函数被调用时，系统才为形参分配存储空间，并将实参值赋值给形参，完成数据传递，这个过程称为参数传递。函数执行结束时，形参存储空间将被释放。在函数调用时，提供的实参个数、类型、顺序应与定义的形参一致。

【例 2-17】 求解问题：计算 $n!$ 的问题，需要在 main()函数中输入实际 n 值，然后用 n 作为实参调用函数 Fac()，完整的程序如下：

```
//D:\QT_example\2\Example2_17.cpp
#include <iostream>
using namespace std;
long Fac(int n)
{   int i=1;
    long f;
    if(n<1)
        return -1;
    for(f =1;i <=n;i++)
        f=f * i;
    return f;
}
int main()
{
    int num;
    long fac;
    cout<<"Please input aninteger(<=12):";
    cin>>num;
```

```
    fac=Fac(num);          //调用 Fac()函数,返回值赋给 fac
    if(fac==-1)
        cout<<"error:num<1\n";
    else
        cout<<num<<"!="<<fac<<endl;
}
```

为了便于区分,main()函数中定义 num 为整数,通过调用 Fac()函数求得 num 的阶乘。因此,num 作为实参在函数调用时赋值给形参 n,此时的参数传递是一种单向值传递方式,即 num 的值单向传给 n,发生函数调用后形参 n 具有了合法的值,最后在被调用函数 Fac()中通过 return 语句返回阶乘结果,回到主函数调用处继续执行。若函数不需要返回值则 return 语句可以省略,被调用函数执行到"}"时结束并返回主调函数继续执行。

函数的参数可以是一般变量、指针或引用形式,分别传递的是变量值、地址值和变量的引用。在变量值的传递方式中,函数调用时实参给形参单向传递值,它们各自占用不同的存储空间,所以,形参值的改变不会影响实参。指针和引用参数具体参见 2.9 节。

3. 函数原型

函数只有通过调用才能被执行,与函数的定义位置无关。在例 2-17 的程序中,是将被调用函数 Fac()定义在主调函数 main 之前,现在将 Fac()函数定义在 main()函数之后,但在编译时函数调用语句"fac=Fac(num);"将会出现编译错误"'Fac':undeclared identifier"。这是因为,当函数调用出现在函数定义之前时,就需要添加对函数原型的声明语句。

函数原型是对函数的声明,其作用是告诉编译器有关函数的接口信息:包括函数的名字,函数的参数个数、类型和顺序,函数的返回值类型。编译器需要根据这些信息检查函数调用是否正确。

函数原型声明的一般形式为:

```
返回值类型 函数名(形参类型  [形参名],…);
```

如果被调用函数定义在调用函数之前则可省略函数原型的声明。因为,函数定义中给出了函数的原型信息。在程序例 2-17 添加函数声明语句,并将 Fac()函数定义在 main()之后,如例 2-18 所示。

【例 2-18】 修改例 2-17 的程序,应用函数原型进行声明。

```
//D:\QT_example\2\Example2_18.cpp
#include <iostream>
using namespace std;
long Fac(int n);                    //Fac()函数原型声明语句
int main()
{
    int n;
    long fac;
```

```
    cout<<"Please input an integer(<=12):";
    cin>>n;
    fac=Fac(n);
    if(fac==-1)
        cout<<"error:n<1\n";
    else
        cout<<n<<"!="<<fac<<endl;
    return 0;
}
long Fac(int n)
{   int i=1;
    long f;
    if(n<1)
        return -1;
    for(f =1;I<=n;i++)
        f=f*i;
    return f;
}
```

2.7.2 函数的其他特性

C++ 语言支持内联函数、带默认参数值的函数及重载函数应用，还可以定义函数模板(内容详见第 8 章)。

1. 内联函数

在函数定义前或函数声明前加上关键字 inline，就称为内联函数(内置函数)，如例 2-19 所示。C++ 提供的内联函数是为了提高程序运行的速度。当程序执行期间发生函数调用时，需要保存现场状态，进行参数传递、现场恢复等。这些会造成系统的时间和空间开销。为了提高程序的运行效率，可以将功能简单、代码较短、使用频繁的函数声明为内联函数。

【例 2-19】 求解问题：定义求绝对值的内联函数。

```
//D:\QT_example\2\Example2_19.cpp
#include <iostream>
using namespace std;
inline int Abs(int x)                    //函数定义前加关键字 inline
{ return x>=0?x:-x; }
int main()
{
    int n;
    cout<<"Enter a number: ";
    cin>>n;
```

```
    cout<<"|"<<n<<"|="<<Abs(n)<<endl;
    return 0;
}
```

编译系统对内联函数与常规函数的处理方式不同。内联函数在编译过程中,系统将直接使用该函数代码替换函数调用语句,同时用实参取代形参,如上例中的函数调用Abs(n)在编译阶段被替换为“n>=0?n:-n”,程序执行期间不再发生函数调用,免去调用开销。所以,内联函数的运行效率要高一些。

注意:

(1) 内联函数如果定义在主调函数之后,则只需在函数原型声明时加上关键字inline。

(2) 通常只有规模小(1~5条语句)且频繁使用的函数才被定义为内联函数。

(3) 内联函数体内不包含复杂的控制语句。

(4) 若定义的内联函数代码较长或较复杂,多数编译器仍会按普通函数处理。

(5) 在C++中使用内联函数比带参宏定义更安全。

2. 带默认参数值的函数

C++中,允许在函数的声明或定义时给一个或多个参数指定默认值,如例2-20。默认的参数值能够自动为函数调用中省略的函数参数提供值。当需要多次调用同一函数,并发现要多次给函数传递某个同样的参数值时,就要考虑用默认参数值。

【例2-20】 带默认参数值的函数。

```
//D:\QT_example\2\Example2_20.cpp
#include <iostream>
using namespace std;
int Sum(int x=1, int y=2)
{ return (x+y); }
int main()
{
    cout<<Sum(20, 30)<<endl;      //用实参20和30初始化形参
    cout<<Sum(10)<<endl;          //形参y用默认值2
    cout<<Sum()<<endl;            //两个形参都采用默认值
    return 0;
}
```

程序运行结果为:

```
50
12
3
```

注意:

(1) 参数默认值的设定不可以同时出现在函数原型与函数定义中。一般在函数原型

中设定,若无函数原型,才在定义中说明。

(2) 函数中的参数必须从右向左设置默认值。指定默认值的参数必须放在形参列表的最右端,因为函数调用时,实参是按从左到右的顺序被依次赋给相应的形参,不会跳过任何形参。

例如,正确的函数声明:

```
void Func(int i, int k, int j=10);
Func(4, 20);          //参数 i=4,k=20,j 为默认值 10
```

错误的函数声明:

```
void Func(int i, int j=10 , int k);
Func(4, 20);          //参数 i=4,j=20,k 既没有默认值,也没有传递参数
```

3. 函数重载

函数重载(function overloading)是指 C++ 中允许有多个同名的函数,这些同名函数可以表现为不同的形式。如例 2-21 求某个数的绝对值。C++ 支持程序员创建多个参数列表不同的同名函数,编译器通过参数列表区分调用哪个函数,相应的同名函数称为重载函数。

【例 2-21】 求解问题:求某个数的绝对值,应用参数类型不同的函数重载。

```
//D:\QT_example\2\Example2_21.cpp
#include <iostream>
using namespace std;
int Abs(int x)                        //重载函数:int 型参数
{ return x>=0?x:-x; }
double Abs(double x)                  //重载函数:double 型参数
{ return x>=0?x:-x; }
int main()
{
    cout<<Abs(-10)<<endl;             //调用 int 型参数的 Abs()
    cout<<Abs(3.2)<<endl;             //调用 double 型参数的 Abs()
    return 0;
}
```

【例 2-22】 求最大值函数,应用参数个数不同的函数重载。

```
//D:\QT_example\2\Example2_22.cpp
#include<iostream>
using namespace std;
int Max(int a, int b)                 //重载函数:两个 int 型参数
{ return a>b?a:b; }
int Max(int a, int b, int c)          //重载函数:三个 int 型参数
{
```

```
    int t=Max(a, b);
    return Max(t, c);
}
int main()
{
    cout<<Max(5, 10)<<endl;          //调用两个 int 型参数的 Max()
    cout<<Max(-2, 8, 6)<<endl;       //调用三个 int 型参数的 Max()
    return 0;
}
```

说明：

(1) C++ 的重载机制支持一名多用,这是 C++ 多态性的体现。

(2) 重载函数应在参数个数、参数类型或参数顺序上有所不同,否则编译系统将无法确定匹配哪一个重载函数的版本。即使返回类型不同,也不能区分。

(3) 一般而言,重载函数应执行相同或相近的功能。

(4) 重载函数不应与带参数默认值的函数一起使用。

例如：

```
void Print(int r=0,int x=0,int y=0);
void Print(int r);
⋮
Print(20);                          //产生二义性,编译系统不能区分调用哪个函数
```

2.7.3 变量的作用域与存储类别

在前面的程序中,使用变量时要考虑的基本特性包括变量名、变量的数据类型和变量的值,除此之外,变量还具有作用域和存储类别等特性。

1. 变量的作用域

变量的作用域是指变量在程序中的有效作用范围,即被声明的变量在程序中的有效代码区域,也称为变量在该区域是可见的。变量只能在作用域内被引用,根据作用域范围的不同,变量分为全局变量和局部变量。

1) 局部变量

局部变量(Local Variable)通常是指定义在函数内部的变量,其有效作用域范围局限于函数内部,自定义位置开始至本函数结束。例如,main()函数内部定义的变量、自定义函数的形参都属于局部变量。使用局部变量可以避免不同函数之间同名变量的互相干扰,也就是说,不同函数内可以出现同名变量,它们有各自的存储空间和作用范围,不会产生冲突。

除了定义在函数内部的局部变量外,还可以定义复合语句内的局部变量,其作用域只限于复合语句块内,也可以定义在函数原型声明语句内的局部变量,其作用域只限于函数原型。参见下面的例题分析。

【例 2-23】 自定义函数实现求两个整数的最大公约数，完整程序如下：

```
//D:\QT_example\2\Example2_23.cpp
#include <iostream>
using namespace std;
int Gcd(int a,int b);                    //局部变量 a、b 的作用域为函数原型
int main()
{
    int x,y,gcd;                         //局部变量 x、y、gcd 的作用域为 main()函数
    cout<<"Please enter two integers:\n";
    cin>>x>>y;
    if(x<y)
    {int t; t =x; x =y; y =t;}           //局部变量 t 的作用域仅限于当前复合语句
    gcd=Gcd(x,y);
    cout<<x<<","<<y<<" maximal common divisor is "<<gcd<<endl;
    return 0;
}
int Gcd(int a,int b)                     //函数形参 a、b 的作用域为 Gcd()函数
{  int r;                                //局部变量 r 的作用域为 Gcd()函数
   do
   { r=a%b;
     a=b;
     b=r;
   }while(r!=0);
   return a;
}
```

📖**注意**：函数原型声明语句

```
int Gcd(int a,int b);
```

等价于：

```
int Gcd(int ,int);
```

函数原型声明语句中的形参作用域只在声明语句内。所以，声明语句中的函数形参名是可以省略的。即使函数原型中带有形参名，编译器在编译时也将忽略。

2）全局变量

全局变量(Global Variable)是指定义在函数外不属于任何函数的变量，其作用域范围是从定义位置开始到程序所在文件的结束。全局变量的定义格式同局部变量完全相同，只是定义位置不同，它可以定义在程序的开始、中间等任何位置。全局变量对定义位置之后的所有函数都有效。所以，全局变量成为了多个函数共享的变量，可以用于函数之间的数据传递。如例 2-24 中，若将 gcd 定义为全局变量，则 main()函数和 Gcd()函数可以共享该变量。

【例 2-24】 全局变量示例。

```
//D:\QT_example\2\Example2_24.cpp
```

```
#include <iostream>
using namespace std;
void Gcd(int m,int n);
int gcd;                           //定义全局变量
int main()
{
    int x,y;
    cout<<"Please enter two integers:\n";
    cin>>x>>y;
    if(x<y)
    { int t;t=x;x=y;y=t;}
    Gcd(x,y);                      //调用 Gcd()为全局变量 gcd 赋值
    cout<<x<<","<<y<<"maximal common divisor is "<<gcd<<endl;   //引用全局变量
    return 0;
}
void Gcd(int a,int b)              //为全局变量 gcd 赋值,函数不需要返回值
{  int r;
   do
   { r=a%b;
     a=b;
     b=r;
   }while(r!=0);
   gcd=a;                          //引用全局变量
}
```

📖**注意**:使用全局变量破坏了函数的独立性,容易使函数之间相互干扰,所以,要谨慎使用。

由于作用域的不同,程序中可能出现全局变量与局部变量同名,此时,在局部变量作用域内会屏蔽全局变量,也就是局部变量有效。

【例 2-25】 全局变量和局部变量示例。

```
//D:\QT_example\2\Example2_25.cpp
#include <iostream>
using namespace std;
int a;
int main()
{
    a=1;
    cout<<"Global a ="<<a<<endl;
    int a=2;
    cout<<"Local a ="<<a<<endl;
    return 0;
}
```

程序运行结果为:

```
Global a =1
Local a =2
```

2. 变量的存储类别

存储类别决定了变量的生命周期,也就是变量在内存中的生存时间,对应变量从开始被分配存储单元到最后释放存储单元的整个过程。变量的存储类别分为动态存储和静态存储两种存储方式。程序执行期间的存储分布如图 2-9 所示。

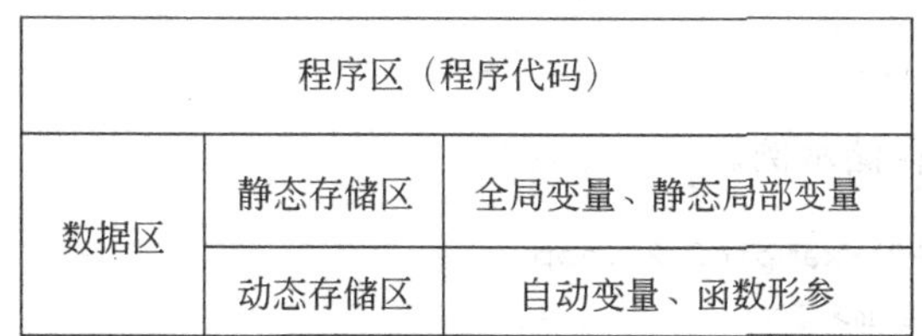

图 2-9 程序执行时的用户存储区分布示意图

1) 动态存储

动态存储方式是由系统自动完成内存的分配和释放。动态存储由系统的堆栈实现,系统自动根据函数的执行情况为变量分配和回收堆栈空间。动态存储分配的数据区就是动态存储区,存放程序中函数内部的局部变量和函数形参。

局部变量和形参都默认为 auto 存储类别,auto 类型的变量也称为自动变量,都采用动态存储方式。一般自动变量在定义时都省略 auto。

所以,“int a,b;”等价于“auto int a,b;”。

自动变量只有在函数被调用时才被分配相应的存储单元,到函数调用结束时,存储单元被自动释放,这一切由系统自动完成。所以,局部变量、形参在函数被调用之前并不占有存储单元。

🕮注意:自动变量如果未被赋初值,则其值是随机的,所以,程序中一定要注意自动变量的初始化。

2) 静态存储

与动态存储不同的是,静态存储方式是在变量定义时就被分配存储空间并保持不变,直至整个程序结束。全局变量和 static 类型的局部变量都是静态存储方式,被分配在静态存储区。

全局变量在整个程序运行期间都占有存储空间,其生命周期贯穿于整个程序。全局变量在定义时如果未被初始化系统将自动赋初值为 0。

除了全局变量,还有一种特殊的 static 类型的局部变量,称为静态局部变量。当局部变量在定义时加上 static 修饰就成为静态存储方式。

例如:

```
static int a,b;
```

静态局部变量是在函数被第一次调用时分配存储单元,其后一直保持不变,直到程序运行结束,即使所在的函数被调用结束也不会被回收存储空间。静态局部变量只在第一次使用时完成初始化,如果未被赋值,系统将自动初始化为0,其后的值一直保持到下一次函数调用。

所以,如果要指定变量的存储类别,其一般定义形式为:

```
存储类别 类型关键字 变量名1[,变量名2,…];
```

例如:

```
auto int x,y;
static float f1,f2;
```

【例2-26】 静态存储示例。

```
//D:\QT_example\2\Example2_26.cpp
#include <iostream>
using namespace std;
int Fun();
int main()
{
    int f,i;
    for(i =1;i<=5;i++)
    {
        f =Fun();
        cout<<"i ="<<i<<", f ="<<f<<endl;
    }
    return 0;
}
int Fun()
{
    static int n =0;        //静态局部变量
    //auto int n =0;        //自动变量
    n++;
    return n;
}
```

程序运行结果为:

```
i =1,f =1
i =2,f =2
i =3,f =3
i =4,f =4
i =5,f =5
```

主函数中循环5次调用Fun()函数,但是静态局部变量n只在第一次被调用时被分配内存并赋初值为0,其后的调用中始终访问的是同一内存单元,其值是上一次调用的结果。如果定义n为自动变量"auto int n = 0;",则程序中5次调用Fun()函数的运行结果都是“i=1,f=1”,这是因为自动变量在每一次函数调用时都要重新分配内存空间和赋初值为 0,调用结束时就被回收内存空间。

虽然静态局部变量与全局变量的生存期都贯穿了整个程序的运行过程,但静态局部变量只能在其定义的函数内使用,不能用于其他函数,也就是其作用域始终不变。

2.8 数组与字符串

2.8.1 数组

数组是具有相同类型的若干数据的有序集合,是一种构造类型。一个数组可以分解为多个数组元素,这些数组元素可以是基本数据类型或是构造类型。

1. 数组定义

数组按其下标的个数分为一维数组、二维数组和多维数组。

一维数组定义的形式为:

```
类型标识符 数组名[常量表达式];
```

二维数组定义的形式为:

```
类型标识符 数组名[常量表达式 1][常量表达式 2];
```

数组在内存中按指定类型被分配连续的存储空间。其中,数组名是用户定义的标识符,用于表示数组的首地址;类型标识符是任一种基本数据类型或构造数据类型;常量表达式表示数据元素的个数,也称为数组的长度,一维数组只有一维的长度,二维数组具有行、列两个方向的长度。

例如:

```
int a[10];              //定义一维整型数组 a,有 10 个元素
float b[3],c[20];       //定义两个一维实型数组 b 和 c,b 有 3 个元素,c 有 20 个元素
int array[3][2];        //定义二维整型数组 array,有 3 行 2 列共 6 个元素
```

2. 数组元素的引用

数组中的每一个数据称为元素,每一个数组元素就是一个指定类型的变量,数组元素的表示形式为:

```
数组名[下标]
```

下标表示元素在数组中的序号,下标序号都是从 0 开始,并且只能为整型常量或整型表达式。

例如,一维数组 a 的合法元素有:

```
a[0]  a[1]  a[2]  a[3]  a[4]  a[5]  a[6]  a[7]  a[8]  a[9]
```

二维数组 array 的合法元素有：

```
array[0][0]  array[0][1]  array[1][0]  array[1][1]  array[2][0]  array[2][1]
```

3. 数组元素的初始化

数组在定义的同时可以初始化，用一对大括号括起来的初始值按顺序赋给相应的元素。二维数组可采用分行赋值的方式更直观。初始化值可以比数组元素个数少，则未提供初始值的元素的值是不确定的。当给出所有元素的初始化值时，数组长度可以省略。

例如：

(1) int a[10]={ 1,2,3,4,5,6,7,8,9,10}；

则：

```
a[0]=1,a[1]=2,…,a[8]=9,a[9]=10
```

(2) float b[ ]={1.2,2.5,3.4}；

数组长度省略时，则根据给定的全部值确定长度为 3。

其中，b[0]=1.2，b[1]=2.5，b[2]=3.4。

(3) int array[3][2]={{1,2},{3,4},{5,6}}；

则：

```
array[0][0]=1,array[0][1]=2,array[1][0]=3,…,array[2][1]=6
```

4. 数组应用举例

【例 2-27】 数组应用简单示例。

```
//D:\QT_example\2\Example2_27.cpp
#include <iostream>
using namespace std;
int main()
{
    int i, a[10];                    //定义数组 a
    for (i=0;i<=9;i++)
        a[i] =i;                     //为 a[0]、a[1]、…、a[9]元素赋值
    for (i=9;i>=0;i--)               //把数组元素逆序输出
        cout<<a[i]<<" ";
    cout<<endl;
    return 0;
}
```

程序运行结果为：

```
9 8 7 6 5 4 3 2 1 0
```

【例 2-28】 求解问题：利用数组计算斐波那契(Fibonacci)数列的前 20 项，要求每行输出 5 个数据。

分析问题：根据 Fibonacci 数列的递推公式：

$$f_1 = 1 \qquad (n = 1)$$
$$f_2 = 1 \qquad (n = 2)$$
$$f_n = f_{n-1} + f_{n-2} \qquad (n \geqslant 3)$$

可以把每一项的序号映射为数组中的下标，所以，应用数组存储更容易实现。

```
//D:\QT_example\2\Example2_28.cpp
#include <iostream>
#include <iomanip>
using namespace std;
int main()
{
    long int fib[21]={0,1,1};          //元素 fib[1]、fib[2]赋初值为 1,fib[0]不用
    int i;
    for(i=3;i<=20;i++)
    {
        fib[i]=fib[i-1]+fib[i-2];
    }
    for(i=1;i<=20;i++)
    {
        cout<<setw(8)<<setiosflags(ios::left)<<fib[i]; //数据输出宽度为 8 并且左对齐
        if(i%5==0)                 //输出 5 个数后换行
            cout<<endl;
    }
    return 0;
}
```

程序运行结果为：

```
1     1     2     3     5
8     13    21    34    55
89    144   233   377   610
987   1597  2584  4181  6765
```

【例 2-29】 求解问题：在给定的一组数据中查找一个指定的数据，若找到则给出其序号。以在一组整型数据中进行查找为例，定义整型数组存储数据，应用顺序查找方法实现程序设计。

为了在数组集合中查找一个指定的数据元素，可以用指定的数据逐个与数组中的元素进行比较，称为顺序查找或线性查找，这种查找过程简单直观。顺序查找算法的具体过程为：利用循环顺序遍历整个数组，并依次将每个元素与指定数据进行比较；若比较结果为相等，则找到该元素，此时应停止查找并跳出循环，输出相应元素位置；否则一直比较到

循环结束,也没找到相等的元素就输出"NO FOUND!"。

```
//D:\QT_example\2\Example2_29.cpp
#include <iostream>
using namespace std;
const int SIZE=10;
int main()
{
    int array[SIZE], s;
    int i;
    cout<<"Please input 10 numbers:\n";
    for(i =0;i<SIZE;i++)    //输入数组的元素
        cin>>array[i];
    cout<<"input s:";       //输入要查找的数据
    cin>>s;
    for(i =0;i<SIZE;i++)    //顺序查找
        if(array[i] ==s)    //找到 s 则跳出循环,此时 i 的值为查找的元素下标且 i<SIZE
            break;
    if(i>=SIZE)             //输出查找的结果
        cout<<"NO FOUND!";
    else
        cout<<s<<" index is "<<i<<endl;
    return 0;
}
```

【例 2-30】 求解问题:随机输入一组整数,要求按从小到大的顺序排列后输出。

问题分析:对于任何一组数据,将其从任意序列排列成一个有序的序列(从小到大或从大到小),称为排序(Sorting)。排序后的有序数据集合可以实现更方便高效的查找操作。所以,在计算机中经常要对收集到的数据信息进行排序操作。排序有很多方法,在此只介绍简单的冒泡排序算法。

冒泡排序的基本思想:对要排序的数组元素从后向前(也可以从前向后)依次比较相邻元素的值,若发现逆序则交换,使值较小的元素逐渐从后部移向前部,就像水底下的气泡一样逐渐向上冒。如果进行从小到大(升序)的排序,则从后向前依次比较相邻元素,若 a[i]<a[i−1]则为逆序,应当交换两者的数据,否则不交换。

假设整型数组有 5 个元素:12、5、37、33、9。利用冒泡排序实现升序的过程如图 2-10 所示,自下向上(从后向前)依次比较相邻的元素,每一趟比较结束后都会有一个数字就位,在图中加□表示,该数字不再参与下一趟排序。

分析排序过程可得到如下结论:对于 n 个数的排序,需进行 n−1 趟比较;第 j 趟比较需要进行 n−j 次相邻元素的两两比较。排序的基本操作都是完成相邻元素的比较和交换。所以,用双重循环实现该算法如下。

外层循环:

```
for(j =1;j<=n-1;j++)                    //实现 n-1 趟比较
```

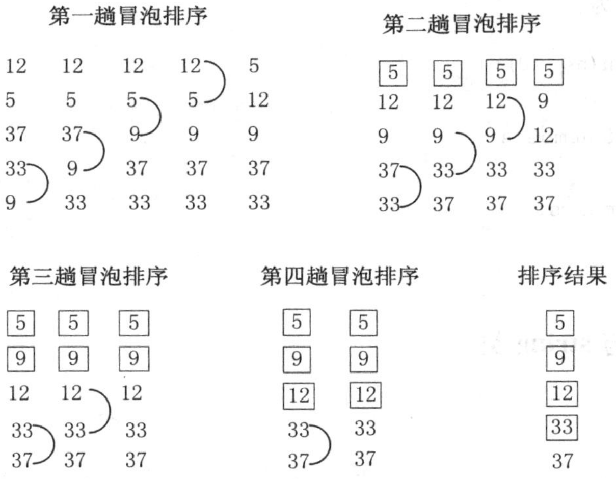

第一趟冒泡排序

12	12	12	12	5
5	5	5	5	12
37	37	9	9	9
33	9	37	37	37
9	33	33	33	33

第二趟冒泡排序

5	5	5	5
12	12	12	9
9	9	9	12
37	33	33	33
33	37	37	37

第三趟冒泡排序

5	5	5
9	9	9
12	12	12
33	33	33
37	37	37

第四趟冒泡排序

5	5
9	9
12	12
33	33
37	37

排序结果

5
9
12
33
37

图 2-10 冒泡排序过程

内层循环：

```
for(i =n-1;i>=j;i--)                //第 j 趟进行 n-j 次的相邻元素比较
  { 若 a[i]<a[i-1] 则进行交换 }     //相邻元素的比较和交换
```

完整的源程序如下：

```
//D:\QT_example\2\Example2_30.cpp
#include <iostream>
using namespace std;
const int SIZE =10;
int main( )
{
    int a[SIZE];
    int i, j, t,n;
    cout<<"Please input n(n<=10):"<<endl;
    cin>>n;
    cout<<"Please input "<<n<<" numbers :"<<endl;
    for(i =0;i<=n-1;i++)                //输入 a[0]~ a[n-1]
        cin>>a[i];
    cout<<endl;
    for (j =1;j<=n-1;j++)               //共进行 n-1 趟比较
        for(i =n-1;i>=j;i--)            //在每趟中要进行 n-j 次两两比较
            if(a[i]<a[i-1])             //如果后面的数小于前面的数
            { t =a[i];a[i] =a[i-1];a[i-1] =t; } //交换两个数的位置，使较小数上浮
    cout<<"The sorted numbers :"<<endl;
    for(i =0;i<=n-1;i++)                //输出 n 个数
        cout<<a[i]<<" ";
    cout<<endl;
    return 0;
}
```

程序运行结果为：

```
Please input n(n<=10):
5
Please input 5 numbers:
12 5 37 33 9
The sorted numbers:
5 9 12 33 37
```

2.8.2 字符串与 string 类

1. 字符串

C++中支持两种类型的字符串：一种是从C沿袭过来的，称为C风格字符串，简称C串；另一种是C++标准类库中的字符串类 string，string 类使得字符串可以像一般数据类型一样进行操作。

C风格字符串是以一个'\0'(ASCII码为0)为结束符的字符序列，字符串常量需用双引号括起来，例如，"hello"，其所占存储空间比实际字符串长度要多一个字节，用于存储结束符。在程序中可用字符数组或字符指针处理字符串。

例如：

```
char name[8] ="wangli";                 //字符数组
char * sex ="male";                     //字符指针
cout<<"name:"<<name<<"sex:"<<sex;   //输出字符串
```

这种C风格的字符串不能直接进行复制、比较、连接等操作，为此，在C的标准函数库中提供了专门的操作函数。例如，字符串复制函数 strcpy()、字符串比较函数 strcmp()、字符串连接函数 strcat()等。

C++中的 string 类是一种自定义数据类型，可以定义 string 类型的变量(对象)来表示一个字符串，如同基本数据类型一样可以直接进行各种操作。

2. string 类

使用 string 类必须使用#include 命令包含头文件 string，并声明标准命名空间，如下所示：

```
#include <string>                  //声明字符串类和字符串操作函数
using namespace std;               //string 定义在标准命名空间
```

【例 2-31】 求解问题：输入三个字符串，求出最大字符串并输出。

```
//D:\QT_example\2\Example2_31.cpp
#include <iostream>
#include <string>
```

```
using namespace std;
int main( )
{
    string str1,str2,str3,maxstr;          //定义 string 对象
    cout<<"please input three strings:";
    cin>>str1>>str2>>str3;                 //字符串输入
    if(str1>str2)                          //字符串直接比较
        maxstr =str1;                      //字符串直接赋值
    else
        maxstr =str2;
    if(maxstr<str3)
        maxstr =str3;
    cout<<"Max string: "<<maxstr<<endl; //字符串输出
    return 0;
}
```

程序运行结果为：

```
please input three strings:
Austria
Korea
Usa
Max string:Usa
```

说明：

(1) string 类的对象定义。

string 字符串对象必须先定义后使用，定义时可以初始化。

例如：

```
string str1 ="China" ;                      //或: string str1 ("China");
string str2;
str2="Usa";
```

一个字符串对象存储的字符串长度是可变的。

(2) 常用字符串操作。

string 类中定义了各种常用字符串运算，例如，赋值运算(=)、关系运算(>、<、>=、<=、!=、==)、连接运算(+)、下标运算([])及输入输出(>>、<<)等。因此，string 类型的对象可以直接使用这些运算符进行操作。

例如：

```
string string1="China";
string string2="Korea";
string1=string1 +" and "+string2;
cout<<string1;      //输出连接后的 string1 字符串: "China and Korea"
//用数组表示法访问字符串中的第 3 个字符'i'。
```

```
cout<<"the third letter in"<<string1<<"is"<<string1[2];
```

string 类中还定义了各种字符串的操作，是作为 string 类内的方法实现的，方法是类内定义的函数。例如，确定字符串长度的方法 size()，使用形式如下：

```
string string1="China";
int len=string1.size();          //len 被赋值 5
```

这里，string1 是 string 类的对象，size()作为 string 类的方法，需要通过其所属类的对象来调用。在 C 风格字符串中可以用 strlen()函数计算字符串的长度，请注意区分两种用法的不同。string 类中定义的其他方法和操作请查阅相关资料进一步学习。

(3) 字符串数组。

用 string 类定义的数组可以处理多个字符串。在现实生活中，有按各种名称(国家名、姓名)进行比较排序的问题，就涉及到多个字符串的表示与处理。

例如：

```
string name[5];
```

该语句定义一个字符串数组，它包含五个字符串元素，可以存储五个不同长度的字符串。

【例 2-32】 求解问题：一般地，奥运会可以举办国家的名字顺序确定开幕式入场顺序，请编程实现对奥运会的参赛国家，按其国家名字在字母表中的先后顺序(从小到大)进行排列次序。

问题分析：

(1) 数据的表示和存储。一个国家的名字可以用一个字符串存储，多个国家名字就要用到字符串数组，本例中用 string 类型的数组存放国家名字。

(2) 字符串从小到大进行排列。应用前面的冒泡排序算法实现。

```
//D:\QT_example\2\Example2_32.cpp
#include <iostream>
#include <string>
using namespace std;
const int N=10;
//冒泡排序函数
void Bubblesort(string name[N], int n)
{
    string str;
    for(int j=1;j<=n-1;j++)
        for(int i=n-1;i>=j;i--)
            if(name[i]<name[i-1])
            {
                str=name[i];
                name[i]=name[i-1];
                name[i-1]=str;
```

```
        }
}
int main()
{
    string name[N];
    int i;
    cout<<"Please enter 5 countries' names: \n";
    for(i=0;i<5;i++)
        cin>>name[i];
    Bubblesort(name, 5);
    cout<<"\nAfter sorted: \n";
    for(i=0;i<5;i++)
        cout<<name[i]<<endl;
    return 0;
}
```

程序运行结果为：

```
Please enter five countries' names:
China
Usa
France
Australia
Austria

After sorted:
Australia
Austria
China
France
Usa
```

说明：

(1) 一个字符串数组包含若干个字符串对象(变量)。

(2) 每个字符串对象的长度都是可以变化的，同一个对象重新赋值，其长度也可发生变化。

(3) 每一个字符串对象中只包含字符串本身的字符而不包括'\0'。

2.9 指针与引用

2.9.1 指针

C/C++语言中的指针本质上就是一个存放变量地址的变量。与一般变量不同，指针实现了按地址访问内存数据的方法，具体应用于数组、函数参数和动态内存的管理中。

指针定义的一般形式为：

```
类型名 *指针变量名;                    //*代表指针类型
```

例如：

```
int *p;
```

表示定义一个指针变量 p,简称指针 p,p 可以保存一个整型变量的地址,但此时 p 的值是随机的,因此,指针变量在使用前需要赋值。

指针变量的赋值,就是把相应类型变量的地址赋给指针变量,如下所示：

```
int a;
p=&a;
```

此时,p 指向了 a,通过 p 可以间接访问 a 中的数据。

指针变量的间接访问,就是通过指针变量访问指向的变量,如下所示：

```
*p=10; 等价于 a=10;
```

*p 就是 p 所指向的内存的内容,运算符*实现了间接访问。

【例 2-33】 指针应用示例。

```
//D:\QT_example\2\Example2_33.cpp
#include <iostream>
using namespace std;
int main()
{
    int a=10,b=20;
    int *pa,*pb;
    pa=&a;
    pb=&b;
    cout<<"a="<<a<<",b="<<b<<endl;              //通过变量直接访问
    cout<<"a="<<*pa<<",b="<<*pb<<endl;          //通过指针间接访问
    cout<<"&a="<<pa<<",&b="<<pb<<endl;          //输出 a、b 变量的地址
    cout<<"Please enter a,b:\n";
    cin>>a>>b;                                  //重新输入 a、b 的值
    cout<<"a="<<*pa<<",b ="<<*pb<<endl;         //间接访问输出 a、b 的新值
    cout<<"a="<<*&a<<",b="<<*&b<<endl;          //*&a 等价于*(&a)、*p、a
    cout<<"&a="<<&*pa<<",&b="<<&*pb<<endl;      //&*pa 等价于&(*pa)、&a、pa
    return 0;
}
```

程序运行结果为：

```
a=10,b=20
a=10,b=20
&a=0x28ff24,&b=0x28ff20
```

```
Please enter a,b:
1 2  (用户输入)
a=1,b=2
a=1,b=2
&a=0x28ff24,&b=0x28ff20
```

2.9.2 引用

1. 引用的基本概念

引用就是为一个已定义的变量或对象另外取一个名字，引用作为一个变量的别名，其定义形式如下：

```
数据类型 & 引用名=已定义的变量名;
```

例如：

```
int a=5;
int& k=a;                //k是a的引用
k++;
```

此时，& 不表示地址运算符，而是一种引用类型标识符，int & 是 int 变量的引用。不同于变量可以先定义，后初始化。引用必须在定义时初始化。例如，下面的定义是错误的：

```
int& k;                  //非法定义，引用没有初始化
k=a;
```

定义 k 为 a 的引用，则 k 和 a 是相同的变量。“k++;”就等同于“a++;”，结果是 k 和 a 的值同时改变。

【例 2-34】 引用和变量的关系。

```
///D:\QT_example\2\Example2_34.cpp
#include <iostream>
#include <iomanip>
using namespace std;
int main()
{
    int a=10;
    int& b=a;                   //声明b是a的引用
    a=a*a;                      //a的值变化，b的值同时改变
    cout<<a<<setw(6)<<b<<endl;
    b=b/5;                      //b的值变化了，a的值同时改变
    cout<<b<<setw(6)<<a<<endl;
    return 0;
}
```

程序进行结果为：

```
100  100
20   20
```

使用引用就等于一个已有对象多了一个关联的名字，修改引用的值就是修改原有对象的值，而引用的操作地址也就是其代表的对象的地址，如下例所示。

【例 2-35】 引用与变量的地址。

```
//D:\QT_example\2\Example2_35.cpp
#include <iostream>
using namespace std;
int main()
{
    int num=5;
    int & numref=num;
    cout<<"&num:"<<&num<<endl;
    cout<<"&numref:"<<&numref<<endl;
    return 0;
}
```

程序运行结果为：

```
&num:0012FF44
&numref:0012FF44
```

在程序中，输出的引用和变量的地址是相同的。其实，引用是一种隐性指针，即引用是直接访问其指向的变量，与指针相比，引用不能进行自身的地址操作，提高了访问的安全性。

说明：

(1) 引用在被初始化后，就不能再改变其引用的对象。

例如：

```
int i,k;
int& j=i;                //声明 j 为 i 的引用
int & j=k;               //错误,不能重新声明 j 为 k 的引用
```

(2) 不能创建指向引用的指针。

例如：

```
int& * rp;               //语法错误 cannot declare pointer to 'int&'
```

但可以声明对指针的引用。

例如：

```
int * p;
int * &rp=p;             //rp 是指针型引用
```

(3) 不能比较两个引用的值,可以比较被引用变量的值。

(4) 不能对 void 类型进行引用。

(5) 不能建立引用数组。

(6) 不能建立引用的引用。

其实,引用作为一个变量的别名的直接应用并不多,除非变量名很长。引用最重要的用处是作为函数的参数和函数的返回值。

2. 引用作为函数参数

引用可以作为函数参数进行传递,称为引用传递。C++ 函数的参数类型可以是 C++ 允许的任意类型。调用函数时系统会根据参数类型采取相应的数据传递方式。

(1) 值传递:系统将实参变量的值作为初始值,对形参初始化。被调用函数对形参的操作与外部实参无关。

(2) 指针传递:当函数参数为指针类型时,系统将主调函数中变量的地址传递给形参指针。这时,在被调函数内可以通过形参指针间接访问主调函数中的变量。指针传递是对地址值的传递,实际上也是一种值传递。

(3) 引用传递:函数参数为引用时,系统将实参对象的名字传递给形参引用。这时形参名作为引用关联于实参对象,在被调用函数内对形参的操作,就是对实参的操作。

下面以交换两个变量值为例,分别用三个函数实现,说明函数参数的值传递、指针传递和引用传递方式。

【例 2-36】 求解问题:交换两个变量的值。

```
//D:\QT_example\2\Example2_36.cpp
#include <iostream>
using namespace std;
//以整型变量作为参数
void Swap(int x, int y)          //值传递
{  int temp =x;
   x=y;
   y=temp;
}
int main ()
{
  int i =10, j =20;
  Swap(i,j);
  cout<<i<<", "<<j<<'\n';
  return 0;
}
```

程序运行结果为:

```
10, 20
```

可见,main()函数中的 i 和 j 并没有发生交换,虽然 Swap()函数中交换了形参 x 和 y

的值，但并不影响传入该函数的实参，因为实参传给形参时采用单向值传递方式，实参和形参分别占用了不同的存储单元。

修改程序中的Swap()函数，以指针作为参数，程序如下：

```
#include <iostream>
using namespace std;
//以整型指针变量作为参数
void Swap (int * x, int * y)              //指针传递
{  int temp = * x;
   * x = * y;
   * y =temp;
}
int main ()
{
  int i=10, j=20;
  Swap(&i, &j);
  cout<<i <<", " <<j <<'\n';
  return 0;
}
```

程序运行结果为：

```
20, 10
```

可见，使用指针作为参数调用Swap()函数使i和j的值发生了交换。因为，当调用函数时，实参地址值传给形参指针，使形参指针指向了主调函数中的变量，通过形参指针的间接访问使主调函数的变量发生了交换。

再修改程序中的Swap()函数，以引用作为参数，程序如下：

```
#include <iostream>
using namespace std;
//以整型引用作为参数
void Swap (int& x, int& y)              //引用传递
{  int temp =x;
   x =y;
   y =temp;
}
int main ()
{
  int i=10, j=20;
  Swap(i, j);
  cout <<i <<", " <<j <<'\n';
  return 0;
}
```

程序运行结果为：

```
20,10
```

引用作为函数参数时,形参对应实参的别名,形参的交换也就是实参的交换。

从以上例子可以看出,使用指针参数和引用参数都能达到数据交换的目的,但引用参数更为直观、方便。

在引用传递方式下,如果被调用函数只是使用实参的值,而不改变其值,那么函数定义时可以对形参类型加 const 约束,如下例所示:

```
#include <iostream>
using namespace std;
int sum(const int& x, const int& y)                    //常引用
{ return x+y;}
int main()
{
    int a=10,b=30;
    cout<<a<<"+"<<b<<"="<<sum(a,b)<<endl;
    return 0;
}
```

以上 sum 函数中的形参都是常引用,则在该函数中不能改变 x 和 y 的值,如果要改变 x 和 y 的值就会发生编译错误,请读者自己上机实验。常引用参数可避免在函数中被修改,有助于提高程序的可靠性。

3. 使用引用返回函数值

使用引用可以返回函数值,此时,该函数的调用可以作为左值被赋值。

【例 2-37】 返回引用的函数举例。

```
//D:\QT_example\2\Example2_37.cpp
#include <iostream>
using namespace std;
int& min(int& m,int& n)
{ return m<n?m:n; }
int main()
{
    int x=10,y=20;
    min(x,y)=0;
    cout<<x<<","<<y<<endl;
    return 0;
}
```

程序运行结果为:

```
0,20
```

此程序中,通过 min()函数返回 m 的引用,而 m 是 x 的引用,最后为 x 赋值 0。

说明：并不是所有函数都可以返回引用。一般地，当返回值不是本函数的局部变量时可以返回一个引用；否则，当函数返回时该引用的变量会被自动释放，再对其进行引用就是非法的了。通常情况下，引用返回值只用在需要对函数的返回值重新赋值的时候。

2.10 const 修饰符

关键字 const 常用来修饰变量、指针和函数参数等，可限制其值不被修改。

1. 常量

例如：

```
const int a=12;              //定义 a 为整型常量,其值为 12
const char b='m';            //定义 b 为字符型常量,其值为'm'
```

用 const 定义常量的基本形式为：

const 数据类型 变量名=常数值;

在程序设计中，尽量使用常量来代替常数值，这是一种好的编程习惯，这样可以增加程序的可读性、可维护性。例如，在数值计算中，经常会遇到一些常数值，如圆周率。如果把它定义成常量，当需要更改常数值时，只需更改常量的定义语句即可。

【例 2-38】 求解问题：计算圆的面积。

```
//D:\QT_example\2\Example2_38.cpp
#include <iostream>
using namespace std;
const double pi=3.14159;            //定义 pi 为常量
int main()
{
    double radius;
    cout<<"input radius:";
    cin>>radius;
    pi=3.1415926;                   //示例：若改变常量 pi,编译出错
    cout<<"area :"<<pi * radius * radius<<endl;
    return 0;
}
```

说明：

(1) 常变量一旦被定义和初始化就不能在程序中被改变。示例中编译器给出如下错误提示：

```
error C2166: l-value specifies const object
```

(2) 建议用 const 取代#define 定义常量。

在 C/C++ 中，也可以使用预处理命令定义符号常量，例如：

```
#define PI 3.14159
```

两者定义的常量不同,const 常量具有数据类型,占用存储单元,可由编译器进行类型检查,但不能被修改;而符号常量是在预编译时进行字符置换,把程序中出现的 PI 都替换为 3.14159,PI 不是变量,不具有数据类型,在置换时容易出错。

2. const 与指针

在定义指针时,也可用 const 修饰符来限定指针的变化,根据 const 出现的位置不同,可分为三种形式。

1) 指向常量的指针

定义指针时,如用关键字 const 修饰所指对象的数据类型,这时的指针就称为指向常量的指针。例如:

```
int u=3;                    //变量 u
const int max=1             //常量 max
const int *p=&max;          //指向常量 max 的指针 P
*p=5;                       //错误
p=&u;                       //p 也可以指向变量 u
*p=10;                      //错误
```

指向常量的指针可以保存变量或者常量的地址,并且限制指针的间接访问方式为"只读",即不能通过指针修改所指对象的值,但可以改变指针的指向。

2) 常量型指针

定义指针时,如果在指针名前加关键字 const 修饰,则该指针是常量型指针。例如:

```
int u=10, v=20;
const int max=10 ;          //常量 max
int * const p=&u;           //常量型指针 p 指向 u
p =&v;                      //错误!p 的值不能被改变
*p=v;                       //正确
```

常量型指针定义时必须进行初始化,然后指针的值不再改变,即指针的指向不变。但如果常量型指针所指的是变量,则可以通过该指针间接修改所指变量的值。

3) 指向常量的常量型指针

定义指针时,如果对数据类型和指针名都使用了关键字 const 修饰,则这样的指针称为指向常量的常量型指针,即用常量指针指向常量。此时,指针的值和所指对象的值都不能改变。

```
int u=10, v=20;
const int max=10 ;          //常量 max
const int * const p1=&u;
const int * const p2=&max;
p1=&v;                      //错误
*p1 =v;                     //错误
```

3. const 修饰函数参数

如果函数的形参用 const 修饰，则可保证形参在该函数内部不被改变，如例 2-39 所示。

【例 2-39】 求解问题：求数组元素的最大值，用指向常量的指针作为函数形参。

```
//D:\QT_example\2\Example2_39.cpp
#include<iostream>
using namespace std;
const int N=100;
//返回数组元素的最大值
int GetMax(const int *p, int n)          //用指向常量的指针作为函数形参
{  int i,max=p[0];
   for(i=1;i<n;i++)
       if(max<p[i])
           max=p[i];
   return max;
}
int main()
{
    int array[N],i,n,max;
    cout<<"Please enter an integer no more than 100: ";
    cin>>n;                                //输入整数的个数
    for(i=0;i<n;i++)
    {
        cout<<"\nPlease enter the NO "<<i+1<<" number:";
        cin>>array[i];
    }
    max=GetMax(array, n);                  //数组首地址传递给形参指针
    cout<<"\nThe maximum number is :"<<max<<endl;
    return 0;
}
```

函数 GetMax()用来求一个整型数组中的最大值，调用时，传递的实参是整型数组的首地址。在 GetMax()函数内只能通过指针读取数组元素的值，而不能改变其值，保证了数组中的元素值不被修改。

2.11 动态内存管理

程序运行时处理的数据需要分配相应的内存空间，该内存何时被释放何时可再分配是根据程序的需要而变化的。动态内存管理机制是指在程序运行期间，程序员可根据需要动态申请和释放内存。一个运行的程序在内存中的布局包括的区域为：代码区、全局数据区、常量区、栈区和堆区。其中，堆区是供程序随机申请使用和释放的内存空间。与

栈区相比，两者都是在程序运行时得到内存分配。不同的是，栈区的分配和释放是由编译系统完成的，不需要程序单独处理，例如，函数的形参和局部变量的存储。而堆区需要在程序中明确地进行分配和释放。例如，在C语言中是使用函数malloc()和free()实现堆内存的分配和释放。在C++语言中，除了保留这两个函数的用法外，还提供了运算符new和delete，可更简单地进行堆内存的分配和释放。

下面先看一个完整的程序。

【例2-40】 动态内存分配和释放。

```
//D:\QT_example\2\Example2_40.cpp
#include <iostream>
using namespace std;
int main()
{
    int *ptr=NULL;              //指针变量初始化为空值
    ptr=new int ;               //申请一个整型数据的内存空间,返回的地址赋给 ptr
    if(ptr ==NULL)              //判断内存是否申请成功
    {
        cout<<"Allocation failure.\n";
        return 1;
    }
    *ptr=10 ;                   //通过指针 ptr 间接赋值
    cout<<*ptr;
    delete ptr ;                //释放 ptr 所指向的内存空间
    return 0;
}
```

程序运行结果为：

```
10
```

程序中应用运算符new和delete实现对内存的分配和释放，它们的一般用法如下。

1. new：动态分配堆内存

一般形式：

指针变量=new 数据类型(常量)；

运算符new按指定"数据类型"的长度从堆区分配一块存储空间，并返回首地址，利用"="运算把该地址赋给一个指针变量。其中，"常量"是初始化值，可以省略。

2. delete：释放已分配的内存空间

一般形式：

delete 指针变量；

其中,"指针变量"必须是一个 new 返回的指针。

例 2-40 中语句"ptr = new int;"分配了存放一个 int 型变量的内存空间,此处是一个 4B 空间,并返回该空间的首地址赋给指针 ptr。下面可以通过指针 ptr 访问该匿名空间,与通过命名变量访问的内存不同,动态内存的访问只能通过指针间接访问。最后,该内存空间使用完毕或程序结束前需及时释放。

注意:

(1) 用 delete 释放内存时,如果指针指向的内存不是用 new 申请的堆内存(例如,该内存在栈中),则会产生一个严重的运行错误。如果指针为空(指针值为 0 或 NULL)时,它不指向任何内存单元,释放没有意义。

(2) 在进行堆内存分配时,如果没有足够内存满足分配要求,则 new 动态分配空间失败,一般返回空指针 NULL,否则返回内存单元的首地址。所以,在进行动态内存申请后应检查分配是否成功。

(3) 在分配堆内存的同时可写入初始化值。

例如:

```
int * p =NULL;
p=new int (89);            //初始化值为 89
```

3. 动态数组的分配与释放

动态数组的分配形式:

指针变量=new 数据类型[表达式];

运算符 new 按指定"数据类型"的长度从堆区分配"表达式"个连续存储空间,并返回首地址,赋给指针变量。

注意:"表达式"给出的是连续存储空间的长度;并且创建数组对象时,不能为对象指定初始值。

例如:

```
char * str =new char[10];
```

new 分配了存放 10 个字符的内存空间,即 10B 的连续存储空间,它实际上就是一个字符数组。

动态数组的释放形式:

delete []指针变量;

运算符 delete 释放了由指针变量指向的连续内存空间。

注意:当被释放的内存块是数组时,需要在 delete 后面添加"[]"。

例如:

```
delete []str;              //释放 str 数组
```

【例 2-41】 动态数组使用。

```
//D:\QT_example\2\Example2_41.cpp
#include <iostream>
using namespace std;
int main()
{
    int *p=NULL, *t ;
    int i ;
    p=new int[10] ;            //申请分配 10 个整型元素的数组空间
    if(p==NULL)
    {
        cout<<"Allocation failure\n" ;
        return 1;
    }
    for(i=0;i<10;i++)
        p[i]=i ;
    cout<<endl ;
    for(t=p;t<p+10;t++)
        cout<<*t<<" ";
    cout<<endl;
    delete []p ;
    return 0;
}
```

程序运行结果为：

```
0 1 2 3 4 5 6 7 8 9
```

说明：局部或全局变量的内存单元是被系统自动分配和释放的，而用 new 申请的堆内存需要用 delete 显式释放。当对申请的堆内存不再需要时，就应及时释放。因为内存资源是有限的，如果在程序运行中，申请了许多大的内存块而又没有释放，则有可能使内存资源耗尽。如果程序中存在未被释放的、无用的内存块，则称为有内存泄漏。内存泄漏会导致程序性能降低，甚至崩溃。

2.12 习题

2.12.1 选择题

1. 一个最简单的 C++ 程序，可以只有一个(　　)。

   A. 库函数　　B. 自定义函数　　C. main()函数　　D. 空函数

2. 执行下面语句序列后，m 和 n 的值分别为(　　)。

```
int m =5, n =8, t;
int &rm =m;
int &rn =n;
```

```
t =rm; rm =rn; rn =t;
```

A. 5 和 8　　B. 8 和 5　　C. 5 和 5　　D. 8 和 8

3. 有函数原型“void fun(int &);”,下面正确的调用选项是(　　)。

A. int m =4; fun(&m);　　B. int m =15; fun(m * 3.14);

C. int n =100; fun(n);　　D. fun(256);

4. 函数重载可以实现(　　)。

A. 使用相同的函数名调用功能相似的函数

B. 共享程序代码

C. 提高程序的运行速度

D. 节省存储空间

5. C++ 语言中提供内存申请运算符(　　),它能可靠地控制内存的分配。

A. delete　　B. new　　C. pos　　D. auto

6. 重载函数在调用时函数关联的依据中,(　　)是错误的。

A. 参数列表　　B. 函数的返回类型

C. 参数的个数　　D. 参数的类型

7. C++ 源程序文件的默认扩展名为(　　)。

A. cpp　　B. exe　　C. obj　　D. lik

8. 为了提高程序的运行效率,可将不太复杂且频繁调用的功能用函数实现,此函数应选择(　　)。

A. 内联函数　　B. 重载函数　　C. 递归函数　　D. 函数模板

9. 以下语句能够创建一个存储 10 个整型数据的数组的是(　　)。

A. int *p=new array[10];

B. int *p=new float[10];

C. int *p=new int[10];

D. int *p=new int[10] {1,2,3,4,5};

10. 有函数声明“void Fun(const int &n);”,下面说法不正确的是(　　)。

A. 形参 n 对应的实参是指针类型

B. 形参 n 对应的实参是 int 型变量

C. 形参 n 是常引用类型

D. 在函数 Fun()中不能通过形参 n 改变实参值

2.12.2　填空题

1. 数学表达式 $2\pi r$ 用 C++ 表达式表示为________。

2. C++ 语言中函数参数的传递方式可分为________。

3. 判断两个整数是否相等的运算符是________。

4. 内联函数的声明用关键字________。

5. C++ 程序中动态内存管理用 new 实现________,用 delete 实现________。

6. “const int max=10;”表示变量 max 的值________改变。

7. 在 C++ 中存储字符串"Hello!"有几种方法：________ 或________ 。

8. 下面程序的运行结果为________。

```
#include <iostream>
using namespace std;
void Fun(int x=0,int y=0)
{
    cout<<"x="<<x<<endl;
    cout<<"y="<<y<<endl;
    cout<<x<<"*"<<y<<"+10="<<x*y+10<<endl;
}
int main()
{
    Fun(5);
    Fun(2,10);
    return 0;
}
```

9. 下面程序的运行结果为________。

```
#include <iostream>
using namespace std;
void Fun1(int *p1)
{   p1 =new int(10);
    cout <<"*p1 =" << *p1 <<endl;
}
void Fun2(int * &p2)
{   p2 =new int(5);
    cout <<"*p2 =" << *p2 <<endl;
}
int main()
{
    int *p =new int(1);
    Fun1(p);
    cout <<"Fun1: *p =" << *p <<endl;
    Fun2(p);
    cout <<"Fun2: *p =" << *p <<endl;
}
```

10. 下面程序的运行结果为________。

```
#include <iostream>
#include <string>
using namespace std;
int main()
```

```
{
    string str[] ={ "c++", "basic", "pascal" };
    int i;
    for( i=0; i<3; i++)
        cout <<str[i] <<endl;
    cout<<str[0][1]<<str[1][1]<<str[2][1]<<endl;
    return 0;
}
```

2.12.3 编程题

1. 求一元二次方程的各种可能的解。注意浮点数的比较及测试。

2. 任意输入一个整数 $N(1\leqslant N\leqslant 100)$,编程计算小于 N 的所有偶数之和。

3. 利用公式 $\pi/4=1-1/3+1/5-1/7+\cdots$,计算 π 的近似值,要求精确到最后一项的绝对值小于 10^{-6}为止。

4. 用1元5角钱人民币兑换5分、2分和1分的硬币(每一种都要有)共100枚,共有几种兑换方案?每种方案共换多少枚?

5. 编程打印输出以下图案:

```
(1)            (2)            (3)            (4)
*                 *           AAAAA             1
***              ***          BBBBB            222
*****           *****         CCCCC           33333
*******        *******        DDDDD          4444444
```

6. 把两个升序排列的整型数组合并为一个升序数组。请设计好算法,提高程序的运行效率。

7. 输入一个1～7的数值,然后输出相应的英文单词。要求分别使用指针数组和string类实现。

8. 用重载函数实现:求任意两个数或三个数中的最大值。

9. 应用动态数组存储一个实型数据的集合,计算其平均值,保留两位小数输出。

10. 用随机函数产生10个互不相同的两位整数,并存放到一维动态数组中,排序后输出。

第3章 类与对象

本章主要内容：

(1) 面向对象程序设计的基本思想。

(2) 类与对象、抽象、封装、继承与多态的含义。

(3) 类、对象的定义和使用。

(4) 类的构造函数、析构函数与复制构造函数。

(5) 静态成员、常成员、友元的应用。

(6) 对象数组、类的组合应用。

从20世纪90年代开始，面向对象编程(Object-Oriented Programming,OOP)已成为程序设计的主流技术，该技术提高了大型软件的开发效率，并使程序易于维护。C++语言既支持面向过程的程序设计方法，也支持面向对象的程序设计方法。前面实现的面向过程的程序设计中，编写的程序是由一个或多个函数组成的。从本章开始，我们将学习面向对象的程序设计，在程序中定义类和对象，应用封装、继承和多态实现程序设计。

3.1 面向对象程序设计概述

3.1.1 面向对象的基本概念

前面介绍的结构化程序设计(Structured Programming,SP)是以解决问题的过程作为出发点，其方法是面向过程的。结构化程序设计是以功能为核心，基本方法是将问题分解成模块，每个模块尽可能相对独立地解决一个子问题，整个程序是模块功能的集合。在C语言中，一个模块可用一个函数描述，多个函数构成一个源程序，多个源程序构成一个完整的C程序，实现问题的求解。所以，C语言的源程序是由一个个函数构成的。因为各模块可以分别编程，使程序易于阅读、开发和维护。

但是，这种结构化程序设计把程序看成是“数据结构＋算法”，程序中数据与处理这些数据的算法(过程)是分离的。这样，当数据结构改变时，所有相关的处理过程都要进行相应的修改。同时，由于这种分离，导致了数据可能被多个模块使用和修改，难以保证数据的安全性和一致性。另外，当前广泛应用的图形用户界面的应用程序，很难用过程来描述和实现，开发和维护也都很困难。所以，结构化程序设计方法难以适应大型软件和图形界面的应用软件开发。

面向对象程序设计是应用面向对象的思想指导软件开发的过程，简称OO(Object-Oriented)方法，是建立在“对象”概念基础上的方法学。面向对象的思想认为客观世界是由各种各样的对象组成，每种对象都有各自的内部状态和运动规律，不同对象间的相互作用和联系就构成了各种不同的系统，构成了客观世界。由此，解决现实世界问题的计算机程序也与此相对应,是由一个个对象组成,这些程序就称为面向对象的程序。

面向对象编程的关注点在于对象本身,对象包含对象的属性和行为两个构成要素。C 语言中结构类型的变量包含不同数据类型的成员,用于描述事物的属性,实现了把各种数据的集合用于表示一个事物,而对数据操作的函数(事物的行为)需要单独定义在结构之外,如果将数据和操作的函数都封装为一个整体,就是 C++ 中的对象。在面向对象程序设计中,对象是构成软件系统的基本单元,并从相同类型的对象中抽象出类,对象是类的实例。类的成员中不仅包含描述类对象属性的数据,还包含对这些数据进行处理的程序代码(这些程序代码被称为对象的行为或操作)。面向对象程序设计是把数据及其操作封装为一个整体对待,数据本身不能被外部函数直接存取。

面向对象程序设计的程序一般由类的定义和类的使用两部分组成,主程序中定义各个类的对象并规定它们之间传递消息的规律,程序中的一切操作都通过向对象发送消息来实现,对象接收到消息后,调用有关对象的行为来完成相应的操作。面向对象方法更接近于人类的自然思维方式,用这种方法开发的软件可维护性和可复用性更高。

面向对象程序设计中的概念主要包括对象、类、抽象、封装、继承、多态、消息等。通过这些概念面向对象的思想得到了具体的体现。

1. 对象

1) 现实世界的对象

在现实世界中,我们所见到的任何事物都可以看成对象,如一个人、一个工厂、一只狗、一辆汽车、一台计算机等都是对象,这些是有形的具体存在的事物;对象也可以是一个无形的抽象的行为,如一次演出、一次出差等。

对象是现实世界中的实体。对象多种多样,各种对象具有不同的属性特征。有的对象有生命,有的对象没有生命,有的对象有固定的形状,有的对象没有固定的形状……例如,球都具有圆形、半径的属性,而人具有姓名、性别、年龄的属性,即使同一类对象其属性值也是不同的。各个对象也有自己的行为。例如,球的滚动、弹跳,人的走路、眨眼、学习,汽车的加速、刹车和转弯,等等。所以,一个对象是由一组静态的属性和一组动态的行为组成。对象可以很简单,也可以很复杂,复杂的对象可由若干个简单对象组成。

总的来说,现实世界中的对象,具有以下特性。

(1) 每个对象都有一个用于与其他对象相区别的名字。

(2) 具有某些特征,称它为属性或状态。

(3) 有一组行为,决定了对象能干什么。

(4) 对象的行为可以分为两类:一类是作用于自身的行为,另一类是作用于其他对象的行为。

2) 面向对象中的对象

面向对象中的对象是对现实世界的对象的映射,是由描述其属性的数据和定义在数据上的一组操作组成的实体,即将数据和对数据的操作封装在一起构成一个整体。在 C++ 中,每一个对象都是由数据和函数两部分组成,函数用来实现对数据的操作。

例如,学生"李明"是一个对象,他的数据和他能提供的一组操作表示如下:

对象名：李明

对象的属性：

年龄：20

性别：男

身高：175cm

专业：信息管理与信息系统

对象的操作：

运动

上课

这里的属性说明了李明这个对象的特征，操作说明了李明能做什么。

2. 类

1）现实世界中的类

在现实世界中，人们是通过研究对象的属性和观察它们的行为而认识对象的。人们可以把对象分成很多类。类是对一组具有共同属性和行为的对象的抽象。例如，学生这个类是对小学生、中学生、大学生、研究生等学生群体的统称，具体的学生个体则是这个类的一个实例，就是一个学生对象。类和对象是抽象和具体的关系。

学生类还可以再分成小学生类、中学生类……即每一大类中还可再分成若干小类，也就是说，类是分层的。同一类的对象具有许多相同的属性和行为。

2）面向对象中的类

面向对象中的类是一组对象的抽象，为属于该类的全部对象提供了抽象的描述，包括属性和行为两个主要部分。类是创建对象的模板，它没有具体的值和具体的操作，只有以它为模板创建的对象才有具体的值和操作。类用类名来相互区别。对象是类的一个实例，有了类才能创建对象。

在C++中，就是用类来描述对象的，类是对现实世界的对象进行抽象得到的。例如，在现实世界中，同是学生类的“张平”和“李平”，有许多共同点，但肯定也有许多不同点。当用C++描述时，对“张平”和“李平”这两个同类的对象进行抽象，得到相同的属性和行为，然后描述为学生类的两个部分：数据（相当于属性）和对数据的操作（相当于行为）。例如，数据可以是姓名、性别、年龄、住址等，而对数据的操作可以是读取或设置其名字、年龄等。抽象出了学生类以后，就可以在程序中描述具体的“张平”和“李平”这两个对象。

从程序设计的观点来说，类就是数据类型，是用户自定义的数据类型。这种类型是用户根据具体问题的需要而定义的，也就是说，类与具体问题相适应。我们可以通过定义所需要的类，来扩展程序设计语言解决问题的能力。

在C++中，把描述类的属性的数据称为数据成员，把描述行为的操作称为成员函数。

3. 消息与方法

在软件系统中，对象与对象之间存在一定的联系，这种联系通过消息的传递来实现。一个对象向另一个对象发出的请求称为消息。当某个行为作用于对象时，就称该对象执行了一个方法,方法定义了一系列的计算步骤,在C++中称为成员函数。简单理解,这种消息传递机制就是面向过程程序设计的过程调用。消息传递的实质就是方法的调用,即向对象发送消息就是调用对象的方法。

消息的特性为:同一个对象可以接收不同形式的多个消息,作出不同的响应;相同形式的消息可以传递给不同的对象,所做出的响应也可以是不同的;消息的发送可以不考虑具体的接收者;对象可以响应消息,也可以不响应。

3.1.2 面向对象的基本特征

1. 抽象

抽象(Abstraction)是人类认识客观世界的基本手段,它是从许多事物中舍弃个别的、非本质性的特征,抽取共同及本质性的特征的过程。抽象是人类对事物进行分类的最基本的方法和手段。面向对象程序设计中的抽象是对一类对象进行分析和认识,经过概括,抽出一类对象的公共性质,并加以描述的过程。

对一个事物的抽象一般包括两个方面:数据抽象和行为抽象。数据抽象是对对象的属性和状态的描述,使对象之间相互区别的特征量的描述。行为抽象是对数据需要进行的处理的描述,它描述了一类对象的共同行为特征,使一类对象具有共同的功能,所以,又称行为抽象为代码抽象。

例如,要设计绘制圆的图形的程序,通过分析可知,圆是这个问题中的唯一事物。对于具体的圆,有的大些,有的小些,圆的位置也不尽相同,但可用三个数据(即圆心的横、纵坐标和圆的半径)描述圆的位置和大小,这就是对圆这个事物的数据抽象。由于抽象后没有具体的数据,它不能是一个具体的圆,只能代表一类事物,即圆类。要能画出圆,该程序还应有设置圆形位置、半径大小、绘制圆形的功能,这就是对圆这个事物的行为抽象。

由上面的例子可以看出,类的数据成员的实质就是解决问题所需要的数据,它是数据抽象的结果;而成员函数的实质是完成对类中的这些数据进行加工处理的代码,它是类的行为,用行为抽象来描述。所以,抽象性是面向对象的核心。

在面向对象的分析过程中,抽象原则具有两方面的含义。

(1) 尽管问题域中的事物很复杂,但在分析过程中并不需要了解和描述它们的全部,只需要分析研究其中与系统目标有关的事物及其本质性特征。对于那些与系统目标无关的特征和许多具体的细节,即使有所了解,也应该舍弃。

(2) 通过舍弃个体事物在细节上的差异,抽取其共同特征而得到一批事物的抽象概念,即抽象出类的概念。

抽象是面向对象方法中使用最为广泛的原则,例如,程序中的对象是对现实世界中事物的抽象:类是对象的抽象;数据成员是事物静态特征的抽象;成员函数是事物动态特征的抽象等。

2. 封装

封装(Encapsulation)就是把一个事物包装起来,使外界不了解它的内部的具体情况。

在面向对象的程序设计中，封装就是把相关的数据和代码组合成一个有机的整体，形成数据和操作代码的封装体，对外只提供一个可以控制的接口，内部大部分的实现细节对外隐蔽，达到对数据访问权的合理控制。封装使程序中各部分之间的相互联系达到最小，提高了程序的安全性，简化了程序代码的编写工作，是面向对象程序设计的重要原则。

面向对象程序设计的封装机制是通过对象实现的。对象中的成员不仅包含数据，也包含对这些数据进行处理的操作代码。对象中的成员可以根据需要定义为公有的或私有的，私有成员在对象中被隐蔽起来，对象以外的访问被拒绝；公有成员提供了对象与外界的接口，外界只能通过这个接口与对象发生联系。可见，对象有效地实现了封装的两个目标：对数据和行为的结合及信息隐蔽。

抽象和封装是互补的。一个好的抽象有利于封装，封装的实体则帮助维护抽象的完整性，但抽象先于封装。

3. 继承

继承(Inheritance)是指通过继承已有类的成员而定义生成新的类。其中，已有的类称为基类或父类，新定义的类称为派生类或子类。面向对象程序设计提供了类的继承性，给创建派生类提供了一种方法：创建派生类时，不必重新描述基类的所有成员(数据和操作)，只需让它继承基类的成员，然后描述与基类不同的那些成员。也就是说，派生类的成员由继承来的和新添加的两部分组成，继承允许派生类使用基类的数据和操作，还可以拥有自己的数据和操作。所以，继承是通过对已有类增添不同的特性来派生出多种不同的特殊类，从而使得类与类之间建立了层次结构关系，为软件复用提供了有效的途径。

在某些情况下，一个类会有多个派生类，派生类比原有的类更加具体化。继承避免了对基类和派生类之间共同属性和行为进行重复的描述，简化了人们对事物的认识和描述，通过软件复用提高软件的开发效率。

4. 多态性

多态(Polymorphism)性是面向对象程序设计的重要特性之一，是指不同的对象收到相同的消息时产生不同的操作行为，或者说同一个消息可以根据发送消息的对象的不同而采用多种不同的操作行为。例如，运算符 & 既可表示取地址运算符，也可表示引用运算符，系统会根据运算符出现的位置，判断出代表的操作；当单击不同的对象时，各对象就会根据自己的理解做出不同的动作，产生不同的行为，这就是多态性。简单地说，多态性就是一个接口，有多种方式。

C++ 语言支持两种多态性：编译时的多态性和运行时的多态性。编译时的多态性通过重载实现。运行时的多态性通过虚函数实现。

3.1.3 面向对象的计算机语言简介

面向对象程序设计达到了软件工程的三个主要目标：重用性、灵活性和扩展性。它克服了传统的结构化方法在建立问题系统模型和求解问题时存在的缺陷，提供了更合理、更有效、更自然的方法,更适合于大型软件的开发。

面向对象程序设计语言的鼻祖是 20 世纪 60 年代开发的 Simula67,它提供了对象、类、继承等概念,提出了面向对象的术语,奠定了面向对象语言的基础。它的主要用途是进行建模仿真。

20 世纪 70~80 年代期间的 Smalltalk 语言,是最有影响的面向对象语言之一。它包括了 Simula 的面向对象的所有特征,而且数据封装比 Simula 更严格。

Object-c 是在 1983 年以后开发的、对 C 进行扩充而形成的面向对象的语言,但它的语法更像 Smalltalk 语言。它的扩充主要是新引入的构造和运算符,用它们来完成类定义和消息传递。

C++ 语言在 C 语言的基础上扩充了对面向对象的支持,既支持面向过程的设计方法,又支持面向对象的设计方法,还有丰富的开发环境,因而得到广泛的应用。

C# 语言是微软公司于 2000 年推出的一种纯面向对象语言,是基于. NET Framework 开发的核心语言。. NET Framework 是微软公司的新一代技术平台,便于开发者建立 Web 应用程序和 Web 服务。C# 不仅继承了 C/C++ 语言的强大功能,并且在语法上保持一致,使学习者容易入门。

Java 语言是原 Sun 公司于 1995 年推出的适用于分布网络环境的面向对象语言,它采用与 C++ 语法基本一致的形式,将 C++ 中与面向对象无关的部分去掉,使其语义成为纯面向对象的语言。它使应用程序独立于异构网络上的多种平台,具有能编译或解释执行、连接简单、支持语言级的多线程等特点,也是一种广泛使用的面向对象的语言。

3.2 类与对象的定义

类是面向对象程序设计的基础和核心,也是实现数据抽象的工具。类实质上是用户自定义的一种特殊的数据类型,与一般的数据类型相比,它不仅包含相关的数据,还包含能对这些数据进行处理的函数,同时,这些数据具有隐蔽性和封装性。

3.2.1 类的定义

1. 从结构到类

问题引入:在学生信息管理中描述一个学生的信息包括学号、姓名、年龄等。这些信息具有不同的数据类型,并且作为一个整体进行描述,就要用到结构类型。结构是用户自定义的数据类型,可由不同类型的数据成员组成。结构变量在内存中占有一片连续的存储空间。

下面用 struct 定义一个描述学生基本信息的结构类型 Student,并使用该结构定义两个学生变量 stu1 和 stu2。

```
struct Student
{
```

```
    int num;
    char name[10];
    int age;
};
Student stu1, stu2;
```

对结构变量成员访问有两种形式。

(1) 用成员(圆点)运算符。

结构变量名.成员

(2) 用指针的间接访问(*)或指向运算符(->)。

(*指针).成员

或

指针->成员

例如：

```
stu1.num=20120101;
Student *pstu=&stu2;
(*pstu).num=20120102;
pstu->age=20;
```

实际上，在C++中的结构类型不仅可以包含各种数据成员，还可以包含函数。如例3-1所示，就是在结构类型Student中增加对数据操作的函数Init()和Disp()。

【例3-1】 学生结构类型。

```
//D:\QT_example\3\Example3_1.cpp
#include <iostream>
using namespace std;
struct Student
{
    //数据成员
    int num;
    char name[10];
    int age;
    //成员函数
    void Init()
    {   cout<<"Please input the student's number:";
        cin>>num;
        cout<<"Please input the student's name:";
        cin>>name;
        cout<<"Please input the student's age:";
        cin>>age;
    }
```

```
    //成员函数
    void Disp()
    {   cout<<"Information of Student:"<<endl;
        cout<<"Student's number:"<<num<<endl;
        cout<<"Student's name:"<<name<<endl;
        cout<<"Student's age:"<<age<<endl;
        cout<<endl;
    }
};
int main()
{
    Student stu1, stu2;
    stu1.Init();                //结构变量调用成员函数实现数据成员的输入
    stu1.Disp();                //结构变量调用成员函数实现数据成员的输出
    Student *pstu=&stu2;
    pstu->Init();               //指针方式访问结构变量的成员函数
    pstu->Disp();               //指针方式访问结构变量的成员函数
    return 0;
}
```

程序运行结果为：

```
Please input the student's number:201701
Please input the student's name:liping
Please input the student's age:19
Information of Student:
student's number.:201701
student's name:liping
student's age:19

Please input the student's number:201702
Please input the student's name:wangli
Please input the student's age:18
Information of Student:
student's number:201702
student's name:wangli
student's age:18
```

上例结构中的数据和函数都是结构的成员，通常称为数据成员和成员函数。对成员函数的访问形式与数据成员类似，只是应按照函数的调用形式，如下所示。

结构变量.成员函数名(实参表);

或

(*结构变量指针).成员函数名(实参表);

或

结构变量指针->成员函数名(实参表);

2. 类的定义

C++提供了一种比结构类型更安全的数据类型——类，类与上面包含成员函数的结构定义类似。

【例 3-2】 用学生类实现例 3-1。

```
//D:\QT_example\3\Example3_2.cpp
#include <iostream>
using namespace std;
class Student
{
    //数据成员
    int num;
    char name[10];
    int age;
    //成员函数
    void Init()
    {   cout<<"Please input the student's number:";
        cin>>num;
        cout<<"Please input the student's name:";
        cin>>name;
        cout<<"Please input the student's age:";
        cin>>age;
    }
    //成员函数
    void Disp()
    {   cout<<"Information of Student:"<<endl;
        cout<<"Student's number:"<<num<<endl;
        cout<<"Student's name:"<<name<<endl;
        cout<<"Student's age:"<<age<<endl;
        cout<<endl;
    }
};
int main()
{
    Student stu1, stu2;                //用类 Student 定义对象 stu1 和 stu2
    stu1.Init();                       //对象调用成员函数,但出现编译错误
    stu1.Disp();                       //编译错误
    Student *pstu=&stu2;               //定义指向对象的指针
    pstu->Init();                      //编译错误
    pstu->Disp();                      //编译错误
```

```
    return 0;
}
```

上例中,关键字 struct 改为 class 可用来定义一个类,有了类就可以定义具体的对象 stu1 和 stu2。就如同结构类型与结构变量一样,先有数据类型再有变量,类就是一种自定义的数据类型,而对象就相当于该类型的一个变量。在类外用对象 stu1 和 stu2 访问成员 Init()和 Disp(),会出现如下编译错误:

```
E:\QT_example\3\Example3_2…10: error: 'void Student::Init()' is private
E:\QT_example\3\Example3_2…19: error:'void Student::Disp()' is private
```

这是因为,类内成员在不指定访问权限时默认为私有(private),即不允许在类外直接访问,这是类与结构的不同,结构类型默认的访问权限是公有的(public)。所以,该程序中需指定成员函数的公有访问权限,修改后如例 3-3。

【例 3-3】 修改例 3-2,声明公有成员函数。

```
//D:\QT_example\3\Example3_3.cpp
#include <iostream>
using namespace std;
class Student
{
    //数据成员
    int num;
    char name[10];
    int age;
    //公有成员函数
public:
    void Init()
    {   cout<<"Please input the student's number:";
        cin>>num;
        cout<<"Please input the student's name:";
        cin>>name;
        cout<<"Please input the student's age:";
        cin>>age;
    }
    void Disp()
    {   cout<<"Information of Student:"<<endl;
        cout<<"Student's number:"<<num<<endl;
        cout<<"Student's name:"<<name<<endl;
        cout<<"Student's age:"<<age<<endl;
        cout<<endl;
    }
};
int main()
{
```

```
    Student stu1, stu2;                  //用类 Student 定义对象 stu1 和 stu2
    stu1.Init();                         //通过对象名调用成员函数
    stu1.Disp();
    Student * pstu=&stu2;                //定义指向对象的指针
    pstu->Init();                        //通过对象指针调用成员函数
    pstu->Disp();
    return 0;
}
```

程序运行结果同例3-1。本例中,数据成员仍然为私有,但成员函数声明为公有,所以,可以在类外通过对象来调用公有成员,通过公有成员实现对类内私有数据的输入和输出,实现对象中私有成员的隐蔽,通常为了保护数据的安全性,将数据声明为私有,而设置公有成员函数对其进行访问,所有公有成员函数是类与外界的接口。

综上所述,类定义的一般形式如下:

```
class 类名
{
    public:
        公有数据成员和成员函数
    private:
        私有数据成员和成员函数
    protected:
        保护数据成员和成员函数
};
```

类的定义由类头部和类体两个部分组成。类头部由关键字 class 开头,然后是类名,其命名规则与一般标识符的命名规则一致,有时可能有附加的命名规则,例如,美国微软公司的 MFC 类库中的所有类均是以大写字母 C 开头的。类体中包含了所有成员的声明,并放在一对大括号中。

类中包含的数据和函数统称为成员,数据称为数据成员,函数称为成员函数,它们都有自己的访问权限。对类内成员的访问控制是通过类的访问权限实现的。

类内成员的访问权限分为三种。

(1) private:声明私有成员。私有成员只能被类内的成员函数访问,类外的任何对象对它的访问都是不允许的。私有成员是对象中被隐蔽的部分,通常是描述该类对象属性的数据成员,这些数据成员用户无法访问,只有通过成员函数或某些特殊说明的函数才可访问,它体现了对象的封装性。当声明中省略 private 时,系统默认该成员为私有成员。

(2) protected:声明保护成员,一般情况下与私有成员的含义相同,它们的区别表现在类的继承中对新类的影响不同。保护成员的具体用法将在第5章中介绍。

(3) public:声明公有成员。公有成员可以被类外的对象访问,它提供了外部程序与类的接口功能。

🕮注意:

(1) 类的定义也是一个语句,所以最后的分号不能丢掉;否则,会产生难以理解的编译错误。

(2) 说明类成员访问权限的关键字 private、protected 和 public 可以按任意顺序出现任意多次,但一个成员只能有一种访问权限。为使程序更加清晰,应将私有成员和公有成员归类放在一起。

(3) 类的成员默认为私有,结构的成员默认为公有。

(4) 数据成员可以是任何数据类型,但不能用自动(auto)、寄存器(register)和外部(extern)来说明。

(5) 成员函数可以在类内定义,也可在类内声明原型而在类外定义。

3. 类的成员函数

类的成员函数与普通函数的形式基本一样,也包括函数名、返回值类型和函数参数,但它属于一个类的成员,是专门对类内数据进行操作。成员函数只能通过所属的对象或类来调用,而不能直接调用。成员函数通常有一部分是公有的,一部分是私有的。公有的成员函数可在类外被访问,也称为类的接口。我们可以为各个数据成员和成员函数指定合适的访问权限,成员函数又称为方法,成员函数是 C++ 中的术语,方法是面向对象方法中的术语,它们是同一个实体。

成员函数有两种定义方式。

(1) 一种是在类内定义。例如前面的例子,所有成员函数在类体内定义。此时编译系统将函数作为内联函数进行处理,即将这些函数隐含地声明为内联成员函数。与普通内联函数的处理方法相同,内联成员函数也是在编译时将调用语句替换为函数代码,从而减少函数调用的开销。

(2) 一种是在类外定义,即在类体内给出函数原型的声明,而在类体外完成对函数的定义。其一般形式是:

```
返回类型  类名::函数名(参数表)
{
    //函数体
}
```

【例 3-4】 类外定义成员函数,类内先声明公有成员,再声明私有成员。

```
//D:\QT_example\3\Example3_4.cpp
#include <iostream>
using namespace std;
class Student
{
public:
    void Init();                              //成员函数声明
    void Disp();                              //成员函数声明
private:
    int num;
    char name[10];
```

```
    int age;
};
void Student::Init()                     //成员函数定义
{   cout<<"Please input the student's number:";
    cin>>num;
    cout<<"Please input the student's name:";
    cin>>name;
    cout<<"Please input the student's age:";
    cin>>age;
}
void Student::Disp()                     //成员函数定义
{   cout<<"Information of Student:"<<endl;
    cout<<"Student's number:"<<num<<endl;
    cout<<"Student's name:"<<name<<endl;
    cout<<"Student's age:"<<age<<endl;
    cout<<endl;
}
int main()
{
    Student stu1, stu2;                  //用类 Student 定义对象 stu1 和 stu2
    stu1.Init();                         //通过对象名调用成员函数
    stu1.Disp();
    Student *pstu=&stu2;                 //定义指向对象的指针
    pstu->Init();                        //通过对象指针调用成员函数
    pstu->Disp();
    return 0;
}
```

本例中,函数 Init()和 Disp()都在类外定义,但它们都属于类 Student 的成员函数,所以在类外定义时函数名前要加上类名 Student::进行限定。

说明:

(1) 类外定义的函数名前必须加上前缀"类名::",其中,"::"称为作用域运算符。

(2) 在类内声明成员函数的函数原型时,参数表中的参数可以只说明参数的数据类型,可省略参数名。但在类外定义成员函数时,参数表中的参数不但要说明参数的数据类型,而且要指定参数名。

(3) 定义成员函数时,其返回值类型必须与函数原型说明中的返回类型一致。

(4) 可以将类外定义的成员函数指定为内联函数,即在声明或定义时前面加上关键字 inline 声明。

例如,将例 3-4 中的成员函数指定为内联函数。

```
class Student
{
public:
```

```
    inline void Init();                    //内联成员函数声明
    inline void Disp();                    //内联成员函数声明
private:
    int num;
    char name[10];
    int age;
};
void Student::Init()                       //内联成员函数定义
{   cout<<"Please input the student's number:";
    cin>>num;
    cout<<"Please input the student's name:";
    cin>>name;
    cout<<"Please input the student's age:";
    cin>>age;
}
void Student::Disp()                       //内联成员函数定义
{   cout<<"Information of Student:"<<endl;
    cout<<"Student's number:"<<num<<endl;
    cout<<"Student's name:"<<name<<endl;
    cout<<"Student's age:"<<age<<endl;
    cout<<endl;
}
```

特别说明：将简单的成员函数声明为内联函数可以提高程序的运行效率，但必须将类的声明和内联函数的定义都放在同一个文件(或同一个头文件)中，否则编译时无法进行置换。

3.2.2 对象的定义与使用

类是对具有相同数据成员(相同的内部存储结构)和相同操作的一组对象的抽象描述，是一种数据类型，类中不存储具体的数据值，定义类时系统不会分配存储空间。只有定义了类的一个具体实例——对象，系统才给对象分配存储空间，对象才能存储具体的数据值。程序中须在先定义了类之后才能定义具体的对象。

1. 对象的定义

定义对象如同前面定义一般数据类型的变量一样，定义的一般格式如下：

类名 对象名列表;

例如：

```
Student stu1, stu2;                    //定义了类 Student 的两个对象 stu1 和 stu2
```

也可以定义指向对象的指针或引用，也可以定义对象数组，例如：

```
Student stu, *ps;                          //定义 Student 类的对象 stu 和指针 ps
ps=&stu;                                   //指针 ps 指向对象 stu
Student &stu1=stu;                         //定义对象 stu 的引用 stu1
```

也可以在定义类的同时直接定义对象，其方法是，在类声明的右大括号的后面直接写出该类的对象名表，例如：

```
class Student
{…
}stu1, stu2;
```

如果类的定义位于函数外部，则用这种方法定义的对象是全局对象，在它的生命周期内，任何函数都可以使用它。

2. 对象成员的访问

对象的公有成员是提供给外部的接口，无论是数据成员还是成员函数，只要是公有的就可以通过对象进行访问。

对象成员的访问形式与访问结构成员的形式相同，可以使用圆点运算符"."和指向运算符"->"，如例 3-3 和例 3-4 所示。一般访问的形式总结如下。

(1) 通过对象名和"."运算符的访问形式。

数据成员：

对象名.数据成员名

成员函数：

对象名.成员函数名(实参表)

(2) 通过指针与"*"和"->"运算符的访问形式。

数据成员：

指针名->数据成员名

或

(*指针名).数据成员名

成员函数：

指针名->成员函数名(实参表)

或

(*指针名).成员函数名(实参表)

【例 3-5】 日期类与对象的定义和成员访问。

```
//D:\QT_example\3\Example3_5.cpp
#include <iostream>
```

```
using namespace std;
class Date
{
public:
    void Set(int y, int m, int d);                  //带参成员函数声明
    int GetYear()
    { return year; }
    int IsLeapYear();
    void Print();
private:
    int year, month, day;
};
void Date:: Set (int y,int m, int d )
{ year =y; month =m; day =d; }
int Date::IsLeapYear()
{ return ( year%4 ==0 && year%100!=0 )||( year%400==0); }
void Date::Print()
{ cout<<year<<"."<<month<<"."<<day<<endl; }
int main()
{
    Date today, tomorrow;                            //定义两个对象 today 和 tomorrow
    today.Set (2017,1, 21);                          //设置 today 日期为 2017-1-21
    cout<<"today: ";
    today.Print();
    cout<<today.GetYear();                           //输出 today 的年
    if( today.IsLeapYear() )                         //判断 today 是否闰年
        cout<<" is a leap year!"<<endl;
    else
        cout<<" is not a leap year!"<<endl;
    tomorrow.Set (2017,1,22);                        //设置日期为 2017-1-22
    Date *pd=&tomorrow;
    cout<<"tomorrow: ";
    pd->Print();                                     //通过指针访问对象成员
    return 0;
}
```

程序运行结果为：

```
today: 2017.1.21
2017 is not a leap year!
tomorrow: 2017.1.22
```

本例中，定义了两个日期对象 today 和 tomorrow，并通过调用公有接口 Set()完成数据成员的赋值，例如，“today. Set(2017, 1, 21);”的参数传递过程如图 3-1 所示。不同的对象拥有不同的数据成员值，各个对象通过公有接口访问自己的私有成员。

3. 对象的存储与 this 指针

在例 3-5 中，Date 类的两个对象 today 和 tomorrow 具有不同的数据成员值，但它们调用的是同一个 Set()函数实现赋值。也就是说，各个对象的数据成员占用不同的存储空间，存储各自的数据成员值，但它们的成员函数代码却是相同的，如果为每个对象的成员函数都分配一份存储空间显然是一种浪费。为此，C++ 编译系统在为对象分配存储空间时，只分配其数据成员所占用的存储空间，而不包括函数代码部分。从物理角度看，成员函数代码是存储在对象空间之外的，而且只在内存中保存一份，如图 3-2 所示。但从逻辑角度看，不同对象调用的相同成员函数，传递的参数和执行的结果却是不同的。同一段函数代码是如何识别所操作的不同对象的数据呢？这是因为，系统自动为成员函数添加了一个名称为 this 的指针参数。

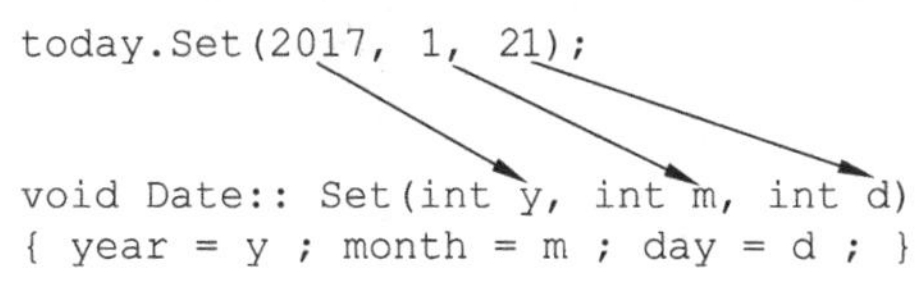

图 3-1 对象 today 的成员函数参数传递

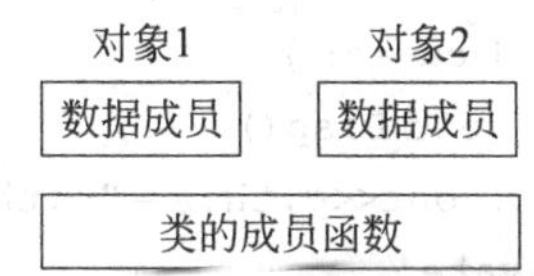

图 3-2 类的成员函数的存储图示

例如，Date 类的 Set() 函数具有一个隐含的参数"Date * const this"，通常 this 指针是成员函数的第一个参数，相当于：

```
void Date::Set( Date * const this,int y, int m, int d )
{ this->year =y; this->month =m; this->day =d; }
```

语句"today. Set(2017,1,21);"可理解为：

```
today.Set(&today,2017, 1, 21);         //系统自动为隐含的 this 指针传递 today 的地址
```

语句"tomorrow. Set(2017,1,22);"可理解为：

```
tomorrow.Set(&tomorrow,2017, 1, 22);  //系统自动为 this 指针传递 tomorrow 的地址
```

但是，实际程序中是不可显式定义 this 参数以及实参 &today 和 &tomorrow，它们是由系统自动添加并且是隐藏的。

通过参数传递，使得 this 指针指向当前调用的对象，在成员函数中通过 this 指针可实现对当前调用对象的成员的访问，因此，函数体内的语句：

```
year=y;
```

等价于：

```
this->year=y;                          //此处的 this 指针可显式使用
```

注意：

(1) 类的所有非静态成员函数都自动拥有一个隐含 this 指针参数，形式为：

```
class_type * const this                // class_type 表示类类型
```

(2) this 是一个常指针,当一个对象调用其成员函数时,this 被赋值为当前调用对象的地址,在本次函数执行期间不能被修改,以确保 this 指向当前调用对象。

(3) this 指针作为一个隐含参数,是由系统自动设置,它不能被显式声明,但可以在程序中显式使用。

【例 3-6】 输出 this 指针的值。

```
//D:\QT_example\3\Example3_6.cpp
#include <iostream>
using namespace std;
class Sample
{
public:
    void Set(char c)
    { ch =c; }
    void Disp()
    {cout<<",this ="<<this<<endl; }
private:
    char ch;
};
int main()
{
    Sample a, b;
    a.Set('a');
    b.Set('b');
    cout<<"&a="<<&a;
    a.Disp();
    cout<<"&b="<<&b;
    b.Disp();
    return 0;
}
```

程序运行结果为:

```
&a=0x28ff3f,this=0x28ff3f
&b=0x28ff3e,this=0x28ff3e
```

程序中的 Disp()函数直接输出 this 的值,与当前调用对象的地址是相同的。this 指针显式使用主要出现在运算符重载和自引用等场合。

3.2.3 类的作用域

一个标识符在程序中有效的作用区域称为该标识符的作用域。类的作用域是指在类的声明中一对大括号所形成的区域(包括类外定义的成员函数),一个类的所有成员都在该类的作用域内。在类的作用域内,类的任何成员都可以引用类中的其他成员;但在类的作用域以外,对类的成员的引用则要受到一定的限制,有时甚至是不允许的。这充分体现了类的封装性。

【例 3-7】 类作用域示例。

```
//D:\QT_example\3\Example3_7.cpp
#include <iostream>
using namespace std;
class Sample
{
public:
    void Set(char c)
    { ch=c; }
    void Disp()
    { cout<<"ch="<<ch<<", this="<<this<<endl; }
private:
    char ch;
};
void Func()                     //全局函数
{   ch='c';                     //错误:'ch' was not declared in this scope
    Disp();                     //错误:'Disp' was not declared in this scope
}
int main()
{
    Sample a, b;
    a.ch='a';                   //错误:'char Sample::ch' is private
    b.ch='b';                   //错误:'char Sample::ch' is private
    a.Disp();
    b.Disp();
    return 0;
}
```

本例中,全局函数 Func()中试图直接访问类的成员 ch 和 Disp(),出现编译错误,因为此处的 Func()函数是类外的一般函数,不在类的作用域内,不能直接访问类的成员,而在类外也没有单独声明这两个标识符,所以,系统提示是未声明的标识符。正确的做法是在成员名前加上对象名限定,即 a. Disp(),也就是通过对象访问这些成员。但需要注意,在类外,通过对象只能访问公有成员,而不能访问私有成员,如 a. ch 就会出现编译错误。一般地,在类外通过公有成员来操作私有成员,例如为实现给对象 a. ch 赋值,就需通过调用 Set()接口来实现。正确示例如例 3-8 所示。

【例 3-8】 类作用域示例。

```
//D:\QT_example\3\Example3_8.cpp
#include <iostream>
using namespace std;
class Sample
```

```
{
public:
    void Set(char c)
    { ch=c; }
    void Disp()
    { cout<<"ch="<<ch<<", this="<<this<<endl; }
private:
    char ch;
};
void Func(Sample s)      //全局函数
{   s.Set('c');          //通过对象 s 引用成员
    s.Disp();
}
int main()
{
    Sample a, b,c;
    a.Set('a');          //对象 a 通过调用公有成员函数 Set()为私有数据成员 ch 赋值
    b.Set('b');
    a.Disp();
    b.Disp();
    Func(c);
    return 0;
}
```

3.2.4 类的封装性和信息隐藏——公有接口与私有实现的分离

把数据和操作数据的函数封装在一起构成了类。在声明类时,一般把一部分成员函数声明为公有的,而把数据成员声明为私有的,外界只能通过公有成员函数访问数据,起到信息隐藏的作用。在前面的程序中,是将类的声明和成员函数的定义直接写在程序的开头,如果一个类要被多个程序使用,就要重复定义该类。

实际上,在面向对象的程序开发中,一般做法是将类的声明(其中包括成员函数的声明)放在一个头文件中,而将函数定义(实现)部分放在另一个文件中,即将接口与实现分离。使用类时,只要把相关的头文件包含进来即可,由于在头文件中包含了类的声明,所以在程序中就可以用该类来定义对象,由于在类体中包含了对成员函数的声明,在程序中就可以调用这些对象的公用成员函数。

例 3-4 可用 3 个文件组成的工程实现。

(1) 头文件 student.h:类的声明部分。

```
//D:\QT_example\3\ Example3_9\ student.h
#ifndef STUDENT_H                //避免多次包含
#define STUDENT_H
class Student
```

```
{ public:
      void Init();                //成员函数声明
      void Disp();                //成员函数声明
  private:
      int num;
      char name[10];
      int age;
};
#endif
```

(2) 源文件 student.cpp：成员函数定义，类的实现部分。

```
//D:\QT_example\3\ Example3_9\ student.cpp
#include <iostream>
using namespace std;
#include "student.h"              //将类声明头文件包含进来
void Student::Init()              //成员函数定义
{   cout<<"Please input the student's number:";
    cin>>num;
    cout<<"Please input the student's name:";
    cin>>name;
    cout<<"Please input the student's age:";
    cin>>age;
}
void Student::Disp()              //成员函数定义
{   cout<<"Information of Student:"<<endl;
    cout<<"Student's number:"<<num<<endl;
    cout<<"Student's name:"<<name<<endl;
    cout<<"Student's age:"<<age<<endl;
    cout<<endl;
}
```

(3) 源文件 main.cpp：包括主函数的源文件。

```
//D:\QT_example\3\ Example3_9\main.cpp
#include <iostream>
using namespace std;
#include "student.h"              //将类声明头文件包含进来
int main()
{
    Student stu1, stu2;           //用类 Student 定义对象 stu1 和 stu2
    stu1.Init();                  //通过对象名调用成员函数
    stu1.Disp();
    Student *pstu=&stu2;          //定义指向对象的指针
    pstu->Init();                 //通过对象指针调用成员函数
    pstu->Disp();
```

```
    return 0;
}
```

本程序需要新建一个工程名为 Example3_9 的工程,并加入上面的三个文件,其中,对源文件 student.cpp 和 main.cpp 进行编译,分别得到目标文件 student.o 和 main.o;然后连接得到可执行文件 Example3_9.exe,运行结果与例 3-4 相同。

注意:由于将头文件 student.h 放在用户当前目录中,因此包含时用"student.h"而不用<student.h>,否则编译时会找不到此文件。

在实际应用中,通常是将若干个常用的功能相近的类声明集中在一起,形成类库。类库有两种:一种是 C++ 编译系统提供的标准类库;一种是用户根据需要开发的用户类库,提供给自己和自己授权的人使用,这称为自定义类库。

类库由两部分组成:一是类声明的头文件;二是已编译过的实现部分的目标文件。开发商把用户所需的各种类的声明按类放在不同的头文件中,同时对包含成员函数定义的源文件进行编译,得到成员函数定义的目标代码。软件商向用户提供这些头文件和类的实现的目标代码(不提供函数定义的源代码)。用户在使用类库中的类时,只需将有关头文件包含到自己的程序中,编译后就会自动与库中的目标代码相连接,最后生成可执行文件。这和在程序中使用 C++ 系统提供的标准函数的方法是一样的。

由于类库的出现,用户可以像使用零件一样方便地使用在实践中积累的通用的或专用的类,这就大大减少了程序设计的工作量,有效地提高了工作效率。

3.3 构造函数与析构函数

构造函数和析构函数都是类内特殊的成员函数。类是一种自定义的数据类型,可以简单也可以很复杂,当声明一个类的对象时,编译系统需要为对象分配内存空间,进行必要的初始化,这个工作是由构造函数完成的。与构造函数对应的是析构函数,当对象被撤销时,就要回收内存空间,并做一些善后工作,这个任务是由析构函数完成的。而且,构造函数与析构函数都是由系统自动调用的。

3.3.1 构造函数

类是一种抽象数据类型,它不被分配内存空间,不能存放具体数据。所以,不能在类声明中给数据成员赋初始值。在定义类的对象时,应考虑为其数据初始化,使该对象的数据具有确定的初始值,前面的例子中是通过调用公用接口(如例 3-4 中的 Init()函数)为数据赋值,如果忘记调用该函数,对象的数据就是不确定的值,会引起运行错误。C++ 中提供了构造函数来完成对象的初始化工作。构造函数是属于某个类的成员函数,不同的类有不同的构造函数。构造函数可由用户自己定义,也可由系统自动生成。

1. 构造函数的定义与作用

构造函数被声明为类的公有成员,其作用是为类的对象分配内存空间,并进行初始化。构造函数不同于一般的成员函数,它具有以下特性。

(1) 构造函数的名字与类名相同。构造函数不能由用户任意命名,创建对象时系统根据函数名进行调用。

(2) 构造函数的参数可以是任何数据类型,但它没有返回值,不能为它定义返回类型,包括 void 类型在内。

(3) 构造函数不能被显式地调用,在定义对象时,编译系统会自动地调用构造函数完成对象内存空间的分配和初始化工作。

【例 3-9】 为日期 Date 类定义构造函数完成初始化。

```
//D:\QT_example\3\ Example3_9.cpp
#include <iostream>
using namespace std;
class Date
{
public:
    Date()                                      //构造函数
    { year =2017; month =7;day =10; }
    void Set(int y, int m, int d);              //带参成员函数声明
    void Print();
private:
    int year,month,day;
};
void Date:: Set(int y, int m, int d)
{ year =y; month =m; day =d; }
void Date::Print()
{ cout<<year<<"."<<month<<"."<<day<<endl; }
int main()
{
    Date today, tomorrow;                       //定义两个对象 today 和 tomorrow
    today.Print();
    tomorrow.Print();
    tomorrow.Set (2017,7, 11);                  //设置日期为 2017-7-11
    tomorrow. Print();
    return 0;
}
```

程序运行结果为:

```
2017.7.10
2017.7.10
2017.7.11
```

上例中,定义对象 today 和 tomorrow 时,系统自动调用构造函数 Date(),为其数据成员 year、month、day 分别赋初值为 2017、7、10,两个对象的数据初始值相同。最后对象

tomorrow 通过调用函数 Set()将日期修改为 2017.7.11。

说明：

(1) 构造函数与普通成员函数一样，可以定义在类体内，也可以定义在类体外。如上例中 Date 类的定义。

```
class Date
{
public:
    Date();                              //构造函数的声明
    void Set(int y, int m, int d);       //带参成员函数声明
    ⋮
    void Print();
private:
    int year,month,day;
};
Date::Date()                             //构造函数的定义
{ year =2017; month =7;day =10; }
```

(2) 在实际应用中，一般都要为类定义构造函数，如果没有定义，编译系统就自动生成一个默认的构造函数，这个默认构造函数不带任何参数，只负责创建对象，不负责初始化。如果程序员定义了构造函数则系统不再生成。系统自动生成的构造函数的形式为：

类名::构造函数名(){ }

(3) 构造函数是类的成员函数，具有一般成员函数的所有性质，可访问类的所有成员，可以是内联函数，可带有参数表，可带有默认的形参值，还可以重载。

(4) 当创建新的对象时，该对象所属的类的构造函数自动被调用。

上例中 Date 类定义的是不带参数构造函数，定义对象的一般形式为：

类名 对象名;

在一个对象生存期中构造函数只被调用一次。

🕮注意：例 3-9 中不带参数构造函数对对象的初始化是固定的，即每个对象的初始值相同，如希望在建立对象时赋予不同的初始值，则需要定义带参数的构造函数。

2. 带参数构造函数与成员初始化列表

构造函数可以带有参数，通过参数为数据成员赋初值。所以，对于带参数的构造函数，应考虑为构造函数传递实参。当建立对象时给出实参值，在自动调用构造函数时将实参传递给构造函数。此时，定义对象的一般形式为：

类名 对象名(实参表);

【例 3-10】 使用带参数构造函数实现例 3-9。

```
//D:\QT_example\3\Example3_10.cpp
```

```
#include <iostream>
using namespace std;
class Date
{
public:
    Date(int y, int m, int d);          //构造函数声明
    void Set(int m, int d, int y );     //带参成员函数声明
    void Print();
private:
    int year, month, day;
};
Date::Date(int y, int m, int d)         //构造函数定义
{ year=y; month=m;day=d; }
void Date:: Set(int y, int m, int d)
{ year=y; month=m; day=d; }
void Date::Print()
{ cout<<year<<"."<<month<<"."<<day<<endl; }
int main()
{
    Date today(2017,7,10);              //定义对象 today, 并为构造函数传递实参
    today.Print();
    Date tomorrow(2017,7,11);           //定义对象 tomorrow,并为构造函数传递实参
    tomorrow.Print();
    return 0;
}
```

程序运行结果为：

```
2017.7.10
2017.7.11
```

本例中，通过带参数构造函数为两个对象赋予了不同的初始值，以 today 为例，实参依次从左至右赋值给构造函数的形参，参数传递过程如图 3-3 所示。

```
Date today(2017, 1, 21 );

Date :: Date(int y, int m, int d)
{year = y; month = m; day = d ; }
```

图 3-3　对象 today 的构造函数参数传递

上例中，数据成员的初始化是在构造函数的函数体内用赋值语句实现的，C++ 还提供了一种成员初始化列表的方式进行数据的初始化，这种方法是在函数首部实现，例 3-10 使用成员初始化列表形式如例 3-11 所示。

【例 3-11】 应用成员初始化列表。

```
//D:\QT_example\3\ Example3_11.cpp
#include <iostream>
using namespace std;
class Date
```

```
{
public:
    Date(int y, int m, int d);          //构造函数声明
    void Set(int m, int d, int y );     //带参成员函数声明
    void Print();
private:
    int year,month,day;
};
Date::Date(int y, int m, int d): year(y), month(m),day(d)      //成员初始化列表
{ cout<<"Object Constructed"<<endl; }
void Date:: Set(int y, int m, int d )
{ year=y; month=m; day=d; }
void Date::Print()
{ cout<<year<<"."<<month<<"."<<day<<endl; }
int main()
{
    Date today(2017,7,10);              //定义对象 today,并为构造函数传递实参
    today.Print();
    Date tomorrow(2017,7,11);           //定义对象 tomorrow,并为构造函数传递实参
    tomorrow.Print();
    return 0;
}
```

程序运行结果为:

```
Object Constructed
2017.7.10
Object Constructed
2017.7.11
```

使用成员初始化列表进行数据的初始化时,是在构造函数的首部末尾添加一个":",然后再列上成员初始化列表,成员初始化列表的一般写法为:

数据成员1(初始值1),数据成员2(初始值2),…

说明:

(1) 初始化列表表示用初始值1初始化数据成员1,用初始值2初始化数据成员2,其含义等价于在函数体内的赋值语句:

数据成员1 =初始值1;数据成员2 =初始值2;

(2) 创建对象时数据成员的初始化顺序与它们在类中的声明顺序有关,而与它们在初始化列表中给出的顺序无关。

本例中的成员初始化列表也可写作:

```
Date::Date(int y, int m, int d): month(m), year(y), day(d)
```

但是,成员初始化的顺序始终是按照类内声明的 year、month、day 的顺序完成。

(3) 如果构造函数的函数体内还有其他语句,则调用构造函数时先执行成员初始化列表,再按顺序执行函数体内的语句。虽然构造函数内可以有其他功能的语句,但一般不提倡在构造函数内加入与初始化无关的语句,以保持程序的清晰。

3. 动态申请的对象

除了前面用类定义对象时,需要调用构造函数之外,在用 new 运算符动态建立匿名对象时,也需要调用构造函数进行初始化。其一般形式为:

类名 *指针变量=new 类名(实参表);

如同一般的匿名变量一样,动态申请的对象也只能通过指针进行访问。

【例 3-12】 动态建立对象。

```
//D:\QT_example\3\ Example3_12.cpp
#include <iostream>
using namespace std;
class Date
{
public:
    Date(int y, int m, int d);          //构造函数声明
    void Set(int m, int d, int y );     //带参成员函数声明
    void Print();
private:
    int year, month, day;
};
Date::Date(int y, int m, int d)         //构造函数定义
{ year =y; month =m;day =d; }
void Date:: Set(int y, int m, int d )
{ year =y; month =m; day =d; }
void Date::Print()
{ cout<<year<<"."<<month<<"."<<day<<endl; }
int main()
{
    Date today(2017,7,10);              //定义对象 today,并为构造函数传递实参
    today.Print();
    Date *pd=new Date(2017,7,11);       //定义动态对象,并为构造函数传递实参
    pd->Print();
    delete pd;
    return 0;
}
```

程序运行结果为:

```
2017.7.10
```

```
2017.7.11
```

本例中,定义实名对象 today,调用构造函数初始化日期为 2017.7.10,定义匿名对象的初始化值为 2017.7.11,并通过对象指针调用成员函数 Print()输出。需要注意的是,用 new 申请的动态对象只能通过 delete 释放。

4. 构造函数的重载

构造函数可以像普通函数一样被重载。为了适应不同的情况,增加程序设计的灵活性,C++ 允许在一个类中定义多个参数个数或参数类型不同的构造函数,用多种方法为对象初始化。

【例 3-13】 构造函数重载示例。

```
//D:\QT_example\3\ Example3_13.cpp
#include <iostream>
using namespace std;
class Date
{
public:
    Date();                                         //无参数构造函数声明
    Date(int m, int d );                            //带两个参数的构造函数声明
    Date(int y, int m, int d);                      //带三个参数的构造函数声明
    void Set(int y, int m, int d);                  //带参数成员函数声明
    void Print();
private:
    int year, month, day;
};
Date::Date()                                        //无参数构造函数
{   year =2017; month =7;day =10;
    cout<<"Object Constructed"<<endl;
}
Date::Date( int m, int d): month(m),day(d)          //带两个参数的构造函数
{   year =2017;
    cout<<"Object Constructed"<<endl;
}
Date::Date(int y, int m, int d): year(y), month(m),day(d)     //带三个参数的构造函数
{ cout<<"Object Constructed"<<endl; }
void Date::Set(int y, int m, int d )
{ year =y; month =m; day =d; }
void Date::Print()
{ cout<<year<<"."<<month<<"."<<day<<endl; }
int main()
{
    Date today;                         //建立对象 today,调用无参数构造函数
    today.Print();
```

```
    Date yesterday(7,9);          //建立对象 yesterday,调用两个参数的构造函数
    yesterday.Print();
    Date tomorrow(2017,7,11);     //建立对象 tomorrow,调用三个参数的构造函数
    tomorrow.Print();
    return 0;
}
```

程序运行结果为：

```
Object Constructed
2017.7.10
Object Constructed
2017.7.9
Object Constructed
2017.7.11
```

上例类 Date 中定义了三个构造函数。程序编译时，编译器会根据建立对象时所给出的实参个数和类型，匹配合适的构造函数。

说明：

(1) 定义对象语句“Date today;”，由于没有在对象名后面提供实参，调用的是无参数构造函数，注意该语句不能写为“Date today();”，这种写法表示声明一个返回类型为 Date 的普通函数。

(2) 尽管一个类可以定义多个构造函数，但对每一个对象而言，建立该对象时只执行其中一个相匹配的构造函数。如果找不到匹配的构造函数，就不能建立对象，编译阶段会出错。

5. 带默认参数值的构造函数

在创建对象时，如果调用带参数构造函数，则必须给构造函数传递实参；否则，构造函数将不被执行。但在实际应用中，有些构造函数的参数值通常是不变的，只有在特殊情况下才需要改变它的值，这时，可以将构造函数定义为带默认参数值的构造函数，这样，在定义对象时可以省略实参，用默认的参数值来初始化数据成员。

【例 3-14】 带默认参数值的构造函数。

```
//D:\QT_example\3\ Example3_14.cpp
#include <iostream>
using namespace std;
class Date
{
public:
    Date(int y =2000, int m =1, int d =1);        //带默认参数值的构造函数
    void Set(int y, int m, int d);                //带参数的成员函数声明
    void Print();
private:
```

```
    int year, month, day;
};
Date::Date( int y,int m, int d): year(y),month(m),day(d)  //成员初始化列表
{ cout<<"Object Constructed"<<endl; }
void Date::Set(int y, int m, int d )
{ year =y; month =m; day =d; }
void Date::Print()
{ cout<<year<<"."<<month<<"."<<day<<endl; }
int main()
{
    Date d1;                              //建立对象 d1,省略全部实参
    d1.Print();
    Date d2(2017);                        //建立对象 d2,省略两个实参
    d2.Print();
    Date d3(2017,7,10);                   //建立对象 d3,给出全部实参
    d3.Print();
    return 0;
}
```

程序运行结果为:

```
Object Constructed
2000.1.1
Object Constructed
2017.1.1
Object Constructed
2017.7.10
```

说明:

(1) 如果构造函数是在类外进行定义的,则应在类内声明构造函数时指定默认值,在类外定义时不再指定。

(2) 定义了带有全部默认参数值的构造函数后,不能再重载构造函数;否则产生歧义。如果构造函数的全部参数都指定了默认值,则定义对象时实参可以自右向左省略一个或几个,也可以全部都省略。例如,若存在重载的构造函数:

```
Date(int y =2000, int m =1, int d =1);
Date(int y);
Date();
…
```

则定义对象语句"Date d2(2017);"会产生编译错误,使得编译器无法区分应匹配哪个构造函数,因为定义对象时提供一个实参既可以匹配带有三个参数的构造函数(相当于省略后面两个实参),也可匹配只有一个参数的构造函数。

同样,语句"Date d1;"可以匹配带有三个参数的构造函数(相当于省略所有实参),也可匹配无参数构造函数。可见,带有全部默认参数值的构造函数与无参数构造函数是不

能同时存在的。

(3) 当定义一个对象不给出任何初始化值时，系统所调用的构造函数称为默认构造函数。可见，默认构造函数是无参数的或所有参数都有默认值的构造函数。

请分析以下程序的运行结果。

【例 3-15】 分析构造函数示例。

```
//D:\QT_example\3\ Example3_15.cpp
#include <iostream>
#include <cmath>
using namespace std;
class Complex
{
public:
    Complex(double real =0.0, double imag =0.0);    //带有默认参数的构造函数
    double AbsComplex();
private:
    double real,imag;
};
Complex::Complex(double r, double i)
{   real =r;
    imag =i;
}
double Complex::AbsComplex()
{   double n;
    n =real * real+imag * imag;
    return sqrt(n);
}
int main()
{
    Complex com1;
    Complex com2(2);
    Complex com3(2,4.2);
    cout<<"abs of complex ob1="<<com1.AbsComplex()<<endl;
    cout<<"abs of complex ob2="<<com2.AbsComplex()<<endl;
    cout<<"abs of complex ob3="<<com3.AbsComplex()<<endl;
    return 0;
}
```

程序运行结果为：

```
abs of complex ob1=0
abs of complex ob2=2
abs of complex ob3=4.65188
```

3.3.2 复制构造函数

复制构造函数是一种特殊的构造函数,其作用是在建立一个新对象时,用一个已经存在的对象去初始化该对象。例如语句:

```
Date day1(today);
```

或

```
Date day1=today;
```

作用:建立一个新对象 day1,并用已有对象 today 初始化 day1,这个过程就要调用复制构造函数。

复制构造函数具有以下特性。

(1) 复制构造函数也是一种构造函数,其函数名与类名相同,并且复制构造函数也没有返回值类型。

(2) 复制构造函数有一个形参,是本类对象的引用。这样就可避免在参数传递时建立新的对象,为了保证不修改被引用的实参对象,通常使用 const 引用。

所以,复制构造函数的一般形式为:

```
类名::类名(const 类名 & 对象名)
{
    //复制构造函数的函数体
}
```

(3) 每个类都有一个复制构造函数,如果程序中没有显式定义复制构造函数,则系统会自动生成一个默认的复制构造函数。

1. 自定义复制构造函数

【例 3-16】 自定义复制构造函数。

```
//D:\QT_example\3\Example3_16.cpp
#include <iostream>
using namespace std;
class Date
{
public:
    Date(int y=2000, int m=1, int d=1);        //带默认参数值的构造函数
    Date(const Date &d);                       //复制构造函数
    void Set(int y, int m, int d);             //带参数的成员函数声明
    void Print();
private:
    int year, month, day;
};
```

```
Date::Date( int y,int m, int d): year(y),month(m),day(d)    //成员初始化列表
{ cout<<"Object Constructed"<<endl; }
Date::Date(const Date &d)                          //复制构造函数
{   year =d.year; month =d.month;day =d.day+1;
    cout<<"Copy_Constructor" <<endl;
}
void Date::Set(int y, int m, int d )
{ year =y; month =m; day =d; }
void Date::Print()
{ cout<<year<<"."<<month<<"."<<day<<endl; }
int main()
{
    Date d1(2017,7,10);                          //建立对象 d1
    d1.Print();
    Date d2(d1);                                 //建立对象 d2,并用 d1 进行初始化
    d2.Print();
    Date d3=d2;                                  //建立对象 d3,并用 d2 进行初始化
    d3.Print();
    return 0;
}
```

程序运行结果为：

```
Object Constructed
2017.7.10
Copy_ Constructor
2017.7.11
Copy_Constructor
2017.7.12
```

在以上程序中，建立对象 d1 时调用构造函数，建立对象 d2 时调用复制构造函数，将对象 d1 作为实参传递给引用 d，通过 d 将实参对象 d1 的数据赋值给 d2，但是，在复制构造函数中，赋值语句“year = d.year; month = d.month;day = d.day+1;”对新对象的数据 year、month 实现原样复制，而 day 的数据进行增 1，新建对象 d3 的过程同 d2。所以，最后得到的 d1、d2、d3 的值是不相同的。

当然，如果复制构造函数的赋值语句为“year = d.year; month = d.month;day = d.day;”，则 d2、d3 对象的数据成员值就与 d1 相同了。所以，复制构造函数可以灵活地对新建对象初始化。

说明：

(1) 需要调用复制构造函数的对象定义的一般形式为：

类名 对象 2(对象 1)；

或

类名 对象 2= 对象 1;

(2) 如果程序中没有定义复制构造函数,系统就会自动生成一个默认复制构造函数,用于复制出完全相同的新对象。

2. 默认复制构造函数

【例 3-17】 默认复制构造函数。

```
//D:\QT_example\3\ Example3_17.cpp
#include <iostream>
using namespace std;
class Date
{
public:
    Date(int y =2000, int m =1, int d =1);      //带默认参数值的构造函数
    void Set(int y, int m, int d);              //带参数的成员函数声明
    void Print();
private:
    int year, month, day;
};
Date::Date( int y,int m, int d): year(y),month(m),day(d)   //成员初始化列表
{ cout<<"Object Constructed"<<endl; }
void Date::Set(int y, int m, int d )
{ year =y; month =m; day =d; }
void Date::Print()
{ cout<<year<<"."<<month<<"."<<day<<endl; }
int main()
{
    Date d1(2017,7,10);                         //建立对象 d1
    d1.Print();
    Date d2(d1);                                //建立对象 d2,并用 d1 进行初始化
    d2.Print();
    Date d3=d2;                                 //建立对象 d3,并用 d2 进行初始化
    d3.Print();
    return 0;
}
```

程序运行结果为:

```
Object Constructed
2017.7.10
2017.7.10
2017.7.10
```

上例中没有显式定义复制构造函数,所以,在建立对象 d2、d3 时,系统调用默认复制

构造函数,将实参对象的数据一一复制给新建对象的数据成员,使得三个对象的数据成员具有相同的值。所以,本例中的默认复制构造函数形式如下所示:

```
Date::Date(const Date &d)
{ year =d.year; month =d.month;day =d.day; }
```

一般情况下,用默认复制构造函数就可完成初始化任务,但当类中有指针型数据时,可能会出错,详见 3.4 节。

3. 复制构造函数的调用时机

在上述例子中,在建立新对象时,用已有对象初始化新对象需要调用复制构造函数。在遇到函数参数为类类型、函数返回值为类类型时也需要调用复制构造函数,完成对新建的局部对象的初始化。

下面的例子说明了调用复制构造函数的几种情况。

【例 3-18】 调用复制构造函数举例。

```
//D:\QT_example\3\ Example3_18.cpp
#include <iostream>
using namespace std;
class Date
{
public:
    Date(int y =2000, int m =1, int d =1);   //带默认参数值的构造函数
    Date(const Date &d);                     //复制构造函数
    void Set(int y, int m, int d);           //带参数的成员函数声明
    void Print();
private:
    int year, month, day;
};
Date::Date( int y,int m, int d): year(y),month(m),day(d)  //成员初始化列表
{ cout<<"Object Constructed"<<endl; }
Date::Date(const Date &d)                    //复制构造函数,使日期增 1
{   year =d.year; month =d.month;day =d.day+1;
    cout<<"Copy_Constructor" <<endl;
}
void Date::Set(int y, int m, int d)
{ year =y; month =m; day =d; }
void Date::Print()
{ cout<<year<<"."<<month<<"."<<day<<endl; }
Date Func(Date day)
{   cout<<"day:";
    day.Print();
    day.Set(2017,1,1);
    return day;
```

```
}
int main()
{
    Date d1(2017,7,10);                     //建立对象 d1,调用构造函数
    cout<<"d1: ";
    d1.Print();
    Date d2(d1);                            //建立对象 d2,调用复制构造函数
    cout<<"d2: ";
    d2.Print();
    Date d3(2017,7,12);                     //建立对象 d3,调用构造函数
    cout<<"d3: ";
    d3.Print();
    d3=Func(d2);
    cout<<"new d3: ";
    d3.Print();
    return 0;
}
```

程序运行结果为：

```
Object Constructed                          //创建对象 d1,调用构造函数
d1: 2017.7.10
Copy_Constructor                            //创建对象 d2,调用复制构造函数
d2: 2017.7.11
Object Constructed                          //创建对象 d3,调用构造函数
d3: 2017.7.12
Copy_Constructor                            //创建形参对象 day,调用复制构造函数
day: 2017.7.12
Copy_Constructor                            //创建临时对象,调用复制构造函数
new d3: 2017.1.2
```

本程序中,语句“d3 = Func(d2);”的执行过程中发生了两次复制构造函数的调用。首先,在参数传递时,建立形参对象 day 并由实参对象 d2 进行初始化,调用复制构造函数;其次,在函数 Func()中返回时,系统自动建立一个 Date 类型的临时匿名对象,并由 day 进行初始化,需调用复制构造函数,当函数执行到右括号后,释放形参对象 day,返回调用处,由临时对象将数据赋值给 d3,然后释放临时对象。

一般地,调用复制构造函数主要发生在以下情况。

(1) 用类的对象去初始化该类的另一个对象时。

(2) 函数的形参是类的对象,调用函数进行形参和实参的结合时。

(3) 函数的返回值是类的对象,函数执行结束返回调用者时。

3.3.3 析构函数

与构造函数功能相对应的是析构函数,析构函数也是一种特殊的成员函数,用于在撤

销对象时释放分配给对象的内存空间，并做一些善后工作。析构函数也被声明为公有成员。析构函数具有以下特性。

(1) 析构函数的名字必须与类名相同，但在名字的前面要加波浪号“~”。一般形式为：

```
~类名()
{ //析构函数体 }
```

(2) 析构函数没有参数，没有返回值，不能重载。

(3) 每一个类中必须有一个析构函数。若没有显式的定义，则系统会自动生成一个默认的析构函数，它是一个空函数。

(4) 当撤销对象时，系统会自动调用析构函数完成空间的释放和善后工作。

以下几种情况会自动调用析构函数：

(1) 主函数结束(或调用 exit()函数)时，对象被撤销。

(2) 函数内定义的局部对象包括函数的形参，当函数调用结束时，对象被撤销。

(3) 用 new 建立的动态对象，使用 delete 释放。

下面重新定义 Date 类，以理解析构函数的定义与作用。

【例 3-19】 析构函数的定义与作用。

```
//D:\QT_example\3\ Example3_19.cpp
#include <iostream>
using namespace std;
class Date
{
public:
    Date(int y=2017, int m=1, int d=1);  //带默认参数值的构造函数
    ~Date();                             //析构函数
    void Set(int y, int m, int d);       //带参数的成员函数声明
    void Print();
private:
    int year, month, day;
};
Date::Date( int y,int m, int d): year(y),month(m),day(d)   //成员初始化列表
{ cout<<"Object Constructed"<<endl; }
Date::~Date()
{   cout<<year<<"."<<month<<"."<<day;
    cout<<" Object Destructed" <<endl;
}
void Date::Set(int y, int m, int d )
{ year=y; month=m; day=d; }
void Date::Print()
{ cout<<year<<"."<<month<<"."<<day<<endl; }
int main()
```

```
{
    Date d1(2017,7,10);                         //建立对象 d1
    d1.Print();
    Date * pd=new Date;                         //建立动态匿名对象
    pd->Print();
    Date d2(d1);                //建立对象 d2,并用 d1 进行初始化,调用默认复制构造函数
    d2.Set(2017,7,11);                          //对象 d2 被设置为 2017.7.11
    cout<<"new d2: ";
    d2.Print();
    delete pd;
    return 0;
}
```

程序运行结果为:

```
Object Constructed                              //建立对象 d1,调用构造函数
2017.7.10
Object Constructed                              //建立动态对象,调用构造函数
2017.1. 1
new d2: 2017.7.11
2017.1. 1 Object Destructed                     //动态对象被撤销,调用析构函数
2017.7.11 Object Destructed                     //对象 d2 被撤销,调用析构函数
2017.7.10 Object Destructed                     //对象 d1 被撤销,调用析构函数
```

本程序中,共建立了三个对象:d1、d2 和动态对象,其中 d2 是调用复制构造函数完成初始化。在主函数中先由 delete 撤销动态对象,当运行结束时,对象 d1 和 d2 被撤销,在同一个局部作用域内,对象遵循先构造后析构的原则,所以按照先 d2 后 d1 的析构顺序依次调用析构函数。

对于大多数类而言,默认的析构函数就能满足要求,如果对象在完成操作前需要做内部处理,则应显式地定义析构函数。构造函数和析构函数的常见用法是:在构造函数中用 new 运算符为对象分配空间,在析构函数中用 delete 运算符释放空间,如例 3-20 所示。

【例 3-20】 析构函数的应用。

```
//D:\QT_example\3\Example3_20.cpp
#include <iostream>
#include <cstring>
using namespace std;
class String
{
public:
    String(char * s)                          //构造函数
    { str=new char[strlen(s)+1];
      strcpy(str,s);
    }
```

```
    ~String()                          //析构函数
    { delete []str; }
    void Display( )
    { cout<<str<<endl; }
private:
    char * str;
};
int main()
{
    String str1("Hello!");             //定义一个存放“hello!”的字符串对象
    str1.Display();
    String str2("good morning!");
    str2.Display();
    return 0;
}
```

程序运行结果为：

```
Hello!
good morning!
```

此程序定义了一个简单的字符串类 String，在定义对象时需传递字符串指针，构造函数中根据实际的字符串长度分配内存空间，所以该字符串对象可存储变长的字符串。主函数结束时，str1 和 str2 撤销需调用析构函数释放所占用的动态内存空间，所以，该类的析构函数必须由程序员显式定义，析构函数内通过 delete 释放对象的动态内存空间。

3.4 对象的深复制

系统默认的复制构造函数可以完成对象数据成员值的简单复制。当对象的数据成员中用到由指针指示的堆内存时，默认复制构造函数仅作指针值的复制(两个对象的指针成员指向同一地址的动态内存空间)，这样对象之间复制后还共享某些资源，这种复制称为浅复制。当两个对象之间进行复制时，若复制完后，它们不会共享任何资源，一个对象的销毁不会影响另一个对象，则称为深复制。

【例 3-21】 浅复制举例。

```
//D:\QT_example\3\ Example3_21.cpp
#include <iostream>
#include <cstring>
using namespace std;
class Student
{
public:
    Student(int n,char * p);
    ~Student();
```

```
private:
    int no;
    char *pname;
};
Student::Student(int n,char *p)
{   no=n;
    pname=new char[strlen(p)+1];
    strcpy(pname,p);
}
Student::~Student()
{   cout<<no<<" "<<pname<<endl;
    delete [ ]pname;
}
int main()
{
    Student stu1(10,"Henry");
    Student stu2(stu1);
    return 0;
}
```

本程序在建立对象 stu2 时用 stu1 对象初始化，要调用默认的复制构造函数，实现数据成员的一一赋值，其完成的赋值功能为：

```
stu2.no =stu1.no; stu2.pname =stu1.pname;
```

这样，对象 stu2 和 stu1 的 pname 指针值相同，两个对象共享一段堆内存空间，当对象 stu2 撤销时，堆内存空间就被释放了；当 stu1 撤销时，其指针所指向的空间却无法访问，造成运行错误，如图 3-4 所示。因为两个对象共享堆内存，造成了对同一内存空间的两次释放。这是不允许的，解决方法就是使用深复制，使对象各自占用不同的堆内存空间，但其数据值是相同的。

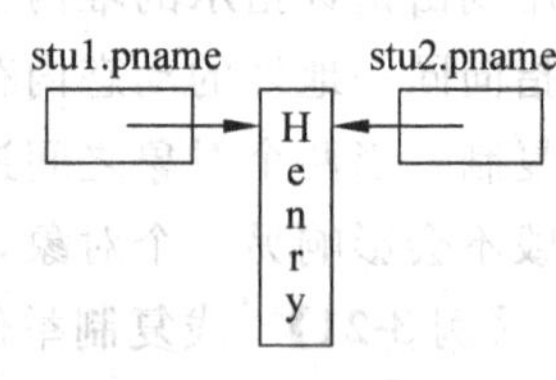

图 3-4 浅复制示例

【例 3-22】 深复制举例。

```
//D:\QT_example\3\Example3_22.cpp
#include <iostream>
#include <cstring>
using namespace std;
class Student
{
public:
    Student(int n,char *p);
    Student(Student& s);
    ~Student();
private:
    int no;
    char *pname;
```

```
};
Student::Student(int n,char *p)
{   no=n;
    pname=new char[strlen(p)+1];
    strcpy(pname,p);
}
Student::Student(Student& s)
{   no=s.no;
    pname=new char [strlen(s.pname)+1];
    strcpy(pname,s.pname);
}
Student::~Student()
{   cout<<no<<" "<<pname<<endl;
    delete []pname;
}
int main()
{
    Student stu1(10,"Henry");
    Student stu2(stu1);
    return 0;
}
```

本程序中,通过自定义复制构造函数,为新建对象分配了独立的内存空间,该空间与原对象的空间长度和存储的数据相同,称为深复制,当对象撤销时,各自的内存空间随之释放,互不影响,如图 3-5 所示。

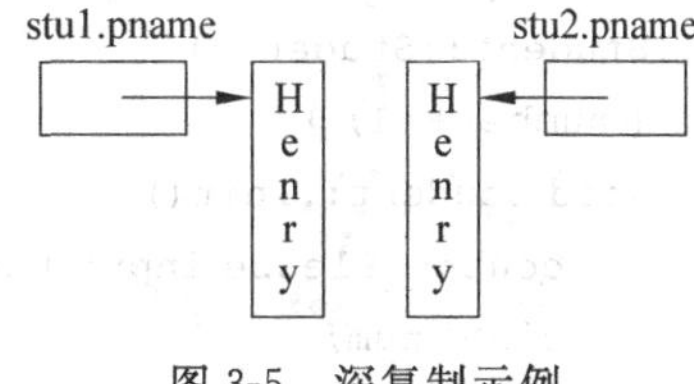

图 3-5　深复制示例

3.5　静态成员

类中的静态成员为同类对象提供了一个共享机制。关键字 static 可用于说明一个类的成员为静态成员。静态成员包括静态数据成员和静态成员函数。当一个类的成员说明为 static 时,该类创建的所有对象都共享这个 static 成员,所以,静态成员是局部于类的,而不是某个对象特有的成员。

3.5.1　静态数据成员

如前所述,如果定义 n 个同类的对象,那么每个对象都分别拥有自己的数据成员,各自有值,互不相关。有时需要某些数据成员在同类的多个对象之间实现共享,就需要应用静态数据成员实现。

在一个类中,若将一个数据成员说明为 static,则该数据称为静态数据成员,它告诉编译器无论建立多少个该类的对象,所有对象都共享同一个静态数据成员。所以,静态数据的值对每个对象都是一样的。对静态数据成员的值的更新,就是对所有对象的该静态数据成员值的更新。

【例3-23】 求解问题:统计学生的人数。应用静态数据成员。

```
//D:\QT_example\3\Example3_23.cpp
#include <iostream>
using namespace std;
class Student
{
public:
    Student();                              //构造函数声明
    void Init();                            //成员函数声明
    void Disp();                            //成员函数声明
    static int number;                      //声明静态数据成员
private:
    int num;
    char name[10];
    int age;
};
int Student::number=0;                      //静态数据成员初始化
Student::Student()
{ number+=1; }
void Student::Init()                        //成员函数定义
{   cout<<"Please input the student's number:";
    cin>>num;
    cout<<"Please input the student's name:";
    cin>>name;
    cout<<"Please input the student's age:";
    cin>>age;
}
void Student::Disp()                        //成员函数定义
{   cout<<"Information of Student:"<<endl;
    cout<<"Student's number:"<<num<<endl;
    cout<<"Student's name:"<<name<<endl;
    cout<<"Student's age:"<<age<<endl;
    cout<<endl;
}
int main()
{
    cout<<"The number of students :"<<endl;
    cout<<Student::number<<endl;            //通过类名访问静态成员
    Student stu1;
    cout<<Student::number<<endl;            //通过类名访问静态成员
    cout<<stu1.number<<endl;                //通过对象名访问静态成员
```

```
    Student stu2;
    cout<<Student::number<<endl;        //通过类名访问静态成员
    cout<<stu1.number<<endl;            //通过对象名访问静态成员
    cout<<stu2.number<<endl;            //通过对象名访问静态成员
    return 0;
}
```

程序运行结果为：

```
The number of students :
0
1
1
2
2
2
```

本例中，通过静态数据成员 number 记录学生的数量，开始以类名直接引用 number 显示的是数据的初始值 0，每定义一个学生对象，系统会自动调用构造函数使 number 增 1，因为所有对象共享一个 number 数据，所以 number 就是当前建立的所有学生对象的数量，也就是说，建立对象 stu1 后，number 值为 1，建立对象 stu2 时，number 值再由 1 增加为 2，而且 number 作为公有的静态数据成员可在类外用类名直接引用也可用对象名引用，其值是一样的。

本例中的 number 成员为所有对象共享，如图 3-6 所示。

图 3-6 静态数据成员存储示意图

说明：

(1) 静态数据成员只在类内声明时使用 static 关键字。

(2) 静态数据成员一定要在类体外进行初始化。

(3) 静态数据成员存储在全局数据区，在编译时分配内存并初始化，供所有对象共用。

(4) 与普通的数据成员一样，静态数据成员也有 public、private、protected 之分。在类外只能访问 public 的静态数据成员，访问形式有两种：

类名::静态数据成员名

或

对象名.静态数据成员名

静态成员是独立于对象存在的，因此可以在创建对象之前通过类名引用。

3.5.2 静态成员函数

成员函数也可以声明为静态的,方法是在类内成员函数声明或定义的前面冠以 static 关键字。静态成员函数主要用来访问类的静态成员,不能直接访问类的非静态成员。与静态数据成员一样,类外调用 public 静态成员函数时,可有两种形式:

<类名>::<静态成员函数名>(<参数表>)

或

<对象名>.<静态成员函数名>(<参数表>)

【例 3-24】 求解问题:已知某班级学生的学号、姓名、英语成绩、数学成绩,求各门课的平均成绩。要求单独计算各门课的平均成绩。

首先,分析并设计学生类 Student,其中的成员如下所示。

数据成员:

```
int num;                        //学号
char name[10];                  //姓名
float english;                  //英语成绩
float math;                     //数学成绩
static int number;              //静态数据成员,表示学生人数
static float sumE;              //静态数据成员,表示英语总分
static float sumM;              //静态数据成员,表示数学总分
```

其中,统计的学生人数、课程总分是所有学生共享的数据,所以定义为静态成员。

成员函数:

```
Student();                      //构造函数,完成数据成员的初始化,并累加统计总人数
void Init();                    //学生数据输入函数
void Disp();                    //学生数据输出函数
void Total();                   //统计函数:计算英语和数学课程的总成绩 sumE、sumM
static float AverE();           //静态成员函数,计算英语的平均成绩
static float AverM();           //静态成员函数,计算数学的平均成绩
```

其中,函数 AverE()是计算所有学生的英语平均成绩,是类内所有对象共享的,并且需要引用所有学生的英语总分 sumE 和人数 number,都是静态数据成员,所以,AverE()应定义为 static 成员函数,函数 AverM()也是如此。

完整的程序如下所示:

```
//D:\QT_example\3\Example3_24.cpp
#include <iostream>
#include <iomanip>
using namespace std;
class Student
```

```
{
public:
    Student();                      //构造函数声明
    void Init();                    //成员函数声明
    void Disp();
    void Total();
    static float AverE();           //静态成员函数声明
    static float AverM();           //静态成员函数声明
private:
    int num;
    char name[10];
    float english;
    float math;
    static int number;              //静态数据成员声明
    static float sumE;
    static float sumM;
};
int Student::number=0;              //静态数据成员初始化
float Student::sumE=0;
float Student::sumM=0;
Student::Student()
{   Init();
    number+=1;
}
void Student::Init()                //成员函数定义
{   cout<<"Please input the student's number:";
    cin>>num;
    cout<<"Please input the student's name:";
    cin>>name;
    cout<<"Please input the english score:";
    cin>>english;
    cout<<"Please input the math score:";
    cin>>math;
}
void Student::Disp()                //成员函数定义
{   cout<<"Information of Student:"<<endl;
    cout<<"Student's number:"<<num<<endl;
    cout<<"Student's name:"<<name<<endl;
    cout<<"English score:"<<english<<endl;
    cout<<"Math score:"<<math<<endl;
    cout<<endl;
}
void Student::Total()
{   sumE=sumE+english;
```

```
    sumM =sumM+math;
}
float Student::AverE()
{ return sumE/number; }
float Student::AverM()
{ return sumM/number; }
int main()
{
    Student stu[3];
    for(int i=0;i<3;i++)
        stu[i].Total();
    cout<<"Average Score of English: ";
    cout<<setiosflags(ios::fixed)
        <<setprecision(1);      //设置小数形式输出,保留一位小数
    cout<<Student::AverE()<<endl;
    cout<<"Average Score of Math: ";
    cout<<setiosflags(ios::fixed)
        <<setprecision(1);      //设置小数形式输出,保留一位小数
    cout<<Student::AverM()<<endl;
    return 0;
}
```

本例中,可通过类名调用静态成员函数 AverE()和 AverM(),也可用对象名调用,如 stu[0]. AverE()、stu[1]. AverE()等,其结果是一样的,都表示该类的所有对象的英语和数学平均成绩,而不单指某个对象的平均成绩。

说明:

(1) 静态成员函数是一个特殊的成员函数,没有隐含的 this 指针。

静态成员函数的调用不依赖于任何一个特定的对象,所以系统不会为其添加 this 指针,即使通过对象调用也不会传递当前对象的地址,所以,在静态成员函数中,如果要引用非静态成员则要提供访问的对象。一般地,静态成员函数主要是引用静态成员。

(2) 静态成员函数可以实现在建立任何对象之前处理静态数据成员,完成建立任何对象之前都需要的预操作,这是非静态成员函数所不能实现的。

3.6 常类型

常类型是指使用类型修饰符 const 声明的类型,常类型的变量或对象的值是不能被改变的,所以能够防止数据被错误修改。在定义对象时加 const 类型修饰符就定义了常对象,在定义类时将成员声明为 const 类型,就称为常数据成员或常成员函数。

3.6.1 类的常数据成员

就像一般数据一样,类的数据成员也可以是常量和常引用,称为常数据成员,其声明

格式如下：

const 数据类型 数据成员名;

说明：

(1) 类的常数据成员必须进行初始化，而且只能通过构造函数的成员初始化列表的方式来进行。列表中对成员的初始化顺序，与它们在列表中的顺序无关，而与它们在类中的声明顺序有关。

(2) 包含常数据成员的类不能使用默认构造函数。

(3) 在对象被创建以后，其常数据成员的值就不允许被修改（只可读取其值，但不可进行改变）。

【例 3-25】 常数据成员示例。

```
//D:\QT_example\3\Example3_25.cpp
#include <iostream>
using namespace std;
class Sample
{
public:
    Sample(char c1,char c2):ch1(c1),ch2(c2)    //带成员初始化列表的构造函数
    { }
    void Disp()
    { cout<<ch1<<","<<ch2<<endl; }
private:
    const char ch1, ch2;                       //定义常数据成员
};
int main()
{
    Sample a('m','n');                         //定义对象 a,为常数据成员传递实参
    a.Disp();
    return 0;
}
```

程序运行结果为：

```
m,n
```

本程序定义了两个常数据成员 ch1、ch2，通过构造函数的成员初始化列表完成初始化，并且其值不能再改变。可以做以下验证，在 Sample 类中增加一个 Set() 函数，如下所示：

```
void Sample::Set(char c1,char c2)
{ ch1=c1; ch2=c2;}
```

编译时 Set() 函数出现如下错误提示：

```
error: assignment of read-only data-member 'Sample::ch1'
```

```
error: assignment of read-only data-member 'Sample::ch2'
```

系统提示常数据成员 ch1、ch2 是只读的，不能被赋值，也就是说，改变常数据成员的值是非法的。

3.6.2 类的常成员函数

类的常成员函数是为了限制对数据进行修改。在类的成员函数后面添加 const 关键字，就声明了一个常成员函数。其声明格式如下：

函数类型 成员函数名(参数列表) const;

说明：

(1) 常成员函数中不能修改对象的数据成员值。

(2) 修饰符 const 要加在函数说明的尾部，并且作为函数类型的一部分，不能省略。如果常成员函数定义在类体外，则不论是类内声明还是类外定义，都不能省略关键字 const。

【例 3-26】 类的常成员函数。

```
//D:\QT_example\3\Example3_26.cpp
#include <iostream>
using namespace std;
class Sample
{
public:
    Sample(char c)
    { ch =c; }
    void Set(char c)
    { ch =c; }
    void Disp() const                    //定义常成员函数
    { cout<<ch<<endl; }
private:
    char ch;
};
int main()
{
    Sample a('m');
    a.Disp();
    a.Set('n');
    a.Disp();
    return 0;
}
```

程序的运行结果为：

```
m
n
```

本程序定义了常成员函数 Disp()，只对数据成员进行输出操作，不会修改其值。如果把 Set()函数也定义为“void Set(char c) const”，将会出现编译错误，因为常成员函数中无法修改数据成员 ch 的值。

一般地，如果一个成员函数只是引用数据成员的值而不是改变其值，就要声明为常成员函数。例如，在下面的 Date 类中，函数 isLeapYear()和 Print()都声明为常成员函数。这样，可以避免对数据的误修改。

```
//Date 类的定义
class Date
{
public:
    void Set(int y,int m,int d);
    int isLeapYear() const;                        //声明常成员函数
    void Print() const;                            //声明常成员函数
private:
    int year,month,day;
};
void Date::Set(int y,int m,int d)
{ year=y; month=m; day=d; }
int Date::isLeapYear( ) const                      //定义常成员函数
{ return (year%4==0 && year%100 !=0)||(year%400==0); }
void Date::Print( ) const                          //定义常成员函数
{ cout<<year<<"."<<month<<"."<<day<<endl; }
```

说明：

(1) const 是函数类型的一部分，在声明和定义时都要加 const。

(2) const 成员函数既可引用 const 数据，也可引用非 const 数据，但都不能改变数据值。

(3) const 成员函数不能访问非 const 成员函数。

(4) 非 const 成员函数既可引用 const 数据，也可引用非 const 数据，但不能改变 const 数据。

(5) 作为函数类型的一部分，const 可以参与区分重载函数，参见例 3-28。

3.6.3 常对象

常对象是一种对象常量，其定义形式如下：

类名 const 对象名[(实参表列)];

或

const 类名 对象名[(实参表列)];

常对象在定义时必须初始化,并且其数据值将不能改变。

【例 3-27】 常对象示例。

```
//D:\QT_example\3\Example3_27.cpp
#include <iostream>
using namespace std;
class Sample
{
public:
    Sample(char c)
    { ch =c; }
    void Set(char c)
    { ch =c; }
    void Disp()
    {cout<<ch<<endl; }
    void Disp() const                //const 区分重载函数
    {cout<<"const :"<<ch<<endl; }
private:
    char ch;
};
int main()
{
    const Sample a('m');             //a 是常对象,定义时初始化
    //a.Set('n');                    //错误: a 是常对象,不能调用非 const 成员函数
    a.Disp();                        //调用 void Disp() const
    Sample b('n');
    b.Set('w');
    b.Disp();                        //调用 void Disp()
    return 0;
}
```

程序运行结果为:

```
const: m
w
```

程序中语句“a. Set('n');”出现编译错误,原因是 const 对象不能调用非 const 类型的成员函数。所以,常对象 a 调用的是 const 类型的 Disp()函数,而对象 b 调用的是非 const 类型的 Disp()函数。

一般地,对象的数据成员都是由成员函数来修改的。当定义了一个常对象后,为了防止其数据被修改,就规定常对象只能调用常成员函数,而不能调用非常成员函数,也就限制了其数据值的修改。

由此例不难理解常对象的两个特性。

(1) 常对象的数据成员为常数据成员,不能被改变值。

(2) 常对象的成员函数不自动成为常成员函数,且常对象不能调用非常成员函数。

3.7 友元

类的主要特点之一是信息隐藏和封装,类对象中的私有(或保护)数据一般只能通过该对象的成员函数才能访问。但有的时候需要在类的外部频繁访问类的私有(或保护)成员,可以为这样的类声明友元(friend),友元可以访问该类的所有成员。友元是对类操作的辅助手段,在不放弃数据安全性的情况下,对特定的函数和类提供了"友元"身份,使它们能够访问类的成员。友员包括友元函数和友元类。友元提高了程序运行效率,但同时也破坏了类的封装性。

3.7.1 友元函数

友元函数可以是一般的全局函数,也可以另一个类的成员函数。一个类的友元函数虽然可以访问该类的所有成员,但并不是该类的成员函数。声明友元函数时,只需在函数名前加上关键字 friend,并且该声明可以放在类内任何位置,不受 private、protected 和 public 的限制。

1. 全局函数声明为友元函数

在类定义中,可以通过关键字 friend 声明一个外部函数为类的友元函数,从而使该函数可以访问类的所有成员。

【例 3-28】 求解问题:应用友元函数计算两点之间的距离。

```
//D:\QT_example\3\Example3_28.cpp
#include <iostream>
#include <cmath>
#include <iomanip>
using namespace std;
class Point
{
public:
    Point(double x, double y) { X=x; Y=y; }
    double GetX(){ return X; }
    double GetY(){ return Y; }
    friend double Distance(Point& a, Point& b);    //友元函数声明
private:
    double X, Y;
};
double Distance(Point& a, Point& b)
{  double dx=a.X-b.X;
```

```
    double dy=a.Y-b.Y;
    return sqrt(dx * dx+dy * dy);
}
int main()
{
    Point p1(4.0,8.0), p2(5.0, 9.0);
    double dist=Distance(p1, p2);
    cout <<setiosflags(ios::fixed)
        <<setprecision(1);                         //设置小数形式输出,保留一位小数
    cout<<"The distance is "<<dist<<endl;
    return 0;
}
```

程序运行结果为:

```
The distance is 1.4
```

说明:

(1) 将全局函数声明为友元函数,可以在类体内加关键字 friend 声明,在类体外定义。定义格式与普通函数相同;也可以直接在类体内定义,需要在函数首部前加 friend 声明。

(2) 友元函数是非成员函数,调用形式与普通函数相同。

(3) 友元函数中类的对象可以直接访问该类中的私有(或保护)成员。

2. 同一个函数声明为多个类的友元函数

当一个函数需要访问多个类的成员时,就可以将该函数声明为多个类的友元,该函数就能访问多个类的成员。例如在例 3-30 的学生选课问题中,当学生选修某位教师的课程时,要求显示出学生和教师的信息,就可以定义一个全局函数 Disp(),同时声明为学生类 Student 和教师类 Teacher 的友元函数。

【例 3-29】 一个函数声明为两个类的友元。

```
//D:\QT_example\3\Example3_29.cpp
#include <iostream>
using namespace std;
class Student;                                         //前向引用声明
class Teacher
{
public:
    Teacher();
    void Tdisp();
private:
    int tno;
    char tname[10];
    friend void Disp(Teacher& t,Student& s);      //声明 Disp()为本类的友元函数
```

```
};
Teacher::Teacher()
{   cout<<"Please input the teacher's number:";
    cin>>tno;
    cout<<"Please input the teacher's name:";
    cin>>tname;
}
void Teacher::Tdisp()
{   cout<<"Teacher's Message: "<<endl;
    cout<<"Number: "<<tno;
    cout<<"\tName:"<<tname;
    cout<<endl;
}
class Student
{
public:
    Student();
    void Sdisp();                                    //显示学生的基本信息
private:
    int sno;
    char sname[10];
    friend void Disp(Teacher& t,Student& s);    //声明 Disp 的为本类的友元函数
};
Student::Student()
{   cout<<"Please input the student's number:";
    cin>>sno;
    cout<<"Please input the student's name:";
    cin>>sname;
}
void Student::Sdisp()
{   cout<<"Student's Message: "<<endl;
    cout<<"Number:"<<sno;
    cout<<"\tName:"<<sname;
    cout<<endl;
}
void Disp(Teacher& t,Student& s)              //输出选课学生的学号和任课教师的工号
{   cout<<"Teacher's number: "<<t.tno<<endl;
    cout<<"Student's number: "<<s.sno<<endl;
}
int main()
{
    Teacher t1;
    Student s1;
    Disp(t1,s1);
```

```
    return 0;
}
```

本例中,先定义了 Teacher 类,但在 Teacher 类中声明友元函数 Disp()时,需要引用后面定义的 Student 类,此时就需要对 Student 类进行前向引用声明。所以,如果需要在某个类的定义之前引用该类,则应进行前向引用声明,前向引用声明只为程序引入一个标识符,但具体的定义在其他地方。

3. 将其他类的成员函数声明为本类的友元函数

在一个类的定义中,可以把另一个类的成员函数声明为当前类的友元函数,该成员函数就能访问当前类的成员。例如例 3-31 中,在解决教师和学生的选课问题时,教师可以给学生修改成绩,可以访问学生的私有数据,所以把教师类中的成员函数 SetGrade()声明为学生类的友元函数。

【例 3-30】 声明其他类的成员函数为友元函数。

```
//D:\QT_example\3\Example3_30.cpp
#include <iostream>
using namespace std;
class Student;                              //前向引用声明
class Teacher                               //声明 Teacher 类
{
public:
    Teacher();
    void Tdisp();
    void SetGrade(Student& s);
private:
    int tno;
    char tname[10];
};
class Student                               //声明 Student 类
{
public:
    Student();
    void Sdisp();                           //显示学生的基本信息
    void Pgrade();                          //显示学生的成绩
private:
    int sno;
    char sname[10];
    float grade;
    friend void Teacher::SetGrade(Student& s); /*声明 Teacher 类的成员函数 SetGrade()
                                                 为本类的友元函数*/
};
Teacher::Teacher()                          //实现 Teacher 类的成员函数
```

```
{   cout<<"Please input the teacher's number:";
    cin>>tno;
    cout<<"Please input the teacher's name:";
    cin>>tname;
}
void Teacher::Tdisp()
{   cout<<"Teacher's Message: "<<endl;
    cout<<"Number: "<<tno;
    cout<<"\tName:"<<tname;
    cout<<endl;
}
void Teacher::SetGrade(Student& s)
{   cout<<"Please input the student's grade:";
    cin>>s.grade;
}
Student::Student()                    //实现 Student 类的成员函数
{   cout<<"Please input the student's number:";
    cin>>sno;
    cout<<"Please input the student's name:";
    cin>>sname;
}
void Student::Sdisp()
{   cout<<"Student's Message: "<<endl;
    cout<<"Number:"<<sno;
    cout<<"\tName:"<<sname;
    cout<<endl;
}
void Student::Pgrade()
{   cout<<"\tgrade: "<<grade;
    cout<<endl;
}
int main()
{
    Teacher tea;
    Student stu;
    tea.SetGrade(stu);
    stu.Sdisp();
    stu.Pgrade();
    return 0;
}
```

说明：

(1) 声明其他类的成员函数为友元时，应在成员函数名前加相应的类名限定：

```
friend void Teacher::SetGrade(Student& s);
```

(2) 在前面提到的前向引用声明时,只能使用被声明的符号(即类名),而不能涉及类的任何细节。为了在类 Teacher 和类 Student 中能够识别类的成员,程序中先依次声明了 Teacher 和 Student 类,即声明了各自类的成员,然后再实现其成员函数的定义。

3.7.2 友元类

在一个类中也可以通过关键字 friend 声明其他类为当前类的友元类,友元类的每个成员函数都自动成为当前类的友元函数,可以访问当前类中的所有成员。例如,教师类 Teacher 的成员函数都要访问类 Student 的成员,则把类 Teacher 声明为类 Student 的友元类。

【例 3-31】 声明友元类示例。

```
//D:\QT_example\3\Example3_31.cpp
#include <iostream>
using namespace std;
class Student;                          //前向引用声明
class Teacher                           //声明 Teacher 类
{
public:
    Teacher();
    void SetGrade(Student &s);          //修改选课学生的成绩
    void Disps(Student &s);             //输出选课学生的信息
private:
    int tno;
    char tname[10];
};
class Student                           //声明 Student 类
{
public:
    Student();
private:
    int sno;
    char sname[10];
    float grade;
    friend class Teacher;               //声明 Teacher 类为本类的友元类
};
Teacher::Teacher()                      //实现 Teacher 类的成员函数
{   cout<<"Please input the teacher's number:";
    cin>>tno;
    cout<<"Please input the teacher's name:";
    cin>>tname;
}
void Teacher::SetGrade(Student &s)
```

```
{   cout<<"Please input the student's grade:";
    cin>>s.grade;
}
void Teacher::Disps(Student &s)
{   cout<<"Student's Message: "<<endl;
    cout<<"Number:"<<s.sno;
    cout<<"\tName:"<<s.sname;
    cout<<"\tgrade:"<<s.grade;
    cout<<endl;
}
Student::Student()                      //实现 Student 类的成员函数
{   cout<<"Please input the student's number:";
    cin>>sno;
    cout<<"Please input the student's name:";
    cin>>sname;
}
int main()
{
    Teacher t1;
    Student s1;
    t1.SetGrade(s1);
    t1.Disps(s1);                       //输出选课学生 s1 的信息
    return 0;
}
```

说明：

(1) 友元关系是单向的，如果声明B类是A类的友元，B类的成员函数就可以访问A类的数据，但A类不会自动成为B类的友元，A类的成员函数也就不能访问B类的数据。

(2) 友元关系是非传递的，即Y是X的友元，Z是Y的友元，但Z不一定是X的友元。

考虑到数据的完整性、数据封装与隐藏的原则，建议尽量不使用或少使用友元。一般地，友元机制应用在运算符重载的某些场合。

3.7.3 友元应用举例

问题：设计一个集合类Set，存放有序的整型数序，其中的元素按从小到大的顺序排列并且不包含相同的元素，要求：

(1) 向数序中添加元素(过滤重复数据)并保持有序。

(2) 求两个整数数序的合并数序。

分析并设计集合类Set，其中的成员如下所示。

数据成员：

```
int count;                          //数序中元素的个数
```

```
int a[MAX];                    //存放数序的数组
```

成员函数:

```
void Addnum(int n);            //向有序数组中添加元素
Set() {count=0;}               //构造函数
void Disp();                   //输出有序数组
```

全局函数:

```
Set Union(Set& s1, Set& s2);   //返回 s1 与 s2 合并的数序
```

因函数 Unoin 需要访问类 Set 的数据成员,因此设置为 Set 类的友元函数。

【例 3-32】 合并两个有序集合。

```
//D:\QT_example\3\Example3_32.cpp
#include <iostream>
using namespace std;
const int MAX=20;
class Set
{
public:
    Set(){ count=0; }
    void Addnum(int n);
    void Disp();
    friend Set Union(Set& s1,Set& s2);  //合并数序 s1 和 s2
private:
    int count;
    int a[MAX];
};
void Set::Addnum(int n)
{   int i=0,j;
    while(i<count)                      //简化为 while(i<count&&n>a[i]) i++;
        if(n>a[i])
            i++;
        else
            break;
    if(n==a[i])
        return;
    for(j=count;j>i;j--)
        a[j]=a[j-1];
    a[i]=n;
    count++;
}
void Set::Disp()
{   for(int i=0;i<count;i++)
        cout<<a[i]<<" ";
```

```
    cout<<endl;
}
Set Union(Set& s1,Set& s2)
{
    Set s;
    int i=0,j=0;
    while(i<s1.count&&j<s2.count)
    {
        int v1=s1.a[i];
        int v2=s2.a[j];
        if(v1<v2)
        {
            s.Addnum(v1);
            i++;
        }
        else
            if(v1>v2)
            {
                s.Addnum(v2);
                j++;
            }
            else
            {
                s.Addnum(v1);
                i++;
                j++;
            }
    }
    while(i<s1.count)
    {
        int v1=s1.a[i];
        s.Addnum(v1);
        i++;
    }
    while(j<s2.count)
    {
        int v2=s2.a[j];
        s.Addnum(v2);
        j++;
    }
    return s;
}
int main()
{
```

```
    Set seta,setb,setc;
    seta.Addnum(6);
    seta.Addnum(2);
    seta.Addnum(4);
    cout<<"The first set: "<<endl;
    seta.Disp();
    setb.Addnum(3);
    setb.Addnum(7);
    setb.Addnum(5);
    cout<<"The second set: "<<endl;
    setb.Disp();
    setc=Union(seta,setb);
    cout<<"The union set: "<<endl;
    setc.Disp();
    return 0;
}
```

程序运行结果为：

```
The first set:
2 4 6
The second set:
3 5 7
The union set:
2 3 4 5 6 7
```

3.8 对象数组与类的组合

3.8.1 对象数组

一组同类对象的集合就组成一个对象数组，每个数组元素都是一个对象，定义一维对象数组的形式如下：

类名 数组名[数组长度];

例如，存储10个学生的信息，可以定义一个一维学生数组：

```
Student stu[10];
```

在建立对象数组时，每一个对象元素都要调用一次构造函数，在上述定义中，每一个对象元素都没有提供实参数据，所以，需要调用无参构造函数或者带有全部默认参数值的构造函数。如果程序中没有提供这样的构造函数，就需要根据构造函数的定义提供相应的实参。具体见例3-33和例3-34。

【例3-33】 对象数组中的元素调用无参构造函数示例。

```
//D:\QT_example\3\Example3_33.cpp
#include <iostream>
using namespace std;
class Student
{
public:
    Student();                    //无参构造函数
    ~Student();                   //析构函数
    void Init();                  //成员函数声明
    void Disp();                  //成员函数声明
private:
    int num;
    char name[10];
    int age;
};
Student::Student()
{ Init(); }                       //调用 Init()进行数据输入
Student::~Student()
{ cout<<"Destructor is called"<<endl; }
void Student::Init()              //成员函数定义
{   cout<<"Please input the student's number:";
    cin>>num;
    cout<<"Please input the student's name:";
    cin>>name;
    cout<<"Please input the student's age:";
    cin>>age;
}
void Student::Disp()              //成员函数定义
{   cout<<"No: "<<num;
    cout<<"\tName: "<<name;
    cout<<"\tAge:"<<age;
    cout<<endl;
}
int main()
{
    Student stu[3];               //用类 Student 定义对象数组,调用三次无参构造函数
    cout<<"Information of Students:"<<endl;
    for(int i=0; i<3; i++)
    {
        stu[i].Disp();            //对象元素调用成员函数
    }
    return 0;
}
```

程序运行结果为：

```
Please input the student's number.:201701
Please input the student's name:liping
Please input the student's age:19
Please input the student's number.:201702
Please input the student's name:wangli
Please input the student's age:18
Please input the student's number.:201703
Please input the student's name:huawei
Please input the student's age:20
Information of Students:
No: 201701    Name: liping    Age: 19
No: 201702    Name: wangli    Age: 18
No: 201703    Name: Huawei    Age: 20
Destructor is called
Destructor is called
Destructor is called
```

本例中，三个对象调用三次构造函数，在构造函数中再调用 Init()函数实现数据输入。最后，main()函数结束时，要依次调用三次析构函数释放三个对象。

【例 3-34】 对象数组中的元素调用带参构造函数示例。

```
//D:\QT_example\3\Example3_34.cpp
#include <iostream>
using namespace std;
#include <cstring>
class Student
{
public:
    Student(int nu, char *na, int a);      //带参构造函数
    ~Student();
    void Init();                           //成员函数声明
    void Disp();                           //成员函数声明
private:
    int num;
    char name[10];
    int age;
};
Student::Student(int nu, char *na, int a)
{   num=nu;
    strcpy(name,na);
    age=a;
}
Student::~Student()
```

```
{ cout<<"Destructor is called"<<endl; }
void Student::Init()                           //成员函数定义
{   cout<<"Please input the student's number:";
    cin>>num;
    cout<<"Please input the student's name:";
    cin>>name;
    cout<<"Please input the student's age:";
    cin>>age;
}
void Student::Disp()                           //成员函数定义
{   cout<<"No: "<<num;
    cout<<"\tName: "<<name;
    cout<<"\tAge:"<<age;
    cout<<endl;
}
int main()
{
    Student stu[3]={
                    Student(201701,"liping",19),
                    Student(201702,"wangli",18),
                    Student(201703,"huawei",20) };
    cout<<"Information of Students:"<<endl;
    for(int i=0; i<3; i++)
    {
        stu[i].Disp();                         //对象元素调用成员函数
    }
    return 0;
}
```

程序运行结果为:

```
Information of Students:
No: 201701    Name: liping    Age: 19
No: 201702    Name: wangli    Age: 18
No: 201703    Name: huawei    Age: 20
Destructor is called
Destructor is called
Destructor is called
```

本例中每个对象元素在创建时,都需要为构造函数传递实参。为此,在定义对象数组的同时,应按顺序显式给出每个构造函数的调用,并用大括号括起来。需要指出的是,若定义动态对象数组,则只能调用默认构造函数,也可以使用系统默认构造函数。

3.8.2 类的组合

在定义一个新类时,其数据成员可以是任意的数据类型,包括已定义的类类型。例如,类A有一个数据成员是类B的对象,则类A称为组合类,其中类B的对象称为子对象(或者对象成员)。用已有的类组合出新的类,也是对已有类的复用机制,类的组合可以在已有抽象的基础上实现更复杂的抽象。

例如,如果已有一个Point类描述平面上的点,如下所示:

```
class Point
{
public:
    Point(double x, double y) { X=x; Y=y;}
    double GetX() { return X; }
    double GetY() { return Y; }
private:
    double X, Y;
};
```

则可以定义一个线段类Line,Line中包含两个子对象数据成员start和end,用于表示线段的起点和终点。

```
class Line
{
public:
    double Distance();              //线段长度
    void Disp();                    //显示线段信息
private:
    Point start;                    //起点
    Point end;                      //终点
};
```

还可以定义一个圆类Circle,Circle中包含两个数据成员center和radius,分别表示圆的圆心点和半径。

```
class Circle
{
public:
    double Area();                  //圆的面积
    void Disp();                    //显示圆的信息
private:
    Point center;                   //圆心点
    double radius;                  //半径
};
```

在类的组合应用中,应特别注意子对象成员的初始化问题。当定义一个类的对象时,如果这个类具有子对象成员,则子对象也将被建立。所以,在创建组合类的对象时,不仅要负责对本类中的基本类型数据成员的初始化,还要对子对象成员初始化,而子对象成员的初始化是通过调用子对象所属类的构造函数实现的。所以,在组合类中,其构造函数的定义和调用需要考虑其中的子对象成员。

1. 组合类的构造函数声明

一般的声明形式如下：

```
类名::类名(对象成员所需的形参,本类成员形参) :对象1(参数),对象2(参数),…
{ // 本类初始化 }
```

在组合类的构造函数中，以成员初始化列表形式为子对象所属类的构造函数传递实参，实现对子对象的数据初始化。

例如，若 Point 类的构造函数定义为：

```
Point::Point(double x, double y) { X=x; Y=y;}
```

组合类 Line 的构造函数应定义为：

```
Line(double x1, double y1,double x2,double y2):start(x1,y1),end(x2,y2)
{ }
```

组合类 Circle 的构造函数应定义为：

```
Circle::Circle(double x, double y, double r): center(x,y)
{ radius=r; }
```

可见，在定义组合类的构造函数时，需要设置两部分参数：一部分是传递给子对象的参数，一部分是基本数据类型的成员参数。

2. 组合类的构造函数调用

当建立一个组合类的对象，调用其构造函数时，首先执行初始化列表中的操作，然后执行构造函数体内的操作，即先调用子对象所属类的构造函数完成子对象的初始化，再执行本类构造函数体完成一般数据成员的初始化。初始化列表中的初始化顺序，是按照子对象成员在类中声明的顺序进行的。

有时在组合类构造函数的成员初始化列表中，并没有明显给出子对象的构造函数，则调用默认构造函数。

组合类的对象释放时，调用析构函数的顺序与调用构造函数的顺序相反。

先分析一个简单示例，理解组合类中构造函数的定义与调用。

【例 3-35】 组合类的构造函数定义与调用测试示例。

```
//D:\QT_example\3\Example3_35.cpp
#include <iostream>
using namespace std;
class Sample1
{
public:
    Sample1()
```

```
    { cout<<"Sample1: Constructor is called."<<endl; }
    ~Sample1()
    { cout<<"Sample1: Destructor is called."<<endl; }
};
class Sample2
{
public:
    Sample2()
    { cout<<"Sample2: Constructor is called."<<endl; }
    ~Sample2()
    { cout<<"Sample2: Destructor is called."<<endl; }
};
class Sample
{
public:
    Sample():s1(),s2()           //成员初始化列表,此处可以省略
    { cout<<"Sample: Constructor is called."<<endl; }
    ~Sample()
    { cout<<"Sample: Destructor is called."<<endl; }
private:
    Sample1 s1;                  //子对象成员
    Sample2 s2;                  //子对象成员
};
int main()
{
    Sample s;
    return 0;
}
```

程序运行结果为:

```
Sample1: Constructor is called.
Sample2: Constructor is called.
Sample: Constructor is called.
Sample: Destructor is called.
Sample2: Destructor is called.
Sample1: Destructor is called.
```

很显然,在建立对象 s 时,先调用子对象的构造函数建立子对象 s1 和 s2,然后再调用本类的构造函数,而释放的顺序正好相反。本例中,建立子对象是调用默认构造函数,所以,类 Sample 构造函数的成员初始化列表可以省略。但是,如果需要为子对象的构造函数传递参数,则必须给出成员初始化列表,如例 3-36 所示。

【例 3-36】 在定义点类 Point 的基础上定义线段类 Line,并计算一条线段的长度。

```
//D:\QT_example\3\Example3_36.cpp
```

```
#include <iostream>
#include <cmath>
using namespace std;
class Point
{
  public:
      Point(double x, double y);
      double GetX();
      double GetY();
  private:
      double X, Y;
};
Point::Point(double x, double y)
{ X=x; Y=y; }
double Point::GetX()
{ return X; }
double Point::GetY()
{ return Y; }
class Line
{
public:
    Line(double x1,double y1,double x2,double y2):start(x1,y1),end(x2,y2)
    { }
    void DispStart();                    //输出起点位置
    void DispEnd();                      //输出终点位置
    double Distance();                   //返回线段长度
private:
    Point start;
    Point end;
};
void Line::DispStart()
{ cout<<"("<<start.GetX()<<","<<start.GetY()<<")"<<endl; }
void Line::DispEnd()
{ cout<<"("<<end.GetX()<<","<<end.GetY()<<")"<<endl; }
double Line::Distance( )
{   double dx=end.GetX()-start.GetX();
    double dy=end.GetY()-start.GetY();
    return sqrt(dx * dx+dy * dy);
}
int main()
{
    Line line1(2,4,5,8);
    cout<<"Start: ";
    line1.DispStart();
```

```
    cout<<"End: ";
    line1.DispEnd();
    cout<<"Length: "<<line1.Distance()<<endl;
    return 0;
}
```

程序运行结果为：

```
Start: (2,4)
End: (5,8)
Length: 5
```

3.9 程序举例

【例 3-37】 求解问题：设计一个栈(Stack)类，并进行测试。栈是程序设计过程中经常用到的一种数据结构形式。例如，编译系统、函数调用的处理、表达式计算的处理，都利用了栈结构。

首先，栈的基本特点如下。

(1) 它只有一个对数据进行存入和取出的端口。

(2) 数据操作按后进者先出(last in first out)，即最后被存入的数据将首先被取出。

这种对数据的存取和管理特点使之应用非常广泛。在此，分析并设计一个简单的栈类。

栈的数据成员包括：

```
float data[SIZE];              //data数组中存放栈的实际数据
int top;                       //栈顶指针
```

其中，栈中保存一批相同类型的数据，可用数组(或链表)来实现，此处定义一个SIZE长度的data数组空间，实现float数据的栈操作；在栈中，对数据的操作总是从栈顶(唯一的出入口)进行，需要设置一个变量top记录栈顶的位置，top的位置也映射了数组的下标。

栈的成员函数包括：

```
bool Push(float elem);         //将数据elem"压入"栈顶
bool Pop(float& elem);         //将栈顶数据"弹出"并返回
bool IsEmpty();                //判断栈空
bool IsFull();                 //判断栈满
Stack();                       //构造函数,设置空栈top=0
~Stack();                      //析构函数
```

完整程序如下所示：

```
//D:\QT_example\3\Example3_37.cpp
#include <iostream>
using namespace std;
```

```
const int SIZE=100;
class Stack
{
public:
    Stack();
    ~Stack();
    bool IsEmpty();
    bool IsFull();
    bool Push(float elem);
    bool Pop(float& elem);
private:
    float data[SIZE];
    int top;
};
Stack::Stack()
{
    top=0;                          //将栈指针 top 置为 0
    cout<<"stack initialized."<<endl;
}
Stack::~Stack()
{ cout<<"stack destroyed."<<endl; }
bool Stack::IsEmpty()
{ return top==0?true:false; }
bool Stack::IsFull()
{ return top==SIZE?true:false; }
bool Stack::Push(float elem)
{
    if(!IsFull())
    {
        data[top]=elem;
        top++;
        return true;            //入栈操作成功返回 true
    }
    else
    {
        cout<<"stack is full!"<<endl;
        return false;           //入栈操作失败返回 false
    }
}
bool Stack::Pop(float& elem)
{
    if(!IsEmpty())
    {
        top--;
```

```
        elem=data[top];
        return true;            //出栈操作成功返回 true
    }
    else
    {
        cout<<"stack is empty!"<<endl;
        return false;           //出栈操作失败返回 false
    }
}
int main()
{
    Stack s1;
    float num;
    for (int i=0;i<5;i++)
        s1.Push(i);             //依次压入数据: 0,1,2,3,4
    while(!s1.IsEmpty())
    {
        s1.Pop(num);
        cout<<num<<" ";         //依次弹出数据: 4,3,2,1,0
    }
    cout<<endl;
    return 0;
}
```

程序运行结果为:

```
stack initialized.
4 3 2 1 0
stack destroyed.
```

3.10 习题

3.10.1 选择题

1. 下列关于类的描述中,错误的是(　　)。
   A. 类的成员函数也被称为方法
   B. 类可理解为一种自定义的数据类型
   C. 面向对象中的类体现了模块化思想
   D. 类的数据成员也被称为属性
2. 下列关于类中成员函数的描述中,错误的是(　　)。
   A. 成员函数的功能通常是对本类中的数据成员进行操作
   B. 类中的成员函数可以重名,属于函数的重载
   C. 成员函数需定义在数据成员之后

D. 成员函数的完整定义代码可以放在类的声明部分，此时该函数被默认为内联函数

3. 下列代码定义一个圆的类Circle，后面选项中能够正确计算圆面积的代码是(　　)。

```
class Circle
{
public:
    void SetR(double r)
    { radius=r; }
    double GetArea()
    { return 3.14 * radius * radius; }
private:
    double radius;
};
```

A. Circle c;
cout<<c.GetArea();

B. Circle c;
SetR(3.2);
cout<<GetArea();

C. Circle c;
c.SetR(3.2);
cout<<c.GetArea();

D. Circle c, *p=c;
p->SetR(3.2);
p->GetArea();

4. 构造函数是在(　　)时被执行的。

A. 创建对象　　B. 程序编译　　C. 创建类　　D. 程序装入内存

5. 如果类A被说明成类B的友元，则(　　)正确。

A. 类A的成员即类B的成员　　B. 类B的成员即类A的成员

C. 类A的成员函数不得访问类B的成员　　D. 类B不一定是类A的友元

6. 在类定义的外部，可以被访问的成员有(　　)。

A. public的类成员　　B. private或protected的类成员

C. 所有类成员　　D. public或private的类成员

7. 以下关键字不能用来声明类的访问权限的是(　　)。

A. public　　B. static　　C. protected　　D. private

8. 关于this指针的说法正确的是(　　)。

A. this指针必须显式说明

B. 定义一个类后，this指针就指向该类

C. 所有成员函数的参数自动拥有this指针

D. 静态成员函数的参数没有this指针

9. 当一个对象被撤销时，系统将自动调用(　　)。

A. 成员函数　　B. 构造函数　　C. 析构函数　　D. 友元函数

10. 下面对构造函数的不正确描述是(　　)。

A. 当类内没有定义构造函数时，系统提供默认的构造函数

B. 构造函数可以有参数，所以也可以有返回值

C. 构造函数可以重载

D. 构造函数可以设置默认参数

11. 下面对析构函数的描述正确的是(　　)。

A. 系统不提供默认的析构函数

B. 析构函数必须由用户定义

C. 析构函数没有参数,也没有返回值

D. 析构函数可以设置默认参数

12. 关于类的静态成员的描述不正确的是(　　)。

A. 静态成员不属于某个对象,是类的共享成员

B. 静态数据成员要在类外定义和初始化

C. 静态成员函数不拥有 this 指针,但可以通过类参数访问对象成员

D. 只有静态成员函数可以操作静态数据成员

13. 下面选项中,(　　)不是类的成员函数。

A. 构造函数　　B. 析构函数　　C. 友元函数　　D. 复制构造函数

14. 下面对友元的叙述错误的是(　　)。

A. 关键字 friend 用于声明友元

B. 一个类中的成员函数可以是另一个类的友元

C. 友元函数访问对象的成员不受访问特性影响

D. 友元函数通过 this 指针访问对象成员

15. 下列情况中不会调用复制构造函数的是(　　)。

A. 用一个对象去初始化同一类的另一个对象时

B. 将类的一个对象赋值给该类的另一个对象时

C. 函数的形参是类的对象,调用函数进行形参和实参结合时

D. 函数的返回值是类的对象,函数执行返回调用时

16. 下面对静态数据成员的描述中,正确的是(　　)。

A. 静态数据成员是类的所有对象共享的数据

B. 类的每个对象都单独拥有自己的静态数据成员

C. 类的不同对象有不同的静态数据成员值

D. 静态数据成员不能通过类的对象调用

3.10.2 分析程序题

分析以下程序并写出程序的运行结果。

1.

```
#include <iostream>
using namespace std;
class Myclass
{
public:
```

```
    Myclass(){}
    Myclass(int i)
    { n=i; }
    void disp()
    { cout<<"n="<<n<<endl; }
private:
    static int n;
};
int Myclass::n=0;
int main()
{
    Myclass a;
    a.disp();
    Myclass b(5);
    a.disp();
    b.disp();
    return 0;
}
```

2.

```
#include <iostream>
using namespace std;
class Example
{
public:
    Example(int x, int y)
    {   a=x;
        b=y;
        cout<<"Constructor is called."<<endl;
        cout<<a<<'\t'<<b<<endl;
    }
    Example(Example& e)
    {   cout<<"Copy_Constructor is called."<<endl;
        cout<<e.a<<'\t'<<e.b<<endl;
    }
    ~Example()
    { cout<<"Destructor is called."<<endl; }
    int add(int x, int y=10)
    { return x+y; }
private:
    int a, b;
};
int main()
{
```

```
    Example e1( 4, 8 );
    Example e2(e1 );
    cout <<e2.add( 10 ) <<endl;
}
```

3.

```
#include <iostream>
using namespace std;
class Test
{
public:
    Test(int r=0);
    ~Test();
private:
    int i;
};
Test::Test(int r)
{   i=r;
    cout<<"Constructing at "<<i<<endl;
}
Test::~Test()
{ cout<<"Destructing at "<<i<<endl; }
Test object1;
int main()
{
    Test object2(1);
    Test *pt=new Test(2);
    cout<<"Please delete the dynamic object :\n";
    delete pt;
    return 0;
}
```

3.10.3 问答题

1. 试分析面向对象程序设计的基本特征。

2. 请分析全局函数、成员函数、静态成员函数、常成员函数及友元函数等的不同与应用。

3. 结合客观世界分析类与对象的关系,说明类内成员有哪些访问权限。

4. 说明类的构造函数与析构函数的特点及功能。

5. 试分析什么是默认构造函数和复制构造函数。

3.10.4 编程题

1. 结合日常生活中常见的实体对象进行分析，抽象出类的描述，用 C++ 语言实现类的定义，并在 main()函数中定义对象进行测试。例如，定义几何形状类(矩形 Rectangle、圆 Circle、长方体 Cuboid 等)，并能计算其周长、面积、体积等。

2. 应用面向对象编程实现学生成绩管理，定义学生(Student)类，成员包括学号、姓名、各门课成绩，要求能对成绩进行分析和统计：求总分、排序、统计不及格和优秀的人数、各分数段统计等。

3. 定义一个图书(Book)类，该类中的成员至少应包括：

(1) 数据成员——书名、作者、单价和存书数量。

(2) 成员函数——显示图书的基本情况；借书后将存书数量减 1，并显示当前存书数量；归还书后将存书数量加 1，并显示当前存书数量。

要求：在主函数中创建一个图书对象表示某一种熟悉的图书，并对该图书进行显示信息、借阅和归还管理等操作。

4. 定义一个复数(Complex)类，数据成员包含实部和虚部，定义构造函数实现初始化，并计算两个复数的和与差。

5. 定义一个动态数组类 Array，并能实现以下功能。

(1) 计算该一维数组中元素的最大值和最小值。

(2) 查找指定的数组元素值并返回其序号。

(3) 对数组中的元素进行排序。

(4) 可对数组进行添加、删除元素。

6. 编程：利用例 3-38 的栈类 Stack 实现整数的进制转换，例如，将十进制分别转换为二进制、八进制或十六进制。

第 4 章　Qt GUI 图形界面程序设计基础

本章主要内容：

(1) 图形界面程序设计基础知识。

(2) Qt 的重要概念：信号和槽、布局。

(3) Qt 环境中两种开发图形界面应用程序的方法：命令行方法和集成环境开发方法。

(4) 图形界面程序设计：把基本的 C++ 知识与 Qt 所提供的功能组合起来创建简单的图形界面(Graphical User Interface，GUI)应用程序。

(5) 使用 Qt 集成开发环境 Qt Creator 开发规则几何图形面积和体积计算的图形界面程序。

本章的目的是让读者了解 Qt C++ 语言图形界面程序设计的基础知识和基本方法，掌握集成开发环境的使用，以及面向对象的图形界面程序编程技巧。本章是 Qt 图形界面程序设计的基础部分，认真学习掌握它，就初步具备了使用 C++ 语言在 Qt 开发环境中开发图形界面程序的基本技能。

4.1　图形界面程序设计基础知识

程序设计就是人们把问题抽象为一些数据和针对数据的操作，设计出解决问题的方法和步骤，最终翻译成计算机语言的表示形式，使得计算机能够按照预期的目的计算并输出处理的结果。面向对象的图形界面程序的运行机制和传统的控制台程序运行机制有着本质上的不同，它是基于事件驱动的，面向对象编程技术和传统结构化编程的主要区别就是面向对象编程过程中对象的使用贯穿始终。在 C++ 程序设计中，最基本也是最重要的两个概念：对象和部件(控件)来源于对现实世界事物的抽象描述。下面详细介绍与图形界面程序设计有关的几个重要概念。

4.1.1　Qt C++ 中的对象

对象是现实世界中具有属性、方法和事件的实体，如现实世界中的一个人就可以理解为一个实体对象，具备姓名、身高、体重、年龄等自然属性和学历、职称、身份、工作等社会属性，同时具有吃饭、穿衣、行走、劳动等行为。C++ 程序将现实世界中的实体对象模型化，描述为包含了数据和代码的逻辑实体——对象，其中，数据描述对象状态的属性，是对象外观和状态等特征的说明，如名称(Name)、长、宽、重量，是否可用(Enabled)、是否可见(Visible)等。一个对象可以有多个属性，不同类别的对象一般情况下具有不同的属性。代码描述该对象可以执行的行为，通过编制程序代码来具体实现，对象的行为也常称为对象的方法，如 Move()方法、Print()方法等。

事件是 C++ 等面向对象程序设计中另外一个重要的概念，指的是那些能够被对象识别的在程序执行时由系统自身或用户所引发的一些事件。事件的来源有三种：第一是键盘和鼠标等输入设备；第二是屏幕上的可视对象，如程序的菜单、工具栏按钮和对话框部件(可以采用鼠标和键盘点击这些对象产生可视事件)；第三是由操作系统本身产生，如窗口的放大与恢复等。单击会产生 clicked 事件、双击会产生 doubleclicked 事件。同样当用户按下键盘上的一个键、改变窗口大小、用鼠标打开、关闭程序或者单击程序菜单都会产生事件。每个事件都可以对应一组程序代码，也就是事件过程，它实现特定的程序功能，被称为对象的方法或者行为。在程序执行时，用户针对某对象执行了某动作，就会触发该对象的相应事件，系统就会执行程序员预先编好的程序代码，完成特定的运算或操作，实现特定的功能。程序员通过预先设定对象和对象的事件，建立对象及对象事件之间的逻辑关联，就可以完成较复杂的任务。事件机制是 C++ 程序运行的最基本机制，既简单易行，也给用户操作计算机带来了方便。图形界面程序是基于事件驱动(用户驱动)的系统，它的程序靠响应用户的操作来驱动工作。

4.1.2 Qt C++ 中的窗体

窗体又称为窗口对象，主要用来设计应用程序的界面，窗体是 C++ 程序的主体部分，它具有标题栏、最大化、最小化、还原等按钮，可被移动、改变大小及缩成图标。在程序设计时，窗体就像一块画布，程序员可以在窗体中添加菜单、工具栏、状态栏、标签、文本编辑框、列表框、组合框、单选按钮、复选按钮、命令按钮、图像等窗口部件(也有人称之为控件)，从而设计出一个友好的人机交互的应用程序界面。程序运行时，窗体就是显示在屏幕上的程序界面，用户通过与窗体和窗口部件交互，输入数据，得到各种结果。

一个应用程序项目可以有多个窗体，每个窗体必须有一个唯一的窗体名字，创建图形界面应用程序项目时会自动创建项目的主窗体 MainWindow(参见第 1 章)，一般的窗体创建时会有一个默认的名字，程序员可以通过窗体的属性窗口更改窗体的名字。可通过右击“项目”，在弹出的菜单中选择“添加新文件”→“Qt 设计师界面”命令增加新的窗体。处于设计状态的窗体由网格点构成，方便用户对部件的定位，网格点间距可以通过选择集成开发环境 Qt Creator 的“工具”菜单，然后选择“选项”命令，在弹出的窗口中单击“表单”选项卡，在“表单”选项卡中调整栅格中的数据来调整。

4.1.3 Qt 内置的窗口部件和对话框类

程序窗口中常见的单选、命令等各种按钮以及文本编辑框、列表框等部件，是对象的图形化表示形式。部件给程序员设计开发图形界面的程序提供了极大的便利，有利于提高人机可视化交互程序开发的效率。当然也有一些对象在程序编辑时或程序运行时没有图形化表示形式，如计时器对象等。程序设计者在程序编辑和程序执行过程中直接看到的并不是对象，而是与对象一一对应的部件。部件类在 Qt C++ 中用于表示部件的类型，也就是某一类部件的统一规范和抽象描述。利用部件类,可以创建同种类型的多个具体的部件。

Qt 提供一整套内置的常用窗口部件和对话框类,基本满足程序的设计需要。下面分门别类地对窗口部件进行简单介绍。

1. 按钮窗口部件

如图 4-1 所示,Qt 提供了 QPushButton、QToolButton、QCheckBox 和 QRadioButton 四种类型的按钮。程序中最常使用的是 QPushButton 和 QToolButton,当单击它们时,就会发起一个动作,程序员可以编程实现这个动作。除此以外,它们还具有像切换按钮(按钮单击一次被按下,再单击一次会还原)一样的行为。复选框 QCheckBox 可用于设置可复选选项的选中/取消选中,而单选按钮 QRadioButton 通常用于那些需要互斥条件的地方。

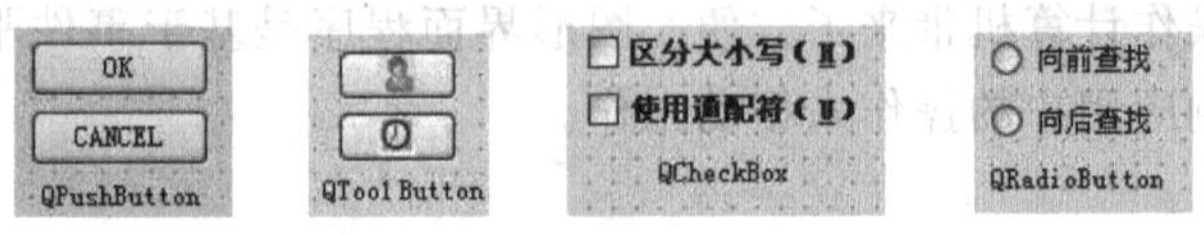

图 4-1 Qt 的按钮窗口部件

2. 容器窗口部件

Qt 的容器窗口部件是一种可以包含其他窗口部件的窗口部件。图 4-2 所示是 QFrame 容器窗口部件的例子。QFrame 可用于创建窗体,也可作为其他部件的容器,还可以用作许多其他窗口部件的基类,如 QToolBox 和 QLabel 等。

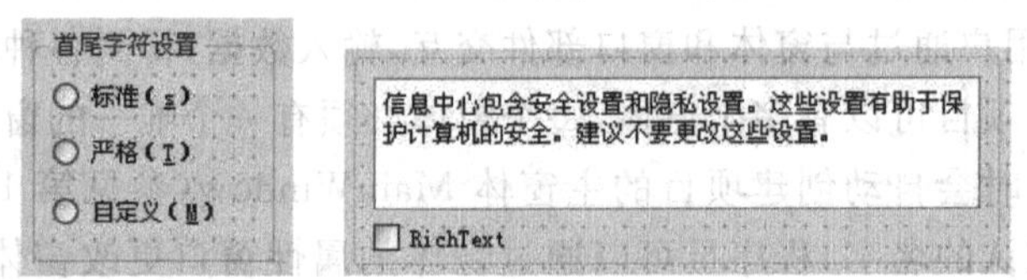

图 4-2 Qt 的容器窗口部件

图 4-3 所示是多页窗口部件 QTabWidget 和 QToolBox 的例子。在多页窗口部件中,每一页都是一个子窗口部件,并从 0 开始编号这些页。对于一个 QTabWidget,它的每个 Tab 标签的形状和位置都可以进行设置。

3. 项视图窗口部件

图 4-4 所示是项视图窗口部件的例子,这些项视图具有滚动条(scroll bar),滚动条是为了处理较大的数据量而设置的窗口部件类,其中滚动条机制是在 QAbstractScrollArea 中实现的,它是所有项视图和其他类型的可滚动窗口部件的基类。

Qt 库包含一个富文本引擎(rich text engine),它可对文本的显示和编辑进行格式化。该引擎支持字体规范、文本对齐、列表、表格、图片和超文本链接等功能。可以通过编

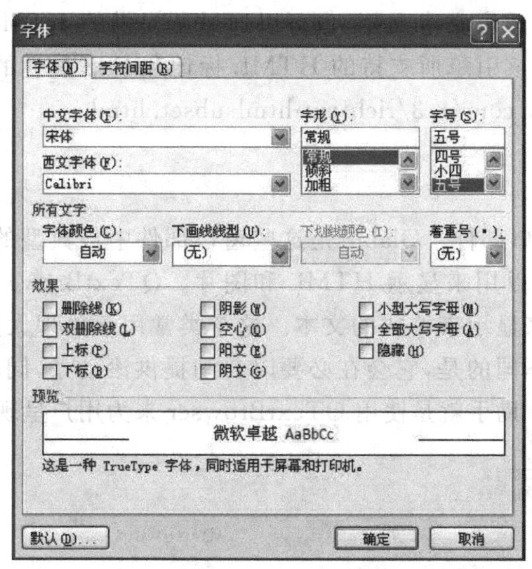

(a)　　　　(b)

图 4-3　Qt 的多页窗口部件

(a)　　　　(b)

(c)　　　　(d)

图 4-4　Qt 的项视图窗口部件

程的方式一个元素一个元素地生成富文本文档,也可以通过所提供的HTML格式的文本来生成富文本文档。如需了解该引擎所支持的HTML标记和CSS属性的详细说明,请参见文档 http://doc.trolltech.com/4.3/richtext-htmlsubset.html。

4. 显示窗口部件

图4-5是用于显示信息的窗口部件。Qlable是这些窗口部件中最典型的代表,它不但可以用来显示普通文本,还可以用来显示HTML和图片。QTextBrowser是只读型QTextEdit类的子类,可以用它来显示带格式的文本。这个类常用于处理大型格式化文本文档的Qlabel中,与Qlabel不同的是,它会在必要时自动提供滚动条,同时还能提供针对键盘和鼠标导航的支持。Qt助手就是使用QTextBrowser来为用户呈现文档的。

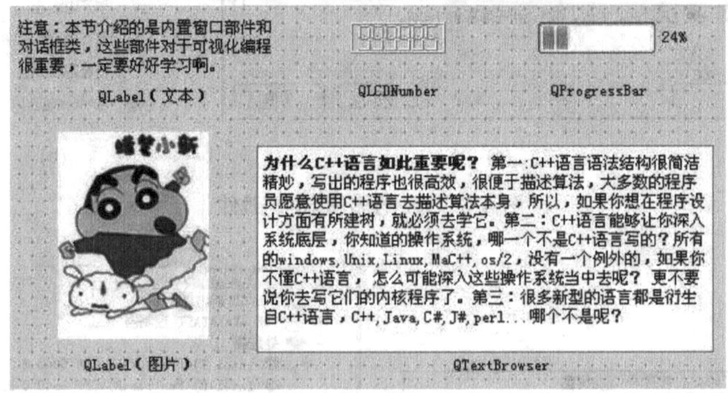

图4-5 Qt的显示窗口部件

5. 用于数据输入的窗口部件

如图4-6所示的是Qt用于数据输入的窗口部件,其中QLineEdit可以使用一个输入掩码、一个检验器或者同时使用两者对它的数据输入格式或者内容进行限定。QTextEdit是QAbstractScrollArea的子类,具备处理大量文本的能力。QTextEdit可设置用于编辑普通文本或者富文本。在编辑富文本时,它可以显示Qt富文本引擎所支持的所有元素。QLineEdit和QTextEdit两者都支持剪贴板的操作。

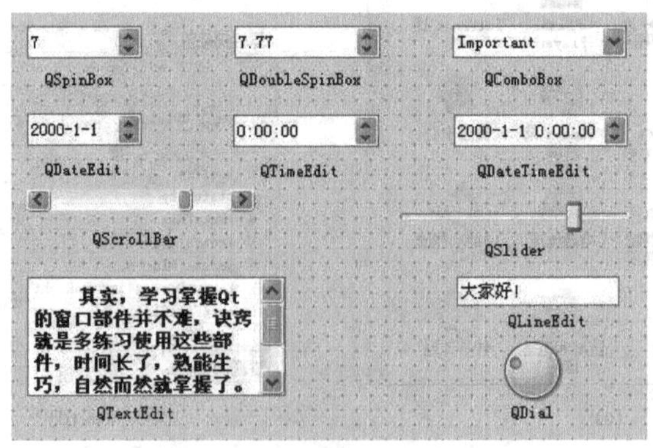

图4-6 Qt数据输入的窗口部件

6. 用于信息反馈的窗口部件

如图 4-7 所示的是 Qt 提供的用于信息反馈的窗口部件，其中 QInputDialog 非常适合当用户只需要输入一行文本或者一个数字的情况，QMessageBox 是用于显示信息的通用消息框，QErrorMessageBox 是错误对话框，它不但可以显示信息，而且可以记住它所显示的消息内容，使用 QProgressDialog 或者使用前面所讲的 QProgressBar 可以对那些非常耗时的操作进度进行指示。

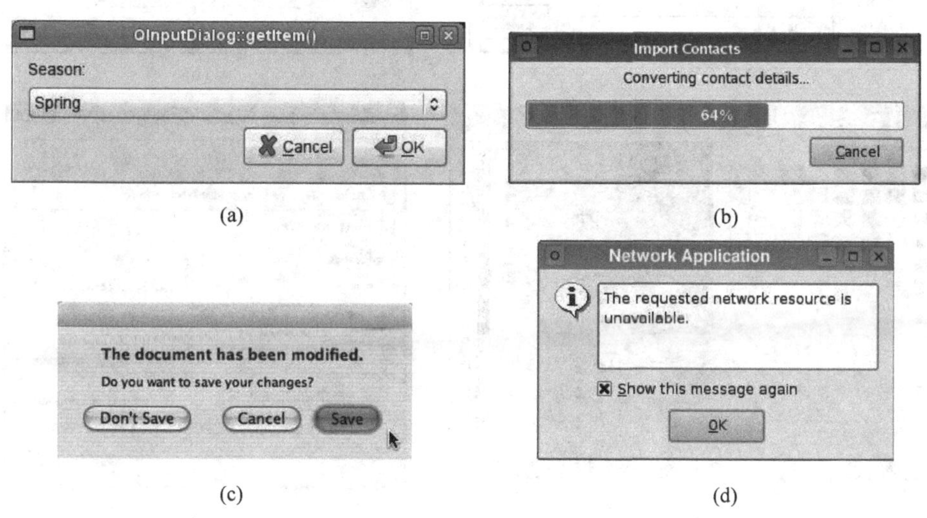

图 4-7　Qt 用于信息反馈的窗口部件

7. Qt 提供的通用对话框

如图 4-8 所示的是 Qt 提供的标准的通用对话框的例子，它们可以让用户很容易地选择颜色、字体、文件或者文档打印。程序员可以在应用程序中直接使用它们。

在 Windows 和 Mac OS X 上，Qt 有可能会使用本地系统的对话框，而不是它自己的通用对话框。颜色的选取也可以使用 Qt Solutions 的某个颜色选择窗口部件来完成，而字体也可以使用内置的 OFontComboBox 来选择。

最后，QWizard 为生成向导 wizard（在 Mac OS X 上也称为助手）提供了基本框架。向导对新手或者那些用户难以理解的、复杂的、不常见的工作会非常有用。图 4-9 给出了使用向导的一个例子。

内置窗口部件和常用对话框为程序员提供了很多可以直接使用的功能。通过设置窗口部件的属性，或者是通过把信号和槽连接起来并在槽里编程实现自定义的行为，就可以实现许多用户复杂的功能需要。

当 Qt 提供的窗口部件或者常用对话框都不能满足需要时，可以从 Qt Solutions，或者从商业或非商业的第三方软件中寻求帮助。Qt Solution 为 Qt 提供了许多额外的窗口部件，包括颜色选择器、手轮控制器、饼状图菜单和属性浏览器以及一个复制对话框等。

此外，Qt 提供自定义窗口部件的功能，自定义窗口部件和 Qt 的内置窗口部件具有一

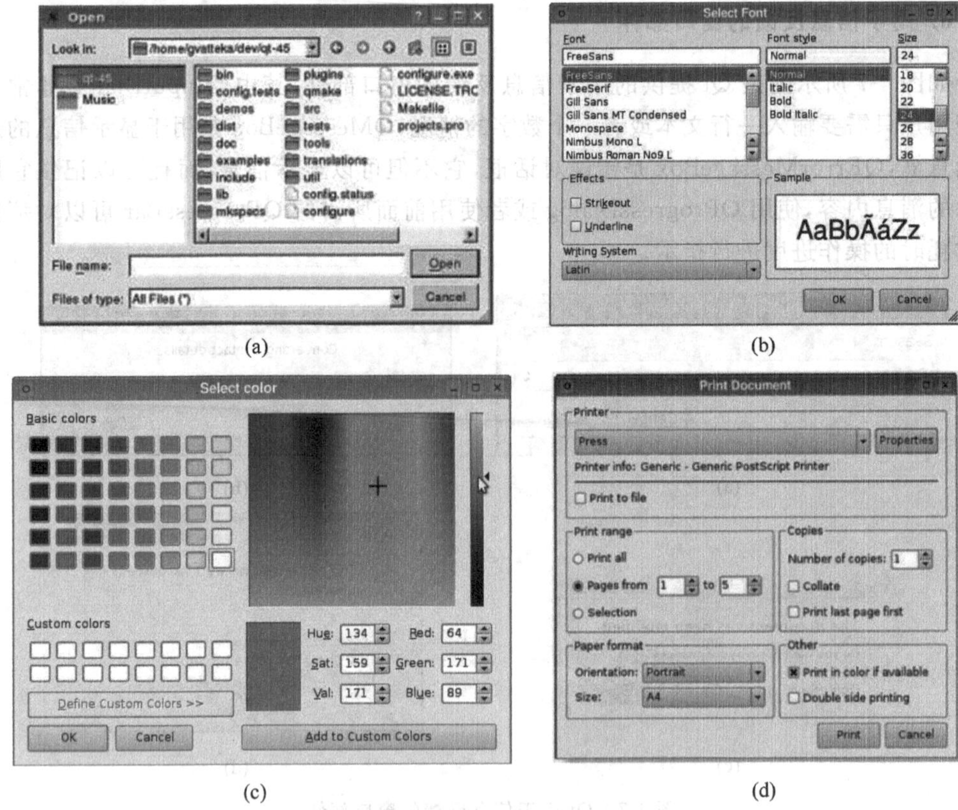

图 4-8　Qt 通用对话框窗口部件

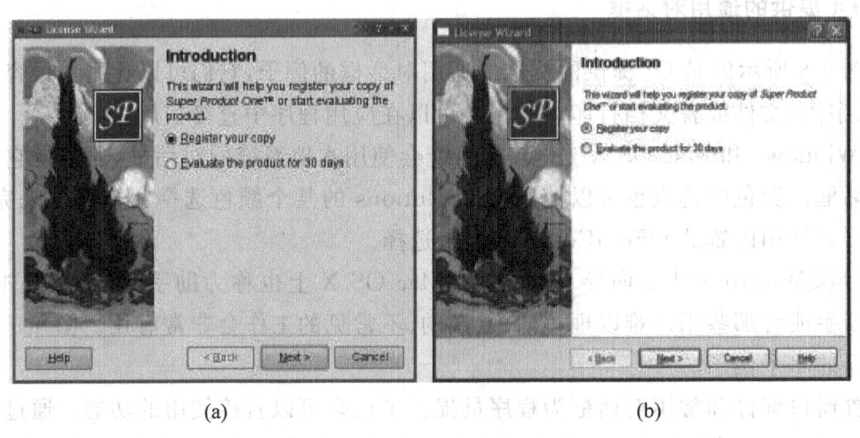

图 4-9　Qt 的向导对话框示例

样的功能。程序员可以在需要的时候手动创建自定义的窗口部件。自定义窗口部件甚至可以集成到 Qt 设计师界面中，可以像使用 Qt 的内置窗口部件一样来使用它们。有兴趣的读者可以研究如何自定义窗口部件。

4.2 Qt的信号和槽

信号和槽是Qt特有的信息传输驱动机制，是Qt程序设计的重要基础。它可以让程序员在互不相干的对象之间建立联系。

槽本质上是类的成员函数，其参数可以是任意类型。它和普通的C++成员函数几乎没有区别，它可以是虚函数，也可以被重载，可以是公有的、保护的或者私有的，也可以被其他C++成员函数直接调用。和普通类成员函数唯一不同的是：槽还可以和信号连接在一起，每当和槽连接的信号被发射的时候，就会自动调用这个槽。信号和槽的连接通过connect()语句实现，其语法形式如下：

```
connect(sender, SIGNAL(signal),receiver, SLOT(slot));
```

这里的sender是指向发送信号的对象的指针，receive是指向包含槽的对象的指针，signal是被发送的信号，slot是接收信号的槽，它们都是不带参数的函数名。SIGNAL()宏和SLOT()宏会把它们的参数转换成相应的字符串。对于信号和槽，还具有以下特点。

1. 一个信号可以连接多个槽

```
connect(sender, SIGNAL(signal), receiverA, SLOT(slotA));
connect(sender, SIGNAL(signal), receiverB, SLOT(slotB));
```

如上所示，sender对象的signal信号分别连接了receiverA对象的slotA槽和receiverB对象的slotB槽，当signal信号发射时，会以不确定的顺序一个接一个地调用这个信号连接的所有槽。

2. 多个信号可以连接同一个槽

```
connect(senderA, SIGNAL(signalA), receiver, SLOT(slot));
connect(senderB, SIGNAL(signalB), receiver, SLOT(slot));
```

如上所示，senderA对象的signalA信号和senderB对象的signalB信号连接了receiver对象的slot槽，无论signalA信号和signalB信号哪个被发射，slot槽都会被调用。

3. 一个信号可以连接另外一个信号

```
connect(sender, SIGNAL(signalA), receiver, SIGNAL(signalB));
```

当sender对象发射信号signalA时，触发receiver对象发射信号signalB。

4. 信号、槽之间的连接可以被移除

```
disconnect(sender, SIGNAL(signal), receiver, SLOT(slot));
```

移除sender对象的信号signal和receiver对象的槽slot的连接。

因为删除对象时，Qt会自动移除和这个对象相关的所有连接，所以这种情况较少出

现。除此以外,要把信号成功连接到槽(或者连接到另外一个信号),相连接的信号和槽必须具有相同顺序和相同类型的参数,如果信号的参数比它所连接的槽的参数多,那么多余的参数将会被简单地忽略掉。

例如:

```
connect(ftp, SIGNAL(rawCommandReply(int, const QString &)),
    this, SLOT(processReplv(int, const QStrinq &)));
```

如果参数类型不匹配,或者信号或槽不存在,尽管应用程序调试构建可能通过,但 Qt 会在运行时发出警告。与之相类似的是,如果在信号和槽的名字中包含了参数名也会发出错误警告。

到目前为止,仅仅介绍了窗口部件对象之间如何使用信号和槽建立相互之间的连接。实际上这种机制本身是在 QObject 中实现的,这表明信号和槽并不仅仅局限于图形界面编程中。实际上这种机制可以用于任何 QObject 的子类中,下面的程序演示了如何在普通的类中使用信号和槽。

```
class Circle:public QObject
{
    Q_OBJECT
public:
    Circle() {circleRadius =0; }
    int Radius() {return circleRadius; }
public slots:
    void setRadius(int newRadius);
signals:
    void radiusChanged(int newRadius );
private:
    int circleRadius;
};
void Circle:: setRadius(int newRadius)
{
    if (newRadius !=circleRadius) {
      circleRadius =newRadius;
      emit radiusChanged(circleRadius);
    }
}
```

我们来看一下 setRadius()槽是如何工作的。仔细阅读程序会发现只有在 newRadius 不等于 circleRadius 时,才发射 radiusChanged()信号。这样既可以确保信号和槽连接,又不会导致无限循环。

4.3 Qt 的元对象系统

所谓 Qt 的元对象系统(meta-object system),就是采用信号和槽及内省两种关键技术，对 C++ 语言程序进行扩展，从而创建独立的软件组件的机制。这些组件尽管相互之间事先对对方一无所知，但可以通过信号和槽的机制连接在一起。

内省功能对于信号和槽的功能实现是必需的，它也允许应用程序的开发人员在运行时获得有关 QObject 子类的"元信息"(meta information)，即含有对象的类名以及它所支持的信号和槽的列表。这一机制也支持属性(在 Qt 设计师中广泛应用)和文本翻译功能(用于国际化)，并且为 QObject 模块奠定了基础。从 Qt4.2 版本开始，支持动态添加属性的功能。

标准的 C++ 对 Qt 的元对象系统所需要的动态信息不提供支持，Qt 通过提供一个独立的 moc 工具解决这个问题，moc 分析 Q_OBJECT 类的定义并且通过 C++ 函数来提供可用的信息。由于 moc 使用纯 C++ 语言来实现它的所有功能，所以 Qt 的元对象系统可以在任意的 C++ 编译器上工作。这一机制的工作原理如下。

(1) Q_OBJECT 宏声明了在每一个 QObject 子类中必须实现的一些内省函数，如 metaObject()、tr()、qt_metacall()以及一些其他函数。

(2) Qt 的 moc 工具对 Q_OBJECT 声明的所有函数和所有信号使用纯 C++ 语言进行具体实现。

(3) 像 connect()、disconnect()这样的 QObject 成员函数使用内省函数来完成它们的工作。

上述所有工作都是由 moc、qmake 和 QObject 自动完成，所以程序员一般不需要考虑这些问题。如果对 Qt 的元对象机制感兴趣，可以阅读 QMetaObject 类的文档和由 moc 生成的 C++ 源代码文件，从中可以看出这一机制的工作原理。

4.4 Qt 命令行方式开发 C++ 语言图形界面程序

4.4.1 程序的编辑、编译和运行

在 Linux 环境或者 Windows 环境中，有经验的程序员喜欢用命令行方式来编辑、编译、连接生成可执行程序，因为这可以使程序员根据需要灵活选择编译程序所需要的参数。网络上有很多关于如何在 Linux 和 UNIX 等环境下用命令行方式开发 C++ 语言图形界面应用程序的步骤和方法，有兴趣的读者可以自己上网学习。下面介绍 Windows 环境中命令行方式开发图形界面程序的方法。

1. 程序的编辑

Windows 环境中有很多编辑工具可以用来编辑 Qt C++ 语言程序，可以用 Edit 工具软件或 Windows 系列操作系统自带的写字板或者记事本软件。本书的例子采用记事本来完成程序的编辑。打开记事本程序，然后输入下面的程序代码：

```
#include <QApplication>        //将类 QApplication 的定义包含到程序中
#include <QLabel>              //将类 Qlabel 的定义包含到程序中
int main(int argc,char * argv[])
```

```
4 {
5     QApplication app(argc,argv);
6     QLabel * label =new QLabel("Hello Every One, Welcome to Qt World!");
7     label->show();
8     return app.exec();
9 }
```

其中,第1行和第2行是将类 QApplication 和 QLabel 的定义包含到程序中。在 Qt 中,对于每个 Qt 类,都有一个与该类同名的头文件,在这个头文件中会包括对该类的定义。

第5行创建一个 QApplication 对象,用来管理整个应用程序所用到的资源。这个 QApplication 类的构造函数需要两个参数,分别是 argc 和 argv,Qt 需要它支持它自己的一些命令行参数。

第6行创建一个显示"Hello Every One,Welcome to Qt World!"的 Qlabel 类的窗口部件对象。在 Qt 和 UNIX 中,窗口部件是一个术语(terminology),指的是图形界面程序中的一个可视化元素。窗口部件对象(widget)这个词起源于 window 和 gadget(配件)这两个词,它相当于 Windows 系统术语中的"部件"(control)和"容器"(container)。窗口中的框架、菜单、按钮、滚动条都称为窗口部件。一个窗口部件可以包含其他窗口部件。例如,应用程序的窗口通常就是一个包含了一个菜单条(QMenuBar)、一些工具条(QToolBar)、一个状态栏(QStatusBar)以及一些其他窗口部件的窗口。绝大多数应用程序都会使用一个 QMainWindow 或者一个 QDialog 来作为它的窗口,但 Qt 更加灵活,它可以把任意窗口部件都用作窗口。在本例中,就是用窗口部件 QLabel 作了应用程序的窗口。

第7行调用 QLabel 类的 show()方法显示标签(label)。在创建窗口部件时,标签默认都是隐藏的,允许程序员先对其进行设置然后再调用方法显示它们,由此可以避免窗口部件的闪烁现象。

第8行将应用程序的控制权传递给 Qt。到这里,程序就会进入等待模式,这是一种事件循环状态,程序会等候用户的操作,例如用户单击或者按键等操作。用户的操作会让相应的程序发出响应,生成一些事件(event),这里所说的响应通常就是执行一个或者多个函数。例如,当用户单击窗口部件时,就会产生一个"鼠标按下"事件和一个"鼠标松开"事件。在这方面,图形界面应用程序和常规的批处理程序完全不同,后者通常可以在没有人为干预的情况下自行处理输入、生成结果和终止。

本程序在 main( )函数末尾处没有调用删除(delete)操作来删除 Qlabel 对象。在这么短小的程序内,这样一点内存泄漏(memory leak)问题不会影响大局,因为在程序结束时,这部分内存可以由操作系统重新回收。

上述内容输入完毕并检查无误后将其保存到文件夹"D:\Qt_example\4\ Example4_1\"下,保存的文件取名为 Example4_1. cpp,保存时,保存文件类型为"所有文件",之后退出记事本程序。注意输入的引号、逗号、分号都必须在英文输入方式下输入。

2. 程序的编译、连接和运行

Qt 的源程序必须通过编译、连接才能生成可执行的 exe 程序,下面是命令行方式生成可执行程序的详细步骤。

首先进入命令行操作界面，方法是选择“开始”→“所有程序”→“附件”→“C:\命令提示符”，出现命令操作窗口，进入命令行操作界面，然后依次运行下面的命令，进入程序 Example4_1. cpp 所在的 D 盘上的文件夹“D:\Qt_example\4\ Example4_1\”，编译、连接和执行程序(进入命令行操作界面后的操作如图 4-10 所示)。

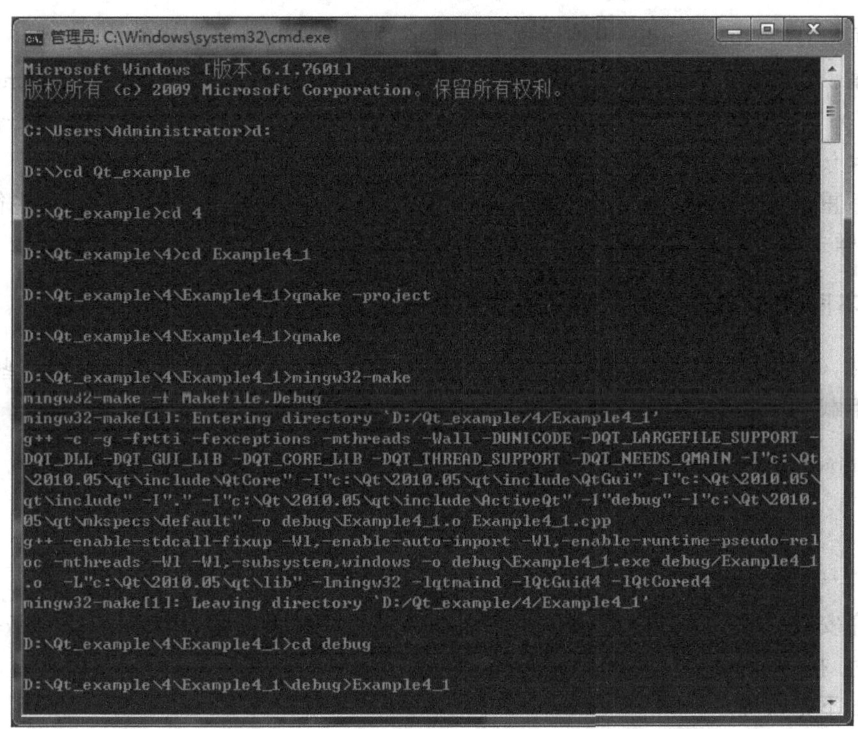

图 4-10 命令行方式编译、连接程序

d: (转到 D 盘)
cd Qt_example (进入 D 盘 Qt_example 文件夹)
cd 4 (进入 D 盘 Qt_example 文件夹下的 4 文件夹)
cd Example4_1 (进入 D 盘 Qt_example 文件夹下 4 文件夹下的 Example4_1 文件夹)
qmake -project (生成一个与平台无关的项目文件 Example4_1. pro 文件)
qmake (生成一个与平台相关的 makefile 文件)
mingw32-make (生成 Example4_1. exe 文件)
cd debug (进入 debug 文件夹，该文件夹下保存生成的可执行文件)
Example4_1 (运行程序，运行效果如图 4-11 所示。)

要运行生成的可执行程序，在 Windows 下可以直接输入 Example4_1，在 UNIX 下可以输入. / Example4_1，在 Mac OS X 下可以输入 open Example4_1. app。要结束该程序，可直接

图 4-11 Example4_1. cpp 程序的执行结果

单击窗口标题栏上的关闭按钮。

当使用 Microsoft Visual C++ 和商业版的 Qt 时，需要 nmake 命令代替 make 命令。除了这一方法外，还可以通过 Example4_1.pro 文件创建一个 Visual Studio 的工程文件，此时需要输入命令：

```
qmake -tp vc Example4_1.pro
```

然后就可以在 Visual Studio 中编译这个程序了。在开始下一个例子之前，先做一件有意思的事情：将代码行"QLabel * label = new QLabel("Hello Every One,Welcome to Qt World!");"替换为"QLabel * label = new QLabel("<h2><B>Hello Every One,</B><font color=red>Welcome to Qt World!</font></h2>");"。

然后重新编译该程序。运行程序会看到不同的显示效果，通过使用一些简单的 HTML 样式格式，可以轻松地把 Qt 应用程序的用户接口变得更加丰富多彩。

3. 不同的 Qt 开发版本，环境配置会稍有不同

当然，Qt 从诞生之日起，版本一直在更新，不同版本的 Qt 开发环境配置会有些区别，如果你下载的 Windows XP 操作系统 Qt 开发环境安装程序是：

```
windows xp +qt-windows-opensource-5.0.1-mingw47_32-x86-offline.exe
```

或者

```
qt-windows-opensource-5.0.2-mingw47_32-x86-offline.exe
```

程序安装完成后，如果仅仅按第1章的方法配置了环境变量，执行 qmake -project 会顺利通过，执行 qmake 也没有问题，当执行 mingw32-make.exe 编译生成可执行程序时会出现如下错误提示：

```
Qt5 fatal error:QPushButton: No such file or directory
```

或者

```
Qt5 fatal error:QApplication: No such file or directory。
```

出错原因是：Qt5 的 QApplication 在 QtWidgets 模块中，和 Qt4 或者其他的 Qt 版本不一样，因为 Qt4 的 QApplication 在 QtGui 模块中。故而只需在开发项目编译生成的.pro 文件中加入如下两行即可消除这个错误：

```
QT +=core gui
greaterThan(QT_MAJOR_VERSION, 4): QT +=widgets
```

所以，对于不同的 Qt 开发版本，应该注意阅读其开发手册，了解和掌握其开发环境的配置方法。

4.4.2 Qt C++图形界面程序如何响应用户的操作

本节程序主要解释 Qt C++语言图形界面程序如何使用信号-槽机制来响应用户的操

作。将下面的程序源代码利用记事本编辑保存为 D:\Qt_example\4\Example4_2\Example4_2.cpp 文件，然后编译和连接生成可执行程序 Example4_2.exe，执行时效果如图 4-12 所示，程序由一个 QUIT 按钮构成，用户可以单击 QUIT 按钮退出程序。

```
1 #include<QApplication>        //将类 QApplication 的定义包含到程序中
2 #include<QPushButton>         //将类 QPushButton 的定义包含到程序中
3 int main(int argc,char * argv[])
4 {
5     QApplication app(argc,argv);
6     QPushButton * button =new QPushButton("QUIT");
7     QObject::connect(button,SIGNAL(clicked()),&app,SLOT(quit()));
8     button ->show();
9     return app.exec();
10 }
```

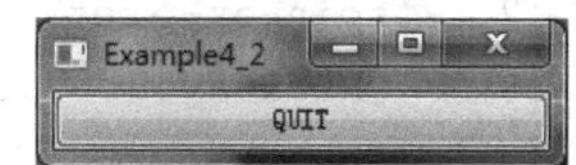

图 4-12 Example4_2.cpp 程序的执行结果

第 7 行程序把 QUIT 按钮(button)的 clicked()信号与 QApplication 类对象 app 的 quit()槽建立了连接，实现了程序对用户操作的响应，就是当程序运行时，如果单击 QUIT 按钮，则程序退出。其工作原理是：Qt 的窗口部件通过发射信号(SIGNAL)来表明用户操作发生或者程序状态的改变。本例中，当单击 QUIT 按钮时，该按钮就会发射一个 clicked ()信号(用 button,SIGNAL(clicked())实现)。clicked ()信号会触发程序 app 的 quit()函数自动执行(用 &app,SLOT(quit())实现)，实现程序退出功能。

4.4.3 Qt 中如何实现窗口部件的布局

本节中的程序将说明如何实现 Qt 图形界面程序中窗口部件的布局，同时介绍如何利用信号和槽来同步窗口部件。程序的运行效果如图 4-13 所示，它可以用来调整用户的年龄，用户可以通过用鼠标操纵旋转按钮 (spin box)或者滑块(slider)来完成年龄的输入。将该程序利用记事本编辑保存为 D:\Qt_example\4\Example4_3\Example4_3.cpp 文件。程序由 QSpinBox、QSlider、QWidget 和 QHBoxLayout 四个窗口部件组成。其中，QWidget 是这个应用程序的主窗口，QSpinBox 和 QSlider 会显示在 QWidget 中，它们都是 QWidget 窗口部件的子对象。

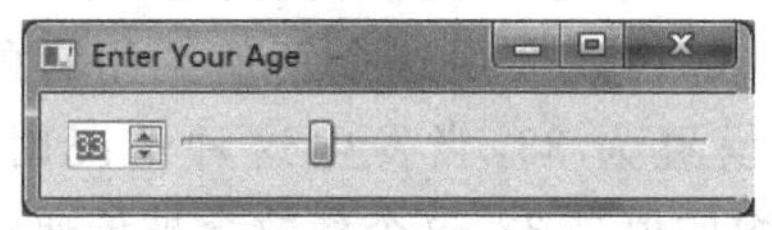

图 4-13 信号和槽同步窗口部件示例

程序源代码如下：

```
#include <QApplication>        //将类 QApplication 的定义包含到程序中
#include <QHBoxLayout>         //将类 QHBoxLayout 的定义包含到程序中
#include <QSlider>             //将类 QSLider 的定义包含到程序中
#include <QSpinBox>            //将类 QSpinBox 的定义包含到程序中
#include <QPushButton>         //将类 QPushButton 的定义包含到程序中
```

```
6 int main(int argc,char * argv[])
7 {
8     QApplication app(argc,argv);
9     QWidget * window =new QWidget;
10    window->setWindowTitle("Enter Your Age");
11    QSpinBox * spinBox =new QSpinBox;
12    Qslider * slider =new QSlider(Qt::Horizontal);
13    spinBox->setRange(0,130);
14    slider->setRange(0,130);
15    QObject::connect(spinBox,SIGNAL(valueChanged(int)),slider,SLOT
      (setValue(int)));
16    QObject::connect(slider,SIGNAL(valueChanged(int)),spinBox,SLOT
      (setValue(int)));
17    spinBox->setValue(33);
18    QHBoxLayout * layout =new QHBoxLayout;
19    layout->addWidget(spinBox);
20    layout->addWidget(slider);
21    window->setLayout(layout);
22    window ->show();
23    return app.exec();
  }
```

程序中第 9 行声明并创建了 QWidget 窗体对象,并把它作为应用程序的主窗口。第 10 行对象指针 window 指向的对象通过调用继承自 QWidget 的方法 setWindowTitle()给主窗口设置标题。第 11 行和第 12 行分别创建了 QSpinBox 和 QSlider,并分别在第 13 行和第 14 行设置了它们的有效范围。这里假定用户的最大年龄不会超过 130 岁。第 15 和第 16 行调用了两次 QObject::connect(),这是为了实现微调框 spinBox 和滑块 slider 的同步,以便它们两个总是可以显示相同的数值。一旦有一个窗口部件的值发生了改变,就会发射它的 valueChanged(int)信号,而另一个窗口部件就会用这个新值调用它的 setValue(int)槽。第 18 行将微调框(spinBox)的值设置为 33,当发生这种情况时,spinBox 就会发射 valueChanged(int)信号,其中 int 参数的值是 33,这个参数会被传递给 QSlider 的 setValue()槽,它会把这个滑块的值设置为 33,于是,滑块就会发射 valueChanged(int)信号,因为它的值发生了变化,这样就触发了微调框的 setValue(int)槽,但在这一点上,setValue (int)并不会再发射任何信号,因为微调框的值已经是 33 了。这样就可以避免无限循环的发生。

程序的第 18 行到第 21 行,使用了一个布局管理器对微调框和滑块进行布局处理,布局情况如图 4-14 所示。

布局管理器也是一个对象,它能对其所负责的窗口部件的大小和位置进行设置。Qt 有三个布局管理器。

(1) QHBoxLayout: 在水平方向上排列窗口部件,从左到右(在某些环境下则是从右向左)。

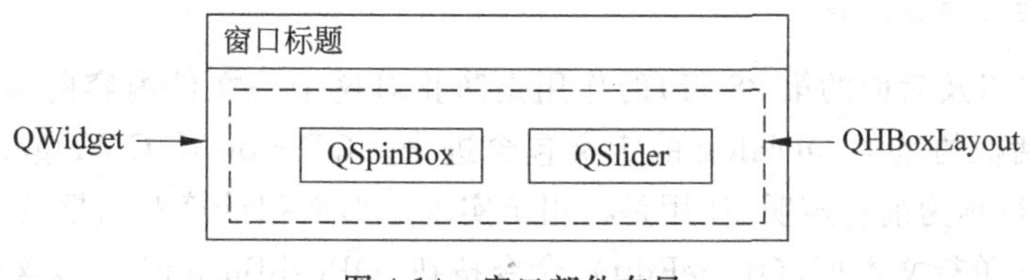

图 4-14 窗口部件布局

(2) QVBoxLayout：在竖直方向上排列窗口部件，从上到下。

(3) QGridLayout：把各个窗口部件排列在一个网格中。

第 21 行的 setlayout()函数调用会在窗口上安装布局管理器。从软件底层实现上来讲，QSpinBox 和 QSlider 都会自动"重定义父对象"，它们会成为这个安装了布局窗口部件的子对象，本例中 spinBox 和 slider 把 window 窗口部件重定义成它们的父对象。

尽管没有明确地设置任何一个窗口部件的位置或大小，但 QSpinBox 和 QSlider 还是能够非常好看地一个挨着一个显示出来。这是因为 QHBoxLayout 可根据所负责的子对象的需要为它们分配所需的位置和大小。布局管理器使我们从繁杂的应用程序的各种屏幕位置关系指定工作中解脱出来，并且它还可以确保窗口尺寸大小发生改变时的平稳性。

Qt 中构建用户接口的方法非常灵活并且很容易理解。采用的程序设计步骤是：先声明窗口部件，然后设置窗口部件的属性，接下来把窗口部件添加到布局中。布局会自动设置窗口部件的位置和大小。采用信号和槽的工作机制，通过窗口部件之间创建连接就可以管理用户的操作并实现人和计算机的交互操作行为。

4.5 命令行方式下对话框程序设计

本节介绍如何用手工编写代码的方式创建一个计算矩形面积的对话框，输入矩形的长和宽，计算并显示矩形的面积的程序，它的运行效果如图 4-15 所示。本例程拥有自己的信号和槽，可以作为一个独立的、完备的部件，通过本例程读者可以学习和了解基于 Qt 的 C++ 语言手工编写代码创建图形界面程序的基本方法。

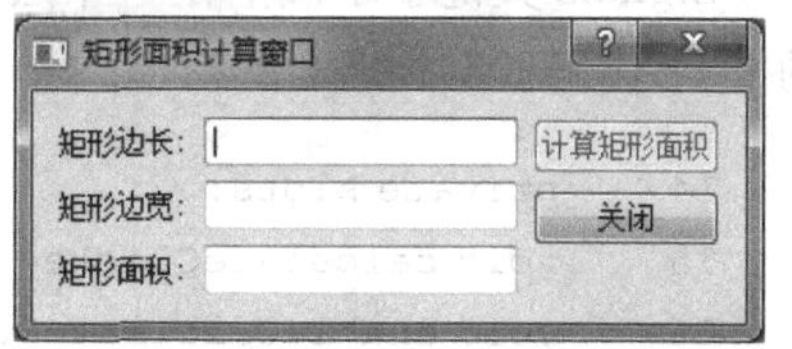

图 4-15 计算矩形面积的对话框

本例采用的程序设计思路是由 QDialog 基类派生出对话框子类，源代码分别保存在 D:\qt_example\4\Example4_4 目录下的 Example4_4.cpp、rectangledialog.h、rectangledialog.cpp、rectangle.h 与 rectangle.cpp 中。下面是这些文件的详细内容及说明。

```
//rectangledialog.h 头文件
#ifndef RECTANGLEDIALOG_H
#define RECTANGLEDIALOG_H
#include <QDialog>
class QLabel;
class QLineEdit;
```

```
6 class QPushButton;
```

第 1、2 行(以及后面的第 28 行)的作用是防止对这个头文件内容的多重包含。第 3 行将 Qt 中对话框的基类 QDialog 的定义包含进来。QDialog 从 QWidget 类派生而来。第 4 行到第 6 行称为前置声明,作用是将用于实现矩形面积计算对话框的一些 Qt 类,如标签(QLabel)、单行文本框(QLineEdit)、命令按钮(QPushButton)等包含进来。前置声明会让 C++ 编译程序知道类的存在,而不用提供类定义的所有细节(通常放到它自己的头文件中)。

```
 7 class RectangleDialog: public QDialog                  //矩形对话框类
 8 {
 9    Q_OBJECT
10    public:
11    RectangleDialog (QWidget * parent =0);
```

第 7 行到第 27 行定义了类 RectangleDialog,它由基类 QDialog 派生而来。第 9 行的 Q_OBJECT 称为宏,对于所有需要定义信号和槽的类是必需的,类 RectangleDialog 需要定义自己的信号和槽,所以必须在此处加上这一行。第 11 行表明 RectangleDialog 的构造函数是典型的 Qt 窗口部件类的定义方式,parent 参数指定了它的父窗口部件。* parent=0 意味着该参数的默认值是空指针,表示 RectangleDialog 对话框没有父对象。

```
12    signals:
13    void rectangleLengthWidth (const QString &lengthString,const QString
      &widthString);
```

第 12 行和第 13 行声明了 RectangleDialog 类中当用户单击"计算矩形面积"按钮 calculateButton 时对话框所发射的一个信号。

Signals 关键字本质上是一个宏。C++ 预处理器会在程序编译之前把它转换成标准的 C++ 代码。

```
14    private slots:
15    void calculateClicked();
16    void enableCalculateButton(const QString &text);
17    void rectangleAreaCalculate(const QString &lengthStr,const QString
      &widthStr);
18    private:
19      QLabel * lengthLabel;
20      QLabel * widthLabel;
21      QLabel * rectangleAreaLabel;
22      QLineEdit * lengthEdit;
23      QLineEdit * widthEdit;
24      QLineEdit * rectangleAreaEdit;
25      QPushButton * calculateButton;
26      QPushButton * closeButton;
27 };
```

```
28 #endif
```

第 14 行到第 17 行的 private 段声明了 calculateClicked、enableCalculateButton 和 rectangleAreaCalculate 三个槽，第 18 行到第 26 行的 private 段是为了实现这三个槽而需要访问的该对话框的所有窗口部件，定义了指向这些窗口部件的指针。关键字 slot 也是一个宏，可以扩展成 C++ 编译程序能够处理的一种结构形式。

对于第 19 行到第 26 行所定义的私有变量，使用的是在 rectangledialog. h 头文件中的类前置声明。这是可行的一种办法，因为它们都被定义成指针形式，没有必要在头文件中就去访问它们，因此编译程序无须这些类的完整定义。所以不需要包含 QLabel、QLineEdit、QPushButton 这几个类的头文件，这样做的另一个好处是能使程序的编译过程更快一些。

接下来逐行分析 rectangledialog. cpp 文件的程序代码，其中包含了 RectangleDialog 类的具体实现。

```
//rectangledialog.cpp 文件
1 #include <QtGui>
2 #include <QTextCodec>
3 #include <math.h>
4 #include "rectangledialog.h"
5 #include "rectangle.h"
```

第 1 行包含<QtGui>，该头文件包含 Qt GUI 类的定义。Qt 由数个模块构成，每个模块都有自己的类库。最为重要的模块有 QtCore、QtGui、QtNetwork、QtOpenGL、QtScript、QtSql、QtSvg 和 QtXml。其中，在<QtGui>头文件中为构成 QtCore 和 QtGui 组成部分的所有类进行了定义。在程序中包含这个头文件，就能省去在每个类中分别包含的麻烦。

在 rectangledialog. h 头文件中，本来可以简单地添加一个<QtGui>包含，不用分别包含<QDialog>和使用 QLabel、QLineEdit、QPushButton 的前置声明。然而，在一个头文件中再包含一个内容比较多的头文件是不好的编程风格，而且在 rectangledialog. cpp 文件中已经包含了<QtGui>，如果在 rectangledialog. h 再包含一次，相当于在一个程序中包含了两次<QtGui>，这样不但使程序浪费了空间，而且会降低程序效率。

第 2 行包含<QTextCodec>，是将 QTextCodec 类的定义包含进来，为程序文本编码转换提供支持。

第 3 行包含<math. h>，是将数学计算的类包含进来，为程序中的数学计算提供支持。

第 4 行包含"rectangledialog. h"，是将 RectangleDialog 类包含进来。

第 5 行包含"rectangle. h"，是将 Rectangle 类包含进来。

```
6 RectangleDialog::RectangleDialog(QWidget *parent):QDialog(parent)
  {
7     QTextCodec::setCodecForCStrings(QTextCodec::codecForName("GBK"));
8     QTextCodec::setCodecForLocale(QTextCodec::codecForName("GBK"));
```

```
9     QTextCodec::setCodecForTr(QTextCodec::codecForName("GBK"));
```

在第 6 行中 RectangleDialog 类的构造函数把 parent 参数传递给了基类 QDialog 的构造函数。第 7 行到第 9 行通过调用 QTextCodec 类的三个函数,实现了文本编码字符集的转换。通常 Qt 的文本字符是以 Unicode 字符集的标准存放和处理的,本程序中后面要实现“矩形边长”“矩形边宽”“矩形面积”等汉字的显示,就必须在此处调用这三个函数,实现 Unicode 字符集到 GBK 中文字符集的转换。否则“矩形边长”“矩形边宽”“矩形面积”等中文字符在程序运行时是不能显示成中文的,相反会显示成乱码。

```
10     lengthLabel =new QLabel(tr("矩形边长:"), this);
11     lengthEdit =new QLineEdit(this);
12     QRegExp regExp("^[0-9]+(\\.[0-9]+)?$ ");
13     lengthEdit->setValidator(new QRegExpValidator(regExp, this));
14     lengthLabel ->setBuddy(lengthEdit);
```

第 10 行和第 11 行分别创建了子窗口部件对象 lengthLabel 和 lengthEdit,用于提示和输入矩形的长。第 12 行创建了正则表达式对象 regExp,第 13 行使用正则表达式 regExp 设置矩形边长输入框 lengthEdit 只能输入非负数。第 14 行设置了输入矩形边长的行编辑器 lengthEdit,作为输入矩形边长提示标签 lengthLabel 的伙伴。

```
15     widthLabel =new QLabel(tr("矩形边宽:"), this);
16     widthEdit =new QLineEdit(this);
17     widthEdit->setValidator(new QRegExpValidator(regExp, this));
18     widthLabel->setBuddy(widthEdit);
```

第 15 行和第 16 行分别创建了子窗口部件对象 widthLabel 和 widthEdit,用于提示和输入矩形的宽。第 17 行使用正则表达式 regExp 设置矩形宽度输入框 widthEdit,只能输入非负数。第 18 行设置了输入矩形宽度的行编辑器 widthEdit,作为输入矩形宽度提示标签 widthLabel 的伙伴。

```
19     rectangleAreaLabel =new QLabel(tr("矩形面积:"), this);
20     rectangleAreaEdit =new QLineEdit(this);
21     calculateButton =new QPushButton(tr("计算矩形面积"), this);
22     calculateButton->setDefault(true);
23     calculateButton->setEnabled(false);
24     closeButton =new QPushButton(tr("关闭"), this);
```

第 19 行到第 21 行分别创建了标签对象 rectangleAreaLabel、文本编辑框对象 rectangleAreaEdit 和按钮对象 calculateButton 三个子窗口部件对象。在字符串周围的 tr()函数调用是把字符串翻译成其他语言的标记。在每个 QObject 对象以及包含有 Q_OBJECT 宏的子类中都有 tr 函数的声明。尽管程序设计时也许没有将你的应用程序翻译成其他语言的打算,但是在每一个用户可见的字符串周围使用 tr()函数仍是一个很好的程序设计习惯。后面的章节会有针对 tr 函数的详细介绍。第 22 行通过调用 setDefault (true)让 calculateButton 计算矩形面积按钮成为对话框的默认按钮。默认按钮(default button)就是当用户按下 Enter 键时起到鼠标按下作用的对应按钮。第 23 行禁用了 calculateButton 按钮。一个窗口部件被禁用后,它就会显示为灰色,并且再也不能和用户发生交互操作。第 24 行创建了按钮对象 closeButton,当单击这一按钮时就把对话框关闭了。

```
25 connect(lengthEdit,SIGNAL(textChanged(const QString &)),
           this, SLOT(enableCalculateButton(const QString &)));
26 connect(calculateButton,SIGNAL(clicked()),this,SLOT(calculateClicked()));
27 connect(closeButton,SIGNAL(clicked()),this,SLOT(close()));
28 connect(this, SIGNAL(rectangleLengthWidth(const QString &,const QString &)),
           this, SLOT(rectangleAreaCalculate(const QString &,const QString &)));
```

第 25 行到第 28 行主要连接信号和槽,第 25 行的作用是只要编辑器 lengthEdit 中的文本(矩形边长的值)发生变化,就会调用私有槽 enableCalculateButton(const QString &)并因而使计算矩形面积按钮 calculateButton 不再显示为灰色,从而可以和用户进行交互。第 26 行表示当用户单击 calculateButton(计算矩形面积)按钮时,会调用 calculateClicked()私有槽函数。第 26 行表示当用户单击 Close 按钮时,对话框会关闭。close()槽是从 QWidget 中继承而来的,并且它的默认行为就是把窗口部件从用户的视野中隐藏起来(而无须将其删除)。稍后将会看到 enableCalculateButton()槽和 calculateButton()槽的代码。第 28 行表示当对话框发出 rectangleLengthWidth 信号时,会调用 rectangleAreaCalculate()槽函数完成矩形面积的计算和显示。

因为 QObject 是 RectangleDialog 的父对象之一,所以可以省略 connect()函数前面的 QObject::前缀。

```
29     QHBoxLayout *topLeftLayout =new QHBoxLayout;
30     topLeftLayout->addWidget(lengthLabel);
31     topLeftLayout->addWidget(lengthEdit);
32     QHBoxLayout *middleLeftLayout =new QHBoxLayout;
33     middleLeftLayout->addWidget(widthLabel);
34     middleLeftLayout->addWidget(widthEdit);
35     QHBoxLayout *bottomLeftLayout=new QHBoxLayout;
36     bottomLeftLayout->addWidget(rectangleAreaLabel);
37     bottomLeftLayout->addWidget(rectangleAreaEdit);
38     QVBoxLayout *leftLayout =new QVBoxLayout;
39     leftLayout->addLayout(topLeftLayout);
40     leftLayout->addLayout(middleLeftLayout);
41     leftLayout->addLayout(bottomLeftLayout);
42     QVBoxLayout *rightLayout =new QVBoxLayout;
43     rightLayout->addWidget(calculateButton);
44     rightLayout->addWidget(closeButton);
45     rightLayout->addStretch();
46     QHBoxLayout *mainLayout =new QHBoxLayout;
47     mainLayout->addLayout(leftLayout);
```

```
48      mainLayout->addLayout(rightLayout);
49      setLayout(mainLayout);
```

接下来的第 29 行到第 49 行,是使用布局管理器放置这些子窗口部件。布局中既可以包含多个窗口部件,也可以包含子布局。通过 QHBoxLayout、QVBoxLayout 和 QGridLayout 这三种布局不同的嵌套组合,可以构建出复杂的对话框。

如图 4-16 所示,对于 RectangleDialog 对话框,使用了四个 QHBoxLayout 布局和两个 QVBoxLayout 布局。外面的布局是主布局(mainLayout),通过第 49 行代码将其安装在 RectangleDialog 中,并且由其负责对话框的整个区域。其他五个布局则作为子布局。

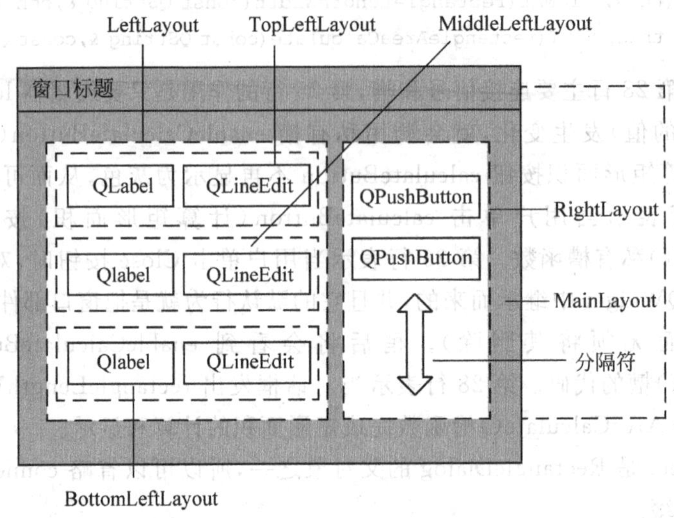

图 4-16　矩形面积计算对话框的布局

图 4-16 中右下角的双向箭头代表一个分隔符(也可以称为伸展器),是由第 45 行代码产生的,它被用来占据 calculateButton 计算矩形面积按钮和 closeButton 关闭按钮所余下的空白区域,这样可以确保这两个按钮占据它们所占 RightLayout 布局的上部空间。

布局管理器类不是窗口部件。它们派生自 Qlayout,根本也是派生自 QObject。图 4-16 中的窗口部件用实线轮廓来表示,布局用点线来表示,这样就能够很好地区分窗口部件和布局。在程序运行过程中,布局是不可见的。

当将子布局对象添加到父布局对象中时(第 39、40、41、47 和 48 行),子布局对象就会自动重定义自己的父对象。也就是说,当将主布局装到对话框中去时(第 42 行),它就会成为对话框的子对象了,于是它的所有子窗口部件都会重定义自己的父对象,从而变成对话框中的子对象。

```
50      setWindowTitle(tr("矩形面积计算窗口"));
51      setFixedHeight(sizeHint().height());
52 }
```

第 50 行设置了对话框的标题,第 51 行设置窗口具有一个恰当的固定高度,这是因为在对话框的垂直方向上再没有其他窗口部件可以去占用所多出的空间了。QWidget::

sizeHint()函数可以返回一个窗口部件“理想”的尺寸大小。

以上就完成了对 RectangleDialog 对话框构造函数的分析。因为使用的是 new 操作创建了这个对话框中的窗口部件和布局，所以应该写一个能够调用 delete 的析构函数，以便在程序结束时删除所创建的每一个窗口部件和布局。但并不是必须这样做，因为 Qt 会在删除父对象的时候自动删除其所属的所有子对象，所以在删除 RectangleDialog 对话框时会自动删除作为其子孙的所有子窗口部件和子布局。

下面来分析一下这个对话框中所用到的槽：

```
53 void RectangleDialog::calculateClicked()
54 {
55     QString lengthString =lengthEdit->text();
56     QString widthString =widthEdit->text();
57     emit rectangleLengthWidth(lengthString,widthString);
58 }
```

当用户单击计算矩形面积按钮 calculateButton 时，就会调用第 53 行定义的 calculateClicked()槽，也就是会自动执行这个函数。第 55 行是将单行文本框 lengthEdit 中输入的代表矩形长度的文本赋给内存变量 lengthString，第 56 行则将单行文本框 widthEdit 中输入的代表矩形宽度的文本赋给内存变量 widthString，第 57 行将会发射 rectangleLengthWidth(lengthString,widthString)信号，信号中携带着代表矩形长度和宽度的文本数据。emit 是 Qt 中的关键字，像其他 Qt 扩展一样，它也会被 C++ 预处理器转换成标准的 C++ 代码。

```
59 void RectangleDialog::rectangleAreaCalculate(const QString &lengthStr,
                                                const QString &widthStr)
60 {
61     double length =lengthStr.toDoubel();
62     double width =widthStr.toDouble ();
63     Rectangle rect01(length, width);
64     double result =rect01.Area();
65     rectangleAreaEdit->setText(QString::number(result, 'f',2));
   }
```

当窗口接收到 rectangleLengthWidth(lengthString,widthString)信号时，就会调用第 59 行定义的 rectangleAreaCalculate()槽，也就是自动执行这个函数完成矩形面积的计算并将计算的结果显示到窗口的 rectangleAreaEdit 编辑框中，第 61 行是将信号 rectangleLengthWidth 携带的代表矩形长度的文本 lengthStr 通过 toDouble ()函数转换成数值并赋给内存变量 length，第 62 行是将信号 rectangleLengthWidth 携带的代表矩形宽度的文本 widthStr 通过 toDouble()函数转换成数值并赋给内存变量 width，第 63 行由矩形类 Rectangle 构建长为 length、宽为 width 的矩形对象 rect01，第 64 行采用矩形对象 rect01 的 Area()方法计算矩形面积并将结果赋给内存变量 result，第 64 行将矩形面积 result 的数值精确到小数点后两位，然后转换成文本数值并通过继承的 setText 函数将其显示在 rectangleAreaEdit 单行文本编辑框中。

```
66 void RectangleDialog::enableCalculateButton(const QString &text)
67 {
68   calculateButton->setEnabled(!text.isEmpty());
69 }
```

第 66 行到第 69 行是槽函数 enableCalculateButton()的内容,其功能是只要用户改变矩形长度 lengthEDIT 行编辑器中的文本,就会调用 enableCalculateButton 槽。通过执行该槽第 68 行的程序语句,从而启用 calculateButton 按钮,使它能起作用,否则它就会禁用 calculateButton 按钮。

```
//rectangle.h 文件
#ifndef RECTANGLE_H                          //避免头文件 rectangle.h 被重复包含
#define RECTANGLE_H
class Rectangle                              //定义矩形类
{
    public:
      Rectangle double Length, double Width );     //声明构造函数
      double Area();                         //声明矩形面积计算函数
    private:
      double SideLength;                     //矩形边长
      double SideWidth;                      //矩形边宽
      double RectangleArea;                  //矩形面积
};
#endif
```

```
//rectangle.cpp 文件
#include "rectangle.h"
Rectangle::Rectangle(double Length, double Width)        //定义矩形构造函数
{
    SideLength =Length;
    SideWidth =Width;
}
double Rectangle::Area()                     //定义矩形面积计算函数
{
    RectangleArea =SideLength * SideWidth;
    return RectangleArea;
}
```

```
//Example4_4.cpp 文件
#include <QApplication>
#include "rectangledialog.h"
int main(int argc,char * argv[])
{
```

```
5       QApplication app(argc,argv);
6       RectangleDialog * dialog =new RectangleDialog;
7       dialog->show();
8       return app.exec();
9 }
```

Example4_4. cpp 文件是矩形面积计算程序的主程序，其中，第 1 行是将类 QApplication 的定义包含到程序中；第 2 行是将类 RectangleDialog 的定义包含到程序中；第 3 行是矩形面积计算程序的主程序入口；第 5 行创建一个 QApplication 对象，用来管理整个应用程序所用到的资源；第 6 行定义一个 RectangleDialog 类的指针，并将其指向一个匿名的 RectangleDialog 窗口类的对象；第 7 行显示匿名的 RectangleDialog 窗口类的对象；第 8 行将应用程序的控制权传递给 Qt，程序进入事件循环状态，等候用户的操作。

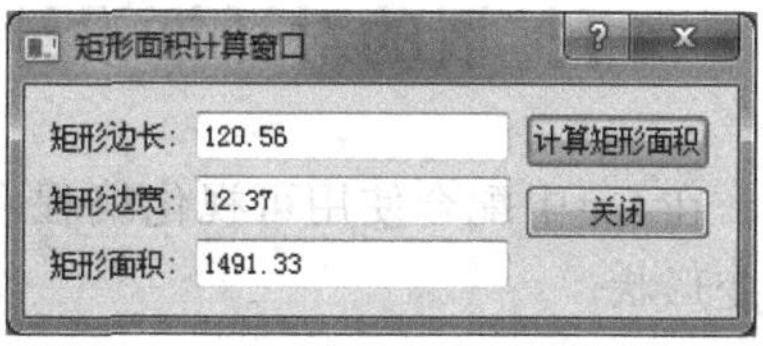

编译并运行这个程序，输入矩形的长和宽，计算并检查程序执行结果，如图 4-17 所示。

图 4-17　计算矩形面积程序的运行效果

由于 RectangleDialog 类的定义包含 Q_Object 宏，因而由 qmake 生成的 makefile。将会自动包含一些运行 Qt 的元对象编译器 moc 的规则，moc 即 meta-object compiler。

为了使 moc 正常运行，必须把类定义单独保存到头文件中。由 moc 生成的代码会包含这个头文件，并且会添加一些特殊的 C++ 代码。

对使用了 Q_OBJECT 宏的类必须运行 moc。因为 qmake 会自动在 makefile 中添加这些必要的规则，所以这并不成问题。如果忘记了使用 qmake 重新生成 makefie 文件，并且也没有重新运行 moc，那么连接程序就会报错，指出你声明了一些函数但没有实现它们。这些信息可能是不明确的。GCC 会生成像下面这样的出错信息：

```
rectangledialog.o: In function "rectangledialog::tr(char const * ,char const * )":
/usr/lib/qt/src/corelib/global/qglobal.h:1430: undefined reference to
                                        "RectangleDialog::staticMetaObject"
```

Visual C++ 会输出类似下面的出错信息：

```
rectangledialog.obj:error LNK2001:unresolved external symbol"public:-virtual
int_thiscall MyClass::qt_metacall(enum QMetaObject::Call,int,void *  * )"
```

如果遇到这种情况，请重新运行 qmake 以生成新的 makefile 文件，然后再重新构建该应用程序。

本节主要讲解如何使用手工编码方式设计对话框，对话框是一种次要窗口，之所以称其为次要窗口，是因为对话框与窗口有区别，它没有"最大化"按钮和"最小化"按钮，大多都不能改变形状大小（"打开文件"对话框是可以改变大小的）。对话框为用户和应用程序之间提供了一种可以相互"交流"的方式。对话框包含单选框、复选框、命令按钮和文本输入框、下拉列表、组合列表等各种选项，可以为用户提供多种选项和多种选择，通过它们可以完成特定命令或任务。例如常见的"查找和替换"对话框，当用户对对话框进行操作时，计算机就会执行相应的命令。

对话框主要由两部分组成：对话框资源和对话框类。可以使用 Qt Creator 集成开发环境来设计对话框的界面，如对话框的大小、位置、样式，对话框中部件的类型和位置等。也可以用代码编程的方法来创建对话框。另外，还可以在程序的执行过程中动态创建对话框。

本节介绍如何用手写代码的方式创建对话框，以便让读者从根本上了解对话框的构成和工作原理，4.6 节介绍如何使用 Qt Creator 集成开发环境来设计对话框，可以发现，采用 Qt Creator 集成开发环境来设计和修改对话框比起单纯用代码来实现更加轻松。

4.6 可扩展的对话框设计

在 Qt 中配合使用可视化编程和命令行方式创建一个可扩展的对话框，使对话框能改变形状。

本例采用 Qt Creator 可视化编程的方式设计一个可扩展的对话框，可扩展对话框通常只显示简单的外观，但通过它的切换按钮(toggle button)，可以让用户改变对话框的形状，在对话框的简单外观和扩展外观之间切换。通过本例程读者可以学习和掌握使用 Qt Creator 集成开发环境和命令行方式相互配合设计图形界面程序的方法。

上一节学习了如何创建对话框，但这些对话框只会显示固定的窗口部件，不能改变形状。有时人们需要对话框能改变形状，根据需要显示所需的窗口部件。常见的形状可改变的对话框有两种：扩展对话框(extension dialog)和多页对话框(mufti-page dialog)。在 Qt 中，不论纯使用代码还是使用 Qt Creator 集成开发环境或者两者配合使用，都可以实现这两种对话框。

扩展对话框都有一个切换钮(toggle button)，它可以让用户在对话框的简单外观和扩展外观之间来回切换。应用程序中的扩展对话框能同时满足普通用户和高级用户的需要，这种应用程序运行时会隐藏那些高级选项，用户可以在需要的时候使用切换按钮看到它们。

本例创建如图 4-18 和图 4-19 所示的扩展对话框。其中图 4-18 和图 4-19 分别是对话框的简单外观和扩展外观。

图 4-18 程序执行效果简单外观

这个对话框是 Word 字处理应用程序的查找对话框(search 对话框)，在这个对话框中，用户可以选择默认条件或者某些可选条件进行查询。在简单外观中，允许用户输入要查询的内容，而在扩展外观下，额外提供了 12 个可选择查询条件。"更多"按钮允许用户

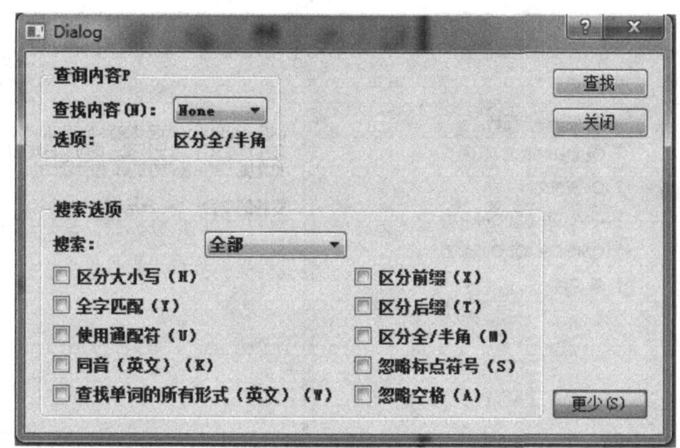

图4-19　程序执行效果扩展外观

在简单外观和扩展外观之间切换。

用Qt Creator来创建这个可扩展的对话框,并且在运行时根据需要隐藏查询条件部分。尽管这个窗口看起来有些复杂,但Qt Creator可以轻而易举地实现它。下面是详细的实现过程。

(1) 如图4-20所示,运行Qt Creator集成开发环境程序,选择"文件"→"新建文件或项目"命令,弹出"新建文件"对话框,如图4-21所示。

图4-20　"新建文件或项目"命令

(2) 在如图4-21所示的"新建文件"对话框中,为新建的文件选择模板,在左侧"文件和类"列表中选择Qt,在中间列表选择"Qt设计师界面类",然后单击对话框右下角的"选

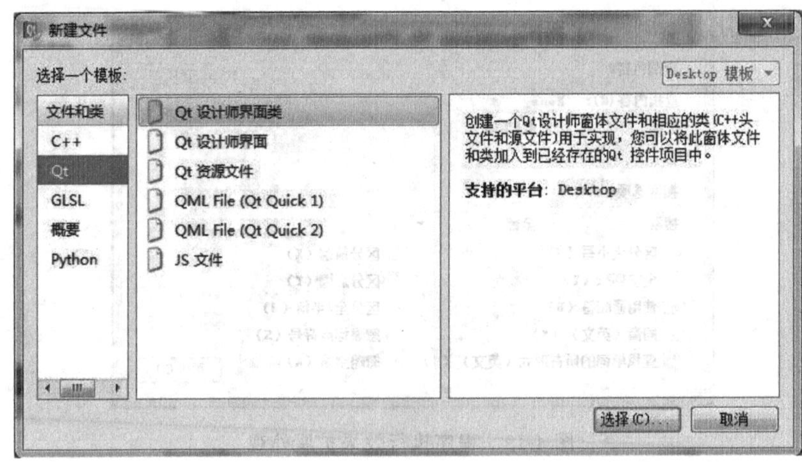

图 4-21 "新建文件"对话框

择"按钮,弹出"Qt 设计师界面类"对话框,如图 4-22 所示,为即将创建的对话框类选择界面模板。

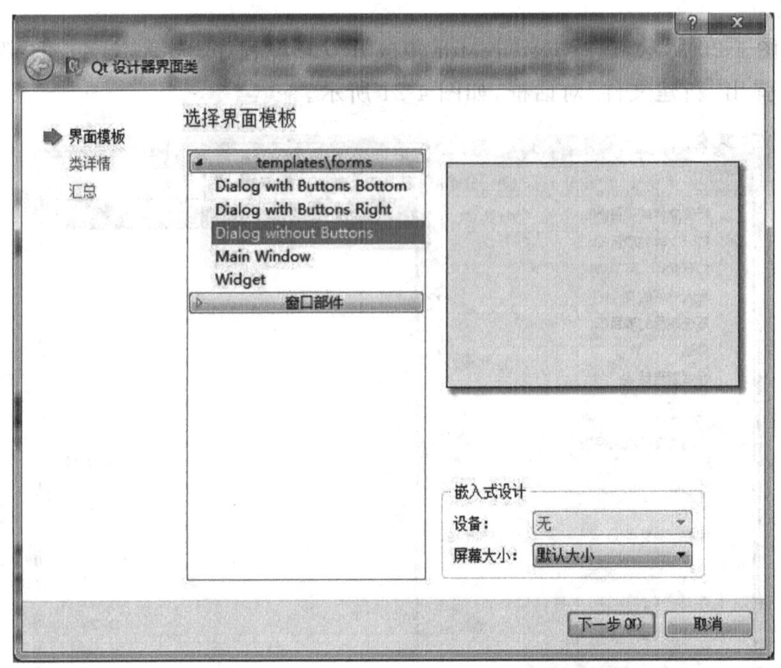

图 4-22 Qt 设计师界面类—选择界面模板

(3) 在如图 4-22 所示的对话框中,在"选择界面模板"列表中,选中 Dialog without Button,然后单击对话框右下角的"下一步"按钮,创建一个不包含按钮的对话框类,弹出"Qt 设计师界面类",如图 4-23 所示,为即将创建的对话框类选择类名。

(4) 在如图 4-23 所示的对话框中,系统即将创建的类默认名称为 Dialog。将默认类名 Dialog 修改为 ScalableDialog,单击"浏览"按钮将文件保存的路径设置为"D:\Qt_

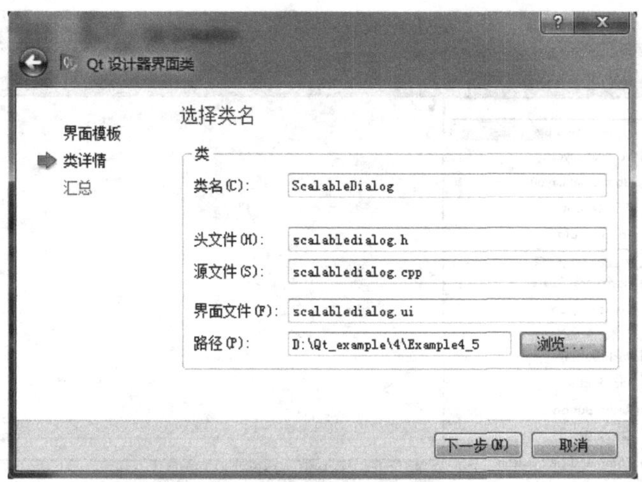

图 4-23 Qt 设计师界面类——选择类名

example\4\Example4_5"。单击"下一步"按钮,弹出"项目管理"窗口,如图 4-24 所示。

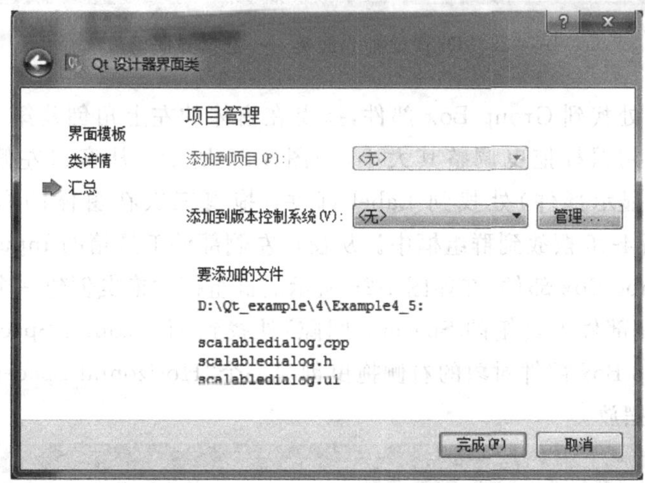

图 4-24 Qt 设计师界面类——项目管理

(5) 如图 4-24 所示的对话框表明,新创建的对话框界面类默认不被添加到任何项目当中,该类的内容包含在 scalabledialog.h、scalabledialog.cpp 和 scalabledialog.ui 三个文件中。保持该对话框内容不变,单击"完成"按钮,呈现如图 4-25 所示的窗口,打开新建的对话框并进入设计状态。

(6) 向新建的对话框内添加必要的部件。如图 4-26 所示,采用鼠标左键按住部件的名字或者图标拖曳的方式,从窗口左侧部件工具箱的 Buttons(命令按钮)处找到 Push Button 按钮部件,拖曳两次在窗体的右上角创建两个 PushButton 按钮对象。从窗口左侧部件工具箱的 Spacers(间隙)处找到 Vertical Spacer 按钮部件,拖曳在刚刚创建的两个 PushButton 按钮对象的下方创建一个 Vertical Spacer 类型的垂直分隔符。再次在垂直分隔符的下方拖曳创建一个 PushButton 按钮对象。从窗口左侧部件工具箱的

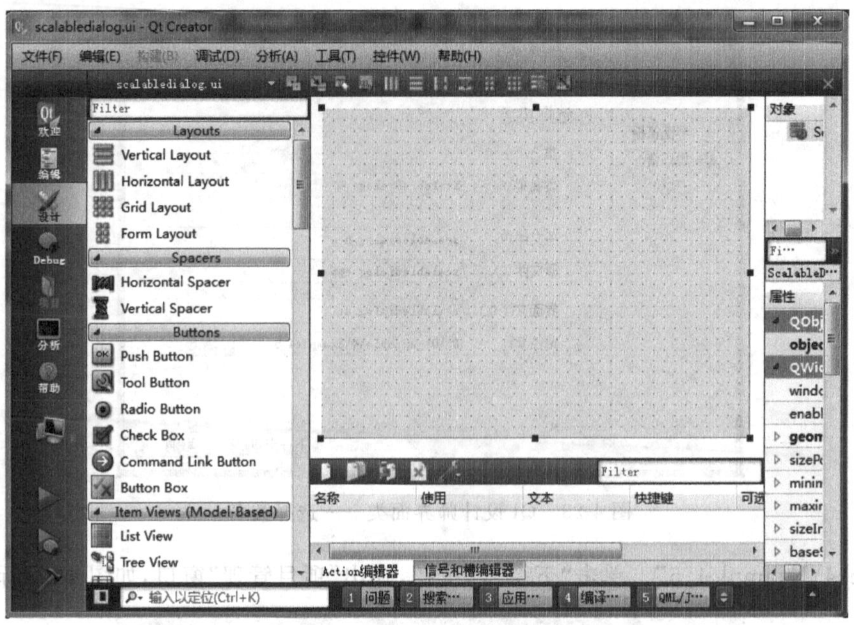

图 4-25 Qt 设计师界面类——选择界面模板

Containers(容器)处找到 Group Box 部件,拖曳在窗体的左上角创建第一个 Group Box 类型的群组框,使用鼠标拖曳调整其大小,如图 4-26 所示。从窗口左侧部件工具箱的 Display Widgets(显示部件)处找到 Label 部件,拖曳三次在窗体的右上角创建三个 Label 标签并按图 4-26 摆放到群组框中。从窗口左侧部件工具箱的 Input Widgets(输入部件)处找到 Combo Box 部件,在如图 4-26 所示的群组框中拖曳创建一个 Combo Box 组合框。从窗口左侧部件工具箱的 Spacers(间隙)处找到 Horizontal Spacer 按钮部件,在刚刚创建的 Group Box 部件对象的右侧拖曳创建一个"Horizontal Spacer"类型的水平分隔符并按图 4-26 摆放。

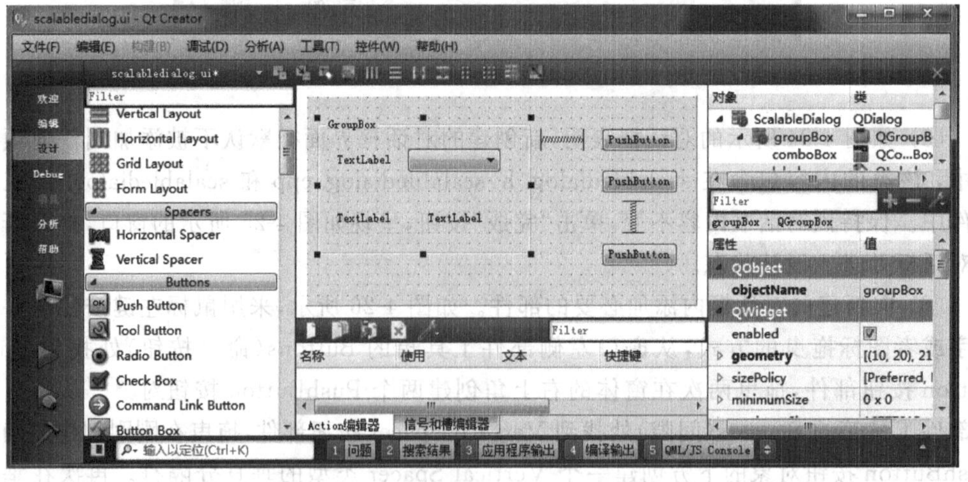

图 4-26 可扩展对话框及构成部件

(7) 设置对话框中各部件对象的属性。如图 4-27 所示，通过 Qt Creator 的部件对象属性编辑区设置每一个部件的属性。

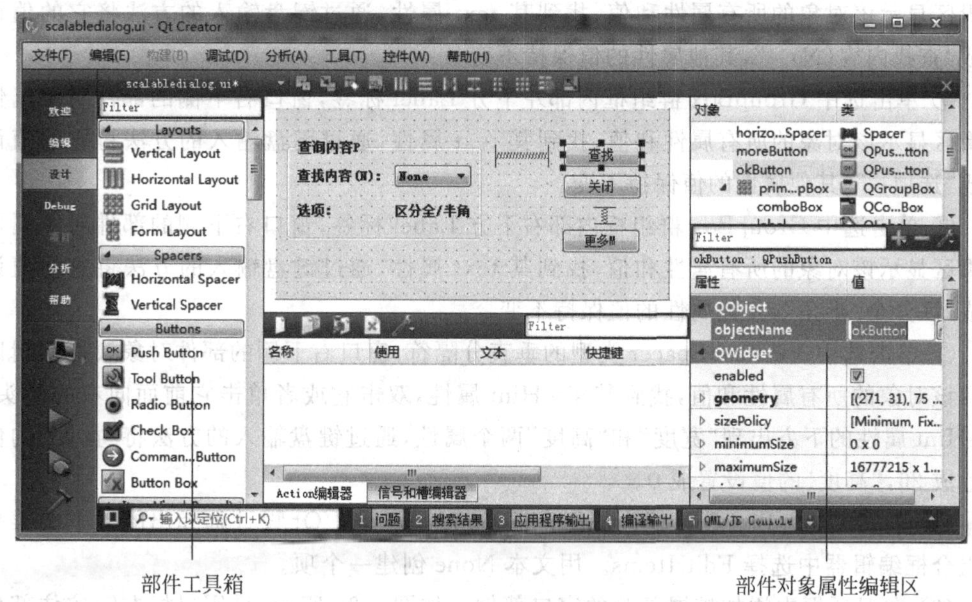

图 4-27　可扩展对话框简单外观

① 单击每一个部件对象，都会使该部件对象处于选中状态，选中的部件对象周边出现八个蓝色块状标志，当将鼠标移动到这些蓝色方块上时，鼠标变成双方向的箭头，此时按下鼠标左键拖动可以调整被选中的部件对象的大小。也可以直接在八个蓝色块状标志区内按下鼠标左键拖曳，移动被选中的部件对象。

② 单击选中对话框右侧最上方的 PushButton 命令按钮对象，窗口右下侧的部件对象属性编辑区显示该对象的所有属性和值，找到其 ObjectName 属性，通过键盘输入的方法将它的值设置成 okButton，找到其 text 属性，通过键盘输入的方法将它的值设置成"查找"，找到其 default 属性，将它的值设置为 true，其他属性的值保持不变。

③ 单击选中对话框右侧从上往下数第二个 PushButton 命令按钮对象，窗口右下侧的部件对象属性编辑区显示该对象的所有属性和值，找到其 ObjectName 属性，通过键盘输入的方法将它的值设置成 closeButton，找到其 text 属性，通过键盘输入的方法将它的值设置成"关闭"，其他属性的值保持不变。

④ 单击选中对话框右侧从上往下数第三个 PushButton 命令按钮对象，窗口右下侧的部件对象属性编辑区显示该对象的所有属性和值，找到其 ObjectName 属性，通过键盘输入的方法将它的值设置成 moreButton，找到其 text 属性，通过键盘输入的方法将它的值设置成"更多 M"，找到其 checkable 属性并设置为 true，其他属性的值保持不变。

⑤ 单击选中 GroupBox 类型的群组框，窗口右下侧的部件对象属性编辑区显示该对象的所有属性和值，找到其 title 属性，通过键盘输入的方法将它的值设置成"查询内容&P"，找到其 ObjectName 属性，通过键盘输入的方法将它的值设置成 primaryGroupBox，其

他属性的值保持不变。

⑥ 单击选中 GroupBox 群组框内部左上方 Label 标签，窗口右下侧的部件对象属性编辑区显示该对象的所有属性和值，找到其 text 属性，通过键盘输入的方法将它的值设置成“查找内容(N)：”，其他属性的值保持不变。

⑦ 单击选中 GroupBox 群组框内部左下方 Label 标签，窗口右下侧的部件对象属性编辑区显示该对象的所有属性和值，找到其 text 属性，通过键盘输入的方法将它的值设置成“选项：”，其他属性的值保持不变。

⑧ 单击选中 GroupBox 群组框内部右下方 Label 标签，窗口右下侧的部件对象属性编辑区显示该对象的所有属性和值，找到其 text 属性，通过键盘输入的方法将它的值设置成“区分全/半角”，其他属性的值保持不变。

⑨ 单击选中 Vertical Spacer 类型的垂直分隔符，窗口右下侧的部件对象属性编辑区显示该对象的所有属性和值，找到其 sizeHint 属性，双击它或者单击它前面向右的箭头，sizeHint 属性的下方出现“宽度”和“高度”两个属性，通过键盘输入的方法将“宽度”的值设置成 20，“高度”的值设置成 0。

(8) 右击 GroupBox 群组框内部组合框 ComboBox，从 Qt 设计师弹出的上下文菜单的组合框编辑器中选择 Edit Items。用文本 None 创建一个项。

(9) 向对话框内添加扩展部分的窗口部件。如图 4-28 所示，采用鼠标左键按住部件的名字或者图标拖曳的方式，从窗口左侧部件工具箱的 Containers(容器)处找到 Group Box 部件，拖曳在窗体的右侧下方创建第二个 Group Box 类型的群组框，使用鼠标拖曳的方法调整其大小，如图 4-28 所示。从窗口左侧部件工具箱的 Display Widgets(显示部件)

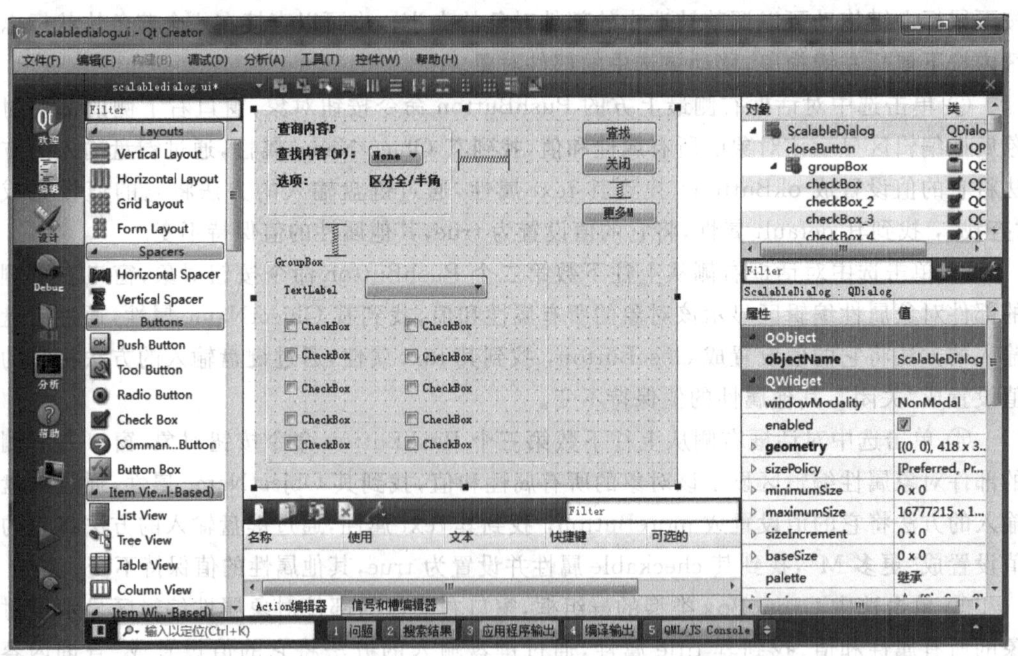

图 4-28　增加了扩展部分的对话框

处找到Label部件，拖曳在窗体创建一个Label标签并按图4-28摆放到第二个Group Box类型的群组框中。从窗口左侧部件工具箱的Buttons(命令部件)处找到Check Box部件，拖曳创建10个CheckBox复选框并按图4-28摆放到第二个Group Box类型的群组框中。从窗口左侧部件工具箱的Spacers(间隙)处找到Vertical Spacer按钮部件，拖曳创建第二个Vertical spacer垂直分隔符，并且按图4-28把它放到primaryGroupBox群组框和第二个群组框之间。

(10) 如图4-29所示，将第二个群组框的title属性设置为“搜索选项”，ObjectName设置为secondaryGroupBox。标签的text属性设置为“搜索：”。10个Check Box复选框的text属性分别按图4-29对应设置，单击选中新增的第二个Vertical spacer垂直分隔符，窗口右下侧的部件对象属性编辑区显示该对象的所有属性和值，找到其sizeHint属性，双击它或者单击它前面向右的箭头，sizeHint属性的下方出现“宽度”和“高度”两个属性，通过键盘输入的方法将“宽度”的值设置成20，“高度”的值设置成0。

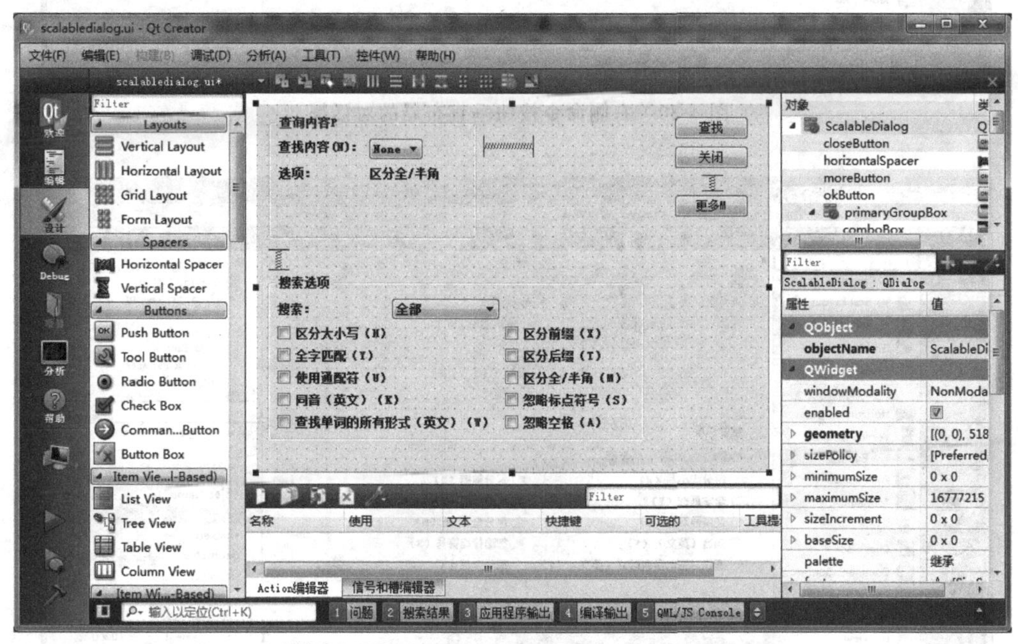

图4-29　包含简单外观和扩展外观部件的对话框

(11) 单击“查找”按钮，按下Ctrl键后再单击“关闭”按钮、垂直分隔符和“更多M”按钮，将这些部件一起选中后，再单击工具栏图标，对这些部件进行垂直布局，鼠标移动到标示垂直布局的红色线框内单击选中垂直布局，然后移动鼠标到红色线框的蓝色编辑点上，按下鼠标左键拖曳调整垂直布局，如图4-30所示。如果生成的布局效果不理想，或者是不小心做错了，可以随时通过单击工具栏按钮取消布局，然后重新摆放这些窗口部件，再对它们重新布局，直到满意为止。

(12) 如图4-31所示，移动鼠标指针到对话框的左上角，按下鼠标左键向右下方拖曳直到选择区域覆盖对话框的所有简单外观部件，然后抬起鼠标左键，选中对话框的所有简

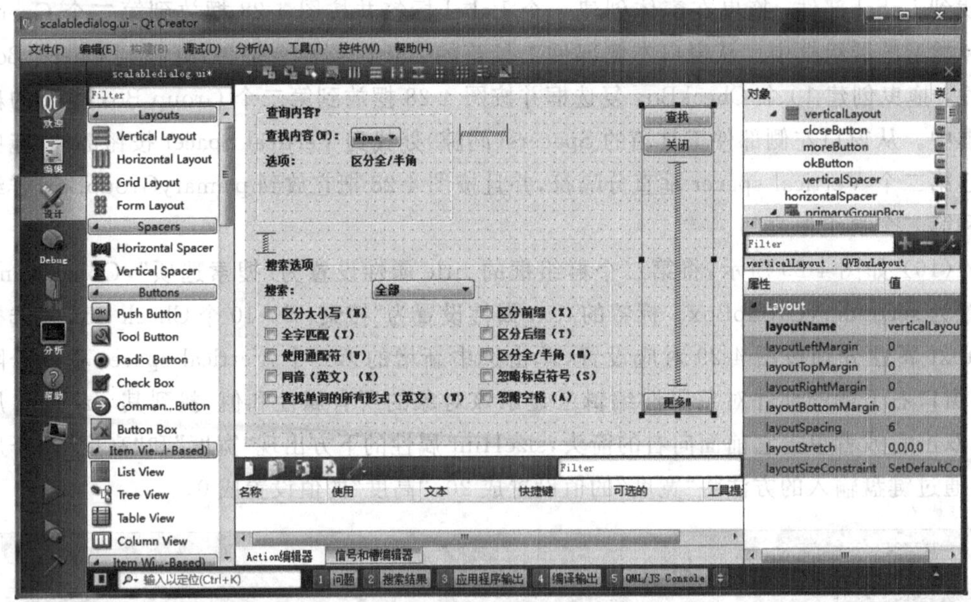

图 4-30　右侧命令按钮垂直布局的对话框

图 4-31　鼠标左键拖曳选择简单外观部件

单外观部件如图 4-32 所示。然后再单击工具栏图标▦,完成这些部件的栅格布局,将鼠标指针移动到标示栅格布局的红色线框内单击选中栅格布局,移动鼠标指针到栅格布局红色线框的蓝色编辑点上,按下鼠标左键拖曳调整栅格布局,如图 4-33 所示。

移动鼠标指针到对话框的左侧中上部适当位置,按下鼠标左键向右下方拖曳直到选择区域覆盖对话框的所有扩展外观部件如图 4-33 所示,然后抬起鼠标左键,选中对话框

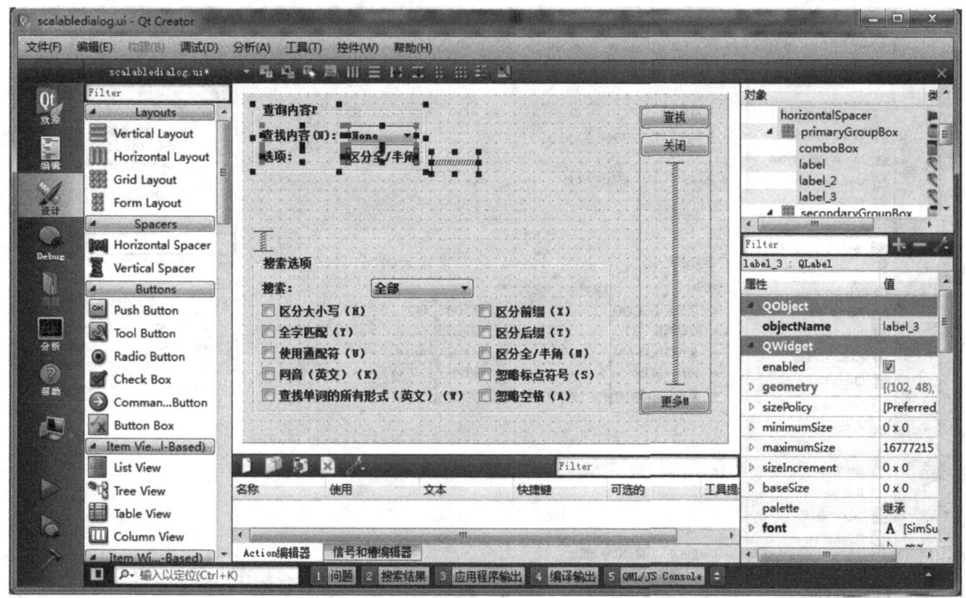

图 4-32 对话框简单外观部件被选中

图 4-33 对话框简单外观部件栅格布局

的所有扩展外观部件如图 4-34 所示。

（13）在选中对话框的所有扩展外观部件前提下，单击工具栏图标▦，对对话框的所有扩展外观部件进行栅格布局，将鼠标指针移动到标示栅格布局的红色线框内单击选中栅格布局，然后移动鼠标指针到栅格布局红色线框的蓝色编辑点上，按下鼠标左键拖曳调整栅格布局，如图 4-35 所示。

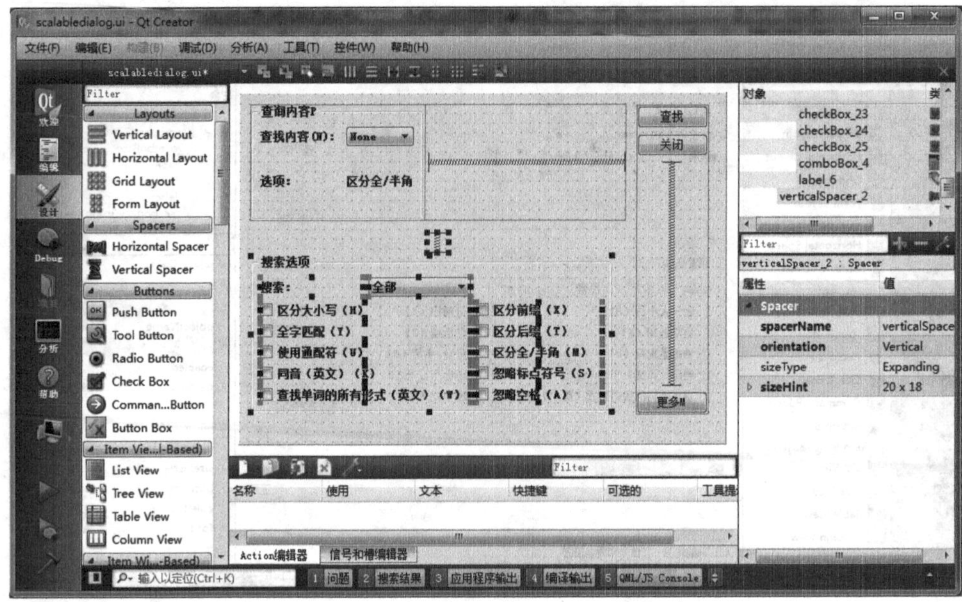

图 4-34 对话框扩展外观部件被选中

图 4-35 对话框扩展外观部件栅格布局

(14) 单击对话框窗体任意空白位置,取消所有部件的选中,然后单击工具栏图标▦,使对话框内所有布局进行栅格布局,结果如图 4-36 所示。

(15) 窗口部件的最终网格布局是四行二列,一共有八个单元格。primaryGroupBox 群组框、最左边的垂直分隔符各占一个单独的单元格,secondaryGroupBox 群组框占两个单独的单元格。okButton、closeButton、右边的垂直分隔符和 moreButton 按钮各占用一

图 4-36　可扩展对话框布局

个单元格。如果制作出来的对话框不是这样,应撤销布局,重新放置窗口部件的位置,然后再尝试重新布局。

(16) 单击工具栏中的编辑 Tab 顺序按钮设置部件获得编辑焦点的顺序,按照从上到下、自左向右的优先顺序,依次单击窗口中的部件,设置部件焦点顺序如图 4-37 所示。单击工具栏中的编辑部件按钮离开 Tab 键顺序设置模式。

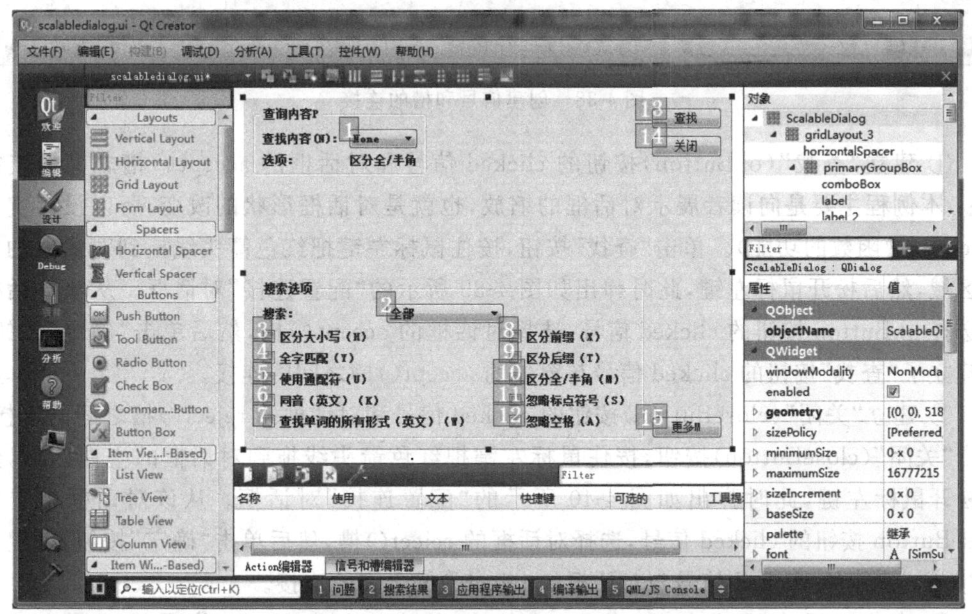

图 4-37　可扩展对话框部件编辑焦点的顺序

(17) 设置信号和槽的连接来实现对话框的缩放功能。Qt Creator 允许程序员在同一对话框的不同窗口部件之间通过信号和槽建立连接。选择 Edit(编辑)→Edit Signals/Slots(编辑信号和槽)命令或者直接单击工具栏中的编辑信号/槽按钮，就进入 Qt Creator 的信号和槽的连接设置模式,如图 4-38 所示。要在两个对话框部件之间建立信号和槽的连接,需要单击作为发射信号的对话框窗口部件并且按住鼠标左键拖动所产生的红色箭头线到接收信号的槽所在的对话框部件上,然后松开鼠标按键。这时会弹出一个配置信号和槽连接的对话框,可以从中选择建立连接的信号和槽。本对话框需要建立如下三个信号和槽的连接。

图 4-38　创建信号和槽的连接

① 建立“查找”(okButton)按钮的 clicked 信号和对话框的 accept()槽之间的连接(注:本例程主要是向读者展示对话框的缩放,也就是对话框形状的改变,所以没有实现 accept()槽函数的功能)。单击“查找”按钮,按住鼠标左键把红色箭头线拖到对话框的空白区域,然后松开鼠标左键,此时弹出如图 4-39 所示的“配置连接”对话框。从该对话框中选择 okButton 按钮的 clicked 信号,选择对话框的 accept()槽,然后单击“确定”按钮,就建立了“查找”按钮的 clicked 信号与窗体的 accept()槽之间的连接。

② 建立“关闭”(closeButton)按钮的 clicked 信号和对话框的 reject()槽之间的连接。单击“关闭”(closeButton)按钮,按住鼠标左键把红色箭头线拖到对话框的空白区域,然后松开鼠标左键,此时弹出如图 4-40 所示的“配置连接”对话框。从该对话框中选择 closeButton 按钮的 clicked 信号,选择对话框的 reject()槽,然后单击“确定”按钮,就建立了“关闭”按钮的 clicked 信号与对话框的 reject()槽之间的连接。

③ 建立“更多 M”(moreButton)按钮的 toggled(bool)信号和“群组框”

(secondaryGroupBox)的setVisible(bool)槽之间的连接。单击“更多M”(moreButton)按钮,按住鼠标左键把红色箭头线拖到“群组框”,然后松开鼠标左键,此时弹出如图4-41所示的“配置连接”对话框。从该对话框中选择moreButton按钮的toggled(bool)信号,选择群组框的setVisible(bool)槽,然后单击“确定”按钮,就建立了“更多M”(moreButton)按钮的toggled(bool)信号和“群组框”的setVisible(bool)槽之间的连接。

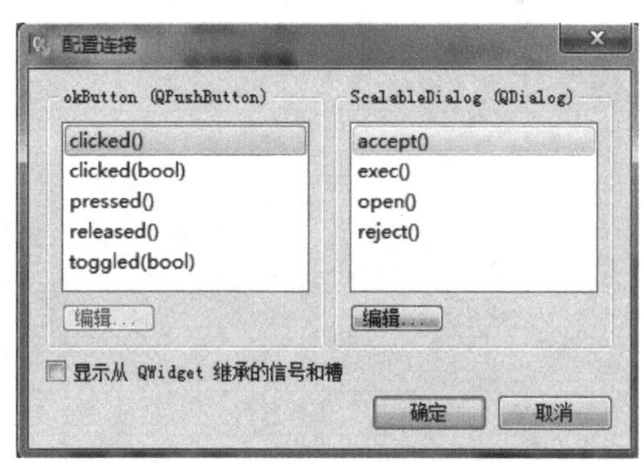

图4-39 “配置连接”对话框

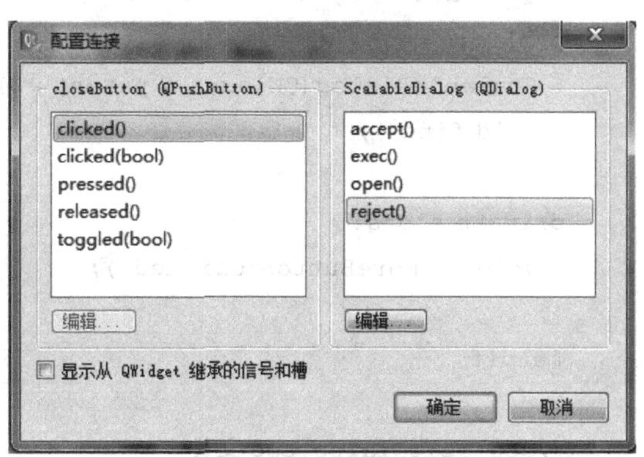

图4-40 配置关闭按钮信号和槽的连接

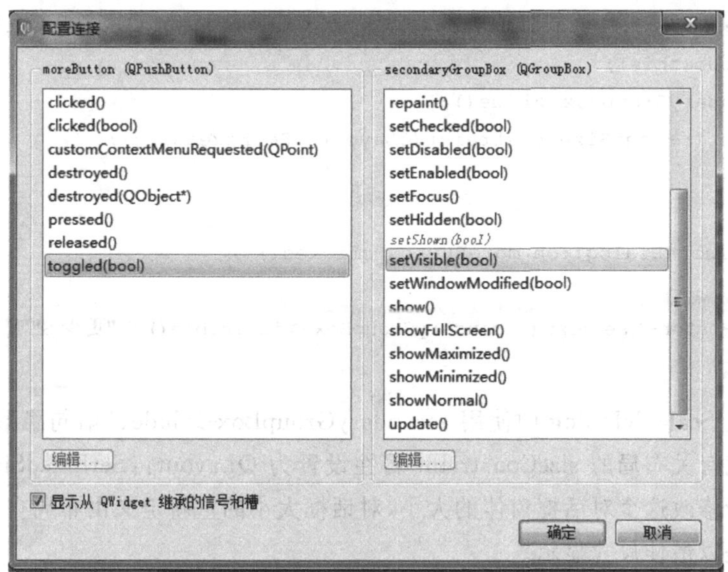

图4-41 配置“更多M”按钮信号和槽的连接

(18) 保存对话框到D:\Qt_example\4\Example4_5\文件夹中,保存对话框时会自动保存scalableDialog.Ui、scalableDialog.h和scalableDialog.cpp三个文件。

(19) 使用多重继承的方法用记事本程序打开并修改scalableDialog.h和scalableDialog.cpp文件。使其内容分别如下:

```
//scalabledialog.h 文件
#ifndef SCALABLEDIALOG_H
```

```
#define SCALABLEDIALOG_H
#include <QDialog>
#include <ui_scalabledialog.h>
class ScalableDialog : public QDialog, public Ui::ScalableDialog
{
  Q_OBJECT
public:
  ScalableDialog(QWidget * parent =0);
  void find();

private slots:
  void on_moreButton_clicked();
};
#endif

//scalabledialog.cpp 文件
#include <QtGui>
#include "scalabledialog.h"
ScalableDialog::ScalableDialog(QWidget * parent):QDialog(parent)
{   setupUi(this);
    secondaryGroupBox->hide();
    layout()->setSizeConstraint(QLayout::SetFixedSize);
}

void ScalableDialog::on_moreButton_clicked()
{
    moreButton->setText(secondaryGroupBox->isVisible() ? "更少 S" : "更多 M");
}
```

构造函数 ScalableDialog 中使用 secondaryGroupBox->hide()语句隐藏对话框的扩展部分。并把有关布局的 sizeConstraint 属性设置为 QLayout::SetFixedSize,这样用户就不能再重新修改这个对话框窗体的大小,对话框大小的重新定义由布局自己负责,以确保对话框总是以最佳尺寸显示。

槽函数 on_moreButton_clicked()实现了窗体形状的改变,并使按钮 moreButton 的 text 属性在“更少 S”和“更多 M”之间转换。

(20) 在 D:\Qt_example\4\Example4_5\文件夹中创建主程序 scalabledialogmian.cpp,其代码如下:

```
#include <QApplication>
#include "scalabledialog.h"
#include <QTextCodec>
int main(int argc, char * argv[])
```

```
{
  QApplication app(argc,argv);
  //以下三行设置程序中文本字符为汉字字符集,使程序中的汉字能正常显示
  QTextCodec::setCodecForCStrings(QTextCodec::codecForName("GBK"));
  QTextCodec::setCodecForLocale(QTextCodec::codecForName("GBK"));
  QTextCodec::setCodecForTr(QTextCodec::codecForName("GBK"));
  ScalableDialog *dialog =new ScalableDialog;    //定义对话框指针并执行匿名创建
                                                   的对话框
  dialog->show();                                //显示对话框
  return app.exec();
}
```

(21) 保存程序,然后以命令行方式编译构建可执行程序并运行,测试对话框的扩展和收缩,对话框收缩时结果如图 4-18 所示,对话框扩展时结果图 4-19 所示。

4.7 规则几何图形面积和体积计算之菜单、工具栏的设计——Qt4 Creator 开发图形界面程序综合案例

【说明】 通过采用 Qt C++ 语言集成开发环境,设计开发一个计算三角形、矩形、正方形、圆、梯形等规则几何图形的面积,以及计算三棱锥、长方体、正方体、圆柱体、棱柱体、球体、圆锥体等规则几何图形的体积的程序,贯穿本书前后各章节中关于类、类的继承、虚函数、类模板、输入输出流等 C++ 语言的基本概念以及图形界面程序设计方法等内容。使读者将理论和编程实践密切结合,更好地理解掌握理论内容,锻炼提高程序设计开发能力。程序项目名称为 ReFigCalculator,是英语 regular figure calculator(规则几何图形计算器)的缩写。

4.7.1 关于 Qt 的项目

创建一个 Qt Gui 应用项目是开发 C++ 语言图形界面软件程序的第一步,一个 C++ 图形界面软件项目大多由源程序代码文件、头文件、界面文件、菜单和图标资源文件等不同类别的文件组成。为了提高管理效率,大多数软件开发系统都把构成一个程序的所有文件组织到一个项目中分类管理。这里用规则几何图形面积和体积的计算程序项目 ReFigCalculator 来介绍使用 Qt 集成开发环境开发图形界面程序的步骤和方法。

4.7.2 创建项目 ReFigCalculator

【操作步骤】

(1) 运行 Win7(Windows XP)“开始”菜单中的 Qt C++ 语言集成开发环境程序,弹出如图 4-42 所示的窗口。

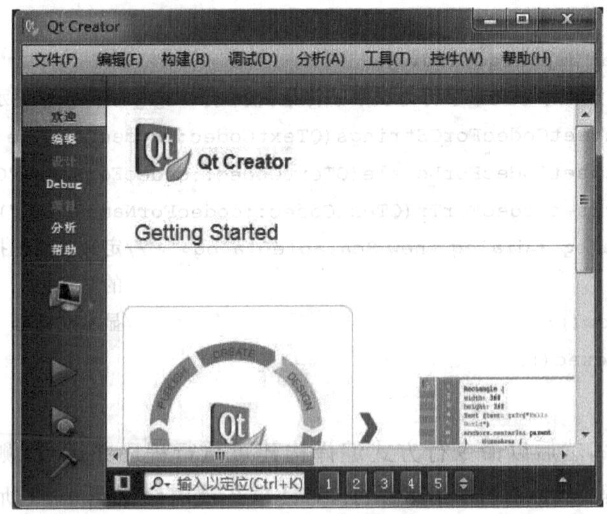

图 4-42 Qt Creator 启动窗口

(2) 如图 4-43 所示,单击"文件"菜单,在下拉菜单中单击"新建文件或项目",弹出如图 4-44 所示的新建项目模板选择对话框,选择新建项目的模板类型。

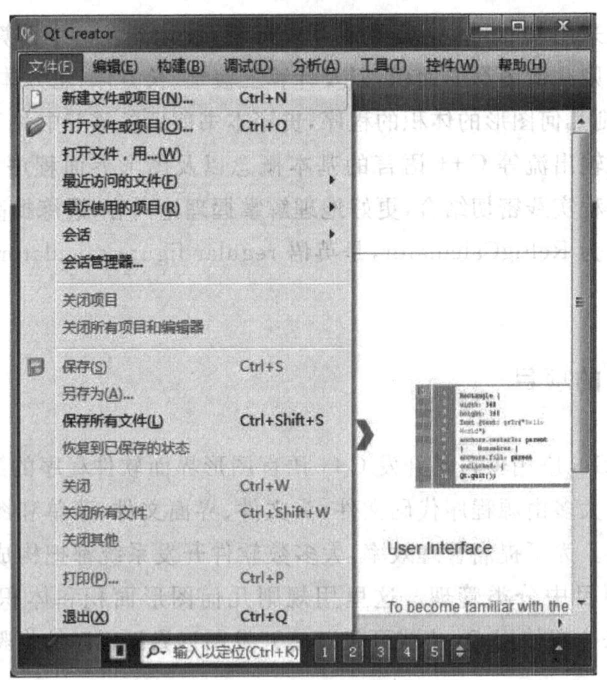

图 4-43 新建文件或项目

(3) 在如图 4-44 所示"新建"对话框中首先选择左侧列表中的"应用程序"项目,然后在中间列表选择"Qt Gui 应用",最后单击"选择"按钮,弹出如图 4-45 所示的对话框,此对话框主要用来输入要创建项目的名称和项目文件保存的位置。

(4) 在图 4-45 的"名称"文本框中输入项目名称 ReFigCalculator,在"创建路径"文本

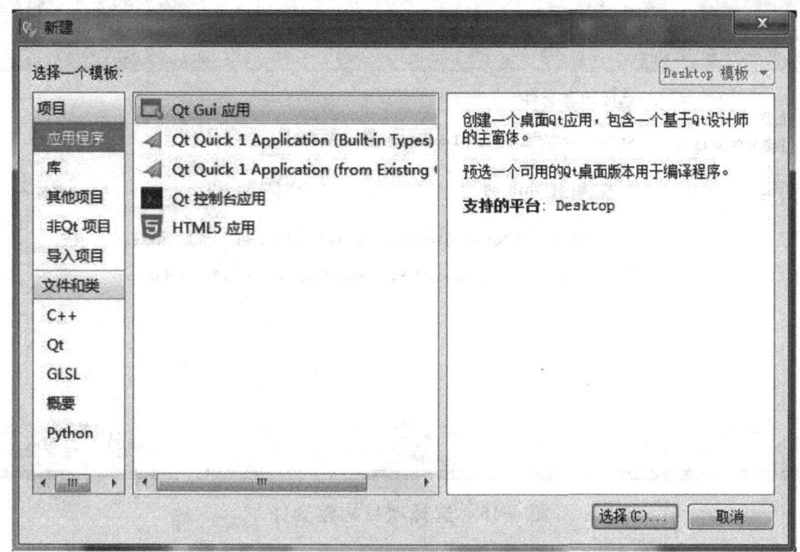

图 4-44　新建项目模板选择

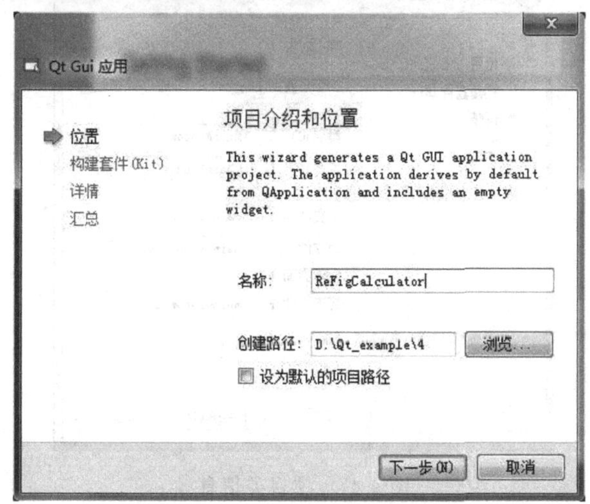

图 4-45　项目名称和保存路径

框中输入 D:\Qt_example\4(也可以自己通过单击编辑框右侧的“浏览”按钮选择路径)，然后单击“下一步”按钮，系统会自动在计算机的 D 盘上的 Qt_example 里面的 4 文件夹下创建 ReFigCalculator 文件夹，并在此文件夹下生成包括项目文件 ReFigCalculator. pro 在内的一些项目文件，以后所有该项目的文件都会保存在这个文件夹下，此后弹出如图 4-46 所示的对话框。此对话框主要让我们选择要创建项目的构建套件，这里选择默认的选项即可。然后单击“下一步”按钮，出现如图 4-47 所示的对话框。

(5) 如图 4-47 所示的类信息对话框显示了在创建项目过程中，自动生成的类及其基类、头文件、源文件和程序主界面文件，保持内容不变，单击“下一步”按钮，弹出如图 4-48 所示的对话框。

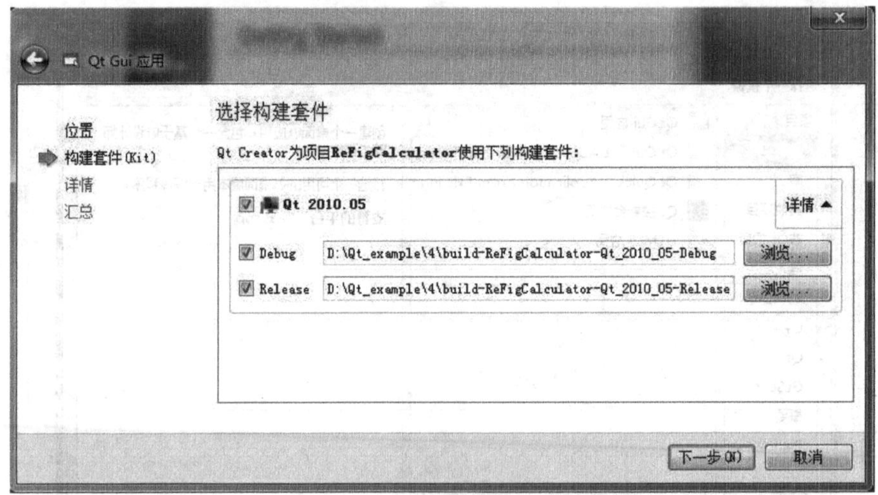

图 4-46　选择项目构建套件

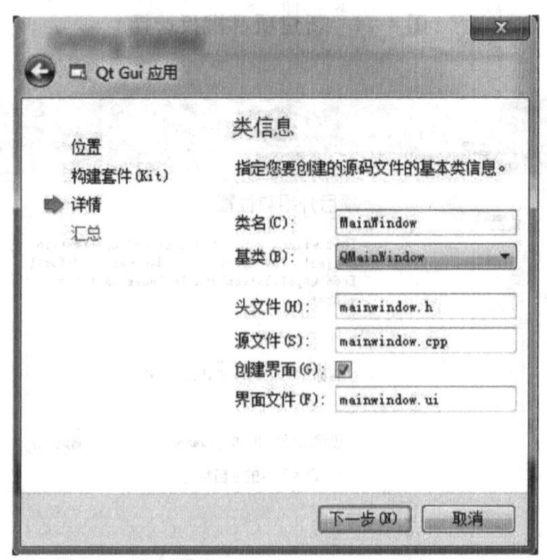

图 4-47　项目类信息

(6) 如图 4-48 所示的对话框显示了在项目创建过程中，系统会自动在项目文件夹 ReFigCalculator 里创建 ReFigCalculator. pro、mainwindow. ch、main. cpp、mainwindow. cpp 和 mainwindow. ui 等五个文件，保持内容不变，单击"完成"按钮，弹出如图 4-49 所示的窗口，表明项目 ReFigCalculator 已经创建了，窗口左侧项目列表显示的是系统自动创建项目的内容，包括项目文件 ReFigCalculator. pro、头文件 mainwindow. h、源文件 main. cpp 和 mainwindow. cpp 以及界面文件 mainwindow. ui。

如需编辑项目的文件，只需双击左侧列表中它的文件名，其详细内容就会显示在右侧窗口中，这时就可以编辑它了。目前页面中显示的是 mainwindow. cpp 被选中的情况，右侧列表显示了 mainwindow. cpp 的详细代码，可以对它进行编辑。编辑完成后，选择"文件"→"保存"命令即可完成对所修改文件的保存。

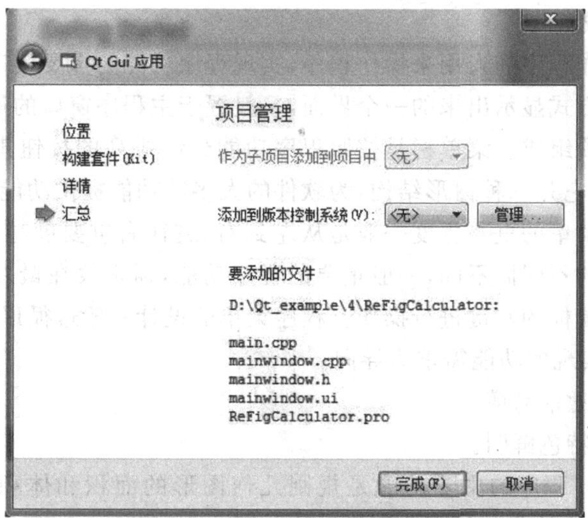

图 4-48　项目管理

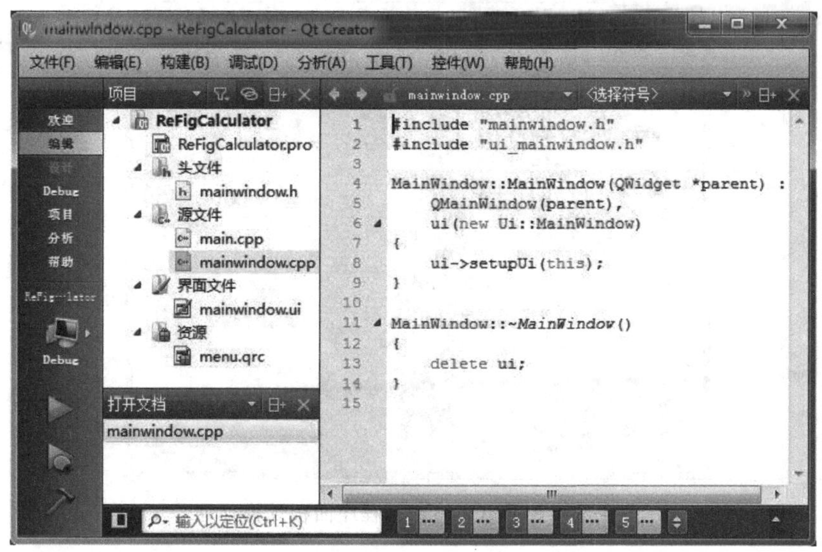

图 4-49　项目信息

当看不到项目列表时，表明系统处于其他工作模式，如“设计”“欢迎”或者“分析”中，只要单击窗口左侧的“编辑”按钮就可以重新切换回项目列表。

4.7.3　创建项目程序的菜单、子菜单及其工具栏按钮

【说明】 4.7.2 节创建了项目 ReFigCalculator，创建项目时自动创建了项目的主窗体 MainWindow，本节主要介绍如何在项目的主窗体上添加项目程序的菜单和菜单的图标。在下面步骤中，详细介绍如何用汉化版 Qt Creator 设计器程序，在项目 ReFigCalculator 的主窗口 MainWindow 的菜单栏里和工具栏中分别添加程序的菜单和菜单图标。

第一步：菜单设计。

程序菜单是操作程序的人用来操作程序，实现程序功能的重要接口，是将系统可以执行的命令以列表的方式显示出来的一个界面，一般置于主程序窗口的最上方或者最下方，由菜单栏和子菜单项组成。菜单栏是按照程序功能分组排列的按钮集合，通常放置在标题栏下的水平栏里，它是一种树形结构，为软件的大多数功能提供功能入口，单击以后，即可显示出菜单项。菜单的重要程度一般是从左到右，越往右重要度越低。菜单的内容和层次根据应用程序的不同而不同，一般重要的程序功能，通常放在最左边，最右边往往设有帮助。一般使用鼠标的左键进行操作。程序菜单的设计一般遵循以下原则。

(1) 以程序要实现的功能需求为导向。

(2) 简洁明了、通俗易懂。

(3) 美观大方、特色鲜明。

ReFigCalculator程序的主要功能是规则几何图形的面积和体积计算，根据上述原则，其面积和体积计算的菜单外观分别设计为如图4-50和图4-51所示。

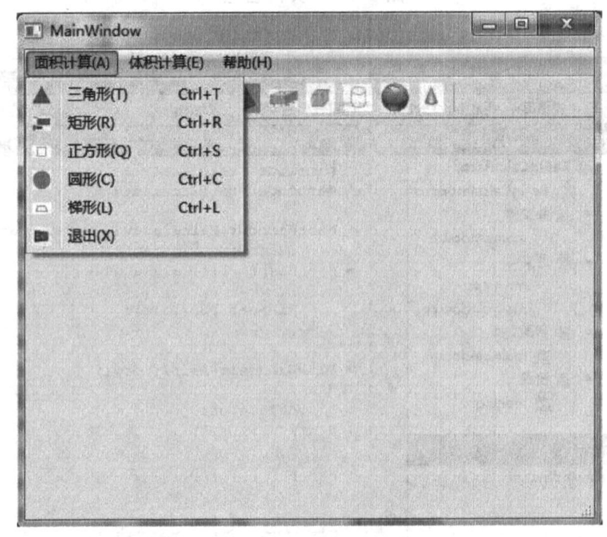

图4-50 ReFigCalculator程序面积计算菜单

程序每一个菜单和子菜单项本质上也是对象，它有Text(文本)、objectName(对象名)、icon(图标文件名)、ToolTip(提示)、Checkable(是否使用)、Shortcut(快捷键)等很多属性，在程序设计过程中，不可避免地要设置菜单对象属性的值，对象属性的取值最好不取系统默认的值，更不可随心所欲、随意设置。对象属性及其取值最好精心设计，既简单明了，又通俗易懂，体现对象的鲜明特征，便于在程序开发过程中理解和使用。

表4-1所示是ReFigCalculator项目主窗口菜单和子菜单属性值的设计情况，本节接下来设计菜单时，各菜单及其子菜单对象有关属性要对应该表逐项设置其属性值。

第二步：准备菜单图标资源。

(1) 为菜单准备好图标文件(文件类型为ico、jpg、png或其他系统能支持的图标文件)，可以从网上或者计算机里搜索一些与菜单含义对应的图标并将其放在项目一个文件

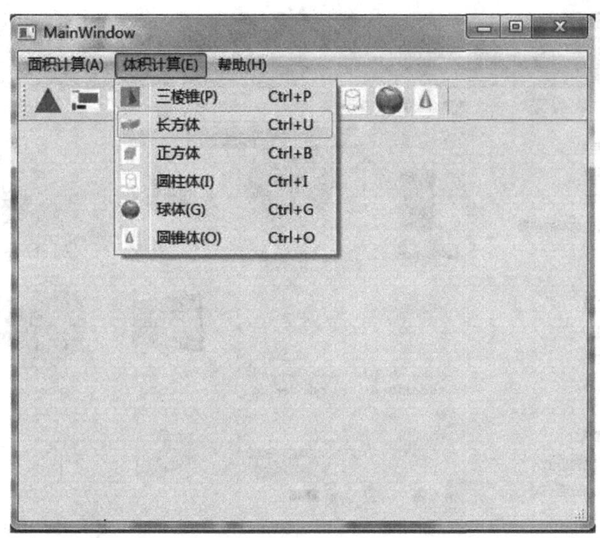

图 4-51 ReFigCalculator 程序体积计算菜单

表 4-1 ReFigCalculator 项目主窗口菜单和子菜单属性设置一览表

菜单	子菜单	子菜单属性				
		快捷键	对象名称	图标文件名	Checkable	提示(Tooltip)
面积计算(A)	三角形(T)	Ctrl+T	action_Triangle	triangle. png	默认	三角形(T)
	矩形(R)	Ctrl+R	action_Rectangle	rectangle. jpg	默认	矩形(R)
	正方形(Q)	Ctrl+S	action_Square	square. jpg	默认	正方形(S)
	圆形(C)	Ctrl+C	action_Circle	circle. jpg	默认	圆形(C)
	梯形(L)	Ctrl+L	action_Trapezoid	trapezoid. jpg	默认	梯形(L)
	退出(X)	Ctrl+X	action_Exit	exit. ico	默认	退出(X)
体积计算(E)	三棱锥(P)	Ctrl+P	action_Triangular	triangularPyramid. jpg	默认	三棱锥(P)
	长方体(U)	Ctrl+U	action_Cuboid	cuboid. jpg	默认	长方体(U)
	正方体(B)	Ctrl+B	action_Cude	cude. jpg	默认	正方体(B)
	圆柱体(I)	Ctrl+I	action_Cylinder	Cylinder. jpg	默认	圆柱体(I)
	球体(G)	Ctrl+G	action_Globe	globe. ijpg	默认	球体(G)
	圆锥体(O)	Ctrl+O	action_Cone	Cone. jpg	默认	圆锥体(O)
版本(V)	版本说明(V)	—	action_Version	Introduction. ico	默认	版本说明(V)

夹里备用,在项目文件夹 ReFigCalculator 中建一个名为 images 的文件夹,将准备的图标文件复制到这个文件夹里备用。就本项目 ReFigCalculator 来讲,准备的图标文件及其所在的文件夹如图 4-52 所示。

(2) 将图标资源添加到项目 ReFigCalculator 中,把 QtCreator 转换到如图 4-53 所示

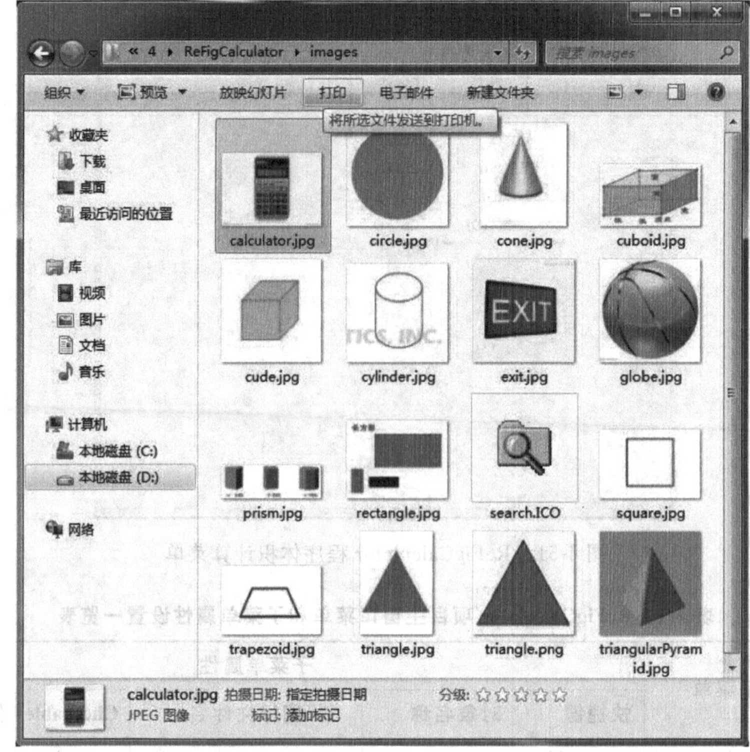

图 4-52　项目 ReFigCalculator 文件夹 images 中的图标文件

图 4-53　项目添加新文件窗口

的窗口，方法是首先单击窗口最左侧列表中的“编辑”按钮，然后右击项目名称 ReFigCalculator，在弹出的菜单中选择“添加新文件”命令，弹出如图 4-54 所示的“新建文件”对话框。

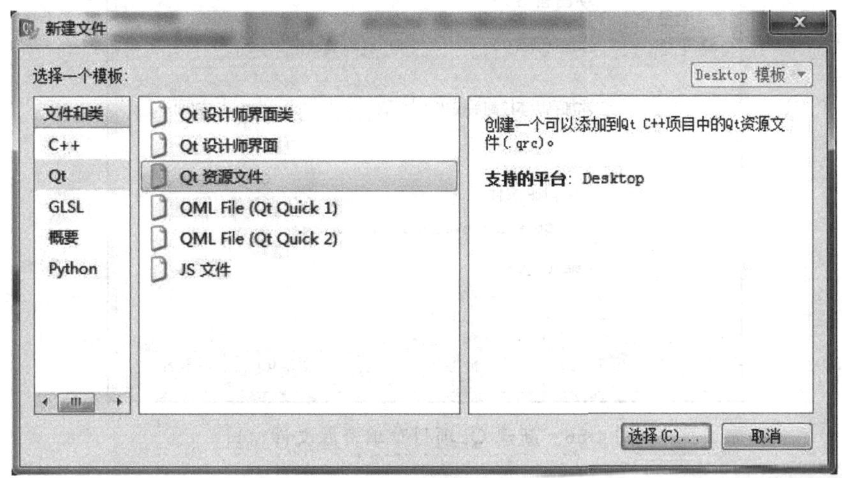

图 4-54 “新建文件”对话框

(3) 在如图 4-54 所示的对话框中，依次单击左侧列表的 Qt、中间列表的“Qt 资源文件”和右下方的“选择”按钮，出现如图 4-55 所示的“新建 Qt 资源文件”对话框。

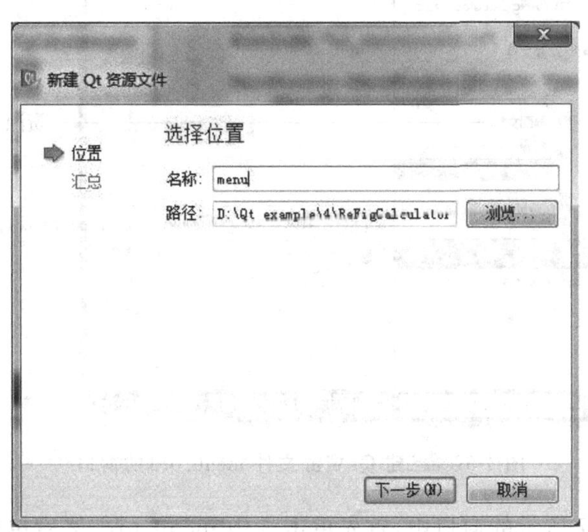

图 4-55 新建项目菜单资源文件对话框

(4) 在如图 4-55 所示的“新建 Qt 资源文件”对话框中，在名称后面输入 menu，路径保持默认的项目文件路径名不变，单击“下一步”按钮，在随后弹出的如图 4-56 所示的对话框中单击“完成”按钮，就给项目添加了一个名为 menu. qrc 的菜单资源文件。资源文件创建完成后项目窗口如图 4-57 所示，可以看到在 ReFigCalculator 项目列表中，增加了资源文件 menu. qrc。

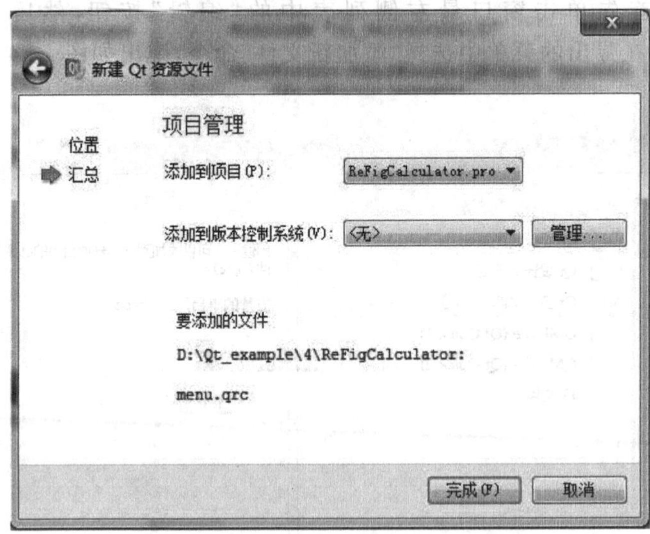

图 4-56　新建 Qt 项目菜单资源文件窗口

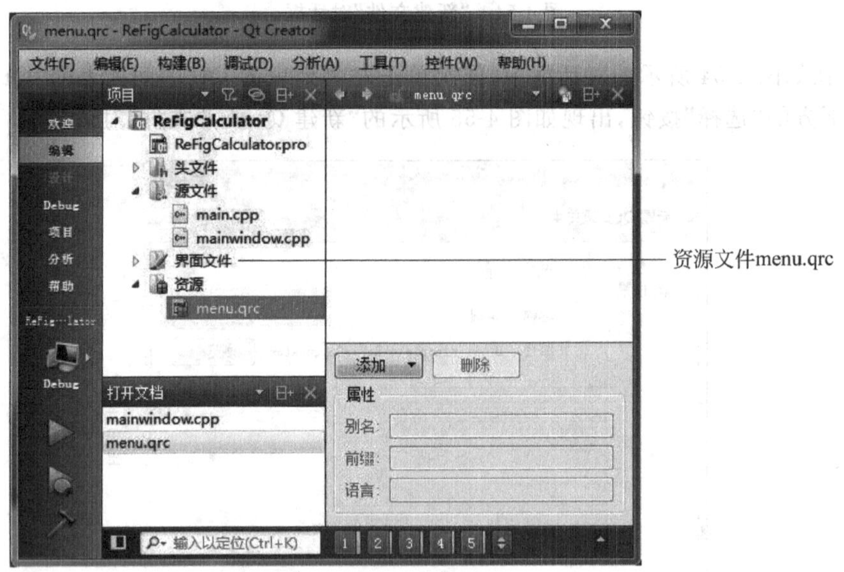

图 4-57　已建 Qt 资源文件 menu.qrc 的窗口

(5) 在如图 4-57 所示的窗口中，首先单击选中 menu.qrc，然后单击靠近窗体中部的“添加”按钮，窗口如图 4-58 所示，接着在弹出的子菜单中单击“添加前缀”命令，弹出窗口如图 4-59 所示。

(6) 在如图 4-59 所示的添加前缀对话框中，将前缀后面的文本框的内容由/new/prefix1 改为/icoFile，如图 4-60 所示(注：此路径内容可以保持/new/prefix1 不变，修改成/icoFile 的目的是想规范资源前缀的路径命名，使名字更有意义)。然后依次单击“文件”菜单和“保存所有文件”命令保存项目。

图 4-58　为资源文件 menu.qrc 添加前缀

图 4-59　为 menu.qrc 添加的默认前缀/new/prefix1

(7) 在如图 4-60 所示的窗口中，再次单击"添加"按钮，在弹出的子菜单中选择"添加文件"命令，弹出"打开文件"对话框，在此对话框中，依次打开 D 盘、Qt_example、4、ReFigCalculator、images 文件夹，找到准备好的菜单图标文件，如图 4-61 所示。接下来要选中 images 文件夹下的所有图标资源文件，方法一是：首先按住 Ctrl 键，然后依次单击选中该文件夹下面的所有文件；方法二是：先单击如图 4-61 所示图标资源文件所在列表区任意空白处，然后按住 Ctrl 键，再按一下字符键 A，就会选中该文件夹下面的所有文件，然后释放按下的 Ctrl 和 A 键，再单击"打开"按钮就将 images 文件夹里面所有的图标

图 4-60 前缀更名为/icoFile的窗体

文件添加到了项目 ReFigCalculator 中。添加完毕后,窗口如图 4-62 所示。从这里可以清楚地看到,已经将菜单所需的图标资源添加到了项目中,为项目的菜单和子菜单准备好图标资源了。

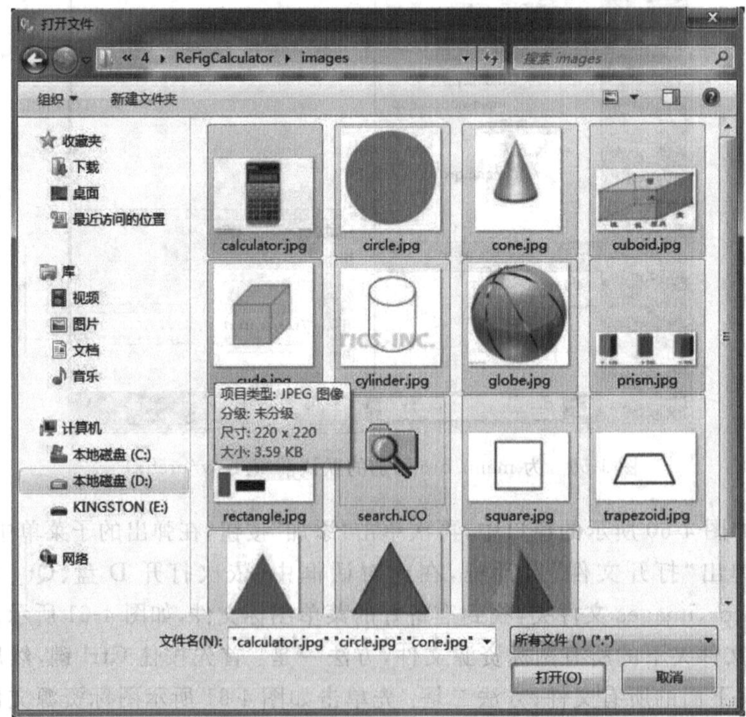

图 4-61 image文件夹打开时的对话框

图4-62　添加完菜单图标资源的窗体

(8) 保存项目，添加完图标资源后，在Qt Creator选择"文件"→"保存所有文件"命令或者"保存menu.qrc文件"命令，完成资源文件的保存工作（注意：一定要完成保存qrc资源文件的工作，否则在资源管理器中就无法看到添加的图标资源文件）。实际上，在整个项目开发过程中，经常保存修改后的文件是一个良好的习惯，它可以让你避免因系统掉电或者其他原因而造成不必要的重复劳动。

第三步：创建菜单。

下面分步骤详细说明如何使用Qt Creater创建项目程序的菜单，项目ReFigCalculator设计过程中，各菜单对象的属性按照表4-1进行设置。

(1) 要创建项目程序的菜单，首先必须切换到项目主窗体mainwindow.ui编辑窗口。在Qt开发项目过程中，在任何时刻，单击如图4-63所示窗口左侧"编辑"按钮，Qt Creater都会回到项目编辑窗口，在窗口中间的项目树列表中，双击任何一个项目文件，都会在窗口右侧的编辑器中显示项目文件的内容用于编辑。这里双击"界面文件"夹图标，展开项目列表中的"界面文件"文件夹，会看到ReFigCalculator项目的主窗口界面文件mainwindow.ui，双击这个文件，出现如图4-64所示的编辑项目主界面文件mainwindow.ui的窗口。需要说明的是，有时构成项目的界面文件不止一个，只要是界面文件，都能以这种方式打开进行编辑。

(2) 在如图4-64所示窗口中双击"在这里输入"，"在这里输入"文字消失并出现闪烁的光标，用键盘输入"面积计算(&A)"（输入时注意中英文输入法的转换，输入括号和&A时要切换到英文输入方式），输入完成后按回车键出现如图4-65所示的窗口，表明已经完成了菜单项"面积计算(&A)"的创建。

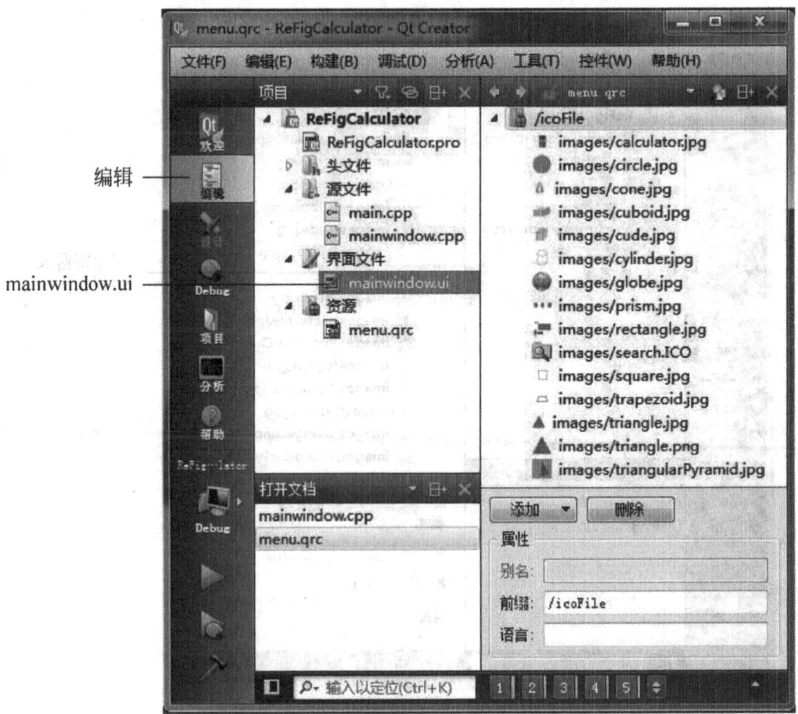

图 4-63　切换到主程序界面 mainwindow. ui

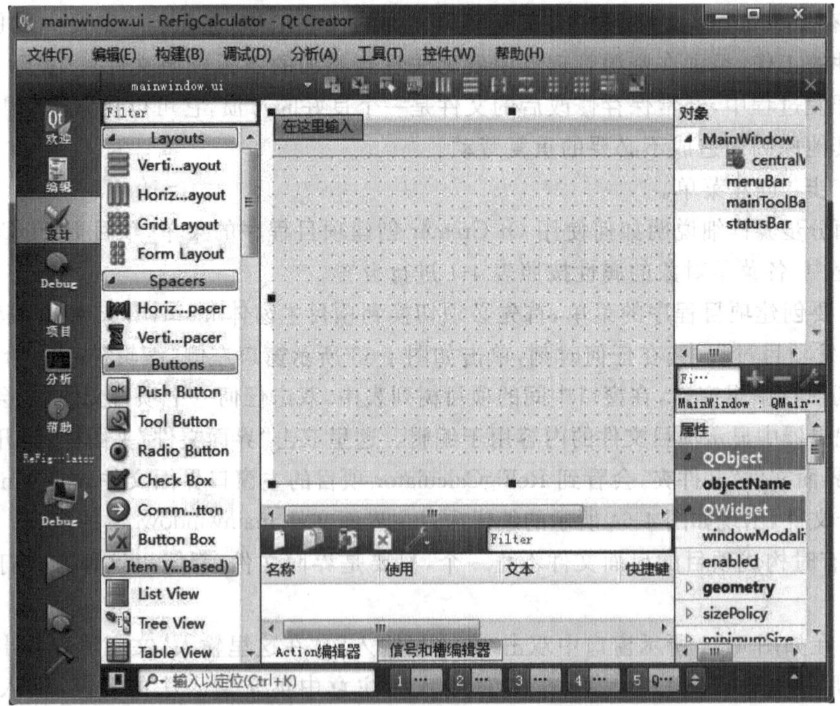

图 4-64　mainwindow. ui 界面编辑窗口

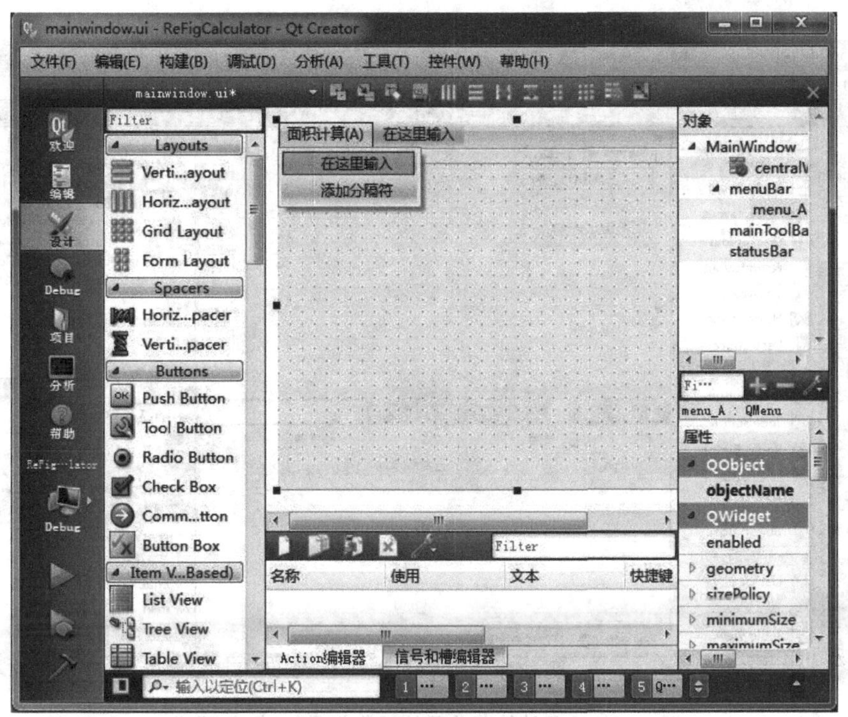

图 4-65 创建主窗口菜单项“面积计算(A)”

第四步：创建子菜单。

下面分步骤详细说明如何使用 Qt Creater 创建项目程序的子菜单，在项目 ReFigCalculator 设计过程中，各子菜单对象的属性按照表 4-1 进行设置。

(1) 创建“面积计算(&A)”菜单项下的第一个子菜单项“三角形(T)”，双击“面积计算(&A)”菜单下面的“在这里输入”，或者当光标移动到“在这里输入”处时直接按回车键，然后“在这里输入”文字消失并出现闪烁的光标，用键盘输入“三角形(&T)”，然后按回车键出现如图 4-66 所示的画面，表示“面积计算(&A)”菜单下面的第一个子菜单项“三角形(&T)”完成了，当看不到“面积计算(&A)”菜单下面的“在这里输入”内容时，只需单击菜单项“面积计算(&A)”就可以看到它了。实际上该项目的所有菜单和子菜单都用这种方法创建。

(2) 在如图 4-67 所示的窗口中，椭圆形状围起来的地方是“三角形(T)”子菜单项的动作行，在该处直接双击或者首先右击，然后在弹出的如图 4-67 所示的快捷菜单中单击“编辑”命令，会弹出如图 4-68 所示的“三角形(T)”的编辑动作对话框。

(3) 在如图 4-68 所示的子菜单编辑动作对话框中，可以设置“三角形(T)”的文本、菜单对象名称、(ToolTip)工具提示、Icon theme 、图标(I)、Checkable(可选的)、Action(动作)、Shortcut(快捷键)等各项属性。这里根据表 4-1 设置菜单对象的名称为 action_Triangle。设置办法是：在“对象名称(N)”后面的文本框中直接用键盘将当前内容 action_T 修改为 action_Triangle 即可；设置快捷键(shortcut)为 Ctrl+T，方法是单击如图 4-68 所示对话框中的 Shortcut 后面的编辑框，然后先按下 Ctrl 键，保持 Ctrl 按下的情况下再按

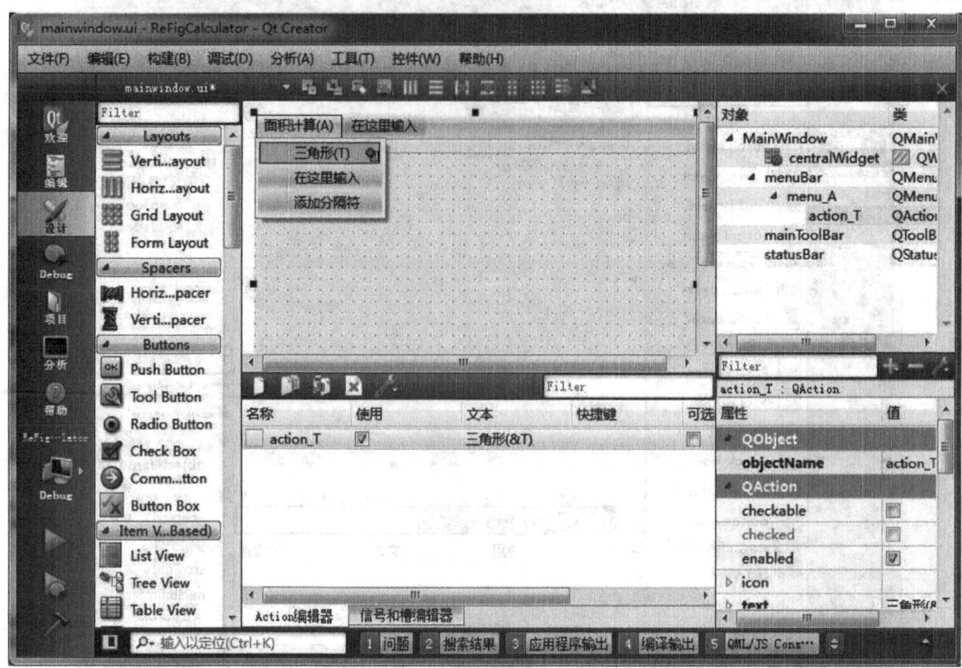

图 4-66 面积计算菜单下的子菜单项“三角形(T)”

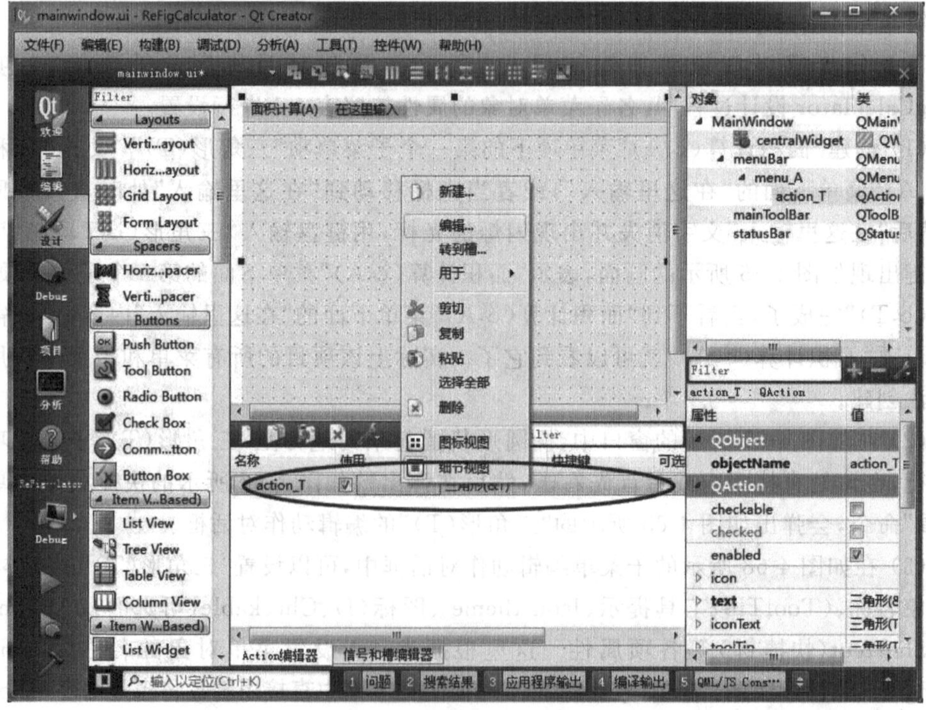

图 4-67 编辑子菜单项“三角形(T)”的动作

下T键，此时Shortcut后面的编辑框出现Ctrl+T，表明为“三角形(T)”子菜单设定了快捷键“Ctrl+T”。如果发现设置错误，可以单击编辑框右侧标有红色箭头的撤销按钮，重新设置即可。其他项如Checkable和Icon theme也可根据需要设定，这里保持默认，设置完成后如图4-69所示。

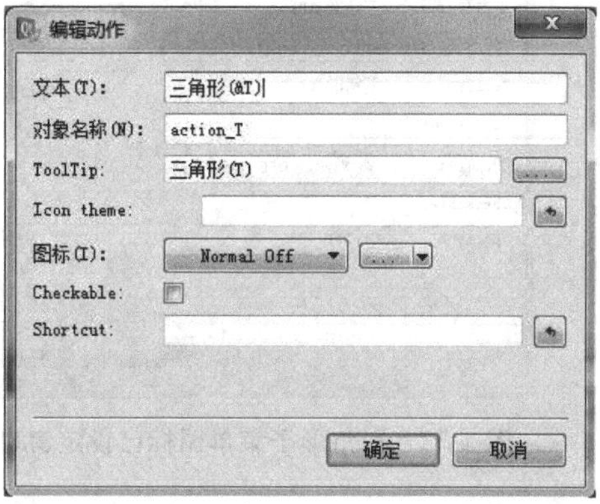

图4-68 编辑子菜单项“三角形(T)”的动作

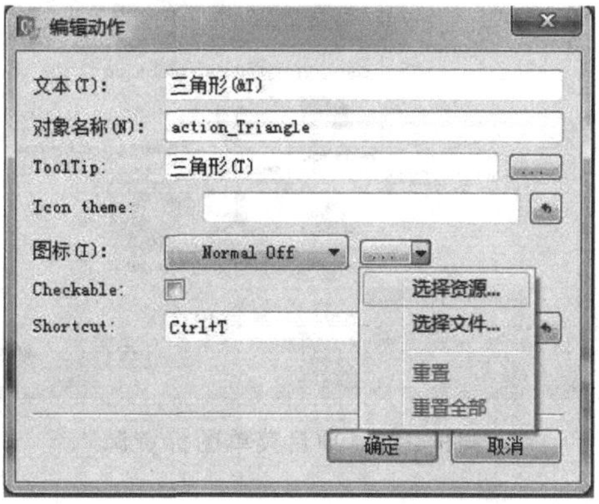

图4-69 子菜单项“三角形(T)”的动作设置

第五步：设置菜单的图标。

在如图4-69所示对话框中单击“图标(I)”后面的省略号右侧的下三角按钮，在弹出的菜单中单击“选择资源”，打开“选择资源”对话框，如图4-70所示，单击如图4-70所示对话框左侧列表中的iamges，弹出为“三角形(T)”菜单选择资源的对话框如图4-71所示，看到第二步准备好的图标资源，拖动列表框右侧垂直滑块，找到名称为triangle.png的红色三角形图标(注：图标文件是事先准备好的，图标文件名称可以自己设定)，单击名称为triangle.png的红色三角形图标，然后单击“确定”按钮，此时弹出如图4-72所示的“编辑动作”对话框，至此已给“三角形(T)”子菜单设定好了图标。设置完成后单击“确定”按钮，弹出如图4-73所示的项目主窗口，单击“面积计算”菜单，可以看到“三角形(T)”子菜单已经添加了图标。在如图4-73所示的窗口中，可以在菜单“面积计算(A)”的右侧“在这里输入”的位置继续添加菜单，也可以在子菜单“三角形(T)”的下面“在这里输入”位置继续添加子菜单。如果需要在子菜单之间添加分隔符，直接单击“添加分隔符”，或者当光标处在“添加分隔符”处时直接按回车键即可。注意，所有项目菜单的图标资源最好一次准备好，这样就不需要每次都为单一的子菜单去准备图标资源，由此可以省去不少的麻烦。

图4-70 “选择资源”对话框

第六步：构建运行项目可执行程序。

构建生成项目ReFigCalculator的可执行程序，实现项目程序的编译、连接，生成可执

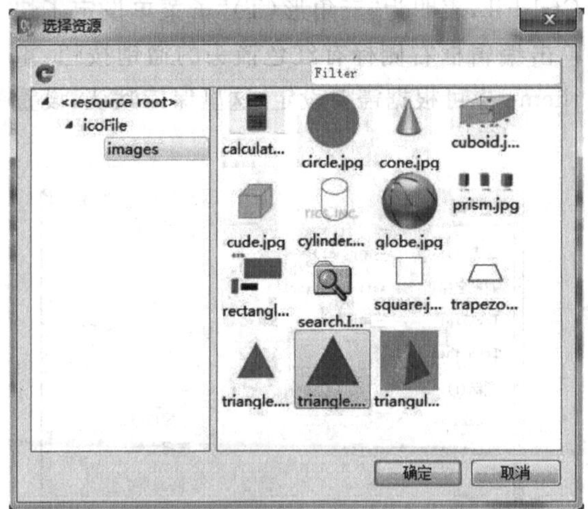

图 4-71　项目菜单图标资源

图 4-72　三角形子菜单图标已设定窗口

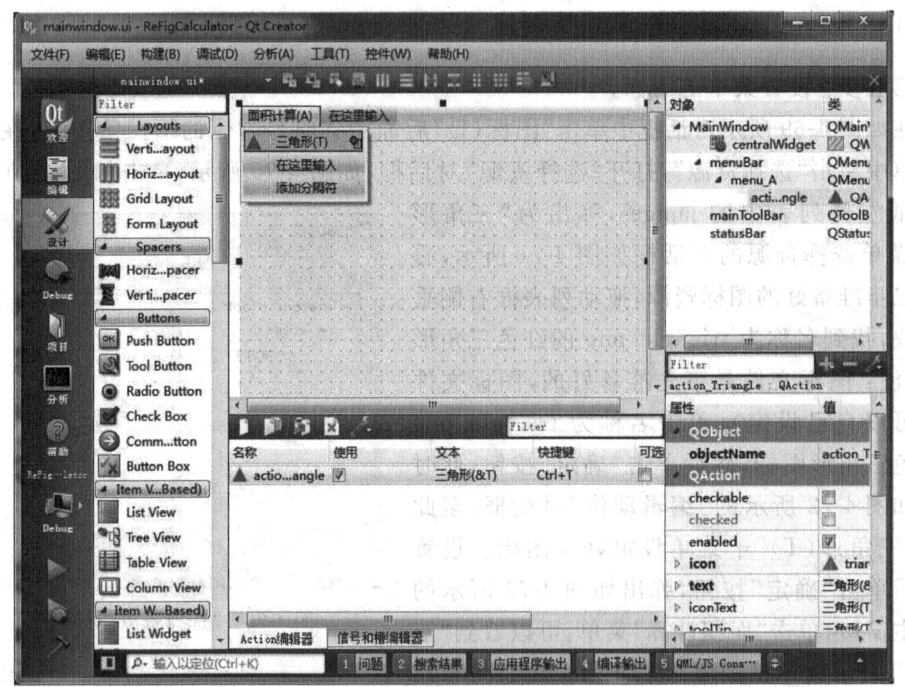

图 4-73　三角形子菜单图标资源已设定主窗口

行的项目程序文件。方法是：在如图 4-74 所示窗口中单击“构建”菜单，在弹出的子菜单中单击“构建项目 ReFigCalculator”，出现如图 4-75 所示的项目编译、连接构建画面，此时编译输出列表框输出编译进程和编译结果信息，窗口的右下侧同时出现一个构建进度指示条，一开始是灰色的，如果项目设计和编程没有错误，构建完成后，进度条呈现绿色，表明项目构建成功，此时窗口左下边的两个箭头呈现绿色，可以单击上边的绿色箭头运行程序了。如果构建进度指示条变成红色，表明项目里面有错误，需要找到并修改错误。此时单击窗口下面的“编译输出”按钮，就会在窗口下侧出现编译输出日志，仔细查看编译输出日志，有助于快速找到错误并修改它。

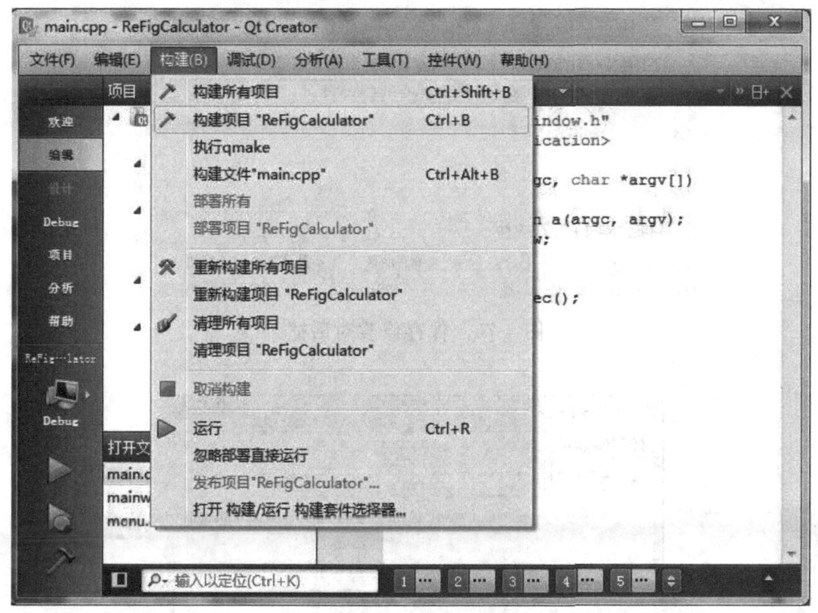

图 4-74 项目构建窗口

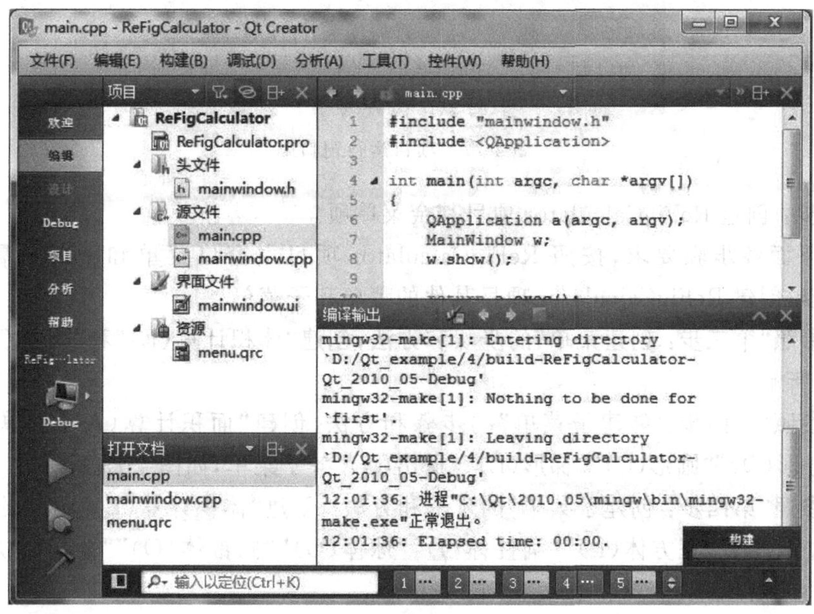

图 4-75 项目构建和编译输出

如果没有错误，项目应能构建成功。运行一下项目看看结果如何，在图 4-74 所示窗口选择“构建”→“运行”命令，或者直接单击窗口左侧的绿色箭头按钮，出现保存修改对话框，如图 4-76 所示，单击“保存所有”按钮，程序开始执行，执行结果如图 4-77 所示，从运行结果可以看出,实现了项目 ReFigCalculator 程序的"面积菜单(A)"和它的第一个子菜单项"三角形(T)"。

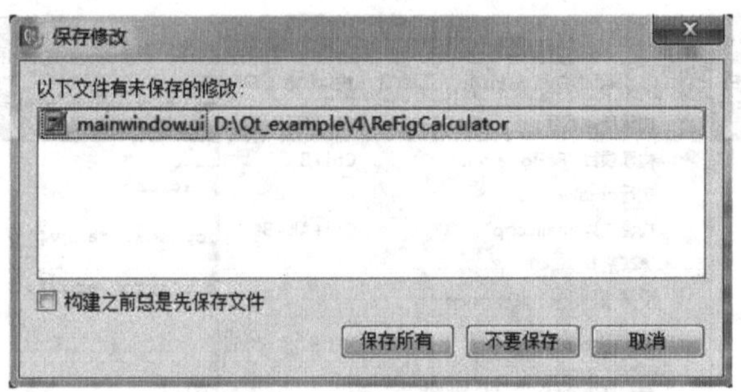

图 4-76 保存修改对话框

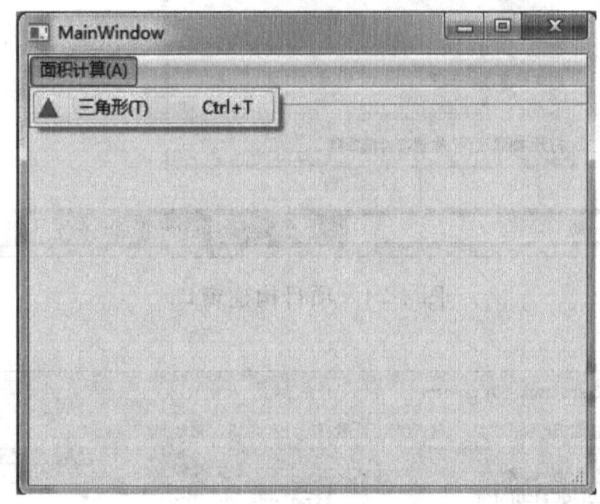

图 4-77 项目运行窗口

第七步:创建 ReFigCalculator 项目其余菜单项。

根据下面各步骤要求,按照 ReFigCalculator 项目主窗口菜单和子菜单属性设置表 4-1 内容,创建 ReFigCalculator 项目其他的菜单和子菜单。

(1) 参照"第三步:创建菜单"的步骤和方法,创建"体积计算(E)"和"版本(V)"菜单如图 4-78 所示。

(2) 参照"第四步:创建子菜单"的步骤和方法,创建"面积计算(A)"菜单的"矩形(R)""正方形(Q)""圆形(C)""梯形(L)""退出(X)"各子菜单,如图 4-79 所示。

(3) 参照"第四步:创建子菜单"的步骤和方法 ,创建"体积计算(E)"菜单的"三棱锥(P)""长方体(U)""正方体(B)""圆柱体(I)""球体(G)""圆锥体(O)""矩形(R)"各子菜单,如图 4-80 所示。

第八步:创建 ReFigCalculator 项目主窗口菜单工具栏快捷按钮。

完成上一步的操作后,保存并构建程序,程序可以正常运行,但与完善的程序相比,还缺少工具栏以及常用菜单的工具栏快捷按钮,下面就把常用菜单的快捷按钮添加到工具栏里面。为工具栏添加菜单快捷按钮的方法很简单,就是用鼠标左键分别按住如图 4-81

图 4-78 ReFigCalculator 项目菜单

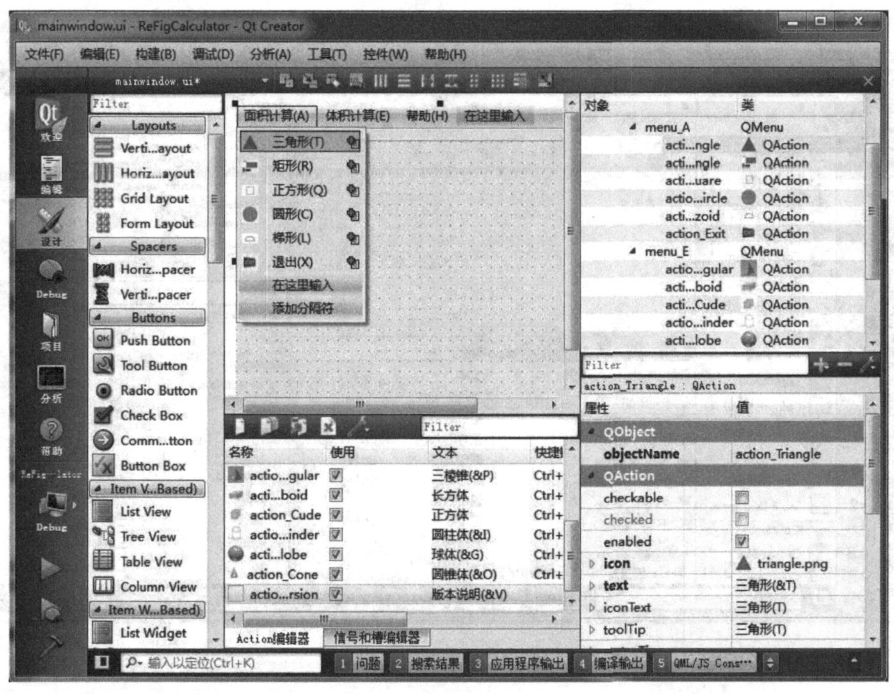

图 4-79 项目面积计算子菜单

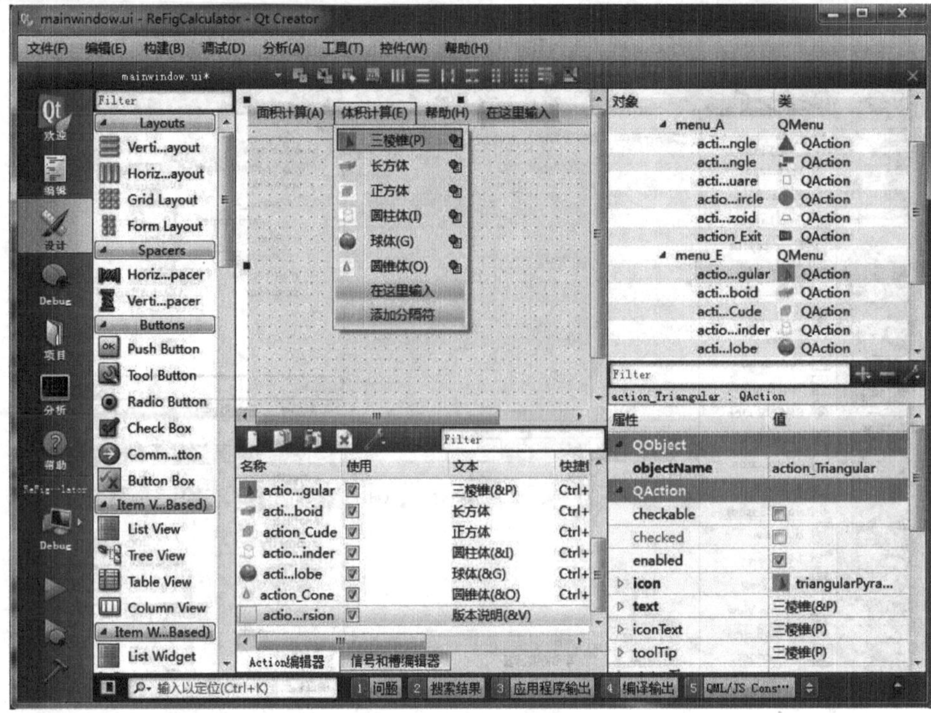

图 4-80　项目体积计算子菜单

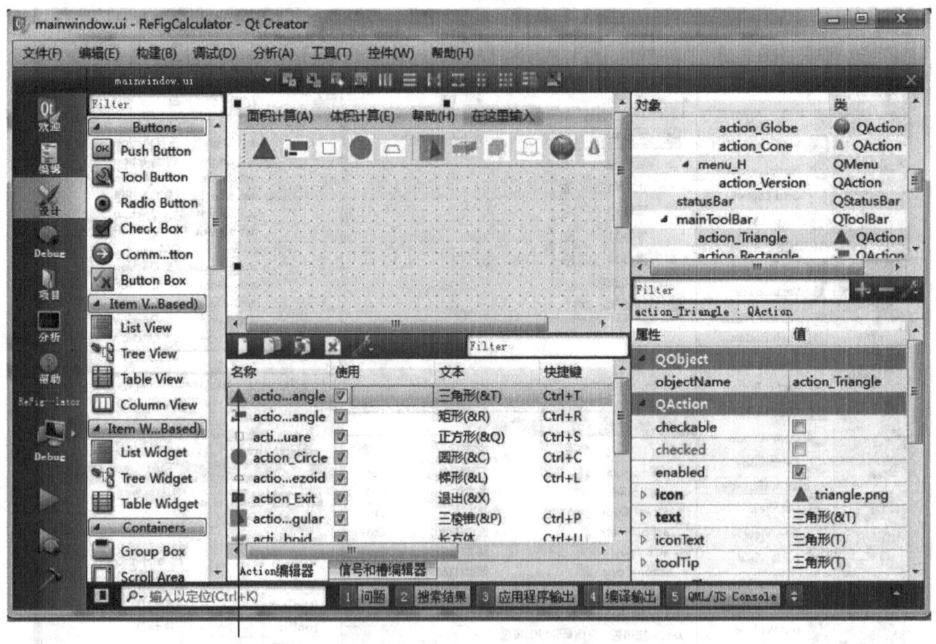

图 4-81　添加项目工具栏菜单快捷按钮

所示窗口的动作编辑器中各个子菜单的图标，也就是名称下面 action 前面的图标，拖动到项目菜单栏下方的工具栏处，等看到工具栏处出现一个竖着的红线时释放鼠标左键，就会在工具栏相应位置添加与子菜单对应的图标按钮。如果想在工具栏图标按钮之间添加分隔符，可以在想添加分隔符的地方右击，在弹出的快捷菜单中选择"添加分隔符"命令，就完成了分隔符的添加。如果想删除已经在工具栏中设置的图标，只需在欲删除的图标上面右击，然后在弹出的子菜单中选择"移除动作 action_ *"命令即可，这里 * 是一个通配符，可以代表不同的字符。在工具栏添加完常用菜单对应的图标快捷按钮后，保存所有文件，然后构建项目并运行，结果如图 4-82 所示。

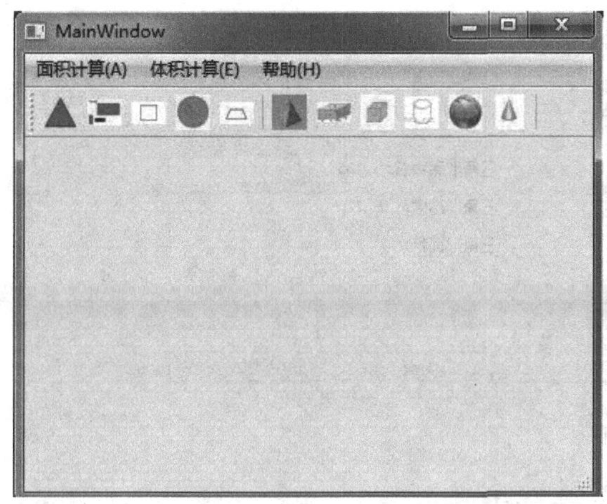

图 4-82　菜单和工具栏设计完成后程序运行效果

4.8　规则几何图形面积和体积计算之三角形面积计算——Qt4 Creator 开发图形界面程序综合案例

4.8.1　三角形面积计算对话框的设计与实现

第一步：三角形面积计算对话框设计。

窗口是应用程序用户界面中最重要的部分，是屏幕上与一个应用程序相对应的矩形区域，包括框架和客户区，是用户与产生该窗口的应用程序之间的可视界面。窗口是窗口类的一个具体对象，窗口对象往往包含标签、文本输入框、列表框、组合框、单选按钮、复选按钮、命令按钮等对象。当用户开始运行一个应用程序时，应用程序就创建并显示一个窗口；当用户操作窗口中的对象时，程序会做出相应反应。用户通过关闭程序主窗口来终止一个程序的运行。

窗口作为人与计算机程序之间交流、沟通的桥梁，从深度上可分为感觉（视觉、触觉、听觉等）和情感两个层次。感觉层次指人和机器之间的视觉、触觉、听觉层面；情感层次指人和机器之间由于沟通所达成的融洽关系。总之，用户界面应以人为中心，设计产品达到简单使用和愉悦使用的目标。

界面设计是一个复杂的融合不同学科的工程，认知心理学、设计学、语言学等在此都扮演着重要的角色。用户界面设计的三大原则是：置界面于用户的控制之下；减少用户的记忆负担；保持界面的一致性。

一个良好设计的用户界面，可以大大提高工作效率，使用户从中获得乐趣，减少由于界面问题而造成用户的咨询与投诉，减轻客户服务的压力，减少售后服务的成本。所以，用户界面设计对于任何产品/服务都极其重要。

根据上述原则，ReFigCalculator 三角形面积计算的窗体设计如图 4-83 所示，其他规则几何图形面积和体积计算的窗口设计参照图 4-83。

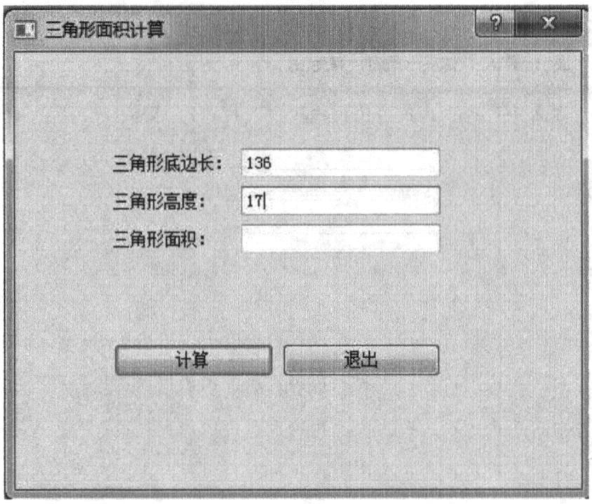

图 4-83　三角形面积计算窗口

表 4-2 所示是 ReFigCalculator 项目三角形面积计算对话框及其所包含对象及属性值的设计内容，本节接下来设计窗口时，各窗口对象及其包含的子对象名称及有关属性的值要对应该表逐项设置。

表 4-2　ReFigCalculator 三角形面积计算对话框对象属性设置一览表

窗口	对　　象	对象类别	对象属性及其取值		
			objectName（对象名称）	windowTitle*（标题）	Text（文本）
三角形面积计算	三角形面积计算对话框对象	Dialog（对话框）	TriangleDialog	三角形面积计算	无
	三角形底边长对象	Label（标签）	默认值	无	三角形底边长 &L
	三角形底边长输入对象	Line Edit（单行文本输入框）	lengthEdit	无	无
	三角形高度对象	Label（标签）	默认值	无	三角形高度 &H
	三角形高度输入对象	Line Edit（单行文本输入框）	heightEdit	无	无

续表

窗口	对　　象	对象类别	对象属性及其取值		
			objectName（对象名称）	windowTitle*（标题）	Text（文本）
三角形面积计算	三角形面积对象	Label（标签）	默认值	无	三角形面积
	三角形面积显示对象	Line Edit（单行文本输入框）	areaEdit	无	无
	计算按钮对象	Push Button（命令按钮）	calculateButton	无	计算
	退出按钮对象	Push Button（命令按钮）	exitBotton	无	退出

第二步：为 ReFigCalculator 项目添加三角形面积计算对话框。

本节采用 Qt Creator 可视化编程的方式设计一个计算三角形面积的对话框，输入三角形的底边长度和三角形的高，计算并显示三角形的面积，它的运行效果如图 4-83 所示。通过本节内容读者可以学习和掌握使用 Qt 的设计师来设计图形界面程序的基本方法。详细步骤如下。

(1) 如图 4-84 所示，打开 ReFigCalculator 项目，切换到"编辑"模式，在项目列表中右击项目名称 ReFigCalculator，弹出菜单，然后选择"添加新文件"命令，弹出"新建文件"对话框，如图 4-85 所示。

图 4-84　项目打开编辑模式

(2) 在如图4-85所示"新建文件"对话框中,要为新建的文件选择模板,在左侧"文件和类"列表中选择Qt,在中间列表选择"Qt设计师界面类",然后单击对话框右下角的"选择"按钮,弹出"Qt设计师界面类",如图4-86所示,为即将创建的对话框类选择界面模板。

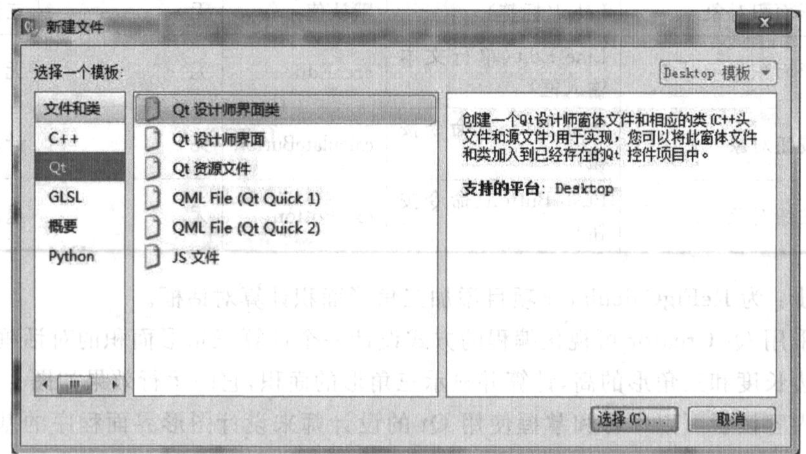

图4-85 "新建文件"对话框

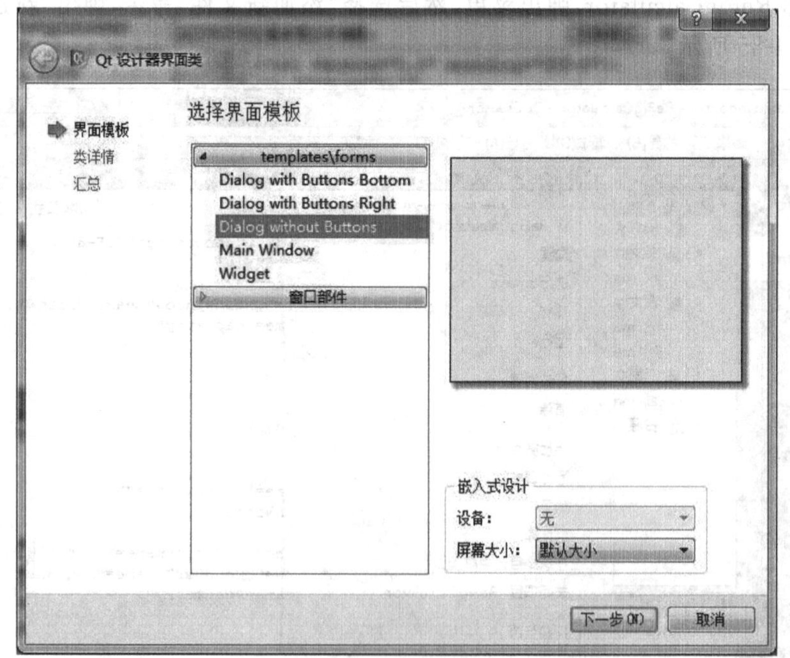

图4-86 Qt设计师界面类——选择界面模板

(3) 在如图4-86所示对话框中,在"选择界面模板"列表中,选中Dialog without Button,然后单击对话框右下角的"下一步"按钮,创建一个不包含按钮的对话框类,弹出"Qt设计师界面类",如图4-87所示,为即将创建的对话框类选择类名。

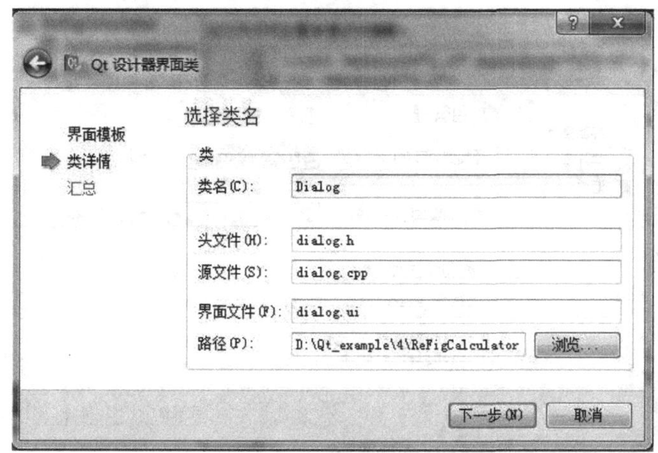

图 4-87 Qt 设计师界面类——选择类名

(4) 如图 4-87 所示的对话框用于为即将创建的对话框类选择类名，系统即将创建的类默认名称为 Dialog。根据表 4-2 给出的 ReFigCalculator 三角形面积计算对话框对象属性设计要求，将默认类名 Dialog 修改为 TriangleDialog，如图 4-88 所示。单击“下一步”按钮，弹出“项目管理”对话框，如图 4-89 所示。

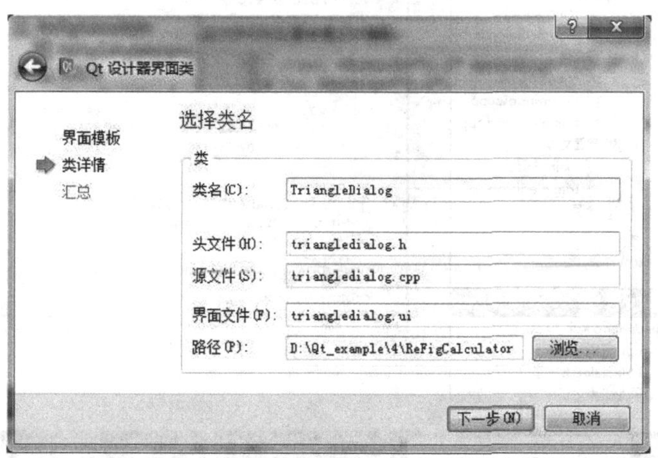

图 4-88 Qt 设计师界面类——选择类名

(5) 如图 4-89 所示的对话框表明，新创建的三角形面积计算图形界面类默认被添加到项目 ReFigCalculator 中，该类的内容包含在 triangledialog. h、triangledialog. cpp 和 triangledialog. ui 三个文件中。保持该对话框内容不变，单击“完成”按钮，呈现如图 4-90 所示的窗口，可以看到项目 ReFigCalculator 中增加了 triangledialog. h、triangledialog. cpp 和 triangledialog. ui 三个文件。

(6) 如图 4-90 所示，将 Qt Creator 切换到编辑模式，单击展开项目 ReFigCalculator “界面文件”文件夹，然后双击界面文件 triangledialog. ui，在编辑区中打开三角形面积计算对话框进行编辑。

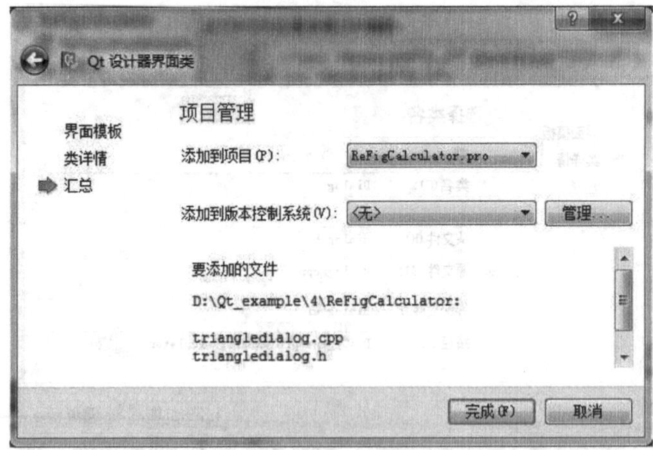

图 4-89　Qt 设计师界面类——项目管理

图 4-90　ReFigCalculator 项目

(7) 向三角形面积计算对话框添加必要的部件。如图 4-91 所示，采用鼠标左键按住部件的名字或者图标拖曳的方式，从窗口左侧部件工具箱的 Display Widgets(显示部件)处找到 Label 部件，拖曳三次创建三个 TextLabel 标签对象；从部件工具箱的 Input Widgets(输入部件)处找到 Line Edit 部件，拖曳三次创建三个单行文本输入框对象；从部件工具箱的 Buttons (命令按钮)处找到 Push Button 部件，拖曳两次创建两个 pushButton 命令按钮对象。

(8) 设置对话框中各部件对象的属性。如图 4-92 所示，通过 Qt Creator 的部件对象属性编辑区可以设置每一个部件的属性，根据表 4-2 中各部件对象的设计要求，按照下述方法设置对话框中各部件对象的属性值。

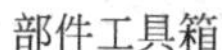

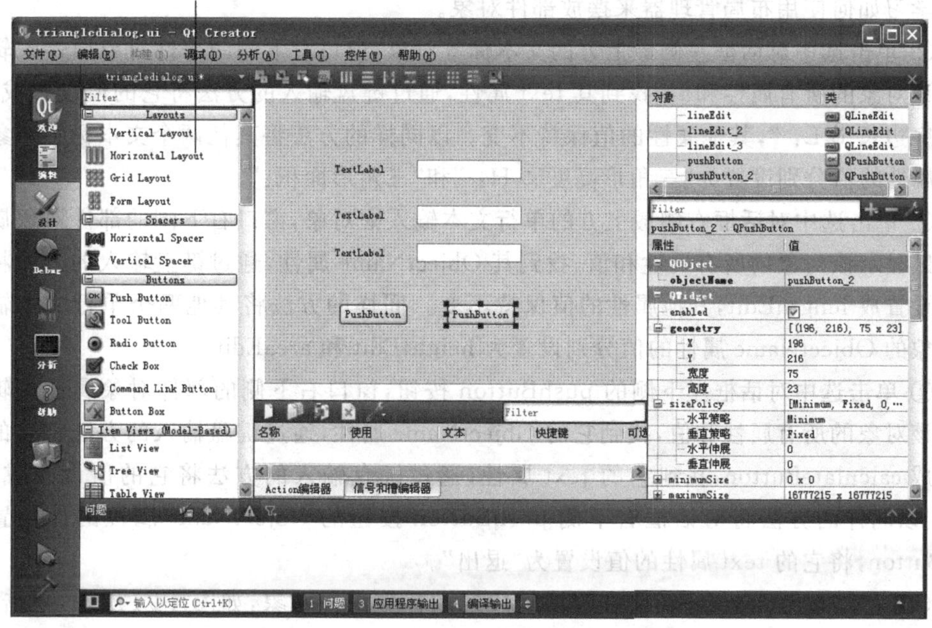

图 4-91　三角形面积计算对话框

部件工具箱　　　　部件对象属性编辑区

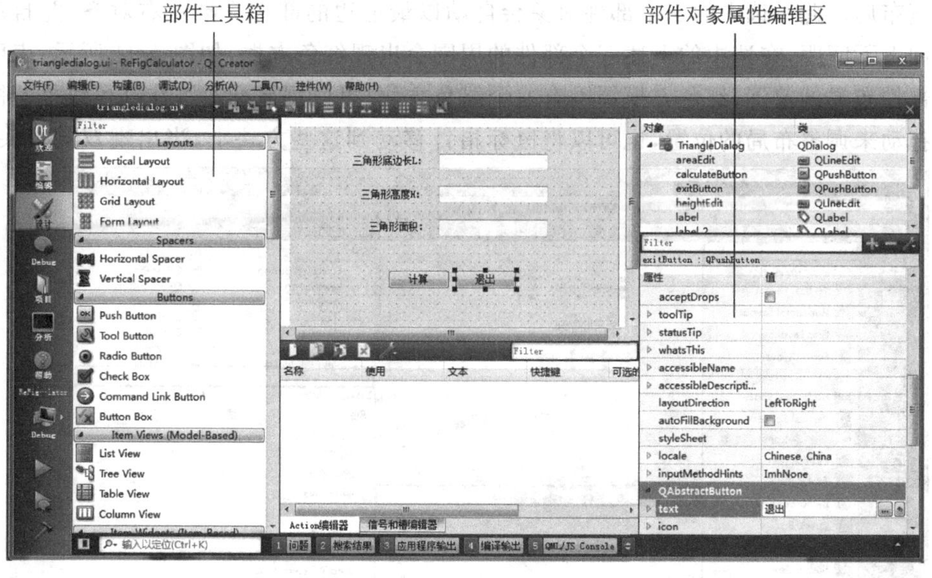

图 4-92　三角形面积计算对话框部件对象属性

① 单击每一个部件对象，都会使该部件对象处于选中状态，选中的部件对象周边出现八个蓝色块状标志，当将鼠标移动到这些蓝色方块上时，鼠标变成双方向的箭头，此时按下鼠标拖动可以调整被选中的部件对象的大小。也可以直接在八个蓝色块状标志区内按下鼠标左键拖曳，移动被选中的部件对象。不需要为确定这些部件的位置而花费太多

的时间,因为在后面使用 Qt Creator 的布局管理器可以把这些部件摆放到恰当位置,稍后会学习如何使用布局管理器来摆放部件对象。

② 单击选中对话框左侧最上方的文本标签对象,窗口右下侧的部件对象属性编辑区显示该对象的所有属性和值,找到其 text 属性,通过键盘输入的方法将它的值设置成“三角形底边长 &L:”,其他属性的值保持不变。以同样的方法将其他两个文本标签对象的 text 属性的值分别设置为“三角形高度 &H:”和“三角形面积:”。

③ 单击选中对话框右侧最上方的单行文本输入框对象,窗口右下侧的部件对象属性编辑区显示该对象的所有属性和值,找到其 ObjectName 属性,通过键盘输入的方法将它的值设置成 lengthEdit,其他属性的值保持不变。同样的方法将其他两个单行文本输入框对象的 ObjectName 属性的值分别设置为 heightEdit 和 areaEdit。

④ 单击选中对话框左下侧的 pushButton 按钮,窗口右下侧的部件对象属性编辑区显示该对象的所有属性和值,找到它的 ObjectName 属性,通过键盘输入的方法将它的值设置成 calculateButton,找到它的 text 属性,通过键盘输入的方法将它的值设置成“计算”。以同样的方法将对话框右下侧 pushButton 按钮的 ObjectName 属性的值设置为 exitButton,将它的 text 属性的值设置为“退出”。

(9) 利用布局(layout)功能在对话框中摆放标签部件对象,如图 4-93 所示,单击“三角形底边长 &L:”标签部件对象选中它,然后按下 Ctrl 键,依次单击与之相邻的“三角形高度 &H:”和“三角形面积:”标签部件对象,同时选中它们。然后单击工具栏图标▤进行垂直布局。此时选中的三个部件对象会自动以最上边的部件为准左右对齐,并自动调部件间上下间距,在选中的上述三个部件的周围会出现红色方框,如图 4-94 所示,表明这三个部件布局的范围,红色方框周围有八个绿色方块,可以用鼠标左键在红色线框范围内按下拖动来调整布局的位置,也可以将鼠标指针移动到这些方块上,当出现双向箭头时,

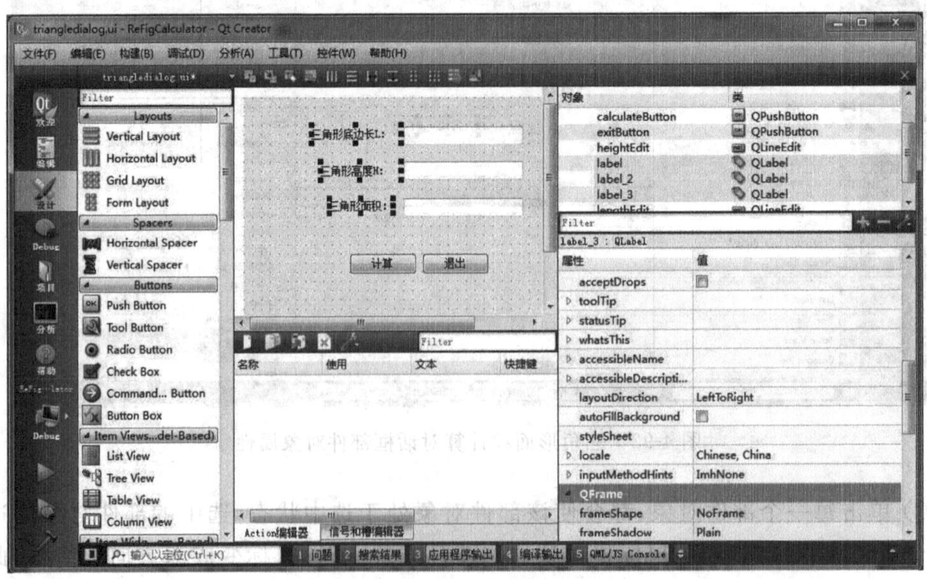

图 4-93 标签部件对象被选中

可以按下鼠标左键拖动调整布局范围的形状和大小，布局内的部件之间的距离和大小也因此而改变。

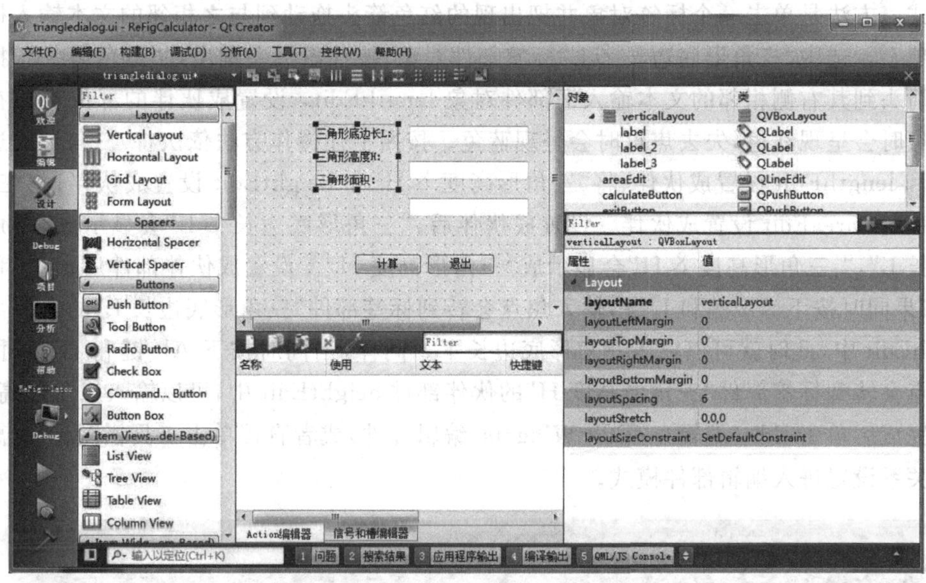

图 4-94　使用布局功能布局标签对象

(10) 如图 4-95 所示，使用与布局三个标签部件对象一样的方法对 lengthEdit、heightEdit 和 areaEdit 三个文本输入框部件对象垂直布局。然后单击“计算”命令按钮部件对象选中它，按下 Ctrl 键，单击与之相邻的“退出”命令按钮部件对象，同时选中它们。然后单击工具栏图标▥，对两个命令按钮部件对象进行水平布局。通过用鼠标单击拖动的方法调整各个布局和窗体大小，改变部件对象的大小和相对位置，使各部件对象位置如图 4-95 所示。

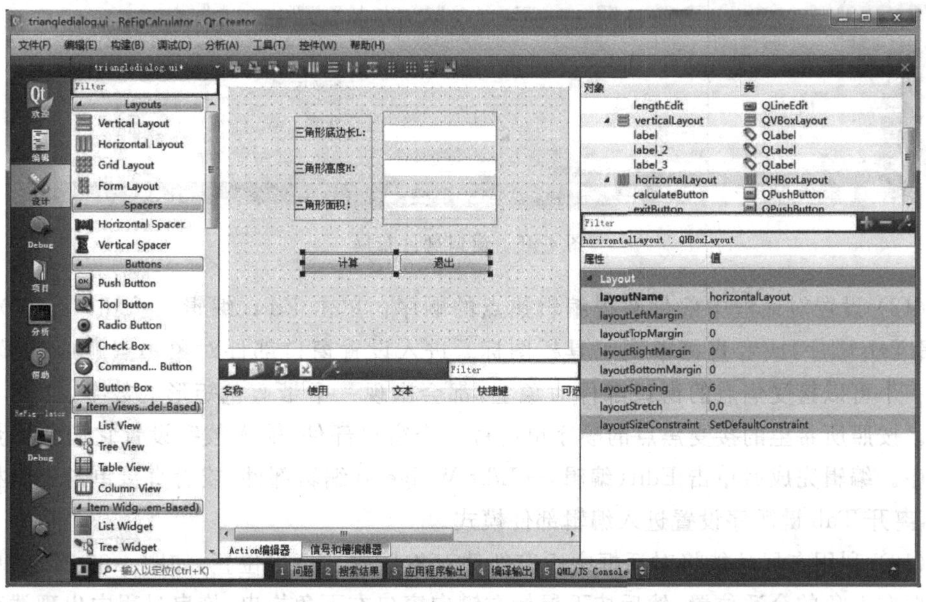

图 4-95　窗口部件布局

(11) 设置对话框中部件对象之间的伙伴关系。如图4-96所示,单击Edit(编辑)→Edit Buddies(编辑伙伴)或者直接单击工具栏图标进入设置窗口部件伙伴(buddy)关系的模式。方法是单击一个标签对象并把出现的红色箭头拖动到与之相邻的文本输入框部件对象上。选中"三角形底边长&L"标签部件对象,按住鼠标左键出现"红色箭头",拖动红色箭头到其右侧相邻的文本输入框部件对象lengthEdit,设置成伙伴的部件对象在获得焦点时会呈现红色,失去焦点时会呈现蓝色。按照上述操作方法依次将"三角形底边长&L"和lengthEdit设置成伙伴;将"三角形高度&H"和heightEdit设置成伙伴;将"三角形面积"和areaEdit设置成伙伴。设置成伙伴后,"三角形底边长&L"会显示成"三角形底边长L","三角形高度&H"会显示成"三角形高度H"。设置成伙伴部件后,运行程序时,如果同时按下Alt键和L键,输入焦点会转到标签部件"三角形底边长L"的伙伴部件lengthEdit中,此时就可以输入三角形底边长了。同样,当同时按下Alt键和H键时,输入焦点会转到标签部件"三角形高度H"的伙伴部件heightEdit中,可以输入三角形高度。编辑完成后单击Edit(编辑)→Edit Widgets(编辑部件)或者直接单击工具栏图标,离开伙伴关系设置进入编辑部件模式。

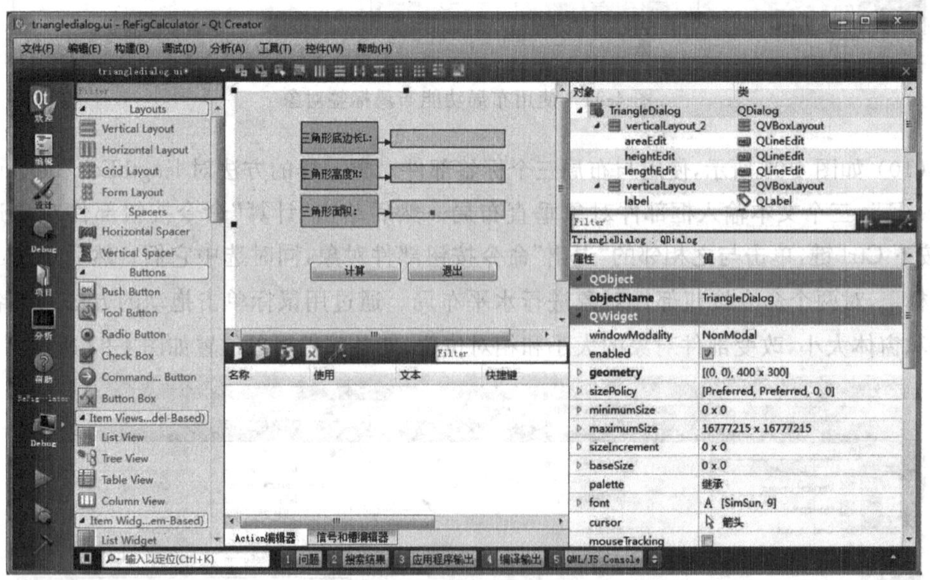

图4-96 窗口部件布局

(12) 设置对话框中部件获得编辑焦点的顺序。单击Edit(编辑)→Edit Tab Order(编辑Tab顺序)或者直接单击工具栏图标进入设置窗口部件对象焦点顺序的模式。在每一个可以接受焦点的窗口部件对象上,都会出现一个带蓝色矩形的数字,如图4-97所示。按照所希望的接受焦点的顺序单击每一个窗口部件,输入数字设置它们获得焦点的顺序。编辑完成后单击Edit(编辑)→Edit Widgets(编辑部件)或者直接单击工具栏图标,离开Tab键顺序设置进入编辑部件模式。

(13) 利用布局功能将对话框中所有部件对象摆放到恰当位置,如图4-98所示,单击对话框左上角的合适位置,然后按下鼠标左键向窗口右下角拖曳,拖曳过程中出现浅蓝色

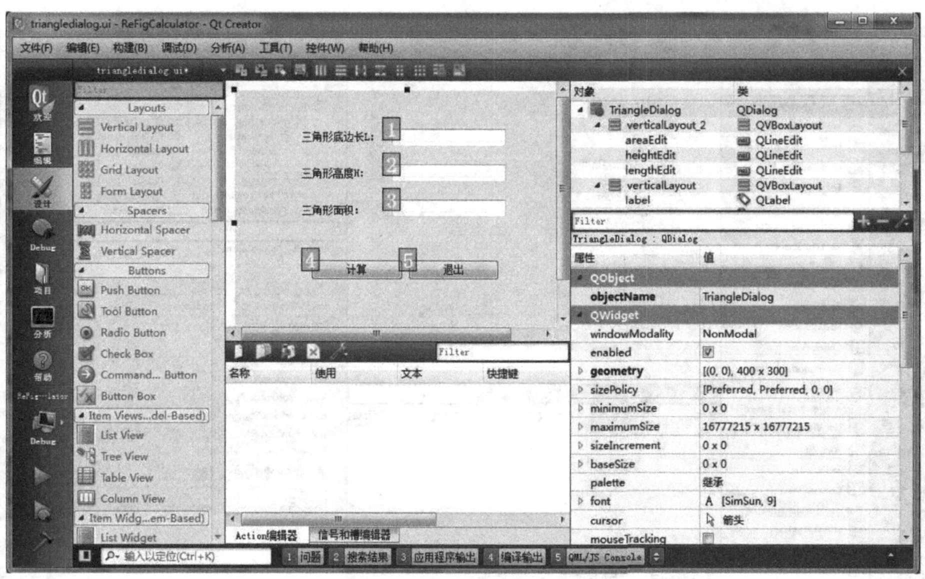

图 4-97 窗口部件布局

选中区域罩状矩形，将所有部件对象和布局纳入选中区域。松开鼠标左键选中对话框上的所有部件对象和布局，然后直接单击栅格布局工具栏图标。此时选中的所有部件对象和布局周围出现红色方框，如图 4-99 所示，红色方框周围有八个绿色方块，可以用鼠标左键在红色线框范围内按下拖动来调整布局的位置，也可以将鼠标指针移动到这些方块上，当出现双向箭头时，可以按下鼠标左键拖动调整布局范围的形状和大小，调整部件对象和布局，使对话框及其部件更美观大方。

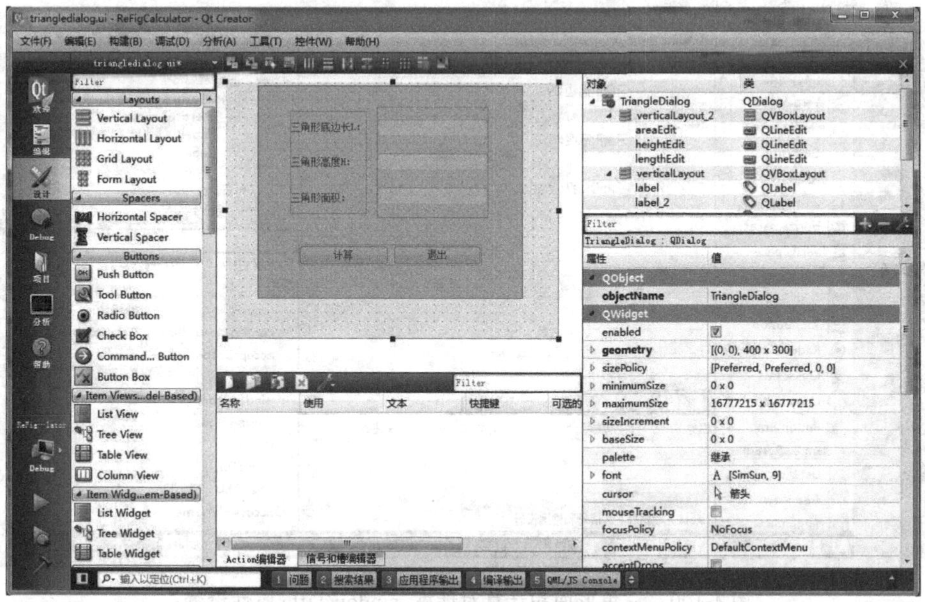

图 4-98 窗口部件获得焦点顺序

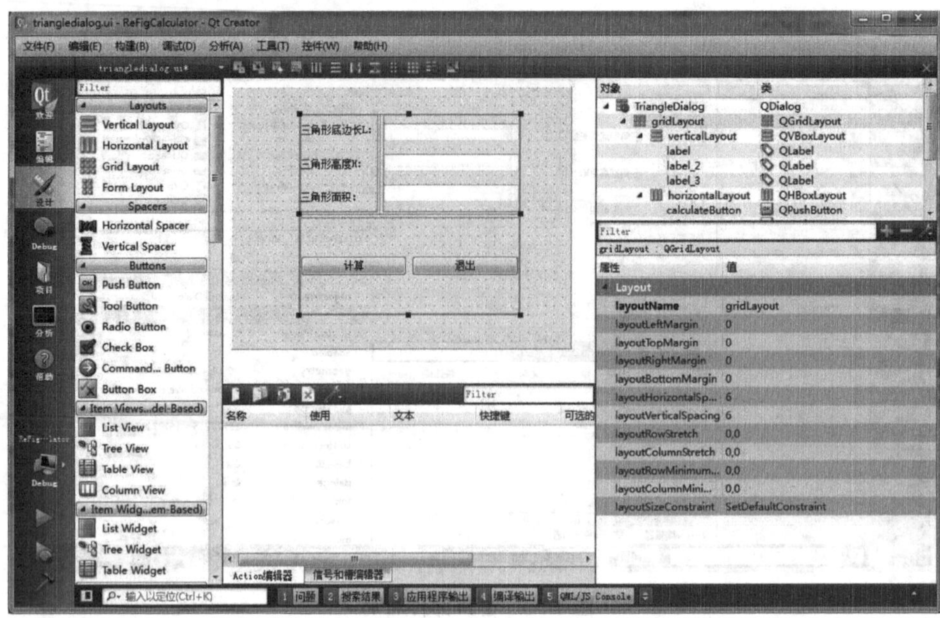

图 4-99 窗口部件布局

(14) 设置三角形面积对话框 windowTitle 属性的值,如图 4-100 所示,单击对话框任意空白位置,选中三角形面积对话框,窗口右下侧的部件对象属性编辑区显示该对象的所有属性和值,找到其 windowTitle 属性,通过键盘输入的方法将它的值由 Dialog 修改为"三角形面积计算",其他属性的值保持不变。

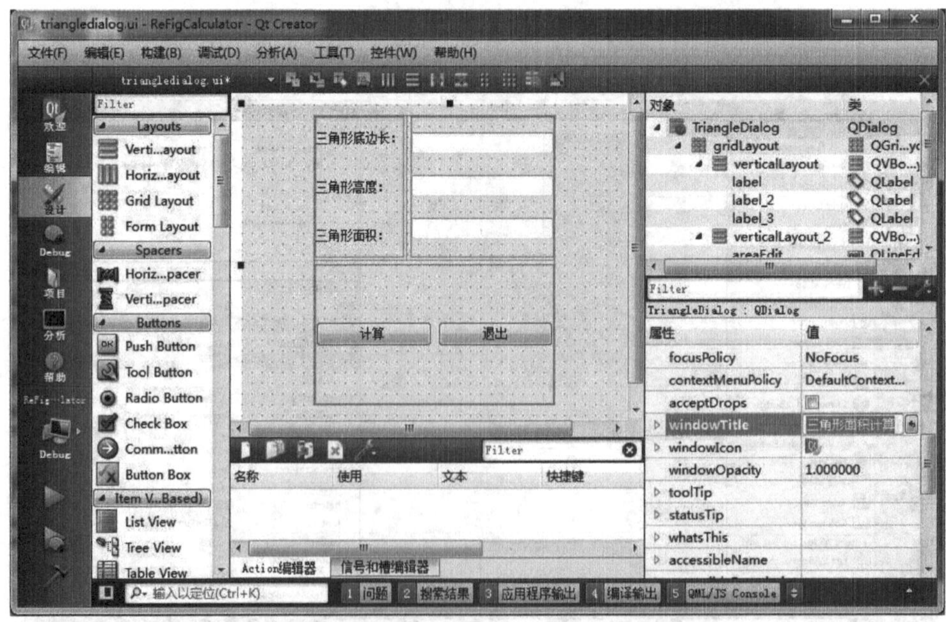

图 4-100 三角形面积计算对话框 windowTitle 属性设置

第三步：建立“三角形(T)”菜单和其面积计算对话框的联系。

要想在运行 ReFigCalculator 程序时，通过单击“面积计算(A)”→“三角形(T)”菜单命令弹出三角形面积计算对话框，必须建立菜单“三角形(T)”和三角形面积计算对话框的联系，其步骤如下。

(1) 打开项目 ReFigCalculator，进入“编辑”模式，在项目列表中的“界面文件”文件夹中找到程序主窗口界面文件 mainwindow.ui，双击打开进入编辑状态，右击菜单动作编辑区中“三角形(T)”菜单所在行，弹出快捷菜单如图 4-101 所示，在弹出的菜单中单击“转到槽”命令，弹出“转到槽”对话框，如图 4-102 所示。

图 4-101　菜单动作设置

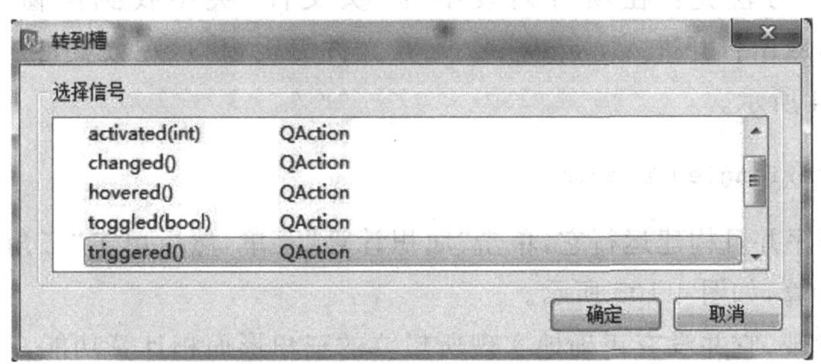

图 4-102　“转到槽”对话框

(2) 在如图 4-102 所示的“转到槽”对话框的列表中，找到信号 triggered 所在行，单击选中该行，然后单击“确定”按钮，打开 mainwindow.cpp 文件，将光标定位到槽函数 on_action_Triangle_triggered()中，在该函数中加入如下程序代码，如图 4-103 所示。

```
static TriangleDialog *triangleDlg =new TriangleDialog(this);
triangleDlg ->show();
```

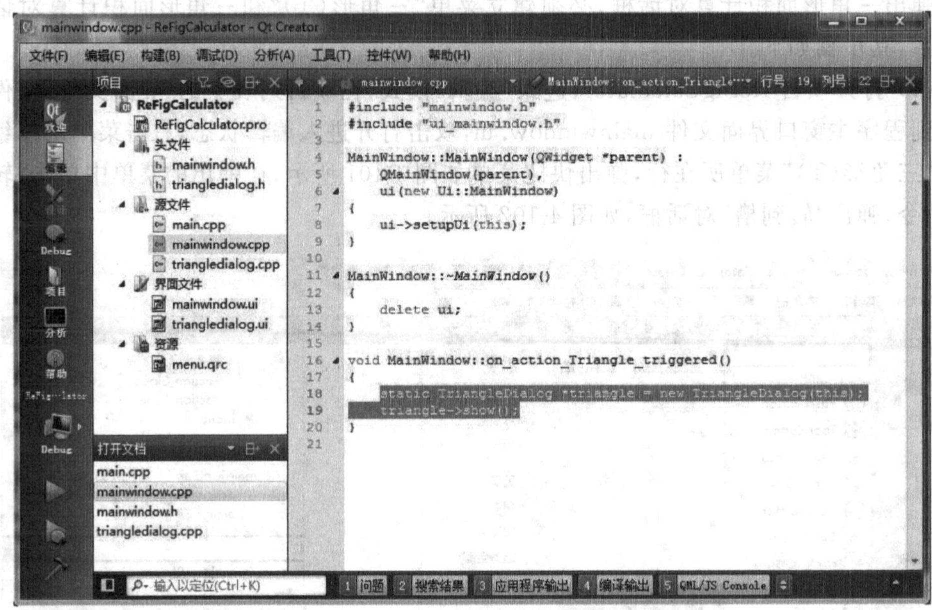

图 4-103　编辑槽函数 on_action_Triangle_triggered()

注：上面第一行程序的功能是定义三角形面积计算对话框类 TriangleDialog 的指针 *triangle，将指针指向匿名创建的三角形面积计算对话框类的一个对象。第二行程序的功能是显示匿名创建的三角形面积计算对话框对象，在屏幕上显示三角形面积计算对话框。

(3) 将三角形面积计算对话框界面类 TriangleDialog 包含到程序主窗口类中。要在主窗口程序 mainwindow.cpp 中使用三角形面积计算对话框界面类 TriangleDialog，必须将它包含进来。方法是：在项目列表中的“头文件”夹中找到主窗口程序头文件 mainwindow.h，双击打开进入 mainwindow.h 文件编辑窗口，在该文件中加入如下程序代码，如图 4-104 所示。

```
#include <triangledialog.h>;
```

(4) 保存程序并且构建运行它，单击“面积计算”菜单，然后单击“三角形(T)”命令进行三角形面积计算，如图 4-105 所示。

运行程序发现，它并没有正确地实现所想要的三角形面积计算功能，存在下列两方面的问题。

① “计算”按钮总是失效的。

② “退出”按钮什么也做不了。

下面通过加入三角形面积计算的类，编写程序代码，完善这个程序，让对话框实现计算三角形面积的功能。

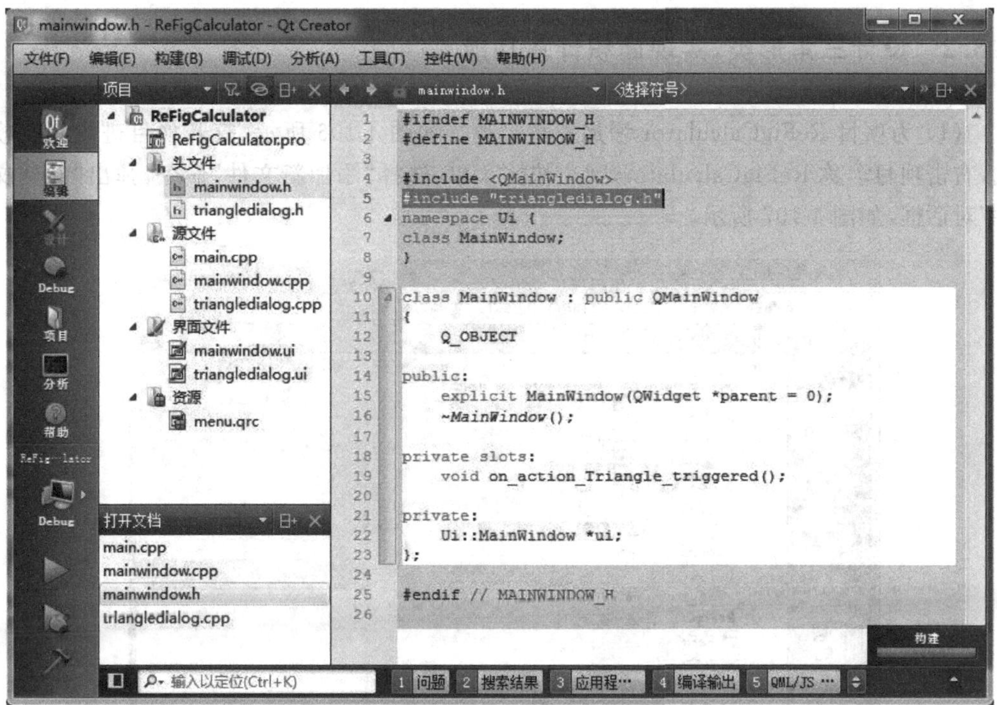

图 4-104　编辑 mainwindow. h 头文件

图 4-105　三角形面积计算窗口

4.8.2 设计三角形类,实现面积计算功能

(1) 为项目 ReFigCalculator 增加三角形类。如图 4-106 所示,打开项目进入编辑模式,右击项目名称 ReFigCalculator,弹出快捷菜单,选择“添加新文件”命令,弹出“新建文件”对话框,如图 4-107 所示。

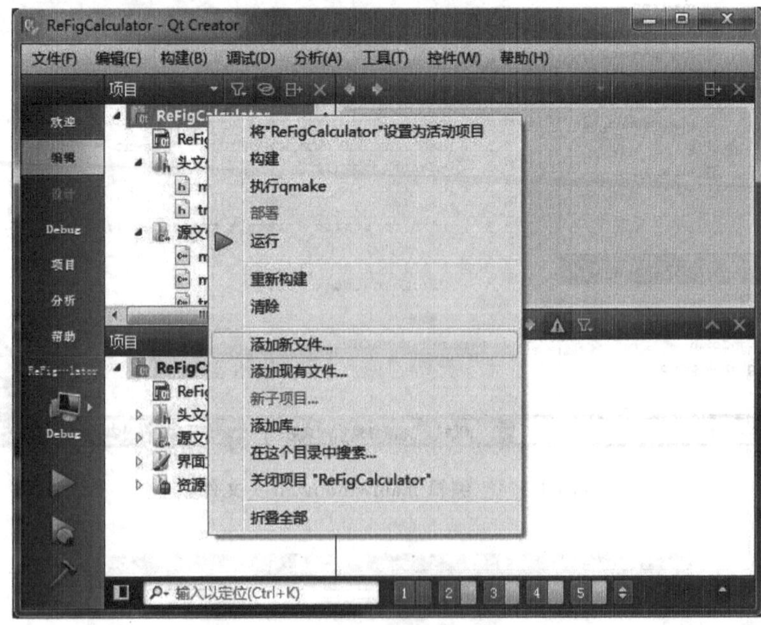

图 4-106 快捷菜单

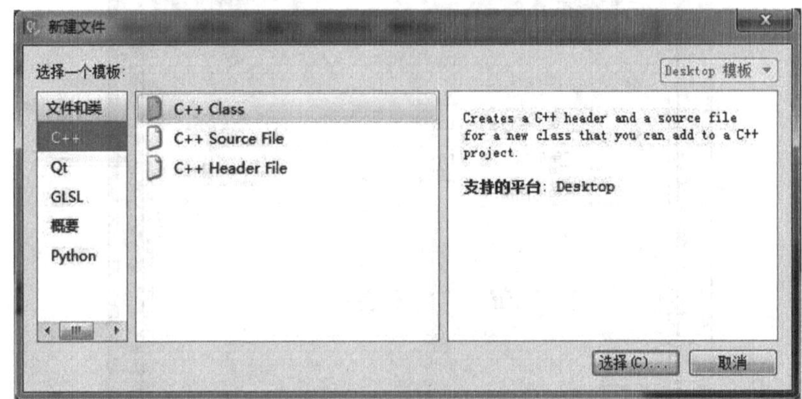

图 4-107 “新建文件”对话框

(2) 在如图 4-107 所示的对话框中,首先选中左侧列表的 C++,然后选择中间列表的 C++ Class,最后单击对话框右下方的“选择”按钮,出现如图 4-108 所示的“C++ 类向导”对话框,创建一个 C++ 类。

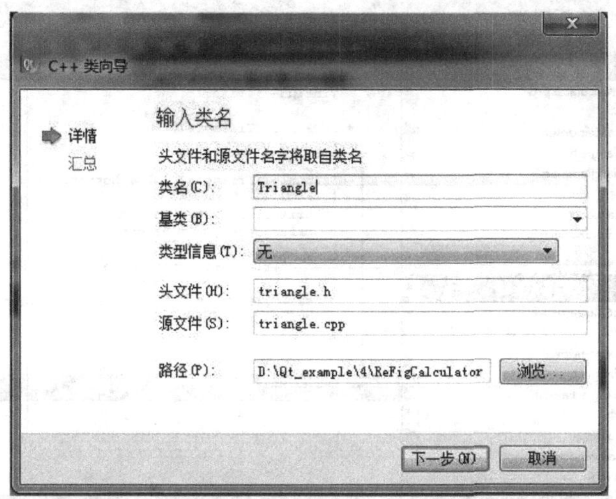

图 4-108 "C++类向导"对话框

(3) 因为要创建三角形类，所以应输入类名 Triangle，如图 4-108 所示，其他内容保持不变。单击"下一步"按钮，弹出"项目管理"窗口，如图 4-109 所示。

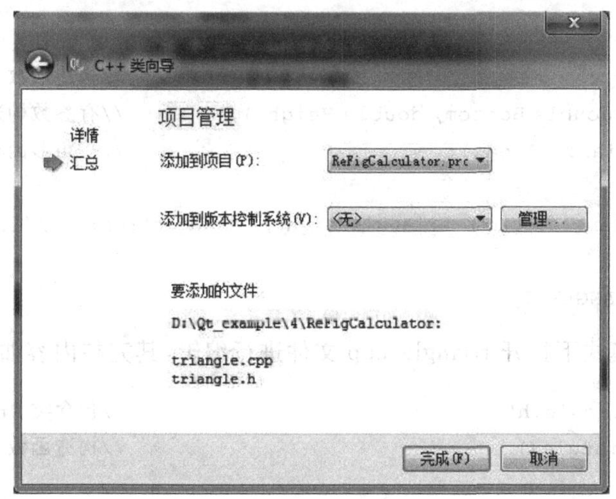

图 4-109 "项目管理"窗口

(4) 如图 4-109 所示的对话框表明，新创建的三角形类默认被添加到项目 ReFigCalculator 中，该类的内容包含在 triangle.h、triangle.cpp 两个文件中。保持该对话框内容不变，单击"完成"按钮，呈现如图 4-110 所示的窗口，可以看到项目 ReFigCalculator 中增加了 triangle.h 和 triangle.cpp 两个文件。

(5) 编辑并保存 triangle.h 和 triangle.cpp 文件，完善三角形类 Triangle。

① 项目编辑模式下打开 triangle.h 文件进行编辑，其完整内容如下：

```
#ifndef TRIANGLE_H
#define TRIANGLE_H
```

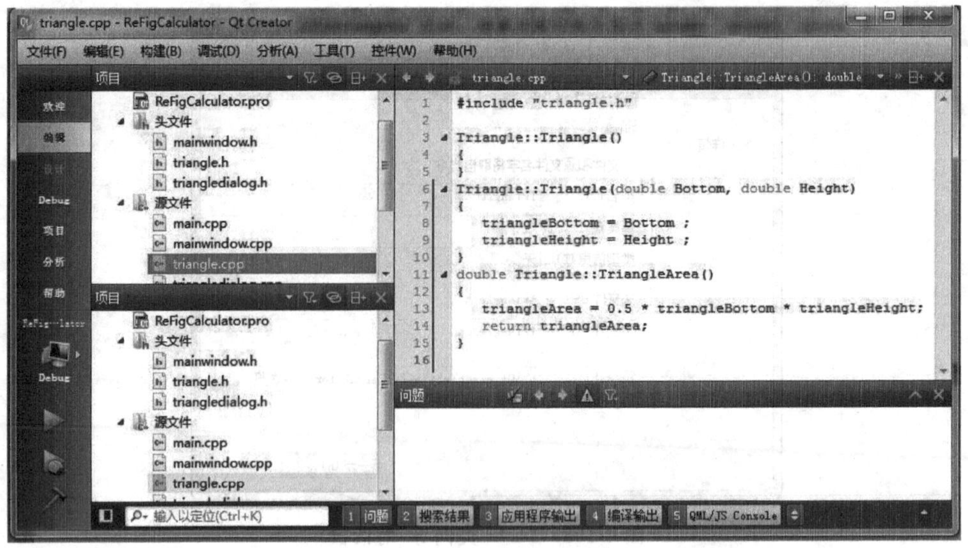

图 4-110　添加完 Triangle 类的项目

```
class Triangle                                          //定义三角形类
{
public:
    Triangle();                                         //构造函数
    Triangle(double Bottom, double Height);             //有参数构造函数
    double TriangleArea();                              //三角形面积计算函数
private:
    double triangleBottom, triangleHeight, triangleArea;    //三角形底边长、高、面积
};
#endif // TRIANGLE_H
```

② 项目编辑模式下打开 triangle.cpp 文件进行编辑，其完整内容如下：

```
#include "triangle.h"                                   //包含类 Triangle 的头文件
Triangle::Triangle()                                    //构造函数
{ }
Triangle::Triangle(double Bottom, double Height)        //有参数构造函数
{
    triangleBottom =Bottom;                             //三角形底边长
    triangleHeight =Height;                             //三角形高度
}
double Triangle::TriangleArea()                         //三角形面积计算函数
{
    triangleArea =0.5 * triangleBottom * triangleHeight;    //计算三角形的面积
    return triangleArea;                                //返回三角形的面积
}
```

(6) 因为需要在三角形面积计算窗口使用类 Triangle 生成三角形对象并计算其面

积，所以必须把三角形类 Triangle 包含到三角形面积计算窗口类中。方法是在窗口项目编辑模式下打开 triangledialog. h 文件进行编辑，在文件前面加入语句“# include "triangle. h"”，如图 4-111 所示。

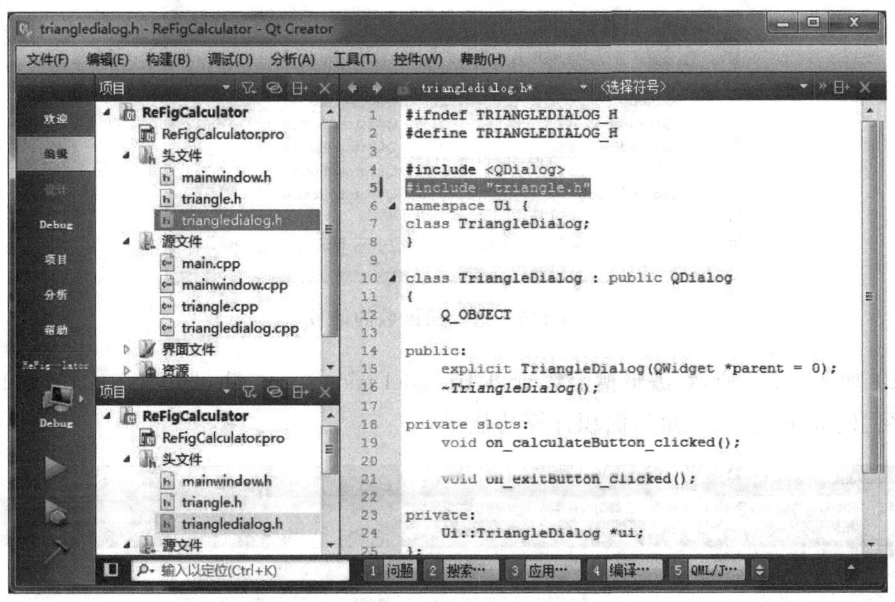

图 4-111 编辑模式下打开 triangledialog. h 文件

(7) 给三角形面积计算对话框的“计算”按钮对象添加槽函数，如图 4-112 所示，将 Qt Creator 切换到编辑模式，单击展开项目 ReFigCalculator“界面文件”文件夹，双击界面文件 triangledialog. ui，在编辑区中打开三角形面积计算对话框。然后右击“计算”按钮，在

图 4-112 转到计算按钮对象的槽

弹出的菜单中单击“转到槽”命令，弹出如图4-113所示的“转到槽”对话框。找到clicked()信号所在行并单击它，然后单击“确定”按钮，就给“计算”按钮对象添加了接收单击信号(clicked())的函数 void TriangleDialog::on_calculateButton_clicked()。

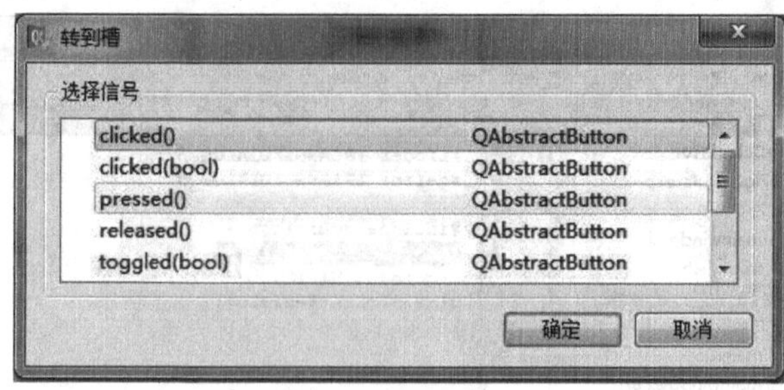

图 4-113　选择槽函数的信号

(8) 如图4-114所示，编辑槽函数 void TriangleDialog::on_calculateButton_clicked()，使其程序代码如下，实现三角形面积计算功能。

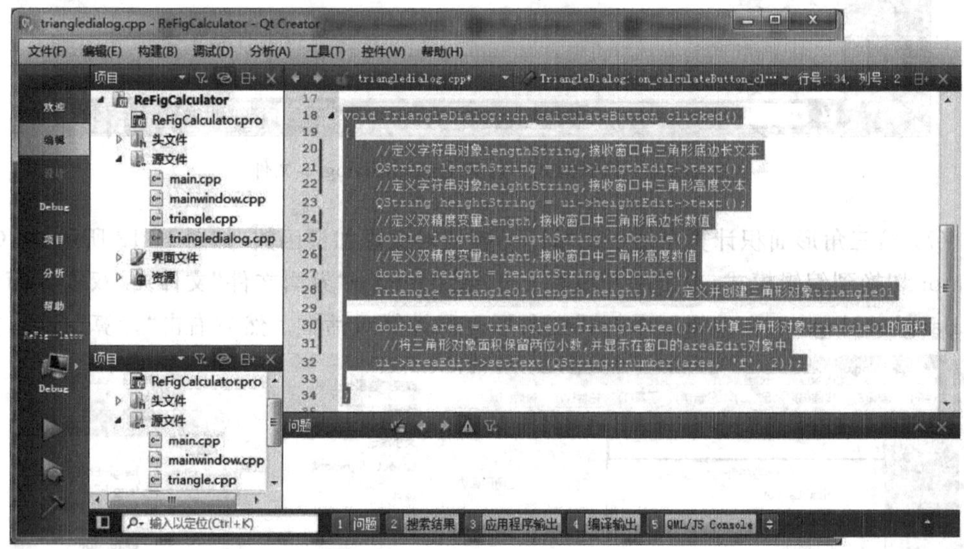

图 4-114　编辑槽函数 void TriangleDialog::on_calculateButton_clicked()

```
void TriangleDialog::on_calculateButton_clicked()
{
    //定义字符串对象 lengthString,接收窗口中三角形底边长文本
    QString lengthString =ui->lengthEdit->text();
    //定义字符串对象 heightString,接收窗口中三角形高度文本
    QString heightString =ui->heightEdit->text();
    //定义双精度变量 length,接收窗口中三角形底边长数值
    double length =lengthString.toDouble();
    //定义双精度变量 height,接收窗口中三角形高度数值
    double height =heightString.toDouble();
```

```
    Triangle triangle01(length,height);    //定义并创建三角形对象 triangle01

    double area =triangle01.TriangleArea(); //计算三角形对象 triangle01 的面积
    //将三角形对象面积保留两位小数,并显示在窗口的 areaEdit 对象中
    ui->areaEdit->setText(QString::number(area, 'f', 2));
}
```

(9) 使用与添加"确定"按钮对象同样的方法,给"退出"按钮对象添加接收 clicked() 信号的槽函数 void TriangleDialog::on_exitButton_clicked(),使其程序代码如下,实现退出三角形面积计算窗口的功能。

```
void TriangleDialog::on_exitButton_clicked()
{ this->close(); }
```

保存然后构建并运行程序,单击"面积计算"菜单,然后选择"三角形(T)"命令进行三角形面积计算,如图 4-115 所示。

图 4-115 三角形面积计算

4.9 规则几何图形面积和体积计算之圆面积计算——Qt5 Creator 开发图形界面程序综合案例

4.9.1 Qt4 平台项目导入 Qt5 平台的步骤和方法

Qt5 Creator 和 Qt4 Creator 开发 C++ 语言图形界面的步骤和方法基本相同,具体步骤和方法在第 1 章做了详细介绍。由于 Qt 版本不断推陈出新,开发功能伴随着 Qt 版本的升级不断增加,在实际项目开发过程中,项目开发人员常常需要将旧 Qt 平台项目导入

新的 Qt 平台，本节介绍 Qt4 平台项目导入 Qt5 平台的步骤和方法。

第一步：运行 Qt5 Creator 集成开发环境，打开 Qt 平台项目。

如图 4-116 所示，运行 Qt5 Creator，依次选择“文件”→“打开文件或项目”命令，弹出对话框如图 4-117 所示，在如图 4-117 所示的对话框中找到项目文件 ReFigCalculator. pro，单击它，然后单击“打开”按钮，打开项目并出现项目配置(Configure Project)窗体，如图 4-118 所示。

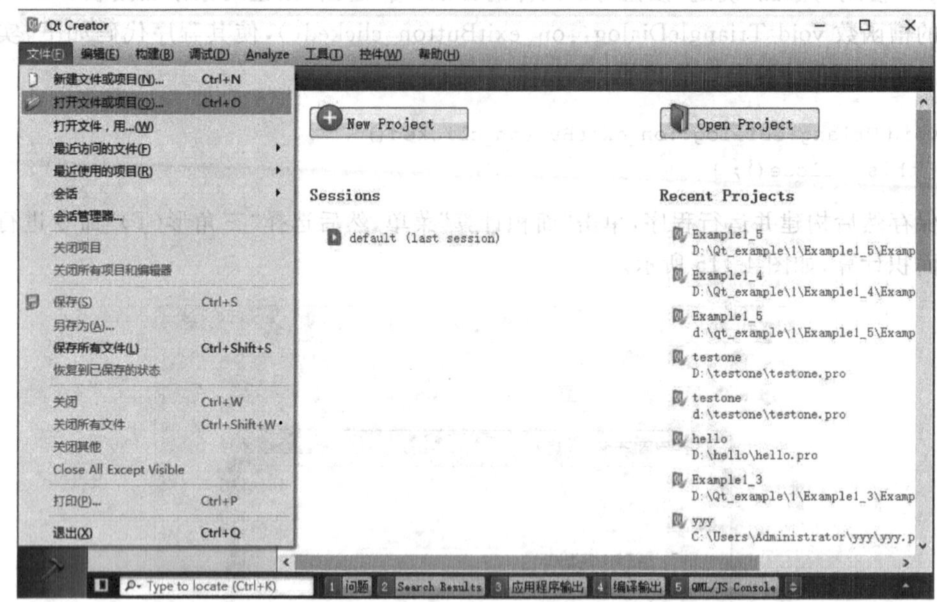

图 4-116 Qt5 Creator 打开文件和项目

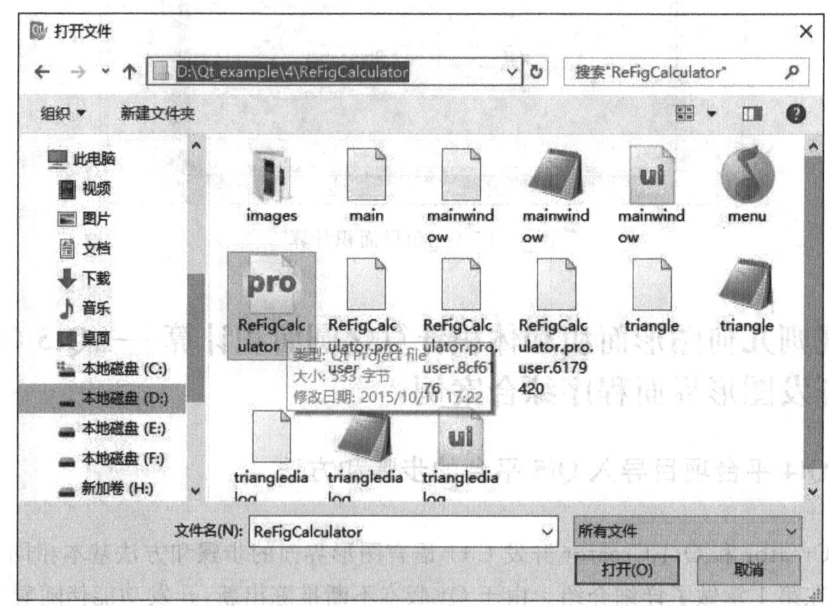

图 4-117 Qt5 Creator 打开文件对话框

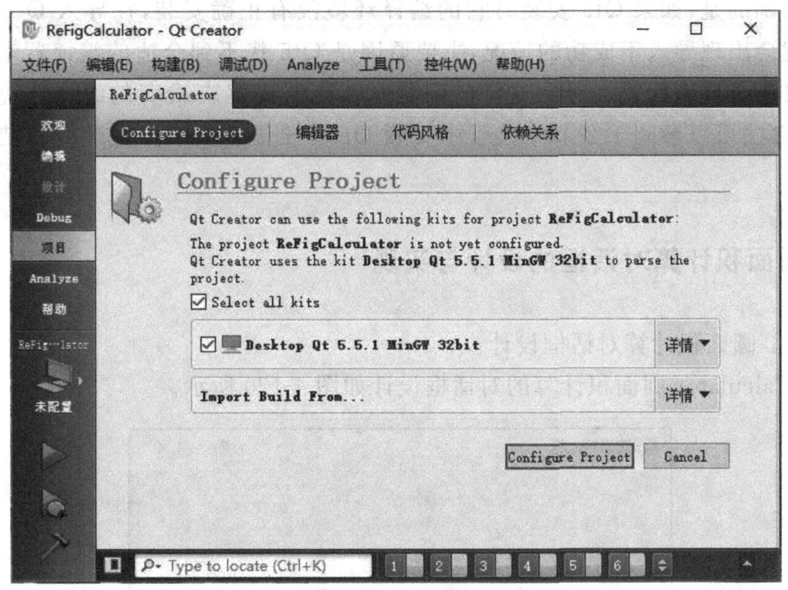

图 4-118　项目配置

第二步：在新平台 Qt5 中配置导入项目编译和连接环境。

在 Qt5 平台中打开 Qt4 平台开发项目 ReFigCalculator 时进行的项目编译和连接环境的重新配置如图 4-118 所示，在此单击 Configure Project（配置项目）按钮，自动进行项目编译和连接环境的配置，配置成功后出现如图 4-119 所示的窗体，表示项目 ReFigCalculator 成功导入 Qt5 平台。

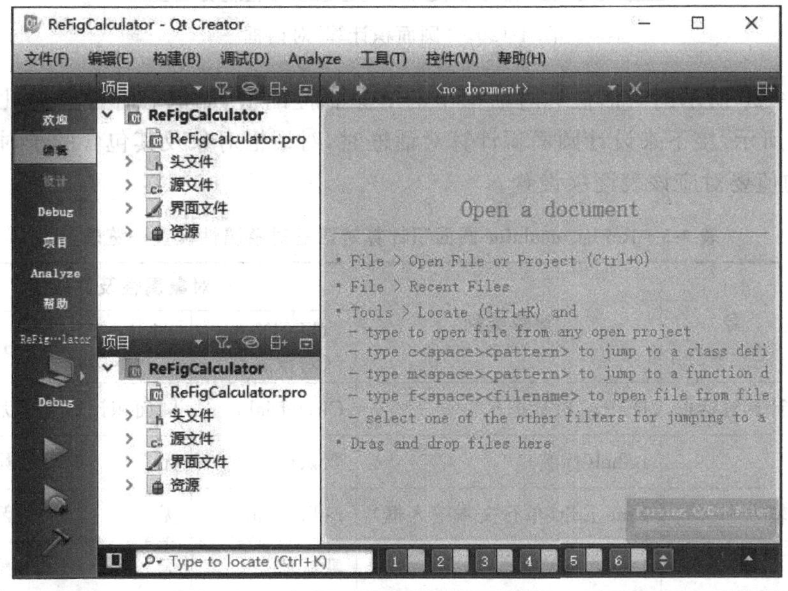

图 4-119　项目成功导入窗体

需要强调的是,如果Qt5安装时它的编译环境没有正确安装,在导入Qt4平台开发的项目时就会出现导入不成功的情况,主要原因是Qt5找不到合适的编译器来为导入的旧平台项目进行环境配置。遇到这样的问题时首先需要解决Qt5的编译环境正确设置问题,具体办法可以参阅1.2节中关于中文版Qt C++语言集成开发环境安装常见问题解决办法。

4.9.2 圆面积计算对话框的设计与实现

第一步:圆面积计算对话框设计。

ReFigCalculator圆面积计算的对话框设计如图4-120所示。

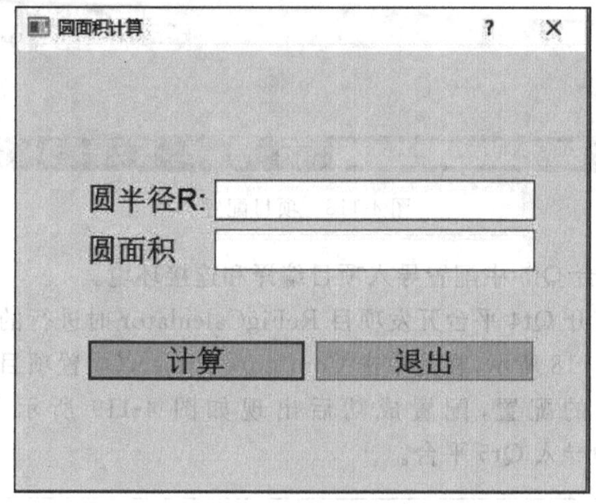

图4-120 "圆面积计算"对话框

如图4-120所示的对话框和对话框中的对象属性的值,对象名称及其属性的取值设计如表4-3所示,接下来设计圆面积计算对话框时,对话框对象及其包含的子对象名称及有关属性的值要对应该表逐项设置。

表4-3 ReFigCalculator圆面积计算对话框对象属性设置一览表

窗口	对　　象	对象类别	对象属性及其取值		
			objectName(对象名称)	windowTitle*(标题)	Text(文本)
圆面积计算	圆面积计算对话框	Dialog(对话框)	CircleDialog	圆面积计算	无
	圆半径	Label(标签)	默认值	无	圆半径:
	圆半径输入	Line Edit(单行文本输入框)	radiusEdit	无	无
	圆面积	Label(标签)	默认值	无	圆面积
	圆面积显示	Line Edit(单行文本输入框)	areaEdit	无	无

续表

窗口	对　象	对象类别	对象属性及其取值		
			objectName（对象名称）	windowTitle*（标题）	Text（文本）
圆面积计算	计算按钮	Push Button（命令按钮）	calculateButton	无	计算
	退出按钮	Push Button（命令按钮）	exitBotton	无	退出

第二步：为 ReFigCalculator 项目添加圆面积计算对话框。

参照 4.8 节所介绍的三角形面积计算对话框设计方法和步骤，为 ReFigCalculator 项目添加圆面积计算对话框，如图 4-121 所示。在该对话框中，输入圆的半径，计算并显示圆的面积。其中圆面积计算对话框对象通过 Qt 设计师界面类模板生成，设计时将圆面积计算对话框命名为 CircleDialog，保存在文件 circledialog. h、circledialog. cpp 和界面文件 circledialog. ui 中。对话框中的标签（label）“圆半径”和“圆面积”、圆半径和圆面积的输入编辑框以及“计算”和“退出”等对象的属性参照表 4-3 进行命名。

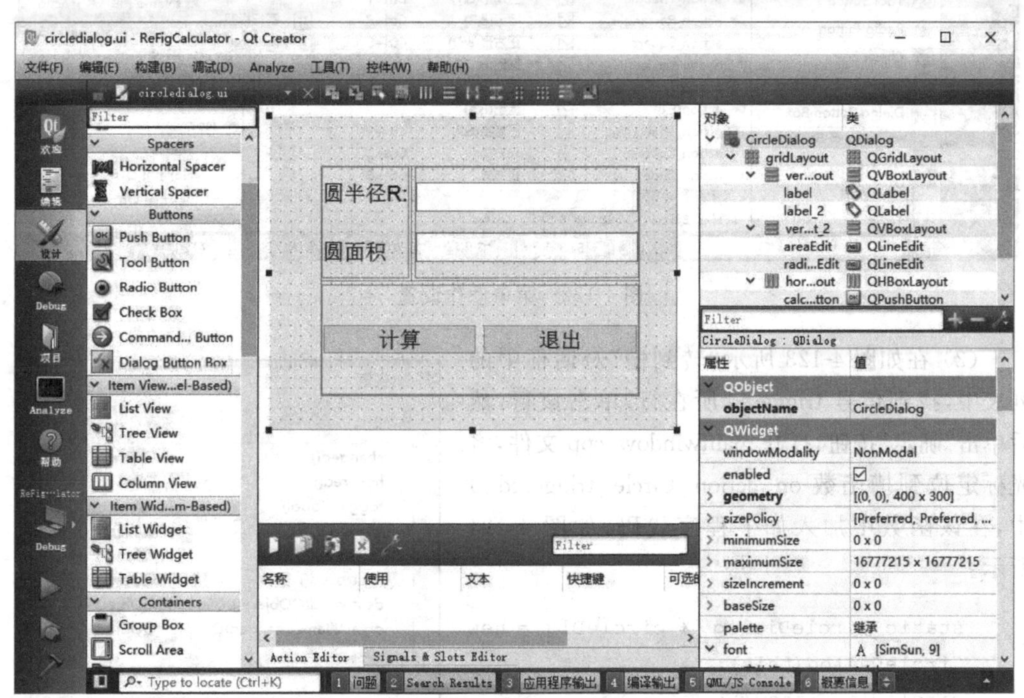

图 4-121　圆面积计算对话框

设置圆面积对话框 windowTitle 属性的值，由默认值 Dialog 修改为“圆面积计算”。

第三步：建立“圆形（T）”菜单和其面积计算对话框的联系。

要想在运行 ReFigCalculator 程序时，通过选择“面积计算（A）”→“圆形（C）”命令弹出圆形面积计算对话框，必须建立菜单“圆形（C）”和圆形面积计算对话框的联系，其步骤如下。

(1) 打开项目 ReFigCalculator,进入"编辑"模式,在项目列表中的"界面文件"夹中找到程序主窗口界面文件 mainwindow. ui,双击打开进入编辑状态,右击菜单动作编辑区中"圆形(C)"菜单 Action_Circle 所在行,在弹出的快捷菜单(见图 4-122)中选择"转到槽"命令,弹出"转到槽"对话框,如图 4-123 所示。

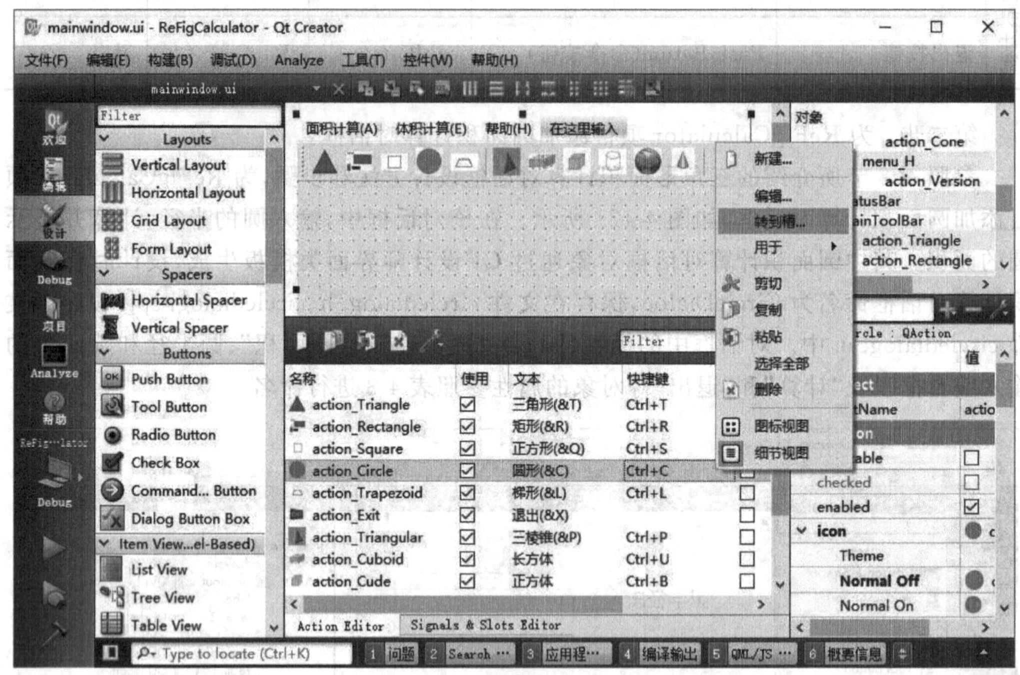

图 4-122 菜单动作设置

(2) 在如图 4-123 所示"转到槽"对话框中的列表中,找到信号 triggered 所在行,单击该行,然后单击"确定"按钮,打开 mainwindow. cpp 文件,将光标定位到槽函数 on_action_Circle_triggered( )中,在该函数中加入如下程序代码,如图 4-124 所示。

图 4-123 "转到槽"对话框

```
static CircleDialog * circleDlg = new
CircleDialog(this);
circleDlg ->show();
```

📖**注意**:上面第一行程序的功能是定义圆形面积计算对话框类 circleDialog 的指针 * circleDlg,将指针指向匿名创建的圆形面积计算对话框类的一个对象。第二行程序的功能是显示匿名创建的圆形面积计算对话框对象,在屏幕上显示圆形面积计算对话框。

```
}

MainWindow::~MainWindow()
{
    delete ui;
}

void MainWindow::on_action_Triangle_triggered()
{
    static TriangleDialog *triangleDlg = new TriangleDialog(th
    triangleDlg->show();
}

void MainWindow::on_action_Circle_triggered()
{
    static CircleDialog  *circleDlg  = new CircleDialog(this);
    circleDlg -> show();

}
```

图 4-124　编辑槽函数 on_action_Circle_triggered()

（3）将圆形面积计算对话框界面类 CircleDialog 包含到程序主窗口类中。要在主窗口程序 mainwindow.cpp 中使用圆形面积计算对话框界面类 CircleDialog，必须将它包含进来。方法是：在项目列表中的"头文件"文件夹中找到主窗口程序头文件 mainwindow.h，双击打开进入 mainwindow.h 文件编辑窗口，在该文件中加入程序代码"# include <circledialog.h>;"，如图 4-125 所示，可以看出这里在包含三角形面积计算窗口类的头文件 triangledialog.h 的基础上，又增加了圆面积计算窗口类的头文件 circledialog.h。

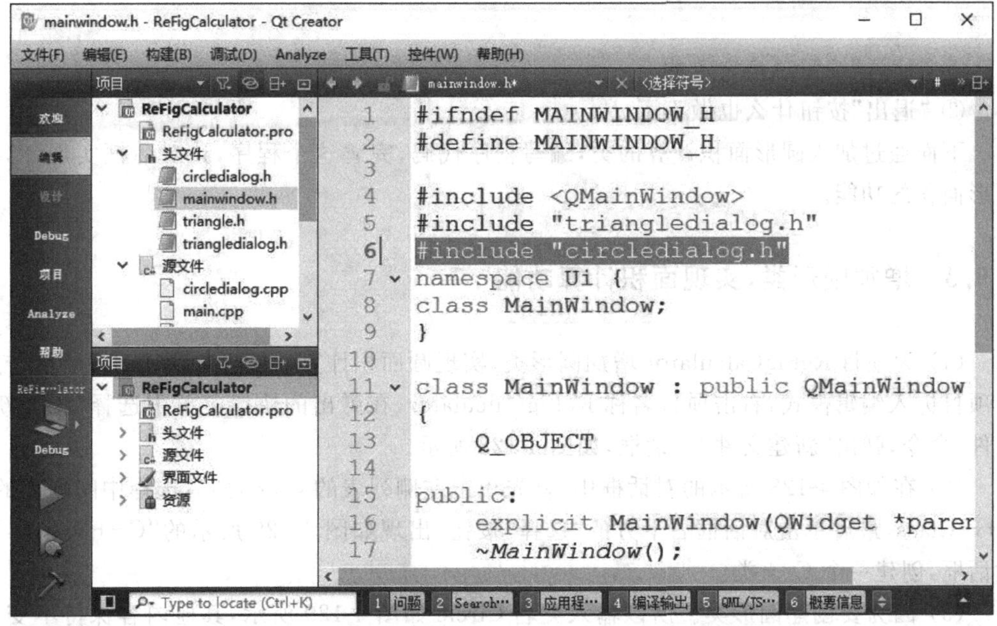

图 4-125　编辑 mainwindow.h 头文件，添加 circledialog.h

(4) 保存程序并且构建运行它,选择"面积计算"→"圆形"命令进行圆形面积计算,如图 4-126 所示。

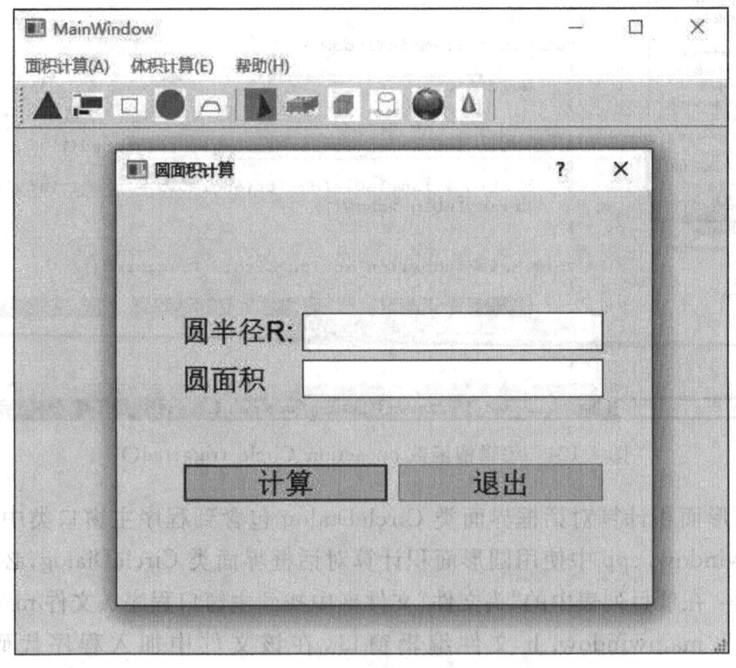

图 4-126　圆形面积计算窗口

运行程序发现,它并没有正确地实现所想要的圆形面积计算功能,存在下列两方面的问题。

①"计算"按钮总是失效的。

②"退出"按钮什么也做不了。

下面通过加入圆形面积计算的类,编写程序代码,完善这个程序,让对话框实现计算圆形面积的功能。

4.9.3　增加圆形类,实现面积计算功能

(1) 为项目 ReFigCalculator 增加圆形类,实现圆面积计算功能。如图 4-127 所示,打开项目进入编辑模式,右击项目名称 ReFigCalculator,在弹出的快捷菜单中选择"添加新文件"命令,弹出"新建文件"对话框,如图 4-128 所示。

(2) 在如图 4-128 所示的对话框中,首先单击左侧列表的 C++,然后选择中间列表的 C++ Class,最后单击对话框右下方的"选择"按钮,出现如图 4-129 所示的"C++ 类向导"对话框,创建一个 C++ 类。

(3) 因为要创建圆形类。所以输入类名 Circle 如图 4-129 所示,其他内容保持不变。单击"下一步"按钮,弹出"项目管理"窗口,如图 4-130 所示。

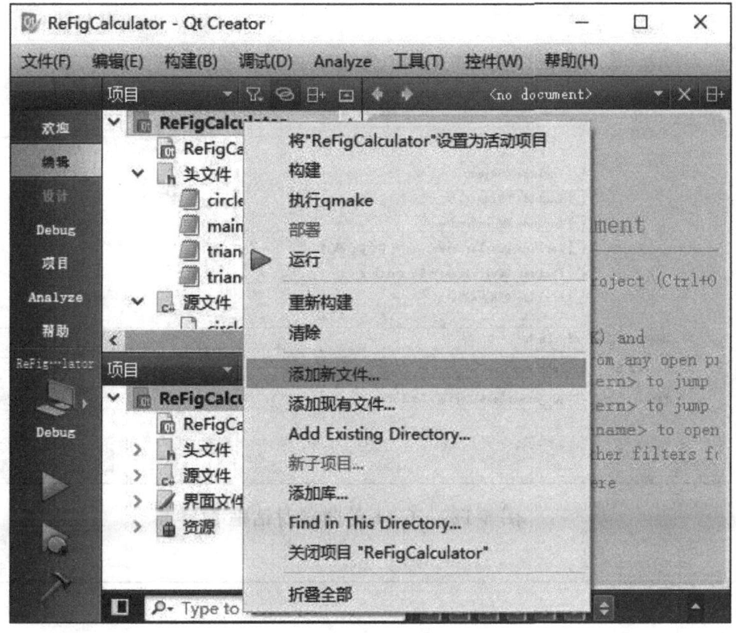

图 4-127　添加新文件窗口

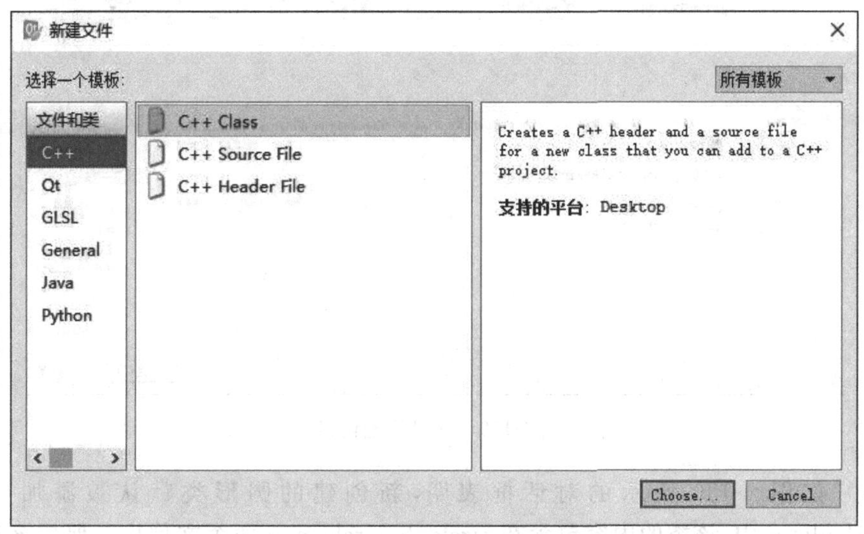

图 4-128　"新建文件"对话框

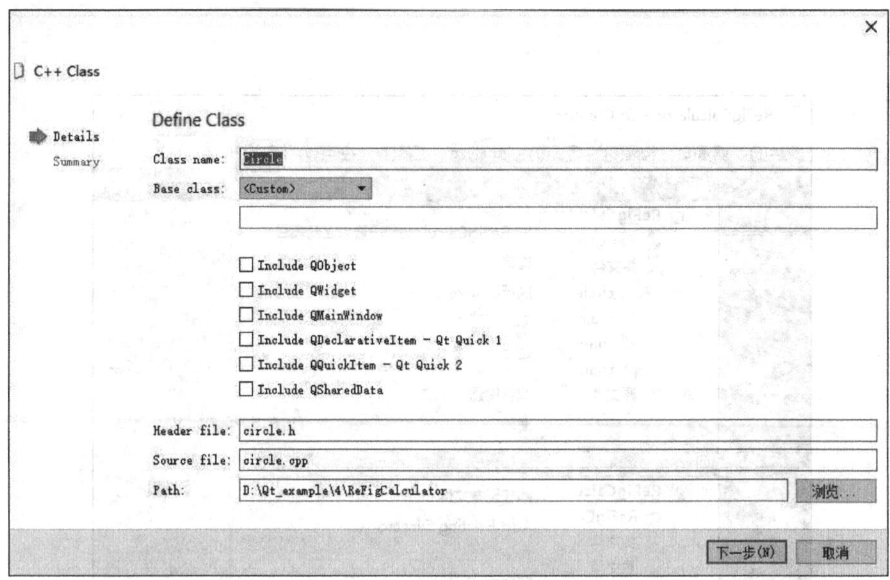

图 4-129　C++类向导对话框

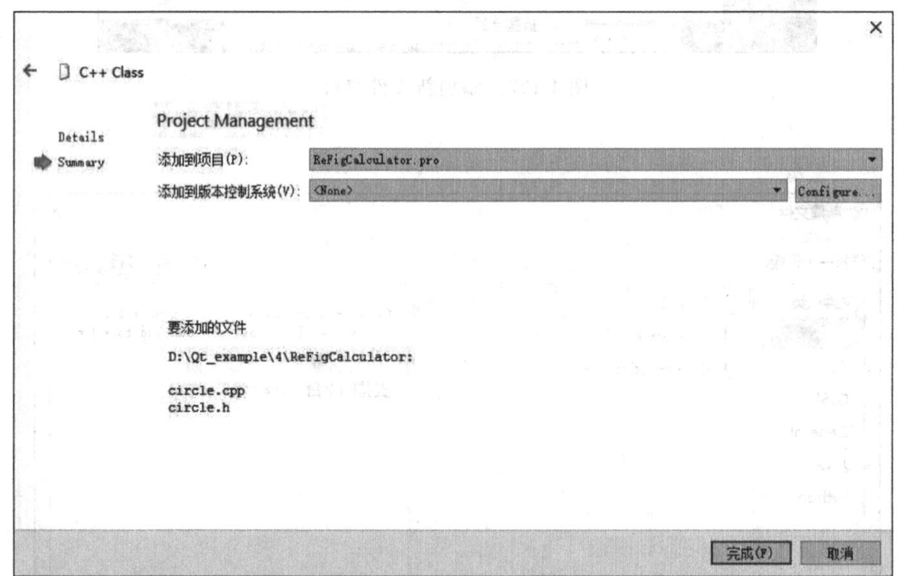

图 4-130　项目管理窗口

(4) 如图 4-130 所示的对话框表明，新创建的圆形类默认被添加到项目 ReFigCalculator 中，该类的内容包含在 circle.h、circle.cpp 两个文件中。保持该对话框内容不变，单击“完成”按钮，呈现如图 4-131 所示的窗口，可以看到项目 ReFigCalculator 中增加了 circle.h 和 circle.cpp 两个文件。

(5) 编辑并保存 circle.h 和 circle.cpp 文件，完善圆形类 Circle。

① 项目编辑模式下打开 circle.h 文件进行编辑，其完整内容如下：

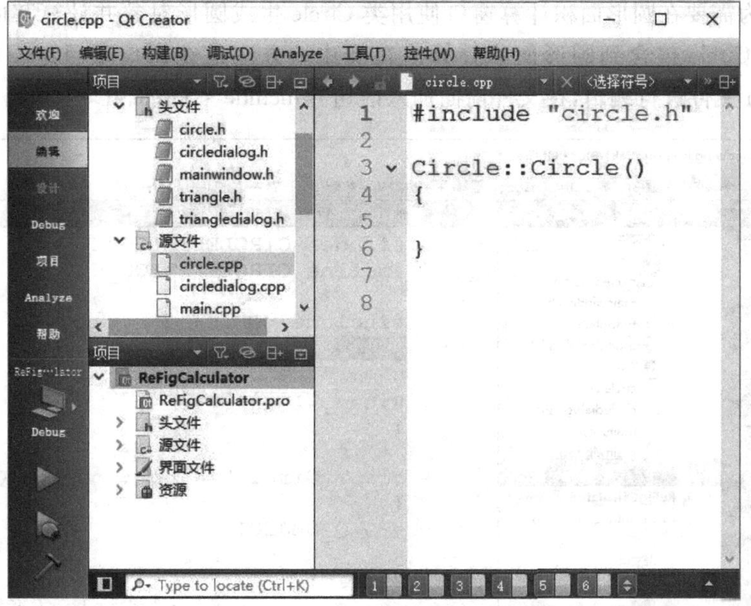

图 4-131　添加完 Circle 类的项目

```
#ifndef CIRCLE_H
#define CIRCLE_H
class Circle
{
    public:
    Circle();
    Circle(double Radius);                    //有参数构造函数
    double CircleArea();                      //圆形面积计算函数
    private:
    double circleRadius,circleArea;           //圆形半径、面积
};

#endif // CIRCLE_H
```

② 项目编辑模式下打开 circle.cpp 文件进行编辑，其完整内容如下：

```
#include "circle.h"

Circle::Circle()
{ }
Circle::Circle(double Radius)                 //有参数构造函数
{ circleRadius =Radius;                       //圆形半径 }
double Circle::CircleArea()                   //圆形面积计算函数
{
    circleArea =3.14 * circleRadius * circleRadius;    //计算圆形面积
    return circleArea;                        //返回圆形面积
}
```

(6) 因为需要在圆形面积计算窗口使用类 Circle 生成圆形对象并计算其面积，所以必须把圆形类 Circle 包含到圆形面积计算窗口类中。方法是在窗口项目编辑模式下打开 circledialog. h 文件进行编辑，在文件前面加入语句“#include <circle. h>”，如图 4-132 所示。

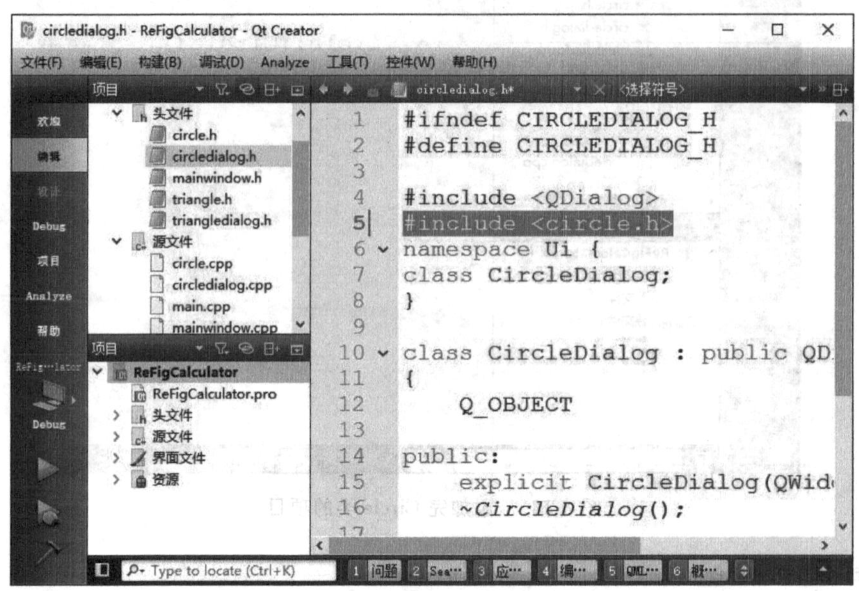

图 4-132 编辑模式下打开 circledialog. h 文件

(7) 给圆形面积计算对话框的“计算”按钮对象添加槽函数，如图 4-133 所示，将 Qt Creator 切换到编辑模式，单击展开项目 ReFigCalculator“界面文件”文件夹，双击界面文件 circledialog. ui，在编辑区中打开圆形面积计算对话框。然后右击“计算”按钮，在弹出

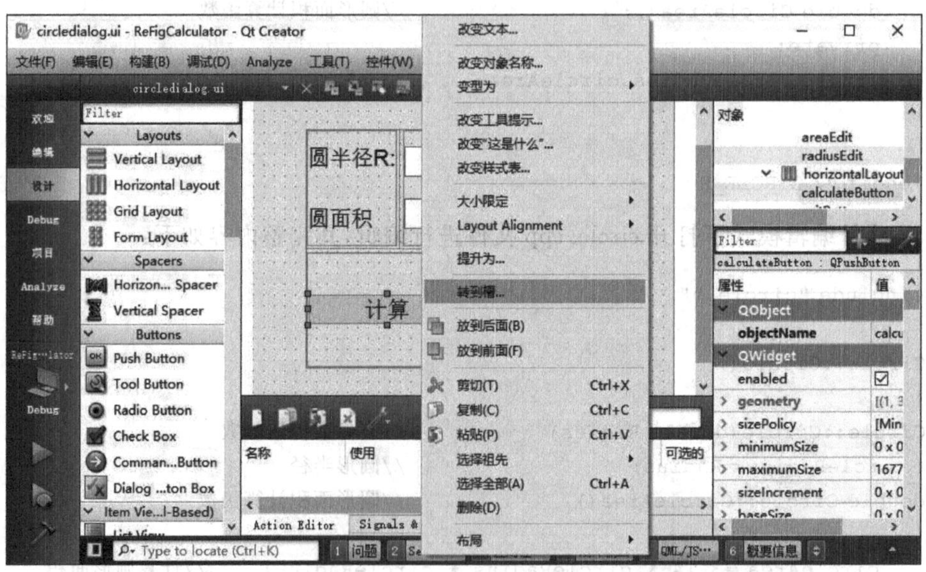

图 4-133 转到计算按钮对象的槽

的菜单中选择“转到槽”命令，弹出如图 4-134 所示的“转到槽”对话框。找到 clicked()信号所在行并单击它，然后单击“确定”按钮，就给“计算”按钮对象添加了接收鼠标单击信号(clicked())的槽函数 void CircleDialog::on_calculateButton_clicked()。

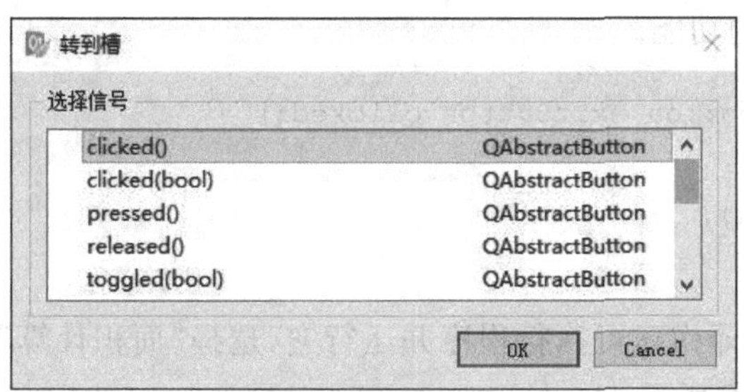

图 4-134 选择槽函数的信号

(8) 如图 4-135 所示，编辑槽函数 void CircleDialog::on_calculateButton_clicked()，使其程序代码如下，实现圆形面积计算功能。

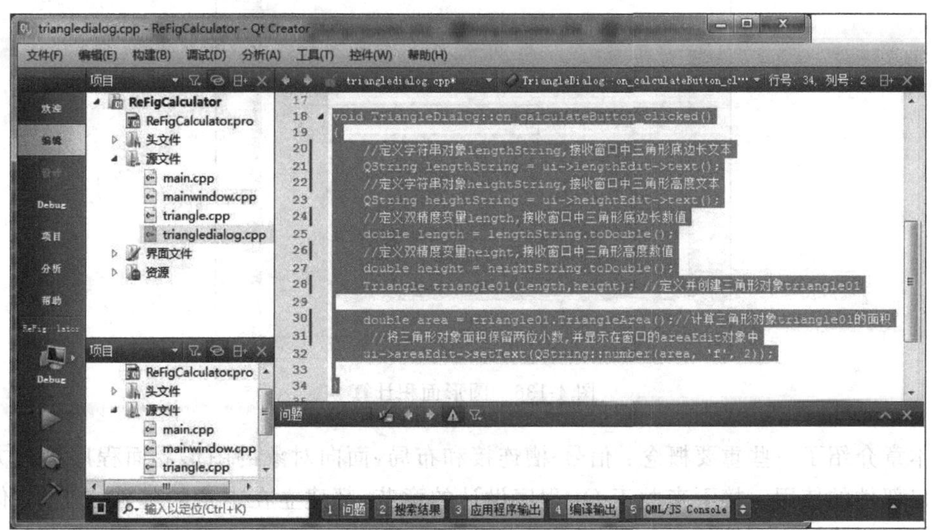

图 4-135 编辑槽函数 void CircleDialog::on_calculateButton_clicked()

```
void CircleDialog::on_calculateButton_clicked()
{
    //定义字符串对象 radiusString,接收窗口中圆形半径文本
    QString radiusString =ui->radiusEdit->text();
    //定义双精度变量 radius,接收窗口中圆形半径数值
    double radius =radiusString.toDouble();
    Circle circle01(radius);                    //定义并创建圆形对象 circle01

    double area =circle01.CircleArea();         //计算圆形对象 circle01 的面积
    //将圆形对象面积保留两位小数,并显示在窗口的 areaEdit 对象中
    ui->areaEdit->setText(QString::number(area, 'f', 2));
```

```
}
```

(9) 使用与添加“确定”按钮对象同样的方法,给“退出”按钮对象添加接收 clicked() 信号的槽函数 void CircleDialog::on_exitButton_clicked(),使其程序代码如下,实现退出圆形面积计算对话框的功能。

```
void CircleDialog::on_exitButton_clicked()
{
    this->close();
}
```

保存程序文件,编译构建可执行程序并运行它,选择“面积计算”→“圆形”命令进行圆形面积计算,如图 4-136 所示。

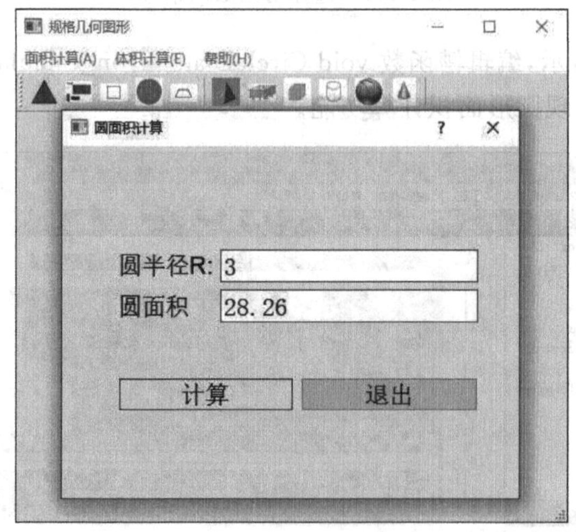

图 4-136　圆形面积计算

本章介绍了一些重要概念:信号-槽连接和布局,面向对象的图形界面程序构建方法和窗口部件的使用。接下来关于 Qt 程序设计的章节,都建立在本章的基础之上,它们演示了如何创建一个完整的 GUI 应用程序——拥有菜单、工具栏、文档窗口、状态条和对话框,还有与之相应的用于数据输入、处理和输出等功能的具体实现。

4.10　习题

1. 部件和对象有什么区别?
2. Qt 中的信号和槽分别指的是什么?
3. Qt C++ 语言程序中如何实现用户的响应?
4. 利用命令行方法编写一个简单的图形用户程序,要求在主界面上显示“Hello Qt!”。
5. 利用信号和槽同步窗口部件原理,设计一个运行效果如图 4-137 所示的计算 0～100 之间某个数平方根的程序。要求通过滚动条(最小值为 0,最大值为 100,单击两端箭头时滑块移动的增量为 1,单击滑块与两端箭头之间的区域时滑块移动的增量值为 2,初值为 10)与旋转按钮(最小值为 0,最大值为 100,增量为 1)两种方法实现,而且滚动条与旋转按钮保持同步。

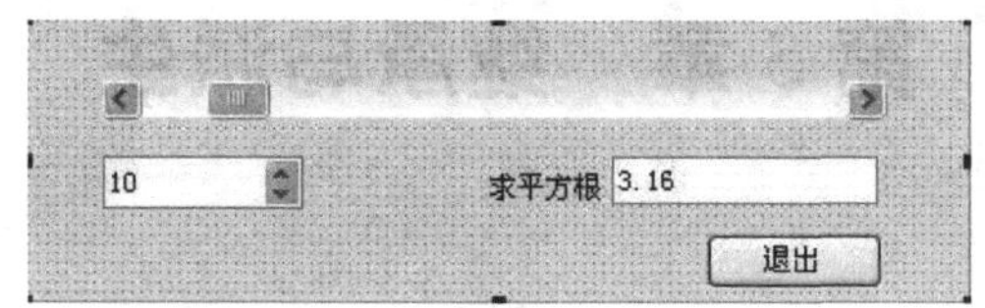

图 4-137 滑动条与旋转按钮的使用

6. 参照本章内容,编程实现规则几何图形面积和体积计算程序中矩形、正方形、梯形的面积计算功能。

第 5 章　继承与派生

本章主要内容：

(1) 类的继承有关概念：继承与派生、基类与派生类、单继承与多继承等。

(2) 不同继承方式下基类成员的访问控制问题。

(3) 派生类的构造函数和析构函数的定义，派生类对象的构造顺序。

(4) 多继承及虚基类的概念。

(5) 图形界面程序设计：几何形状的面积和体积计算。

继承(Inheritance)是面向对象程序设计的一个重要特征。C++ 中的继承可以以已有的类为基础定义新的类，新类会自动拥有已有类(父类)的成员，新类只需要定义父类中没有的成员。继承机制实现了软件代码的重用，从而缩短了软件开发的周期。

5.1　继承概述

继承使类之间建立一种层次关系，类似于现实世界中的分类层次关系。人们把具有共同特征的事物归为一级大类，该大类提供一般化的描述，该类可以进一步细化分为几个子类别。比如图 5-1，中国图书馆图书分类法将所有学科的图书按其学科内容分成几大类，每一大类下分许多小类，每一小类下再分子类。其中，子类自动拥有大类的特征。

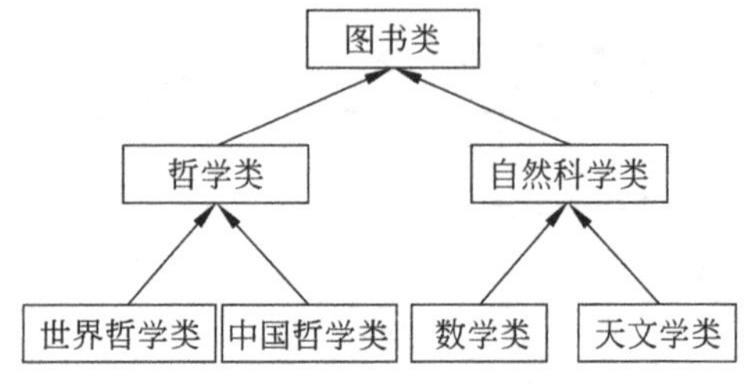

图 5-1　图书分类的层次关系

类的这种层次关系具有传递性，就是哲学类、自然科学类图书都是图书，都具有图书的特征，也就是说哲学类、自然科学类图书继承了图书类，除了继承的特征之外，它们还有各自不同的特征。而数学类和天文学类都属于自然科学类图书，则数学类和天文学类图书继承了自然科学类，并且通过自然科学类间接继承了图书类，如此，形成了多层次的继承传递关系。C++ 支持这种继承机制，通过已有类定义一个新类，新类自动继承基类的成员，实现了软件代码的复用。

问题引入：假设现有一个雇员类 Employee，用它来记录某公司雇员的姓名、年龄、薪水等。公司内除了一般雇员之外，还有相应的行政管理人员。从广义上来讲，他们也是雇员，有姓名、年龄和薪水等。然而，他们与普通雇员有不同之处，例如他们具有行政级别，可以管理其他雇员等。为此需要定义一个名为 Manager 的新类。当然我们可以单独定义一个 Manager 的新类，但这样会重复 Employee 中的代码。为了避免重复编码，我们应用继承机制以 Employee 类为基础定义新的 Manager 类。

这种在已有类的基础上定义(派生)新类的方式就是继承机制。其中，被继承的已有类称为基类(父类),派生出的新类称为派生类(子类)。继承使得子类继承父类的属性和操作,并可以增加新的属性和操作,还可以改造不适用的父类成员,以适用于求解新的问题。因此,上述问题中,以 Employee 为基类定义派生类 Manager,Manager 类就继承了基类的姓名、年龄、薪水等成员。这种由一个基类派生定义出一个新的类称为单继承方式,也可以由多个基类共同派生出一个新的类,则称为多继承方式。我们主要讲解单继承方式。

5.2 基类与派生类

在公司雇员问题中,以 Employee 为基类定义派生类 Manager,需要先定义基类 Employee。Employee 类包含的数据成员有姓名、年龄和薪水,包含成员函数有构造函数、析构函数和输出函数。Employee 类的定义如下。

```
//定义基类 Employee
class Employee
{
public:
    Employee(char * n ="Noname",short a =0,float s =0)        //构造函数
    {  name =new char[strlen(n)+1];
       strcpy(name,n);
       age =a;
       salary =s;
    }
    void Print()                                             //输出函数
    {   cout<<"name:"<<name<<endl;
        cout<<"age:"<<age<<endl;
        cout<<"salary:"<<salary<<endl;
    }
    ~Employee()                                              //析构函数
    { delete []name; }
private:
    char * name;                                             //姓名
    short age;                                               //年龄
    float salary;                                            //薪水
};
```

5.2.1 派生类的定义

如何以 Employee 为基类定义派生类 Manager 呢?

首先,派生类定义的一般语法形式如下:

```
class 派生类名:访问控制 基类名 1,访问控制 基类名 2,…,访问控制 基类名 n
```

```
{
    数据成员和成员函数声明
};
```

其中,访问控制表示继承的方式,具体分为三种方式。

(1) public:表示公有继承方式。

(2) protected:表示保护继承方式。

(3) private:表示私有继承方式。

如果省略继承方式,则默认为私有继承。如果是对struct结构的继承,则默认为公有。一个派生类可以继承多个基类称为多继承,如果只继承一个基类就称为单继承。

根据继承的一般语法形式,派生类Manager可以简单定义如下:

```
class Manager: public Employee
{ };
```

其中,public Employee表示Manager类是从Employee类中公有派生定义的,它继承了所有属于Employee的数据成员和成员函数(除了构造函数和析构函数)。所以,尽管Manager类中没有定义新的成员,但它实际上具有Employee类的数据成员和成员函数。所以,下面的语句是合法的:

```
Manager m;
m.Print();                //打印输出Manager的name、age和salary
```

在此处,Manager类为派生类,派生类的对象m可直接调用从基类继承的成员函数Print()。前提是,Manager类是Employee类的公有派生类,而且Print()函数是基类的公有成员。所以,Print()也成为派生类的公有成员函数,也就是public继承方式使得基类的公有成员在派生类中仍然为公有。

一般情况下,派生类不会仅仅简单继承基类的成员,继承时也应有"变异",例如,Manager中的数据成员应能描述行政级别。所以,应在派生类中增加新的数据成员或成员函数。我们将Manager类进一步完善定义如下:

```
class Manager: public Employee
{
public:
    void Print_level()
    { cout<<"level:"<<level<<endl; }
private:
    int level;
};
```

这样,派生类Manager除了继承Employee类中的特征,还加入了私有成员level和公有成员函数Print_level(),分别表示行政级别和打印级别。派生类的成员结构如图5-2所示。派生类无条件继承了基类成员,它的新增公有成员和继承自基类的公有成员一起提供了操纵派生类的公有接口。

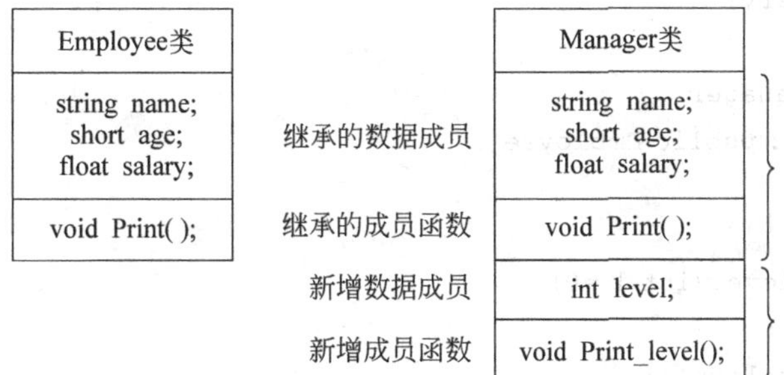

图 5-2 基类与派生类成员构成示意图

📖**注意**：原则上，派生类不会继承基类的以下成员。

(1) 基类的构造函数和析构函数。

(2) 基类的友元。

虽然基类的构造函数和析构函数没有被继承，但一个派生类的新对象被创建或撤销时总是会调用基类的构造函数和析构函数，以完成对基类继承来的成员的处理工作。

以上 Employee 类与 Manager 类的完整程序测试如例 5-1 所示。

【例 5-1】 继承与派生类的定义示例。

```
//D:\QT_example\5\Example5_1.cpp
#include <iostream>
#include <cstring>
using namespace std;
//定义基类 Employee
class Employee
{
public:
    Employee(char *n =" Noname",short a =0,float s =0)    //构造函数
    {   name =new char[strlen(n)+1];
        strcpy(name,n);
        age =a;
        salary =s;
    }
    void Print()                                            //输出函数
    {   cout<<"name:"<<name<<endl;
        cout<<"age:"<<age<<endl;
        cout<<"salary:"<<salary<<endl;
    }
    ~Employee()                                             //析构函数
    { delete[]name; }
private:
    char *name;
    short age;
```

```
    float salary;
};
//定义派生类 Manager
class Manager: public Employee
{
public:
    void Set_level(int l =0)
    { level =l; }
    void Print_level()
    { cout<<"level:"<<level<<endl; }
private:
    int level;
};
int main()
{
    Employee e("lihua",30,3500);                    //定义一个雇员对象
    e.Print();
    Manager m;                                      //定义一个管理员对象
    m.Set_level();
    m.Print();
    m.Print_level();
    return 0;
}
```

程序运行结果为：

```
name:lihua
age:30
salary:3500
name: Noname
age:0
salary:0
level:0
```

从运行结果可看出，派生类的对象 m 输出的是成员的初始化值，通过调用基类构造函数实现了对基类继承的成员初始化。如果需要为这部分成员传递实际的参数值，则需要定义派生类的构造函数为其传递数据，详见 5.3 节的内容。

5.2.2 访问控制

一个派生类中包含了从基类继承来的成员和自己定义的成员，当创建一个派生类对象时，系统会建立所有这些成员，为它们分配相应的存储空间。派生类对象对自己定义的成员的访问决定于成员的访问属性，但是派生类对象对继承来的成员的访问，除了与基类成员本身的访问属性有关外，还与继承方式有关。下面分别按继承的三种方式进行讨论。

1. 公有继承(public)

通过公有继承方式,基类的公有成员成为派生类的公有成员,基类的保护成员成为派生类的保护成员,但基类的私有成员在派生类中不可见,即不能被这个派生类访问。

【例 5-2】 公有继承的示例,基类定义私有数据成员。

```
//D:\QT_example\5\Example5_2.cpp
#include <iostream>
using namespace std;
//基类 Box
class Box
{
public:
    void SetLength(int l)
    { length=l; }
    void SetWidth(int w)
    { width=w; }
    void SetHeight(int h)
    { height=h; }
    void ShowBox()
    {   cout<<"length="<<length<<endl;
        cout<<"width="<<width<<endl;
        cout<<"height="<<height<<endl;
    }
private:
    int length,width,height;
};
//派生类 ColorBox
class ColorBox : public Box                 //public 公有继承
{
public:
    void SetColor(char * c)
    { color =c; }
    void ShowColorBox()
    {   ShowBox();                          //调用继承来的 public 成员函数
        cout<<"color="<<color<<endl;        //访问自己定义的 private 成员
    }
private:
    char * color;                           //新增加的成员,体现派生类的变化、进化
};
//主函数
int main()
```

```
{
    ColorBox ob1;                          //定义派生类的对象,分配内存,初始化数据成员
    ob1.SetLength(3);
    ob1.SetWidth(1);
    ob1.SetHeight(2);
    ob1.SetColor("red");
    cout<<"ob1.ShowBox():\n";
    ob1.ShowBox();
    cout<<"ob1.ShowColorBox():\n";
    ob1.ShowColorBox();
    return 0;
}
```

程序运行结果为:

```
ob1.ShowBox():
length=3
width=1
height=2
ob1.ShowColorBox():
length=3
width=1
height=2
color=red
```

程序中,ob1 作为派生类 ColorBox 的对象,包含的成员及各成员的访问属性如下。

私有数据成员:color。

不可访问数据成员:length、width、height。

公有成员函数:SetLength()、SetWidth()、SetHeight()、ShowBox()、SetColor()和 ShowColorBox()。

其中,length、width、height 是基类的私有数据成员,派生类会自动继承,但无论以何种方式继承都不能访问该成员,保持了基类私有成员的隐蔽性。而基类的公有成员函数通过公有继承后就成为派生类的公有成员。所以,ob1 调用继承的公有成员 SetLength()、SetWidth()、SetHeight()实现对继承的数据 length、width 和 height 的访问。

为了验证在派生类中不能访问继承的基类私有数据成员,可以修改 ShowColorBox()函数为如下。

```
void ShowColorBox()
{   cout<<"length="<<length<<endl;        //Error,不可访问
    cout<<"width="<<width<<endl;          //Error,不可访问
    cout<<"height="<<height<<endl;        //Error,不可访问
    cout<<"color="<<color<<endl;          //Ok,访问自己的 private 成员
}
```

编译出现错误提示,因为 Box::length、Box::width 和 Box::height 是私有的。如果

需要在派生类内访问基类继承的数据成员，但又不想在类外被访问，就需要将基类 Box 的数据成员改变为 protected 访问属性。这样，在上面的 ShowColorBox()函数中就可以直接访问基类的保护成员。修改的基类 Box 定义如下。

```
class Box
{
public:
    void SetLength(int l)
    { length=l; }
    void SetWidth(int w)
    { width=w; }
    void SetHeight(int h)
    { height=h; }
    void ShowBox()
    {   cout<<"length="<<length<<endl;
        cout<<"width="<<width<<endl;
        cout<<"height="<<height<<endl;
    }
protected:                          //保护访问属性
    int length,width,height;
};
```

此时，派生类继承的数据成员 length、width 和 height 就成了保护成员，可以在类内访问，但不可以在类外通过对象访问，则上面修改的派生类成员函数 ShowColorBox()也就没有问题了。所以，保护成员是专门在继承中定义的，保护属性限制了基类的成员只在其派生类中可见，而在类外是不可见的。

总之，公有继承的特点是基类的 public 和 protected 成员作为派生类的成员时，都保持了原有的访问属性。基类的公有成员也是派生类的公有接口，既可以在类内也可以在类外被访问；基类的保护成员作为派生类的保护成员可在类内访问，但不可在类外访问。基类的私有成员虽然被继承，但在派生类内或类外都不可访问。

2. 私有继承(private)

通过私有继承方式，基类的公有成员和保护成员都成为派生类的私有成员，只能在派生类内被访问，不能在类外通过对象访问，也不能被这个派生类的子类所访问；基类的私有成员在派生类中不可见，不能被派生类访问。

【例 5-3】 私有继承示例，基类定义保护数据成员。

```
//D:\QT_example\5\Example5_3.cpp
#include <iostream>
using namespace std;
//基类 Box
class Box
{
```

```
public:
    void SetLength(int l)
    { length=l; }
    void SetWidth(int w)
    { width=w; }
    void SetHeight(int h)
    { height=h; }
    void ShowBox()
    {   cout<<"length="<<length<<endl;
        cout<<"width="<<width<<endl;
        cout<<"height="<<height<<endl;
    }
protected:                                          //保护成员
    int length,width,height;
};
//派生类 ColorBox
class ColorBox : private Box                        //私有继承
{
public:
    void SetColor(char * c)
    { color=c; }
    void ShowColorBox()
    {   cout<<"length="<<length<<endl;  //访问继承的成员
        cout<<"width="<<width<<endl;    //访问继承的成员
        cout<<"height="<<height<<endl;  //访问继承的成员
        cout<<"color="<<color<<endl;    //访问自己定义的 private 成员
    }
private:
    char * color;                                   //新增的数据成员
};
int main()
{
    ColorBox ob1;                                   //定义派生类的对象,所有成员分配内存
    ob1.SetWidth(1);                                //错误 1: 调用继承来的 private 成员函数
    ob1.SetColor("red");
    cout<<"ob1.ShowBox():\n";
    ob1.ShowBox();                                  //错误 2: 调用继承来的 private 成员函数
    cout<<"ob1.ShowColorBox():\n";
    ob1.ShowColorBox();
    return 0;
}
```

私有继承时,ColorBox 类的对象 ob1 包含的成员及访问属性如下。

私有数据成员：length、width、height、color。

私有成员函数：SetLength()、SetWidth()、SetHeight()、ShowBox()。

公有成员函数：SetColor()、ShowColorBox()。

所以，程序中出现的两处编译错误，是因为对象ob1调用了从基类继承的私有成员函数。可见，私有继承限制了基类成员在派生类的访问权限，使得基类公有和保护成员成为派生类的私有成员，只能在类内被访问，若继续向下派生子孙类，则该私有成员就成了不可见成员，类内类外都无法访问。

3. 保护继承(protected)

通过保护继承方式，基类的公有成员和保护成员都成为派生类的保护成员，在派生类中或其子类内都可以被访问，但不能在类外被访问；而基类的私有成员在派生类中不可见。

修改例5-3中派生类ColorBox定义的继承方式为protected：

```
class ColorBox :protected Box                //保护继承
{
    //成员定义与例 5-3 相同
};
```

则ColorBox类包含的成员及访问属性如下。

私有数据成员：color。

保护数据成员：length、width、height。

保护成员函数：SetLength()、SetWidth()、SetHeight()、ShowBox()。

公有成员函数：SetColor()、ShowColorBox()。

基类的公有和保护成员都成为派生类的保护成员，只能在ColorBox类内访问，而不能在类外通过ob1对象访问，测试过程如同例5-3。

综上所述，在三种不同继承方式下，派生类从基类继承的成员的访问属性如表5-1所示。

表5-1　不同继承方式的派生类继承成员的访问属性

基类成员属性	public	protected	private
公有继承	public	protected	不可见
私有继承	private	private	不可见
保护继承	protected	protected	不可见

可以得出如下结论。

(1) 无论哪种继承方式，基类的私有成员对派生类都是不可见的，但基类的公有和保护成员对派生类都是可见的。这样就保证了基类私有成员的隐蔽性。否则，如果派生类可以访问它的基类的私有成员，则该派生类的子类也可以访问这些数据，这将扩散对私有数据的访问，通过类层次结构将会丢失封装的优点。

(2) 派生类的对象对基类继承来的成员访问，取决于基类的成员在派生类中变成了什么类型的成员。例如，私有继承时，基类的公有成员和保护成员都变成了派生类中的私有成员,所以,对于派生类的对象来说基类的公有成员和保护成员就是不可访问的;当公有继承时,基类的公有成员仍然是派生类的公有成员,所以,该成员可以被派生类对象访问。

5.2.3 重名的成员

在派生类定义时,C++ 允许在派生类中新定义的成员与基类的成员名字相同,即派生类中出现了重名的成员,这包括数据成员和成员函数。在派生类中直接访问重名成员时意味着访问派生类中新定义的成员,此时,继承来的基类同名成员被屏蔽。如果要在派生类中访问基类继承的同名成员,则需要显式使用基类名和作用域运算符(::)进行限定,如下所示:

基类名::成员

1. 重名的数据成员

【例 5-4】 重名数据成员示例。

```
//D:\QT_example\5\Example5_4.cpp
#include <iostream>
using namespace std;
class Base
{
public:
    int m,n;
};
class Derived:public Base
{
public:
    int m;                    //Derived 类中有同名数据成员 m
};
int main()
{
    Derived d;
    d.m=0;
    d.Base::m=1;
    d.n=2;
    cout<<"d.m="<<d.m<<endl;
    cout<<"d.Base::m="<<d.Base::m<<endl;
    cout<<"d.n="<<d.n<<endl;
    return 0;
}
```

程序运行结果为:

```
d.m=0
d.Base::m=1
d.n=2
```

此例中，派生类 Derived 的对象 d 在创建时，系统为其分配三个整型数据成员的存储空间，其中，d.m 是自己新定义的数据，d. Base::m 表示从基类继承的数据，而 d.n 不存在同名成员，就是从基类继承的成员。

2. 重名的成员函数

派生类可以通过提供具有相同特征的函数的新版本而覆盖基类的成员函数(如果特征不同，则是函数重载，而不是函数覆盖)。

【例 5-5】 重名成员函数的应用。针对 5.2.1 节中派生类 Manager 定义的 Print_level()函数只能输出新增的数据成员，现在重新定义成员函数 Print()，打印输出所有数据成员的值。

```
//D:\Qt_example\5\Example5_5.cpp
#include <iostream>
#include <cstring>
using namespace std;
class Employee                              //定义基类 Employee
{
public:
    Employee(char * n="Noname",short a=0,float s=0)
    {   name=new char[strlen(n)+1];
        strcpy(name,n);
        age=a;
        salary=s;
    }
    void Print()
    {   cout<<"name:"<<name<<endl;
        cout<<"age:"<<age<<endl;
        cout<<"salary:"<<salary<<endl;
    }
    ~Employee()
    { delete[]name; }
private:
    char * name;
    short age;
    float salary;
};
class Manager:public Employee               //定义派生类 Manager
{
public:
```

```
        Manager(int l=1)
        { level=l; }
        void Print()                          //重名的成员函数
        {
            Employee::Print();                //调用基类继承的 Print()
            cout<<"level:"<<level<<endl;
        }
    private:
        int level;
    };
    int main()
    {
        Manager m;
        cout<<"Manager::Print():\n";
        m.Print();                            //调用派生类新定义的 Print()
        cout<<"Employee::Print():\n";
        m.Employee::Print();                  //调用基类继承的 Print()
        return 0;
    }
```

程序运行结果为：

```
Manager::Print():
name:Noname
age:0
salary:0
level:1
Employee::Print():
name: Noname
age:0
salary:0
```

本程序通过在派生类中定义了一个与基类同名的成员函数 Print()，实现了打印输出派生类对象的所有数据成员的值。当用派生类对象直接调用 Print()时就是调用了派生类新定义的函数，若要调用基类继承来的 Print()，则需在函数名前加基类名限定：Employee::Print()。

5.2.4 派生类中访问静态成员

一个类中的静态(static)成员是该类所有对象共享的，不管定义了多少对象，该静态成员只保存了一个副本。在继承过程中，若基类中定义了静态成员，则在整个类继承层次中只有一个静态成员，所有派生类的对象都共享该成员。

【例 5-6】 在派生类中访问基类的静态成员。

```
//D:\QT_example\5\Example5_6.cpp
#include <iostream>
using namespace std;
class Base
{
public:
    void Print() const
    { cout<<"Base: :mStatic="<<mStatic<<endl; }
    static int mStatic;
};
int Base::mStatic=2;
class Derived : public Base
{
public:
    void Print() const
    { cout<<"Derived: :mStatic="<<mStatic<<endl; }
};
int main()
{
    Base base;
    Derived derived;
    base.Print();
    derived.Print();
    base.mStatic=4;
    base.Print();
    derived.Print();
    return 0;
}
```

程序运行结果为：

```
Base: :mStatic=2
Derived:: mStatic=2
Base: :mStatic=4
Derived:: mStatic=4
```

静态成员在类体系中的访问规则跟一般成员相同。本例中的静态数据成员 mStatic 是基类的公有成员，并且被派生类公有继承，所以在类外可以被基类对象和派生类对象访问。

5.3 派生类的构造函数与析构函数

派生类中既有从基类继承的成员又有新定义的成员，所以，在创建派生类的对象时，要初始化两部分的数据成员。但是基类的构造函数和析构函数不能被派生类继承，所以，派生类要定义自己的构造函数和析构函数。在创建派生类对象时,派生类构造函数要为基类构造函数传递参数,并且系统先调用基类的构造函数初始化从基类继承来的数据成员,再调用派生类的构造函数初始化新定义的数据成员。

5.3.1 构造函数和析构函数的执行顺序

当创建派生类对象时,首先执行基类构造函数,然后再执行派生类构造函数,也就是系统按照继承的路线,先构造基类继承的成员然后再构造新定义的数据成员;撤销对象则与之相反,先执行派生类析构函数再执行基类析构函数。

【例 5-7】 派生类对象实例化时构造函数的调用顺序。

```
//D:\QT_example\5\Example5_7.cpp
#include <iostream>
using namespace std;
class Parent
{
public:
    Parent()
    { cout<<"Default Constructor: Parent() "<<endl; }
    ~Parent()
    { cout<<"Default Destructor: ~Parent()"<<endl; }
};
class Child: public Parent
{
public:
    Child()
    { cout<<"Default Constructor: Child()"<<endl; }
    ~Child()
    { cout<<"Default Destructor: ~Child()"<<endl; }
};
int main()
{
    Child ob;
    return 0;
}
```

程序执行结果为:

```
Default Constructor: Parent()
Default Constructor: Child()
Default Destructor: ~Child()
Default Destructor: ~Parent()
```

本例中创建派生类对象 ob,构造函数的调用顺序是先基类构造函数 Parent()后派生类构造函数 Child(),而析构函数的调用顺序是先派生类析构函数~Child()后基类析构函数~Parent()。

作为简单示例,本程序的基类 Parent 和派生类 Child 中只定义了无参构造函数,作为类中的默认构造函数,当创建派生类对象时,不需要为构造函数传递参数值。

5.3.2 派生类构造函数的定义

上例说明了当基类中定义了默认构造函数或没有显式定义构造函数(系统自动提供默认构造函数)时,创建派生类对象时自动调用基类默认构造函数完成基类继承的成员初始化。但是当基类中定义了带参构造函数时,就要考虑为其传递参数值,为此,系统提供了通过派生类构造函数将指定参数传递给基类构造函数的机制,以实现对基类继承的成员的初始化。此时,派生类构造函数的定义形式如下:

```
派生类构造函数(参数表):基类名(参数表)
{ /* 新增成员的初始化 */ }
```

派生类构造函数通过初始化列表给基类构造函数传递参数,当基类构造函数带参数时,派生类构造函数就要考虑定义初始化列表。

1. 使用初始化列表

以下示例说明使用初始化列表向基类的构造函数传递参数,初始化从基类继承来的数据成员。

【例 5-8】 初始化列表应用示例。

```
//D:\QT_example\5\Example5_8.cpp
#include <iostream>
using namespace std;
class Parent
{
public:
    Parent(int p)
    { cout<<"Constructor:Parent(int p)"<<endl;
      pvalue=p;
    }
    void Print()
    { cout<<"pvalue="<<pvalue<<endl; }
private:
    int pvalue;
};
class Child: public Parent
{
public:
```

```
    Child(int v,int c):Parent(v)                //应用初始化列表
    {   cout<<"Constructor:Child(int v,int c)"<<endl;
        cvalue =c;
    }
    void Print()
    { cout<<"cvalue="<<cvalue<<endl; }
private:
    int cvalue;
};
int main()
{
    Child ob(100,200);
    ob.Parent::Print();                         //调用基类继承的 Print()函数
    ob.Print();
    return 0;
}
```

程序运行结果为：

```
Constructor:Parent(int p)
Constructor:Child(int v,int c)
pvalue=100
cvalue=200
```

显然，系统先执行基类构造函数，并将派生类构造函数中的参数 v(100)传递给基类成员 pvalue，然后执行派生类构造函数，把参数 c(200)赋值给派生类成员 cvalue。

2. 省略初始化列表

当基类定义了默认构造函数，则派生类的构造函数可以省去初始化表。如同例 5-7 中基类定义了无参的默认构造函数，则派生类就省略了初始化列表；还有一种情况是当基类定义了带默认参数值的构造函数时，派生类的构造函数也可以省去初始化表。

【例 5-9】 省略初始化列表的示例。

```
//D:\QT_example\5\Example5_9.cpp
#include <iostream>
using namespace std;
class Parent
{
public:
    Parent(int p=0)
    {   cout<<"Constructor:Parent(int p=0)"<<endl;
        pvalue=p;
    }
    void Print()
    { cout<<"pvalue="<<pvalue<<endl; }
```

```
private:
    int pvalue;
};
class Child:public Parent
{
public:
    Child(int c)                    //省略初始化列表
    {   cout<<"Constructor:Child(int c)"<<endl;
        cvalue =c;
    }
    void Print()
    { cout<<"cvalue="<<cvalue<<endl; }
private:
    int cvalue;
};
int main()
{
    Child ob(200);
    ob.Parent::Print();
    ob.Print();
    return 0;
}
```

程序运行结果为：

```
Constructor:Parent(int p=0)
Constructor:Child(int c)
pvalue=0
cvalue=200
```

可见，当派生类构造函数省略初始化列表时，基类构造函数把参数默认值 0 赋给了 pvalue。

3. 包含对象成员的派生类的构造函数

如果派生类中包含了对象的数据成员，那么派生类构造函数的一般形式为：

派生类构造函数(参数表)：基类名(参数表)，对象成员名 1(参数表 1)，…，
对象成员名 n(参数表 n)
{ /* 新增成员的初始化 */ }

此时，构造函数的执行顺序如下。

(1) 调用基类的构造函数，完成基类数据成员的初始化。

(2) 调用对象成员的构造函数，完成对象成员的数据初始化，执行顺序为成员在类定义中的声明顺序。

(3) 调用派生类的构造函数，完成派生类新定义成员的初始化。

【例 5-10】 派生类中有对象的数据成员的初始化示例。

```
//D:\QT_example\5\Example5_10.cpp
#include <iostream>
using namespace std;
class Parent
{
public:
    Parent()
    { cout<<"Default Constructor:Parent()"<<endl; }
};
class Member_A
{
public:
    Member_A()
    { cout<<"Default Constructor:Member_A()"<<endl; }
};
class Member_B
{
public:
    Member_B()
    { cout<<"Default Constructor:Member_B()"<<endl; }
};
class Child: public Parent
{
public:
    Child(int v)
    {   cout<<"Constructor:Child(int v)"<<endl;
        value=v;
    }
private:
    int value;
    Member_A a;
    Member_B b;
};
int main()
{
    Child ob(100);
    return 0;
}
```

程序执行结果为:

```
Default Constructor:Parent()
Default Constructor:Member_A()
```

```
Default Constructor:Member_B()
Constructor:Child(int v)
```

此例中，派生类对象 Child 中包含两个子对象的数据成员 a 和 b，则构造函数是按其在 Child 类中的声明顺序依次调用类 Member_A 和类 Member_B 的构造函数。

5.3.3 派生类析构函数的定义

撤销派生类对象时，析构函数的调用顺序与其构造函数调用顺序相反，即先调用派生类析构函数，释放派生类新增成员，若包含对象成员，则调用对象成员的析构函数释放对象成员，最后调用基类析构函数释放基类继承的成员。

【例 5-11】 构造函数、析构函数调用综合示例。

```
//D:\QT_example\5\Example5_11.cpp
#include <iostream>
using namespace std;
class Parent
{
public:
    Parent()
    { cout<<"Default Constructor:parent()"<<endl; }
    ~Parent()
    { cout<<"Destructor:~parent"<<endl; }
};
class Member
{
public:
    Member(int i)
    {   value=i;
        cout<<"Constructor: Member, value="<<value<<endl;
    }
    ~Member()
    { cout<<"Destructor:~Member, value="<<value<<endl; }
private:
    int value;
};
class Child: public Parent
{
public:
    Child(int i,int j);
    ~Child()
    { cout<<"Destructor:~Child()"<<endl; }
private:
    Member a;
```

```
    Member b;
};
Child::Child(int x,int y): Parent(),b(y),a(x)   //注意初始化表的执行顺序,参数的匹配
{ cout<<"Constructor: Child()"<<endl; }
int main()
{
    Child ob1(100,200);
    cout<<endl;
    return 0;
}
```

程序运行结果为:

```
Default Constructor:parent()
Constructor:Member, value=200
Constructor:Member, value=100
Constructor: Child()

Destructor:~Child()
Destructor :~Member, value=100
Destructor :~Member, value=200
Destructor :~parent
```

此例中,基类 Parent 提供了无参构造函数,则派生类构造函数的初始化列表中可以省略基类名,也就是:

```
Child::Child(int x,int y): Parent(),b(y),a(x)
```

可以定义为:

```
Child::Child(int x,int y): b(y),a(x)
```

5.3.4 程序举例

【例 5-12】 完善本章开始的公司职员管理问题,由雇员 Employee 类派生定义管理员 Manager 类,完整的程序如下所示。

```
//D:\QT_example\5\Example5_12.cpp
#include <iostream>
#include <cstring>
using namespace std;
//定义基类 Employee
class Employee
{
public:
    Employee(char * n="Noname",short a=0,float s=0)  //带参数值的默认构造函数
```

```
    {   name=new char[strlen(n)+1];
        strcpy(name,n);
        age=a;
        salary=s;
    }
    void Print()
    {   cout<<"name:"<<name<<endl;
        cout<<"age:"<<age<<endl;
        cout<<"salary:"<<salary<<endl;
    }
    ~Employee()
    { delete []name; }
private:
    char * name;
    short age;
    float salary;
};
class Manager: public Employee                    // Manager 类公有继承 Employee 类
{
public:
    Manager(char * n="Noname",short a=0, float s=0,int l=0);     //带参构造函数
    void Print();                                 //重新定义 Print(): 显示所有成员信息
private:
    int level;
};
Manager::Manager(char * pn,short a,float s,int l):Employee(pn,a,s)  //应用初始化列表
{ level=l; }
void Manager::Print()
{   Employee::Print();
    cout<<"level:"<<level<<endl;
}
int main()
{
    Employee ema;
    ema.Print();
    cout<<endl;
    Employee emb("liping",26,3500);
    emb.Print();
    cout<<endl;
    Manager man("sunling",36,5500,2);     /* 调用派生类的带参构造函数,为基类带参构
                                             造函数传递参数 */
    man.Print();
    return 0;
}
```

注意：本例中派生类 Manager 的构造函数是在类内声明类外定义，在类内声明时的形式为“Manager(char *n="Noname",short a=0, float s=0,int l=0);”，不包括初始化列表，在类外定义时再添加初始化列表。

【例 5-13】 编程计算圆、圆球和圆柱体的表面积并输出。先定义圆类 Circle，包括数据成员 radius(半径)、成员函数 GetArea()(计算并返回面积)；以圆类为基类派生定义圆球类 Globe 和圆柱体类 Cylinder，分别计算圆球和圆柱体的表面积并输出。

```
//D:\QT_example\5\Example5_13.cpp
#include <iostream>
using namespace std;
#include <iomanip>
const double PI=3.14159
class Circle
{
public:
    Circle(double r=0):radius(r){}
    double GetR() const
    { return radius; }
    double GetArea() const
    { return PI * radius * radius; }
protected:
    double radius;
};
class Globe:public Circle
{
public:
    Globe(double r=0):Circle(r){}
    double GetArea() const
    { return 4 * PI * radius * radius; }
};
class Cylinder:public Circle
{
public:
    Cylinder(double r=0, double h=0):Circle(r)
    { height=h; }
    double GetH() const
    { return height; }
    double GetArea() const
    { return 2 * PI * radius * radius+2 * PI * radius * height; }
private:
    double height;
};
int main()
{
    Circle c(3);
```

```
    cout<<setiosflags(ios::fixed)<<setprecision(2);
    cout<<"Circle:\nradius="<<c.GetR()<<", area="<<c.GetArea()<<endl;
    Globe g(3);
    cout<<"Globe:\nradius="<<g.GetR()<<", surface area=:"<<g.GetArea()<<endl;
    Cylinder cy(3,4);
    cout<<"Cylinder:\nradius="<<cy.GetR()<<", heigth="<<cy.GetH()
        <<", surface area=:"<<cy.GetArea()<<endl;
    return 0;
}
```

程序运行结果为：

```
Circle:
radius=3.00, area=28.27
Globe:
radius=3.00, surface area=113.09
Cylinder:
radius=3.00, heigth=4.00, surface area=131.94
```

5.4 多继承

一个类可以继承多个基类，该类将自动拥有所有基类的属性和行为，这种派生方式称为多继承或多重继承。一般情况下，一个派生类的多个基类的继承方式应该相同，这样做可使派生类的复杂性降低，方便程序维护，方便派生类的重用。例如在图5-3中，由日期类和时间类作为基类，共同派生出一个日期时间类。日期时间类同时具有日期类和时间类的数据成员和成员函数。

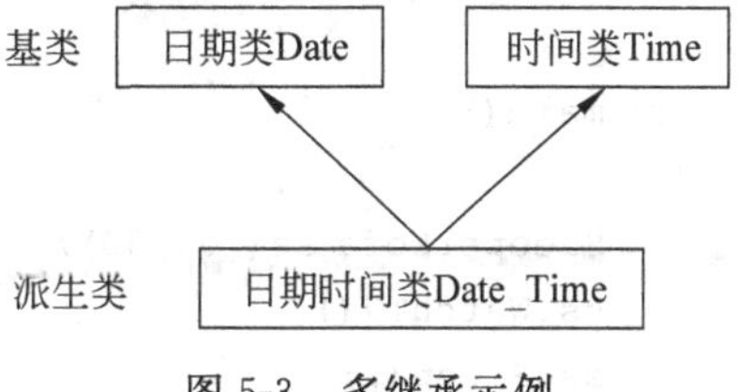

图5-3 多继承示例

5.4.1 派生类的定义

多继承的定义语法类似于单继承，只需要在定义派生类时依次列出各个基类名即可。

【例5-14】 多继承的示例。

```
//D:\QT_example\5\Example5_14.cpp
#include <iostream>
using namespace std;
//基类 Bed
class Bed
{
public:
    Bed(int w=0):weight(w)
    { cout<<"Constructor:Bed"<<endl; }
    void ShowWeight()
```

```
        { cout<<"Bed: "<<weight<<endl; }
        void Sleep(){}
    protected:
        int weight;
    };
    //基类 Sofa
    class Sofa
    {
    public:
        Sofa(int w=0):weight(w)
        { cout<<"Constructor:Sofa"<<endl; }
        void ShowWeight()
        { cout<<"Sofa: "<<weight<<endl; }
        void WatchTV(){};
    protected:
        int weight;
    };
    //派生类 SleeperSofa
    class SleeperSofa: public Bed,public Sofa   //多继承方式
    {
    public:
        SleeperSofa(int wBed,int wSofa):Bed(wBed),Sofa(wSofa)
        { cout<<"Constructor:SleeperSofa"<<endl; }
        void FoldOut(){};                        //折叠与打开
    };
    int main()
    {
        SleeperSofa ss(100,50);                  //继承了两个基类的成员
        ss.WatchTV();
        ss.Sleep();
        ss.FoldOut();
        ss.Bed::ShowWeight();              //调用继承自基类 Bed 的 ShowWeight()函数
        ss.Sofa::ShowWeight();             //调用继承自基类 Sofa 的 ShowWeight()函数
        return 0;
    }}
```

程序运行结果为：

```
Constructor:Bed
Constructor:Sofa
Constructor: SleeperSofa
Bed: 100
Sofa: 50
```

多继承中，派生类的构造函数要负责给所有基类的构造函数传递参数。定义派生类时，对基类名的声明顺序，决定了基类构造函数的执行顺序及派生类对象的内存组织顺

序。本例中的“class SleeperSofa: public Bed,public Sofa”决定了在创建派生类对象时,系统依次调用基类 Bed 和基类 Sofa 的构造函数,最后调用派生类自身的构造函数。

多继承中,派生类继承了所有基类的成员,这些成员的访问控制属性与单继承方式相同。但是当在多个基类中存在同名成员时,就需要用“类名::”进行限定;否则,就会产生二义性。

5.4.2 虚继承

在多继承中,如果在多条继承路径上有一个公共的基类,则在这些路径的汇合点,便会产生来自不同路径的公共基类的数据成员的多份副本。如果只想保留公共基类成员的一份副本,就必须使用关键字 virtual 把这个公共基类定义为虚基类。这种继承被称为虚继承。虚继承使得最终的派生类对象中只保留公共基类(虚基类)的一份数据成员,避免了二义性问题。

虚基类是在其派生类中声明的,基本语法形式如下:

```
class 派生类名: virtual 继承方式 基类名
{ //派生类新成员定义 }
```

例如:

```
class Base
{ … }
class Base1:virtual public Base
{ … }
class Base2:virtual public Base
{ … }
class Derived:public Base1,public Base2
{ … }
```

对类 Base1 和 Base2 来说,类 Base 成为它们的虚基类,但并不是说 Base 对所有由它派生出来的类都是虚基类,因为有可能其他派生类不使用关键字 virtual,则此时的 Base 就不是虚基类。派生类 Derived 通过多继承和虚继承的区别如图 5-4 和图 5-5 所示。

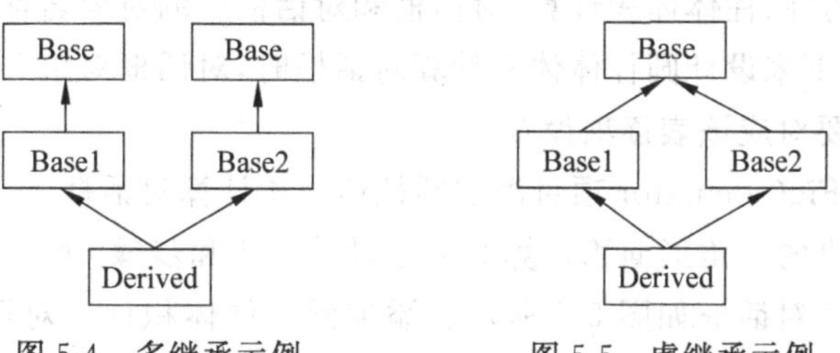

图 5-4 多继承示例　　图 5-5 虚继承示例

如图 5-5 所示,在这样的类层次中,Base 的成员在 Derived 类对象中就只保留一份副本。下面对虚基类再做几点说明。

(1) 关键字 virtual 与派生方式关键字(public、protected、private)间的先后顺序无关

紧要，它只是说明虚拟派生。例如，可以写成

```
class Base1:public virtual Base
{ … }
```

(2) 为了保证基类成员在派生类中只被继承一次，应该将其直接派生类都说明为按虚拟方式派生。这样可以避免由于同一基类多次复制而引起的二义性。

多继承的应用比较复杂，在新的面向对象程序设计语言(如 Java 和 C#)中，已不再支持类的多继承，而只支持接口的多继承，我们在此对多继承只做简单介绍。

5.5 Qt5 Creator 开发图形界面程序综合案例——规则几何图形面积和体积计算之圆柱体体积计算

5.5.1 圆柱体体积计算对话框的设计与实现

第一步："圆柱体体积计算"对话框设计。

ReFigCalculator 圆柱体体积计算对话框设计如图 5-6 所示。

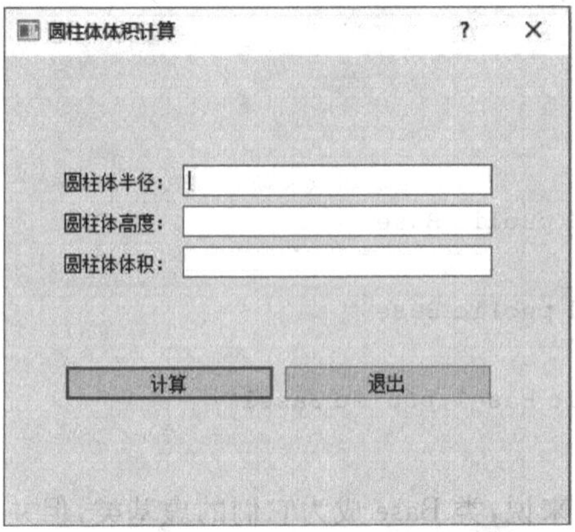

图 5-6 "圆柱体体积计算"对话框

如图 5-6 所示的"圆柱体体积计算"对话框和对话框中的对象名称及其属性的取值设计如表 5-2 所示，接下来设计圆柱体体积计算对话框时，对话框对象及其包含的子对象名称及有关属性的值要对应该表逐项设置。

第二步：为 ReFigCalculator 项目添加圆柱体体积计算对话框。

参照 4.8 节所讲的三角形面积计算对话框设计方法和步骤，为 ReFigCalculator 项目添加圆柱体体积计算对话框如图 5-7 所示。添加圆柱体体积计算对话框的过程，实际上也是类的继承与派生的过程，从对话框基类 Qdialog，继承派生出圆柱体体积计算对话框类 CylinderDialog；在对话框类 CylinderDialog 中，添加了标签对象圆柱体半径、圆柱体高度，圆柱体体积，单行文本编辑框对象圆柱体半径输入框 radiusEdit、圆柱体高输入框 heightEdit、圆柱体体积显示框 volumeEdit，命令按钮对象计算按钮 calculateButton 和退

出按钮 exitBotton。

表 5-2　ReFigCalculator 圆柱体体积计算对话框对象属性设置一览表

窗口	对　象	对象类别	对象属性及其取值		
			objectName（对象名称）	windowTitle*（标题）	Text（文本）
圆柱体体积计算	圆柱体体积计算对话框	Dialog（对话框）	CylinderDialog	圆柱体体积计算	无
	圆柱体半径	Label（标签）	默认值	无	圆柱体半径：
	圆柱体高	Label（标签）	默认值	无	圆柱体高：
	圆柱体半径输入	Line Edit（单行文本输入框）	radiusEdit	无	无
	圆柱体高输入	Line Edit（单行文本输入框）	heightEdit	无	无
	圆柱体体积	Label（标签）	默认值	无	圆柱体体积：
	圆柱体体积显示	Line Edit（单行文本输入框）	volumeEdit	无	无
	计算按钮	Push Button（命令按钮）	calculateButton	无	计算
	退出按钮	Push Button（命令按钮）	exitBotton	无	退出

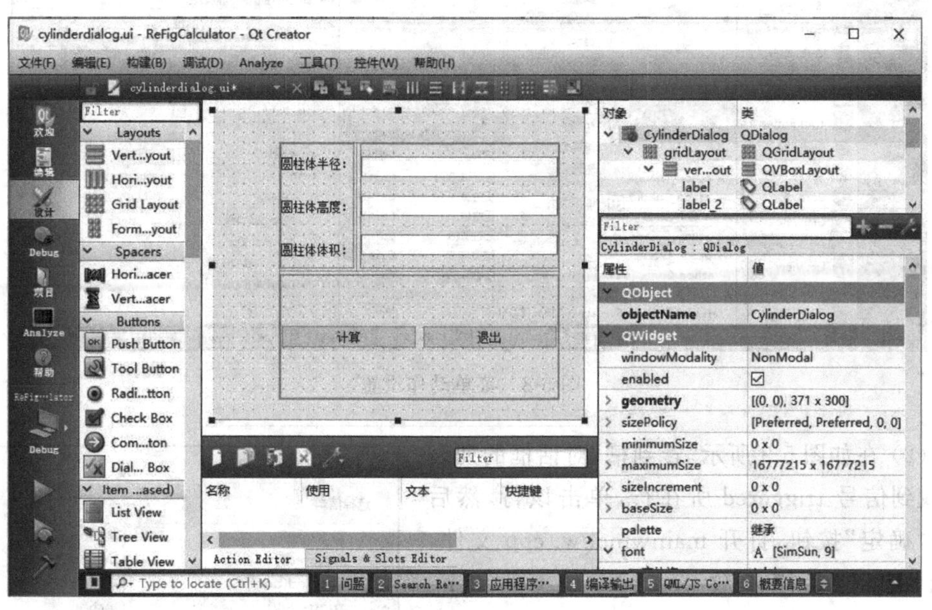

图 5-7　添加圆柱体体积计算对话框

在该对话框中，输入圆柱体的半径和高度，计算并显示圆柱体的体积。其中圆柱体体积计算对话框通过 Qt 设计师界面类模板生成，设计时将圆柱体体积计算对话框命名为 CylinderDialog，保存在文件 cylinderDialog.h、cylinderDialog.cpp 和界面文件 cylinderDialog.ui 中。对话框中的标签（label）“圆柱体半径”“圆柱体高度”“圆柱体体积”、圆柱体半径、圆柱体高度的输入和圆柱体面积的输入编辑框以及“计算”和“退出”等对象的属性参照表5-2进行命名。

设置圆柱体体积对话框windowTitle属性的值，由默认值Dialog修改为“圆柱体体积计算”。

第三步：建立“圆柱体(I)”菜单及其体积计算对话框的联系。

要想在运行ReFigCalculator程序时，通过选择“体积计算(A)”→“圆柱体(I)”命令弹出圆柱体体积计算对话框，必须建立菜单“圆柱体(I)”和“圆柱体体积计算”对话框的联系，其步骤如下。

(1) 打开项目ReFigCalculator，进入“编辑”模式，在项目列表中的“界面文件”夹中找到程序主窗口界面文件mainwindow.ui，双击打开进入编辑状态，右击菜单动作编辑区中“圆柱体(I)”菜单action_Cylinder所在行，在弹出的快捷菜单(如图5-8所示)中选择“转到槽”命令，弹出“转到槽”对话框，如图5-9所示。

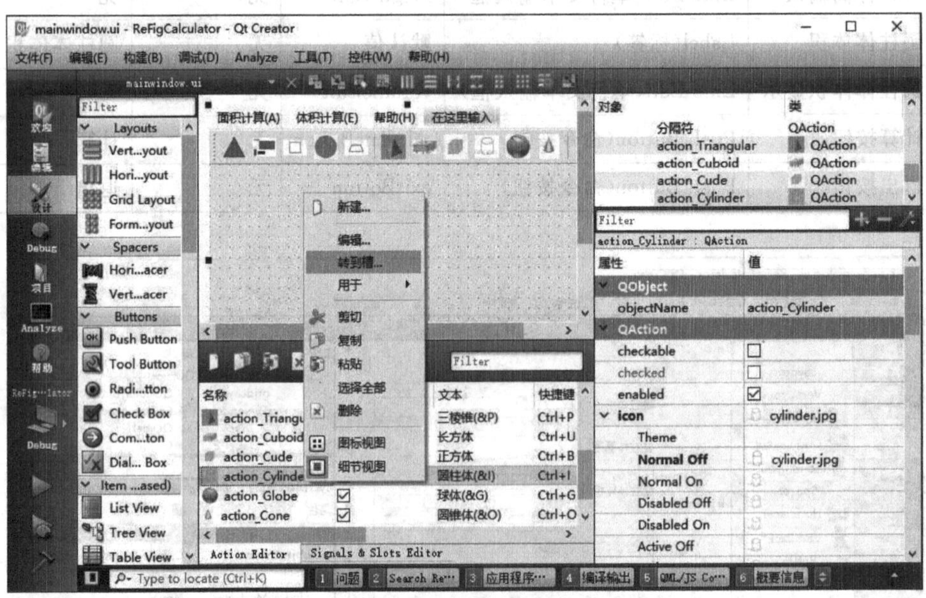

图5-8 菜单动作设置

(2) 在如图5-9所示“转到槽”对话框的列表中，找到信号triggered所在行，单击该行，然后单击“确定”按钮，打开mainwindow.cpp文件，将光标定位到槽函数on_action_Cylinder_triggered()中，在该函数中加入如下程序代码，如图5-10所示。

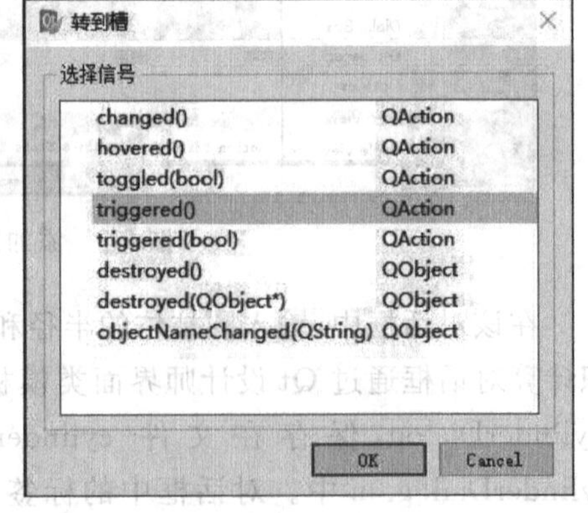

图5-9 “转到槽”对话框

```
static CylinderDialog * CylinderDlg =
new CylinderDialog(this);
 CylinderDlg ->show();
```

注意：上面第一行程序的功能是定义圆

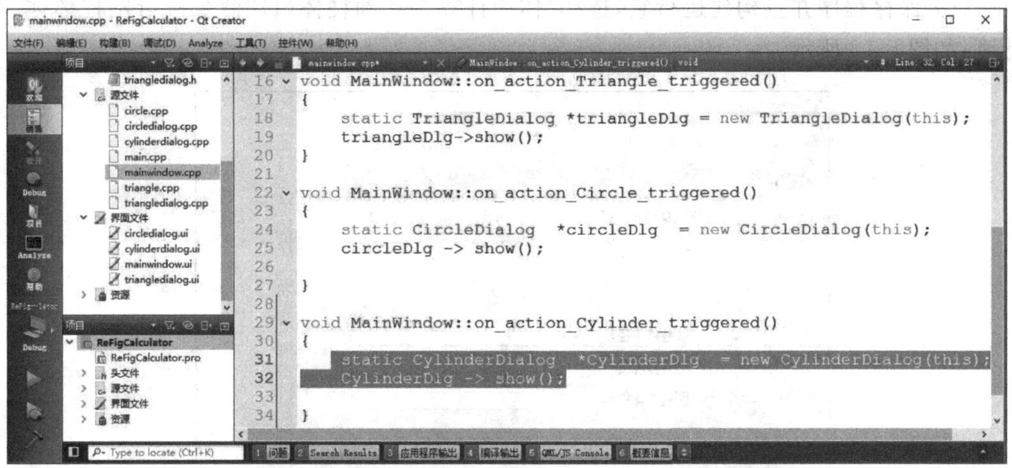

图 5-10　编辑槽函数 on_action_Cylinder_triggered()

柱体体积计算对话框类 CylinderDialog 的指针 * CylinderDlg，将指针指向用 new 操作符创建的圆柱体体积计算对话框类的一个匿名对象。第二行程序的功能是显示创建的匿名圆柱体体积计算对话框，在屏幕上显示圆柱体体积计算对话框。

(3) 将圆柱体体积计算对话框类 CylinderDialog 包含到程序主窗口类中。要在主窗口程序 mainwindow.cpp 中使用圆柱体体积计算对话框类 CylinderDialog，必须将它包含进来。方法是：在项目列表中的“头文件”文件夹中找到主窗口程序头文件 mainwindow.h，双击打开进入 mainwindow.h 文件编辑窗口，在该文件中加入程序代码：

```
#include "cylinderdialog.h";
```

如图 5-11 所示，可以看出这里在包含三角形面积计算窗口类的头文件 triangledialog.h 和圆面积计算窗口类的头文件 circledialog.h 基础上，又增加了圆柱体体积计算对话框类的头文件 cylinderdialog.h。

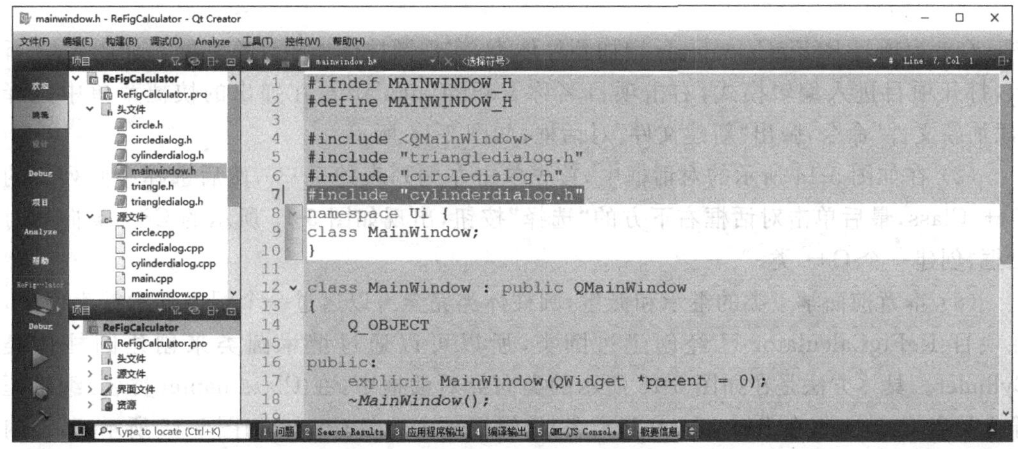

图 5-11　编辑 mainwindow.h 头文件，添加 cylinderdialog.h

(4) 保存程序并且构建运行它,选择“体积计算”→“圆柱体(I)”命令进行圆柱体体积计算,如图 5-12 所示。

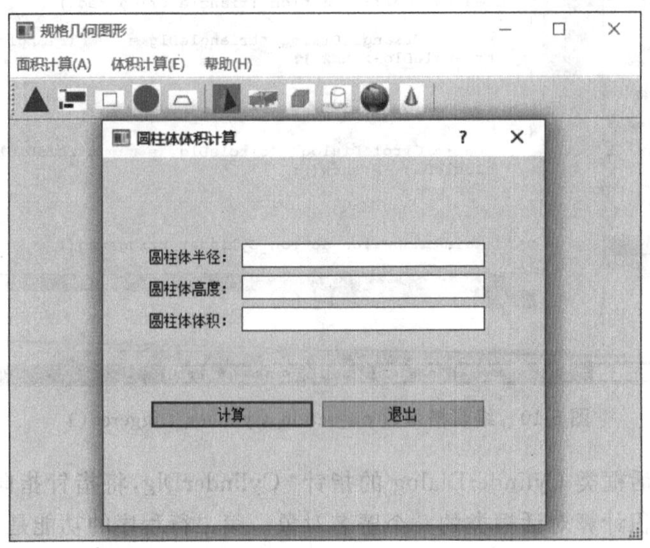

图 5-12 圆柱体体积计算窗口

运行程序发现,虽然能显示圆柱体体积计算窗口,但并没有正确地实现所想要的圆柱体体积计算功能,存在下列两方面的问题。

(1) “计算”按钮总是失效的。

(2) “退出”按钮什么也做不了。

下面通过加入圆柱体体积计算的类,编写程序代码,完善这个程序,让对话框实现计算圆柱体体积的功能。

5.5.2 增加圆柱体类,实现体积计算功能

(1) 为项目 ReFigCalculator 增加圆柱体类,实现圆柱体体积计算功能。如图 5-13 所示,打开项目进入编辑模式,右击项目名称 ReFigCalculator,在弹出的快捷菜单中选择“添加新文件”命令,弹出“新建文件”对话框,如图 5-14 所示。

(2) 在如图 5-14 所示的对话框中,首先单击左侧列表的 C++,然后选择中间列表的 C++ Class,最后单击对话框右下方的“选择”按钮,出现如图 5-15 所示的 C++ 类向导对话框,创建一个 C++ 类。

(3) 本章前面学了类的继承和派生,圆柱体类完全可以通过一个圆类继承派生而来,在项目 ReFigCalculator 已经创建过圆类,所以可以通过继承圆类来创建圆柱体类 Cylinder。具体方法是在如图 5-15 所示的类向导对话框中,在 Class name(类名)编辑框输入类名 Cylinder,在 Base class(基类名)编辑框输入类名 Circle,如图 5-15 所示,其他内容保持不变。单击“下一步”按钮,弹出项目管理窗口,如图 5-16 所示。

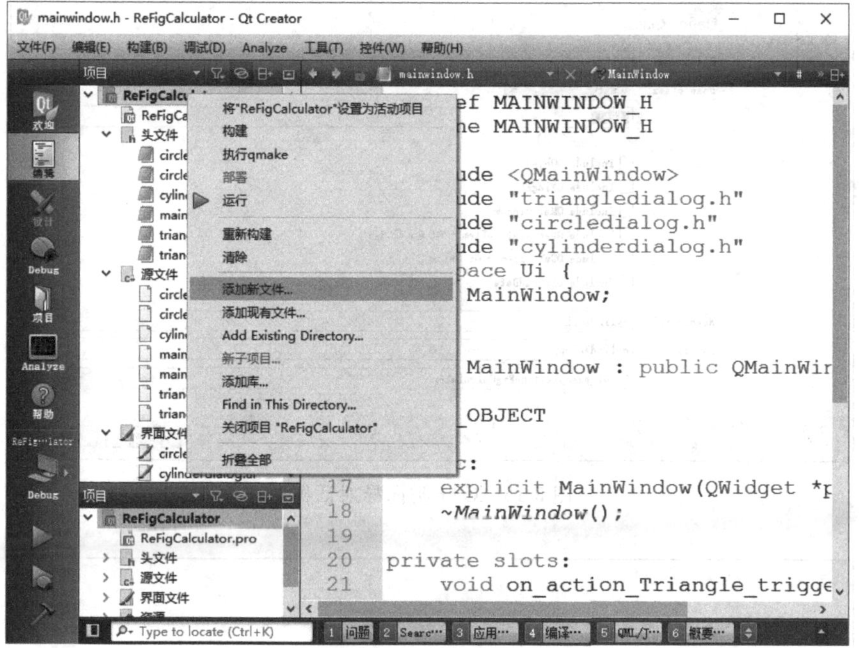

图 5-13 添加新文件窗口

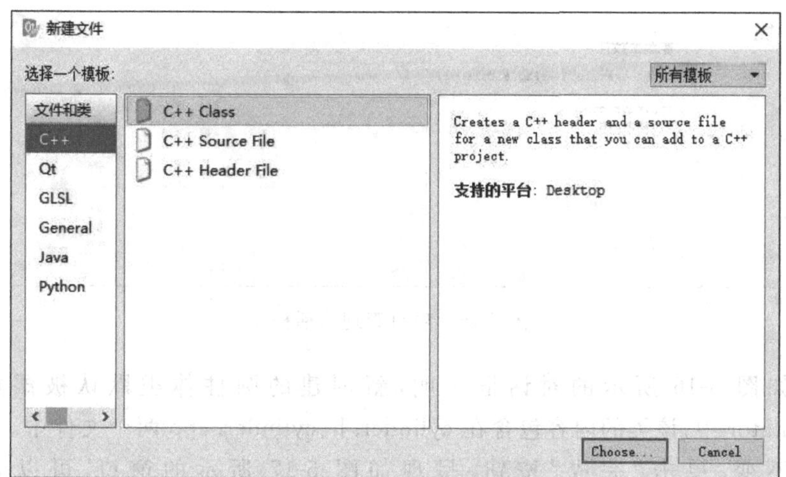

图 5-14 “新建文件”对话框

C++ Class

Details

Summary

Define Class

Class name: Cylinder

Base class: <Custom>

Circle

Include QObject

Include QWidget

Include QMainWindow

Include QDeclarativeItem - Qt Quick 1

Include QQuickItem - Qt Quick 2

Include QSharedData

Header file: cylinder.h

Source file: cylinder.cpp

Path: D:\Qt_example\4\ReFigCalculator 浏览...

下一步(N) 取消

图 5-15　C++类向导对话框

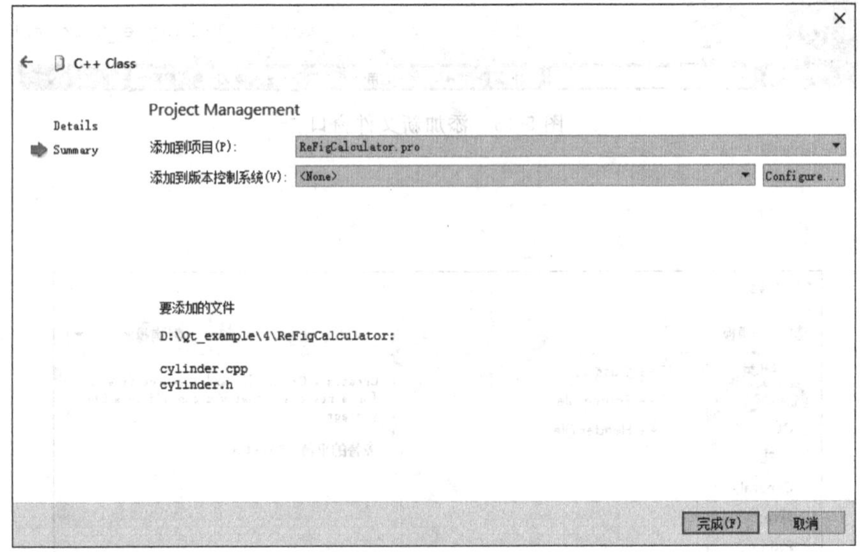

图 5-16　项目管理对话框

(4) 如图 5-16 所示的对话框表明，新创建的圆柱体类默认被添加到项目 ReFigCalculator 中，该类的内容包含在 cylinder.h、cylinder.cpp 两个文件中。保持该对话框内容不变，单击“完成”按钮，呈现如图 5-17 所示的窗口，可以看到项目 ReFigCalculator 中增加了 cylinder.h 和 cylinder.cpp 两个文件。

(5) 编辑并保存 cylinder.h 和 cylinder.cpp 文件，完善圆柱体类 Cylinder。

① 项目编辑模式下打开 cylinder.h 文件进行编辑，其完整内容如下：

```
#ifndef CYLINDER_H
```

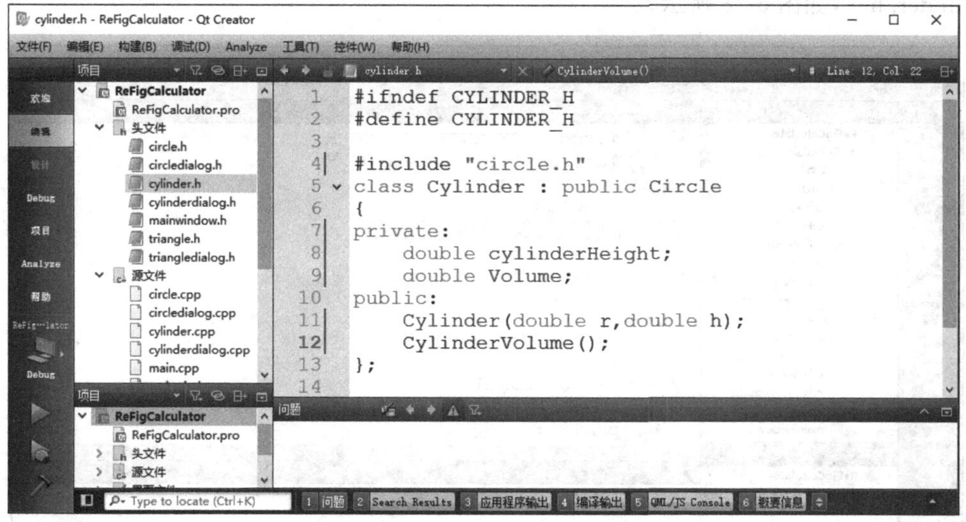

图 5-17 添加完 Cylinder 类的项目

```
#define CYLINDER_H

#include "circle.h"                    //将圆形类的定义包含进来,才能利用已经定义好的圆类
class Cylinder : public Circle         //圆柱体类从圆类继承而来
{
private:
    double cylinderHeight;
    double Volume;
public:
    Cylinder(double r, double h);          //圆柱体类构造函数
    double CylinderVolume();               //圆柱体体积计算函数
};

#endif                                     // CYLINDER_H
```

② 项目编辑模式下打开 cylinder. cpp 文件进行编辑,其完整内容如下:

```
#include "cylinder.h"
Cylinder::Cylinder(double r, double h) : Circle(r)
{ cylinderHeight =h; }
double Cylinder::CylinderVolume()
{   Volume =CircleArea() * cylinderHeight;      //圆柱体体积计算
    return Volume;
}
```

(6) 因为需要在圆柱体体积计算窗口使用类 Cylinder 生成圆柱体对象并计算其体积,所以必须把圆柱体类 Cylinder 包含到圆柱体体积计算窗口类中。方法是在窗口项目编辑模式下打开 cylinderdialog. h 文件进行编辑,在文件前面加入语句"# include

"cylinder. h"",如图 5-18 所示。

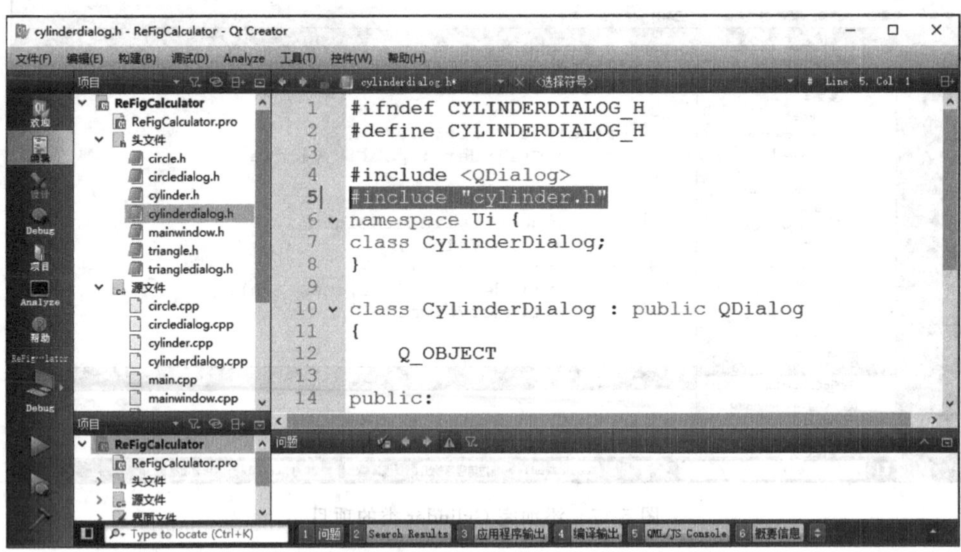

图 5-18　编辑模式下打开 cylinderdialog. h 文件

(7) 给圆柱体体积计算对话框的"计算"按钮对象添加槽函数,如图 5-19 所示,将 Qt Creator 切换到编辑模式,单击展开项目 ReFigCalculator"界面文件"文件夹,双击界面文件 cylinderdialog. ui,在编辑区中打开圆柱体体积计算对话框。然后右击"计算"按钮,在弹出的菜单中单击"转到槽"命令,弹出如图 5-20 所示的"转到槽"对话框。找到 clicked() 信号所在行并单击选中它,然后单击"确定"按钮,就给"计算"按钮对象添加了接收单击信号(clicked())的槽函数 void CylinderDialog::on_calculateButton_clicked()。

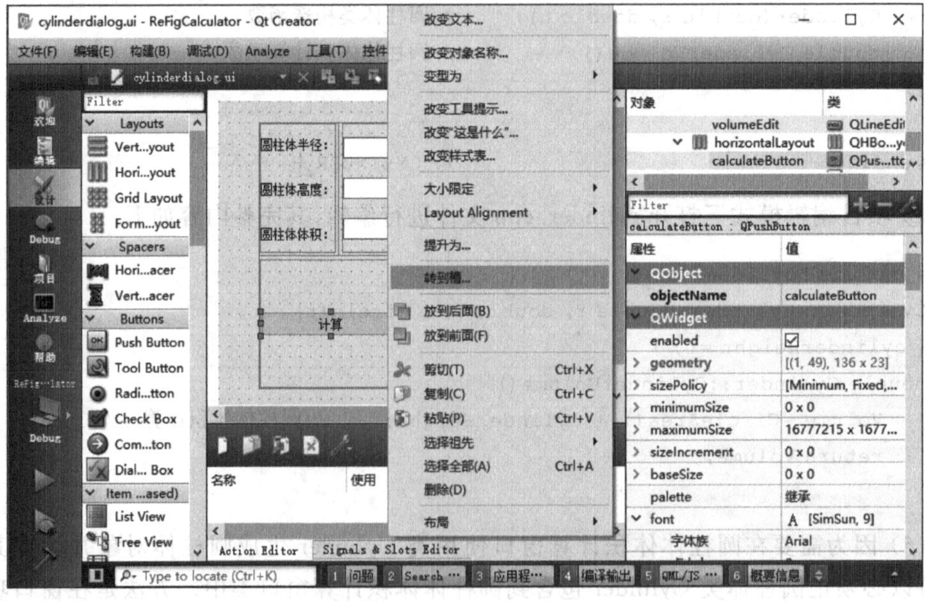

图 5-19　转到计算按钮对象的槽

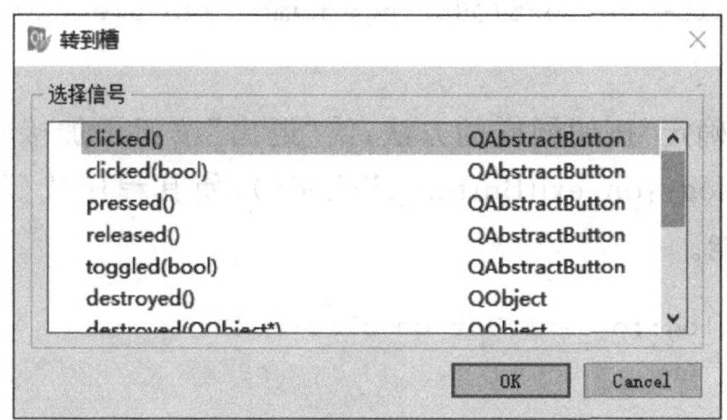

图 5-20　选择槽函数的信号

(8) 如图 5-21 所示，编辑槽函数 void CylinderDialog::on_calculateButton_clicked()，完善程序代码如下，实现圆柱体体积计算功能。

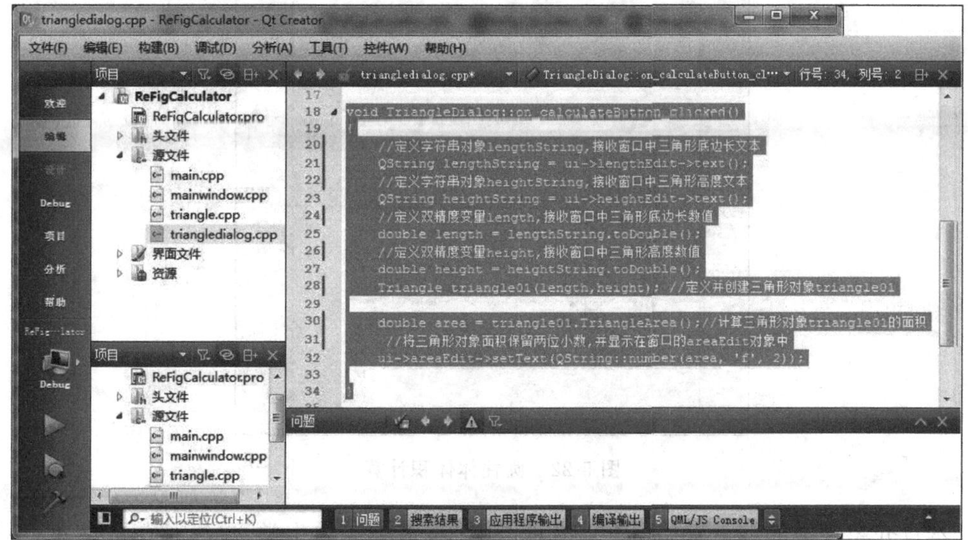

图 5-21　编辑槽函数 void CylinderDialog::on_calculateButton_clicked()

```
void CylinderDialog::on_calculateButton_clicked()
{
    //定义字符串对象 radiusString,接收窗口中圆柱体的圆半径文本
    QString radiusString =ui->radiusEdit->text();
    //定义双精度变量 radius,接收窗口中圆柱体的圆半径数值
    double radius =radiusString.toDouble();   //将文本转换成数值
    //定义字符串对象 heightString,接收窗口中圆柱体的高度文本
    QString heightString =ui->heightEdit->text();
    //定义双精度变量 height,接收窗口中圆柱体高度数值
    double height =heightString.toDouble();   //将文本转换成数值
    Cylinder cylinder01(radius, height);      //定义并创建圆柱体对象 cylinder01
    double volume =cylinder01.CylinderVolume(); //计算圆柱体对象 cylinder01 的体积
    //将圆柱体对象体积保留两位小数,并显示在窗口的 volumeEdit 对象中
```

```
    ui->volumeEdit->setText(QString::number(volume, 'f', 2));
}
```

(9) 使用与添加“确定”按钮同样的方法,给“退出”按钮添加接收clicked()信号的槽函数void CylinderDialog::on_exitButton_clicked(),使其程序代码如下,实现退出圆形面积计算对话框的功能。

```
void CylinderDialog::on_exitButton_clicked()
{ this->close(); }
```

保存程序文件,编译构建可执行程序并运行它,选择“体积计算”→“圆柱体(I)”命令进行圆柱体体积计算,如图5-22所示。

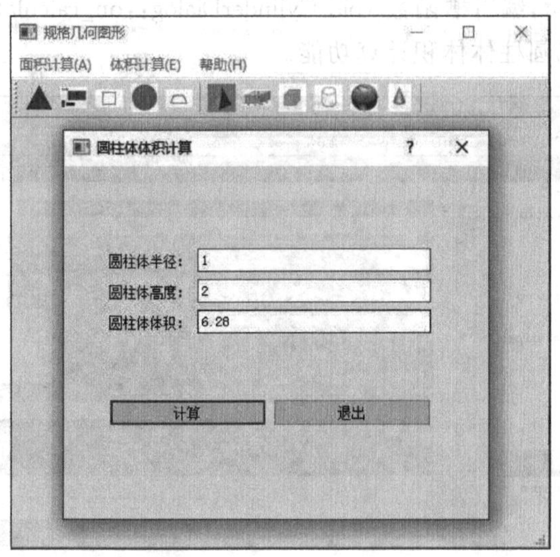

图5-22 圆柱体体积计算

本章介绍了类的继承有关概念:继承与派生、基类与派生类、单继承与多继承,不同继承方式下基类成员的访问控制问题。派生类的构造和析构函数的定义,派生类对象的构造与执行顺序。多继承及虚基类的概念。最后利用类的继承理论,结合图形界面程序设计技术,实现了规则几何图形界面程序项目中圆柱体体积的计算。

5.6 习题

5.6.1 选择题

1. 下列关于继承的描述中,(   )是正确的。
   A. 派生类公有继承基类时,可以访问基类的所有数据成员,调用所有成员函数
   B. 派生类也是基类,所以它们是等价的
   C. 派生类对象不会建立基类的私有数据成员,所以不能访问基类的私有数据成员

D. 一个基类可以有多个派生类,一个派生类可以有多个基类

2. 下面叙述不正确的是(　　)。
   A. 基类的保护成员在其公有派生类中仍然是保护的
   B. 基类的保护成员在其私有派生类中仍然是保护的
   C. 基类的保护成员在其私有派生类中仍然是私有的
   D. 对基类成员的访问必须无二义性
3. 当一个派生类公有继承一个基类时,基类中的所有公有成员成为派生类的(　　)。
   A. public 成员　　B. private 成员　　C. protected 成员　　D. 友元
4. 当派生类私有继承基类时,基类中的所有公有成员和保护成员成为派生类的(　　)。
   A. public 成员　　B. private 成员　　C. protected 成员　　D. 友元
5. C++ 语言中(　　)机制能够实现软件代码的重用。
   A. 类中的对象成员　B. 类的组合　　C. 类的继承　　D. 以上都能
6. 不论派生类以何种方式继承基类,都不能直接使用基类的(　　)。
   A. public 成员　　B. private 成员　　C. protected 成员　　D. 以上都不能
7. 下面描述中,错误的是(　　)。
   A. 在基类定义的 public 成员在公有继承的派生类中可见,也能在类外被访问
   B. 在基类定义的 protected 成员在私有继承的派生类中可见
   C. 在基类定义的公有静态成员在私有继承的派生类中可见
   D. 访问声明可以在公有派生类中把基类的 public 成员声明为 private 成员
8. 在 C++ 中,可以被派生类继承的函数是(　　)。
   A. 成员函数　　B. 构造函数　　C. 析构函数　　D. 友元函数
9. 在创建含有对象成员的派生类对象时,构造函数的执行顺序是(　　)。
   A. 对象成员构造函数—基类构造函数—派生类本身的构造函数
   B. 派生类本身的构造函数—基类构造函数—对象成员构造函数
   C. 基类构造函数—派生类本身的构造函数—对象成员构造函数
   D. 基类构造函数—对象成员构造函数—派生类本身的构造函数
10. C++ 语言中通过(　　)建立类族。
   A. 继承　　B. 引用　　C. 对象　　D. 类

5.6.2 问答及编程题

1. 派生类有哪几种继承方式？对于不同的继承方式,基类中各类成员在派生类中的访问属性是什么？

2. 试结合具体程序分析类的组合和继承的实现和对象的构造机制。

3. 按照要求编写输入与显示学生和教师信息的程序。学生数据有编号、姓名、班级和学分,教师数据有编号、姓名、职称和部门。将编号、姓名以及输入与输出操作设计成一个类 Person,以 Person 为基类定义派生类 Student 和 Teacher 类,分析各个类包含的成员及其访问控制属性,定义 main() 函数,测试所设计的类。

4. 根据例5-2给定的代码,补充完善基类Box和派生类ColorBox的定义,要求:定义Box类和ColorBox类的构造函数,通过参数传递实现数据成员的初始化;Box类中定义计算体积的函数;定义main()函数进行测试。

5. 定义一个矩形类(Rectangle),包含长和宽两个数据成员以及计算矩形面积的成员函数。以Rectangle类为基类定义长方体类cuboid,新增一个表示高度的数据成员和计算长方体体积的成员函数。编程测试,在main()函数中,计算一个长方形的面积和长方体的体积。

6. 设计两个类Date和Time,用于表示日期和时间,其中Date类包含成员年、月和日,Time类包含成员时、分和秒。由这两个类共同派生出一个Date-Time类,设计该类相应的成员函数,使得当时间递增到新的一天时,可以修改日期值。

7. 参照教材前面的点(Point)类定义,以点类为基类,定义矩形类和圆类。点为直角坐标点,矩形水平放置,由左下方的顶点和长宽定义。圆由圆心和半径定义。在派生类内判断任一坐标点与图形的位置关系:在图形内,在图形的边缘上,或在图形外。默认初始化图形退化为点。编程测试类设计是否正确。

8. 设计一个虚基类Base,该类中包含姓名、年龄两个私有的数据成员以及相关的成员函数,由Base派生出领导类Leader,包含职务、部门这两个私有数据成员以及相关的成员函数。再由Base派生出工程师类Engineer类,包含职称和专业这两个私有数据成员以及相关的成员函数。再由Leader和Engineer这两个类派生出主任工程师Chairman,并测试所设计的类。

9. 参照本章内容,编程实现规则几何图形面积和体积计算程序中长方体、正方体、球体和圆锥体的体积计算程序。

第6章　虚函数与多态

本章主要内容：

(1) 多态的概念及C++中多态的两种形式：编译时多态和运行时多态。

(2) 类指针的关系。

(3) 虚函数与运行时多态。

(4) 纯虚函数与抽象类的应用。

多态(polymorphlism)是面向对象程序设计的一个重要特征。所谓多态，是指一个名字可以在不同的环境下具有不同的语义，或界面相同，多种实现。利用类的多态性，用户只需要发送一般形式的消息，而接收消息的对象会根据接收到的消息做出相应的动作。函数重载、运算符重载、模板属于编译时的多态形式，而虚函数(virtual function)则是运行时多态实现的一种重要机制。

6.1　静态联编和动态联编

多态也就是多种形态，在自然语言中普遍存在"一名多用"现象。例如，"打球"可以理解为打篮球、打羽毛球等不同的语义。在C++中一个函数名、一个运算符可以对应不同的操作，也就是多态机制。多态机制实现了用一个名字定义不同的函数，这些函数执行不同但又类似的操作，即用同样的接口访问功能不同的函数，从而实现"一个接口，多种方法"。

在C++中，多态性的实现与联编(Binding)这一概念有关。联编是指一个计算机程序自身彼此关联的过程，在这个过程中，确定程序中的函数调用与执行该操作的函数体代码之间的关联关系，即将一个函数调用连接到一个函数的入口地址。根据联编所进行的阶段不同，可分为静态联编和动态联编。

静态联编是指在程序被编译阶段时进行的联编，在程序运行之前完成，也称为早期联编。静态联编所支持的多态性称为编译时多态性(或称静态多态)。当调用重载函数时，编译器在编译阶段可以根据调用的实参匹配相应的形参，就能确定下来应该调用哪一个函数，实现编译时的多态。

动态联编是指在程序运行阶段时进行的联编，编译程序在编译阶段不能完成函数调用与具体代码之间的关联，只有在程序执行时才能确定具体调用的函数。动态联编所支持的多态性称为运行时多态性(或称为动态多态)，这种动态联编是在虚函数的支持下实现的。

1. 编译时多态(静态联编)

函数的重载、运算符的重载在编译器编译代码时，根据参数列表的匹配关系，就可以确定下来具体调用的函数，也就是在程序执行前，就已经确定下来函数调用关系。所以，前面所用的函数重载机制和运算符的重载都是编译时的多态。

其中，函数重载（Overload）是指一组函数满足以下特征。

(1) 是同一域内的函数，函数名相同、参数列表不同。

(2) 以参数列表来区分，不能仅用函数的返回类型区分函数。

(3) 编译阶段用参数列表的不同来区分、匹配具体的函数。

除了函数重载之外，还有一种函数覆盖关系。在一个类的继承体系中，派生类中出现了与基类中同名的成员函数，若参数列表不同则是函数重载，若函数原型信息完全一样，则称为函数覆盖(Override)。在编译阶段，通过作用域运算符或通过调用对象来区分覆盖函数的版本，也是编译时的多态。

【例 6-1】 类继承中函数重载和覆盖应用示例。

```
//D:\QT_example\6\Example6_1.cpp
#include <iostream>
using namespace std;
class Student                                    //大学生类
{
public:
    void CalaTuition()                           //(1)基类的成员函数
    { cout<<"Call Student::CalaTuition().\n"; }
};
class GraduateStudent:public Student             //研究生类
{
public:
    void CalaTuition()                           //(2)派生类中函数的覆盖
    { cout<<"Call GraduateStudent::CalaTuition()."<<endl; }
    void CalaTuition(int i)                      //(3)派生类中函数的重载，参数列表不同
    { cout<<"Call GraduateStudent::CalaTuition(int)."<<endl; }
};
int main()
{
    Student s;
    GraduateStudent gs;
    gs.CalaTuition();                            //调用覆盖函数(2)
    gs.CalaTuition(5);                           //调用重载函数(3)
    gs.Student::CalaTuition();                   //调用继承的函数(1)
    return 0;
}
```

程序运行结果为：

```
Call GraduateStudent::CalaTuition()
Call GraduateStudent::CalaTuition(int).
Call Student::CalaTuition().
```

在研究生类中，有三个重名的函数 CalaTuition()，通过派生类对象 gs 调用函数时，编译器在编译阶段根据对象的 this 指针关联相应的函数。但是，当派生类中只有重载的函数(3)，而没有定义覆盖函数(2)时，则执行语句"gs. CalaTuition();"时会因找不到相匹配的参数列表的函数而出现编译错误。

2. 运行的多态性(动态联编)

程序中的函数调用与函数体代码之间的关联需要推迟到运行阶段才能确定，就是动态联编。在继承的类体系中，基类定义虚函数，派生类中可各自定义虚函数的不同实现版本，当程序中用基类指针或引用调用该虚函数时将引发动态联编，系统会在运行阶段根据基类指针具体指向的对象调用该对象所属类的虚函数版本，从而实现运行时的多态。所以，动态多态实现需要应用基类指针调用虚函数，所以虚函数及基类指针应用是本章的重点内容。下面先看一个引入案例。

问题的引入：对于例 6-1 中的 Student 类和 GraduateStudent 类，计算学费的方法是不同的。当基类中定义的 CalaTuition()函数在派生类中重新定义，并用基类指针进行调用时会发生什么呢？

【例 6-2】 用基类指针调用覆盖函数示例。

```
//D:\QT_example\6\Example6_2.cpp
#include <iostream>
using namespace std;
class Student
{
public:
    void CalaTuition()
    { cout<<"Call Student::CalaTuition().\n"; }
};
class GraduateStudent:public Student
{
public:
    void CalaTuition()              //覆盖定义的函数
    { cout<<"Call GraduateStudent::CalaTuition()."<<endl; }
};
void Fun(Student *px)               //基类指针 px 可以指向基类和派生类
{
    px->CalaTuition();              //基类指针 px 调用函数
}
int main()
{
    Student s;
    GraduateStudent gs;
    Fun(&s);                        //调用基类学生的学费计算函数
    Fun(&gs);                       //派生类对象地址传递给基类指针，实现类型转换
```

```
    return 0;
}
```

程序运行结果为：

```
Call Student::CalaTuition().
Call Student::CalaTuition().
```

由结果可看出，程序两次调用的都是 Student::CalaTuition()。虽然派生类重新定义了适合自己的学费计算函数，但当实参是派生类对象 gs 的地址时，基类指针 px 指向了派生类对象，在 Fun()函数中通过基类指针调用的依然是基类中的计算函数，并不能根据传递的对象不同调用不同的函数，这是因为系统是在编译阶段根据基类指针类型确定调用基类的 CalaTuition()函数，实现的是静态多态。

所以，必须应用虚函数机制来确定运行时对象的类型并调用合适的成员函数，即将基类的 CalaTuition()函数定义为虚函数，实现动态联编，就可以在运行时根据基类指针具体指向的对象类型调用相应的计算学费函数。Visual C++ MFC 中大量使用在派生类中重新定义虚函数的行为，以实现动态联编。在此程序中，应用基类指针指向派生类对象，系统是如何进行转换的呢？下面先说明类指针之间的关系，然后再讲述应用虚函数实现动态联编。

6.2 类指针的关系

在一定条件下，不同类型的数据之间可以进行类型转换，例如：

```
int i=3.4;
```

在赋值之前先将 3.4 转换为整数 3(截去小数部分)再赋值给变量 i，这种赋值转换是由系统自动完成的，也称为赋值兼容。在继承的类层次中，通过基类定义出一种派生类，所以派生类是属于基类的一种子类型，在公有继承时，派生类保留了基类中除构造函数、析构函数之外的所有成员，所以，基类的接口也存在于派生类中。由此，C++ 中基类和派生类的对象及指针具有以下关系。

(1) 派生类对象可以赋值给基类对象。

即将派生类对象从基类继承的数据成员值逐一赋给基类对象的数据成员。

(2) 派生类对象的指针或引用可以转换为基类对象的指针或引用。

即可以用派生类对象初始化基类对象的引用，可以用派生类对象的地址赋给基类类型的指针，或者说基类的指针可以指向派生类对象。

这种从派生类到基类的类型转换也称为向上类型转换，向上类型转换会失去派生类中新增的成员，但却是一种安全的类型转换。所以，指向基类的指针也可以用来指向派生类对象，反之则不行。

【例 6-3】 基类指针和派生类指针的使用。

```
//D:\QT_example\6\Example6_3.cpp
```

```
#include <iostream>
using namespace std;
#include <cstring>
class Name
{
public:
    Name(char * nm)
    { name =nm; }
    void Show_name()
    { cout<<name<<endl;}
private:
    char * name;
};
class Telephone:public Name
{
public:
    Telephone(char * nm,char * tel):Name(nm)
    { telephone =tel; }
    void Show_telephone()
    { cout<<telephone<<endl; }
private:
    char * telephone;
};
int main()
{
    Name * ptr_n,obj1("Wang");
    Telephone * ptr_t,obj2("Zhang","15500010001");
    ptr_n=&obj1;                //基类指针指向基类对象
    ptr_n->Show_name();
    ptr_n=&obj2;                //基类指针指向派生类对象
    ptr_n->Show_name();
    ptr_n->Show_telephone(); //error: 'Show_telephone' : is not a member of 'Name'
    ptr_t=&obj2;                //派生类指针指向派生类对象
    ptr_t->Show_name();
    ptr_t->Show_telephone();
    ptr_t=&obj1;                //error: '=' : can not convert from 'class Name * ' to
                                //'class Telephone '
    return 0;
}
```

程序中,基类指针 ptr_n 可以指向派生类对象 obj2,但不能访问派生类对象的新增成员函数 Show_telephone()。派生类指针可以访问派生类对象的所有成员,包括从基类继承下来的成员。派生类指针 ptr_t 不能指向基类对象 obj1。

若希望用基类指针访问派生类的新增成员,必须进行强制类型转换,把它转换为派生类的指针。例如：

```
((Telephone *)ptr_n)->Show_telephone();
```

这样，就可以用 ptr_n 来访问 obj2 的成员函数 Show_telephone()了。同样，如果需要派生类指针指向基类对象，也需要进行强制类型转换：

```
ptr_t=(Telephone *)&obj1;
```

所以，一个基类类型的指针可以指向从基类派生出来的任何对象，可以访问派生类对象中从基类继承的成员，但不能访问派生类对象中新增的成员函数。如果要打破此限制就需要定义虚函数，实现动态联编。

6.3 虚函数

再来看例 6-2，基类与派生类中都定义了计算学费函数 CalaTuition()，在用基类指针调用该函数时，应具体根据指针所指向的对象调用不同的函数，这就需要在基类中将该函数定义为虚函数，实现动态联编。

1. 虚函数

虚函数是指一个在基类中被声明为 virtual 并在一个或多个派生类中被重定义的函数。虚函数的(也可以称为 virtual 函数)特别之处在于当用一个指向派生类对象的基类指针访问虚函数时，C++ 可以根据指向的对象类型确定在运行时调用哪个函数。所以，当指向不同的对象时，将执行该虚函数在不同派生类中的实现版本。

一个虚函数的定义是通过在基类的成员函数前面加上关键字 virtual 进行声明的，当一个派生类重定义一个 virtual 函数时，关键字 virtual 可以省略。

【例 6-4】 例 6-2 中应用虚函数实现动态联编。

```
//D:\QT_example\6\Example6_4.cpp
#include <iostream>
using namespace std;
class Student
{
public:
    virtual void CalaTuition()      //基类的成员函数定义为虚函数
    { cout<<"Call Student::CalaTuition().\n"; }
};
class GraduateStudent:public Student
{
public:
    virtual void CalaTuition()      //重新定义的虚函数,可省略 virtual
    { cout<<"Call GraduateStudent::CalaTuition()."<<endl; }
};
```

```
void Fun(Student *px)              //基类指针 px 可以指向基类和派生类
{
    px->CalaTuition();             //基类指针 px 调用虚函数
}
int main()
{
    Student s, *ps;
    GraduateStudent gs, *pgs;
    Fun(&s);                       //传递基类对象 s 的地址
    Fun(&gs);                      //传递派生类对象 gs 的地址
    ps=new Student;                //建立动态基类对象,运行时才能确定对象地址
    Fun(ps);
    pgs=new GraduateStudent;       //建立动态派生类对象,运行时才能确定对象地址
    Fun(pgs);
    delete ps;
    delete pgs;
    return 0;
}
```

程序运行结果为:

```
Call Student::CalaTuition().
Call GraduateStudent::::CalaTuition().
Call Student::CalaTuition().
Call GraduateStudent::::CalaTuition().
```

同例 6-2 比较可知,当用基类指针调用虚函数时,将引发动态联编,系统将在运行阶段根据基类指针所指向的对象类型调用相应的虚函数。当程序中分配了动态对象时,利用基类指针指向不同的动态对象,从而调用不同的虚函数版本。

除了用基类指针调用虚函数实现动态多态之外,当用派生类对象初始化基类对象的引用时,就可以用基类的引用调用虚函数实现动态多态。把例 6-4 中的基类指针修改为引用形式,如例 6-5 所示,得到与例 6-4 相同的运行结果。

【例 6-5】 基类引用调用虚函数。

```
//D:\QT_example\6\Example6_5.cpp
#include <iostream>
using namespace std;
class Student
{
public:
    virtual void CalaTuition()       //基类的成员函数定义为虚函数
    { cout<<"Call Student::CalaTuition().\n"; }
};
class GraduateStudent:public Student
{
```

```
public:
    virtual void CalaTuition()        //重新定义的虚函数,可省略 virtual
    {
        cout<<"Call GraduateStudent::CalaTuition()."<<endl;
    }
};
void Fun(Student &stu)                //基类引用 stu 可以引用基类或派生类对象
{
    stu.CalaTuition();                //基类引用 stu 调用虚函数
}
int main()
{
    Student s, *ps;
    GraduateStudent gs, *pgs;
    Fun(s);                           //传递基类对象 s
    Fun(gs);                          //传递派生类对象 gs
    ps=new Student;                   //分配动态基类对象,运行时才能确定对象地址
    Fun(*ps);
    pgs=new GraduateStudent;          //分配动态派生类对象,运行时才能确定对象地址
    Fun(*pgs);
    delete ps;
    delete pgs;
    return 0;
}
```

虚函数作为类中一种特殊的成员函数,是实现动态多态的关键,而且必须用基类指针(或引用)调用类层次中的不同实现版本。如果不用基类指针或引用调用虚函数,而是用类的对象直接调用,则不会引发动态多态。下面分析虚函数的访问特性。

2. 虚函数的访问特性

1) 正常访问特性

虚函数是类的成员函数,所以遵循类成员的访问规则。当用基类型的对象直接调用虚函数时,调用的是基类中的虚函数版本;而用派生类对象直接调用虚函数时,调用的派生类中实现的虚函数版本,也就是说,当通过"对象名."调用虚函数时,则在编译阶段根据调用对象的类型确定的虚函数版本,属于静态多态,如例 6-6 所示。

【例 6-6】 虚函数的正常访问特性。

```
//D:\QT_example\6\Example6_6.cpp
#include <iostream>
using namespace std;
class Base                            //基类的定义
{
public:
```

```
    virtual void Fun()
    { cout<<"Base::Fun()"<<endl; }
};
class Derived:public Base
{
public:
    virtual void Fun()              //virtual 可省略
    { cout<<"Derived::Fun()"<<endl; }
};
int main()
{
    //基类 Base
    Base obj1;                      //基类的对象
    obj1.Fun();
    Base *ptr_b;                    //基类的指针
    ptr_b=&obj1;                    //指向基类的对象
    ptr_b->Fun();
    Base &ref_b=obj1;               //基类对象的引用
    ref_b.Fun();
    //派生类 Derived
    Derived obj2;
    obj2.Fun();
    Derived *ptr_d;
    ptr_d=&obj2;
    ptr_d->Fun();
    Derived &ref_d=obj2;
    ref_d.Fun();          //以上基类和派生类类型的直接调用,遵循一般成员函数的访问规则
    return 0;
}
```

程序运行结果为:

```
Base::Fun()
Base::Fun()
Base::Fun()
Derived::Fun()
Derived::Fun()
Derived::Fun()
```

2) 特殊访问特性

通过基类指针、基类引用调用虚函数时,是在程序运行阶段根据具体指向或引用的对象,调用该对象所属类的虚函数实现版本,实现动态联编。

【例 6-7】 虚函数的特殊访问特性。

```
//D:\QT_example\6\Example6_7.cpp
```

```
//类的定义同例 6-6
int main()
{
    Derived obj1;
    Base *ptr_b;            //基类的指针
    ptr_b =&obj1;           //指向派生类的对象
    ptr_b->Fun();           //访问虚函数,调用派生类的虚函数
    Base& ref_b =obj1;      //基类引用派生类的对象
    ref_b.Fun();            //访问虚函数,调用派生类的虚函数
    Base obj2;              //基类的对象
    obj2.Fun();             //调用 Parent::MyFun()
    obj2 =obj1;             //派生类的对象给基类的对象赋值,相当于类型的转换
    obj2.Fun();             //调用 Parent::MyFun()
    return 0;
}
```

程序运行结果为:

```
Derived::Fun()
Derived::Fun()
Base::Fun()
Base::Fun()
```

3. 虚函数使用的注意事项

(1) 虚函数必须是类的成员函数,不能是全局(非成员)函数和静态成员函数。

(2) 在一个派生类中重定义一个虚函数时,必须与基类的虚函数原型相同,否则其虚特性将丢失而成为普通的重载函数。

当重载一个一般函数时,函数的返回类型和参数列表不一定一致。但当重载一个虚函数时,返回类型和参数列表必须是不变的。

(3) 用虚函数实现运行时间多态性的关键之处是必须用基类的指针(或引用)调用虚函数。

尽管可以像调用任何其他成员函数那样显式地用对象名来调用一个虚函数,但那样的话,系统进行的是静态联编。只有在用一个基类的指针(或引用)访问一个虚函数时才能实现运行时的多态性,也即所谓的动态联编。

(4) 一旦一个函数被说明为 virtual,其将保持 virtual 特性,而不管其经过了多少层派生。

4. 程序举例

第 5 章的例 5-13 实现了计算圆、圆球和圆柱体等几何形状的表面积并输出。以圆类为基类派生定义圆球和圆柱体,基类中定义计算返回面积的成员函数 GetArea(),派生类中重新定义了该函数。在此,我们考虑应用虚函数实现机制,并进一步扩充该程序的功

能，增加计算圆锥体的表面积。在基类 Circle 中定义计算表面积的虚函数 GetArea()，在各自派生类中重新定义自己的实现版本，最后通过基类的指针调用该虚函数实现动态多态。

【例 6-8】 几何形状的表面积计算。

```
//D:\QT_example\6\Example6_8.cpp
#include <iostream>
using namespace std;
#include <iomanip>
const double PI=3.14159;
class Circle                                //圆类
{
public:
    Circle(double r=0):radius(r){}
    double GetR() const
    { return radius; }
    virtual double GetArea() const
    { return PI * radius * radius; }
protected:
    double radius;
};
class Globe: public Circle                  //圆球类
{
public:
    Globe(double r=0):Circle(r){}
    double GetArea() const
    { return 4 * PI * radius * radius; }
};
class Cylinder: public Circle               //圆柱类
{
public:
    Cylinder(double r=0, double h=0):Circle(r)
    { height=h; }
    double GetH() const
    { return height; }
    double GetArea() const
    { return 2 * PI * radius * radius+2 * PI * radius * height; }
private:
    double height;
};
class Cone: public Circle                   //圆锥类
{
public:
    Cone(double r=0, double l=0):Circle(r)
```

```
        { length=l; }
        double GetL() const
        { return length; }
        double GetArea() const
        { return PI * radius * radius+PI * radius * length; }
private:
        double length;                              //圆锥体斜高(母线)
};
int main()
{
    Circle c(3), * pc;
    Globe g(3);
    Cylinder cy(3,4);
    Cone co(3,5);
    cout<<setiosflags(ios::fixed)<<setprecision(2);
    pc=&c;
    cout<<"Circle:\nradius="<<c.GetR()<<",area=";
    cout<<pc->GetArea()<<endl;
    pc=&g;
    cout<<"Globe:\nradius="<<g.GetR()<<",area=";
    cout<<pc->GetArea()<<endl;
    pc=&cy;
    cout<<"Cylinder:\nradius="<<cy.GetR()<<",height="<<cy.GetH()<<",area=";
    cout<<pc->GetArea()<<endl;
    pc=&co;
    cout<<"Cone:\nradius="<<co.GetR()<<",height="<<co.GetH()<<",area=";
    cout<<pc->GetArea()<<endl;
    return 0;
}
```

在程序中,基类定义了虚函数 GetArea(),各派生类重新定义了该虚函数以计算各自的表面积,通过基类指针 pc,用同一种调用形式 pc->GetArea(),就可以调用同一类族中不同的虚函数。这就是多态性,对同一消息,不同的对象有不同的响应方式。基类可以用虚函数提供一个与派生类相同的界面或接口,而允许派生类定义自己的实现版本。这种程序组织结构清晰,并易于扩充。具体运行结果请大家自行上机测试。

6.4 纯虚函数和抽象类

问题引入:在例 6-8 中,我们计算了一系列几何形状的表面积,现在考虑进一步扩充程序功能,要求能计算立体几何形状的体积。按上例分析,基类 Circle 是不需要进行体积计算的,而其派生类中都具有体积计算的功能。为此,基类中仍应该定义统一的体积计算的函数,而由派生类具体实现,基类的体积计算函数又如何定义呢?这就需要应用纯虚函数机制。

1. 纯虚函数

许多情况下，在基类中不能给出有意义的虚函数定义，这时可以把它说明成纯虚函数，即不需要具体定义函数的函数体，而把它的定义留给派生类来实现。

定义纯虚函数的一般形式为：

```
virtual 返回值类型 函数名(参数表)=0;
```

在基类定义的虚函数首部后面加上“=0;”，就是定义纯虚函数的语句，此时，该函数就不需要定义具体实现的函数体了。可见，纯虚函数是一个在基类中说明的虚函数，它在基类中没有定义，而要求派生类根据需要定义自己的实现版本。通过纯虚函数，基类为各派生类提供一个公共接口。

注意：从基类继承来的纯虚函数，在派生类中仍然是虚函数，若派生类没有实现，则仍然是纯虚函数。

2. 抽象类

(1) 含有纯虚函数的类称为抽象类，它不能生成对象。

(2) 纯虚函数的引入是为了方便使用多态特性，当在基类中需要定义虚函数，而又不需要具体实现时就需要定义纯虚函数，此时，该基类不能生成具体对象。

如果一个类中至少有一个纯虚函数，那么这个类被称为抽象类(abstract class)。抽象类是一种特殊的类，它是为了抽象和设计的目的而建立的，它处于继承层次结构的较上层。

抽象类的主要作用是将有关的类组织在一个继承层次结构中，由它来为它们提供一个公共的根，相关的子类是从这个根派生出来的。抽象类刻画了一组子类的操作接口的通用语义，这些语义也传给子类。一般而言，抽象类只描述这组子类共同的操作接口，而完整的实现留给子类。

抽象类只能作为基类来使用，其纯虚函数的实现由派生类给出。如果派生类没有重新定义纯虚函数，而派生类只是继承基类的纯虚函数，则这个派生类仍然还是一个抽象类。如果派生类中给出了基类纯虚函数的实现，则该派生类就不再是抽象类了，它是一个可以建立对象的具体类了。

【例 6-9】 应用纯虚函数实现几何形状的体积计算。

```
//D:\Qt_example\6\Example6_9.cpp
#include <iostream>
#include <iomanip>
using namespace std;
const double PI=3.14159;
class Circle                                          //圆类
{
public:
    Circle(double r=0):radius(r){}
```

```
        double GetR() const
        { return radius; }
        virtual double GetVolume() const=0;           //纯虚函数
    protected:
        double radius;
    };
    class Globe: public Circle                        //圆球类
    {
    public:
        Globe(double r=0):Circle(r){}
        double GetVolume() const
        { return 4*PI*radius*radius*radius/3; }
    };
    class Cylinder: public Circle                     //圆柱类
    {
    public:
        Cylinder(double r=0, double h=0):Circle(r)
        { height=h; }
        double GetH() const
        { return height; }
        double GetVolume() const
        { return PI*radius*radius*height; }
    private:
        double height;
    };
    class Cone: public Circle                         //圆锥类
    {
    public:
        Cone(double r=0, double h=0):Circle(r)
        { height=h; }
        double GetH() const
        { return height; }
        double GetVolume() const
        { return PI*radius*radius*height/3 ; }
    private:
        double height;                                //圆锥体高
    };
    int main()
    {
        Circle *pc;
        Globe g(3);
        Cylinder cy(3,4);
        Cone co(3,5);
```

```
    cout<<setiosflags(ios::fixed)<<setprecision(2);
    pc=&g;
    cout<<"Globe:\nradius="<<g.GetR()<<",volume=";
    cout<<pc->GetVolume()<<endl;
    pc=&cy;
    cout<<"Cylinder:\nradius="<<cy.GetR()<<",height="<<cy.GetH()<<",volume=";
    cout<<pc->GetVolume()<<endl;
    pc=&co;
    cout<<"Cone:\nradius="<<co.GetR()<<",height="<<co.GetH()<<",volume=";
    cout<<pc->GetVolume()<<endl;
    return 0;
}
```

综合例 6-8 和例 6-9 的程序就可以实现对立体几何形状的表面积和体积计算。

3. 虚析构函数

类中的析构函数可以声明为虚函数,即虚析构函数。当用基类指针指向一个动态申请的派生类对象时,就需要应用虚析构函数正确释放派生类对象。析构函数可以是虚函数,但构造函数不能是虚函数,在建立一个派生类对象时,必须从类层次的根开始,沿着继承路径逐个调用基类的构造函数,不能选择性地调用构造函数,所以,定义虚构造函数会出现语法错误。

【例 6-10】 动态派生类对象析构问题的示例。

```
//D:\QT_example\6\Example6_10.cpp
#include <iostream>
using namespace std;
class Base
{
public:
    ~Base()
    { cout<<"Base::~Base() is called.\n";}
};
class Derived:public Base
{
public:
    ~Derived()
    { cout<<"Derived::~Derived() is called.\n";}
};
int main()
{
    Base *Ap =new Derived;
    Derived *Bp =new Derived;
    cout<<"delete first object:\n";
```

```
    delete Ap;
    cout<<"delete second object:\n";
    delete Bp;
    return 0;
}
```

程序运行结果为：

```
delete first object:
Base::~Base() is called.
delete second object:
Derived::~Derived() is called.
Base::~Base() is called.
```

可见，Bp指针指向的派生类对象被正确释放，但基类指针Ap指向的动态派生类对象，在释放时只调用了基类的析构函数，而正确的析构应是先调用派生类析构函数再调用基类析构函数。因此，需要定义虚析构函数，用于指引delete运算符正确析构动态对象。

虚析构函数就是在析构函数前面加上关键字virtual进行声明，如例6-11所示。

【例6-11】 动态派生类对象的正确析构示例。

```
//D:\QT_example\6\Example6_11.cpp
#include <iostream>
using namespace std;
class Base
{
public:
    virtual ~Base()
    { cout<<"Base::~Base() is alled.\n"; }
};
class Derived:public Base
{
public:
    virtual ~Derived()
    { cout<<"Derived::~Derived() is called.\n"; }
};
int main()
{
    Base *Ap =new Derived;
    Derived *Bp =new Derived;
    cout<<"delete first object:\n";
    delete Ap;
    cout<<"delete second object:\n";
    delete Bp;
```

```
    return 0;
}
```

程序运行结果为：

```
delete first object:
Derived::~Derived() is called.
Base::~Base() is called.
delete second object:
Derived::~Derived() is called.
Base::~Base() is called.
```

上例中，派生类对象被正确析构。当基类的析构函数被声明为虚函数时，其派生类的析构函数自动成为虚析构函数，可以省略 virtual 声明。一般来说，如果一个类中定义了虚函数，析构函数也应该定义为虚析构函数。

【例 6-12】 虚函数和虚析构函数的综合示例。

```
//D:\QT_example\6\Example6_12.cpp
#include <iostream>
using namespace std;
class Animal                                //抽象类
{
public:
    virtual void Shout() =0;
    virtual void Impl() =0;
    virtual ~Animal()
    { cout<<"Animal destory! \n";}         //虚析构函数
};
class Dog: public Animal
{
public:
    virtual void Shout()                    //纯虚函数的实现
    { cout<<"wang! wang! wang! \n"; }
    virtual void Impl()
    { cout<<"implement of Dog! \n"; }
    virtual ~Dog()
    { cout<<"Dog destory! \n";}            //虚析构函数
};
class Cat: public Animal
{
public:
    virtual void Shout()                    //纯虚函数的实现
    { cout<<"miao! miao! miao! \n"; }
    virtual void Impl()
```

```
    { cout<<"implement of Cat! \n"; }
    virtual ~Cat()
    { cout<<"Cat destory! \n";}          //虚析构函数
};
void Test_func()
{   Dog dog;
    Cat cat;
    Animal * animal =&dog;               //声明抽象类的指针
    animal->Shout();                     //语句(1)
    animal->Impl();                      //语句(2)
    cout<<endl;
    animal =&cat;
    animal->Shout();                     //语句(3)
    animal->Impl();                      //语句(4)
    cout<<endl;
    animal =new Dog;
    animal->Shout();                     //语句(5)
    animal->Impl();                      //语句(6)
    delete animal;                       //语句(7)
    cout<<endl;
    animal =new Cat;
    animal->Shout();                     //语句(8)
    animal->Impl();                      //语句(9)
    delete animal;                       //语句(10)
    cout<<endl;
}
int main()
{
    Test_func();
    return 0;
}
```

程序运行结果为:

```
wang! wang! wang!     //语句(1)执行结果
implement of Dog!     //语句(2)执行结果

miao! miao! miao!     //语句(3)执行结果
implement of Cat!     //语句(4)执行结果

wang! wang! wang!     //语句(5)执行结果
implement of Dog!     //语句(6)执行结果
Dog destory!          //语句(7)执行结果,依次调用派生类和基类的析构函数
Animal destory!
```

```
miao! miao! miao!      //语句(8)执行结果
implement of Cat!      //语句(9)执行结果
Cat destory!           //语句(10)执行结果,依次调用派生类和基类的析构函数
Animal destory!

Cat destory!           //程序运行结束释放 cat 对象,依次调用派生类和基类的析构函数
Animal destory!
Dog destory!           //程序运行结束释放 dog 对象,依次调用派生类和基类的析构函数
Animal destory!
```

6.5 规则几何图形面积和体积计算之矩形、正方形、梯形面积计算——Qt5 Creator 开发图形界面程序综合案例

6.5.1 矩形面积计算对话框的设计与实现

第一步：矩形面积计算对话框设计。

ReFigCalcultor 矩形面积计算的对话框设计如图 6-1 所示。

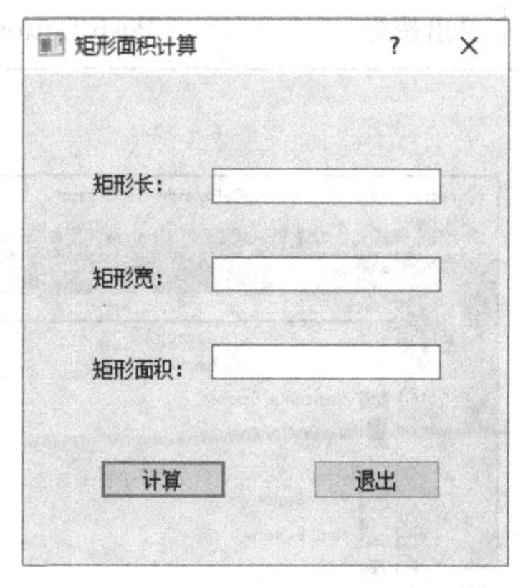

图 6-1 “矩形面积计算”对话框

设计矩形面积计算对话框时，对话框对象及其包含的子对象有关属性的值要对应表 6-1 逐项设置。

第二步：为 ReFigCalculator 项目添加矩形面积计算对话框。

参照 4.8 节所讲的三角形面积计算对话框设计方法和步骤，为 ReFigCalculator 项目添加矩形面积计算对话框，如图 6-2 所示。在该对话框中，输入矩形的长和宽，计算并显示矩形的面积。其中矩形面积计算对话框对象通过 Qt 设计师界面类模板生成，设计时将矩形面积计算对话框命名为 RectangleDialog，保存在文件 rectangledialog. h、rectangledialog. cpp 和界面文件 rectangledialog. ui 中。对话框中的“矩形长”“ 矩形宽”“矩形面积”等标签(Label)和“矩形长”“ 矩形宽”“矩形面积”输入编辑框以及“计算”和“退出”按钮对象的属性参照表 6-1 进行设置。

设置矩形面积对话框 windowTitle 属性的值，由默认值 Dialog 修改为 “矩形面积计算”。

第三步：建立“矩形(R)”菜单和其面积计算对话框的联系。

要想在运行 ReFigCalcultor 程序时，通过选择“面积计算(A)→矩形(R)”命令弹出矩形面积计算对话框，必须建立菜单“矩形(R)”和矩形面积计算对话框的联系，其步骤如下。

(1) 打开项目 ReFigCalcultor，进入“编辑”模式，在项目列表中的“界面文件”夹中找到程序主窗口界面文件 mainwindow. ui，双击打开它进入编辑状态，如图 6-3 所示，右击

表 6-1　ReFigCalculator 矩形面积计算对话框对象属性设置一览表

窗口	对　　象	对 象 类 别	对象属性及其取值		
			objectName（对象名称）	windowTitle *（标题）	Text（文本）
矩形面积计算	矩形面积计算对话框	Dialog(对话框)	RectangleDialog	矩形面积计算	无
	矩形长	Label(标签)	默认值	无	矩形长：
	矩形长(输入)	Line Edit(单行文本输入框)	lengthEdit	无	无
	矩形宽	Label(标签)	默认值	无	矩形宽：
	矩形宽(输入)	Line Edit(单行文本输入框)	widthEdit	无	无
	矩形面积	Label(标签)	默认值	无	矩形面积：
	矩形面积显示	Line Edit(单行文本输入框)	areaEdit	无	无
	计算按钮	Push Button(命令按钮)	calculateButton	无	计算
	退出按钮	Push Button(命令按钮)	exitBotton	无	退出

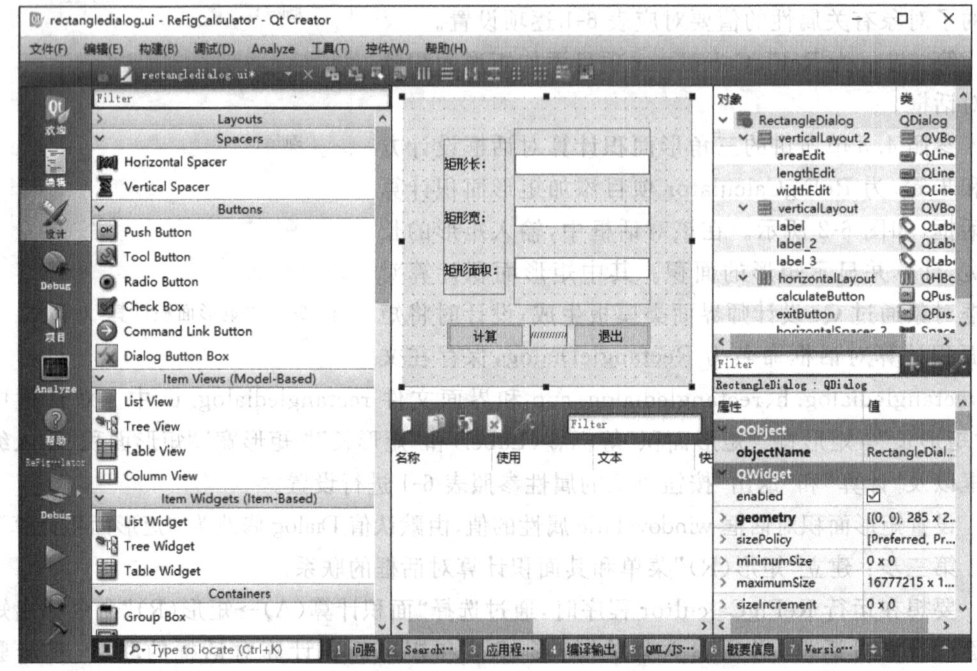

图 6-2　矩形面积计算对话框

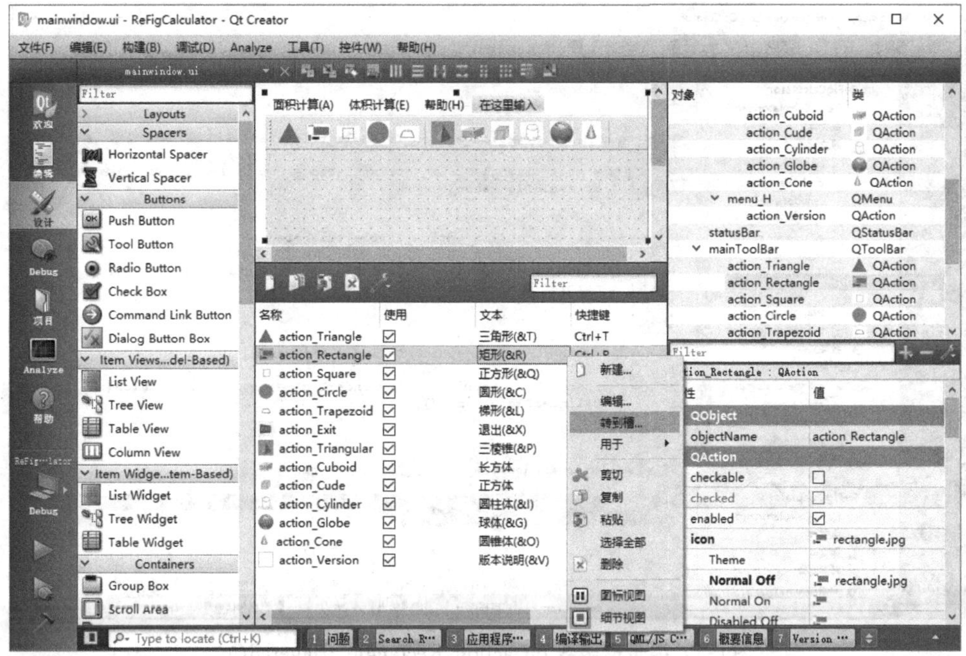

图 6-3 菜单动作设置

菜单动作编辑区中“矩形(R)”菜单 Action_Rectangle 所在行，弹出快捷菜单，在弹出的菜单中单击“转到槽”命令，弹出“转到槽”对话框，如图 6-4 所示。

(2) 在如图 6-4 所示的“转到槽”对话框的列表中，找到信号 triggered( ) 所在行，单击选中该行，然后单击“确定”按钮，打开 mainwindow.cpp 文件，将光标定位到槽函数 on_action_Rectangle_triggered()中，在该函数中加入如下程序代码，如图 6-5 所示。

```
static RectangleDialog *rectangleDlg
=new RectangleDialog(this);
rectangleDlg->show();
```

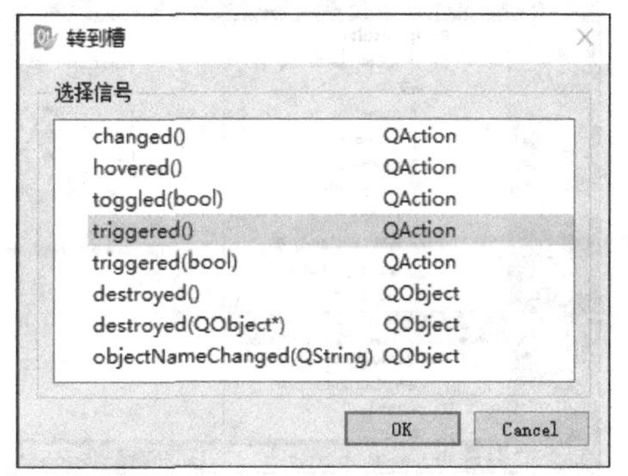

图 6-4 “转到槽”对话框

注：上面第一行程序的功能是定义矩形面积计算对话框类 rectangleDialog 的指针 *rectangleDlg，将指针指向匿名创建的矩形面积计算对话框类的一个对象。第二行程序的功能是显示匿名创建的矩形面积计算对话框对象，在屏幕上显示矩形面积计算对话框。

(3) 将矩形面积计算对话框界面类 RectangleDialog 包含到程序主窗口类中。要在主窗口程序 mainwindow.cpp 中使用矩形面积计算对话框界面类 RectangleDialog，必须将它包含进来。方法是：在项目列表中的“头文件”夹中找到主窗口程序头文件 mainwindow.h，双击打开它并进入 mainwindow.h 文件编辑窗口，在该文件中加入程序代码 #include < rectangledialog.h>，如图 6-6 所示。

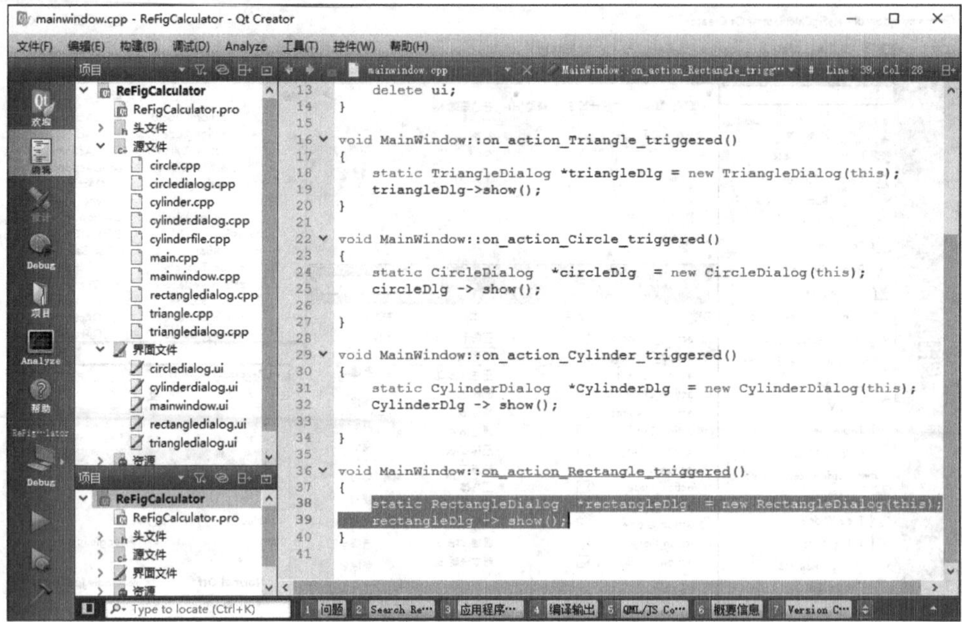

图 6-5　编辑槽函数 on_action_Rectangle_triggered()

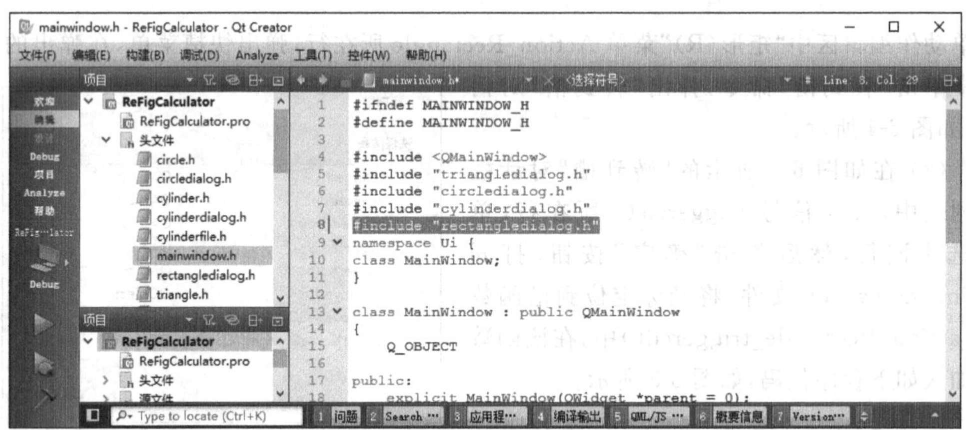

图 6-6　编辑 mainwindow.h 头文件,添加 rectangledialog.h

(4) 保存程序,编译构建可执行程序并运行它,单击"面积计算"菜单,然后单击"矩形(R)"子菜单进行矩形面积计算,如图 6-7 所示。

运行程序发现,它并没有正确地实现所想要的矩形面积计算功能,存在下列两方面的问题:

(1) "计算"按钮总是失效的。

(2) "退出"按钮什么也做不了。

上面存在的这两个问题,在这里暂不解决,等设计好正方形面积计算对话框和梯形面积计算对话框后,采用多态技术,将矩形面积计算对话框、正方形面积计算对话框、梯形面积计算对话框存在的类似问题一并解决。

6.5.2 正方形面积计算对话框的设计与实现

第一步：正方形面积计算对话框设计。

ReFigCalcultor 正方形面积计算的对话框设计如图 6-8 所示。

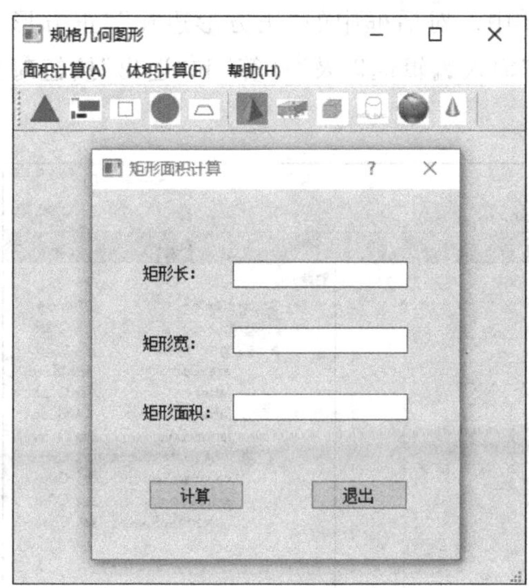

图 6-7 圆形面积计算窗口

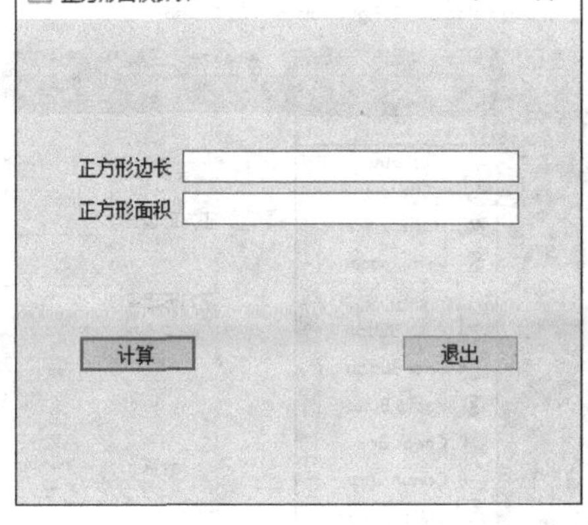

图 6-8 “正方形面积计算”对话框

设计正方形面积计算对话框时，对话框对象及其包含的子对象有关属性的值要对应表 6-2 逐项设置。

表 6-2 ReFigCalculator 正方形面积计算对话框对象属性设置一览表

窗口	对　象	对象类别	对象属性及其取值		
			objectName（对象名称）	windowTitle *（标题）	Text（文本）
正方形面积计算	正方形面积计算对话框	Dialog（对话框）	SquareDialog	正方形面积计算	无
	正方形边长	Label（标签）	默认值	无	正方形边长：
	正方形边长（输入）	Line Edit（单行文本输入框）	lengthEdit	无	无
	正方形面积	Label（标签）	默认值	无	正方形面积：
	正方形面积显示	Line Edit（单行文本输入框）	areaEdit	无	无
	计算按钮	Push Button（命令按钮）	calculateButton	无	计算
	退出按钮	Push Button（命令按钮）	exitBotton	无	退出

第二步：为 ReFigCalculator 项目添加正方形面积计算对话框。

参照 4.8 节所讲的三角形面积计算对话框设计方法和步骤，为 ReFigCalculator 项目添加正方形面积计算对话框如图 6-9 所示。在该对话框中，输入正方形的边长，计算并显示正方形的面积。其中正方形面积计算对话框对象通过 Qt 设计师界面类模板生成，设计时将正方形面积计算对话框命名为 SquareDialog，保存在文件 squaredialog. h、squaredialog. cpp 和界面文件 squaredialog. ui 中。对话框中的“正方形边长”“正方形面积”等标签(label)和“正方形长”“正方形面积”输入编辑框以及“计算”和“退出”按钮对象的属性，参照表 6-2 进行设置。

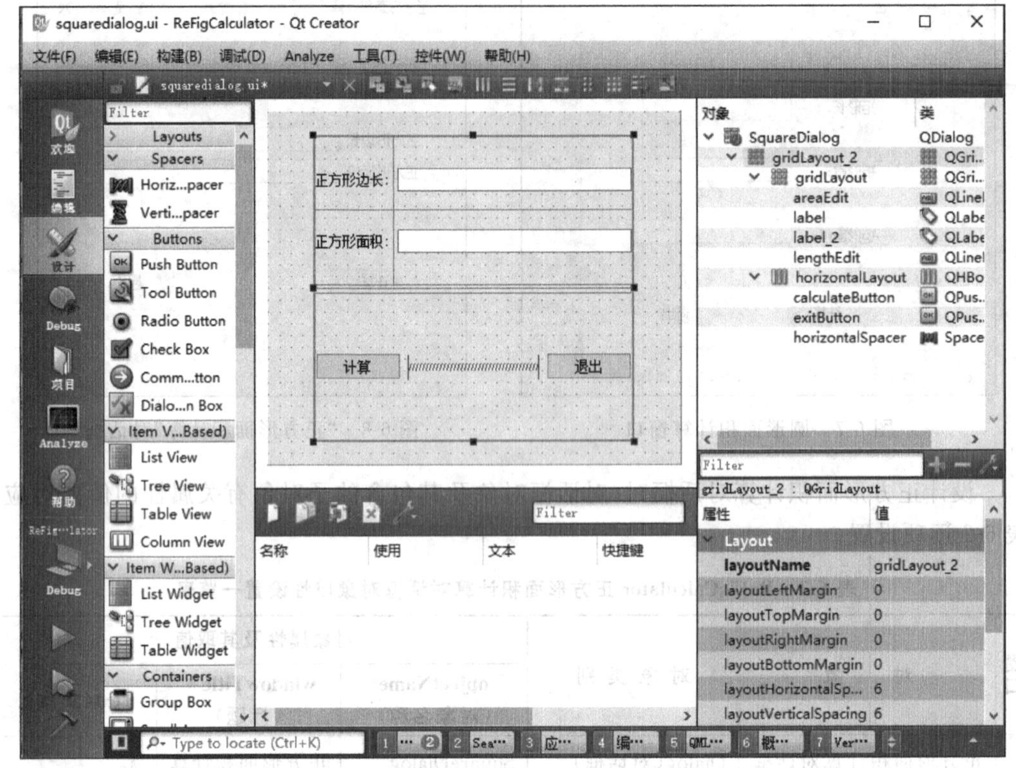

图 6-9　正方形面积计算对话框

设置正方形面积对话框 windowTitle 属性的值，由默认值 Dialog 修改为“正方形面积计算”。

第三步：建立“正方形(Q)”菜单和其面积计算对话框的联系。

要想在运行 ReFigCalcultor 程序时，通过选择“面积计算(A)→正方形(Q)”命令弹出正方形面积计算对话框，必须建立菜单“正方形(Q)”和正方形面积计算对话框的联系，其步骤如下。

(1) 打开项目 ReFigCalcultor，进入“编辑”模式，在项目列表中的“界面文件”文件夹中找到程序主窗口界面文件 mainwindow. ui，双击进入编辑状态，如图 6-10 所示，右击菜单动作编辑区中“正方形(Q)”菜单 Action_Square 所在行，弹出快捷菜单，在弹出的菜单中单击“转到槽”命令，弹出“转到槽”对话框，如图 6-11 所示。

图 6-10　菜单动作设置

(2) 在如图 6-11 所示的“转到槽”对话框的列表中，找到信号 triggered() 所在行，单击选中该行，然后单击“确定”按钮，打开 mainwindow.cpp 文件，将光标定位到槽函数 on_action_Square_triggered() 中，在该函数中加入如下程序代码，如图 6-12 所示。

```
static SquareDialog * squareDlg=new
    SquareDialog(this);
squareDlg ->show();
```

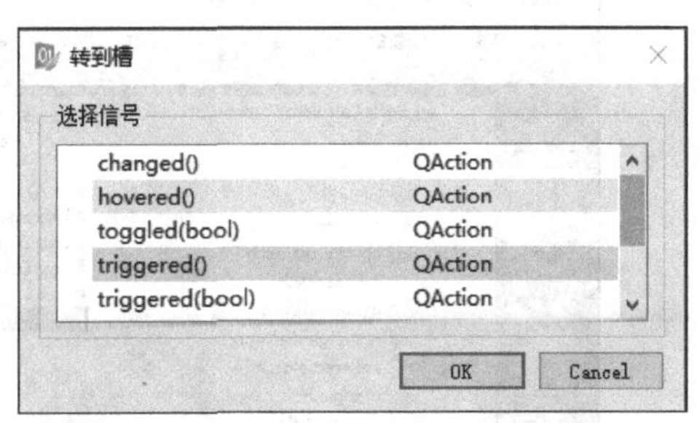

图 6-11　“转到槽”对话框

注： 上面第一行程序的功能是定义正方形面积计算对话框类 SquareDialog 的指针 * squareDlg，将指针指向匿名创建的正方形面积计算对话框类的一个对象。第二行程序的功能是显示匿名创建的正方形面积计算对话框对象，在屏幕上显示正方形面积计算对话框。

(3) 将正方形面积计算对话框界面类 SquareDialog 包含到程序主窗口类中。要在主窗口程序 mainwindow.cpp 中使用正方形面积计算对话框界面类 SquareDialog，必须将它包含进来。方法是：在项目列表中的“头文件”夹中找到主窗口程序头文件 mainwindow.h，双击打开它并进入 mainwindow.h 文件编辑窗口，在该文件中加入程序代码 #include ＜squaredialog.h＞，如图 6-13 所示。

(4) 保存程序，编译构建可执行程序并运行它，单击“面积计算”菜单，然后单击“正方

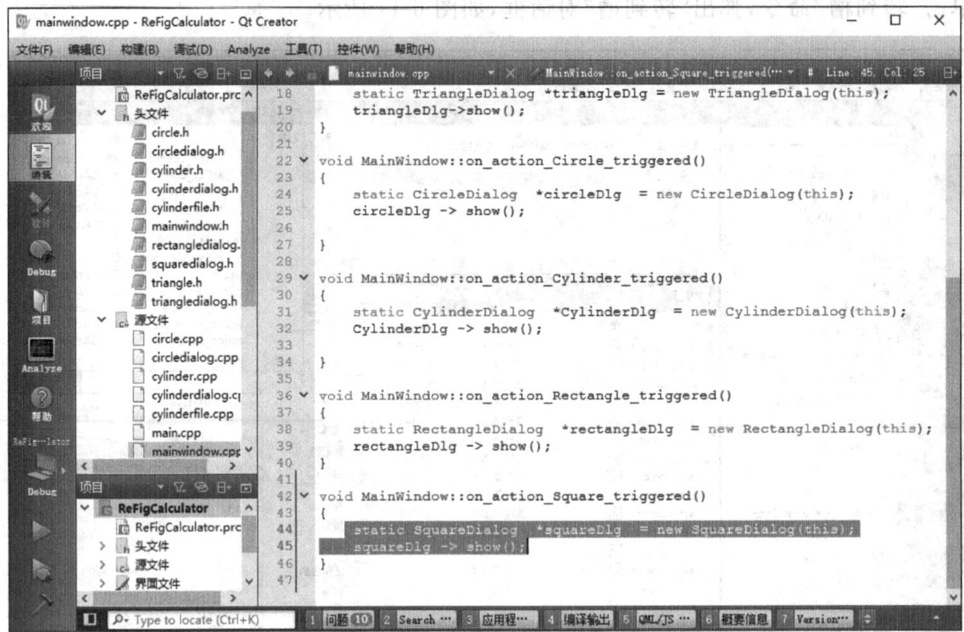

图 6-12　编辑槽函数 on_action_Square_triggered()

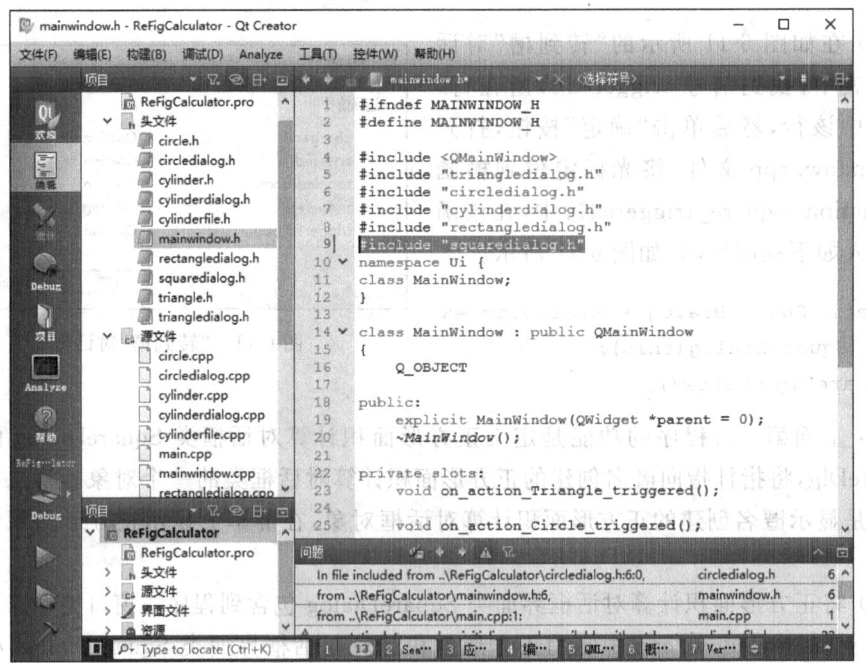

图 6-13　编辑 mainwindow. h 头文件,添加 squaredialog. h

形(Q)"子菜单进行正方形面积计算,如图 6-14 所示。

运行程序发现,它并没有正确地实现所想要的正方形面积计算功能,存在下列两方面的问题:

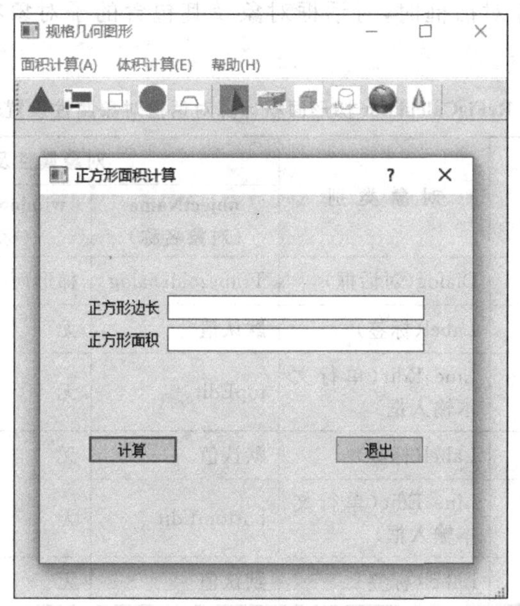

图 6-14 正方形面积计算窗口

(1)“计算”按钮总是失效的。

(2)“退出”按钮什么也做不了。

这两个问题,在这里暂不解决,等设计好梯形面积计算对话框后,采用多态技术,一并解决它们。

6.5.3 梯形面积计算对话框的设计与实现

第一步:梯形面积计算对话框设计。

ReFigCalcultor 梯形面积计算的对话框设计如图 6-15 所示。

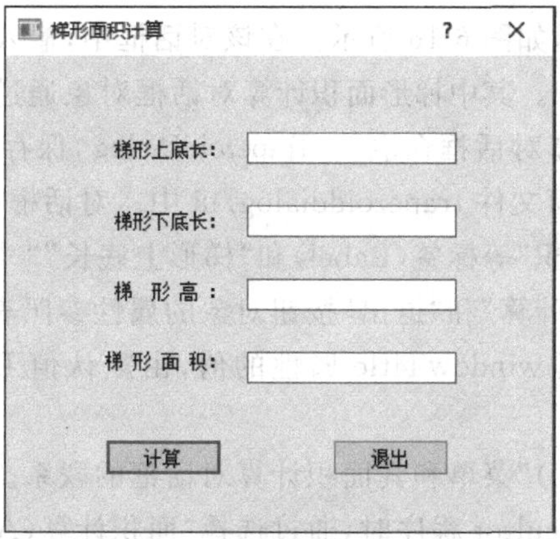

梯形面积计算
梯形上底长:
梯形下底长:
梯 形 高:
梯 形 面 积:
计算
退出

图 6-15 “梯形面积计算”对话框

设计梯形面积计算对话框时,对话框对象及其包含的子对象有关属性的值要对应表6-3逐项设置。

表6-3 ReFigCalculator梯形面积计算对话框对象属性设置一览表

窗口	对　　象	对象类别	对象属性及其取值		
			objectName(对象名称)	windowTitle *(标题)	Text(文本)
梯形面积计算	梯形面积计算对话框	Dialog(对话框)	TrapezoidDialog	梯形面积计算	无
	梯形上底长	Label(标签)	默认值	无	梯形上底长:
	梯形上底长(输入)	Line Edit(单行文本输入框)	topEdit	无	无
	梯形下底长	Label(标签)	默认值	无	梯形下底长:
	梯形下底长(输入)	Line Edit(单行文本输入框)	bottomEdit	无	无
	梯形高	Label(标签)	默认值	无	梯形高:
	梯形高(输入)	Line Edit(单行文本输入框)	heightEdit	无	无
	梯形面积	Label(标签)	默认值	无	梯形面积:
	梯形面积显示	Line Edit(单行文本输入框)	areaEdit	无	无
	计算按钮	Push Button(命令按钮)	calculateButton	无	计算
	退出按钮	Push Button(命令按钮)	exitBotton	无	退出

第二步:为ReFigCalculator项目添加梯形面积计算对话框。

参照4.8节所讲的三角形面积计算对话框设计方法和步骤,为ReFigCalculator项目添加梯形面积计算对话框,如图6-16所示。在该对话框中,输入梯形的上底长、下底长和高,计算并显示梯形的面积。其中梯形面积计算对话框对象通过Qt设计师界面类模板生成,设计时将梯形面积计算对话框命名为TrapezoidDialog,保存在文件trapezoiddialog.h、trapezoiddialog.cpp和界面文件trapezoiddialog.ui中。对话框中的"梯形上底长""梯形下底长""梯形高""梯形面积"等标签(Label)和"梯形上底长""梯形下底长""梯形高""梯形面积"输入编辑框以及"计算"和"退出"按钮对象的属性参照表6-3进行设置。

设置梯形面积对话框windowTitle属性的值,由默认值Dialog修改为"梯形面积计算"。

第三步:建立"梯形(L)"菜单和其面积计算对话框的联系。

要想在运行ReFigCalcultor程序时,通过选择"面积计算(A)→梯形(L)"命令弹出梯形面积计算对话框,必须建立菜单"梯形(L)"和梯形面积计算对话框的联系,其步骤如下。

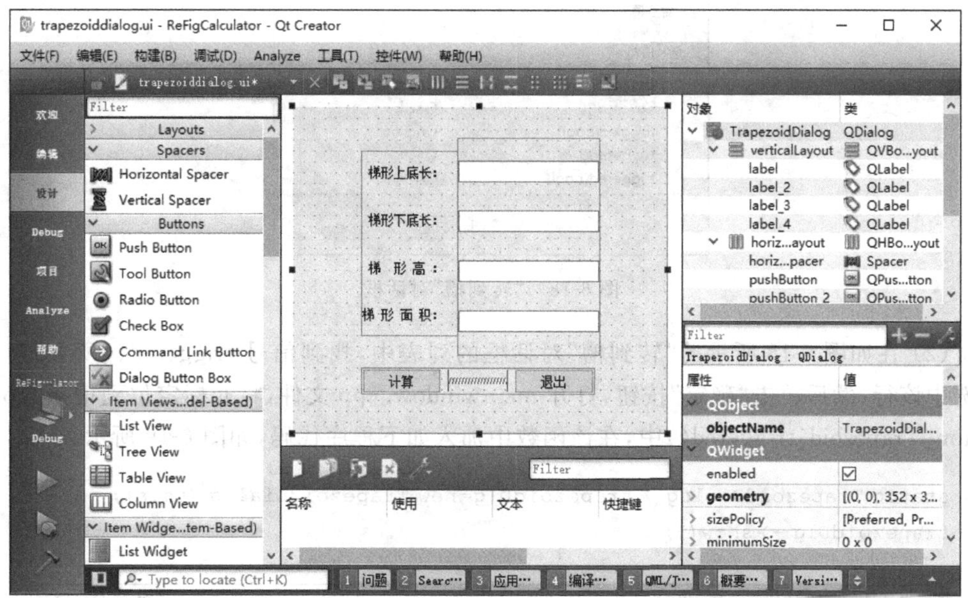

图 6-16 梯形面积计算对话框

(1) 打开项目 ReFigCalcultor,进入“编辑”模式,在项目列表中的“界面文件”文件夹中找到程序主窗口界面文件 mainwindow. ui,双击打开它进入编辑状态,如图 6-17 所示,右击菜单动作编辑区中“梯形(L)”菜单 Action_Trapezoid 所在行,弹出快捷菜单,在弹出的菜单中单击“转到槽”命令,弹出“转到槽”对话框如图 6-18 所示。

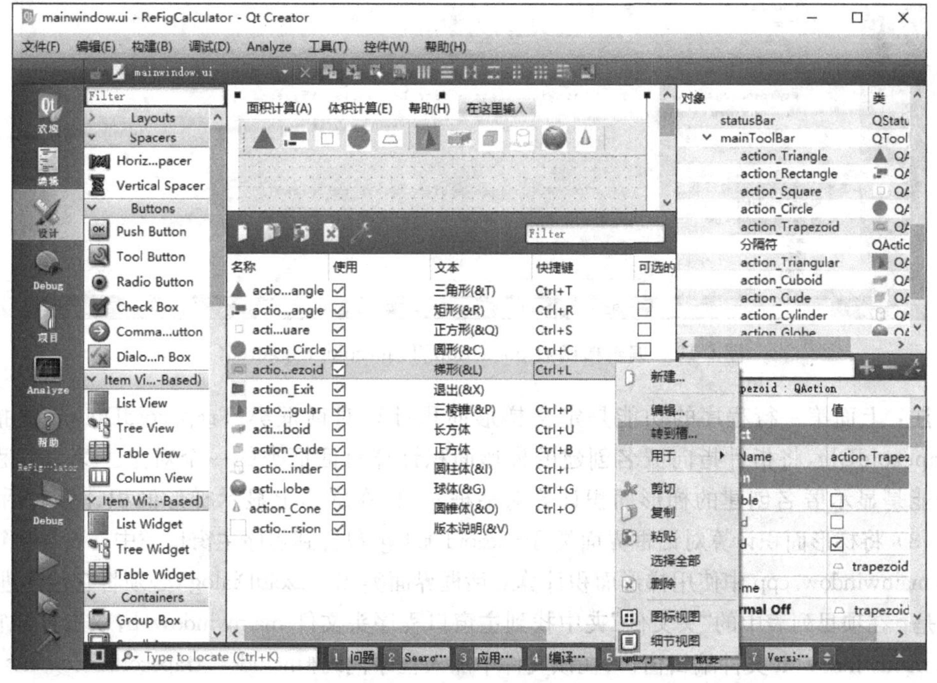

图 6-17 菜单动作设置

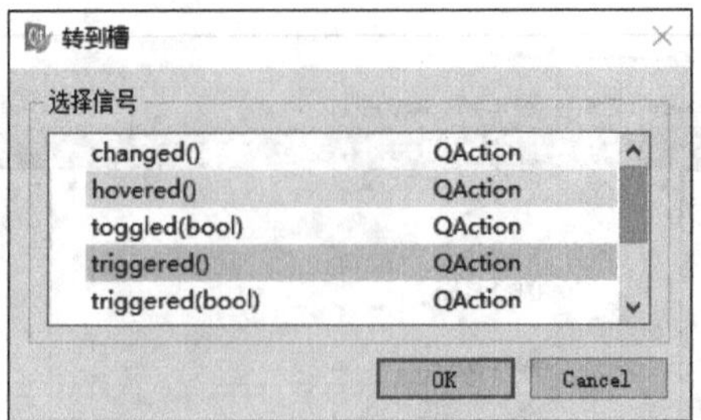

图 6-18 “转到槽”对话框

(2) 在如图 6-18 所示的“转到槽”对话框的列表中，找到信号 triggered()所在行，单击选中该行，然后单击“确定”按钮，打开 mainwindow. cpp 文件，将光标定位到槽函数on_action_Trapezoid_triggered()中，在该函数中加入如下程序代码，如图 6-19 所示。

```
static TrapezoidDialog *trapezoidDlg=new TrapezoidDialog (this);
trapezoidDlg ->show();
```

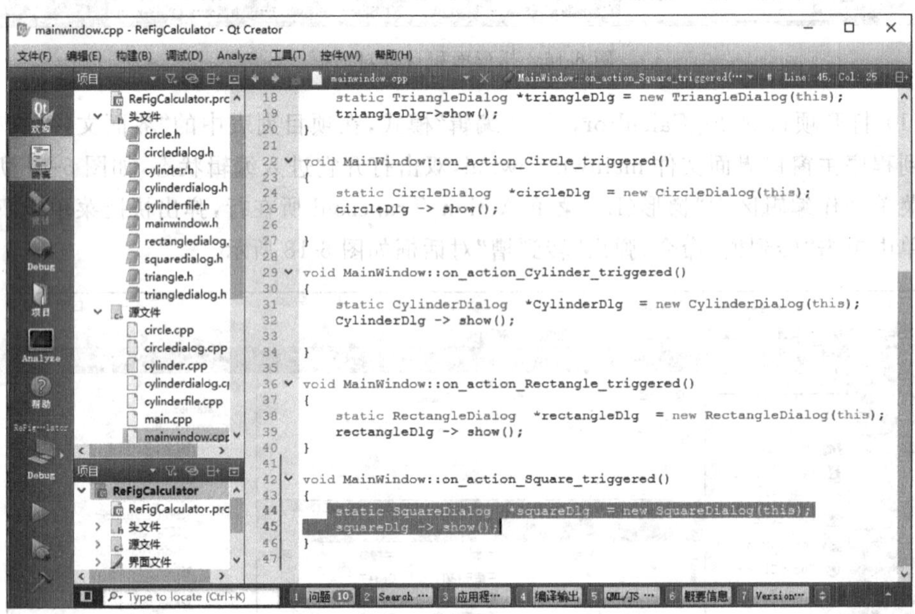

图 6-19 编辑槽函数 on_action_Trapezoid_triggered()

注：上面第一行程序的功能是定义梯形面积计算对话框类 TrapezoidDialog 的指针 * trapezoidDlg，将指针指向匿名创建的梯形面积计算对话框类的一个对象。第二行程序的功能是显示匿名创建的梯形面积计算对话框对象，在屏幕上显示梯形面积计算对话框。

(3) 将梯形面积计算对话框界面类 TrapezoidDialog 包含到程序主窗口类中。要在主窗口程序 mainwindow. cpp 中使用梯形面积计算对话框界面类 TrapezoidDialog，必须将它包含进来。方法是：在项目列表中的“头文件”夹中找到主窗口程序头文件 mainwindow. h，双击打开它并进入 mainwindow. h 文件编辑窗口，在该文件中加入程序代码#include<trapezoiddialog. h>，如图 6-20 所示。

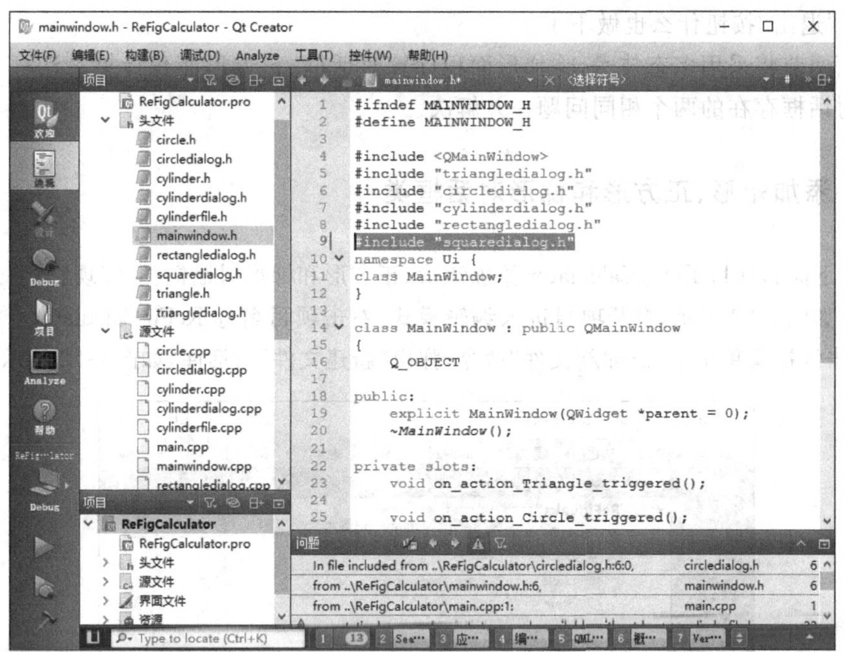

图 6-20 编辑 mainwindow.h 头文件,添加 trapezoiddialog.h

(4) 保存程序,编译构建可执行程序并运行它,单击"面积计算"菜单,然后单击"梯形(L)"子菜单进行梯形面积计算,如图 6-21 所示。

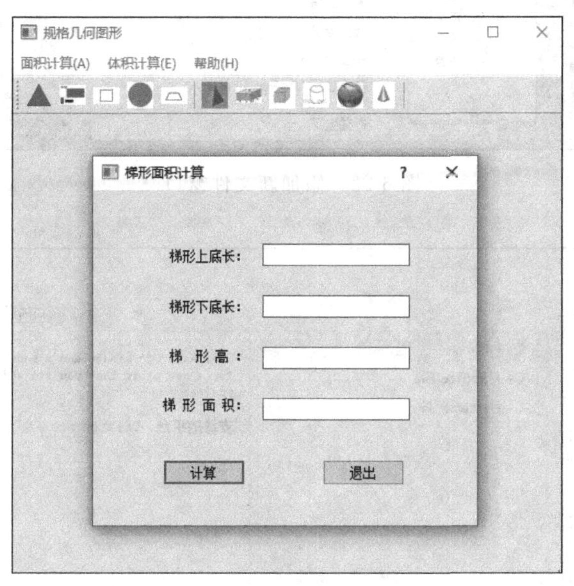

图 6-21 梯形面积计算窗口

运行程序发现,它并没有正确地实现所想要的梯形面积计算功能,存在下列两方面的问题:

(1) "计算"按钮总是失效的。

(2)“退出”按钮什么也做不了。

下面两节将采用多态技术,将梯形面积计算对话框、正方形面积计算对话框、梯形面积计算对话框存在的两个相同问题一并解决。

6.5.4 添加矩形、正方形和梯形对话框类

(1)下面为项目 ReFigCalculator 添加矩形、正方形和梯形对话框类,实现它们的面积计算功能。如图 6-22 所示,打开项目进入编辑模式,右击项目名称 ReFigCalculator,弹出快捷菜单,单击快捷菜单中的“添加新文件”命令,弹出“新建文件”对话库,如图 6-23 所示。

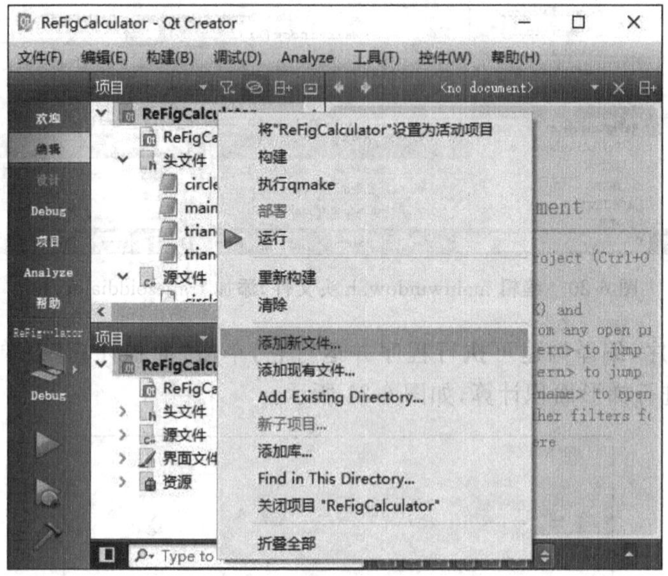

图 6-22 添加新文件窗口

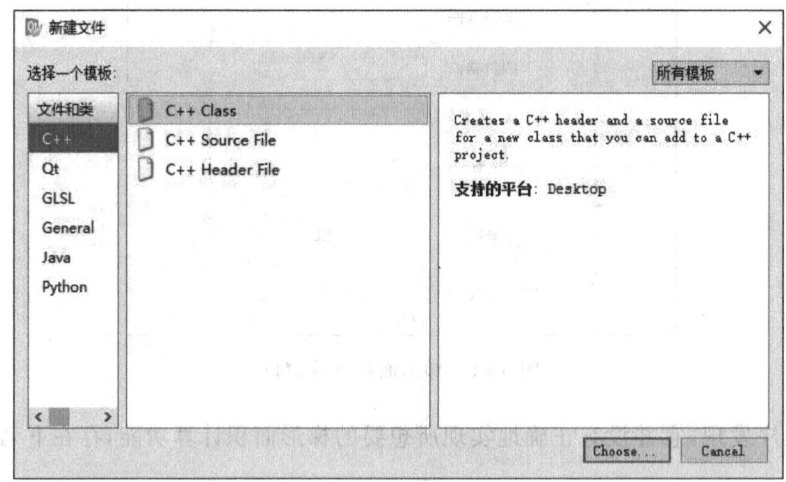

图 6-23 新建文件对话框

(2) 在图 6-23 所示的对话框中，首先单击选中左侧列表的 C++、然后选择中间列表的 C++ Class，最后单击对话框右下方的“选择”按钮，出现如图 6-24 所示的 C++ 类向导对话框，创建一个 C++ 类。

(3) 因为要创建矩形、正方形、梯形对话框类，所以输入类名 Rectangle_Square_Trapezoid，如图 6-24 所示，其他内容保持不变。单击“下一步”按钮，弹出项目管理对话框，如图 6-25 所示。

C++ Class
Define Class
Details
Summary
Class name: Ractangle_Square_Trapezoid
Base class: <Custom>
Include QObject
Include QWidget
Include QMainWindow
Include QDeclarativeItem - Qt Quick 1
Include QQuickItem - Qt Quick 2
Include QSharedData
Header file: ractangle_square_trapezoid.h
Source file: ractangle_square_trapezoid.cpp
Path: D:\Qt_example\4\ReFigCalculator
浏览...
下一步(N) 取消

图 6-24 C++ 类向导对话框

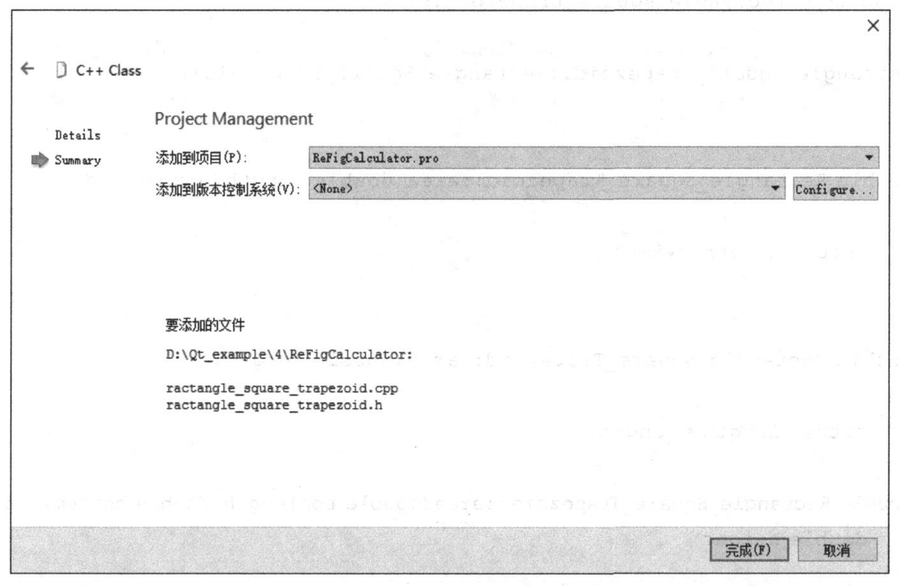

图 6-25 项目管理对话框

(4) 图 6-25 所示的对话框表明,新创建的矩形、正方形和梯形对话框类默认被添加到项目 ReFigCalculator 中,该类的内容包含在 rectangle_square_trapezoid.h 和 rectangle_square_trapezoid.cpp 两个文件中。保持该对话框内容不变,单击"完成"按钮,就在项目 ReFigCalculator 中增加了 rectangle_square_trapezoid.h 和 rectangle_square_trapezoid.cpp 两个文件。

(5) 编辑并保存 rectangle_square_trapezoid.h 和 rectangle_square_trapezoid.cpp 文件,完善矩形、正方形和梯形对话框类 Rectangle_Square_Trapezoid。

① 项目编辑模式下打开 rectangle_square_trapezoid.h 文件进行编辑,其完整内容如下:

```
#ifndef RECTANGLE_SQUARE_TRAPEZOID_H
#define RECTANGLE_SQUARE_TRAPEZOID_H
class Rectangle_Square_Trapezoid
{
  public:
    Rectangle_Square_Trapezoid();
    double area(double length,double width);                //矩形面积计算
    double area(double length);                             //正方形面积计算
    double area(double toplength,double bottomlength,double height);  //梯形面积计算
};
#endif//RECTANGLE_SQUARE_TRAPEZOID_H
```

② 项目编辑模式下打开 rectangle_square_trapezoid.cpp 文件进行编辑,其完整内容如下:

```
#include "rectangle_square_trapezoid.h"

Rectangle_Square_Trapezoid::Rectangle_Square_Trapezoid()
{
}
double Rectangle_Square_Trapezoid::area(double length,double width)
{
    return length * width;
}

double Rectangle_Square_Trapezoid::area(double length)
{
    return length * length;
}
double Rectangle_Square_Trapezoid::area(double toplength,double bottomlength,
    double height)
{
    return ((toplength +bottomlength) * height)/2.0;
}
```

(6) 因为需要在矩形、正方形和梯形面积计算窗口中，使用类 Rectangle_Square_Trapezoid 分别生成矩形、正方形和梯形对象并计算它们的面积，所以必须把矩形、正方形和梯形类 Rectangle_Square_Trapezoid 分别包含到矩形、正方形和梯形面积计算窗口类中。方法是参照前面的例子，在编辑模式下分别打开 rectangledialoh. h、squaredialoh. h 和 trapezoiddialoh. h 三个文件，在每个文件的前部位置加入语句"#include rectangle_square_trapezoid. h"。

6.5.5 实现矩形、正方形和梯形对话框的面积计算功能

1. 实现矩形的面积计算功能

参照前面例子，给矩形面积计算对话框的"计算"按钮对象添加槽函数 void RectangleDialog::on_calculateButton_clicked()。

编辑槽函数 void RectangleDialog::on_calculateButton_clicked()，编写其程序代码如下，实现矩形面积计算功能。

```
void RectangleDialog::on_calculateButton_clicked()
{
    //定义字符串对象 lengthString,接收窗口中矩形的长度文本
    QString lengthString =ui->lengthEdit->text();
    //定义双精度变量 length,接收窗口中矩形的长度数值
    double length =lengthString.toDouble();
    //定义字符串对象 widthString,接收窗口中矩形的宽度文本
    QString widthString =ui->widthEdit->text();
    //定义双精度变量 width,接收窗口中矩形的宽度数值
    double width =widthString.toDouble();
    Rectangle_Square_Trapezoid rectangle01;                    //定义对象

    double rectangleArea =rectangle01.area(length, width ); //计算矩形面积
    //qDebug()<<rectangleArea;
    //将矩形面积保留两位小数,并显示在窗口的 areaEdit 对象中
    ui->areaEdit->setText(QString::number(rectangleArea, 'f', 2));
}
```

参照前面例子，给矩形面积计算对话框的"退出"按钮对象添加接收 clicked()信号的槽函数 void RectangleDialog::on_exitButton_clicked()，编写其程序代码如下，实现退出矩形面积计算对话框的功能。

```
void RectangleDialog::on_exitButton_clicked()
{
    this->close();
}
```

保存程序，然后构建并运行它，单击"面积计算"菜单，然后单击"矩形(R)"子菜单进

行矩形面积计算,可以看到程序能够进行矩形面积计算了。

2. 实现正方形的面积计算功能

参照前面例子,给正方形面积计算对话框的"计算"按钮对象添加槽函数 void SquareDialog::on_calculateButton_clicked()。

编辑槽函数 void SquareDialog::on_calculateButton_clicked(),编写其程序代码如下,实现正方形面积计算功能。

```
void SquareDialog::on_calculateButton_clicked()
{
    //定义字符串对象 lengthString,接收窗口中正方形的边长文本
    QString lengthString =ui->lengthEdit->text();
    //定义双精度变量 length,接收窗口中矩形的长度数值
    double length =lengthString.toDouble();
    Rectangle_Square_Trapezoid square01;                //构建对象
    double squareArea =square01.area(length);           //计算正方形的面积
    //qDebug()<<squareArea;
    //将正方形面积保留两位小数,并显示在窗口的 areaEdit 对象中
    ui->areaEdit->setText(QString::number(squareArea, 'f', 2));

}
```

参照前面例子,给正方形面积计算对话框的"退出"按钮对象添加接收 clicked()信号的槽函数 void SquareDialog::on_exitButton_clicked(),编写其程序代码如下,实现退出正方形面积计算对话框的功能。

```
void SquareDialog::on_exitButton_clicked()
{
    this->close();
}
```

保存程序,然后构建并运行它,单击"面积计算"菜单,然后单击"正方形(Q)"子菜单进行正方形面积计算,就可以看到程序能够进行正方形面积计算了。

3. 实现梯形的面积计算功能

参照前面例子,给梯形面积计算对话框的"计算"按钮对象添加槽函数 void TrapezoidDialog::on_pushButton_clicked()。

编辑槽函数 void TrapezoidDialog::on_pushButton_clicked(),编写其程序代码如下,实现梯形面积计算功能。

```
void TrapezoidDialog::on_pushButton_clicked()
{
    //定义字符串对象 lengthString,接收窗口中梯形的上底长度文本
    QString lengthString =ui->topEdit->text();
```

```
    //定义双精度变量 length,接收窗口中梯形的上底长度数值
    double toplength =lengthString.toDouble();
    //定义字符串对象 widthString,接收窗口中梯形的下底长度文本
    QString bottomString =ui->bottomEdit->text();
    //定义双精度变量 width,接收窗口中梯形的下底长度数值
    double bottomlength =bottomString.toDouble();

    //定义字符串对象 heightString,接收窗口中梯形的高度文本
    QString heightString =ui->heightEdit->text();
    //定义双精度变量 height,接收窗口中梯形的高度数值
    double height =heightString.toDouble();

    Rectangle_Square_Trapezoid trapezoid01;

    double trapezoidArea =trapezoid01.area(toplength, bottomlength, height);
    //计算矩形面积
    //qDebug()<<rectangleArea;
    //将矩形面积保留两位小数,并显示在窗口的 areaEdit 对象中
    ui->areaEdit->setText(QString::number(trapezoidArea, 'f', 2));
}
```

参照前面例子,给梯形面积计算对话框的"退出"按钮对象添加接收 clicked()信号的槽函数 void TrapezoidDialog::on_exitButton_clicked(),编写其程序代码如下,实现退出梯形面积计算对话框的功能。

```
void TrapezoidDialog::on_exitButton_clicked()
{
    this->close();
}
```

保存程序,然后构建并运行它,单击"面积计算"菜单,然后单击"梯形(L)"子菜单进行矩形面积计算,就可以看到程序能够进行梯形面积计算了。

6.6 习题

6.6.1 选择题

1. 关于虚函数的描述中,(　　)是正确的。
   A. 虚函数是一个未实现的函数
   B. 虚函数是一个非成员函数
   C. 虚函数的声明是在成员函数定义时加上 virtual 关键字
   D. 派生类继承的基类的虚函数可以省略 virtual 声明
2. 下面(　　)的叙述不符合赋值兼容规则。

A. 派生的对象可以赋给基类的对象

B. 基类的对象可以赋给派生类的对象

C. 派生类的对象可以初始化基类的引用

D. 派生类的对象的地址可以赋给指向基类类型的指针

3. 以下说法正确的是(　　)。

A. 类的构造函数不可以是虚函数

B. 类的析构函数不可以是虚函数

C. 基类的虚函数在派生类中必须重新定义

D. 基类的纯虚函数必须在派生类中实现定义

4. 在C++中,要实现动态联编,必须使用(　　)调用虚函数。

A. 类名　　B. 派生类指针　　C. 对象名　　D. 基类指针或引用

5. 下面函数原型中,正确声明fun为纯虚函数的是(　　)。

A. virtual void fun()=0;　　B. void fun()=0;

C. virtual fun()=0;　　D. virtual void fun(){ };

6. 在派生类中定义虚函数时,可以与基类中相应的虚函数不同的是(　　)。

A. 参数类型　　B. 参数个数　　C. 函数名称　　D. 函数体

7. 以下说法不正确的是(　　)。

A. 抽象类可以直接实例化对象

B. 可以定义抽象类的指针或引用,指向各派生类对象

C. 抽象类派生定义子类时,如果子类中仍然没有实现纯虚函数的定义,则子类仍然是抽象类

D. 纯虚函数在派生类中实现定义后自动成为虚函数

8. 以下不属于静态多态机制的是(　　)。

A. 函数重载　　B. 运算符重载　　C. 模板　　D. 虚函数

6.6.2 填空题

1. C++支持两种多态机制,分别是________和________。

2. 在编译时就确定的函数调用称为________,它通过使用________等实现。

3. 在运行时才确定的函数调用称为________,它通过________来实现。

4. 抽象类是指至少包含一个________函数的类。

5. 以下程序的运行结果为________。

```
#include <iostream>
using namespace std;
class Base
{
public:
    virtual void Fn()
```

```
    { cout<<"In Base class\n"; }
};
class SubClass :public Base
{
public:
    void Fn()
    { cout<<"In SubClass\n"; }
};
void Test(Base& b)
{ b.Fn(); }
int main()
{
    Base bc;
    SubClasss c;
    cout<<"Calling Test(bc)\n";
    Test(bc);
    cout<<"Calling Test(sc)\n";
    Test(sc);
    return 0;
}
```

6. 以下程序的运行结果为________。

```
#include <iostream>
using namespace std;
class B0
{
public:
    virtual void print()
    { cout<<"B0::"<<"print()"<<endl;}
};
class B1: public B0
{
public:
    virtual void print()
    { cout<<"B1::"<<"print()"<<endl;}
};
class B2: public B1
{
public:
    virtual void print()
    { cout<<"B2::"<<"print()"<<endl;}
};
int main()
{
```

```
    B0 ob0, *op;
    B1 ob1;
    B2 ob2;
    ob0.print();
    ob1.print();
    ob2.print();
    op=&ob0;
    op->print();
    op =&ob1;
    op->print();
    op=&ob2;
    op->print();
    return 0;
}
```

6.6.3 编程题

1. 编写一个程序,设计一个基类One,它有一个数据成员x以及一个纯虚函数Add(),由One类派生定义Two类,后者添加一个私有的数据成员y,由Two类派生定义Three类,后者添加一个私有的数据成员z,在这些派生类中实现Add()成员函数,并用数据测试所设计的类。

2. 定义一个类Base,该类中含有虚函数Display(),然后定义它的两个派生类FirstB和SecondB,这两个类均含有公有成员函数Display()。在主程序中,定义指向基类Base的指针变量ptr,并分别定义Base、FirstB、SecondB的对象b1、f1、s1,让ptr分别指向b1、f1、s1的起始地址,然后调用这些对象的成员函数Dispay()进行测试。

3. 扩充第5章问答及编程题6中的日期类Date,为Date类增加一个成员函数,可以判断一个日期是否系统的当前日期。从键盘上输入你的生日,如果今天是你的生日则显示"Happy Birthday!",否则显示"还有xx天是你的生日"或"你的生日已经过去了xx天,明年的生日要再等yy天"。

4. 采用多态技术,编程实现规则几何图形面积和体积计算程序中正方体、长方体、球体、圆柱体等几何图形的体积计算。

第 7 章　运算符重载

本章主要内容：

(1) 运算符重载的概念、规则以及两种重要的重载形式。

(2) 几种特殊的运算符重载方法与应用实例。

C++ 语言提供了丰富的运算符，使得基本数据类型可以一种简单的方式完成各种操作。例如 1＋2，1.5＋3.4，3 * 4，i++ 等运算表达式。C++ 中预定义的运算符只能对基本数据类型实现运算，而不适用于用户自定义类型（如结构体、类类型）。通过重载运算符，为自定义类型定义运算符重载函数，就可以应用已有运算符对自定义类型进行运算。运算符重载是通过函数重载实现的，系统在编译时可根据操作数的不同自动区分调用不同的运算符重载函数。

7.1　运算符重载概述

问题的引入：在 C++ 程序设计中，类型和类型的处理相当重要。程序员可以使用基本数据类型，也可以自定义新类型。应用运算符重载机制，可以将已有运算符应用于用户自定义数据类型的操作，以使这些运算符就像处理 C++ 的基本数据类型那样，以一种自然的方式处理程序员定义的类类型。这也是 C++ 的强大功能之一。

首先分析基本数据类型的运算，对于表达式 1＋2 和 1.5＋3.4，编译器在处理它们时，并不需要知道符号＋表示什么意思，而是将表达式解释成以下函数调用的形式：

```
operator+ ( 1, 2 )  和  operator+ ( 1.5, 3.4 )
```

这类似于以下重载函数的调用：Add (1,2)和 Add (1.5,3.4)，只是此处的函数名比较特殊，用“operator＋”表示，称为运算符重载函数。编译时系统根据参数类型的不同调用该函数的不同重载版本。

假设有复数类定义如下：

```
class Complex
{
public:
    double real, imag;            //real 表示实部,imag 表示虚部
    Complex(double r =0, double i =0): real(r), imag(i){}
};
```

定义 Complex 类的两个对象：

```
Complex com1 (1.1,2.2);
Complex com2 (3.3,4.4);
```

若要计算这两个复数对象相加的和,可以考虑定义普通的函数 Add(),如下所示:

```
Complex Add(Complex &c1, Complex &c2)
{
    Complex temp;
    temp.real=c1.real+c2.real;
    temp.imag=c1.imag+c2.imag;
    return temp;
}
```

函数调用"Add(com1,com2);",就可以得到 com1 与 com2 的和,这是一般函数的实现方式。

但是,要实现求和运算,很自然地会想到运算符"+",习惯于用一种简单直观的形式:

```
com1+com2
```

但作为用户自定义的数据类型,直接应用"+"运算会出现编译错误,系统不知该如何将两个复数对象相加。所以,程序中需要进行运算符的重载,定义适用于复数相加的重载函数:

```
Complex operator+ (Complex &,Complex &);
```

根据 Add()函数的实现,只要把函数名 Add 改为 operator+,就完成了运算符"+"的重载。

```
Complex operator+ (Complex &c1, Complex &c2)
{   Complex temp;
    temp.real=c1.real+c2.real;
    temp.imag=c1.imag+c2.imag;
    return temp;
}
```

在此,operator 是关键字,它经常和 C++ 中的一个运算符联用,表示一个运算符函数名,也称为运算符重载函数。可见,运算符重载的目的在于可以使用现有的运算符去作用于更为复杂的运算对象。

下面是完整的程序示例。

【例 7-1】 两个复数相加的运算符重载实现。

```
//D:\QT_example\7\Example7_1.cpp
#include <iostream>
using namespace std;
class Complex
{
public:
    double real, imag;
    Complex(double r =0, double i =0): real(r), imag(i){}
```

```
    void Show();
};
void Complex::Show()
{
    if( imag >0 )
        cout<<real<<"+"<<imag<<"j"<<endl;
    else if(imag <0)
        cout<<real<<imag<<"j"<<endl;
    else
        cout<<real<<endl;
}
Complex operator+ (Complex &c1, Complex &c2)
{   Complex temp;
    temp.real=c1.real+c2.real;
    temp.imag=c1.imag+c2.imag;
    return temp;
}
int main()
{
    Complex com1(5,-2);
    Complex com2(4,-3);
    Complex com;
    com=com1+com2;
    com.Show();
    return 0;
}
```

程序的运行结果为：

```
9-5j
```

语句“com ＝ com1＋com2;”完成了对复数的加运算。在编译时，该语句被解释成为：

```
com =operator+ ( com1, com2);
```

通过对 Complex 类重载运算符，使程序的表达形式更自然，更符合人们的习惯，对自定义的复数类型的相加运算，与将两个整型变量的相加表示方法没有什么区别，以如此自然的方式扩充 C++，使得刚接触 C++ 的人会以为 C++ 具有对复数进行操作的能力。

7.2 运算符重载的规则

运算符重载的实质就是函数重载。在实现过程中，首先把指定的运算表达式转化为对运算符函数的调用，运算对象转化为运算符函数的实参，然后根据实参的类型来确定需要调用的函数，这个过程是在系统编译阶段完成的。

C++ 对运算符重载是扩充了运算符的功能,实现了用户所需要的各种操作。系统并没有增加新的运算符,也没有改变运算符原有的功能。运算符重载应遵循一定的规则,保持原有的语义不变,所以,运算符重载具有以下限制:

(1) 不能改变运算符操作数的个数。

(2) 不能改变运算符原有的优先级。

(3) 不能改变运算符原有的结合性。

(4) 不能改变运算符原有的语法结构。

并且,除了"="以外,重载运算符可以为任何派生类所继承。如果每个类都需要自定义"="操作符,那么它们就都需要明确地定义其自己的"="操作符重载函数。

C++ 不允许创建新运算符,但允许用户重载大多数已有的运算符。这样,当这些运算符和类对象一起使用时,运算符的含义将适用于新类型。表 7-1 给出了不可重载的运算符,表 7-2 给出了可重载的运算符。

表 7-1　不可重载的运算符

运算符	.	.*	::	?:	sizeof
运算符名称	成员 操作符	成员指针 访问	作用域 操作符	三目条件 运算符	类型字长 操作符

表 7-2　可重载的运算符

可重载的运算符							
+	−	*	/	%	^	&	|
~	!	=	<	>	+=	-=	*=
/=	%=	^=	&=	|=	<<	>>	>>=
<<=	==	!=	<=	>=	&&	||	++
--	->*	'	->	[]	()	new	delete
new[]	delete[]						

运算符重载可以使程序更加简洁,使表达式更加直观,增加可读性,但应遵循的原则是:重载运算符含义必须清楚,重载运算符不能有二义性。运算符重载主要应用于数学类模仿运算符的习惯用法。

7.3　友元或成员函数重载运算符

例 7-1 给出了运算符重载的一种形式,即普通函数的实现,但是该程序中的 Complex 类成员全部为公有成员,若将数据声明为私有,如下所示:

```
class Complex
{
private:
    double real, imag;
public:
```

```
    Complex(double r =0, double i =0): real(r), imag(i){}
};
```

则在以下运算符重载函数 operator+()中就不能直接访问 real 和 imag 成员。

```
Complex operator+ (Complex &c1, Complex &c2)
{   Complex temp;
    temp.real=c1.real+c2.real;          //对象不能访问私有成员
    temp.imag=c1.imag+c2.imag;          //对象不能访问私有成员
    return temp;
}
```

为了能够访问类内的私有成员，就需要将运算符重载函数声明为类的友元函数，这也是运算符重载的常见形式，运算符重载除了用友元函数实现之外，还可以用类内的成员函数实现。所以，为用户定义的类型重载运算符，要求能访问这个类的私有成员，运算符函数必须是它们所用于的类的成员函数或友元函数。

7.3.1 友元函数重载运算符

运算符重载为类的友元函数的一般形式为：

```
friend <函数类型>operator <运算符> (<参数表>)
{
    <函数体>
}
```

一般情况下，当运算符重载为类的友元函数时，函数的参数个数应与运算符的操作数个数一致，即所有的操作数都必须通过函数的形参进行传递，函数的参数与操作数自左至右一一对应。

用友元函数重载运算符时，若有表达式：

```
<操作数 1><运算符><操作数 2>
```

例如，表达式：

```
a +b
```

在编译过程中将被解释为以下函数调用形式：

```
operator <运算符> (<操作数 1>, <操作数 2>)
```

即解释为：

```
operator+ (a, b)
```

【例 7-2】 修改例 7-1，应用友元函数重载形式实现复数的运算。

```
//D:\QT_example\7\Example7_2.cpp
#include <iostream>
```

```
using namespace std;
class Complex
{
public:
    Complex(double r =0, double i =0): real(r), imag(i){}
    void Show();
    friend Complex operator+ (const Complex &c1, const Complex &c2); //两个复数相加
    friend Complex operator- (const Complex &c1, const Complex &c2); //两个复数相减
    friend Complex operator+ (const Complex &c1, double d);   //复数与实数相加
    friend Complex operator- (const Complex &c);             //复数求负
private:
    double real, imag;
};
void Complex::Show()
{
    if( imag >0 )
        cout<<real<<"+"<<imag<<"j"<<endl;
    else if(imag <0)
        cout<<real<<imag<<"j"<<endl;
    else
        cout<<real<<endl;
}
Complex operator+ (const Complex &c1, const Complex &c2)
{   Complex temp;
    temp.real=c1.real+c2.real;
    temp.imag=c1.imag+c2.imag;
    return temp;
}
Complex operator- (const Complex &c1, const Complex &c2 )
{   double r =c1.real -c2.real;
    double i =c1.imag -c2.imag;
    return Complex (r, i);                              //建立临时对象
}
Complex operator+ (const Complex &c1, double d)
{   Complex temp;
    temp.real =c1.real+d;
    temp.imag =c1.imag;
    return temp;
}
Complex operator- (const Complex &c)
{ return Complex(-c.real,-c.imag); }
int main()
{
    Complex com1(5,-2);
```

```
    Complex com2(4,-3);
    Complex com;
    com=com1+com2;          // operator+(com1,com2)
    com.Show();
    com=com1-com2;          // operator-(com1,com2)
    com.Show();
    com=com1+3.4;           // operator+(com1,3.4)
    com.Show();
    com=-com1;              // operator-(com1)
    com.Show();
    return 0;
}
```

程序运行结果为：

```
9-5j
1+1j
8.4-2j
-5+2j
```

程序中定义了四个友元运算符重载函数，分别实现两个复数对象的加减运算、复数与浮点数的相加运算及复数的求负运算。对于友元函数可以在类外定义在类内声明，也可以直接以友元方式定义在类内，如以下形式所示：

```
class Complex
{
public:
  friend Complex operator+(const Complex &c1, double d)
  {   Complex temp;
      temp.real =c1.real+d;
      temp.imag =c1.imag;
      return temp;
  }
  …
};
```

本程序中重载的加减运算符都是双目运算符，有两个操作数；而求负运算为单目运算符，有一个操作数。因此，以友元函数方式重载运算符时，双目运算符的重载函数参数有两个，单目运算符的重载函数参数有一个。

7.3.2 成员函数重载运算符

用成员函数重载运算符与友元函数重载的区别在于：成员函数具有 this 指针，而友元函数没有 this 指针。所以，两者在重载函数的参数上不同，作为类的成员函数，this 指针可以传递一个操作数，所以，成员函数要传递的参数个数比友元函数少一个。具体形式如下：

```
class 类名
{
    <函数类型>operator <运算符>(<参数表>)
    {
        <函数体>
    }
    …
};
```

与一般类的成员函数定义相同，只是函数名比较特殊，也可以采用类内声明类外定义的形式实现。

一般情况下，当运算符重载为类的成员函数时，运算符的一个操作数是通过 this 指针传递的，因此函数的参数个数比实际操作数少一个。

用成员函数重载运算符时，若有表达式：

```
<操作数 1><运算符><操作数 2>
```

例如，表达式：

```
a +b
```

将在编译过程中解释为以下函数调用形式：

```
<操作数 1>.operator <运算符>(<操作数 2>)
```

即解释为：

```
a.operator+(b)
```

其中，左操作数 a 被当作调用对象，其地址传递给 this 指针，函数内通过 this 指针(可省略)访问该对象的数据，右操作数作为函数的参数传递。

【例 7-3】 应用成员函数重载例 7-2。

```
//D:\QT_example\7\Example7_3.cpp
#include <iostream>
using namespace std;
class Complex
{
public:
    Complex(double r =0, double i =0): real(r), imag(i){}
    void Show();
    Complex operator+(const Complex &c);    //两个复数相加
    Complex operator-(const Complex &c);    //两个复数相减
    Complex operator+(double d);            //复数与实数相加
    Complex operator-();                    //复数求负
private:
```

```
    double real, imag;
};
void Complex::Show()
{
    if( imag >0 )
        cout<<real<<"+"<<imag<<"j"<<endl;
    else if(imag <0)
        cout<<real<<imag<<"j"<<endl;
    else
        cout<<real<<endl;
}
Complex Complex::operator+ (const Complex &c)
{   Complex temp;
    temp.real=real+c.real;
    temp.imag=imag+c.imag;
    return temp;
}
Complex Complex::operator- (const Complex &c)
{   double r =real -c.real;
    double i =imag -c.imag;
    return Complex (r, i);                    //建立临时对象
}
Complex Complex::operator+ (double d)
{   Complex temp;
    temp.real =real+d;
    temp.imag =imag;
    return temp;
}
Complex Complex::operator- ()
{ return Complex(-real,-imag); }
int main()
{
    Complex com1(5,-2);
    Complex com2(4,-3);
    Complex com;
    com=com1+com2;        // com1.operator+ (com2)
    com.Show();
    com=com1-com2;        //com1.operator- (com2)
    com.Show();
    com=com1+3.4;         // com1.operator+ (3.4)
    com.Show();
    com=-com1;            // com1.operator- ()
    com.Show();
    return 0;
```

```
}
```

程序中,重载双目运算符时,左操作数作为调用对象传递给this指针,需要通过参数传递右操作数,而重载单目运算符,则不需指定参数,该操作数是通过隐含的this参数传递的。

7.3.3 友元函数和成员函数重载的区别

友元函数和成员函数重载形式的主要区别在于是否拥有this指针,总结前面程序中分别实现的双目运算和单目运算的重载,可概括如下。

1. 双目运算符

双目运算符需要有左、右两个操作数,一般表达式形式为:

```
左操作数 运算符 右操作数
```

当重载为友元函数时,编译器解释为:

```
operator#(左操作数,右操作数)          //#代表运算符
```

当重载为成员函数时,编译器解释为:

```
左操作数.operator#(右操作数)          //#代表运算符
```

所以,双目运算符重载为友元函数时,函数需声明两个参数;重载为类的成员函数时,函数只需声明一个参数,该形参传递运算符的右操作数。

2. 单目运算符

单目运算符只需要有一个操作数,可置于运算符前面也可置于后面,一般表达式形式为:

```
操作数 运算符   或   运算符 操作数
```

当重载为友元函数时,编译器解释为:

```
operator#(操作数)                    //#代表运算符
```

当重载为成员函数时,编译器解释为:

```
操作数.operator#()                   //#代表运算符
```

所以,单目运算符重载为友元函数时,函数需声明一个参数;重载为类的成员函数时,函数不需声明参数(后置运算例外)。

需要注意的事项如下。

(1) 这些双目运算符不能重载为类的友元函数:=、()、[]、->。

(2) 一般情况下,单目运算符最好重载为类的成员函数;双目运算符则最好重载为类的友元函数。

(3) 类型转换函数只能定义为一个类的成员函数而不能定义为类的友元函数。

(4) 若一个运算符的操作需要修改对象的状态,选择重载为成员函数较好。

(5) 若运算符所需的操作数(尤其是第一个操作数)希望进行隐式类型转换,则只能选用友元函数。

(6) 当运算符函数是一个成员函数时,最左边的操作数(或者只有最左边的操作数)必须是运算符类的一个类对象(或者是对该类对象的引用)。如果左边的操作数必须是一个不同类的对象,或者是一个内部类型的对象,该运算符函数必须作为一个友元函数来实现。

例 7-2 中重载的 com1+3.4 的计算,可以用成员函数实现,但若是表达式改为 3.4+com1,则左操作数不是本类的对象,不能通过 this 指针传递,此时,应选用友元函数重载。

7.4 常用运算符的重载

7.4.1 自增/自减(++/--)运算符的重载

自增和自减运算符(包括前置和后置形式)都可以重载。为重载自增(自减)运算符,以区分使用前置和后置运算,重载为前置和后置的运算符函数必须有明确的区分特征,这样编译系统才能确定调用哪个运算符函数版本,一般地,前置运算遵循之前讲述的重载规则。

例如,有以下日期类的定义,程序可实现日期增加整数的天数,也可以进行自增 1 运算。

【例 7-4】 应用成员函数形式重载++实现前置运算。

```
//D:\QT_example\7\Example7_4.cpp
#include <iostream>
using namespace std;
class Date
{
public:
    Date(int m=0, int d=0, int y=0):month(m),day(d),year(y){}
    void Display() const;
    Date operator+(int) const;          //重载+运算符
    Date &operator++();                 //重载++前置运算符
private:
    int month, day, year;
    static int days[12];
};
int Date::days[12]={31,28,31,30,31,30,31,31,30,31,30,31};

Date Date::operator+(int n) const   //重载+运算符
```

```
{   Date dt = *this;
    n +=dt.day;
    while (n >days[dt.month-1])
    {
        n -=days[dt.month-1];
        if (++dt.month ==13)
        {
            dt.month =1;
            dt.year++;
        }
    }
    dt.day =n;
    return dt;
}
Date& Date::operator++ ()                //重载++前置运算符
{   *this = *this+1;
    return *this;
}
void Date::Display() const
{ cout <<'\n' <<month <<'/' <<day <<'/' <<year; }
int main()
{
    Date date(8,1,2017),newdate;
    cout<<"date:";
    date.Display();
    cout<<"\nnewdate:";
    newdate=date+10;
    newdate.Display();
    cout<<"\n++newdate:";
    ++newdate;
    newdate.Display();
    cout<<endl;
    return 0;
}
```

程序运行结果为：

```
date:
8/1/2017
newdate:
8/11/2017
++newdate:
8/12/2017
```

对于程序中的表达式++newdate，编译器将之解释为对成员函数的调用形式为：

```
newdate.operator++()
```

对应的函数原型为：

```
Date &operator++();
```

若以友元函数实现上例，则对于表达式++newdate，编译器将之解释为对友元函数的调用：

```
operator++(newdate)
```

对应的函数原型为：

```
friend Date &operator++( Date & );
```

因前置运算与后置运算不同，所以编译程序必须可以区分重载的前置运算和后置运算符函数。为此，C++ 规定，前置运算按一元运算符重载，规则同前面一样；而后置运算则按双目运算符重载，重载函数添加一个整型参数。

【例 7-5】 应用成员函数形式重载++实现后置运算。

```
//D:\QT_example\7\Example7_5.cpp
#include <iostream>
using namespace std;
class Date
{
public:
    Date(int m=0, int d=0, int y=0):month(m),day(d),year(y){}
    void Display() const;
    Date operator+(int) const;          //重载+运算符
    Date operator++(int);               //重载++后置运算符
private:
    int month, day, year;
    static int days[12];
};
int Date::days[12]={31,28,31,30,31,30,31,31,30,31,30,31};

Date Date::operator+(int n) const      //重载+运算符
{ Date dt = *this;
   n +=dt.day;
   while (n >days[dt.month-1])
   {
       n -=days[dt.month-1];
       if (++dt.month ==13)
       {
           dt.month =1;
           dt.year++;
       }
```

```
    }
    dt.day =n;
    return dt;
}
Date Date::operator++(int)              //参数 int 一般被传递 0 值
{   Date dt= * this;
    * this= * this+1;
    return dt;
}
void Date::Display() const
{ cout <<'\n' <<month <<'/' <<day <<'/' <<year; }
int main()
{
    Date date(8,1,2017),newdate;
    cout<<"date:";
    date.Display();
    cout<<"\nnewdate:";
    newdate=date+10;
    newdate.Display();
    cout<<"\nnewdate++:";
    newdate++;
    newdate.Display();
    cout<<endl;
    return 0;
}
```

程序运行结果为：

```
date:
8/1/2017
newdate:
8/11/2017
newdate++:
8/12/2017
```

对于程序中的表达式 newdate++，编译器将之解释为对成员函数的调用形式为：

```
newdate.operator++(0)
```

对应的函数原型为：

```
Date operator++(int);
```

若以友元函数实现上例，则对于表达式 newdate++，编译器将之解释为对友元函数的调用形式为：

```
operator++(newdate, 0)
```

对应的函数原型为：

```
friend Date operator++ ( Date &,int );
```

对于前置和后置的运算，++ 和 -- 运算符在重载时的处理方法相同，其重载函数在定义时必须有所区分。

(1) 成员函数的重载形式。

++(或--)为前置运算符时，重载函数的函数原型为：

```
<类型名>& 类名:: operator++();
```

或

```
<类型名>& 类名:: operator--();
```

++(或--)为后置运算符时，重载函数的函数原型为：

```
<类型名>类名:: operator++( int);
```

或

```
<类型名>类名:: operator--(int );
```

(2) 友元函数的重载形式。

++(或--)为前置运算符时，重载函数的函数原型为：

```
friend <类型名>& operator++(类型名 &)
```

或

```
friend <类型名>& operator--(类型名 &)
```

++(或--)为后置运算符时，重载函数的函数原型为：

```
friend <类型名>operator++(类型名 &, int)
```

或

```
friend <类型名>operator--(类型名 &, int)
```

其中，第一个参数是要实现++(--)运算的对象；而第二个参数除了用于区分是后置运算外，并没有其他意义。

7.4.2 赋值运算符(=)的重载

若有两个用户自定义类的对象：obj1 和 obj2，则系统支持如下的赋值运算符操作：

```
obj2 =obj1;
```

此时，系统默认的操作是完成对象所有数据成员的逐一赋值。如同在第 3 章例 3-20 浅复制举例中分析的一样，这种赋值是一种浅复制，当对象的数据成员涉及用指针管理堆内存的情况时，就会出现“指针悬挂”的错误。例 7-6 应用系统默认的浅复制而出现了运行错误。

【例 7-6】 系统默认赋值运算引起运行错误示例。

```
//D:\QT_example\7\Example7_6.cpp
#include <iostream>
using namespace std;
#include <cstring>
class Student
{
public :
    Student(int n,char * p);
    Student(const Student &s);
    ~Student();
private:
    int no;
    char * pname;
};
Student::Student(int n,char * p)
{   no=n;
    pname=new char[10];
    strcpy(pname,p);
}
Student::Student(const Student& s)
{   no=s.no;
    pname=new char [strlen(s.pname)+1];
    strcpy(pname,s.pname);
}
Student:: ~Student()
{   cout<<pname<<" destructor!\n";
    delete []pname;
}
int main()
{
    Student stu1(10,"Henry");
    Student stu2(stu1);          //调用复制构造函数
    Student stu3(12,"Jack");
    stu2=stu3;                   //默认赋值运算,引起“指针悬挂”错误
    return 0;
}
```

程序中，执行语句“stu2＝stu3;”时，系统默认是把 stu3 的数据成员一一赋值给 stu2，其中包括指针成员的赋值，即“stu2. pname＝stu3. pname;”，赋值后，两个对象的指针成

员指向了同一内存空间。如同例 3-20 一样，程序运行结束时，对象被逐个撤销，程序出现这样的问题：首先 stu3 被撤销，调用析构函数，其与 stu2 的指针指向的同一内存空间就被释放，接着，stu2 被撤销时，析构函数企图对同一内存空间进行第二次释放，出现运行错误，并且，stu2 原来指针成员指向的空间却没有被释放。为此，需要自己定义赋值运算符的重载函数。

赋值运算符重载主要用于自定义类型的数据之间的赋值，而且只能用成员函数重载形式，在例 7-6 的 Student 类中添加赋值运算符重载函数如下。

【例 7-7】 自定义赋值运算符重载函数实现深复制。

```
//D:\QT_example\7\Example7_7.cpp
#include <iostream>
using namespace std;
#include <cstring>
class Student
{
private:
    int no;
    char *pname;
public :
    Student(int n,char *p);
    Student(const Student& s);
    ~Student();
    Student& operator=(const Student& s);          //赋值运算符重载函数
};
Student::Student(int n,char *p)
{   no=n;
    pname=new char[10];
    strcpy(pname,p);
}
Student::Student(const Student& s)
{   no=s.no;
    pname=new char [strlen(s.pname)+1];
    strcpy(pname,s.pname);
}
Student:: ~Student()
{   cout<<pname<<" destructor!\n";
    delete []pname;
}
Student& Student::operator=(const Student& s) //赋值运算符重载函数
{
  if(this==&s)
     return *this;                                  //当 s=s 赋值时
```

```
    no=s.no;
    delete []pname;                          //释放原内存空间
    pname=new char [strlen(s.pname)+1];      //根据 s 对象的数据成员分配空间
    strcpy(pname,s.pname);
    return *this;
  }
  int main()
  {
      Student stu1(10,"Henry");
      Student stu2(stu1);                    //调用复制构造函数
      Student stu3(12,"Jack");
      stu2=stu3;                             //调用重载的赋值运算符函数
      return 0;
  }
```

程序运行结果为：

```
Jack destructor!
Jack destructor!
Henry destructor!
```

赋值运算符重载函数的原型如下：

```
Student& operator =(const Student &s);
```

返回值为本类对象的引用，可以实现对象之间的连续赋值，例如：

```
sut3=stu2=stu1;
```

说明：

(1) 赋值运算符只能重载为成员函数，避免了出现赋值运算左值为常量的情况。若按友元函数重载，则左值为常量时，系统会试图将左边的常量传递给运算符函数的第一个参数，出现赋值混乱。

(2) 赋值运算符重载函数的定义形式类似于复制构造函数，但两者的运行机制不同，前者是用于对已有对象通过赋值的方式修改数据，后者是在对象创建时完成初始化。

7.4.3 下标运算符([])的重载

下标运算符“[]”在访问数组元素时，可以写成“数组名[下标索引]”形式。在自定义类中重载“[]”运算符，就可用下标索引形式访问对象中的数据元素，形式如：

```
对象名[下标索引]
```

运算符“[]”是二元运算符，对象名作为左操作数，下标索引作为右操作数，只能按成员函数重载，如例 7-8 所示。

【例 7-8】 下标运算符的重载。

```
//D:\QT_example\7\Example7_8.cpp
#include <iostream>
using namespace std;
class Array
{
public:
    Array(int s=1)
    {   size=s;
        ptr=new int[s];                        //为数组分配内存空间
    }
    ~Array()
    { delete []ptr; }
    int& operator[](int i) const;              //重载[]运算符
private:
    int size;
    int *ptr;
};
int& Array::operator[](int i) const            //重载[]运算符
{
    if(i>=0 && i<size)                         //有效下标检查
        return ptr[i];
    cout<<"Array Index Out Of Bounds Exception!\n";
    exit(1);
}
int main()
{
    Array array(4);
    int i;
    for(i=0;i<4;i++)
        array[i]=10+i;
    cout<<"The elements:\n";
    for(i=0;i<4;i++)
        cout<<array[i]<<" ";
    cout<<endl;
    array[4]=14;                               //数组下标越界异常
    return 0;
}
```

程序运行结果为：

```
The elements:
10 11 12 13
Array Index Out Of Bounds Exception!
```

通过运算符重载,对象 array 可以直接以索引形式访问其包含的 ptr 成员指向的数组元素 ptr[i],即 array[i]访问的元素是 array.ptr[i],并且在重载函数中可以对下标值的合法性进行检查,实现了因下标越界出现的异常处理。所以,通过在自定义类内重载“[]”运算符,可以以直观的方式访问对象中包含的集合元素,还可以进行下标越界检查,增强程序的健壮性。

下标运算符的重载函数原型为:

```
int& operator[] (int i) const;
```

编译过程中,array[i]被解释为:

```
array.operator[] (i)                        //array 为左操作数,i 为右操作数
```

函数的返回值为引用形式,使其可以作为左值被赋值,例如:

```
array[i]=10+i。
```

7.5 习题

7.5.1 选择题

1. 下列运算符中,不能重载的是(　　)。

   A. !　　B. sizeof　　C. new　　D. delete

2. 下列关于运算符重载的描述中,(　　)是正确的。

   A. 可以改变参与运算的操作数个数

   B. 可以改变运算符原来的优先级

   C. 可以改变运算符原来的结合性

   D. 不能改变原运算符的语义

3. 下列函数中,不能重载运算符的函数是(　　)。

   A. 成员函数　　B. 构造函数　　C. 普通函数　　D. 友员函数

4. 以下选项中,要求用成员函数重载的运算符是(　　)。

   A. =　　B. ==　　C. <=　　D. ++

5. 以下选项中,要求用友员函数重载的运算符是(　　)。

   A. =　　B. []　　C. <<(插入运算符)　　D. ()

7.5.2 编程题

1. 设计一个字符串类,通过重载关系运算符>、<、==,实现两个字符串的大小关系比较,参照C语言标准字符串函数 strcmp()实现。

2. 分别应用成员函数和友员函数形式编写程序重载运算符“+”,使该运算符能实现两个字符串的连接。

3. 设计一个复数类 Complex，包括返回复数实部、虚部的成员函数，重载有关的运算符，实现两个复数的加、减、乘、除以及相应的复合赋值运算，复数取负、复数的提取与插入运算，并测试所设计的类。

4. 设计一个阶乘类 Recursion，重载调用运算符，计算一个正整数的阶乘。

5. 设计一个日期类 Date，包括年、月、日等私有数据成员。要求实现日期的基本运算，如一日期加上天数、一日期减去天数、两日期相差的天数。

第 8 章　模板和异常处理

本章主要内容：

(1) 模板的应用机制。

(2) 函数模板和类模板的应用编程。

(3) 标准模板库 STL。

(4) 异常处理机制。

模板是 C++ 面向对象程序设计的重要补充，是以一种通用的方法来设计类或函数，也就是说，它使用通用类型来定义函数或类，其中的通用类型可用实际数据类型代替。使用模板时，是将数据类型作为参数传递给模板，使编译器生成该类型的函数或类。由于类型是用参数表示的，所以模板特性有时也被称为参数化类型。模板通过把数据类型定义为参数，使得同一段代码可以处理不同类型的对象，从而实现了软件复用，提高了程序设计的效率。

8.1　模板的概念

世界上万事万物都具有相似性，在 C++ 程序设计中，也会遇到一些表现相似或相同的类和函数。例如，几个函数的功能结构相同，只是参数类型或返回值类型不同；几个类的功能结构相同，只是类内数据成员类型或成员函数的类型及参数类型不同。C++ 提供了模板(template)机制，把相似的函数或类要处理的数据类型参数化，表现为参数的多态性。将相似的类归为类族以及相似的函数归为函数族的编程，就是模板编程，模板编程使得代码具有通用性，也称为泛型编程。

C++ 程序是由函数和类组成的，所以模板也分为函数模板和类模板。模板在定义时用的是通用类型参数，这些参数在被实际的数据类型代替后生成具体的函数或类的过程称为实例化。在程序中，模板实例化时通用类型参数可被不同的数据类型代替，从而生成一系列相似的函数或类，这些相似的函数称为模板函数，相似的类称为模板类。

模板与函数、类、对象之间的关系如图 8-1 所示。

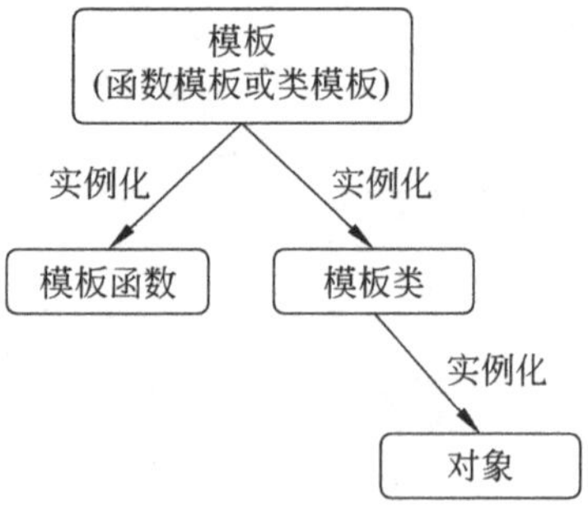

图 8-1　模板与函数、类、对象之间的关系

8.2　函数模板

8.2.1　函数模板的定义

问题引入：定义用于交换两个整型数据的函数 Swap()如下。

```
void Swap (int &a, int &b )
{
    int temp;
    temp=a;
    a=b;
    b=temp;
}
```

若要交换两个 float 类型、double 类型甚至自定义类型的数据，则只要修改 Swap()中的 int 类型，而具体处理代码是不变的。可以利用函数重载实现，即将参数不同、功能类似的函数定义相同的名字，使用户感到含义清楚。但是对于函数设计者而言，仍要分别定义多个函数。

C++ 提供的函数模板机制，就可以只定义一个函数，它的返回类型或形参类型（部分或全部）不具体指定，而用一个或多个抽象的类型参数来表示，这种函数形式就称为函数模板。将上面的 Swap()函数定义为函数模板如下：

```
template <class T >
void Swap ( T &a, T &b )
{
    T temp;
    temp=a;
    a=b;
    b=temp;
}
```

可见，从具体函数出发定义一个函数模板非常简单，只要将函数中的具体数据类型用抽象的类型参数代替，并在其函数头部加上模板说明：

```
template <class/typename 类型参数>
```

一般地，函数模板的定义形式如下：

```
Template <类型形式参数表 >          //模板说明
类型 函数名(形式参数表)            //函数定义
{
    函数体
}
```

说明：

(1) 函数模板定义由模板说明和函数定义组成。

模板说明由关键字 template 声明，<类型形式参数表 >是用“<>”括起来的，每个类型参数用 class 或 typename 进行说明。

(2) 模板说明的类型参数必须在函数定义中至少出现一次。

(3) 函数形式参数表中可以使用模板类型参数，也可以使用一般类型参数。

8.2.2 函数模板的实例化

【例 8-1】 定义函数模板实现数据的交换。

```
//D:\QT_example\8\Example8_1.cpp
#include <iostream>
using namespace std;
template <class T>                  //函数模板声明
void Swap(T &a, T &b);
int main()
{
    int i1=3, i2=5;
    Swap(i1, i2);
    cout<<"i1="<<i1<<",i2="<<i2<<endl;
    double d1=2.1,d2=5.3;
    Swap(d1, d2);
    cout<<"d1="<<d1<<",d2="<<d2<<endl;
    char c1='m',c2='n';
    Swap(c1,c2 );
    cout<<"c1="<<'\''<<c1<<'\''<<",c2="<<'\''<<c2 <<'\''<<endl;
    return 0;
}
template <class T>                  //函数模板定义
void Swap(T &a,T &b)
{
    T temp;
    temp=a;
    a=b;
    b=temp;
}
```

程序运行结果为：

```
i1=5,i2=3
d1=5.3,d2=2.1
c1='n',c2='m'
```

在 main()中三次调用 Swap()函数，编译器会用具体的实参类型代替抽象的类型参数，这个过程称为实例化。编译器根据调用函数模板时的实参生成相应的模板函数如下：

```
//Swap(i1,i2)
void Swap (int &a, int &b )
{   int temp;
    temp=a;
    a=b;
```

```
    b=temp;
}
//Swap(d1,d2)
void Swap (double &a,double &b )
{   double temp;
    temp=a;
    a=b;
    b=temp;
}
//Swap(c1,c2)
void Swap (char &a,char &b )
{   char temp;
    temp=a;
    a=b;
    b=temp;
}
```

说明:

(1) 同一般函数一样,如果函数模板的定义出现在首次调用之前,则函数模板的定义就是对它的声明,否则,必须在调用之前先声明函数模板。

(2) 函数模板中的类型参数可以实例化为各种类型,但同一个参数必须采用一致的数据类型,模板类型不具有隐式类型转换。

例如:

```
Swap(3, 'a');
```

会出现编译错误,因为,系统找不到与 Swap(int, char)相匹配的函数定义,模板类型中 int 和 char 之间不能进行隐式转换。

(3) 函数模板中允许使用多个类型参数,但每个参数前都必须用关键字 class 或 typename 声明。例如:

```
Template <class T1, class T2>          //函数模板定义
void Func ( T1 a, T2 b )
{ cout<<"a="<<a<<"b="<<b<<endl; }
```

8.2.3 函数模板应用举例

【例 8-2】 求解问题:为实现对不同数据类型的查找,定义顺序查找的函数模板。请自己补充主函数进行测试。

```
template <class Type>
int Seqsearch(Type * a, const Type& k, int n)      //顺序查找函数模板
{   int i=0;
    while(k!=a[i]&&i<=n-1)
```

```
        i++;
    if(i>n-1) i=-1;
    return i;
}
```

【例 8-3】 冒泡排序法的函数模板。请自己补充主函数进行测试。

```
template <class ElementType >                           //模板声明
void Bubblesort( ElementType * a, int size )
{
    int i, work;
    ElementType temp;                                   //参数类型变量
    for (int pass =1; pass<size; pass ++)
      { work =1;
          for ( i=0; i<size-pass; i ++)
            if ( a[i] >a[i+1] )
              { temp =a[i]; a[i] =a[i+1]; a[i+1] =temp; work =0; }
          if ( work ) break;
      }
}
```

【例 8-4】 定义函数模板，比较两个点的坐标大小。

```
//D:\QT_example\8\Example8_4.cpp
#include <iostream>
using namespace std;
class Point
{
public:
    Point(int m,int n)
    { x=m; y=n; }
    int Getx()
    { return x; }
    int Gety()
    { return y; }
    bool operator< (Point& p);                          //重载运算符<
private:
    int x,y;
};
bool Point::operator< (Point& p)                        //重载运算符<
{
    if(x<p.x)
        if(y<p.y)
            return 1;
    return 0;
}
```

```
template <class T>                              //函数模板声明
T min(T &T1, T &T2);
int main()
{
    Point p1(6,9),p2(7,12);
    Point p3=min(p1,p2);                        //调用重载的<运算符比较 p1 与 p2
    cout<<"Smaller point:("<<p3.Getx()<<","<<p3.Gety()<<")"<<endl;
    int n1=10,n2=8;
    cout<<"Smaller integer:"<<min(n1,n2)<<endl;  //调用标准<运算符
    return 0;
}
template <class T>
T min(T& T1, T& T2)
{
    if(T1<T2)
        return T1;
    return T2;
}
```

程序运行结果为：

```
Smaller point:(6,9)
Smaller integer:8
```

说明：函数模板中使用用户自定义类型的参数时，需要在类内进行运算符重载，以实现对自定义类型的运算。

8.3 类模板

类模板在表示如数组、表、图等数据结构时显得特别重要，这些数据结构的表示和算法不受所包含的元素类型的影响。例如，数组、栈、队列用来存储其他对象或数据类型，可以定义一个专门存储 int 类型的栈，也可以定义一个专门存储 char 类型的栈，它们除了存储的数据类型不同，功能代码是相同的。所以，我们可以定义一个通用的栈类模板，在建立对象时，编译器会用实际数据类型代替类模板中的类型参数，从而实例化为一个模板类。

8.3.1 类模板的定义

类模板是在类定义的基础上使用通用数据类型，即类型参数化，一般地，类模板的定义形式如下：

```
template <类型形式参数表 >      //模板声明
class <类名>                   //类定义
```

```
{
    类的成员定义
};
```

【例 8-5】 类模板定义示例。

```
//D:\QT_example\8\Example8_5.cpp
template <class T >                 //模板声明
class Sample                        //类定义
{
public:
    Sample(T a, T b )
    {x=a; y=b;}
    T Getx();                       //类外定义成员函数
    T Gety();                       //类外定义成员函数
private:
    T x;
    T y;
};
template <class T >
T Sample<T >::Getx()
{ return x; }
template <class T >
T Sample<T >::Gety()
{ return y; }
```

以上定义了类模板 Sample＜T＞,可以存储两个任意类型的数据。例如,将 T 替换为 int,则可存储两个 int 型数据。

说明:

(1) 类模板由模板说明和类定义构成。模板说明与函数模板的模板说明相同。

(2) 类型参数必须在类说明中至少出现一次。

(3) 类模板的成员函数是函数模板,在类外定义时应按函数模板定义。

这就需要在成员函数定义之前加上模板声明,且在成员函数名前加前缀"类名＜类型形式参数表 ＞::"。如上例中成员函数 Getx()与 Gety()在类外的定义形式。其一般定义形式如下:

```
template <类型形式参数表>
函数类型 类名<类型参数>::成员函数名(形参表)
{
    函数体
}
```

8.3.2 类模板的实例化

类模板定义对象的一般形式为:

类名<类型实参>对象名;

由上面的类模板 Sample＜T＞定义两个对象,以分别存储 int 型和 double 型数据,写出主函数如下:

```
//D:\QT_example\8\Example8_5.cpp
int main()
{
    Sample<int>sam1(4, 8);              // Sample<int>为模板类,sam1 为对象
    cout<<"sam1: "<<sam1.Getx()<<","<<sam1.Gety()<<endl;
    Sample<double>sam2(57.8, 44.5);   // Sample<double>为模板类,sam2 为对象
    cout<<"sam2: "<<sam2.Getx()<<","<<sam2.Gety()<<endl;
    Sample<char>sam3('m','n');          // Sample<char>为模板类,sam3 为对象
    cout<<"sam3: "<<sam3.Getx()<<","<<sam3.Gety()<<endl;
    return 0;
}
```

此例中,类模板 Sample＜T＞经实例化后生成了三个类型分别为 int、double、char 的模板类,这三个模板类经实例化后又分别生成三个对象 sam1、sam2、sam3。它们之间的关系如图 8-2 所示。

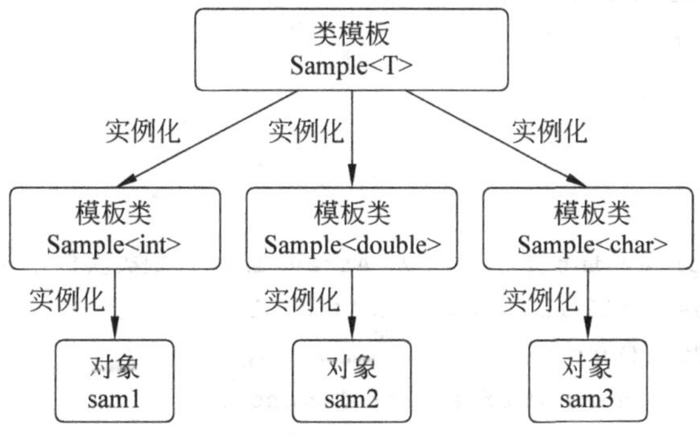

图 8-2 类模板的实例化过程

8.3.3 类模板的应用举例

【例 8-6】 设计一个通用的数组类模板 Array＜Type＞。

```
//D:\QT_example\8\Example8_6.cpp
#include <iostream>
using namespace std;
template <class Type>
class Array
{
public:
    Array(int s=1)
```

```
    {   size=s;
        ptr=new Type[s];            //为数组分配内存空间
    }
    void Fill();
    void Disp();
    ~Array()
    { delete []ptr; }
private:
    int size;
    Type *ptr;
};
template <class Type>               //类模板的成员函数定义
void Array<Type>::Fill()
{   cout<<"Please input "<<size<<" numbers:"<<endl;
    for(int i=0;i<size;i++)
        cin>>ptr[i];
}
template <class Type>               //类模板的成员函数定义
void Array<Type>::Disp()
{   for(int i=0;i<size;i++)
        cout<<ptr[i]<<" ";
    cout<<endl;
}
int main()
{
    Array<int>array_int(4);       // Array<int>模板类实例化 array_int 对象
    cout<<"Please fill in array_int:"<<endl;
    array_int.Fill();
    cout<<"The elements of array_int:"<<endl;
    array_int.Disp();
    Array<char>array_char(3);     // Array<char>模板类实例化 array_char 对象
    cout<<"Please fill in array_char:"<<endl;
    array_char.Fill();
    cout<<"The elements of array_char:"<<endl;
    array_char.Disp();
    return 0;
}
```

程序运行结果为：

```
Please fill in array_int:
Please input 4 numbers:
1 2 3 4
The elements of array_int:
1 2 3 4
```

```
Please fill in array_char:
Please input 3 numbers:
abc
The elements of array_char:
a b c
```

【例 8-7】 设计一个通用栈类模板 Stack<T>，栈类的具体定义参见第 3 章例 3-38。

```
//D:\QT_example\8\Example8_7.cpp
#include <iostream>
using namespace std;
const int SIZE=100;
template <class T>
class Stack
{
public:
    Stack():top(0){}
    bool IsEmpty();
    bool IsFull();
    bool Push(T);                    //入栈函数
    bool Pop(T&);                    //出栈函数
private:
    T data[SIZE];
    int top;

};
template <class T>
bool Stack<T>::Push(T elem)
{
    if(!IsFull())
    {
        data[top] =elem;
        top++;
        return true;
    }
    else
    {
        cout<<"stack is full!"<<endl;
        return false;
    }
}
template <class T>
bool Stack<T>::Pop(T &elem)
{
    if(!IsEmpty())
```

```
    {
        top--;
        elem=data[top];
        return true;
    }
    else
    {
        cout<<"stack is empty!"<<endl;
        return false;
    }
}
template <class T>
bool Stack<T>::IsEmpty()
{ return top==0?true:false; }
template <class T>
bool Stack<T>::IsFull()
{ return top==SIZE?true:false; }
int main()
{
    int i;
    char * s;
    Stack<int>iStack;                  //定义一个整数栈
    iStack.Push(5);
    iStack.Push(6);
    iStack.Pop(i);
    cout<<"The first data:"<<i<<endl;
    iStack.Pop(i);
    cout<<"The second data: "<<i<<endl;
    Stack<char * >strStack;            //定义一个字符串栈
    strStack.Push("NO 1.");
    strStack.Push("NO 2.");
    strStack.Pop(s);
    cout<<"The first string: "<<s<<endl;
    strStack.Pop(s);
    cout<<"The second string: "<<s<<endl;
    return 0;
}
```

程序运行结果为:

```
The first data: 6
The second data: 5
The first string: NO 2.
The second string: NO 1.
```

8.4 标准模板库

标准模板库(Standard Template Library,STL)最初由 HP 实验室的 Alexander Stepanov 和 Meng Lee 开发。STL 以模板的形式定义了常用的数据结构(容器 container)、泛型算法(generic algorithm)和迭代器(iterator)。其中,泛型算法通过迭代器来定位和操作容器中的元素。这种数据结构和算法分离的特点,使得算法适用于不同的数据类型。例如,STL 的 sort()函数是完全通用的,可以用它来操作几乎任何数据集合,包括链表、容器和数组。

1. 容器

容器是一种数据结构,如 list、vector 和 deques,这部分包括常用的容器和容器适配器(基于其他容器实现的容器)。为了访问容器中的数据,可以使用由容器类输出的迭代器。

2. 算法

算法是用来操作容器中的数据的模板函数。例如,STL 用 sort()来对一个 vector 中的数据进行排序,用 find()来搜索一个 list 中的对象。函数本身与它们操作的数据的结构和类型无关,因此它们可以在从简单数组到高度复杂容器的任何数据结构上使用。

3. 迭代器

迭代器在 STL 中用来将算法和容器联系起来,提供了访问容器中对象的方法。例如,可以使用一对迭代器指定 list 或 vector 中的一定范围的对象。迭代器就如同一个指针。每一个容器都定义了其本身专用的迭代器,用于存取容器中的元素。

8.4.1 容器

容器是以类模板的方式定义的常用数据结构,是能够保存其他类型的对象的类。容器部分的头文件有<vector>、<list>、<deque>、<set>、<map>、<stack>、<queue>,详见表 8-1。容器基本上可以分为两大类:顺序容器和关联容器。

表 8-1 容器与关联的头文件

数据结构	描述	头文件
向量(vector)	连续存储的元素	<vector>
列表(list)	由节点组成的双向链表,每个节点包含着一个元素	<list>
双队列(deque)	连续存储的指向不同元素的指针所组成的数组	<deque>
集合(set)	由节点组成的红黑树,每个节点都包含着一个元素,节点之间以某种作用于元素对的谓词排列,没有两个不同的元素能够拥有相同的次序	<set>

续表

数据结构	描　述	头文件
多重集合(multiset)	允许存在两个次序相等的元素的集合	<set>
栈(stack)	后进先出的值的排列	<stack>
队列(queue)	先进先出的值的排列	<queue>
优先队列(priority queue)	元素的次序是由作用于所存储的值对上的某种谓词决定的一种队列	<queue>
映射(map)	由{键,值}对组成的集合,以某种作用于键对上的谓词排列	<map>
多重映射(multimap)	允许键对有相等的次序的映射	<map>

顺序容器组织成对象的有限线性集合,所有对象都是同一类型。STL中包括三种基本顺序容器:向量(vector)、线性表(list)和双向队列(deque),以及在基本顺序容器基础上产生的顺序容器适配器:栈(stack)、队列(queue)和优先队列(priority queue)。

关联容器提供了基于键值(Key)的快速检索能力。关联容器中每个元素都有一个键值(Key)和一个实值(Value)。当元素被插入关联容器中时,容器内部结构便依照其键值的大小,以某种特定规则将这个元素放置于特定的位置。关联容器包括映射(map)、集合(set)、多映射(MultiMap)和多集合(MultiSet)。一般数组、字符串中也保存元素,因此也可以看作容器,但不是设计完整的标准容器,也称之为近容器。

实际应用中应根据自己的需要选取合适的容器类型。默认情况下选用vector;如果需要任意位置的快速插入或删除操作,则应选用list;如果有大量添加与删除出现在表的一端或两端,则应选用deque、stack或queue;如果主要通过关键值访问元素,则用map或multimap。容器中封装了关于类型成员和成员函数的定义。

1. 向量(vector)

vector实质上是一种安全的、大小可变的数组,数组元素在内存中连续存放,支持随机访问某个元素,支持在序列尾部快速插入和删除元素。实际上,vector在初始化时,会申请一定的空间用来存储数据,一旦所申请的空间不够用了,它会在另外的地方开辟一块新的内存空间,然后将原空间中的元素全部复制到新的空间中。

vector提供了重载的构造函数,可以灵活定义容器对象,列举如下:

(1) vector ()。

说明:默认构造函数。

例如:

```
vector<int >v;      //定义一个存放整型数据的向量 v
```

(2) vector(SizeType count)。

说明:构造一个向量,初始元素个数为count,初始值均为0。

例如:

```
vector<int >v(8);
```

(3) vector(SizeType count,ConstType& Val)。

说明：构造一个向量,初始元素个数为 count,初始值均为 Val。

例如：

```
vector<int >v( 3, 8 );
```

(4) vector (const _vector& SourceVector)。

说明：构造一个向量,并将已有向量中的元素复制到新构造的向量中。

例如：

```
vector<int >v1;
vector<int >v2( v1 );
```

vector 中常用成员函数如下。

(1) empty()——判断 vector 是否为空。

(2) front()——返回 vector 的第一个元素。

(3) back()——返回 vector 的最后一个元素。

(4) insert(p,x)——在 p 之前插入 x,返回插入位置。

(5) erase()——删除所有元素。

【例 8-8】 向量的使用。

```
//D:\QT_example\8\Example8_8.cpp
#include <iostream>
#include <vector>
#include <string>
using namespace std;
int main()
{
    vector<int>vector_int(10,0);
    int i;
    for(i=0;i<10;i++)
        vector_int[i]=i;
    cout<<"The elements of vector_int:"<<endl;
    for(i=0;i<vector_int.size();i++)
        cout<<vector_int[i]<<" ";
    cout<<endl;
    vector_int.insert(vector_int.begin(),100);      //在最前面插入新元素
    vector_int.insert(vector_int.begin()+2,101);    //在第二个元素前插入新元素
    vector_int.insert(vector_int.end(),102);        //在向量末尾追加新元素
    cout<<"After inserting new elements:"<<endl;
    for(i=0;i<vector_int.size();i++)
        cout<<vector_int[i]<<" ";
    cout<<endl;
    return 0;
}
```

程序运行结果为：

```
The elements of vector_int :
0 1 2 3 4 5 6 7 8 9
After inserting new elements:
100 0 101 1 2 3 4 5 6 7 8 9 102
```

2. 栈(stack)

stack是一个后进先出操作的序列，只能在栈顶插入和删除元素。其基本成员函数包括：

(1) push()——从栈顶压入一个元素。

(2) pop()——从栈顶删除一个元素。

(3) top()——从栈顶返回一个元素的引用。

(4) empty()——判断栈是否为空。

(5) size()——返回栈中元素个数。

【例 8-9】 栈的应用。

```
//D:\QT_example\8\Example8_9.cpp
#include <iostream>
#include <stack>
#include <string>
using namespace std;
int main()
{   stack<int>stack_int;                    //定义一个整数栈
    stack_int.push(5);
    stack_int.push(6);
    cout<<"The first integer: "<<stack_int.top()<<endl;       //弹出栈顶元素
    stack_int.pop();
    cout<<"The second integer: "<<stack_int.top()<<endl;
    stack_int.pop();
    stack<string>Stack_str;                 //定义一个字符串栈
    Stack_str.push("It's first string ");
    Stack_str.push("It's second string ");
    while(!Stack_str.empty())               //判断栈非空
    {
        cout<<"String is: ";
        cout<<Stack_str.top()<<endl;
        Stack_str.pop();
    }
    return 0;
}
```

程序运行结果为：

```
The first integer: 6
The second integer: 5
String is: It's second string
String is: It's first string
```

8.4.2 算法

STL 提供了 100 种左右的算法，STL 算法本身是一种函数模板，适用于不同的容器类型，因此也称为泛型算法，算法部分主要由头文件<algorithm>、<numeric>、<functional>组成。其中大部分算法在头文件<algorithm>中定义，常用的功能范围涉及比较、交换、查找、遍历操作、复制、修改、移除、反转、排序、合并等。头文件<numeric>中只包括几个在序列上面进行简单数学运算的模板函数，包括加法和乘法在序列上的一些操作。<functional>中则定义了一些模板类，用于声明函数对象。

STL 算法可以分为几大类：不可变序列算法、可变序列算法、排序和搜索算法、数值算法等。下面简单介绍。

(1) 不可变序列算法。

指不直接修改其所操作的容器内容的算法，头文件<algorithm>。例如：

```
for_each()          对序列中每个元素进行操作
find()              在序列中查找某个元素的位置
find_if()           在序列中查找符合某条件的元素
find_first_of()     在序列中查找某些元素首次出现的位置
adjacent_find()     查找两相邻重复元素的位置
count()             在序列中统计某个值出现的次数
equal()             判断两个序列对应元素是否相等
search()            查找某个子序列出现的位置
```

(2) 可变序列操作。

指可以修改它们所操作的容器内容的算法，头文件<algorithm>。例如：

```
transform()         将输入的操作作用于指定范围内的每个元素，并产生一个新的序列
copy()              从序列的第一个元素起进行复制
swap()              交换两个元素
replace()           用一个给定值替换元素
replace_if()        替换满足条件的元素
fill()              用一个给定值替换所有元素
fill_n()            用一个给定值替换前 n 个元素
generate()          用一个计算的结果取代所有元素
remove()            删除所有等于给定值的元素
unique()            删除相邻的重复元素
reverse()           反向排列元素的次序
rotate()            循环移动元素
```

(3) 排序和搜索算法。

包括对序列进行排序和合并的算法、搜索算法以及有序序列上的集合操作,头文件<algorithm>。例如:

```
sort()                  对元素进行排序
stable_sort()           排序且维持相同元素原有的顺序
partial_sort()          局部排序
lower_bound()           在有序序列内二分查找第一个等于某值的元素
upper_bound()           在有序序列内二分查找第一个大于某值的元素
equal_range()           在有序序列查找等于某值的一个子序列
binary_search()         在有序序列中二分查找等于某值的元素
merge()                 归并两个排好序的序列
partition()             将满足某条件的元素放到前面
include()               检查一个序列是否为另一个序列的子集
set_intersection()      生成两个序列的有序交集
min()                   返回两个值中较小者
max()                   返回两个值中较大者
min_element()           返回序列中的最小元素
max_element()           返回序列中的最大元素
```

(4) 数值算法。

对容器内容进行数值计算,头文件<numeric>。例如:

```
accumulate()            计算序列中所有元素的和
inner_product()         累加两序列对应元素的积,即序列的内积
```

【例 8-10】 查找容器元素算法 find 的应用。

函数原型:

```
find( v1.begin(), v1.end(), num_to_find);
```

该函数用于查找等于某值的元素,它的前两个参数都是迭代器类型,指定了要查找元素的区间。如果迭代器所指的元素满足匹配查找的值 num_to_find,则返回迭代器位置;若未找到满足条件的元素,则返回表尾位置。

```
//D:\QT_example\8\Example8_10.cpp
#include <vector>
#include <algorithm>
#include <iostream>
using namespace std;
int main()
{
    int num;
    cout<<"Please input an interger:";
    cin>>num;
    vector<int>vector_int;
```

```
    for(int i=0; i<5; i++)
        vector_int.push_back(2*i);                 //填充序列 0 2 4 6 8
    vector<int>::iterator iter;                    //定义迭代器 iter
    iter=find(vector_int.begin(), vector_int.end(), num);
    if(iter==vector_int.end())
        cout<<num<<" Not found!"<<endl;
    else
        cout<<"The index of numer is "<<iter-vector_int.begin()<<".\n";
    return 0;
}
```

程序运行结果为：

```
Please input an interger: 8
The index of numer is 4.
```

【例 8-11】 排序算法 sort 的应用。

sort 函数原型：

```
sort(v.begin(),v.end());
```

其中,参数指定了一个排序的数据区域：[v. begin(), v. end()]。默认情况下数据按由小到大排序。

```
//D:\QT_example\8\Example8_11.cpp
#include <vector>
#include <algorithm>
#include <iostream>
using namespace std;
int main()
{
    vector<int>v;
    v.push_back(8);
    v.push_back(3);
    v.push_back(-16);
    v.push_back(70);
    v.push_back(90);
    vector<int>::iterator iter;
    for(iter=v.begin();iter!=v.end();iter++)
        cout<<*iter<<' ';
    cout<<endl;
    sort(v.begin(),v.end());
    cout<<"After being sorted: \n";
    for(iter=v.begin();iter!=v.end();iter++)
        cout<<*iter<<' ';
    cout<<endl;
```

```
    return 0;
}
```

程序运行结果为：

```
8 3 -16 70 90
After being sorted:
-16 3 8 70 90
```

8.4.3 迭代器

为了将容器和算法联系起来，需要一种指向容器中元素的指针，它的使用方法类似于指针。一般称为泛型指针或抽象指针。为了更好地封装迭代器的内部实现以及提高性能，每一个容器都有其独立的迭代器，对于向量 vector 来讲，它的迭代器在使用的时候完全可以等同于一般的指针。

STL 中有五种类型的迭代器，它们分别满足一定的要求。迭代器部分主要由头文件＜iterator＞、＜utility＞、＜memory＞组成。

(1) 输入迭代器：提供对数据的只读访问。

(2) 输出迭代器：提供对数据的只写访问。

(3) 向前迭代器：提供读写操作，并能向前推进迭代器。

(4) 双向迭代器：提供读写操作，并能向前和向后操作。

(5) 随机访问迭代器：提供读写操作，并能在数据中随机移动。

【例 8-12】 向量中的迭代器用法。

```
//D:\QT_example\8\Example8_12.cpp
#include <iostream>
#include <vector>
using namespace std;
int main()
{
    vector<char>vector_char;
    int i;
    for(i=0; i<10; ++i)
        vector_char.push_back('a'+i);
    for(i=0; i<vector_char.size(); ++i)
        cout<<vector_char.at(i)<<" ";
    cout<<endl;
    vector<char>::iterator start=vector_char.begin();      //定义迭代器对象 start
    vector_char.erase(start);                              //删除首元素
    for(start=vector_char.begin();start!=vector_char.end(); start++)
        cout<< * start<<" ";
    cout<<endl;
    return 0;
}
```

程序运行结果为：

```
a b c d e f g h i j
b c d e f g h i j
```

8.5 异常处理

人们编写的程序应具有健壮性，使程序在正常情况下能够正确运行，在非正常情况下也要具有合理的表现。也就是说，不仅要保证程序的正确性，还要求程序安全可靠，程序应该具有一定的容错能力。为此，C++ 提供了专门的异常处理机制。

8.5.1 异常处理概述

程序中常见的错误可分为三大类。

(1) 编译、连接时的错误：这类错误通常由程序中的语法错误引起，例如关键字拼写错误、变量未定义、括号不匹配等，也可能由于函数未声明、缺少库的连接配置等错误引起。因这类错误发生在编译、连接过程中，编译系统会给出错误的相关提示信息，对有经验的编程人员来说是易于解决的。

(2) 逻辑错误：这类错误是指程序中没有语法错误，可以通过编译、连接生成可执行程序，但程序运行后，得到的结果与预期不一致。这类错误说明程序设计的算法和思路有问题，不能够达到最终的目标。例如，在条件表达式中，初学者容易将运算符"=="写成"="，在循环结构设计中没有正确设置变量的初始值或终止值，这种错误可以通过调试来解决。

(3) 运行时的错误：这类错误发生在程序的运行期间，导致程序无法正常地运行下去。例如请求的内存空间不足、数组下标越界、除 0 错误等。这类错误比较隐蔽，不易被发现，如果在程序中不能防范这些错误，就会出现不正确的运行结果，甚至程序异常终止或出现死机现象。为此，编程人员都会试图预防这些意外情况。

程序在运行过程中出现的错误(不正常情况)称为异常，处理这些异常，最简单的处理可以给出一个错误提示，然后调用 abort()或 exit()函数提前终止程序的运行。例如，除法运算的函数 Div，遇到除数为 0 时，调用 exit()终止程序运行。

```
double Div(double x, double y)
{   if(y==0)
    { cout<<"except of deviding zero." <<endl;
      exit(0);
    }
    return x/y;
}
```

比较灵活的方法是可以让函数返回一个特别的错误码，由调用函数检查这个错误标志从而决定是否产生了某类错误，并转向某个专门的错误处理程序。但这样的异常处理方法不能满足大型的软件系统，C++ 专门提供了一种结构化的异常处理方法，其基本思想是将异常检测与异常处理分离,引发异常的函数不必具备异常处理的能力,而是通过它的调用者捕获并处理异常,如果调用者不能处理还可以再抛给上一级调用者。

8.5.2 异常处理的实现

异常的处理流程与常规的函数调用和返回流程不同。如图8-3所示,异常传递可以在不同控制层次的函数之间传递。通常,遇到错误的函数抛出异常,处理异常的函数捕获并处理异常,函数抛出异常后,立即停止执行,跳转到异常处理处执行。

C++异常处理机制是由检查、抛出和捕获三个部分组成,分别由三种语句try(检查)、throw(抛出)和catch(捕获)实现。将需要检测异常的语句都放在try语句块中,出现异常时由throw语句抛出一个异常信息,异常信息将由try语句块后面的catch语句捕获并进行相应的处理。一般throw抛出的异常要和catch所捕获的异常类型相匹配。

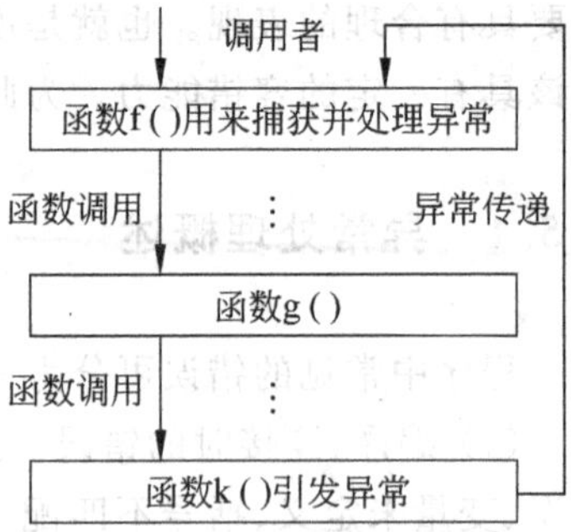

调用者
函数f()用来捕获并处理异常
函数调用 ⋮ 异常传递
函数g()
函数调用 ⋮
函数k()引发异常

图8-3 异常处理机制

异常处理的一般格式为:

```
try
{
    …      //被检查的语句块
}
catch(异常类型 1)
{
    …      //进行异常处理的语句 1
}
catch(异常类型 2)
{
    …      //进行异常处理的语句 2
}
…
```

【例8-13】 异常处理示例。

```
//D:\QT_example\8\Example8_13.cpp
#include <iostream>
using namespace std;
double Div( double x, double y)
{
    if(y==0)
        throw y;                                    //抛出异常
    return x/y;
}
```

```
int main()
{
    try
    {   //被检查的语句
        cout<<Div(6,4)<<endl;
        cout<<Div(5,0)<<endl;
        cout<<Div(9,4)<<endl;
    }
    catch(double)                                    //捕获异常
    {
        cout<<"Except of deviding zero."<<endl;  //异常处理语句
    }
    return 0;
}
```

程序运行结果为：

```
1.5
Except of deviding zero.
```

以上程序的执行过程为：调用函数 Div(6,4)输出结果，再调用 Div(5,0)时发生异常，由函数 Div()中的语句“throw y”抛出 double 类型的异常，此时不再执行下面的语句“return x/y;”，而由 catch 捕获 double 类型的异常并进行处理，输出“except of deviding zero.”，最后直接执行“return 0”，因此第 3 次函数调用 Div(9,4)没有被执行。

说明：

(1) throw 语句——用来抛出异常信息。

一般格式为：

```
throw 表达式;
```

① 遇到异常状态时，通过 throw 抛出异常，不同的异常用不同的“表达式”类型来相互区别。表达式可以是一个常量、变量、表达式或类对象，且异常的类型与 catch 声明的参数类型相匹配。注意表达式的值不能用来区别不同的异常。

② 抛出异常后，不再执行 throw 后面的语句，立即跳转到类型匹配的异常处理块中执行。所以，throw 语句会终止函数的执行。

(2) try 语句：是一个复合语句块，标识了有可能产生异常的语句，也称为保护段，并根据异常的情况使用不同的 throw 表达式抛出异常。

(3)catch 语句：放置异常处理的语句，每个 catch 语句块是一个复合语句，通过与 throw 抛出的异常类型进行匹配来捕获异常并处理。

① catch 语句块紧跟在 try 语句块之后，可创建若干 catch 块，catch 块按其出现的顺序被检查，只要找到一个匹配的异常类型，后面的 catch 块将被忽略，然后接着执行这些 catch 块之后的语句。

② try 和 catch 块中必须要用大括号括起来，即使大括号内只有一个语句也不能省略

大括号。

③ 如果在 catch 块中没有指定异常信息的类型,而用省略号,则表示它可以捕获任何类型的异常信息。

④ C++ 中一旦抛出一个异常,如果程序没有任何的捕获,那么系统将会自动调用一个系统函数 terminate(),由它调用 abort 终止程序。

📖**注意**:执行完 try 块中的语句后,如果没有引发任何异常,则程序跳过 try 块后面的 catch 块,直接处理后面的第一条语句。

【例 8-14】 请分析下列程序的执行情况。

```
//D:\QT_example\8\Example8_14.cpp
#include <iostream>
using namespace std;
void Func(int code)
{
    try
    {
        if(code==0) throw 'a';       //引发 char 类型的异常
        if(code==1) throw code;      //引发 int 类型的异常
        if(code==2) throw 1.345;     //引发 double 类型的异常
    }
    catch(char ch)                   //捕获 char 类型的异常
    {
        cout<<"char exception"<<endl;
    }
    catch(int i)                     //捕获 int 类型的异常
    {
        cout<<"int exception"<<endl;
    }
    catch(...)                       //捕获任何类型的异常
    {
        cout<<"default exception"<<endl;
    }
    cout<<"ok"<<endl;                //catch 语句块后面的第一条语句
}
int main()
{
    Func(0);
    Func(1);
    Func(2);
    Func(3);
    return 0;
}
```

程序运行结果为:

```
char exception
ok
int exception
ok
default exception
ok
ok
```

【例 8-15】 抛出异常对象示例。

```
//D:\QT_example\8\Example8_15.cpp
#include <iostream>
using namespace std;
class OutOfBounds                        //自定义异常类
{
public:
    OutOfBounds()
    {
        cout<<"An exception has occurred:\n";
    }
    ~OutOfBounds() {}
};
class Array
{
public:
    Array(int s=1)
    {
        size=s;
        ptr=new int[s];                  //为数组分配内存空间
    }
    int &operator[](int offset);         //重载[]运算符
    ~Array()
    {
        delete []ptr;
    }
private:
    int size;
    int *ptr;
};
int& Array::operator[](int offset) //返回数组元素的引用
{
    if(offset<0||offset>=size)
        throw OutOfBounds();             //抛出异常对象
    return ptr[offset];
}
```

```
int main()
{
    Array array (4);
    try
    {
        for(int i=0; i<10; ++i)     //依次为数组元素赋值 0~3,当 i=4 时抛出越界异常
        {
            array[i]=i;
            cout<<array[i]<<" ";
        }
        cout<<endl;
    }
    catch(OutOfBounds)
    {
        cout<<"Out of bounds.\n";
    }
    return 0;
}
```

程序运行结果为:

```
0 1 2 3 An exception has occurred:
Out of bounds.
```

此程序定义一个数组类 Array,其中通过重载运算符检查数组下标是否越界,在 i 介于 0～3 之间时正常为数组元素赋值并输出元素的值,当 i 为 4 时下标越界产生异常,构造并抛出异常对象(OutOfBounds 对象)。抛出的异常将匹配到类型为 OutOfBounds 的 catch 块,catch 块执行完后继续执行后面的"return 0",结束程序。

8.5.3 标准库中的异常类型

在 C++ 标准库中定义了一些标准异常类,其基类是 exception 类,其他异常类都派生自该基类,如图 8-4 所示。用户可以在编程时直接使用这些标准异常类,也可以用继承方式在标准异常类的基础上定义自己的异常类,当然也可以完全自定义异常类。对各个类的说明及所在的头文件如表 8-2 所示。

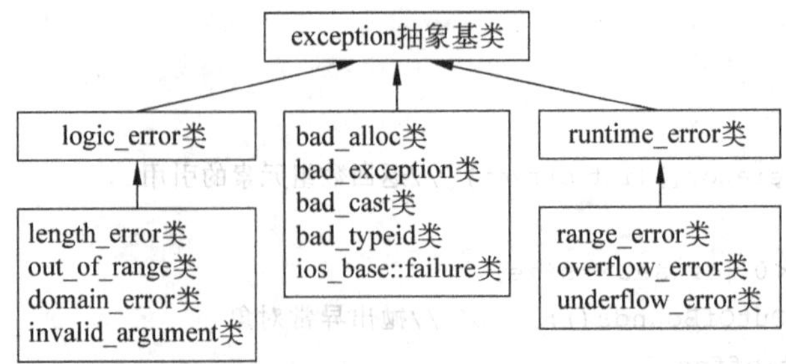

图 8-4 标准异常类的继承层次关系

表 8-2 异常类说明

类 名	说 明	头文件
exception	是所有标准异常类的基类,可以调用它的虚成员函数 what()获取异常的特征说明	exception
logic_error	报告程序的逻辑错误,这些错误在程序执行前可以被检测到	stdexcept
bad_alloc	报告存储分配错误,当 new 操作失败会抛出该异常	new
runtime_error	报告程序的运行错误,这些错误是在程序运行时可以被检测到	stdexcept
length_error	长度超过对象最大值的错误	stdexcept
out_of_range	参数越界错误,数组下标越界抛出该异常	stdexcept
domain_error	超越作用域错误	stdexcept
invalid_argument	函数传递的参数无效错误	stdexcept
range_error	运算范围出错	stdexcept
overflow_error	算术上溢错误	stdexcept
underflow_error	算术下溢错误	stdexcept

在例 8-15 中数组越界的问题,是自定义异常类 OutOfBounds 实现的。在此,再利用标准异常类 out_of_range 类来实现。

【例 8-16】 使用 out_of_range 类实现数组越界的异常处理。

```
//D:\QT_example\8\Example8_16.cpp
#include <iostream>
#include <stdexcept>              //使用异常类 out_of_range
using namespace std;
class Array
{
public:
    Array(int s=1)
    {
        size=s;
        ptr=new int[s];           //为数组分配内存空间
    }
    int &operator[](int offset);//重载[]运算符
    ~Array()
    { delete []ptr; }
private:
    int size;
    int *ptr;
};
int &Array::operator[](int offset)
{
```

```
        if(offset<0 || offset>=size)
            throw out_of_range("out_of_range error!");
        //抛出异常对象,并传递异常特征字符串"out_of_range error!"
        return ptr[offset];
    }
    int main()
    {
        Array array (4);
        try
        {
            for(int i=0; i<10; ++i)  //依次为数组元素赋值 0~3,当 i=4 时抛出越界异常
            {
                array[i]=i;
                cout<<array[i]<<" ";
            }
            cout<<endl;
        }
        catch( out_of_range &excep)  //捕获 out_of_range 类型的异常
        {
            cout<<excep.what()<<endl;
        }
        return 0;
    }
```

程序运行结果为:

```
0 1 2 3 out_of_range error!
```

上例中,当 i=4 时下标越界,抛出一个 out_of_range 类型的对象,由 catch 块捕获并传递异常信息字符串给 excep 对象,通过 excep 调用虚函数 what(),返回异常信息。

8.6 习题

8.6.1 选择题

1. 下列的模板说明中,正确的是(　　)。
   A. template ＜ typename T1, T2 ＞
   B. template ＜ class T1, T2 ＞
   C. template ＜ class T1, class T2 ＞
   D. template (typename T1, typename T2)
2. 类模板的模板参数(　　)。
   A. 只可作为数据成员的类型
   B. 只可作为成员的返回类型

C. 只可作为成员函数的参数类型

D. 以上三者皆可

3. 关于函数模板,描述错误的是(　　)。

A. 函数模板必须由程序员实例化为可执行的函数

B. 函数模板的实例化由编译器实现

C. 一个类定义中,只要有一个函数模板,则这个类是类模板

D. 类模板的成员函数都是函数模板,类模板实例化后,成员函数也随之实例化

4. 关于类模板,描述错误的是(　　)。

A. 一个普通基类不能派生类模板

B. 类模板可以从普通类派生,也可以从类模板派生

C. 根据建立对象时的实际数据类型,编译器把类模板实例化为模板类

D. 函数的类模板参数需生成模板类并通过构造函数实例化

5. C++ 处理异常的机制由(　　)三个部分组成。

A. 编辑、编译和运行　　B. 检查、抛出和捕获

C. 编辑、编译和连接　　D. 检查、抛出和运行

8.6.2 编程题

1. 使用函数模板实现对不同类型数组求元素最大值的功能,并在 main()函数中分别求一个整型数组和一个浮点型数组的最大值。

2. 定义一个函数模板,实现求指数为正整数的幂运算,并编写完整程序测试。

3. 以下给出的两个类分别用于存储一个整型和一个实型的数据,请根据这两个类的定义设计一个类模板 Store <T>用于存储某一类型的数据,并编写 main()函数进行测试。

```
//存储一个整型数据的类
class Store_int
{ public:
      int Getx() {return x;}
  private:
      int x;
};
```

```
//存储一个实型数据的类
class Store_float
{ public:
      float Getx() {return x;}
  private:
      float x;
};
```

4. 定义一个通用的数组类模板,使其能根据需要存储整型、浮点型、字符型数据,请编写完整的程序进行测试。

5. 应用标准模板库 STL 中的栈类 Stack<T>实现整数的进制转换,例如将十进制分别转换为二进制、八进制和十六进制。

第9章　输入输出流与命名空间

本章主要内容：

(1) 输入输出(I/O)流概述。

(2) 标准流和流对象 cin、cout、cerr、clog。

(3) 流插入运算符(<<)、流提取运算符(>>)。

(4) 输入输出流格式控制：流操纵算子和流成员函数。

(5) 文件操作。

(6) 命名空间的使用。

(7) 圆柱体体积的计算、保存与查询。

程序中数据的输入和输出是十分重要的操作。之前的程序是从键盘输入数据，在屏幕上输出数据，通常称为标准输入输出。程序也可以从已有的文件中读取数据，而程序中的数据也可以保存到文件中，这就是文件输入输出。在C++程序中，这些输入输出操作可以使用一组更加方便和安全的I/O流类实现。C++中的流操作功能强大，既可以完成基本数据类型的输入输出，又可以实现对用户自定义类型的输入输出，以及对文件的读写操作。C++中的命名空间机制用于解决在软件项目开发中命名冲突的问题。

问题的引入：在C语言中，I/O系统缺乏类型检查的机制。例如，用scanf()和printf()函数进行输入输出时，即使格式控制符与数据类型不一致，编译时也不会出错，但运行时会得到错误的结果。例如：

```
int i;
```

正确的输入和输出语句应为：

```
scanf("%d", &i); printf("%d", i);
```

可能的错误输入和输出语句：

```
scanf("%f", &i); printf("%f", i);
```

但是，此类错误语句在编译时是没有任何错误提示的。问题就出在C编译器不会对数据类型进行合法性检查，从而造成输入和输出的数据错误，导致运行结果出错。C++既保留了C语言的输入输出函数，又提供了新的I/O流类库。其主要目标是建立一个类型安全、扩展性好的I/O系统。C++编译系统在编译时对数据类型进行严格检查，类似上述的错误在编译时就可发现，所以，C++的I/O系统是类型安全的。并且，一个理想的可扩展的I/O系统应能够支持用户自定义数据类型的输入输出，而C++提供了运算符重载机制，可以用于自定义数据类型的输入输出，实现了可扩展性。

所以，C++中的I/O流类库充分利用了C++的面向对象的特性，提供了丰富而安全的输入和输出功能。

9.1 I/O流概述

I/O 流类库是 C++ 编译系统提供的输入输出软件包。所谓流，是指数据从一个位置流向另一个位置，表示数据的传递操作。向流中添加数据的操作称为插入操作，从流中读取数据的操作称为提取操作。流类就是用于支持输入输出流操作的各种类，这些面向对象的流类形成的层次结构就构成了流类库。与 C 语言中的 I/O 函数一样，I/O 流类库不是 C++ 语言包含的内容，而是作为一个独立的类库提供的。所以，在使用时需要包含相应的头文件。

流总是与某一设备相联系（例如键盘、屏幕或硬盘等），通过使用流类中定义的方法，就可以完成对这些设备的 I/O 操作。C++ 中的输入输出是以字节流的形式实现的。在输入操作中，字节流从输入设备（例如键盘、磁盘）流向内存，通过从流中提取数据完成输入操作，这个流称为输入流；在输出操作中，字节流从内存流向输出设备（例如显示器、磁盘、打印机），通过向流中插入数据完成输出操作，这个流称为输出流。字节流可以是 ASCII 字符、二进制形式的数据、图形图像、音频视频等信息，由应用程序对字节序列做出各种数据解释。

C++ 流类库是一个应用继承实现的类体系，主要包含两个并行的流类结构：一个是以 streambuf 类为基类的类层次，另一个是以 ios 类为基类的类层次。streambuf 类及其派生类用于管理基于缓冲区的信息交换，提供对缓冲区的低级操作，包括设置缓冲区、对缓冲区指针操作以及进行缓冲区的存/取操作。streambuf 类是一个很重要的基类，经常被流类库的其他部分所使用。

ios 类及其派生类是在 streambuf 类实现的缓冲区信息交换的基础上，增加了 I/O 的格式化控制操作。ios 类中设置了一个指向 streambuf 类的指针，实现调用 streambuf 类的方法和功能。ios 类有两个重要的直接派生类：istream 类和 ostrcam 类，并由 istream 类和 ostream 类共同派生了 iostream 类。istream 类可定义一个输入流对象实现输入操作，ostream 类可定义一个输出流对象实现输出操作，而 iostream 类可定义一个输入输出流对象，同时支持输入和输出操作。

图 9-1 给出了 I/O 流类之间的继承关系。

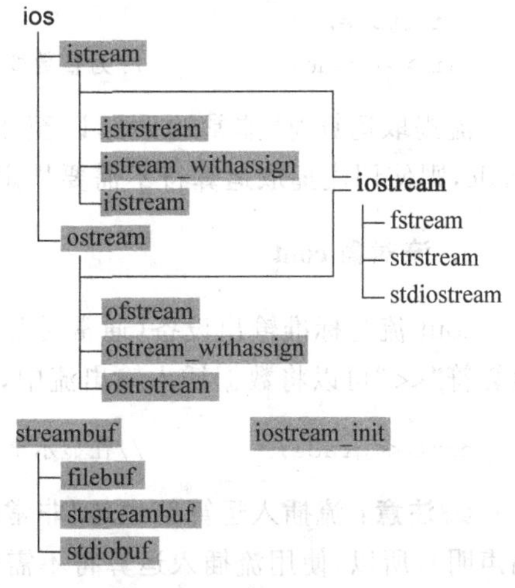

图 9-1 I/O 流类层次图

在 ios 类层次中，还包括支持文件输入输出的流类：输入文件流类 ifstream、输出文件流类 ofstream、输入输出文件流类 fstream；以及支持字符串操作的流类：输入字符串流类 istrstream、输出字符串流类 ostrstream、输入输出字符串流类 strstream。在使用这些类时应注意包含相应的头文件，头文件信息如下。

(1) iostream.h：包含 ios、istream、ostream、iostream 等基本流类和预定义的 cin、cout、cerr、

clog 对象的说明,提供无格式和格式化的 I/O 操作。

(2) iomanip. h: 包含格式化 I/O 操纵算子,用于指定数据输入输出的格式。

(3) fstream. h: 包含文件流类 ifstream、ofstream、fstream 的说明,提供建立文件,读/写文件的各种操作接口,支持文件操作。

(4) strstream. h: 包含字符串流类 istrstream、ostrstream、strstream 的说明,支持字符串流操作。

9.2 标准 I/O 流

9.2.1 标准 I/O 流对象

标准 I/O 流对象为用户提供了常用外部设备与程序内存之间数据传递的通道。在进行输入和输出操作时,流对象提供了数据缓冲功能,即在内存中为每一个数据流开辟一个内存缓冲区,用来存放流中的数据。例如,当用 cout 和插入运算符"<<"向显示器输出数据时,先将这些数据送到程序中的输出缓冲区保存,直到缓冲区满了或遇到 endl,就将缓冲区中的全部数据送到显示器显示输出。在输入时,从键盘输入的数据先放在键盘的缓冲区中,当按回车键时,键盘缓冲区中的数据输入到程序中的输入缓冲区,形成 cin 流,然后用提取运算符" >>"从输入缓冲区中提取数据送到程序中的有关变量。总之,流是与内存缓冲区相对应的。

C++ 的流类库中预先定义了四个流对象,其中与输入设备相关联的对象称为输入流对象如 cin;与输出设备相关联的对象称为输出流对象,如 cout、cerr 和 clog。

1. 流对象 cin

cin 流与标准输入设备(通常指键盘)相关联,是 istream 类的对象。使用流提取运算符">>"可以从 cin 输入流中读取数据存入指定内存。例如:

```
int grade;
cin >>grade;              //为整数变量 grade 输入一个值
```

流提取运算符"非常聪明",以至于"知道"数据类型是什么。假设已经正确声明了 grade,则使用流提取运算符不需要指定其他类型信息。

2. 流对象 cout

cout 流与标准输出设备(通常是显示屏)相关联,是 ostream 类的对象。使用流插入运算符"<<"可以将数据插入输出流中,从而将数据输出到标准输出设备。例如:

```
cout <<grade;             //在显示屏上输出 grade 的值
```

📖**注意**: 流插入运算符也是"非常聪明"的,以至于"知道"grade 的类型(假设已经正确声明),所以,使用流插入运算符不需要指定额外的类型信息。

操作系统在默认情况下,指定标准输出设备是显示终端,标准输入设备是键盘。当然,可以通过输入输出重定向来改变标准输入输出设备。

3. 流对象 cerr

cerr 流与标准错误输出设备相关联,是 ostream 类的对象。在任何情况下,指定的标准错误输出设备总是显示终端,不能重定向。cerr 流用来输出错误信息,因其不经过缓冲区,所以 cerr 的每个流插入将导致输出立即显示,这对于立即提示用户有关错误消息是非常合适的。

【例 9-1】 预定义对象 cerr 的使用方法。

```
//D:\QT_example\9\Example9_1.cpp
#include <iostream>
using namespace std;
int main(int argc,char * argv[])
{
    if(argc!=2)
        cerr<<"Error! Usage:progName anString<CR>";
    else{
        cerr<<"Enter an integer:"
        int data;
        cout<<"The user is "<<argv[1]<<endl;
        cout<<"The data you entered is "<<data<<endl;
    }
    return 0;
}
```

4. 流对象 clog

clog 流与标准错误输出设备相关联,是 ostream 类的对象,标准错误输出设备总是显示终端,不能重定向。clog 流用来输出错误信息,但是输出是基于缓冲区的。这意味着对 clog 的插入操作将导致输出保留在缓冲区中,直至缓冲区充满,或者刷新缓冲区。

标准错误输出设备不能进行重定向的这种特性经常用于显示程序中的一些错误提示信息。

9.2.2 标准输入输出

在前面的程序中,通常用输入流对象 cin 结合流提取运算符“>>”实现从键盘输入,用输出流对象 cout 结合插入运算符“<<”实现从显示屏输出数据,称为标准输入输出。插入“<<”和提取“>>”运算符是 C++ 中使用最频繁的运算符。“>>”和“<<”本来是 C/C++ 语言中的移位运算符,但 C++ 的流类中通过重载运算符实现了输入输出操作。

1. 标准输出

【例 9-2】 标准输出示例。

```
//D:\QT_example\9\Example9_2.cpp
```

```
#include <iostream>
using namespace std;
int main()
{
    float pi=3.14159;
    cout<<"pi=";
    cout<<pi<<endl;
    return 0;
}
```

输出结果为：

```
pi=3.14159
```

例 9-2 中使用了插入运算符“<<”,它是 C++ 中的逐位左移运算符,通过重载用于流输出操作。输出操作可理解向流中插入一个字符序列,能够将对象插入数据流中,而数据流可以连接到任何与计算机相连的输出设备。cout 对象是与显示器相关联的,当对象插入 cout 中时,它们被发送到显示器。所以,程序 9-2 完成的是向显示屏输出 pi=3.14159。同样,其他内部数据类型也可以插入数据流中。因为“<<”运算符返回的是 ostream 对象的引用,所以例 9-2 可以简化成：

```
cout<<"pi="<<pi<<endl;
```

这样可以使程序更加简洁易懂。

2. 标准输入

【例 9-3】 标准输入示例。

```
//D:\QT_example\9\Example9_3.cpp
#include <iostream>
using namespace std;
int main()
{
    int n;
    cin>>n;
    char ch;
    cin>>ch;
    float pi;
    cin>>pi;
    char str[20];
    cin>>str;
    cout<<"n="<<n<<endl;
    cout<<"ch="<<ch<<endl;
    cout<<"pi="<<pi<<endl;
    cout<<"string="<<str<<endl;
```

```
    return 0;
}
```

当输入“5 c 3.14159 hello”时，程序运行结果是：

```
n=5
ch=c
pi=3.14159
string=hello
```

例 9-3 中使用了提取运算符“>>”，它是 C++ 中的逐位右移运算符，通过重载用于流输入操作。提取运算符是从数据流中抽取数据对象存入指定内存中，而输入数据流可以连接到任何与计算机相连的输入设备，cin 流是与控制台输入(键盘)相关联。当从键盘输入数据时形成输入流，提取运算符按顺序提取数据并保存到相应变量中。由于“>>”运算符返回的是 istream 对象的引用，所以例 9-3 中的输入语句可以简化成：

```
cin>>n>>ch>>pi>>str;
```

但是，在例 9-3 中，当输入 5 c 3.14159 hello world! 时，运行结果并不是我们所期望的：

```
n=5
ch=c
pi=3.14159
string=hello world!
```

而是：

```
i=5
ch=c
pi=3.14159
string=hello
```

str 数组只被写入第一个单词 hello，而不是 hello world!，这是由于输入流中提取运算是以空格作为数据分隔的，读到“Hello”后的空格就结束了，后面的 world! 被忽略了。要解决这个问题，可以使用 cin 流的成员函数 getline()。

注意：

(1) 当连续输入多个数据时，数据中间以空格、Tab 键或换行符分隔。

例如，例 9-3 中连续的输入不同数据：

```
cin>>n>>ch>>pi>>str;
```

提取运算符“>>”从流中提取数据时，通常跳过输入流中的空格、Tab 键、换行符等空白字符，在提取时把遇到的数据后面的分隔符作为数据的结束。但是当读入字符串时，提取运算符也会把遇到的单词中间的空格当成分隔符，而不能完整地读入整个字符串。

(2) 数据输入时，输入的数据应与变量的数据类型相匹配。

例如：

```
cin>>n>>ch>>pi>>str;
```

若从键盘输入：

```
8.9  m  3.14159  Hello
```

则得到的输出结果为：

```
n=8
ch=.
pi=9
string=m
```

这是因为，数据输入时，提取运算除了检查是否有空白分隔符，还会自动根据变量的类型分隔输入的数据。所以，上面的输入是先提取整数 8 赋给变量 n，“.”作为字符赋给 ch，9 后面遇到空格，所以只把 9 赋给 pi，m 赋给 string。

(3) 通过 cin 流的状态值，可以判断流读取数据是否成功。当提取数据正确时 cin 流返回 true 值，当出错时 cin 流返回一个 false 值。

例如：

```
int i,j;
cin>>i>>j;
```

若从键盘上输入：

```
9 abc
```

则从输入流中先提取整数 9 赋给 i，提取操作成功，此时 cin 流处于正常状态。但是再提取字符 a 时，与变量 j 的数据类型不匹配，则提取操作失败，此时，cin 流被置为出错状态。提取运算符在遇到无效字符或遇到文件结束符(文件中的数据已读完)时，输入流 cin 就处于出错状态，即无法正常提取数据。此时对 cin 流的所有提取操作将终止。

【例 9-4】 测试 cin 的状态值。

```
//D:\QT_example\9\Example9_4.cpp
#include <iostream>
using namespace std;
int main()
{
    int n;
    while(cin>>n)
        cout<<n<<endl;
    return 0;
}
```

若从键盘输入：

```
1 2 3 m 9
```

则得到的输出结果为：

```
1
2
3
```

本例中通过判断 cin 流的状态控制循环结束。当输入整型数据时能够正确提取数据就赋给变量 n,直到提取到字符 m,若提取不成功则 cin 流状态为假,循环结束。

还需要说明的是,本例程序在运行时,并不是输入一个数据就紧接着输出该数据,而是等待所有数据输入结束按回车键后才能一一输出。这是因为数据输入是基于输入缓冲区的,当一次键盘输入结束时(按回车键)才将输入的数据存入缓冲区,提取运算符是直接从输入缓冲区中读取数据的。

9.2.3 重载插入/提取运算符

在 C++ 的流类中仅仅重载了针对基本类型的插入/提取运算符,也就是只能完成对 C++ 内部预定义数据类型的 I/O 操作。为使提取和插入运算符能够对用户自定义的数据类型进行输入输出,必须在程序中重载"<<"和">>"运算符。

【例 9-5】 重载插入运算符实现点类(Point)对象的直接输出。

```
//D:\QT_example\9\Example9_5.cpp
#include <iostream>
using namespace std;
class Point
{
public:
    Point(double x, double y);
    double GetX();
    double GetY();
    friend ostream& operator<< (ostream &out,Point p);
private:
    double X, Y;
};
Point::Point(double x, double y)
{ X =x; Y =y;}
double Point::GetX()
{ return X; }
double Point::GetY()
{ return Y; }
ostream& operator<< (ostream &out,Point p)
{   out<<"("<<p.X<<","<<p.Y<<")";
    return out;
}
```

```
int main()
{
    Point p1(1,2),p2(3,4);
    cout<<p1<<"\n"<<p2<<endl;
    return 0;
}
```

程序运行结果为：

```
(1,2)
(3,4)
```

程序中通过定义“operator<<”运算符重载函数，支持输出语句“cout<<p1<<"\n"<<p2<<endl;”，实现了直接输出自定义类型的对象。下面分析函数operator<<()的定义。

(1) 重载插入运算符函数operator<<()的一般格式如下：

```
ostream& operator<< (ostream &out, Usertype obj)    // Usertype 为用户自定义类型
{
    //函数体
    return out;
}
```

插入运算符可以理解为一个双目运算符，其左操作数是输出流对象，右操作数是输出的数据。因此，函数operator<<()有两个参数：第一个是对流对象的引用；第二个参数是输出的数据类型。例如，本例中cout<<p1被编译解释为operator<<(cout,p1)。

函数的返回值是一个对类ostream的对象的引用，这样可以支持连续使用多个插入运算符输出多个数据。

(2) 重载插入运算符函数不能是类的成员函数，只能是一般函数或类的友元函数。

因为重载函数operator<<()的左操作数必须是一个流对象，不能是自定义类的对象。而如果重载为类的成员函数，则只能由该类的对象调用该函数，就意味着重载函数的左操作数必须是本类的对象，例如cout<<p1，显然，流cout不是Point类的对象，故重载插入函数必须是非成员函数。

同时，为了能够在重载运算符函数中直接引用类内的私有成员，通常将重载函数声明为类的友元函数。

(3) 注意，重载函数内的流对象应使用引用参数。

如下形式的函数定义也可以实现最后的输出。

```
ostream& operator<< (ostream &out, Point p)
{
    cout<<"("<<p.X<<","<<p.Y<<")";
    return out;
}
```

但是，cout流是固定的，而“<<”操作符可用于任何流，所以，若想在任何情况下都使用该函数，则必须通过引用参数使用传递给函数的流。

重载一个提取运算符函数的方法和重载一个插入运算符函数的方法类似，如例 9-6 所示。

【例 9-6】 重载提取运算符函数的示例。

```
//D:\QT_example\9\Example9_6.cpp
#include <iostream>
using namespace std;
class Point
{
public:
    Point(double x, double y);
    double GetX();
    double GetY();
    friend ostream &operator<<(ostream &out,Point p);
    friend istream &operator>>(istream &in,Point &p);
private:
    double X, Y;
};
Point::Point(double x, double y)
{ X =x; Y =y;}
double Point::GetX()
{ return X; }
double Point::GetY()
{ return Y; }
ostream &operator<<(ostream &out,Point p)
{   out<<"("<<p.X<<","<<p.Y<<")";
    return out;
}
istream &operator>>(istream &in,Point &p)
{   in>>p.X>>p.Y;
    return in;
}
int main()
{
    Point p1(0,0);
    cout<<p1<<endl;
    cout<<"Please enter a point:";
    cin>>p1;
    cout<<p1<<endl;
    return 0;
}
```

程序运行结果为：

```
(0,0)
```

```
Please enter a point:1 2
(1,2)
```

通过重载插入和提取运算符,程序中可直接输入和输出自定义类型 Point 的对象。

重载提取运算符函数 operator>>()的一般格式如下:

```
istream& operator>>(istream& in, Usertype& obj)    //Usertype 为用户自定义类型
{
    //函数体
    return in;
}
```

同插入运算符函数相似,提取运算符函数也有两个参数。第一个参数只能是输入流对象,因此,函数不能重载为类的成员函数;其返回值是 istream 类型的引用,支持连续提取操作,连续的数据之间应用空格、Tab、换行符分隔。

但是需要特别注意,提取运算符函数的第二个参数必须是自定义类型的对象的引用,如"Usertype& obj",通过引用参数将输入的数据传递给实参对象,否则,实参对象不能得到输入的数据值。

9.2.4 输入输出流的成员函数

C++ 流类库预定了流对象 cin、cout,并重载插入提取运算符可以实现输入输出。除此之外,类库中的类也定义了相应的成员函数,流类对象通过调用成员函数也可实现数据的输入和输出。

1. put()函数

函数原型:

```
ostream &put(char ch);
```

函数作用:将字符 ch 插入输出流中,可输出单个字符。

例如:

```
cout.put('a');
```

等价于:

```
cout.put(97);                    //参数可以是整数 ASCII 码值
```

等价于:

```
cout<<'a';
```

并且,在一个语句中更可以连续调用 put()函数:

```
cout.put('o').put('k').put('\n ');    //连续输出字符 ok
```

2. get()函数

函数原型有三种：

```
int get();
```

此函数不带参数，是从流中提取字符（包括空格）并作为函数的返回值，遇到文件结束时返回系统常量 EOF。

```
istream &get(char &rch);
```

此函数带有一个引用参数，是从流中提取字符（包括空格）并写入 rch 引用的对象，遇到文件结束时返回 0，否则返回 istream 对象的引用。

```
istream &get( char* pch, int nCount, char delim='\n');
```

函数的三个参数分别表示字符数组、字符个数和终止字符，当读取 n−1 个字符或读到终止字符时结束（不提取终止字符），把读取的字符串写入数组 pch，并添加结束标记'\0'。

因此，get()函数可以从流中提取字符（包括空格），可实现输入单个或多个字符。

例如：

```
char ch;
ch=cin.get();
```

或：

```
cin.get(ch);
```

或：

```
char str[20];
cin.get(str, 10,'\n');          //第三个参数可以省略,此时默认为'\n'
```

📖**注意**：get()函数可以读取包括空格的数据，读取成功则返回非 0 值，否则（遇到文件结束符 EOF）返回 0 值。

【例 9-7】 用 get()函数从键盘输入字符，put()函数输出字符。

```
//D:\QT_example\9\Example9_7.cpp
#include <iostream>
using namespace std;
int main()
{
    char ch;
    cout<<"1.Please enter a sentence:\n";
    while((ch=cin.get())!='\n')
        cout.put(ch);
    cout<<endl;
```

```
    cout<<"2.Please enter a sentence again:\n";
    while(cin.get(ch))
    {
        if(ch=='\n') break;
        cout.put(ch);
    }
    cout<<endl;
    cout<<"3.Please enter a sentence again:\n";
    char str[20];
    cin.get(str,20);
    cout<<str<<endl;
    return 0;
}
```

程序运行结果为：

```
1.Please enter a sentence:
Good morning
Good morning
2.Please enter a sentence again:
Good afternoon
Good afternoon
3.Please enter a sentence again:
Good night
Good night
```

3. getline()函数

函数原型：

```
istream &getline( char* pch, int nCount, char delim='\n');
```

函数作用：从流中提取一行字符，用于输入一个字符串，当读取 n－1 个字符或读到终止字符时结束。

其中，getline()函数的参数含义与 get()函数相同。

【例 9-8】 用 get()和 getline()函数读入字符串。

```
//D:\QT_example\9\Example9_8.cpp
#include <iostream>
using namespace std;
int main()
{
    char name[20];
    cout<<"Please enter your name:\n";
    cin.get(name,20);                    //默认提取到'\n'结束，但'\n'仍在输入流中
    cout<<name<<endl;
```

```
    cin.ignore();                    //提取并丢弃输入流中的'\n'符
    char addr[30];
    cout<<"Please enter your address:\n";
    cin.getline(addr,30);
    cout<<addr<<endl;
    return 0;
}
```

4. write()函数

函数原型：

```
ostream &write( const char * s, int nCount );
```

函数作用：将 s 中的 nCount 个字节序列插入输出流中。
例如：

```
char str[20]="Hello!";
cout.write(str,10);
```

【例 9-9】 应用 getline()和 write()函数的输入输出。

```
//D:\QT_example\9\Example9_9.cpp
#include <iostream>
using namespace std;
int main()
{
    char num[10];
    cout<<"Enter 1 2 3 4 5:\n";
    cin.getline(num,10);
    cout.write(num,10);
    cout<<endl;
    return 0;
}
```

程序运行结果为：

```
Enter 1 2 3 4 5:
1 2 3 4 5
1 2 3 4 5
```

注意：write()函数将一个字节序列插入输出流中，并不进行任何格式转换，主要用于非格式化的二进制数据块的写出，与之对应还有一个二进制数据块读取函数 read()，以及其他函数，将在 9.4 节详细介绍。

5. ignore()函数

函数原型：

```
istream &ignore( streamsize num=1, int delim=EOF );
```

函数作用：跳过输入流中 num 个字符，或在遇到指定的终止字符 delim（默认为 EOF）时提前结束（此时跳过包括终止字符在内的若干字符）。

例如：

```
cin.ignore(5, 'A');
```

表示从当前指针位置（不包括当前指针）开始，忽略后面 cin 流输入的 5 个字符，或者遇到字符'A'就不再往后跳了（'A'会被跳过）。

默认写作 cin. ignore()，相当于 cin. ignore(1, EOF)，EOF 代表文件结束符。

【例 9-10】 函数 ignore()的应用示例。

```
//D:\QT_example\9\Example9_10.cpp
#include <iostream>
using namespace std;
int main()
{
    char array[6];
    cout<<"Please enter a string:\n";
    cin.ignore(2,'m');
    cin.getline(array,8);
    cout<<array<<endl;
    return 0;
}
```

程序运行结果为：

```
Please enter a string:
abcdefg(键盘输入)
cdefg
```

输入流中的前两个字符 ab 被忽略，array 得到的字符串为"cdefg"。

9.3 流格式控制

在 C 语言中，使用 scanf()和 printf()函数时可以控制数据输入和输出的格式。在 C++ 中，除了保留上述用法之外，流类也提供了相应的格式化操作。C++ 流类有两种方法进行格式化输入和输出：方法一是使用 ios 类的成员函数；方法二是使用称作操纵算子（操纵符，manipulator）的特殊函数。C++ 提供了大量的用于执行格式化输入输出的成员函数和流操纵算子。

9.3.1 ios 成员函数

ios 流类中定义了用于控制输入输出格式的成员函数，常见的流成员函数如下。

(1) long ios::setf(long flags);

(2) long ios::unsetf(long flags);

(3) int ios::width(int n);

(4) int ios::precision(int n);

(5) char ios::fill(char ch);

其中,函数 setf()和 unsetf()的参数 long flags 称为格式标志字,通过函数的 flags 参数值可以设置和清除格式。flags 的格式标志是在 ios 类中定义的枚举值,如下所示。

```
//formating flags
enum{
    skipws      =0x0001,        //跳过输入中的空白
    left        =0x0002,        //输出数据按输出域左边对齐输出
    right       =0x0004,        //输出数据右对齐输出
    internal    =0x0008,        //在符号位或基指示符之后填充字符
    dec         =0x0010,        //转换基数为十进制形式
    oct         =0x0020,        //转化基数为八进制形式
    hex         =0x0040,        //转化基数为十六进制形式
    showbase    =0x0080,        //输出带有一个表示制式的字符
    showpoint   =0x0100,        //浮点输出时必须带有一个小数点
    uppercase   =0x0200,        //十六进制输出时表示制式的字符 x 及表示数值的字符
                                  A~F 一律大写
    showpos     =0x0400,        //在正数前添加一个"+"
    scientific  =0x0800,        //使用科学记数法表示浮点数
    fixed       =0x1000,        //使用定点形式表示浮点数
    unitbuf     =0x2000,        //在插入操作以后立即刷新流的缓冲区
    stdio       =0x4000,        //在插入操作以后刷新 stdout 和 stderr
};
```

每一种格式对应标志字的一个二进制位,设置格式标志就是将相应的二进制位置为1,相反,清除格式就是相应二进制位置为 0。

1. 设置格式标志函数 setf()

函数原型:

```
long ios::setf(long flags);
```

调用格式:

```
stream.setf(ios::flags);
```

setf()可以设置标志字的值,并返回以前所置的标志字。其中,stream 是所要影响的流,flags 是格式标志的枚举常量。

注意:

(1) 设置 flags 参数时,在枚举常量前应加上类名限定类名 ios 和域运算符"::"的限定。

例如：

```
cout.setf(ios::hex);                //设置以十六进制输出其后的整数
```

(2) 一次可以设置多项格式标志,用或("|")运算符连接。

因为每一个格式标志以一个二进位代表,所以用位运算符"|"可组合多个格式标志。例如：

```
cout.setf(ios::scientific|ios::showpos);
//设置其后数据以科学记数法输出并在正数前显示"+ "
```

【例 9-11】 setf()函数设置格式输入和输出。

```
//D:\QT_example\9\Example9_11.cpp
#include <iostream>
using namespace std;
int main()
{
    cout.setf(ios::scientific |ios::showpos);
    cout<<123<<" "<<123.23<<endl;
    return 0;
}
```

程序运行结果为：

```
+123 +1.232300e+002
```

2. 清除格式标志函数 unsetf()

函数原型：

```
long unsetf(long flags);
```

调用格式：

```
stream.unsetf(ios::flags);
```

该函数返回原来的标志设置并清除 flags 指示的标志。

【例 9-12】 设置和清除状态标志示例。

```
//D:\QT_example\9\Example9_12.cpp
#include <iostream>
using namespace std;
int main()
{
    cout.setf(ios::showbase);          //设置输出基数符号
    cout<<"dec:"<<100<<endl;           //默认以十进制形式输出整数 100
    cout.unsetf(ios::dec);             //终止十进制的格式设置
    cout.setf(ios::hex);               //设置以十六进制输出的状态
```

```
    cout<<"hex:"<<100<<endl;         //以十六进制形式输出整数 100
    cout.unsetf(ios::hex);           //终止十六进制的格式设置
    cout.setf(ios::oct);             //设置以八进制输出的状态
    cout<<"oct:"<<100<<endl;         //以八进制形式输出整数 100
    cout.unsetf(ios::oct);           //终止以八进制的输出格式设置
    cout<<"dec:"<<100<<endl;         //默认以十进制形式输出整数 100
    return 0;
}
```

程序运行结果为：

```
dec:100
hex:0x64
oct:0144
dec:100
```

3. 设置域宽函数 width()

函数原型：

```
int width(int len);
```

调用格式：

```
stream.width(n);
```

流对象调用 width()函数可设置数据的输出域宽为 n 位，但是该函数只对其后的第一个输出项有效。

4. 设置填充字符函数 fill()

函数原型：

```
char fill(char ch);
```

调用格式：

```
stream.fill(ch);
```

在对数据设置域宽后，如果输出的数据不能占满域宽，系统就会使用填充字符来填充剩余的字符位置。默认的填充字符为空格。

5. 设置精度函数 precision()

函数原型：

```
int precision(int num);
```

调用格式：

```
stream.precision(n);
```

默认情况下，浮点数的输出精度为6位，用precision()函数可以改变输出精度为n位。一般以十进制小数形式输出时n代表有效数位，以fixed(固定小数)或scientific(科学记数法)输出时n代表小数位数。

【例9-13】 width()、fill()、precision()函数用法示例。

```
//D:\QT_example\9\Example9_13.cpp
#include <iostream>
using namespace std;
int main()
{
    cout.setf(ios::scientific);          //设置科学记数法输出
    cout<<100<<" "<<100.11<<endl;

    cout.precision(3);                   //保留三位小数
    cout.width(10);                      //设置域宽为10位
    cout<<100<<" "<<100.11<<endl;

    cout.fill('*');                      //设置填充字符"*"
    cout.width(10);
    cout<<100<<" "<<100.11<<endl;

    cout.unsetf(ios::scientific);        //终止科学记数法状态
    cout.setf(ios::fixed);               //指定用定点小数形式输出
    cout.precision(4);                   //保留四位小数
    cout.width(10);
    cout<<100<<" "<<100.11<<endl;

    cout.setf(ios::left);                //设置左对齐方式
    cout.width(10);
    cout<<100<<" "<<100.11<<endl;
    return 0;
}
```

程序运行结果为：

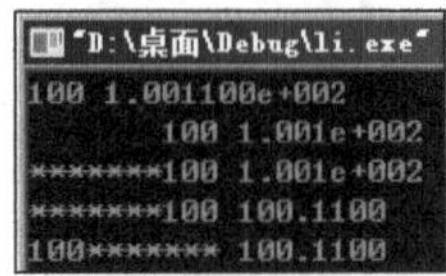

说明：

(1) width()函数只对其后的第一个输出项有效，如果要求多个数据都按指定的域宽n输出，则需要在输出每一项前都调用一次width()函数，否则就恢复使用默认的域宽0。

(2) 调用函数precision()和fill()后，其设置一直有效，保持到重新设置。而调用setf()

函数设置格式后，若要改变格式设置，则需要先调用 unsetf()函数终止之前的设置，再调用 setf()函数设置为新的格式。因为输出格式标志被分成不同的组，每一组中同时只能选用一种，例如 dec、hex 和 oct 中只能选一，它们是互相排斥的。如果想更改设置为同组的另一状态，则需要先终止原来设置的标志。

(3) 数据输出的默认方式是右对齐(ios::right)，当设置域宽后，如果有填充的字符则放置在数据的左侧；若改变对齐方式为左对齐(ios::left)，则填充的字符放置在数据的右侧。

9.3.2 操纵算子

C++ 流类除了提供格式控制的成员函数，还定义了一种特殊的函数称为操纵算子(操纵符)，它可以作为插入和提取运算符的右操作数，直接包含在 I/O 语句中。标准操纵算子如表 9-1 所示。这些控制符是在头文件 iomanip.h 中定义的，因而程序中应当包含头文件 iomanip.h。

表 9-1 标准操纵算子

操纵算子	用途	输入输出
dec	设置整数的基数为十进制	输入和输出
hex	设置整数的基数为十六进制	输入和输出
oct	设置整数的基数为八进制	输入和输出
endl	输出一行新字符并刷新流	输出
ends	输出一个空字符	输出
flush	刷新一个流	输出
ws	跳过引导空格符	输入
setiosflags(long f)	设置 f 指定的标志	输入和输出
resetiosflags(long f)	清除 f 指定的标志	输入和输出
setbase(int base)	设置转换基数为 base	输入和输出
setfill(int ch)	设置填充字符为 ch	输入和输出
setprecision(int p)	设置小数点后显示的数字位	输入和输出
setw(int w)	设置域宽为 w	输入和输出

【例 9-14】 操纵算子示例。

```
//D:\QT_example\9\Example9_14.cpp
#include <iostream>
using namespace std;
#include <iomanip>
int main()
{
    cout<<123.4567<<endl;
    cout<<setprecision(4)<<123.4567<<endl;
    cout<<setw(20)<<"Hello,world!"<<endl;
    cout<<setfill('*')<<setw(20)<<"Hello,world!"<<endl;
```

```
    return 0;
}
```

程序运行结果为：

```
123.457
123.5
           Hello, world!
******** Hello, world!
```

浮点数123.4567默认以一般十进制小数输出，保留六位有效数位(后面的数字四舍五入)，此时，setprecision()设置的是有效数字的位数。字符串"Hello, world!"默认右对齐，左边填充“*”。

由此，操纵算子setprecision(n)与前面的成员函数precision(n)都可用于设置实数的精度；操纵算子setw(n)与成员函数width(n)都可用于设置输出的域宽；而操纵算子setfill(c)与成员函数fill(c)都可用于设置填充字符，它们的功能是相同的。

【例9-15】 setiosflags()和resetiosflags()的应用示例。

```
//D:\QT_example\9\Example9_15.cpp
#include <iostream>
using namespace std;
#include <iomanip>
int main()
{
    cout<<setiosflags(ios::showpos);
    cout<<setiosflags(ios::scientific);
    cout<<123.4567<<endl;
    cout<<setprecision(4);
    cout<<123.4567<<endl;
    cout<<resetiosflags(ios::scientific);
    cout<<setiosflags(ios::fixed);
    cout<<123.4567<<endl;
    cout<<setw(20)<<"Hello,world!"<<endl;        //默认右对齐
    cout<<setiosflags(ios::left);
    cout<<setfill('*')<<setw(20)<<"Hello,world!"<<endl;
    return 0;
}
```

程序运行结果为：

```
+1.234567e+002
+1.2346e+002
+123.4567
        Hello,world!
Hello,world!********
```

当设置浮点数以科学记数法或定点小数输出时，默认小数位是六位，用 setprecision(4)可设置其小数位数为四位。操纵算子 setiosflags(f)和 resetiosflags(f)的参数也就是格式标志字，其含义与成员函数中标志字相同。所以，setiosflags(f)与成员函数 setf(f)都会设置格式状态；而 resetiosflags()与成员函数 unsetf()都是终止之前设置的格式状态，它们使用的标志字相同。

【例 9-16】 设置进制格式。

```
//D:\QT_example\9\Example9_16.cpp
#include <iostream>
using namespace std;
#include <iomanip>
int main()
{
    int m;
    cin>>setbase(8)>>m;                  //设置输入基数为八进制
    cout<<setiosflags(ios::showbase);
    cout<<m<<endl;                       //默认以十进制输出
    cout<<"hex:"<<hex<<m<<endl;          //设置以十六进制输出
    cout<<"dec:"<<dec<<m<<endl;          //设置以十进制输出
    cout<<"oct:"<<oct<<m<<endl;          //设置以八进制输出
    return 0;
}
```

程序运行结果为：

```
100 (100是键盘输入的八进制数据)
64
hex:0x40
dec:64
oct:0100
```

9.4 文件的输入输出

9.4.1 文件

程序执行时所有的数据都存储于内存中，程序执行结束时，数据内存将被释放。若再次执行程序则需重新输入数据，而且每次程序的执行结果只能在屏幕上显示，不能长久保存。如果想把程序所需的数据长久保存，则需要把数据存储到外存文件中。文件是存储在外部设备上的数据集合，每一个文件有且仅有一个文件名。操作系统是以文件为单位对数据进行管理的。

C++ 中的文件根据数据的组织形式，可分为文本文件和二进制文件。文本文件又称 ASCII 文件或字符文件，它的每一个字节存放一个 ASCII 代码，代表一个字符。二进制文件又称内部格式文件或字节文件,是把内存中的数据按其在内存中的存储形式原样写到磁盘上存放。例如整数12345,在内存中占用4B;如果按内部格式直接输出,在磁盘文件中也占4B;如果将它转换为ASCII码形式输出,则要存储5个ASCII码值(0x31、0x32、0x33、0x34、0x35),共占用5B。

用ASCII码形式输出的数据一个字节代表一个字符,可以直接在屏幕上显示或打印出来。这种方式比较直观,便于阅读。但一般占存储空间较多,而且将内存中的二进制形式转换为ASCII码需要花费时间。二进制文件中的一个字节并不对应一个字符,不能直接显示文件中的内容。如果需要把程序运行过程中的中间结果数据暂时保存在磁盘文件中,就适合用二进制文件存储。二进制文件直接以内存数据的形式存储,不需要转换时间,还可以节省外存空间。当然,对于字符信息,在内存中是以ASCII代码形式存放的,无论是用文本文件还是用二进制文件输出,其数据形式是一样的。但是对于数值数据,两者是不同的。

由此,程序运行时的数据可以从键盘输入也可以从已有的文件中读取,程序运行的结果数据可以显示到屏幕上,也可以写出到外存文件中长久保存。从程序的角度而言,从文件中读取数据到程序内存称为文件输入,把程序内存中的数据写到外存文件中称为文件输出。通过文件操作使得程序中的数据可以长久保存,避免了每次程序运行时的重复输入。

9.4.2 文件的打开和关闭

C++中提供的用于文件输入输出的流类有输出文件流类ofstream、输入文件流类ifstream和输入输出文件流类fstream。它们在fstream.h头文件中定义。所以,使用这三个类时要用#include命令将fstream.h包含进来。

要进行文件的输入输出操作,需要先创建一个文件流类的对象,然后将流对象与文件相关联,即打开文件,此时才可以进行文件的读写操作,读写操作结束后还要再关闭文件。所以,要注意文件在使用前要打开,使用后要关闭的过程。

1. 打开文件

打开文件就是将一个文件与指定的流对象建立关联,然后就可以通过流对象对文件进行读写操作。流类库中没有预定义的文件流对象。因此,程序中需要先定义相应流类的对象。

定义文件流类对象的方法如下:

```
类名 对象名;                                    //调用无参构造函数
```

或

```
类名 对象名(文件名,打开方式和保护方式);         //调用带参构造函数
```

定义一个文件流类对象,系统就会自动调用该类的构造函数,如果定义流对象时不为构造函数传递参数,则系统自动调用无参构造函数。此时,流对象并未与任何文件关联,

因此，还需要调用 open()函数打开要关联的文件。这是打开文件的第一种方法。

1) 使用 open()函数打开文件

open()函数原型：

```
void open(char * filename,int mode,int access);
```

其中，第 1 个参数是文件名，第 2 个参数是文件打开方式，第 3 个参数是文件保护方式。

文件的打开方式参见表 9-2。

表 9-2 文件打开方式

常量名	含义
ios::app	向文件输出的内容都添加到文件末尾
ios::ate	文件打开时将文件指针定位于文件末尾
ios::in	打开一个文件用于读(文件已经存在)
ios::out	打开一个文件用于写
ios::trunc	如果文件已经存在，将长度截断为 0，并清除原有内容
ios::nocreate	如果文件不存在，则打开操作失败
ios::noreplace	如果文件存在，除非设置 ios::ate 或 ios::app，否则打开操作失败
binary	指定文件以二进制方式打开，默认为文本方式

说明：

(1) open()函数是 ofstream、ifstream、fstream 流类的公有成员函数，可以通过流对象直接调用。

(2) 默认情况下，文件以文本方式打开。输入流 ifstream 的对象只能用于文件输入，默认的打开方式为 ios::in；输出流类 ofstream 的对象只能用于文件输出，默认的打开方式为 ios::out。所以，这两个参数常常省略。

(3) ios::out 方式打开文件时，如果文件不存在，就先建立文件；如果文件已经存在，则删除原有数据，重新写入新的数据。在未指定其他方式时，ios::out 同 ios::trunc 方式。

例 1：

```
ofstream out;                    //建立一个文件输出流
out.open("d:\\test.txt", ios::out);
```

以上语句表示打开 d:\test.txt 文件进行输出(写数据到文件)。此时，先建立一个输出流对象，即定义输出流类 ofstream 的对象 out，out 调用 open()函数以输出方式(默认文本文件)打开指定的文件。

例 2：

```
ifstream in;                     //建立一个输入流
in.open("d:\\test.txt", ios::in);
```

表示打开 d:\test.txt 文件进行输入(从文件读数据)。此时先建立一个输入流对象，即定义输入流类 ifstream 的对象 in,in 调用 open()函数以输入方式(默认文本文件)打开指定的文件。

(4) access 值确定如何访问文件,该值与 DOS 文件属性代码对应,表示如下:

属性	含义
1	一般文件
2	只读文件
3	隐含文件
4	系统文件
5	档案位设置

access 参数可以省略。access 的默认值为 0。

(5) 当要指定多种打开方式时,可用或"|"运算符进行组合。

例如,若要定义一个用于输入输出的流,必须指定 mode 的值为 ios::in|ios::out。

例 3:

```
fstream both;                    //建立一个输入输出流
both.open("d:\\test.txt", ios::in|ios::out);
```

表示打开 d:\test.txt 文件进行输入和输出。此时先建立一个输入输出流对象,即定义输入输出流类 fstream 的对象 both,both 调用 open()函数以输入输出方式(默认文本文件)打开指定的文件。

2) 使用带参构造函数打开文件

利用 ifstream、ofstream、fstream 类的带参构造函数打开文件,是一种更为有效的方法。各类提供的带参构造函数形式如下。

```
(1) ofstream::ofstream(const char *, int=ios::out, int=filebuf::openprot);
(2) ifstream::ifstream(const char *,int=ios::in, int=filebuf::openprot);
(3) fstream::fstream(const char *, int=ios::in|ios::out, int=filebuf::openprot);
```

其中,带参构造函数中的第 1 个参数是文件名,第 2 个参数是打开方式,第 3 个参数是文件保护方式。第 2、3 个参数都可以取默认值。

例如:

```
ifstream mystream("myfile");
```

表示建立输入流对象 mystream 并以默认方式打开文件 myfile。

其中,带参构造函数的参数与 open()函数的参数用法一致。

因此,前面 3 个例子也可以用以下方式实现。

例 1:

```
ofstream out("d:\\test.txt", ios::out);
```

例 2:

```
ifstream in("d:\\test.txt", ios::in);
```

例 3：

```
fstream both("d:\\test.txt", ios::in|ios::out);
```

若由于某种原因文件不能打开，则相应的流对象返回值为 0。所以，文件操作前应确认文件是否正常打开，可使用如下语句：

```
ifstream mystream("myfile");
if(!mystream)
{
    cout<<"can not open file"<<endl;
    //错误处理
}
```

2. 关闭文件

关闭文件相对于打开文件，就是取消一个文件与流对象的关联，也就不能再通过流对象对文件进行操作。要关闭一个文件，可用成员函数 close()。例如，关闭连接到 mystream 流的文件，可以使用下面的语句：

```
mystream.close();          //close()函数没有参数且没有返回值
```

注意：关闭文件时，系统会先将缓冲区中未来得及写出的数据先写到文件中再关闭连接，所以，如果文件操作结束后不关闭文件，有可能会丢失数据。

9.4.3 文本文件

文件的默认打开方式是文本方式。对一个文本文件进行读写可以直接使用插入“<<”和提取“>>”运算符。

例如，下列程序把一个整数、一个浮点数和一个串写到 test 文件中。

【例 9-17】 将一个整数、一个浮点数和一个串写到 test 文件中。

```
//D:\QT_example\9\Example9_17.cpp
#include <iostream>
#include <fstream>
using namespace std;
int main()
{
    ofstream outStream("D:\\test");                 //省略打开方式 ios::out
    if(!outStream)
    {
        cout<<"Cannot open file";
        return 1;
    }
    outStream<<10<<" "<<123.23<<endl;
```

```
    outStream<<"This is a short text file.";
    outStream.close();
    return 0;
}
```

📖**注意**：程序执行后，显示屏上没有任何数据，因为数据是写入了外存文件 test 中。test 是文本文件，可以直接使用记事本打开并可直观阅读数据。

【例 9-18】 从上面程序建立的 test 文件中读入一个整数、一个字符和一个串。

```
//D:\QT_example\9\Example9_18.cpp
#include <iostream>
#include <fstream>
using namespace std;
int main()
{
    char ch;
    int i;
    float f;
    char str[80];
    ifstream inStream("D:\\test");          //省略打开方式 ios::in
    if(!inStream){
        cout<<"Cannot open file.";
        return 1;
    }
    inStream>>i;
    inStream>>f;
    inStream>>ch;
    inStream>>str;
    cout<<i<<" "<<f<<" "<<ch<<endl;
    cout<<str;
    inStream.close();
    return 0;
}
```

例 9-17 执行的结果是向 test 文件写入了以下数据：

```
10 123.23 This is a short text file.
```

例 9-18 执行后的结果为：

```
10 123.23 T
his
```

可见，从文件中读入的整数 10 赋给 i，浮点数 123.23 赋给 f，字符'T'赋给 ch，但是最后只能读 his 赋给字符数组 str，这是因为，从文件流中提取数据也是以空格、回车键为结束符的。本例如果要读取最后完整的字符串赋给 str，可以使用函数 getline()，即

inStream. getline(str,80)。

【例 9-19】 用文本文件实现一条学生信息的读写操作。

```
//D:\QT_example\9\Example9_19.cpp
#include <iostream>
#include <fstream>
#include <string>
using namespace std;
struct stud
{
    int num;
    char sex;
    char name[10];
};
int main()
{
    stud stu={1001,'m',"liping"};
    ofstream fout("d:\\student.txt",ios::out);
    if(!fout)
    {
        cout<<"open failed.\n";
        return 1;
    }

    fout<<stu.num<<' '<<stu.sex<<' '<<stu.name<<endl;
    fout.close();

    ifstream fin("d:\\student.txt",ios::in);
    if(!fin)
    {
        cout<<"open failed.\n";
        return 1;
    }
    int num;
    char sex;
    string name;
    fin>>num>>sex>>name;
    cout<<num<<' '<<sex<<' '<<name<<endl;
    return 0;
}
```

文本文件也可以使用流成员函数实现读写操作。

【例 9-20】 使用流成员函数读写文件。

```
//D:\QT_example\9\Example9_20.cpp
```

```
#include <iostream>
#include <fstream>
using namespace std;
int main()
{
    ofstream fout("d:\\letter.txt",ios::out);
    char ch;
    for(ch='a';ch<='z';ch++)
    {
        fout.put(ch);
        fout<<" ";
    }
    fout<<'\n';
    fout.close();
    ifstream fin("d:\\letter.txt",ios::in);
    if(!fin)
    {
        cout<<"open failed.\n";
        return 1;
    }
    while(!fin.eof())
    {
        fin.get(ch);
        cout<<ch;
    }
    /*或者
    char str[60];
    fin.getline(str,60);
    cout<<str;
    */
    return 0;
}
```

程序中使用put()函数将26个小写英文字母对应的ASCII码写入文件letter.txt，然后打开letter.txt文件依次读出字母并输出到屏幕上。

注意：每一个打开的文件都有一个文件指针，该指针的初始位置由I/O方式指定，每次读写都从文件指针的当前位置开始。每读入一个字节，指针就后移一个字节。当文件指针移到最后，就会遇到文件结束EOF(文件结束符也占一个字节，其值为−1)，此时流对象的成员函数eof()的值为非0值(一般设为1)，表示文件结束了。

9.4.4 二进制文件

二进制文件是将内存中的数据按其在内存中的存储形式原样写到外存文件中。读写二进制文件需要使用 ios::binary 指定文件的打开方式，否则以默认的文本方式打开文件。文本方式读写时涉及字符的转换，在 Windows 系统中一个"\n"字符在写入文本文件时会对应写入"\r\n"(ASCII 码值为 0x0D、0x0A)两个字节，而在读出时又会把这两个字符转换为一个回车符，但是二进制文件不会进行这样的转换。所以，文本文件应该用文本方式打开，二进制文件应该用二进制方式打开，否则会引起字符读取错误。

对二进制文件的读写过程与文本文件相同，也要先打开文件然后进行读写操作最后再关闭文件。二进制文件的读写方式可分为两种：顺序读写和随机读写。一般情况下文件的读写是按字节顺序进行的，即顺序读写。为了增加文件访问的灵活性，流类提供了可以随机移动文件指针的函数，使得二进制文件可以从指针位置进行随机读写。

1. 顺序读写文件

(1) 用流成员函数 get()和 put()逐个字节进行读写。

函数原型如下：

```
istream &get(char &ch);
ostream &put(char ch);
```

【例 9-21】 在屏幕上显示文件的内容。

```
//D:\QT_example\9\Example9_21.cpp
#include <iostream>
#include <fstream>
using namespace std;
int main(int argc,char * argv[])
{
    char ch;
    if(argc!=2)
    {
        cout<<"Usage:programname filename"<<endl;
        return 1;
    }
    ifstream inStream(argv[1]);
    if(!inStream)
    {
        cout<<"Can not open file.";
        return 1;
    }
    while(inStream)
    {
        inStream.get(ch);
        cout<<ch;
    }
    inStream.close();
```

```
    return 0;
}
```

当 inStream 到达文件尾时,返回 0 值,从而引起 while 循环停止。实际上有一个更为紧凑的方法可实现读文件和显示文件的循环,语句如下:

```
while(inStream.get(ch))
    cout<<ch;
```

这里需要说明的是,inStream 是 ifstream 类的对象,而 get()函数是类 istream 的成员,上述写法 inStream. get()说明 get()也是类 ifstream 的成员,这并不奇怪,因为 ifstream 继承了 istream 类的 public 成员。put()函数也有同样的情况。

【例 9-22】 put()函数示例。

```
//D:\QT_example\9\Example9_22.cpp
#include <iostream>
#include <fstream>
using namespace std;
int main()
{
    char *p="Hello,there.";
    ofstream outStream("test");
    if(!outStream)
    {
        cout<<"Can not open file.";
        return 1;
    }
    while(*p)
        outStream.put(*p++);
    outStream.close();
    return 0;
}
```

(2) 用流成员函数 read()和 write()读写二进制数据块。

函数原型如下:

```
istream& read(unsigned char *buf,int num);
ostream& write(const unsigned char &buf,int num);
```

read()函数从相关的流中读入 num 个字节,并把它们放入 buf 指示的缓冲区。write()函数是把 buf 指示的缓冲区中 num 个字节写入相关的流中。注意,read()和 write()函数的第一参数是字符型指针,因而当对一个非字符型指针的缓冲区进行操作时必须进行类型转换。

【例 9-23】 read()和 write()函数示例。

```
//D:\QT_example\9\Example9_23.cpp
```

```
#include <iostream>
#include <fstream>
using namespace std;
int main()
{
    int a[5]={1,2,3,4,5};
    int i;
    ofstream outStream("test");
    if(!outStream){
        cout<<"Can not open file.";
        return 1;
    }
    outStream.write((char *)a,sizeof(a));
    outStream.close();
    for(i=0;i<5;i++)
        a[i]=0;
    ifstream inStream("test");
    inStream.read((char *)a,sizeof(a));
    for(i=0;i<5;i++)
        cout<<a[i]<<" ";
    inStream.close();
    return 0;
}
```

程序运行结果为：

```
1 2 3 4 5
```

【例 9-24】 对多个学生的信息进行读写。

```
//D:\QT_example\9\Example9_24.cpp
#include <iostream>
#include <fstream>
#include <string>
using namespace std;
struct STUD
{
    int num;
    char sex;
    char name[10];
}stu[3]={{1001,'m',"liping"},{1002,'f',"wangli"},{1003,'m',"chenghu"}};
int main()
{
    ofstream fout("d:\\student",ios::out|ios::binary);
    if(!fout)
    {
```

```
        cout<<"open failed.\n";
        return 1;
    }
    for(int i=0;i<3;i++)
    {
        fout.write((char *)&stu[i],sizeof(STUD));   //逐条学生记录写入文件中
    }
    fout.close();
    ifstream fin("d:\\student",ios::in|ios::binary);
    if(!fin)
    {
        cout<<"open failed.\n";
        return 1;
    }
    STUD stu1;
    fin.read((char *)&stu1,sizeof(STUD));          //先读入一条学生记录赋给 stu1
    while(!fin.eof())                              //判断文件是否结束
    {
        cout<<stu1.num<<' '<<stu1.sex<<' '<<stu1.name<<endl;
        fin.read((char *)&stu1,sizeof(STUD));      //逐条学生记录读入并赋给 stu1
    }
    fin.close();
    return 0;
}
```

程序运行结果为:

```
1001 m liping
1002 f wangli
1003 m chenghu
```

注意:程序中在读入数据时,要先读入一条记录再判断文件是否读到了结尾符 EOF,若使用成员函数 eof()检测到这个结尾符,则返回非 0 值,表示到达文件结尾。如果返回 0 值,则文件没有结束就循环进行读取记录。

程序采用逐条记录读入的方式。其实,也可以一次性读入文件中的全部数据,只要正确计算读入的字节数,实现如下:

```
STUD s[3];
fin.read((char *)s,sizeof(STUD) * 3);              //一次读入三条记录
for(i=0;i<3;i++)
{
    cout<<stu[i].num<<' '<<stu[i].sex<<' '<<stu[i].name<<endl;
}
```

2. 随机读写文件

对 C++ 的文件进行读写时使用文件指针指示数据的位置,文件指针分为读指针和写

指针。文件打开时,读写指针都指向文件的起始位置。C++ 流类中定义了操作文件指针的函数,可以移动指针或返回指针的当前位置,从而实现随机读写。

1) 类 istream 的读指针函数

```
(1) istream & istream :: seekg ( long pos);          //g 取自 get 首字母
```

作用:读指针从流的起始位置向后移动由 pos 指定的字节数。

```
(2) istream & istream :: seekg ( long off, ios::seek_dir );
```

作用:读指针从流的 seek_dir 位置移动 off 指定的字节数。

```
(3) istream & istream :: tellg ();
```

作用:返回读指针当前所指位置值。

其中,文件中的指针位置和移动字节都是整型值,seek_dir 位置表示参照位置,用以下三个枚举常量表示:

ios::beg　　相对于文件的开始位置
ios::cur　　相对于当前读指针所指定的当前位置
ios::end　　相对于文件的结束位置

例如:

```
seekg(20,ios::beg);
```

表示将文件读指针相对文件开始位置向后移动 20B。

```
seekg(-10,ios::cur);
```

表示将文件读指针以当前位置为参照向前移动 10B。

2) 类 ostream 的写指针函数

```
(1) ostream &ostream :: seekp ( long pos) ;        //p 取自 put 首字母
```

作用:写指针从流的起始位置向后移动由 pos 指定的字节数。

```
(2) ostream &ostream :: seekp ( long off, ios::seek_dir ) ;
```

作用:写指针从流的 seek_dir 位置移动 off 指定的字节数。

```
(3) ostream &ostream :: tellp () ;
```

作用:返回写指针当前所指位置值。

其中,seekp()函数的 seek_dir 表示的参照位置与 seekg()函数相同。

例如:

```
seekp(-10,ios::cur);
```

表示将文件写指针以当前位置为参照向前移动 10 个字节。

```
seekp(20);
```

表示将文件写指针相对文件开始位置向后移动 20 个字节。

📖**注意**：seekp()与 seekg()函数的第二个参数 seek_dir 可以省略，此时，默认为 ios::beg。

【例 9-25】 随机访问二进制文件。

```
//D:\QT_example\9\Example9_25.cpp
#include <iostream>
#include <fstream>
#include <cstring>
#include <iomanip>
using namespace std;
struct STUD
{
    int num;
    char sex;
    char name[10];
}stu[4]={{1001,'m',"liping"},{1002,'f',"wangli"},{1003,'m',"chenghu"},
{1004,'f',"linli"}};
void Output_record(STUD &stu);                          //输出一条记录
void Output_file(fstream &fin);                         //输出文件的内容
int main()
{
    fstream file("d:\\student",ios::out|ios::in|ios::binary);  //二进制输入输
                                                                出模式打开
    if(!file)
    {
        cout<<"open failed.\n";
        return 1;
    }
    for(int i=0;i<4;i++)
    {
        file.write((char*)&stu[i],sizeof(STUD));  //逐条学生记录写入文件中
    }
    Output_file(file);
    //读取第 2 条学生记录
    STUD stu1;
    file.seekg(sizeof(STUD)*1,ios::beg);          //将读指针移到第 2 条记录起始处
    file.read((char*)&stu1,sizeof(STUD));
    cout<<"\nRecord No.2:"<<endl;
    Output_record(stu1);
    //读取第 4 条学生记录
    file.seekg(sizeof(STUD)*1,ios::cur);          //将当前读指针向下移一条记录
    file.read((char*)&stu1,sizeof(STUD));
    cout<<"\nRecord No.4:"<<endl;
    Output_record(stu1);
    //修改第 3 条记录
    STUD stu2;
```

```
    stu2.num=1004;
    stu2.sex='f';
    strcpy(stu2.name,"wangxia");
    file.seekp(sizeof(STUD)*2,ios::beg);        //将写指针移到第 3 条记录起始处
    file.write((char*)&stu2,sizeof(STUD));
    //输出修改后的文件内容
    Output_file(file);
    file.close();
    return 0;
}
void Output_record(STUD &stu)
{
    cout<<setiosflags(ios::left);
    cout<<'\t'<<setw(8)<<"Id"<<setw(8)<<"Sex"<<setw(8)<<"Name"<<endl;
    cout<<"\t------------------------"<<endl;
    cout<<'\t'<<setw(8)<<stu.num<<setw(8)<<stu.sex<<setw(8)<<stu.name<<
   endl;
}
void Output_file(fstream &fin)
{
    STUD stu1;
    fin.seekg(0,ios::beg);                      //设定文件读指针到文件开头
    cout<<setiosflags(ios::left);
    cout<<"\nAll Records:\n";
    cout<<"\t"<<setw(8)<<"Id"<<setw(8)<<"Sex"<<setw(8)<<"Name"<<endl;
    cout<<"\t------------------------"<<endl;
    fin.read((char*)&stu1,sizeof(STUD));        //先读入一条学生记录赋给 stu1
    while(!fin.eof())
    {
        cout<<'\t'<<setw(8)<<stu1.num<<setw(8)<<stu1.sex
            <<setw(8)<<stu1.name<<endl;
        fin.read((char*)&stu1,sizeof(STUD));    //逐条学生记录读入并赋给 stu1
    }
    fin.clear();                                //重新设置数据流错误状态
}
```

程序运行结果为：

```
All Records:
    Id      Sex     Name
    ----------------------------
    1001    m       liping
    1002    f       wangli
    1003    m       chenghu
    1004    f       linli
```

```
Record No.2:
    Id      Sex      Name
    ----------------------------
    1002    f        wangli

Record No.4:
    Id      Sex      Name
    ----------------------------
    1004    f        linli

All Records:
    Id      Sex      Name
    ----------------------------
    1001    m        liping
    1002    f        wangli
    1003    f        wangxia
    1004    f        linli
```

9.5 命名空间

大规模的程序设计通常要划分为多个模块,由多人合作完成。不同的编程人员开发不同的模块,最后组合为一个程序。而不同的人员在设计类和函数时,有可能定义相同的名字,从而引起命名的冲突。使用命名空间的目的是对标识符的名称进行本地化,以避免命名冲突。

在 C++ 中,变量、函数和类都是大量存在的。如果没有命名空间,那么这些变量、函数、类的名称将都存在于全局命名空间中,会导致很多冲突。例如,如果我们在自己的程序中定义了一个函数 toupper(),这将重写标准库中的 toupper()函数,这是因为这两个函数都是位于全局命名空间中的。

1. namespace 关键字

namespace 关键字用于声明命名空间。由于这种机制对于声明于其中的名称都进行了本地化,就使得相同的名称可以在不同的上下文中使用,而不会引起名称的冲突。在命名空间出现之前,整个 C++ 库都是定义在全局命名空间中的(这当然也是唯一的命名空间)。引入命名空间后,C++ 库就被定义到自己的名称空间中了,称之为 std。这样就减少了名称冲突的可能性。也可以在自己的程序中创建自己的命名空间,这样可以对可能导致冲突的名称进行本地化。

namespace 关键字使得我们可以通过创建作用范围来对全局命名空间进行分隔。从本质上讲,一个命名空间就定义了一个范围。定义命名空间的基本形式如下:

```
namespace 名称{//声明}
```

在命名空间中定义的任何东西都局限于该命名空间内。

例如，在下列示例中，模块 My_Newspace 和 You_Newspace 的用户界面可以用下面的方法声明和使用。

【例 9-26】 命名空间的一个例子。

```
//My_Newspace.h                         //头文件名
#include <iostream>
namespace My_Newspace
{
    class Array
    {
    private:
        int x;
    public:
        void Set(int);
        void Display();
    };
    //...在此可以加入其他的变量或常量的声明
    classMatrix
    {
    private:
        int x;
    public:
        void Set(int);
        void Show();
    };
}
void My_Newspace::Array::Set(int u){x=u;}
void My_Newspace::Array::Display(){cout<<x<<endl;}
void My_Newspace::Matrix::Set(int v){x=v;}
void My_Newspace::Matrix::Show(){cout<<x<<endl;}

//You_Newspace.h                        //头文件名
namespace You_Newspace
{
    class Array
    {
    private:
        int x;
    public:
        void Set(int);
        void Display();
    };
    //...在此可以加入其他的变量或常量的声明
    classMatrix
```

```
    {
    private:
        int x;
    public:
        void Set(int);
        void Show();
    };
}
void You_Newspace::Array::Set(int u){x=u;}
void You_Newspace::Array::Display(){cout<<x<<endl;}
void You_Newspace::Matrix::Set(int v){x=v;}
void You_Newspace::Matrix::Show(){cout<<x<<endl;}

#include "My_Newspace.h"            //包含头文件
#include " You_Newspace.h"          //包含头文件
int main()
{
    My_Newspace::Array ma;          //两者都可以用 Array 互不干涉
    You_Newspace::Array ia;         //两者都可以用 Array 互不干涉
    ma.Set(5);
    ia.Set(8);
    My_Newspace::Matrix mb;         //两者都可以用 Matrix 互不干涉
    You_Newspace::Matrix ib;        //两者都可以用 Matrix 互不干涉
    mb.Set(8);
    ib.Set(9);
    ma.Display();
    ia.Display();
    mb.Show();
    ib.Show();
    return 0;
}
```

关键字 namespace 后面的名字 My_Newspace 标识了一个命名空间,它独立于全局命名空间,可以在里面放一些希望在函数或类之外声明(定义)的实体。命名空间不改变其中声明的意义,只改变它们的可见性。

若要定义一个对象,可以用"My_Newspace::Array ma; You_Newspace::Array ia;"。这样一来,ma 是我公司类的对象,ia 是你公司类的对象。从而避免了都使用相同名字 Array 而引发的名称冲突。

2. using 关键字

using 关键字用于声明一个命名空间。若程序员希望访问命名空间内声明的名字时不加限定修饰符,这时可以使用 using 指示符,使一个命名空间内的所有声明都可见。例如:

```
#include "My_Newspace.h"          //要包含头文件
using namespace My_Newspace;
int main()
{
    Array a;
    Matrix b;
    return 0;
}
```

“using namespace My_Newspace;”的语义是将模块 My_Newspace 中的所有名字统统放入全局命名空间内。也就是说，所有在该命名空间里声明的名字都成为本文件的全局名字。其中要注意两个问题：第一，被使用的命名空间必须已经被声明了，否则会引起编译错误；第二，不要再声明与已可见名字相同的全局变量。为避免冲突，using 声明还可以实现有选择的可见性。例如：

```
#include "My_Newspace.h"
using My_Newspace::Array;          //仅选择 Array 名字可见
int main()
{
    Array a;                       //Array 已可见
    Matrix b;                      //错误,Matrix 不可见
    return 0;
}
```

9.6 规则几何图形面积和体积计算之圆柱体体积的保存

9.6.1 圆柱体体积计算和保存对话框的设计与实现

第一步：设计圆柱体体积计算和保存对话框。

本书第 5 章已经实现了 ReFigCalculator 程序的圆柱体体积计算功能，为了实现圆柱体体积的保存和查询，在圆柱体体积计算对话框中新增“保存”“查询”按钮和圆柱体体积查询显示框。ReFigCalculator 圆柱体体积计算的对话框设计如图 9-2 所示，当程序运行时，单击“体积计算”菜单，然后单击“圆柱体(I)”命令，显示圆柱体体积计算对话框，如图 9-2 所示，在此对话框中，输入圆柱体的半径和高度，然后单击“计算”按钮计算并显示圆柱体的体积，接着单击“保存”按钮将计算结果保存到文件中。单击“查询”按钮会将保存在文件中的圆柱体体积计算的结果读出并且在查询框中显示。

表 5-2 列出了 ReFigCalculator 圆柱体体积计算对话框已有对象的属性设置，为了实现圆柱体体积计算结果的保存和查询显示，在原圆柱体体积计算对话框中新增了“保存”“查询”按钮和显示圆柱体体积的标签页控件 TabWidget，增加这些对象后圆柱体体积计算对话框所有对象名称及其属性的取值设计如表 9-3 所示，接下来修改圆柱体体积计算对话框时，对话框中新增的子对象名称及对象属性的值要对应该表逐项设置。

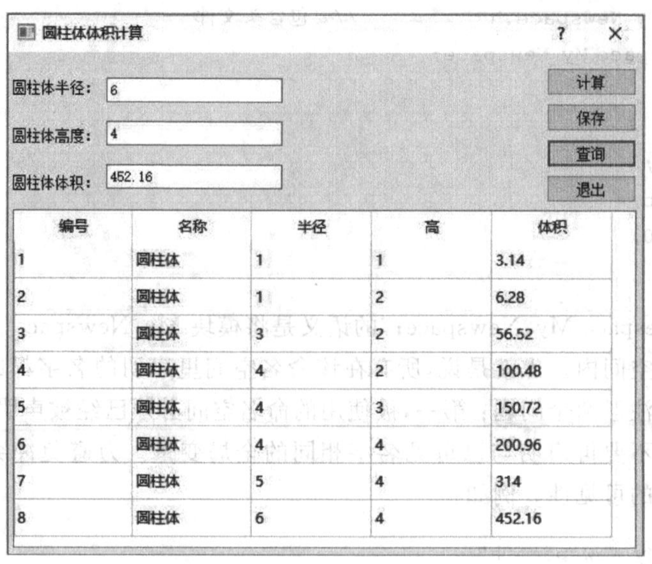

图 9-2　圆柱体体积计算对话框

表 9-3　ReFigCalculator 圆柱体体积计算对话框对象属性设置一览表

窗口	对　　象	对象类别	对象属性及其取值		
			objectName（对象名称）	windowTitle*（标题）	Text（文本）
圆柱体体积计算	圆柱体体积计算对话框	Dialog(对话框)	CylinderDialog	圆柱体体积计算	无
	圆柱体半径	Label(标签)	默认值	无	圆柱体半径：
	圆柱体高	Label(标签)	默认值	无	圆柱体高：
	圆柱体半径输入	Line Edit(单行文本输入框)	radiusEdit	无	无
	圆柱体高输入	Line Edit(单行文本输入框)	heightEdit	无	无
	圆柱体体积	Label(标签)	默认值	无	圆柱体体积：
	圆柱体体积显示框	Line Edit(单行文本输入框)	volumeEdit	无	无
	圆柱体体积查询标签页	Tab Widget	cylinderTb-Widget	无	无
	计算按钮	Push Button(命令按钮)	calculateButton	无	计算
	保存按钮	Push Button(命令按钮)	saveButton	无	保存
	查询按钮	Push Button(命令按钮)	lookButton	无	查询
	退出按钮	Push Button(命令按钮)	exitBotton	无	退出

第二步：修改圆柱体体积计算对话框使其增加面积保存和查询功能。

参照 4.8 节所讲的三角形面积计算对话框设计方法和步骤，打开 ReFigCalculator 项目的圆柱体体积计算对话框界面文件 cylinderdialog.ui，添加圆柱体体积查询显示组件

cylinderTbWidget、命令按钮对象保存按钮 saveButton、查询按钮 lookButton。圆柱体体积的查询显示标签页组件 cylinderTbWidget 以及“保存”“查询”等对象的属性参见表 9-3 进行命名。然后按照图 9-3 对所有对象进行布局。

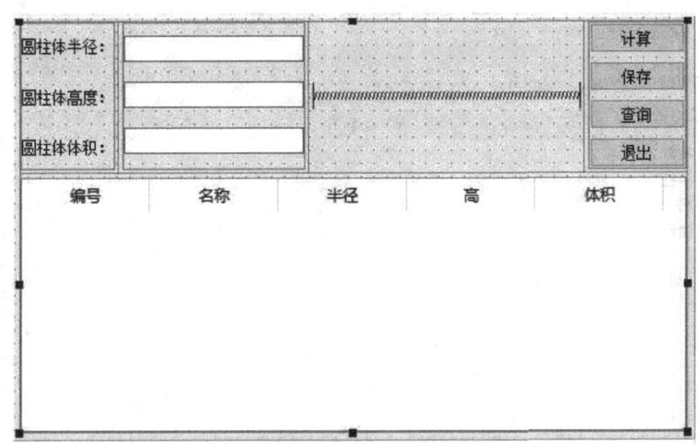

图 9-3 圆柱体体积计算对话框组件及布局

设置圆柱体体积查询显示框 cylinderTbWidget 中的“编号”“名称”“半径”“高”“体积”等列标题的步骤也很简单，右击 cylinderTbWidget 组件，弹出的快捷菜单如图 9-4 所示。单击“编辑项目”命令，弹出如图 9-5 所示的编辑表格窗口部件对话框，可以通过该对

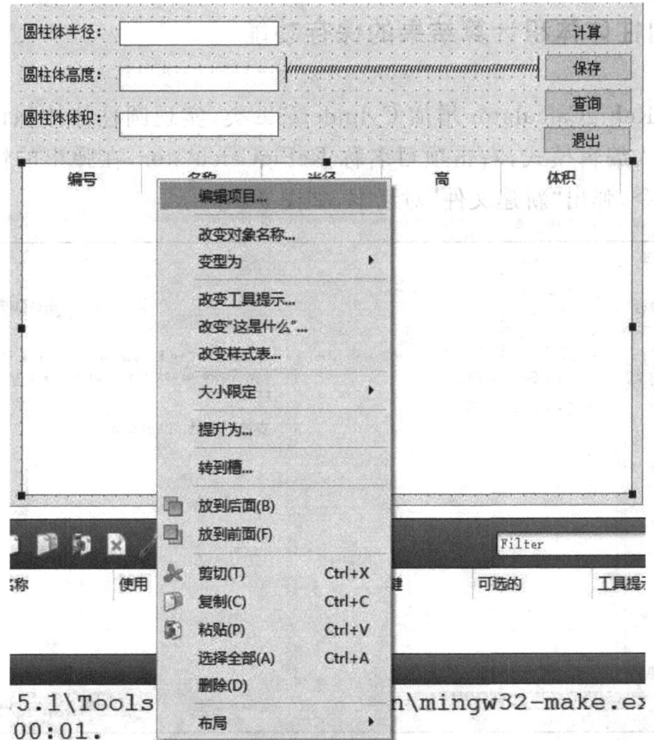

图 9-4 右键快捷菜单

话框左下侧的"+"和"一"按钮添加或者删除列标题,可以通过"属性《"按钮设置每个列标题的属性,列标题编辑完成后单击 OK 按钮即可。设计完成后保存对话框界面文件 cylinderdialog. ui。

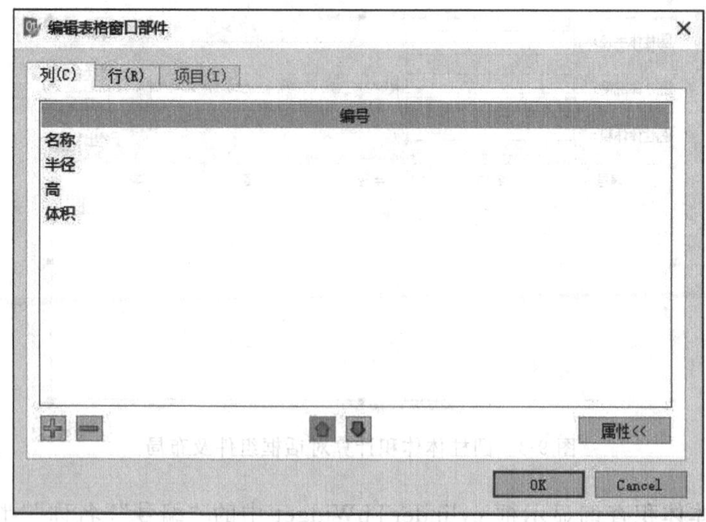

图 9-5 编辑表格窗口部件

9.6.2 实现圆柱体体积计算结果的保存功能

(1) 为项目 ReFigCalculator 增加 CylinderFile 类,实现圆柱体体积计算结果保存功能。打开项目进入编辑模式,右击项目名称 ReFigCalculator,在弹出的快捷菜单中选择"添加新文件"命令,弹出"新建文件"对话框,如图 9-6 所示。

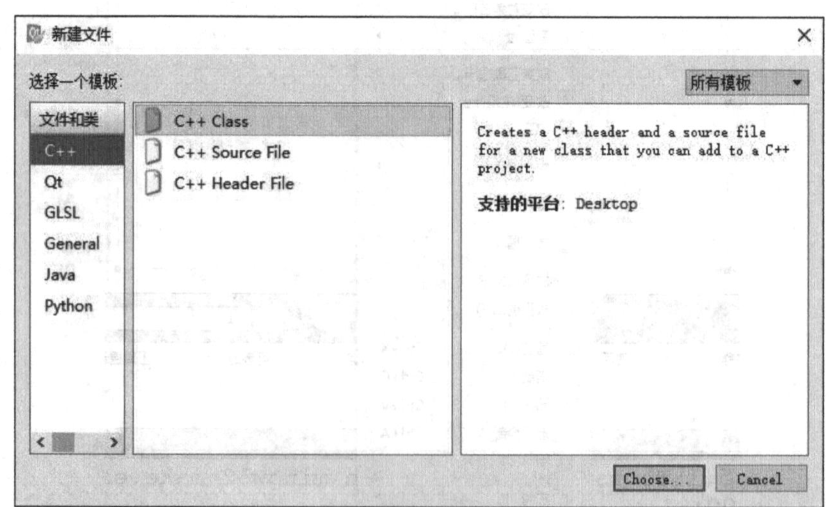

图 9-6 "新建文件"对话框

(2) 在如图 9-6 所示的对话框中,首先单击左侧列表的 C++,然后选择中间列表的 C++ Class,最后单击对话框右下方的"选择"按钮,出现如图 9-7 所示的 C++ 类向导对话框,创建一个 C++ 类。

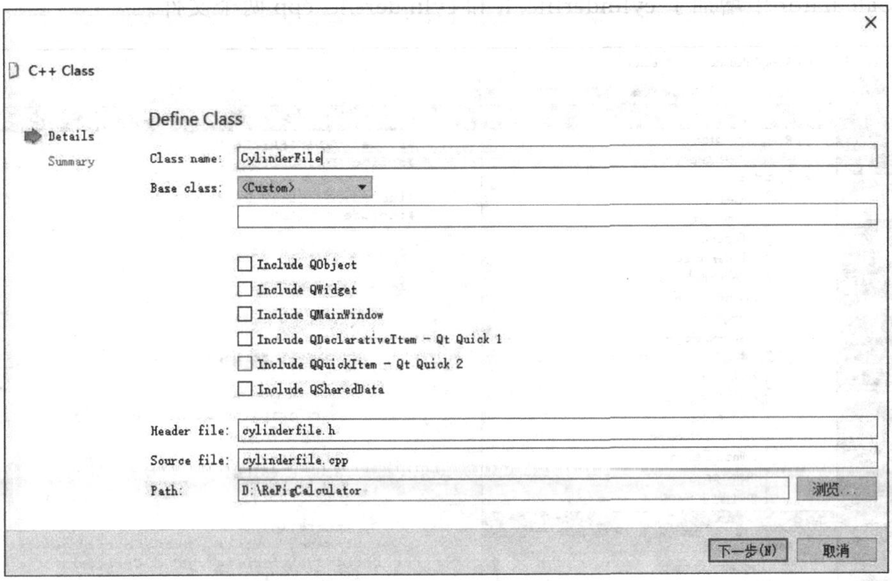

图 9-7　C++ 类向导对话框

(3) 在如图 9-7 所示的类向导对话框中,在 Class name(类名)编辑框输入类名 CylinderFile,Base class(基类名)保持默认的 Custom,其他内容保持不变。单击"下一步"按钮,弹出项目管理窗口,如图 9-8 所示。

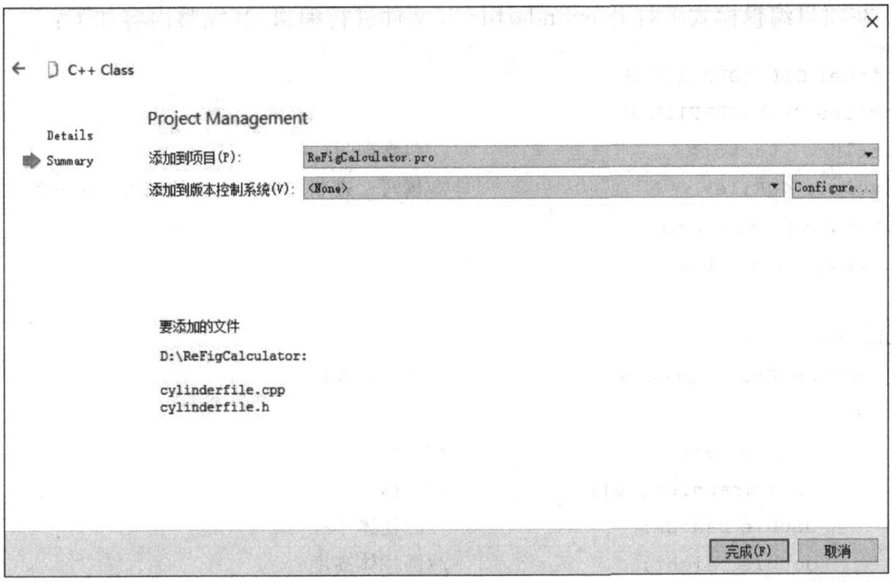

图 9-8　项目管理窗口

(4) 图 9-8 所示的对话框表明，新创建的 CylinderFile 类默认被添加到项目 ReFigCalculator 中，该类的内容包含在 cylinderfile. h、cylinderfile. cpp 两个文件中。保持该对话框内容不变，单击“完成”按钮，呈现如图 9-9 所示的窗口，可以看到项目 ReFigCalculator 中增加了 cylinderfile. h 和 cylinderfile. cpp 两个文件。

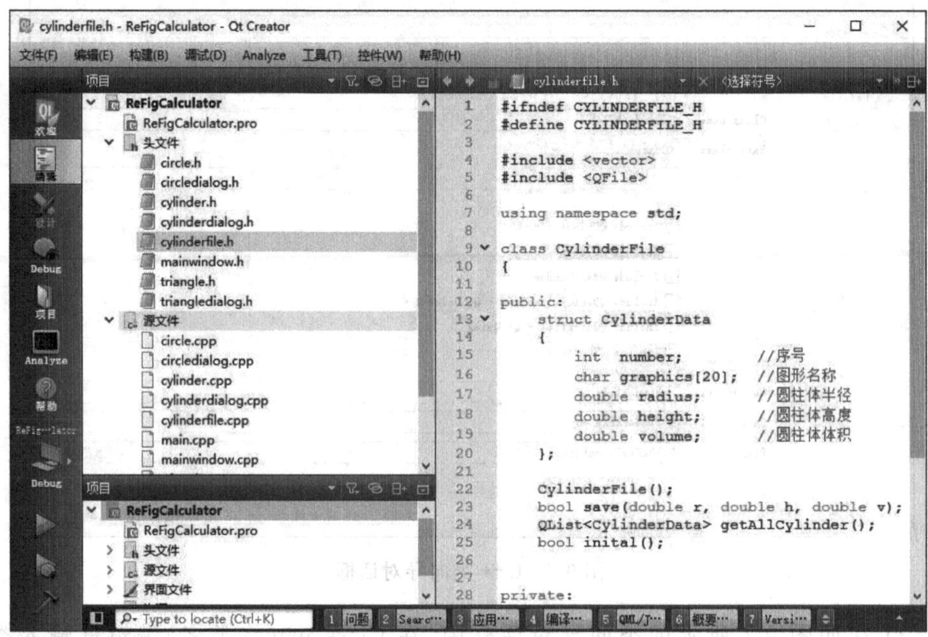

图 9-9　添加完 Cylinder 类的项目

(5) 编辑并保存 cylinderfile. h 和 cylinderfile. cpp 文件，完善 CylinderFile 类。

① 在项目编辑模式下打开 cylinderfile. h 文件进行编辑，其完整内容如下：

```
#ifndef CYLINDERFILE_H
#define CYLINDERFILE_H
#include <vector>                          //包含向量
#include <QFile>                           //读写二进制和文本文件的输入输出设备类
using namespace std;
class CylinderFile
{
public:
    struct CylinderData                    //定义结构体
    {
        int number;                        //序号
        char graphics[20];                 //名称
        double radius;                     //圆柱体半径
        double height;                     //圆柱体高度
        double volume;                     //圆柱体体积
    };
```

```
    CylinderFile();                   //构造函数
    bool save(double r, double h, double v); //保存圆柱体体积函数
    QList<CylinderData>getAllCylinder();  //获取圆柱体体积函数
    bool inital();                    //初始化
private:
    const char* filePath_;            //文件路径
    int lastNumber_;
    QFile dataFile_;                  //定义 Qt 文件对象
};
CylinderFile *getCylinderFile();      //获取文件类 CylinderFile 指针
#endif // CYLINDERFILE_H
```

② 在项目编辑模式下打开 cylinderfile. cpp 文件进行编辑,其完整内容如下:

```
#include "cylinderfile.h"
#include <QDebug>                     //用于程序调试
CylinderFile::CylinderFile() : filePath_("./cylinder.data")  //文件对象及路径
{ }

bool CylinderFile::save(double r, double h, double v)
{
    if(!dataFile_.isOpen()) {
        return false;
    }                                 //文件没有打开,程序结束
    lastNumber_ +=1;
    dataFile_.seek(0);
    dataFile_.write((const char *)&lastNumber_, sizeof(int));

    CylinderData data ={ lastNumber_, "圆柱体", r, h, v };
    dataFile_.seek(dataFile_.size());
    dataFile_.write((const char *)&data, sizeof(data));
    dataFile_.flush();
    return true;
}

QList<CylinderFile::CylinderData>CylinderFile::getAllCylinder()
{
    QList<CylinderFile::CylinderData>dataList;
    dataFile_.seek(sizeof(int));
    CylinderData data;
    qint64 readSize =0;
    bool readSuccess =false;
    do {
        readSize =dataFile_.read((char *)&data, sizeof(data));
```

```
            readSuccess =readSize ==sizeof(data);
            if(readSuccess) {
                dataList.append(data);
            }
        } while(readSuccess);
        return dataList;
    }

    bool CylinderFile::inital()                          //初始化
    {
        dataFile_.setFileName(filePath_);                //设置文件对象的路径和文件名
        if(dataFile_.open(QIODevice::ReadWrite)) //读写方式打开文件
        {
            if(dataFile_.size() ==0)                     //初次创建文件,文件大小是 0
            {
                lastNumber_ =0;                          //初始序号
                dataFile_.write((const char * )&lastNumber_, sizeof(int));
            } else
            {
                dataFile_.read((char * )&lastNumber_, sizeof(int));     //读取初始序号
            }
            return true;
        }
        else
        {
            return false;                                // 文件打开失败,程序返回
        }
    }

    CylinderFile * getCylinderFile()                     //获取文件类 CylinderFile 的对象
    {
        static CylinderFile cylinderFile;                //调用构造函数构建对象
        return &cylinderFile;
    }
```

(6) 因为需要在圆柱体体积计算窗口使用类 CylinderFile 保存圆柱体对象的体积,所以必须把类 CylinderFile 包含到圆柱体体积计算窗口类中。方法是在窗口项目编辑模式下打开 cylinderdialog. h 文件进行编辑,在文件前面加入语句"# include "cylinderfile. h"",如图 9-10 所示。

(7) 给圆柱体体积计算对话框的"保存"按钮对象添加槽函数,如图 9-11 所示,将 Qt Creator 切换到编辑模式,单击展开项目 ReFigCalculator"界面文件"文件夹,双击界面文件 cylinderdialog. ui,在编辑区中打开圆柱体体积计算对话框。然后右击"保存"按钮,在

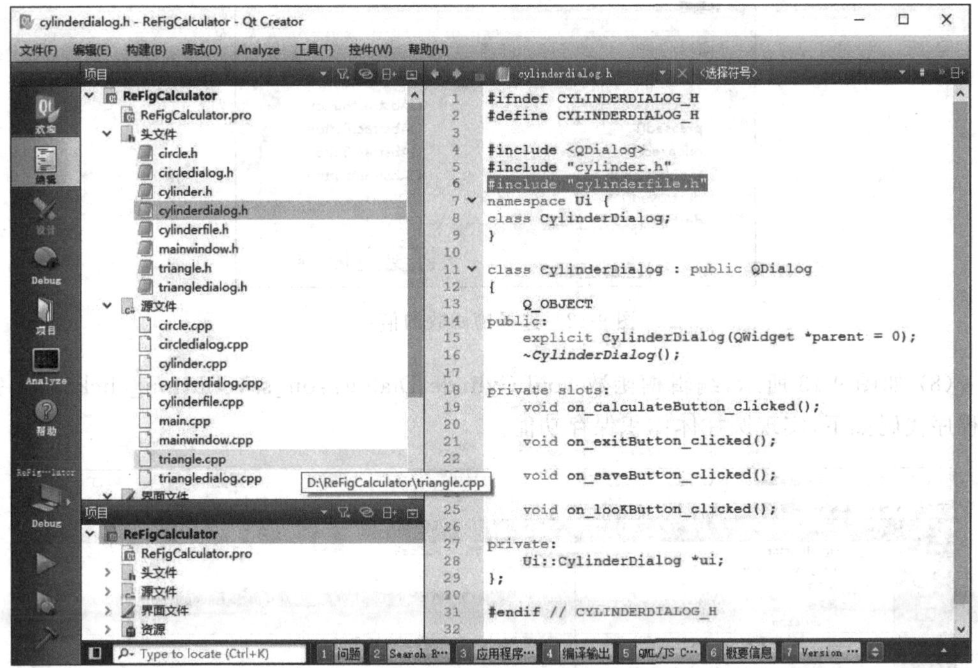

图 9-10　编辑模式下打开 cylinderdialog. h 文件

弹出的菜单中单击“转到槽”命令，弹出图 9-12 所示的“转到槽”对话框。找到 clicked()信号所在行并单击它，然后单击“确定”按钮，就给“保存”按钮对象添加了接收单击信号(clicked())的槽函数 void CylinderDialog::on_saveButton_clicked()。

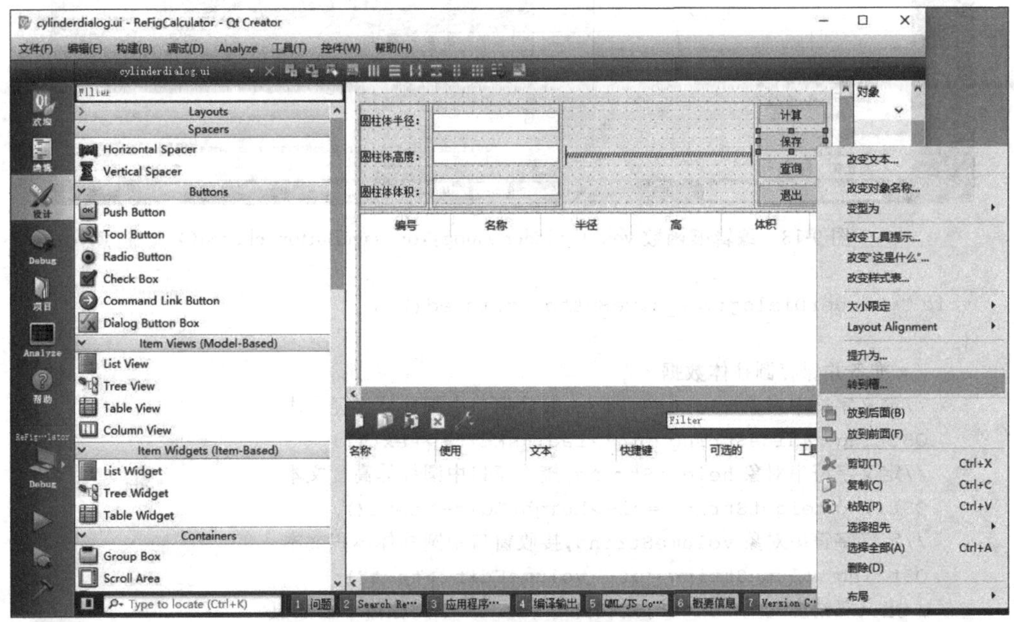

图 9-11　转到保存按钮对象的槽

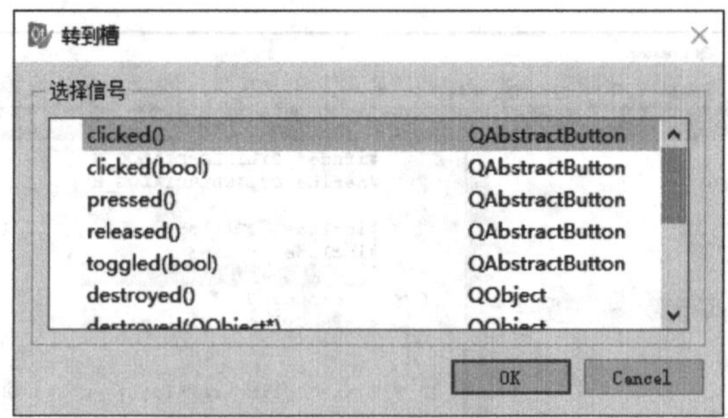

图 9-12　选择槽函数的信号

(8) 如图 9-13 所示,编辑槽函数 void CylinderDialog::on_saveButton_clicked(),完善程序代码如下,实现圆柱体体积保存功能。

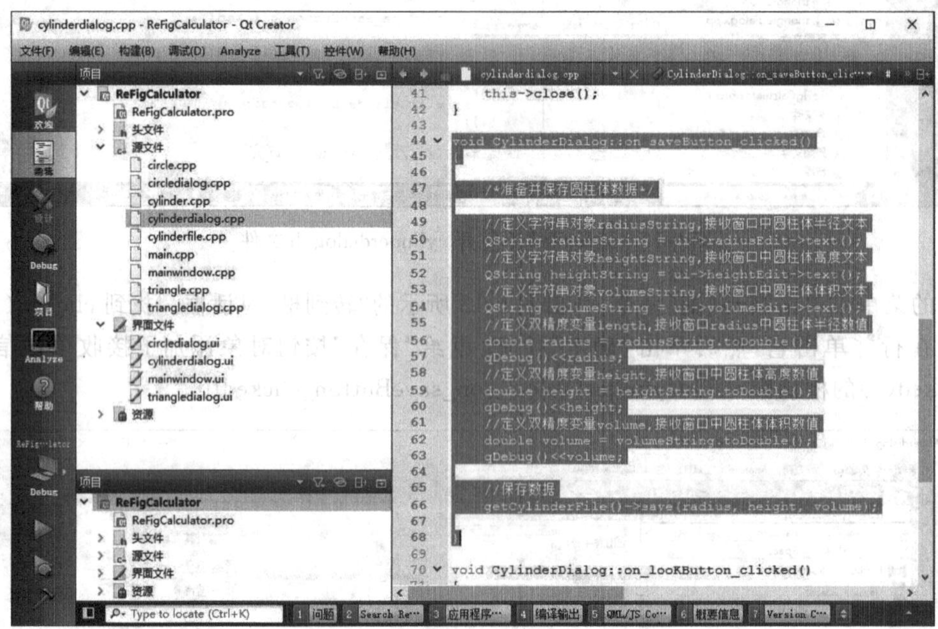

图 9-13　编辑槽函数 void CylinderDialog::on_saveButton_clicked()

```
void CylinderDialog::on_saveButton_clicked()
{
    /* 准备并保存圆柱体数据 */
    //定义字符串对象 radiusString,接收窗口中圆柱体半径文本
    QString radiusString =ui->radiusEdit->text();
    //定义字符串对象 heightString,接收窗口中圆柱体高度文本
    QString heightString =ui->heightEdit->text();
    //定义字符串对象 volumeString,接收窗口中圆柱体体积文本
    QString volumeString =ui->volumeEdit->text();
    //定义双精度变量 length,接收窗口 radius 中圆柱体半径数值
    double radius =radiusString.toDouble();
    qDebug()<<radius;
```

```
    //定义双精度变量 height,接收窗口中圆柱体高度数值
    double height =heightString.toDouble();
    qDebug()<<height;
    //定义双精度变量 volume,接收窗口中圆柱体体积数值
    double volume =volumeString.toDouble();
    qDebug()<<volume;
    //保存数据
    getCylinderFile()->save(radius, height, volume);
}
```

(9) 编辑项目 ReFigCaculator 的主程序 main. cpp,完善程序代码如下,实现圆柱体体积保存文件的初始化。

```
#include "mainwindow.h"
#include <QApplication>
#include "cylinderfile.h"
int main(int argc, char *argv[])
{
    QApplication a(argc, argv);
    getCylinderFile()->inital();      //初始化圆柱体体积保存文件
    MainWindow w;
    w.show();
    return a.exec();
}
```

9.6.3 实现圆柱体体积计算结果的查询功能

(1) 给圆柱体体积计算对话框的“查询”按钮对象添加槽函数,如图 9-14 所示,将 Qt Creator 切换到编辑模式,单击展开项目 ReFigCalculator“界面文件”文件夹,双击界面文件 cylinderdialog. ui,在编辑区中打开圆柱体体积计算对话框。然后右击“查询”按钮,在弹出的快捷菜单中选择“转到槽”命令,弹出图 9-15 所示的“转到槽”对话框。找到 clicked() 信号所在行并单击它,然后单击“确定”按钮,就给“查询”按钮对象添加了接收单击信号(clicked())的槽函数 void CylinderDialog::on_looKButton_clicked()。

(2) 如图 9-14 所示,编辑槽函数 void CylinderDialog::on_looKButton_clicked(),完善程序代码如下,实现圆柱体体积查询功能。

```
void CylinderDialog::on_looKButton_clicked()
{
    while(ui->cylinderTbWidget->rowCount())
    { ui->cylinderTbWidget->removeRow(0); }
    QList < CylinderFile:: CylinderData > dataList  = getCylinderFile ( ) - >
   getAllCylinder();
    for(QList<CylinderFile::CylinderData>::iterator it =dataList.begin();
```

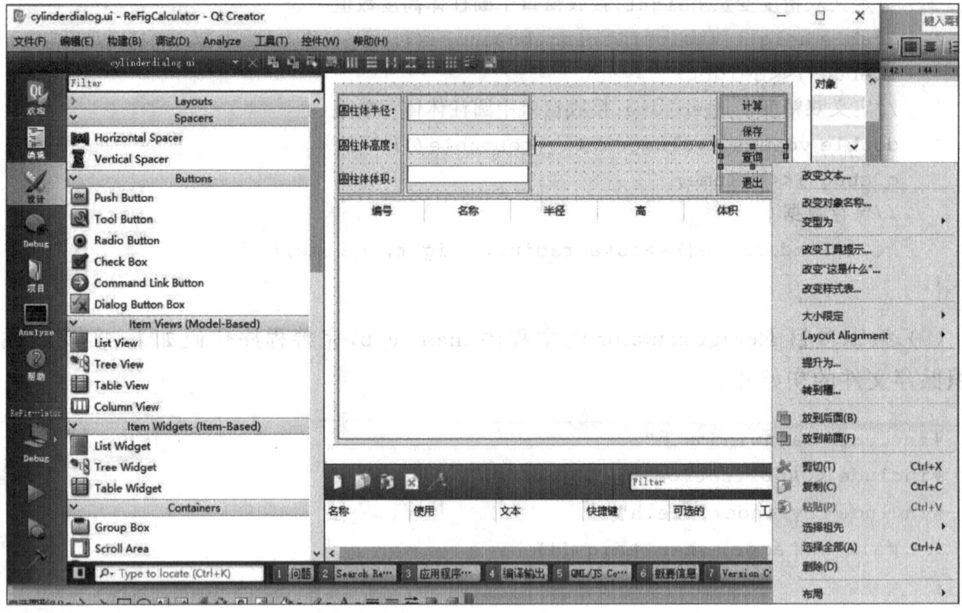

图 9-14　转到查询按钮对象的槽

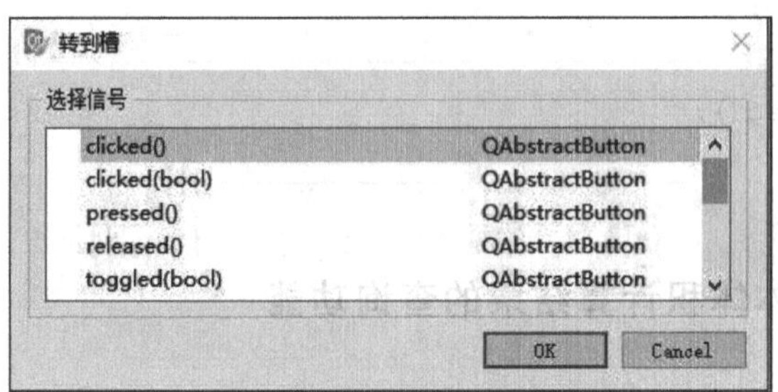

图 9-15　选择槽函数的信号

```
    it !=dataList.end(); ++it)
    {
        ui->cylinderTbWidget->insertRow(ui->cylinderTbWidget->rowCount());
        ui->cylinderTbWidget->setItem(ui->cylinderTbWidget->rowCount()
            -1, 0, new QTableWidgetItem(QString::number(it->number)));
        ui->cylinderTbWidget->setItem(ui->cylinderTbWidget->rowCount()
            -1, 1, new QTableWidgetItem(it->graphics));
        ui->cylinderTbWidget->setItem(ui->cylinderTbWidget->rowCount()
            -1, 2, new QTableWidgetItem(QString::number(it->radius)));
        ui->cylinderTbWidget->setItem(ui->cylinderTbWidget->rowCount()
            -1, 3, new QTableWidgetItem(QString::number(it->height)));
        ui->cylinderTbWidget->setItem(ui->cylinderTbWidget->rowCount()
            -1, 4, new QTableWidgetItem(QString::number(it->volume)));
    }
}
```

(3) 保存所有文件然后构建并运行程序，选择“体积计算”→“圆柱体(I)”命令进行圆柱体体积计算、体积保存和查询计算，结果如图9-2所示。

9.7 习题

1. 编写一个程序，打印出ASCII字符集中码值为33～126的字符的ASCII码表，要求输出十进制值、八进制值、十六进制值以及码值所表示的字符。

2. 现有Three_d类和main()函数的定义如下，请定义插入运算符“<<”和提取运算符“>>”的重载函数，使程序能够正常运行。

```
class Three_d
{
    int x,y,z;
public:
    Three_d(int a,int b,int c){x=a;y=b;z=c;}
};
int main()
{
    Three_d objA(1,2,3);
    cout<<objA;
    cin>>objA;
    cout<<objA;
    return 0;
}
```

3. 计算表达式c＝a＋b的值，并将数据存入文本文件data。要求：

(1) 先从键盘输入两个整数值存入外存文件data中。

(2) 再从data文件读入数据赋给变量a、b，计算c＝a＋b，并把c的值添加到data文件的末尾。

4. 从键盘读入一行字符，把其中的字母字符依次存放在磁盘文件file1.dat中。再把它从磁盘文件读入程序，将其中的小写字母改为大写字母，再存入磁盘文件file2.dat。

5. 编写一个程序实现以下功能。

(1) 输入一系列的数据(学号、姓名、成绩)存放在文件student.dat中。

(2) 从该文件中读出这些数据并显示出来。

6. 编写一个程序，可以读入一个C++的语言源程序文件，在每一行都加上一个行号后保存到另一个后缀为.prn的同名文件中。

7. 参照圆柱体的体积计算、保存和查询，完善规则几何图形面积和体积计算程序，实现其他规则几何图形的面积和体积的计算、保存和查询。

附录 A　C++ 常用关键字

auto	break	case	char	class	const	continue
default	delete	else	enum	explicit	extern	float
for	friend	goto	if	inline	int	long new
operator	private	protected	public	register	return	short
signed	sizeof	static	struct	switch	this	typedef
union	unsigned	virtual	void	while		

附录B C++运算符

C++运算符如表B.1所示。

表B.1 C++运算符

<table>
<tr><th>优先级</th><th>运 算 符</th><th>说 明</th><th>结合性</th></tr>
<tr><td rowspan="4">1</td><td>()</td><td>提高优先级</td><td rowspan="4">自左至右</td></tr>
<tr><td>[]</td><td>数组下标</td></tr>
<tr><td>. -></td><td>成员运算</td></tr>
<tr><td>::</td><td>作用域运算</td></tr>
<tr><td rowspan="9">2</td><td>!</td><td>逻辑反</td><td rowspan="9">自右至左</td></tr>
<tr><td>~</td><td>按位反</td></tr>
<tr><td>++ --</td><td>自增、自减</td></tr>
<tr><td>+ -</td><td>取正、取负(一元)</td></tr>
<tr><td>*</td><td>取内容</td></tr>
<tr><td>&</td><td>取地址</td></tr>
<tr><td>(type)</td><td>强制类型转换</td></tr>
<tr><td>sizeof</td><td>求存储字节数</td></tr>
<tr><td>new delete</td><td>动态分配、释放</td></tr>
<tr><td>3</td><td>* / %</td><td>乘、除、求余</td><td rowspan="10">自左至右</td></tr>
<tr><td>4</td><td>+ -</td><td>加、减(二元运算)</td></tr>
<tr><td>5</td><td><< >></td><td>左移位、右移位</td></tr>
<tr><td>6</td><td>< <= > >=</td><td>小于、小于等于、大于、大于等于</td></tr>
<tr><td>7</td><td>== !=</td><td>等于、不等于</td></tr>
<tr><td>8</td><td>&</td><td>按位与</td></tr>
<tr><td>9</td><td>^</td><td>按位异或</td></tr>
<tr><td>10</td><td>|</td><td>按位或</td></tr>
<tr><td>11</td><td>&&</td><td>逻辑与</td></tr>
<tr><td>12</td><td>||</td><td>逻辑或</td></tr>
<tr><td>13</td><td>?:</td><td>条件运算</td><td rowspan="3">自右至左</td></tr>
<tr><td rowspan="2">14</td><td>=</td><td>赋值</td></tr>
<tr><td>+= -= *=
/= %=
&= ^= |=
<<= >>=</td><td>复合赋值</td></tr>
<tr><td>15</td><td>,</td><td>逗号运算</td><td>自左至右</td></tr>
</table>

附录C C/C++ 常用库函数

C/C++ 编译系统提供了丰富的库函数，在实际编程时很多功能可以直接调用库函数来完成。本附录中分类列举了 C/C++ 常用的库函数，在调用库函数时要包含相应的头文件。更全面的库函数请查阅所用系统的库函数手册。

1. 常用数学函数

数学函数(见表 C.1)使用头文件 math.h，需要在源程序中添加文件包含命令如下：

```
#include <cmath>
```

表 C.1 数学函数

函数原型	功能	返回值
int abs(int x)	返回整数 x 的绝对值	绝对值
double fabs(double x)	返回浮点数 x 的绝对值	绝对值
long labs(long x)	返回长整型数 x 的绝对值	绝对值
double sin(double x)	返回参数 x 的正弦值，x 为弧度值	计算结果
double cos(double x)	返回参数 x 的余弦值，x 为弧度值	计算结果
double acos(double x)	返回参数 x 的反余弦值，x 应当在 −1 和 1 之间	计算结果
double asin(double x)	返回参数 x 的反正弦值，x 应当在 −1 和 1 之间	计算结果
double atan(double x)	返回参数 x 的反正切值	计算结果
double cosh(double x)	返回参数 x 的双曲余弦值	计算结果
double tan(double x)	返回参数 x 的正切值	计算结果
double log(double x)	返回 lnx 的值	计算结果
double log10(double x)	返回 logx 的值	计算结果
double exp(double x)	返回 e^x 的值，上溢出时返回 1.#INF(无穷大)，下溢出时返回 0	计算结果
double fmod(double x, double y)	返回参数 x/y 的余数	双精度余数
double modf(double x, double *y)	取 x 的整数部分送到 y 所指向的单元中	x 的小数部分
double pow(double x, double y)	返回 x^y 的值	计算结果
double floor(double x)	计算不大于参数 x 的最大整数	返回该整数的 double 型结果
double sqrt(double x)	返回 x 的平方根值	计算结果

2. 常用字符串处理函数

字符串处理函数(见表 C.2)使用头文件 string. h,需要在源程序中添加文件包含命令如下:

```
#include <cstring>
```

表 C.2 字符串处理函数

函数原型	功能	返回值
void *memcpy(void *p1, const void *p2 ,size_t n)	存储器内容复制,将 p2 所指向的 n 个字节复制到 p1 所指向的存储区中	返回 p1 指向的地址
void *memset(void *p, int v, size_t n)	将 p 所指向的长度为 n 的内存设置值为 v	该区域的起始地址
char *strcpy(char *p1, const char *p2)	将 p2 所指向的字符串复制到 p1 所指向的存储区中	返回 p1 指向的地址
char *strcat(char *p1, const char *p2)	将 p2 所指向的字符串连接到 p1 所指向的字符串后面	返回 p1 指向的地址
int strcmp(const char *p1, const char *p2)	比较 p1,p2 所指向的两个字符串的大小	若两个字符串相同,返回 0;若 p1 所指向的字符串小于 p2 所指的字符串,返回负值;否则,返回正值
int strlen(const char *p)	计算 p 所指向的字符串的长度	字符串所包含的有效字符个数
char *strncpy(char *p1, const char *p2,size_t n)	将 p2 所指向的字符串中的 n 个字符复制到 p1 所指向的存储区	返回 p1 指向的地址
char *strncat(char *p1, const char *p2, size_t n)	将 p2 所指向的字符串中的最多 n 个字符连接到 p1 所指向的字符串的后面	返回 p1 指向的地址
int strncmp(const char *p1, const char *p2, size_t n)	比较 p1,p2 所指向的两个字符串的大小,最多比较 n 个字符	若两个字符串相同,返回 0;若 p1 所指向的字符串小于 p2 所指的字符串,返回负值;否则,返回正值
char *strstr(const char *p1, const char *p2)	找出 p2 所指向的字符串在 p1 所指向的字符串出现的位置	若找到,返回开始位置的地址;否则返回 0

3. 其他常用函数(见表 C.3)

表 C.3 其他常用函数

函数原型	功能	返回值	头文件
void abort(void)	终止程序执行	无	#include <cstdlib>
void exit(int)	终止程序执行	返回退出代码 int (通常是 0 或 1)	

续表

函数原型	功　能	返回值	头文件
double atof(const char * s)	将s所指向的字符串转换为双精度浮点数	返回双精度浮点值	#include <cstdlib>
int atoi(const char * s)	将s所指向的字符串转换成整数	返回整数值	
long atol(const char * s)	将s所指的字符串转换成长整数	返回长整数值	
int rand(void)	产生一个伪随机整数	返回伪随机整数	
void srand(unsigned int seed)	为rand()函数产生随机整数而设置初始化种子值，通常使用系统时间time(0)作为seed值	无	
int system(const char * s)	将s指向的字符串作为DOS命令进行系统调用	如果命令执行正确通常返回零值	
time_t time(time_t * t) 在time.h中有： typedef long time_t;	返回当前时间，如果发生错误返回零。如果给定参数t，那么当前时间存储到参数t中	返回当前时间或0	#include <ctime>
char * ctime(const time_t * t)	将参数t转换为本地时间格式字符串	返回本地时间格式字符串	

参考文献

[1] Jasmin Blanchette, Mark Summerfield. C++ Gui Programming with Qt(Second Edition). Person Education, 2008.

[2] 钱能. C++程序设计教程[M]. 2版. 北京：清华大学出版社，2005.

[3] 谭浩强. C++程序设计[M]. 北京：清华大学出版社，2004.

[4] Bruce Eckel. C++编程思想第1卷：标准C++导引[M]. 刘宗田，译. 北京：机械工业出版社，2002.

[5] 陈维兴，林小茶. C++面向对象程序设计[M]. 3版. 北京：清华大学出版社，2009.

[6] 周蔼如，林伟健. C++程序设计基础[M]. 4版. 北京：电子工业出版社，2012.

[7] Bjarne Stroustrup. THE C++ PROGRAMMING LANGUAGE. 北京：高等教育出版社，2002.

[8] [美]Walter Savitch. C++面向对象程序设计——基础、数据结构与编程思想[M]. 周靖，译. 北京：清华大学出版社，2004.

[9] [美]Brian Overland. C++语言命令详解[M]. 董梁，等，译. 北京：电子工业出版社，2000.

[10] [美]AI Stevens. C++大学自学教程[M]. 林瑶，等，译. 北京：电子工业出版社，2004.

[11] 陈文宇，张松梅. C++语言教程[M]. 西安：电子科技大学出版社，2004.

[12] [美]Robert L. Krusw, Alexander J. Ryba. C++数据结构与程序设计[M]. 钱丽萍，译. 北京：清华大学出版社，2004.

[13] 陈文宇. 面向对象程序设计语言C++[M]. 北京：机械工业出版社，2004.

[14] [美]H. M. Deitel, P. J. Deitel，等. C++程序设计教程——习题解答[M]. 施平安，译. 北京：清华大学出版社，2004.

[15] 管宁. C++基础知识. chm(电子版). 中国软件开发实验室(www.cndev-lab.com).

[16] 布兰切特(Jasmin Blanchette)、萨默菲尔德(Mark Summerfield). C++ GUI Qt 4编程[M]. 2版. 闫锋欣，曾泉人，译. 北京：电子工业出版社，2013.

[17] 萨默菲尔德(Mark Summerfield). Qt高级编程[M]. 吴迪，戚彬，高波，译. 北京：电工业出版社，2011.

[18] 蔡志明，卢传富，李立夏，等. 精通Qt4编程[M]. 2版. 北京：电子工业出版社，2011.

[19] 韩少云，奚海蛟，谌利，等. 基于嵌入式Linux的Qt图形程序实战开发[M]. 北京：北京航空航天大学出版社，2012.

[20] Nicolai M. Iosuttis. C++标准程序库——自修教程与参考手册[M]. 侯捷，孟岩，译. 武汉：华中科技大学出版社，2002.